LIMNOLOGIE

DANS LA MÊME COLLECTION

LES ALGUES D'EAU DOUCE, par P. Bourrelly

Tome I : Les Algues vertes

Tome I : Compléments Algues vertes à la 1re, 2e et 3e édition

Tome II : Les Algues jaunes et brunes

Tome III : Eugléniens, Péridiniens, Algues rouges et Algues bleues

FLORE DES DIATOMÉES, par H. Germain

PRÉCIS DE PROTISTOLOGIE, par P. de Puytorac, Jean Grain et Jean-Pierre Mignot

LES COPÉPODES, par B. Dussart

Tome I : Calanoïdes et Harpacticoïdes

Tome II : Cyclopoïdes

COLLECTION « FAUNES ET FLORES ACTUELLES »

Bernard DUSSART
Directeur de Recherches au CNRS

LIMNOLOGIE

L'étude des eaux continentales

Préface de E. FAURÉ-FREMIET
de l'Académie des Sciences

Deuxième Edition

Editions N. BOUBÉE & Cie
9, rue de Savoie – Paris 6e

1992

I.S.B.N. : 2-85004-067-3

PRÉFACE

*C'est en 1869, voici bientôt un siècle, que paraissait dans le Bulletin des la Société vaudoise des Sciences Naturelles, l'*Introduction à l'étude de la faune profonde du Léman *rédigée par F.A. Forel. Poursuivant l'étude de ce lac, le grand naturaliste suisse publiait de 1892 à 1904 les trois volumes intitulés* Le Léman, monographie limnologique, *et en 1901, à Stuttgart, le* Handbuch der Seenkunde *avec le sous-titre* : Allgemeine Limnologie. *« This book — souligne Welch en 1935 — is the first general presentation of Limnology from the modern standpoint. In fact, it might well be termed the first text-book of Limnology ». Un nouveau chapitre des Sciences naturelles venait ainsi de s'ouvrir.*

L'objet de cette nouvelle science dépassait bientôt son cadre étymologique et s'étendait de la notion lacustre à celle des eaux douces en général; en même temps le champ de ses préoccupations comme le nombre de ses problèmes s'accroissaient dans une large mesure, englobant avec les aspects botanique et zoologique de l'Écologie et de l'Hydrobiologie, l'étude des conditions géologiques, climatiques, physiques et chimiques propres à définir et à caractériser les milieux aquatiques. La Limnological study of the Finger Lakes *(1912) et les autres travaux de Birge et Juday, la* Limnologie *de Thienemann (1926), les travaux et les publications plus récentes de Pennak, marquent, avec beaucoup d'autres, les inflexions diverses des recherches limnologiques.*

Il faut reconnaître ici que, malgré l'existence de plusieurs Laboratoires français consacrés à l'Hydrobiologie, et la participation de nombre de nos compatriotes aux activités de la « Societas Internationalis Limnologiae », les recherches limnologiques ont lentement suivi chez nous le rapide essor qu'elles connaissaient autour de nous; on doit noter, de plus, l'absence d'ouvrages de langue française exposant d'une manière suffisamment exhaustive les données et les problèmes de la Limnologie.

Monsieur B. Dussart s'est proposé de combler cette lacune. Docteur es-Sciences en 1953, Maître-Assistant à la Faculté des Sciences de Paris, il est actuellement Sous-Directeur du Centre de Recherches Hydrobiologiques du C.N.R.S. à Gif-sur-Yvette, anciennement Directeur de la Station de Recherches lacustres de Thonon (1945), puis Sous-Directeur résidant du Centre de Recherches Géodynamiques de la Faculté des Sciences de Paris à Thonon et Chargé de cours à la Sorbonne (3e Cycle). Grâce à l'hospitalité que le

Professeur Delamare Deboutteville lui offre dans la collection de Géobiologie *qu'il dirige aux Éditions Gauthier-Villars, il nous apporte aujourd'hui un important ouvrage de 678 pages. abondamment documenté, largement illustré, dont la présentation fait honneur à la célèbre maison d'édition.*

M. Dussart n'a pas ménagé sa peine; considérant le rôle essentiel, indispensable et irremplaçable tenu par l'eau dans tout ce qui touche à la Vie, il a voulu réunir et exposer la totalité des connaissances qui permettent actuellement d'interpréter les propriétés des eaux continentales nécessaires à l'entretien des êtres vivants, de comprendre par quels chemins se distribuent ces eaux, et de régler leur utilisation.

*Les deux premières parties de ce gros volume représentent par elles-mêmes un traité d'*Hydrologie *consacré à l'examen et à la définition de toutes les propriétés physiques de l'eau, puis à la chimie des eaux naturelles.*

Le milieu *constitué par les eaux douces continentales, sa statique et sa dynamique, sont étudiés dans la troisième partie au triple point de vue géographique, géologique et climatique.*

L'Hydrobiologie est abordée ensuite avec la quatrième partie qui traite des organismes *dulçaquicoles.*

L'Écologie et la Biocénotique font l'objet d'une cinquième et très intéressante partie intitulée Groupements et Associations, *tandis que la sixième partie : Le* Biome, *expose la physiologie des systèmes organismes — milieu aquatique, conduisant par là-même à définir les notions de* production *et de productivité.*

L'intérêt ne diminue pas lorsque l'ensemble de ces données conduit l'auteur à décrire, dans une septième et dernière partie, l'évolution des masses d'eau, *et à discuter les problèmes posés par les mécanismes en jeu, leurs effets et leurs résultats.*

Il faut féliciter B. Dussart pour le courage et la conscience avec lesquels il s'est attaché à réaliser ce programme et à remplir une tâche aussi lourde; il faut le remercier pour la somme d'informations que son livre met à la disposition du lecteur; il faut espérer qu'un tel effort se montrera efficace en incitant les chercheurs à exploiter les riches domaines de la Limnologie et de l'Hydrobiologie.

E. FAURÉ-FREMIET,
Membre de l'Institut,
Professeur honoraire au Collège de France.

AVANT-PROPOS DE LA DEUXIÈME ÉDITION

La première édition de ce traité a été rapidement épuisée. Il était donc logique de prévoir une nouvelle édition d'un ouvrage toujours unique en son genre à l'heure actuelle en langue française. Les éditions Boubée ont accepté d'assurer cette réédition. Qu'elles en soient profondément remerciées.

Bien que le texte n'ait pas été modifié de façon significative, la réimpression de l'ouvrage a permis de corriger un certain nombre de fautes et erreurs qui s'étaient malencontreusement glissées ici ou là, malgré toute l'attention portée à la fabrication de la première édition.

De nouvelles références ont été ajoutées et citées sous forme de renvoi aux pages ajoutées en fin de volume et destinées à cet usage. Le lecteur pourra donc retrouver la totalité de l'information contenue dans la première édition et également prendre en considération de nouvelles sources d'information qui ne sauraient cependant être exhaustives.

La méthode la plus efficace pour être au courant des données les plus récentes de la Limnologie reste la lecture des travaux de l'Association internationale de Limnologie théorique et appliquée, publiés à l'occasion des Congrès triennaux de cette association.

Puisse cette réimpression, ainsi corrigée bien que non refondue, servir la cause de la Limnologie notamment francophone.

B.D., La Bergerie
F 24260
août 1991

A mon Père

TABLE DES MATIÈRES

INTRODUCTION

PREMIÈRE PARTIE

L'EAU

DEUXIÈME PARTIE

LA CHIMIE DES EAUX NATURELLES

TROISIÈME PARTIE

LE MILIEU

QUATRIÈME PARTIE

LES ORGANISMES

CINQUIÈME PARTIE

SIXIÈME PARTIE

LE BIOME

SEPTIÈME PARTIE

ÉVOLUTION DES MASSES D'EAU

LISTE DES SYMBOLES EMPLOYÉS

A aire d'un lac.
$A = S_o$

A_z aire d'un lac à la profondeur z
$A_z = S_n$ si z est exprimé en m.

Alc alcalinité.

B pression atmosphérique moyenne mensuelle exprimée en mm de Hg.

C en hydrologie, vecteur vitesse d'un courant (célérité d'une houle).

C en chimie, somme des concentrations en ions et éléments d'un milieu donné.

C conductance $\left(C = \chi \frac{s}{l}\right)$

C_m célérité moyenne d'une onde.

D — profondeur de frottement (en hydrologie)
— constante diélectrique (en physique).

E — en climatologie, évaporation en $mm.j^{-1}$
— en limnologie, épilimnion

E_M force électromotrice

E_o potentiel normal thermodynamique (quand l'activité des substances oxydées et celle des substances réduites sont égales).

E_o' potentiel normal apparent.

E_{Pt} potentiel d'oxydo-réduction (rapporté à une électrode de platine).

E_7 potentiel d'oxydo-réduction ramené à pH7.

F vecteur friction ou force de frottement.

$\mathcal{F}$ le faraday (96 500 coulombs).

G, G_0, G_1 Centre de gravité.

Gg géogramme (10^{20}g).

H hypolimnion.

I intensité lumineuse.

I_z intensité lumineuse d'un rayon ayant traversé une épaisseur z d'eau; quand $z = 0$, $I_z = I_o$.

K facteur de proportionnalité.
En chimie, constante d'équilibre (loi d'action de masse).

K_1', K_2', K_n' Constantes apparentes de dissociation.

K_w constante de dissociation de l'eau pure.

L longueur maximum d'un lac.

M moment électrique permanent d'une molécule.

P production (en biologie).

P_A pression au point A.

P_a pression atmosphérique.

P_e pression partielle de vapeur d'eau.

P_z pression atmosphérique à l'altitude z.

P_{H_2} pression d'hydrogène d'une électrode dite à hydrogène.

Q débit d'un cours d'eau.

Q_{10} quotient métabolique (loi de Van t'Hoff).

QP quotient photosynthétique $\Delta O_2/—\Delta CO_2$.

QR quotient respiratoire $\Delta CO_2/—\Delta O_2$.

R résistance en physique (électricité).
Constante des gaz parfaits en thermodynamique.

Rf réflectivité d'une surface.

RT Épaisseur réduite ou rapport du volume d'une couche à la surface totale d'un lac.

S stabilité ou force qu'il faut fournir à un lac pour le rendre homogène quand il est stratifié.

S_1, S_2, S_n surface a : 1, 2, n mètres d'un lac.

S_s taux de saturation maximum en vapeur d'eau de l'air.

S_a taux de saturation observée en vapeur d'eau de l'air.

T température absolue.

T période d'oscillation des seiches internes.

T_c période critique d'une onde (houle).

Tr travail du vent.

V vitesse du vent en miles par heure.

W vitesse moyenne du vent en $m \cdot sec^{-1}$.

V volume d'un lac.

V_m vitesse moyenne de l'eau (en rivière).

V_0 vitesse de l'eau à la profondeur 0 cm.

Z profondeur maximum de visibilité du disque de Secchi.

Z_n profondeur normale d'un lac.

Z_r profondeur relative ou profondeur maximum z_m rapportée au diamètre moyen.

a agressivité.

c — solubilité (d'un gaz).
— concentration ionique d'un liquide.

c_i concentration d'un ion i.

d diamètre moyen des grains (de sable).

d distance de deux masses constitutives d'une molécule.

e_a pression de vapeur d'eau moyenne réelle en mm de Hg dans l'air.

e_s pression de vapeur d'eau saturante dans l'air en mm de Hg.

e_w pression de vapeur de l'eau de surface en mm de Hg.

f_A coefficient d'activité d'un élément (ion) A.

g accélération de la pesanteur.

h hauteur.

h_e hauteur de l'épilimnion.

i angle d'incidence.

l longueur d'un conducteur.

ln logarithmes népériens.

log logarithmes décimaux.

ly langley (unité d'énergie radiante).

m masse (positive ou négative) d'un élément de molécule.

mé milliéquivalent.

n indice de réfraction.

pK_n cologarithme de la constante de dissociation K_n (loi d'action de masse).

r angle de réfraction.

s surface de section d'un conducteur.

t température.

z profondeur.

z_g profondeur du centre de gravité d'un lac.

$\bar{z}$ profondeur moyenne.

z_i valence de l'ion *i*.

z_m profondeur maximum d'un lac.

Δ_s différence de densité entre deux échantillons (d'eau).

$\Delta\theta$ abaissement du point de congélation.

∇p gradient de pression dans un lac.

Ω vitesse angulaire de rotation de la terre.

γ parts par millions ou microgrammes par gramme.

δ déclinaison du soleil.

η — coefficient d'extinction vrai de l'eau (optique).
— coefficient de viscosité (ou coefficient de Poiseuille).

μ — force ionique d'une solution.
— coefficient de viscosité dynamique d'un fluide (l'eau).

ρ résistivité d'un conducteur en physique (électricité).

ρ_t densité à *t* degrés.

$\rho_1 \rho_2 \rho_n$ densité des couches 1, 2, ... *n* différenciables dans un lac.

ρ_z densité à la profondeur *z*.

σ complément à 1 de la mesure de la densité de l'eau $\sigma = 1 - \rho$. Exprimée à 10^{-5} près, c'est la salinité.

φ latitude.

χ conductibilité électrique d'un conducteur.

( ) en écriture de chimie, exprime l'activité d'un ion. Pour un élément A,

$$(A) = f_A \cdot [A]$$

[ ] exprime la concentration d'un ion ou d'une molécule dans un solvant, l'eau par exemple.

AVANT-PROPOS

Le devenir de l'humanité est lié à la connaissance qu'elle a des ressources naturelles. Celles-ci permettent son expansion et son évolution intellectuelle et technique. A la surface du globe, les lacs et plus généralement les eaux continentales, ont joué, jouent et joueront un rôle toujours plus grand en la matière.

Bien que née en pays de langue française, la science des eaux continentales ou Limnologie n'y avait pas encore été présentée au public averti, naturalistes et curieux cultivés. Il fallait compulser de nombreux traités, dans des disciplines variées, allant de l'hydrologie à la physiologie, pour se faire une idée de la vie aquatique et de ses liens avec les facteurs qui la font évoluer. Les concepts que l'on avait sur le milieu considéré ont été profondément modifiés par des progrès substantiels et rapides, surtout grâce à des travaux nombreux en pays étrangers et notamment anglo-saxons. Une présentation générale de nos connaissances s'avérait nécessaire et c'est le but de cet ouvrage.

Condenser en un volume abordable ce que nous savons sur *tous les types d'eaux continentales* quelle que soit la taille, la latitude, la longitude ou l'altitude, tout en restant à la portée des néophytes, a été la première difficulté à vaincre. L'expérimentation, les progrès faits en écologie et en océanographie (sciences connexes), apportent désormais des données nouvelles que j'ai dû considérer dans l'interprétation des phénomènes naturels abordés ici.

Par inclination personnelle et peut-être aussi en hommage à l'inventeur de la Limnologie, F. A. Forel, j'ai cherché dans le Léman un modèle, mais l'expérience acquise par l'étude de nombreux autres lacs m'a permis d'élargir mon horizon jusqu'aux régions équatoriales. Malgré cette expérience, je suis conscient des imperfections et erreurs qui se sont glissées dans le texte et remercie tous ceux qui m'aideront à les relever. J'ai pourtant cherché à corriger bon nombre de celles que j'ai découvertes dans la littérature compulsée.

Cet ouvrage m'a fait prendre conscience de tout ce que je devais à mes prédécesseurs et collègues qui m'ont aidé de leurs travaux et de leurs conseils.

Des premiers, je me souviens avec émotion des professeurs E. Baldi, A. Thienemann, U. d'Ancona, D. Rawson, F. Ruttner et en France de mes maîtres E. de Martonne, J. Bourcart, L. Fage, qui m'ont guidé, orienté, documenté. Certains des seconds ont pris une part active et directe à l'élaboration de différents chapitres ou m'ont permis, par leur accueil, de mieux connaître leurs propres terrains de travail au cours de voyages qui m'ont mené de Californie au Sud-Est asiatique, de l'équateur africain au cercle polaire. Je n'oublierai pas l'efficace sympathie de E. Deevey, R. Pennak, K. Lagler, C. Mortimer, W. Rodhe, A. Hasler, F. Shepard, Dom Saveun, V. Tonolli, etc.; l'aide de V. Slàdeček, qui m'a apporté une grande part de l'iconographie présentée en annexe; de P. Mercier, H. Ambühl, O. Findenegg, qui ont aidé à l'illustration dans le texte; de M. Lefèvre, R. Pourriot, R. Gras, qui ont lu certains chapitres et critiqué des passages; de C. Levêque, J. R. Durand, L. Lauzanne, qui ont réuni une partie de la documentation de base des chapitres 18, 19 et 20; de Melle F. Girard qui a participé aux recherches bibliographiques et s'est chargé des index et surtout de Cl. Delamare Deboutteville qui m'a ouvert, par sa collection Géobiologie-Ecologie, les portes des Éditions Gauthier-Villars sans la compréhension desquelles je n'aurais pu mener à bien ma tâche.

B. D.

Gif-sur-Yvette
(Essonne)

Avril 1966

INTRODUCTION

A. — DÉFINITIONS

1. L'HYDROBIOLOGIE

Les organismes qui vivent dans l'eau et plus particulièrement dans les eaux continentales, sont tout à la fois nombreux et très variés dans leur taille, leur comportement, leurs exigences respiratoires et nutritives. Ils dépendent, se nourrissent les uns des autres et subissent l'effet des facteurs physiques et climatiques qui leur sont imposés. Ce sont des bactéries, champignons, algues, phanérogames, protistes, invertébrés et vertébrés dont certains sont pathogènes pour l'homme et d'autres lui servent de nourriture.

Tous ces organismes, en vivant, excrètent ou sécrètent dans le milieu les produits de leur métabolisme, produits qui induisent souvent le développement d'autres organismes voire leur reproduction. De plus, en absorbant pour la synthèse de leurs propres constituants vitaux les éléments à leur disposition dans l'eau, ils modifient la composition de celle-ci qui devient alors impropre à certaines espèces. Enfin, l'homme pour ses besoins propres ou son confort, prélève une quantité importante d'eau à la nature et rejette dans le réseau hydrographique des régions peuplées, eaux souillées et déchets de toutes natures que les organismes qui le peuplent doivent digérer. Il modifie aussi et souvent profondément les facteurs physiques qui jouent un rôle important dans la répartition des êtres aquatiques tels que niveau et ses variations, débits, couverture végétale, etc.

L'Hydrobiologie est la science qui étudie la vie des êtres qui peuplent les eaux, aussi bien la vie individuelle que la vie collective organisée ou non. Elle se préoccupe non seulement de la physiologie des individus, de leur métabolisme et du rôle des facteurs du milieu sur celui-ci (écologie), mais aussi du comportement (éthologie) de ces organismes, de leur mode de reproduction, de leur développement, de leurs relations avec les individus avec lesquels ils vivent ou dont leur vie dépendent, qu'ils soient de la même espèce (relations intraspécifiques) ou d'espèces voire de groupes différents (relations interspécifiques, associations, chaînes alimentaires, etc.).

On a coutume de différencier une Hydrobiologie continentale et une Hydrobiologie marine. De fait, pour de nombreux groupes, cette différenciation n'est qu'arbitraire voire artificielle.

Enfin, l'Hydrobiologie s'intéresse aux organismes de tous les milieux aquatiques sans distinction de taille ou de salinité quels que soient le courant et sa vitesse, la lumière et sa pénétration, etc.

2. LA LIMNOLOGIE

Nous devons à Forel (1892) la première définition de la Limnologie, c'est : « L'Océanographie des lacs ».

Pour la comprendre il faut définir avec assez de précision à la fois ce qu'est l'Océanographie et ce que représente la notion de lac.

L'Océanographie, ou étude des océans, groupe l'ensemble de nos connaissances des mers du globe quelle que soit l'orientation des recherches. Le grand but de l'Océanographie est de tenter de faire avancer ces connaissances dans tous les domaines à la fois, de façon à permettre, par rapprochement des résultats et des idées, d'établir une **synthèse** des phénomènes physiques et biologiques, synthèse qui ne ferait que refléter l'**unité** du monde marin.

Un lac, dans le sens scientifique du terme, est une masse d'eau naturelle, de quelque taille ou profondeur et de quelque salinité que ce soit, en liaison directe ou indirecte ou sans liaison avec les mers ou les océans.

Aux lacs, on ajoute par raison de similitude les réservoirs et cuvettes artificielles ou anthropiques, remplis d'eau. Le terme étang sera réservé aux lacs artificiels plus ou moins vidangeables, utilisés ou non par l'homme. Il n'a pas de définition scientifique précise et s'applique aussi bien aux lagunes méditerranéennes (étang de Thau) qu'aux lacs de montagne (étang des Bouillouses, Pyrénées-Orientales), aux grands lacs de plaine (étang d'Hourtin) qu'aux réservoirs à usage piscicole (étangs de Sologne); il pourrait être restreint à cette dernière définition et un étang serait donc un réservoir muni d'une bonde, vidangeable et destiné à l'élevage des poissons (cf. chap. V A).

La limnologie sera donc l'étude des eaux continentales (ou intérieures). Elle s'intéressera aussi bien à la physique de ce milieu qu'à son hydrodynamique. Elle s'occupera de ses constituants minéraux solubles ou en suspension, des phénomènes géologiques reliant au sein de ce milieu liquide l'eau des cuvettes aux bassins d'alimentation d'où elle provient (érosion, sédimentation), des relations existant aux interfaces eau-air (hydrométéorologie) et eau-sol (hydropédologie, sédimentologie). Elle étudiera aussi la vie dans ces eaux, les relations écologiques existant entre les différents milieux qu'elle caractérisera et les groupements végétaux et animaux qui les peuplent. Elle nous fera connaître les influences des uns sur les autres, les transferts de matière et d'énergie, les productions et les blocages de substances nutritives, le rôle de l'homme, rôle de constructeur (lacs artificiels), de transformateur (aménagement), de destructeur (pollutions) du milieu naturel aquatique.

La limnologie, comme l'océanographie, ne sera donc pas une science spécialisée au sens de l'analyse des phénomènes dont les lacs sont le siège. Elle s'intéressera à toutes les actions et réactions naturelles dont l'homme est spectateur ou acteur. Elle se préoccupera de toutes les collections d'eaux continentales quels qu'en soient la taille, l'origine ou le destin.

Par extension, et bien que l'étude physique et géographique de ces milieux relève d'une discipline particulière (la potamologie), elle se penchera sur les phénomènes biologiques dans les eaux courantes : Les associations végétales et animales en milieu d'eaux courantes et en lacs sont souvent très analogues et il y a la même similitude entre zonation climatique latitudinale et altitudinale en biogéographie qu'entre zonation écologique en rivières (et fleuves) et en lacs.

Née sur les bords du Léman, la Limnologie est devenue peu à peu l'hydrologie (au sens large) des eaux continentales. Des circonstances fortuites ont voulu que ce soit les biologistes et pour une bonne part les zoologistes qui se soient plus particulièrement intéressés à ce milieu, si bien que peu à peu elle était devenue l'étude du rôle biologique des organismes dans les eaux continentales (WELCH, 1952). Pour THIENEMANN, fondateur avec NAUMANN de l'Association internationale de Limnologie (1922), la limnologie englobe toutes les eaux de surface y compris les eaux courantes, mais considère la nécessité de dissocier de la discipline les recherches purement physiques effectuées dans un but limité au monde physique (ou géophysique) (THIENEMANN, 1925; NAUMANN, 1930).

On ne peut que très imparfaitement séparer le monde physique et le monde vivant dans les eaux naturelles : La formation de la craie lacustre, qui est du domaine du géologue, intéresse également le biologiste et nous en donnerons plus loin les raisons.

C'est pourquoi avec KLEEREKOPER (1944), RUTTNER (1952), HUTCHINSON (1957), FREY (1963), etc., nous garderons à la limnologie son rôle de science des eaux intérieures (ou eaux continentales) s'intéressant à tous les facteurs qui, d'une manière ou d'une autre, influencent la vie de ces eaux et leur peuplement.

B. — LES MOYENS D'INVESTIGATION

1. LES LABORATOIRES

Les recherches limnologiques, à l'encontre d'études seulement hydrobiologiques, réclament le plus souvent des moyens importants d'investigation. De plus, elles appellent la réunion, en un complexe de travail, de plusieurs groupes de tendances différentes : chimie, physique, géologie, botanique, zoologie, etc.

La nécessité de concevoir, à côté d'investigations descriptives sur le terrain même, une expérimentation *in situ* et une autre *in vitro* ajoute à la difficulté!

Si un grand nombre de laboratoires de terrain implantés dans des régions privilégiées, riches en collections d'eau, permettent le travail de chercheurs isolés, il faut bien reconnaître que les laboratoires à vocation essentiellement limnologiques sont nettement moins nombreux dans le monde. Il y en a encore cependant trop pour pouvoir les nommer tous.

Parmi les plus importants, dont la réputation est internationale, citons :

— En **Allemagne occidentale**

L'*Hydrobiologische Anstalt de Plön-im-Holstein*, fondé en 1892 et dépendant de la Société Max-Plank de développement des Sciences. Installé sur les bords du Plöner See, il fut successivement dirigé par ZACHARIAS et THIENEMANN (UTERMÖHL, 1964). Son activité dépasse très largement celle de l'Allemagne du Nord et atteint le Brésil!

Le *Bayerische Biologische Versuchanstalt de l'Institut Demoll Hofer à Munich*, fondé dès 1900, spécialisé dans les problèmes d'évolution accélérée et de pollution des eaux continentales, y compris les lacs bavarois et le Danube, et dont l'activité est exprimée par le traité de H. LIEBMANN sur la biologie des eaux naturelles (LIEBMANN, 1960, 1962).

L'*Institut für Seenforschung und Seenbewirtschaftung de Langenargen*, fondé en 1920, sur les bords du lac de Constance (Bodensee) et s'intéressant notamment aux lacs de Wurtemberg.

L'*Anstalt für Bodenseeforschung de Konstanz*, également sur les bords du lac de Constance, fondé en 1919 et très bien équipé pour l'étude de ce lac grâce à la générosité du Professeur AUERBACH qui en fut longtemps le directeur. Il dépend maintenant du précédent.

Le *Limnologisches Institut der Universität Freiburg (Walter Schlienz Institut) à Falkau*, fondé en 1947 dans le but de former des chercheurs et d'étudier les lacs de la Forêt Noire, notamment le Schluchsee, le Titisee, le Feldsee, etc. Il est transféré à Konstanz Egg depuis 1971.

La *Limnologische Station Niederrhein à Krefeld*, fondée en 1928 et qui dépend comme l'institut de Plön, de la Max Planck Gesellschaft. Sa situation près du Rhin en fait une station de recherches de plaine.

— En **Allemagne orientale**

Le *Forschungstelle für Limnologie de Jena-Lobeda*, récemment fondé en 1959 par l'Académie des Sciences de Berlin, tend à grouper les chercheurs qui s'intéressent aux lacs de cette région du globe, notamment le lac de Stechlin. Ce laboratoire est en plein développement et son programme étendu.

— En **Argentine**

Le *Laboratorio de Limnologia* du *Museo de la Plata* rattaché à l'Université nationale de la Plata a été fondé en 1952, poursuit ses investigations sur les lacs et eaux saumâtres de la province de Buenos-Aires. L'Instituto nacional de Limnologia de Santo Tomé (Santa Fé) étend ses activités sur une bonne partie du pays. Le C.E.C.O.A.L. (Centre d'écologie appliqué du Littoral) de Corrientes (Corrientes) étudie tout particulièrement les masses d'eau du bassin du Parana.

— En **Autriche**

La *Biologische Station de Lunz-am-See* de l'Académie des Sciences d'Autriche, fondée dès 1906, doit sa réputation à F. Ruttner qui en fut son directeur fort longtemps. Située aux bords de l'Unter Lunzersee, elle a étendu son activité jusqu'en Indonésie.

La *Limnologische Station de Kuehtai*, rattachée à l'Université d'*Innsbruck* fondée en 1959, est spécialisée dans les problèmes posés par les lacs de montagne naturels et artificiels.

— Au **Brésil**

L'*Estação de Hidrobiológia* de l'Institut Oswaldo Cruz à *Rio de Janeiro*, fondé en 1937, est spécialisé dans l'étude des eaux saumâtres.

L'*Instituto nacional de Pesquisas da Amazõnia de Manaus* tend à devenir le centre d'attraction de tous les chercheurs intéressés par le magnifique réseau hydrographique de l'Amazone. Son programme de travail est donc plein de promesses.

— Au **Canada**

De nombreux laboratoires et instituts seraient à signaler; citons seulement :

— L'*Institut des pêches de l'Université de British Columbia* à *Vancouver*, qui s'intéresse notamment aux lacs des montagnes rocheuses.

— Le *Limnological laboratory de Saskatoon* (Saskatchewan) fondé en 1929, qui doit sa réputation à D. RAWSON dont l'activité l'a mené auprès des grands lacs du bouclier canadien, lac La Ronge, grand lac de l'Ours, lac Atabaska, etc., ainsi qu'auprès des milliers de lacs d'eau douce ou salée de cette région privilégiée au point de vue limnologique.

— L'*Office de Biologie de Québec à Montréal* qui, grâce à sa station du Mont Tremblant permet l'étude des très nombreux lacs de cette région (lac Monroe, lac Carré, etc.).

— Le *Canada Center for Inland Water* à Burlington (Ontario).

— Le *Freshwater Institute* de Winnipeg (Manitoba etc.).

— Au **Chili**

Le *Departamento de Hidrobiologia* du Centre d'investigations zoologiques de l'Université, à *Santiago*, centralise depuis 1955 les recherches limnologiques dans cette région riche en lacs.

— Au **Zimbabwe**

L'Université du Zimbabwe a créé une *Station de Recherche sur le lac Kariba*, lui-même créé par le barrage du Zambèze et dont l'intérêt est considérable pour la région, notamment en matière piscicole.

— Au **Danemark**

Le *Ferskvands-Biologiske Laboratorium* de l'Université de Copenhague à *Hillerød*, entreprend, depuis sa fondation en 1900, des investigations suivies sur les lacs danois et les rivières tributaires.

— En **Finlande**

Le *Limnologian Laitos* de l'Université d'*Helsinki*, fondé en 1939 par H. JÄRNEFELT, s'est occupé et se préoccupe des dizaines de milliers de lacs que possède ce pays.

— En **France**

Le *Centre d'Hydrobiologie lacustre* de l'Institut national de la recherche agronomique à *Thonon* se préoccupe de l'eutrophisation des lacs et de leur aménagement piscicole. Ancienne Station de Recherches lacustres, il a ouvert ses portes dans de nouveaux locaux en 1969. Ces deux derniers Centres constituent maintenant l'*Institut de Limnologie.*

Le *Centre d'Hydrobiologie lacustre* de l'Institut national de la recherche agronomique à *Thonon* se préoccupe de l'eutrophisation des lacs et de leur aménagement piscicole. Ancienne Station de Recherches lacustres, il a ouvert ses portes dans de nouveaux locaux en 1969. Ces deux derniers Centres constituent maintenant l'*Institut de Limnologie.*

Le *Laboratoire de la Faculté des Sciences* de Clermont-Ferrand fondé en 1900 à *Besse-en-Chandesse* est spécialisé dans l'étude des lacs d'Auvergne.

La *Station biologique du lac d'Orédon* est depuis 1922 une annexe de la Faculté des Sciences de Toulouse, située dans une région de lacs de montagne en Pyrénées centrales.

La Faculté des Sciences de *Lyon,* par son laboratoire de *Zoologie générale,* s'intéresse aux lacs et étangs préalpins, jurassiens et des Dombes.

La Faculté des Sciences de *Grenoble* possède depuis 1900 un laboratoire d'Hydrobiologie et de Pisciculture qui s'intéresse, surtout depuis LÉGER, aux lacs alpins d'altitude et à la biologie des eaux courantes (faunes torrenticoles).

— En **Grande-Bretagne**

La *Freshwater Biological Association* a installé ses laboratoires à *Ferry-House* près d'Ambleside, aux bords du Windermere en plein district des lacs. Fondée en 1931, elle préside à la destinée de la plupart des limnologues anglo-saxons européens.

— En **Hollande**

L'Académie royale néerlandaise des Sciences et des Arts possède depuis 1957 un *Institut Hydrobiologique* à *Nieuwersluis* spécialisé dans les problèmes biologiques et biochimiques en eau peu profonde.

— En **Hongrie**

Le célèbre *Institut de Recherches* biologiques de l'Académie des Sciences de Hongrie à *Tihany* est situé sur la rive du lac Balaton depuis 1927; il en étudie depuis lors, et avec beaucoup de savoir, les conditions de vie.

— En **Italie**

L'*Istituto italiano di Idrobiologia de Pallanza*, sur les rives du lac Majeur, fondé en 1939 sous la forme d'une fondation du Dottore MARCO DI MARCHI est maintenant un centre de l'Université de Milan et du Conseil national de la recherche italienne. Son renom dans le domaine de l'étude du plancton n'est plus à faire depuis E. BALDI et ses disciples.

A *Venise*, l'*Istituto Nazionale di Studi Talassografici* est spécialisé dans les recherches sur le milieu saumâtre. Fondé en 1947 par le Conseil national de la recherche, il se préoccupe également des problèmes limnologiques posés notamment par le lac de Garde.

L'*Istituto di Idrobiologia et Piscicoltura G. B. Grassi* de l'Université de Perugia a, par sa situation près du Lago Trasimeno, une vocation limnologique. Il est de fondation récente (1956).

— Au **Japon**

Un des plus connus des laboratoires s'intéressant aux eaux continentales est l'*Otsu Hydrobiological Station* (Otsu Rinko Jikkensho) fondé en 1914 près de Kyoto par l'Université. Par le nombre et la qualité des travaux qui s'y poursuivent comme par sa situation, ce laboratoire mérite d'être mentionné ici, ainsi que le *Water Research Laboratory* de la Faculté des Sciences de Nagoya.

— En **Norvège**

L'Université d'Oslo a organisé en 1946 un *Institut Limnologique* à *Blindern* chargé d'organiser les recherches sur les lacs, rivières et fjords du pays. Son activité comme la qualité de ses enseignements sont dignes d'intérêt.

— En **Pologne**

L'*Instytut biologii Doswiadczalnej im M. Nenckiego* de l'Académie des Sciences possède un département d'Hydrobiologie expérimentale à *Varsovie* depuis 1954 dont la Station de recherches, située à Mikolajki, permet toutes études sur les lacs Mazuriens.

De son côté, l'*Université de Wroclaw* possède un Institut de Limnologie et Pêches, tandis que l'*Université Copernic* de Torum a organisé en 1958 une station limnologique *(Stacja Limnologiczna)* à *Ilawa*, en pleine Mazurie.

— La **Suède** est un des berceaux de la limnologie.

L'Université d'*Uppsala* possède un *Institut de Limnologie* et, depuis 1944, un laboratoire de recherches sur les bords du lac Erken dont la réputation déborde très largement les frontières de ce pays si riche en lacs de toutes natures.

L'*Université de Lund* pour sa part a depuis 1929 un *Institut limnologique à Aneboda* en pleine région de lacs oligotrophes, dont le créateur fut E. NAUMANN (1891-1934) l'un des fondateurs de l'Association internationale de Limnologie. Cet institut est étroitement lié à celui qui existe à Lund même.

— La **Suisse**, qui a vu naître F.A. FOREL, inventeur de la Limnologie, possède depuis peu un *Institut Forel* essentiellement orienté vers l'étude des lacs. De nombreux laboratoires étudient les conditions de vie et d'évolution des eaux continentales. Parmi eux, l'*Eidgenössische Anstalt* für Wasserversorgung Abwasserreinigung und Gewässerschutz qui dépend de l'Institut polytechnique fédéral de *Zürich* possède des installations s'intéressant à l'évolution accélérée des lacs suisses. De cet institut dépend également le laboratoire de *Kastanienbaum* situé sur les bords du lac des 4 Cantons, l'un des plus grands et des plus profonds lacs suisses en même temps que l'un des plus mal connus.

— En **Tchécoslovaquie**

L'Académie des Sciences possède sur le réservoir Slapy une station de terrain qui dépend du *Laboratoire Hydrobiologique* de *Prague*. Fondé en 1951, ce laboratoire dispose de toutes les facilités nécessaires et publie régulièrement des résultats encourageants et d'intérêt général.

De son côté, la Faculté possède un département de Technologie des eaux dont dépend le *laboratoire d'Hydrobiologie* qui s'intéresse tout particulièrement au réservoir Sledice et à la chimie des eaux lacustres.

— En **Turquie**

L'*Hidrobioloji Arastirma Enstitusu* (Institut de recherches hydrobiologiques), situé à Istambul, date de 1951 et dépend de l'Université. Il s'est spécialisé surtout dans l'étude des poissons.

— En **Union Soviétique**, plusieurs instituts sont directement orientés vers l'étude des eaux continentales, notamment (Frey, 1965) :

Le *Laboratoire de Limnologie* de l'Académie des Sciences, situé à *Léningrad* ainsi que

l'*Institut de Biologie des eaux intérieures* (et réservoirs) qui, lui, est à *Borok* (Yaroslav), et

l'*Institut d'Hydrobiologie* de *Kiev* (de l'Académie des Sciences).

Outre ces trois instituts, il faut mentionner parmi une douzaine d'autres au moins, la

Station limnologique du Baïkal qui dépend de la branche Sibérie-orientale de l'Académie des Sciences.

— Aux **États-Unis d'Amérique**, plusieurs universités possèdent des départements de limnologie :

La *Yale University*, située à *New Haven* (Connecticut) a vu naître de nombreuses vocations de limnologues, grâce surtout à G. E. Hutchinson, président actuel de l'Association internationale de Limnologie théorique et appliquée (1964) et à la présence dans cette région de plusieurs lacs et laquets intéressants, notamment le Linsley Pond.

L'*Université du Wisconsin* s'est mise en valeur grâce à la célèbre équipe de E. A. Birge et Ch. Juday. Depuis, le *laboratoire de limnologie de Madison*, sur les bords du lac Mendota, continue les investigations et recherches. Ce laboratoire fondé en 1896, vient d'être reconstruit (1963).

L'*Université Cornell* possède un département d'Entomologie et Limnologie qui s'intéresse particulièrement aux finger lakes dans l'État de New York. Ce département ne possède pas de laboratoire de terrain, mais sa réputation déborde largement les frontières de l'État.

Enfin, dans le *Michigan*, l'Université installée à *Ann Arbor* abrite la Great Lakes Research Division qui centralise et supervise toutes les recherches sur les grands lacs depuis 1945. L'étendue du milieu prospecté et la diversité des disciplines abordées caractérisent cet institut scientifique.

Dans de nombreuses autres universités existent des groupes de travail s'intéressant aux eaux continentales : citons notamment l'Université de l'Indiana à Bloomington, de l'État de Washington à Seattle, du Colorado à Boulder, etc.

Au Canada, il en est de même à Québec, Montréal, Toronto, Hamilton, Winnipeg, etc.

— En **Yougoslavie**

L'Université de Skopje a créé en 1934 un *Institut Hydrobiologique à Ohrid* destiné à permettre l'étude des lacs macédoniens et tout particulièrement le lac d'Ohrid si intéressant par son âge, son origine, sa biologie.

2. LES PUBLICATIONS

L'Association internationale de Limnologie publie, après chaque congrès, un recueil de travaux représentant plus de 1 000 pages. De plus, régulièrement paraissent des communications scientifiques relatives à des méthodes ou des mises au point particulièrement attendues.

L'organe de publication internationale de cette association est la revue *Archiv für Hydrobiologie* éditée à Stuttgart. En Allemagne est également publiée l'*Internationale Revue der gesamten Hydrobiologie und Hydrographie* (Hamburg, Kiel, Leipzig).

De plus, une collection non périodique intitulée *Die Binnengewässer* permet la parution de synthèses taxinomiques, écologiques ou méthodologiques importantes.

La Société américaine de Limnologie et Océanographie fait paraître très régulièrement une revue : *Limnology and Oceanography* dans laquelle coexistent travaux relatifs au monde marin et recherches sur le milieu continental.

Par ailleurs, la revue *Ecology* est éditée par l'American Society of Ecology.

En Hollande, la revue internationale *Hydrobiologia* est de tendance essentiellement biologique, tandis qu'en Allemagne de l'Est, la revue

Limnologica groupe bon nombre de travaux généraux effectués en Europe Centrale et Orientale.

La France a vu naître sous forme de Travaux du laboratoire d'Orédon des *Annales de Limnologie*, devenues depuis une publication internationale périodique publiée par Gauthier-Villars (Bordas), Paris. De son côté, l'O.R.S.T.O.M. publie une *Revue d'Hydrobiologie Tropicale.*

L'Italie possède les *Memorie del Istituto Italiano di Idrobiologia* publiés à Pallanza et l'Angleterre utilise les deux revues de la British ecological Society : *Journal of Ecology* et *Journal of Animal Ecology.*

La Norvège édite les *Folia limnologica Scandinavica* et l'U.R.S.S., les *Travaux de l'Institut des lacs de barrage*, parmi plusieurs autres publications.

En Pologne, ce sont les *Polskie Archiwum Hydrobiologii* qui sont les plus largement ouverts aux travaux de Limnologie avec les *Archiv für Hydrobiologi à Rybatwa.*

Par ailleurs, nombreux sont les travaux limnologiques qui paraissent dans les revues géologiques ou biologiques, telles que *Geochimica et Cosmochimica Acta*, *Revue Suisse d'Hydrologie* ou *Oïkos* ou encore dans les nombreux mémoires ou comptes rendus des Sociétés de Sciences naturelles éparpillées dans le monde entier.

Enfin, un certain nombre de publications très intéressantes relèvent de la limnologie appliquée, notamment aux pêches. Vouloir les citer nous écarterait du sujet ici traité.

PREMIÈRE PARTIE

L'EAU

CHAPITRE I

L'EAU AU POINT DE VUE PHYSIQUE

Le caractère banal de l'eau qui nous environne fait parfois oublier que ce liquide aux propriétés si particulières est à la fois le fluide le plus indispensable à la vie et celui dont la complexité est la plus remarquable.

Élément vital, l'eau fait toujours l'objet de la préoccupation majeure de l'humanité qui cherche à en tirer le plus grand profit et s'en sert comme liquide de référence en physique, comme support d'une foule de réactions en chimie, comme véhicule de transport vers le monde organisé des éléments vitaux dont il a besoin (sels minéraux, molécules organiques), comme source d'énergie, moyen de transport, de communication, etc.

Si, dans la nature, l'eau **pure** n'existe pas, il faut rechercher l'origine de ce qu'elle transporte dans le nombre élevé de produits minéraux ou organiques qu'elle dissout au cours de son cheminement dans, sur ou au-dessus de la croûte terrestre. Avant toute étude de ces éléments constitutifs de l'eau naturelle qui nous préoccupera ici, une revue de ce que nous devons savoir sur l'eau elle-même s'avère nécessaire.

A. — ANALYSE ET SYNTHÈSE

Lavoisier fut un des premiers, dès la fin du XVIIIe siècle, à nous éclairer sur la composition réelle de l'eau. Jusqu'alors considérée comme élément simple (et fondamental), l'eau est devenue un composé relativement facile à concevoir : 16 g d'oxygène et environ 2 g d'hydrogène, combinés de façon intime (De fait il fallait 2,016 g). L'invention des symboles chimiques et de la loi des proportions définies a permis de donner à l'eau la formule H_2O.

La synthèse de l'eau, contre-épreuve décisive, a pu être réalisée quelques années plus tard, en faisant jaillir une étincelle au sein d'un mélange de

2 volumes d'hydrogène et d'un volume d'oxygène contenu dans un eudiomètre (synthèse eudiométrique).

Ainsi, la molécule d'eau, en gros, est-elle une molécule simple et l'un de ses constituants a été, dès l'origine de la chimie d'aujourd'hui, élevé au rang de constituant (élément) de référence : l'oxygène; c'est parce qu'il faut 16 g d'oxygène pour constituer une molécule-gramme d'eau que le poids atomique de cet élément a été longtemps choisi arbitrairement égal à 16. Dès le premier âge de la chimie moderne, l'eau avait conquis ses lettres de noblesse et sa place privilégiée (Cette place lui a été récemment (1961) ravie par le carbone qui désormais est l'élément de référence sous sa forme ^{12}C).

B. — STRUCTURE DE L'EAU

1. LA MOLÉCULE D'EAU

En première approximation on peut écrire la formule de l'eau H - O - H. Cependant, pour expliquer les propriétés physiques et chimiques de l'eau liquide, il faut admettre qu'en fait l'atome d'oxygène est situé au centre d'un tétraèdre dont deux sommets sont occupés chacun par un atome d'hydrogène ionisé et faisant donc figure de protons (l'atome d'hydrogène est constitué seulement d'un proton et d'un électron).

Si on considère, dans une molécule quelconque, à la fois le centre de gravité des charges électriques positives et celui des charges électriques négatives, ces deux centres de gravité peuvent ne pas coïncider : c'est le cas dans les molécules n'ayant pas une parfaite symétrie. Si la distance existant entre les deux centres de gravité des charges positives et négatives est appelée d et la somme des masses positives m (celle des masses négatives sera de ce fait $-m$), on appellera *moment électrique permanent* de la molécule la grandeur $M = md$. Ce moment permanent est variable suivant la nature chimique de la molécule, mais constant tant que celle-ci ne change pas de forme.

Une molécule symétrique, donc à moment permanent nul, soumise à l'action d'un champ, se déforme : les charges positives et négatives se déplacent en directions opposées et un **moment induit** par le champ prend naissance; on dit que ce moment est le résultat d'une *polarisation* de la molécule sous l'action du champ.

Si ce champ n'est pas très puissant, le moment induit lui est proportionnel et le coefficient de proportionnalité mesure la polarisabilité ou *déformabilité* de la molécule.

Moment permanent et moment induit se superposent géométriquement dans une molécule dissymétrique. C'est le cas de l'eau dont le moment est évalué à $1,84 \cdot 10^{-18}$ unités C.G.S., soit 0,38 électron-angström. D'après les résultats des mesures aux rayons X des distances inter-atomiques, le moment de l'eau serait nettement supérieur à cette évaluation, ce qui tendrait à prouver qu'il y a interpénétration des atomes, donc plus grande stabilité de la molécule.

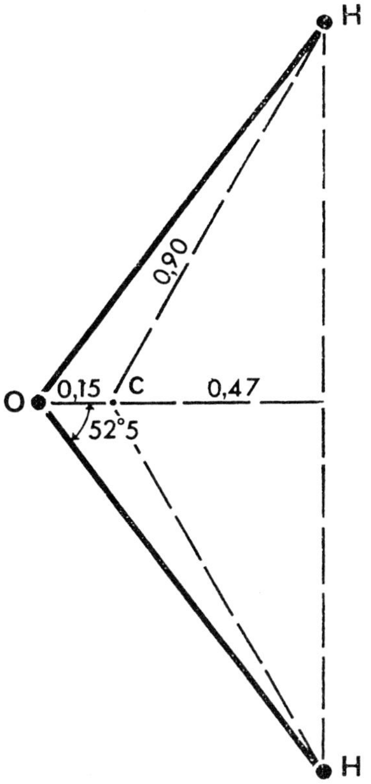

FIG. 1. — Schéma d'organisation de la molécule d'eau (H-O-H).
Les distances sont exprimées en angströms.
C est le centre de gravité de la molécule.

Une molécule possédant un moment permanent est dite polaire; on l'appelle aussi dipôle. Un dipôle est donc une molécule réductible à deux charges m et $-m$ situées l'une de l'autre à une distance d. Dans le cas de l'eau ces charges correspondent à $2e$, avec $e = 4,8 \times 10^{-10}$ unités C.G.S. électrostatiques puisque l'oxygène est bivalent.

Une molécule polaire produisant autour d'elle un champ électrique, deux dipôles en se rapprochant l'un de l'autre exerceront l'un sur l'autre une action d'attraction ou de répulsion, d'orientation et de déformation amenant la formation d'un moment induit.

Un assemblage de molécules non polaires ne produisant statistiquement qu'un champ électrique très faible, aura moins de cohésion qu'un assemblage de molécules polaires.

Pour avoir donc une idée de la structure de la molécule d'eau, il faut se rappeler que les deux atomes d'hydrogène apportent à l'atome d'oxygène les deux électrons périphériques qui lui manquent; pour que l'énergie potentielle de la molécule soit minimum, il faut donc que les deux protons que représentent les deux noyaux d'hydrogène glissent d'une position théorique diamétrale (atomes en chaîne linéaire) pour se stabiliser quand ils font avec le centre de la molécule un angle de 105°.

Bernal et Fowler (1933) ont évalué les distances respectives de ces éléments constitutifs de la molécule d'eau (fig. 1).

De fait, il semble que la distance de l'atome d'oxygène à l'axe des atomes d'hydrogène soit de 0,62 Å.

La molécule d'eau est donc électriquement réductible à 4 charges, deux négatives (celles de l'oxygène) et deux positives (celles des hydrogènes) situées aux sommets d'un tétraèdre, chaque charge pouvant s'associer à une charge de signe contraire d'une autre molécule d'eau voisine, et former ainsi des ponts assurant la cohésion de l'ensemble des molécules dans l'eau liquide.

2. L'EAU LIQUIDE

Il existe dans les liquides un ordre à petite distance faisant de ceux-ci une forme ressemblant davantage à un cristal qu'à un gaz.

Dans le cas de l'eau, les travaux de Morgan et Warren (1938) ont montré que l'eau pouvait se présenter sous trois formes d'association :

— L'eau I, où l'arrangement des molécules ressemble à celui de la tridymite, forme cristalline de la silice où l'atome Si est entouré de 4 oxygènes et qu'on retrouve dans la glace; c'est le trihydrol de Armstrong.

— L'eau II, dont la structure rappelle celle du quartz, où les Si sont reliés à deux oxygènes; chaque oxygène est relié à deux hydrogènes, c'est le dihydrol de Van Laar.

— L'eau III, molécules entassées de façon à tenir le volume minimum et constituant un réseau aux mailles souples; c'est le monohydrol de Sutherland (1900).

L'eau I semble n'exister qu'à faible température (moins de 4 °C), ce qui a fait dire à Roentgen (1892) que l'eau était une solution de glace dans une forme liquide de l'eau. En fait, cette conception de la nature des associations moléculaires dans l'eau est due à Whiking (1884) mais était passé inaperçue à cette date.

L'arrangement des molécules dans le liquide qu'est l'eau à température voisine du point de fusion rappelle donc celui de la glace Il s'en éloigne quand la température augmente par suite de l'agitation thermique croissante. Les mailles du réseau cristallin ainsi constitué s'écartent et une certaine dépolymérisation se produit qui conduit peu à peu à l'eau II puis à l'hydrol de SUTHERLAND dont est constituée la vapeur d'eau.

L'eau liquide en présence de glace fondante est déjà constituée de près de 50 % de dihydrol. A 4 °C, il ne reste plus que 30 % de trihydrol et à 15 °C, 5 %. A cette dernière température, le monohydrol constitue déjà près de 5 % de l'eau liquide tandis qu'au voisinage du point d'ébullition (100 °C) il caractérise presque seul la phase liquide.

Les différences notables de propriétés physiques de ces trois formes d'eau expliquent l'importance accordée à leur étude. Bien des influences géologiques, biochimiques ou biologiques restées inexplicables par la seule connaissance des propriétés d'ensemble de l'eau aux différentes températures pourraient s'expliquer en considérant séparément l'influence de chacune des formes présentes d'eau dans les conditions d'observation ou d'expérience.

Nous n'entrerons pas plus avant ici dans l'étude de la constitution de l'eau à température ordinaire.

Qu'il nous suffise de rappeler que les liaisons entre molécules, grâce à la présence d'hydrogène dans ces molécules (liaisons ou ponts hydrogènes) font de l'eau un liquide associé, capable de polymérisation à basse température. Nous verrons plus loin les conséquences de cette constatation.

Rappelons également que dans la nature, l'eau est avec le mercure le seul liquide inorganique existant à température ordinaire, si l'on excepte l'acide carbonique qui, sous forte pression dans les cavités existant entre certains cristaux de quartz incorporés en pleine roche, est liquide.

3. LA GLACE

En limnologie la glace n'est qu'une forme passagère d'eau solide. Elle a cependant des propriétés particulières et fait acquérir aux eaux dont elle provient et à celles auxquelles elle se destine des qualités également dignes d'intérêt.

Parmi les différents types de glace obtenus plus ou moins expérimentalement, un seul sera considéré ici, la glace 1 dite glace commune. C'est un minéral cristallisé ayant une symétrie hexagonale (trigonale) et dont la structure moléculaire se rapproche beaucoup de l'eau I : Si les mailles du réseau cristallin sont constituées de 4 atomes d'oxygène occupant les sommets d'un tétraèdre régulier et distants entre eux de 2,76 Å, la distance de ces atomes à ceux d'hydrogène varie cette fois de 0,99 Å à 1,05 Å (au lieu de 1,77 Å).

Cette structure cristalline très lâche de la glace lui confère des propriétés physiques remarquables telles que sa masse spécifique (densité) qui à 0 °C et à pression normale n'est que de 0,9167 g/cm^3 pour une glace compacte et seulement 0,90 g/cm^3 environ pour la glace de glacier qui contient un certain nombre d'impuretés (inclusions, gaz, etc.). De plus, la faible biréfringence de la glace lui donne une certaine sensibilité vis-à-vis des tensions qui, dans la nature, la déforment grâce à sa relative élasticité et à sa plasticité qui la rend anisotrope.

La glace a d'autres propriétés optiques également remarquables et notamment son indice de réfraction très petit et son faible coefficient d'absorption de la lumière visible : la glace est très transparente quand elle ne contient pas d'inclusions.

De plus, elle voit ses propriétés mécaniques se modifier avec la température :

Elle est 2 fois plus **fragile** à — 15 °C qu'à 0 °C. Elle est nettement plus visqueuse à basses températures.

Rappelons que l'anisotropie de la glace est telle que si la force qui provoque l'écoulement est perpendiculaire à l'axe principal du réseau cristallin, sa viscosité sera au moins 1 000 fois plus faible que si elle est appliquée parallèlement à cet axe (10^{14} poises).

Son élasticité et sa résistance à l'écrasement croissent quand la température décroît : la glace est un minéral relativement dur et près de trois fois plus dur à — 30 °C qu'à 0 °C! Sa résistance a été évaluée à 31 à 33 $\pm$ 10 kg·cm^{-2} (SCHOUMSKY, 1957) parallèlement à l'axe principal et seulement 20 à 25 kg·cm^{-2} perpendiculairement. De fait, si la neige tassée concourt à constituer cette glace (couverture glacionivale des lacs), cette résistance descend à 22 kg·cm^{-2} (KOECHLIN, 1944).

Enfin, la glace se dilate à la chaleur au-dessous de 0 °C et si son coefficient de dilatation linéaire est de 0,51·10^{-4} par degré centigrade, son coefficient de dilatation cubique est de 1,7·10^{-4} par degré centigrade. Ces coefficients sont indépendants de la température.

Rappelons enfin que la glace dans la nature peut être douce, saumâtre ou salée et qu'elle peut contenir les ions Cl^-, SO_4^{--}, NO_3^-, NH_4^+, Na^+, K^+, Ca^{++}, Mg^{++} (RENAUD, 1949) pour la glace de glacier et pratiquement tous les composés de l'eau de mer pour la glace salée provenant de sa solidification.

C. — PROPRIÉTÉS PHYSIQUES DE L'EAU

1. NATURE LIQUIDE DE L'EAU

L'eau, par ses propriétés très spéciales, ne suit pas les lois normales de la physique. Considérée comme un hydrure d'oxygène, les températures de solidification et d'ébullition devraient en effet être respectivement d'environ — 100 °C et — 80 °C.

Considérée comme un oxyde d'hydrogène, l'eau devrait être alors le premier terme d'une série organique dont la température d'ébullition s'élève régulièrement avec le poids de la molécule; il n'en est rien (tableau 1).

TABLEAU 1

En °C	H_2Te	H_2Se	H_2S	H_2O	$(CH_3)_2O$	$(C_2H_5)_2O$	$(C_3H_7)_2O$	$(C_4H_9)_2O$
Point de fusion..	— 51	— 64	— 82,9	0	— 138,5	— 123,3	— 122	— 95,2
Point d'ébullition	— 4	— 42	— 61,8	+ 100	— 23,65	+ 34,6	+ 91	+ 142

Ces anomalies ne s'expliquent que par les liaisons existant entre les molécules d'eau, liaisons réclamant une certaine énergie pour être rompues.

Ainsi, la sublimation de la glace demande une quantité de chaleur de 679 calories par gramme de substance, dont le quart devrait normalement suffire si l'équation de VAN DER WAALS :

$$\left(P + \frac{a}{V^2}\right) \cdot (V - b) = RT$$

devait seule être satisfaite. Cette rupture de liaisons entre molécules est à peine notable à la fonte de la glace (15 %) comme l'indique sa chaleur de fusion (79,7 calories par gramme), ce qui est une preuve supplémentaire de l'existence de ponts intermoléculaires à l'état liquide.

La rupture de ces ponts réclame une certaine énergie qui est fournie le plus souvent sous forme de chaleur; c'est l'explication de la grande chaleur spécifique de l'eau et par voie de conséquence, celle du rôle de volant thermique que joue l'eau à la surface du globe. Ainsi, l'énergie fournie à un volume d'eau à température ordinaire sert à la fois à rompre des liaisons intermoléculaires et à accroître l'agitation des molécules (agitation thermique) qui seule réclame de l'énergie au cours de l'élévation de température d'un liquide non associé.

2. DENSITÉ, VISCOSITÉ, CHALEUR SPÉCIFIQUE

Densité

Nous avons aperçu, lors de l'étude de la constitution moléculaire de l'eau, que la densité de ce liquide variait avec la température et ceci de façon apparemment anormale. Alors qu'à 0 °C l'eau liquide est encore constituée d'une majorité de molécules assez fortement associées, cette association est fortement diminuée alors que la température augmente, l'eau I (schéma tridymite) laissant la place à l'eau II (schéma quartz). La rupture d'association entraîne une diminution du volume occupé par les groupes de molécules, le nombre de vides intermoléculaires diminuant; cette diminution entraîne un accroissement de densité.

Mais dans le même temps, l'augmentation de température provoque une dilatation contrariant le phénomène précédent. Lorsque la dilatation thermique l'emporte sur l'accroissement de densité dû à la désassociation (dépolymérisation) de l'eau, la densité diminue avec la température. C'est à 4 °C que les deux phénomènes se contrebalancent : c'est à cette température que la densité de l'eau est la plus forte, au moins à pression normale (fig. 2).

L'eau, en fait, n'est pas incompressible : à grande profondeur dans les océans comme dans les lacs, aussi bien que dans les nappes profondes, l'eau est fortement comprimée et ses propriétés physiques sont légèrement modifiées. Portée à une pression moindre, par transport à la surface par exemple, cette eau se refroidit par dilatation (refroidissement adiabatique) et sa densité diminue à température égale. Le coefficient de Joule-Thomson est la variation de température d'un liquide par variation d'une unité de pression. Dans le cas de l'eau, il est négatif au-dessous de la température du maximum de densité et positif au-dessus.

TABLEAU 2

Coefficient de Joule-Thomson pour l'eau (°C par 1 000 m à)

Pression	0 °C	20 °C	40 °C
1 kg·cm^{-2}(0 m)	— 0,016	+ 0,137	+ 0,287
500 kg·cm^{-2} (4 999 m)......	+ 0,068	+ 0,175	+ 0,300

La température du maximum de densité varie elle-même avec la pression. Elle passe de 3,94 °C à pression normale (1 atmosphère) à 2,90 °C à 100 atmosphères et 0 °C à 600 atmosphères.

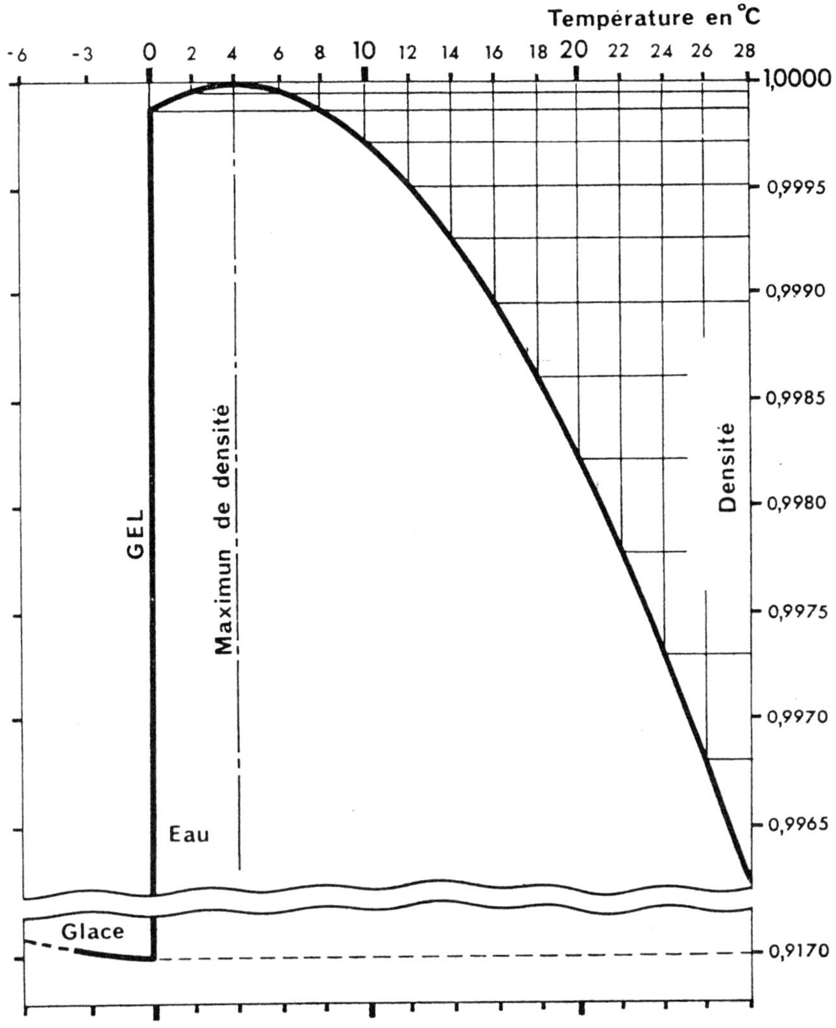

FIG. 2. — Variations de la densité de l'eau pure avec la température.

Enfin, la densité d'une eau varie en fonction de sa teneur en substances dissoutes ou en suspension : l'eau de mer a une densité moyenne de 1,02812 et on nomme parfois, en océanographie **salure** [1] la quantité de sels dissous dans l'eau de mer, quantité déterminable en partant du principe que l'eau pure à 4 °C ayant une densité de 1,00000, l'excès de densité d'une eau de mer (ou de toute autre eau salée) est dû au poids de substances dissoutes (dans le cas d'une eau de mer moyenne comme ci-dessus : 0,02812 $g \cdot l^{-1}$).

Une variation de salinité de 1 g par litre fait varier la densité de 0,0008; c'est dire combien est importante l'évaluation de la charge en substances en solution dans un calcul de densité d'une eau, pour laquelle un accroissement de salinité de 10 $mg \cdot l^{-1}$ fait varier cette densité dans la même mesure qu'une variation de température de 1 °C (entre 4 °C et 5 °C; la variation de densité entre 24 °C et 25 °C étant 30 fois celle entre 4 °C et 5 °C!) ou une variation de pression de 0,1 atmosphère! (OLSZEWSKI, 1953). Cela revient à dire qu'une particule d'eau à 4,9 °C qui serait à 1 m de profondeur (pression 0,1 atmosphère) serait en équilibre avec le milieu si celui-ci avait en surface une température de 4 °C, ou encore, qu'une particule d'eau distillée est en équilibre statique sous un mètre d'eau salée à 9 $mg \cdot l^{-1}$ en surface.

SCHMOLINSKY (1952) rappelle pour sa part que dureté et salure étant habituellement fonction l'une de l'autre dans les milieux tempérés, un accroissement de dureté de 1° accroît la densité de $1 \cdot 10^{-5}$ $g \cdot cm^{-3}$.

De plus, les substances en suspension ayant généralement une densité nettement plus grande que celle de l'eau pure, elles peuvent jouer un rôle dans l'évaluation de la densité d'une eau naturelle chargée.

Viscosité

Comme tous les fluides, l'eau est visqueuse. Cette viscosité est relativement forte si l'on se souvient que les liquides dont la formule contient un groupe oxydrile (comme ceux ayant dans leur formule un groupement amine) sont plus visqueux que ceux qui ne contiennent pas, à formule analogue, l'un ou l'autre de ces radicaux.

La viscosité de l'eau varie très vite avec la température. Le coefficient de viscosité, ou *coefficient de Poiseuille*, de 1,787 centipoise à 0 °C tombe à 0,550 à 50 °C. A 25 °C, il a déjà diminué de moitié.

La pression joue exceptionnellement le même rôle que la température au moins aux relativement basses températures : en effet, à 0 °C, une augmentation de pression fait d'abord diminuer la viscosité (jusqu'à

1. Cette notion, pratiquement abandonné dans le domaine marin, garde sa valeur dans les eaux continentales, étant donné la variété de composition de ces dernières.

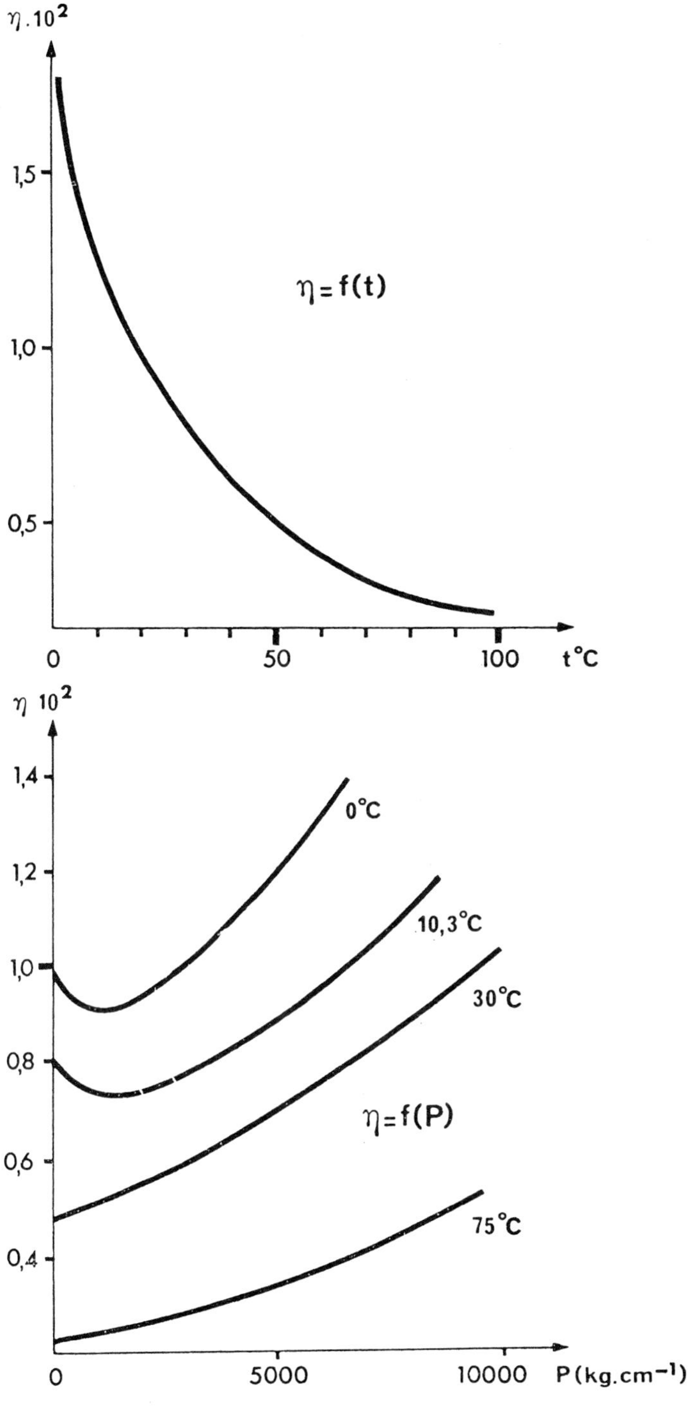

FIG. 3. — Variation de la viscosité de l'eau η en fonction de la température t (en haut) et de la pression p (en bas). — D'après DARMOIS 1943.

1 000 atmosphères) puis celle-ci augmente normalement. A 50 °C, la viscosité est à toute pression une fonction directe de celle-ci (fig. 3).

Rappelons que le coefficient de Poiseuille η est tel que $F = \eta \frac{dv}{dx}$, F étant la force de frottement nécessaire pour entraîner par unité de surface une couche liquide au contact d'une autre dont la vitesse diffère de la première de la valeur $\frac{dv}{dx}$ (gradient de vitesse); (F en dynes).

L'unité de viscosité est la poise.

TABLEAU 3.

t °C	η	t °C	η	t °C	η
0	0,01787	15	0,01138	30	0,00800
1	0,01739	16	0,01110	35	0,00723
2	0,01683	17	0,01083	40	0,00656
3	0,01628	18	0,01056	45	0,00599
4	0,01576	19	0,01031	50	0,00550
5	0,01525	20	0,01006	55	0,00508
6	0,01476	21	0,00982	60	0,00473
7	0,01429	22	0,00959	65	0,00437
8	0,01384	23	0,00937	70	0,00407
9	0,01341	24	0,00916	75	0,00381
10	0,01301	25	0,00895	80	0,00357
11	0,01264	26	0,00875	85	0,00335
12	0,01230	27	0,00855	90	0,00314
13	0,01197	28	0,00836	95	0,00299
14	0,01167	29	0,00818		

Enfin la viscosité d'une eau varie en fonction de sa teneur en sels. L'eau de mer, par exemple n'a pas la même viscosité que l'eau douce : si l'eau pure à 20 °C a une viscosité de 0,01006, une eau de chlorinité de 20 °/₀₀ en accuse une de 0,01085 poise.

Chaleur spécifique

Exception faite de l'hydrogène liquide et du lithium, c'est l'eau qui, de tous les corps, a la plus grande chaleur spécifique. C'est peut-être pour cette raison qu'elle sert de référence; elle est donc de 1,0 : c'est le nombre de calories nécessaires pour élever de 1 °C un gramme d'eau entre 14,5 °C et 15,5 °C. On utilisera de préférence comme unité de chaleur la grande calorie, quantité nécessaire pour élever de 1 °C la température de 1 m^3 d'eau.

Variable avec la température, la chaleur spécifique de l'eau diminue tout d'abord de 0 °C à 35 °C puis augmente (à l'inverse de la plupart des autres liquides où elle augmente régulièrement avec la température quelle que soit cette dernière).

Exprimée en valeur mécanique équivalente elle est, selon OSBORNE (1938) de :

à 0 °C = 4,2175 joules·g^{-1} °C;
à 10 °C = 4,1910 joules·g^{-1} °C;
à 15 °C = 4,1846 joules·g^{-1} °C;
à 25 °C = 4,1785 joules·g^{-1} °C.

La chaleur spécifique de l'eau ne varie pas sensiblement avec sa composition dans les limites normalement rencontrées dans la nature; il sera donc inutile de donner des détails sur sa mesure qui s'effectue au calorimètre.

3. CONSTANTE DIÉLECTRIQUE

L'eau, comme d'autres liquides, a la faculté de former des solutions ioniques. Cette faculté est particulièrement nette pour cet élément puisque sa constante diélectrique, ou pouvoir inducteur spécifique est élevée par

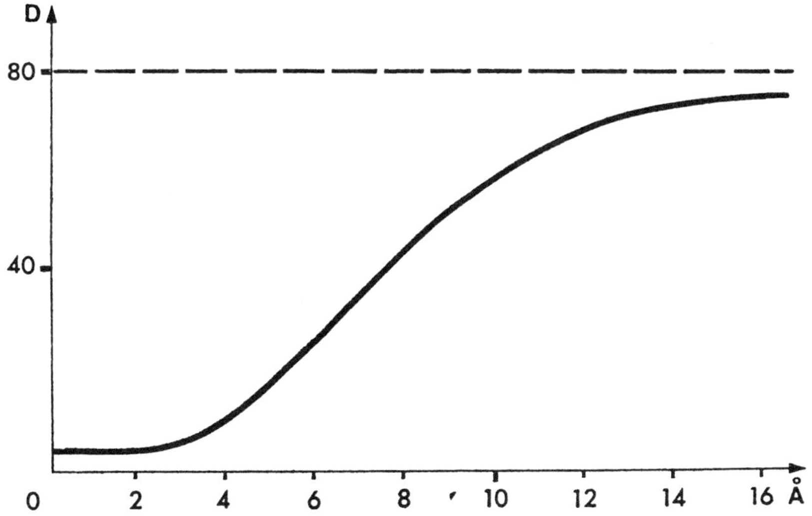

FIG. 4. — Variation de la constante diélectrique de l'eau en fonction de la distance des charges. D'après AUDUBERT 1955.

suite de la nature des ponts d'associations intermoléculaires (ponts de protons) existant dans l'eau.

Variable avec la distance des charges mises en présence, la constante diélectrique D de l'eau passe de 3 unités C.G.S. pour une distance de 2 Å à près de 80 quand les groupements ionogènes sont à des distances telles que les interactions sont négligeables ou nulles (fig. 4).

Cette constante est également variable avec la température et la pression (tableau 4).

Seuls l'acide cyanhydrique (HCN) et la formamide (CH_3NO) ont une constante diélectrique plus élevée que celle de l'eau (respectivement 158,1 à 0 °C et 109,0 à 20 °C); l'acide fluorhydrique (HF) et l'eau oxygénée (H_2O_2) ont par ailleurs une constante D voisine à 0 °C (respectivement 84,0 et 84,2).

Cette particularité physique explique la facilité avec laquelle les sels, mis en solution dans l'eau, sont ionisés puisque les forces d'attraction entre ions sont, en solution, inversement proportionnelles à la constante diélectrique.

TABLEAU 4.

t °C	D	*t* °C	D
0	88,00	35	75,00
5	86,04	40	73,28
10	84,11	45	71,59
15	82,22	50	69,94
20	80,36	60	66,74
25	78,54	70	63,68
30	76,75	80	60,76

Notons aussi que cette facilité d'ionisation entraîne également une certaine facilité de constitution de micelles colloïdales, tandis que les solutions de non électrolytes, contenant dans leurs molécules constituantes une possibilité de liaisons protoniques, sont facilitées.

Ainsi l'eau par toutes ses qualités physiques permet-elle, plus que tout autre élément liquide naturel, la formation de solutions vraies, de pseudosolutions, de solutions ioniques, colloïdales ou de non électrolytes.

4. CHALEUR DE VAPORISATION

Pour qu'un gramme d'eau à 100 °C se transforme en vapeur, il faut lui amener 542 calories. C'est dire quelle quantité de chaleur le soleil doit apporter en surface pour permettre à l'eau d'un lac de s'évaporer; c'est dire également quel refroidissement subit l'eau quand la tension de vapeur de celle-ci diminue dans l'atmosphère en contact avec le lac, provoquant ainsi une certaine évaporation dont la conséquence ultime est l'accroissement du degré hygrométrique de l'air ambiant, et le refroidissement de l'eau sous-jacente.

La chaleur de vaporisation d'une eau dépend partiellement de sa composition. Selon HARDING (1942), elle diminuerait de 1 % chaque fois que la teneur en sels augmenterait de 1 %; l'eau de mer aurait ainsi une chaleur de vaporisation 3 % plus faible que l'eau douce. Cependant, il sera généralement fait abstraction de cette variation de chaleur de vaporisation dans les calculs relatifs à l'évaporation des lacs, sauf si ce sont des lacs salés.

Rappelons que la chaleur de vaporisation est la quantité de chaleur qu'il faut pour faire passer 1 g d'eau à une certaine température en vapeur saturante à cette température.

D'après la formule de CLAPEYRON, elle est égale à 796 — 0,695 T pour l'eau (T étant la température absolue), c'est-à-dire à 537 calories à 100 °C et 591 calories à 20 °C.

5. DISSOCIATION

Comme tous les électrolytes, l'eau est dissociable en ses ions de constitution. Ceux-ci en première approximation, peuvent s'écrire H^+ et OH^-. En fait, par suite de l'existence des ponts H^+ de liaisons intermoléculaires et des possibilités d'hydratation de l'ion H^+, on peut considérer dans une eau neutre les ions suivants[1] :

H^+, caractéristique de la fonction acide;

OH^-, ion oxhydrile, caractéristique de la fonction basique;

1. Le champ électrique créé par un ion étant d'autant plus intense que son rayon est plus petit, les ions très petits sont les plus hydratables; c'est le cas de l'ion H^+ dans l'eau. La mobilité des ions H^+ et OH^- découle de cette constatation.

OH_3^+, ion hydroxonium, ou ion hydrogène hydraté qui peut encore s'écrire : H^+, H_2O;

OH_4^{++}, très rare et ne jouant qu'un rôle effacé;

O^{--}, équilibrant le précédent.

En fait, les deux ions principaux présents dans l'eau à l'état normal doivent être OH_3^+ et OH^-. Cependant, l'ion hydroxonium n'étant qu'un ion hydrogène hydraté dont l'existence n'a pas encore été prouvée de façon décisive (AUDUBERT, 1955) (qui ne serait stable qu'aux concentrations élevées) et pour tenir compte de l'ancienne écriture symbolique relative à cette question, nous ne considérerons que les deux ions H^+ et OH^- tout en sous-entendant que le premier se trouve dans l'eau sous forme OH_3^+ ou H^+, H_2O.

La dissociation de l'eau en ses ions constitutifs n'est que partielle et il reste encore un grand nombre de molécules non dissociées sous la forme H_2O. L'équilibre de dissociation de l'eau s'écrira donc :

$$H_2O \rightleftharpoons H^+ + OH^-$$

et la loi d'action de masse déduite de l'étude du travail nécessaire pour passer d'un état à un autre d'une réaction reversible en milieu homogène peut s'écrire :

$$\frac{(H^+)(OH^-)}{(H_2O)} = Kw = \text{Constante à une certaine température.}$$

(H^+), (OH^-) et (H_2O) sont, dans cette équation de proportionnalité, les activités des ions, c'est-à-dire en première approximation leur concentration, exprimée en moles (molécules-grammes) par litre (cf. p. 66).

Kw est la constante d'équilibre; elle ne dépend que de la température et de la nature des ions en présence.

Dans le cas d'un électrolyte fort, l'équation s'écrira

$$\frac{(A)(B)}{(AB)} = K,$$

et presque toutes les molécules étant dissociées, la constante K sera grande, (AB) étant petite. La dissociation très incomplète d'un électrolyte faible entraînera au contraire un K petit.

Dans le cas de l'eau, l'équilibre $H_2O \rightleftharpoons H^+ + OH^-$ montre qu'il y a autant d'ions H^+ que d'ions OH^- en solution et $(OH^-) = (H^+)$. D'autre part, l'expérience a montré qu'il n'y avait qu'une molécule sur 10 000 000 qui était dissociée (mesures électrométriques); on peut donc considérer (H_2O) comme si voisin de 1 que la différence sera jugée sans signification. Dans ce cas, la loi d'action de masse entraîne :

$$(H^+)(OH^-) = Kw$$

On peut mesurer Kw de différentes manières. La première consiste à se rappeler que la conductibilité spécifique de l'eau est liée à la mobilité des ions constitutifs par la relation :

$\chi = c\mathcal{F}(u + v)$, $\mathcal{F}$ désignant le Faraday et c le nombre d'ions présents par unité de volume.

Un second procédé consiste à déterminer la force électro-motrice d'une pile à gaz (à hydrogène et oxygène). Cette force est voisine de 1,08 volts. Par suite de la réversibilité douteuse de l'électrode à oxygène, on préfère utiliser deux électrodes à hydrogène plongées l'une dans un acide fort, l'autre dans un acide faible (Ostwald, 1888-1889). La valeur de Kw trouvée par l'une et l'autre de ces méthodes est d'environ 10^{-14}; cette valeur est variable avec la température (cf. tableau 5).

Tableau 5

Température °C	K_w	$-\log_{10} K_w$	pH
0	$0{,}114 \cdot 10^{-14}$	14,9435	7,47
5	0,185	14,7338	7,37
10	0,292	14,5346	7,27
15	0,450	14,3463	7,17
20	0,681	14,1669	7,08
24	1,000	14,0000	7,00
25	1,008	13,9965	6,99
30	1,469	13,8330	6,92
35	2,089	13,6801	6,84
40	2,919	13,5348	6,77
50	5,474	13,2617	6,63

D'après le « Handbook of Chemistry and Physics ».

Le nombre d'ions H^+ étant égal au nombre d'ions OH^- dans une eau neutre, il y a donc alors 10^{-7} ions de l'une ou l'autre de ces deux catégories par molécule d'eau, ce qui revient à dire qu'à 24 °C, pour 180 tonnes d'eau constituées de molécules non dissociées, il y a 1 g d'ions H^+ pour 17 g d'ions OH^-!

Depuis SOERENSEN (1909), on a coutume d'utiliser, pour la représentation de la dissociation de l'eau et des liquides à ionisation en H^+ ou OH^-, non plus la constante de dissociation, toujours très petite, mais le cologarithme décimal de la concentration en H^+ (ou en OH^-). La notation bien connue est $pH = -\log [H^+] = \text{colog } [H^+]$.

A concentration 10^{-7} (eau neutre), le pH est de 7; en milieu alcalin, le pH est plus grand; en milieu acide, il est plus faible. Si le pH diminue d'une unité, la concentration en ions H^+ est dix fois plus grande.

Quand on comparera donc deux liquides dont le pH est différent, il faudra revenir à la définition du pH pour dire de combien de fois le premier de ces liquides est plus acide (ou alcalin) que le second.

6. AUTRES PROPRIÉTÉS

a) CONDUCTIBILITÉ ÉLECTRIQUE

Les eaux naturelles jouent un rôle de solvant d'un nombre considérable de sels qui, en solution, sont plus ou moins complètement dissociés en ions. Ces ions se déplacent les uns vers une électrode, les autres vers l'autre quand on soumet l'eau étudiée à un champ électrique par l'intermédiaire de ces électrodes. Les anions (ions négatifs) se dirigent vers l'anode et les cations (ions positifs) vers la cathode.

Tous les ions n'ont pas la même mobilité et mesurer la capacité de passage du courant ou *conductance*, c'est apprécier la mobilité de l'ensemble des ions présents. La conductance d'une eau dépend non seulement de sa teneur en sels ionisés mais de la taille et de la distance des électrodes.

La conductibilité spécifique χ d'une eau est la quantité d'électricité transportée d'une électrode à l'autre en une seconde à travers une section de 1 cm^2, sous une chute de potentiel de 1 $volt \cdot cm^{-1}$. Comme la conductance est l'inverse de la résistance, la conductibilité spécifique est l'inverse de la résistivité. La loi d'Ohm s'appliquant aux électrolytes (dans certaines conditions il est vrai), la formule : $R = \rho \frac{l}{s}$ est applicable, donc : $C = \chi \frac{s}{l}$ aussi. L'unité de conductibilité est le mho (inverse de l'ohm).

L'eau pure a une conductibilité électrique très faible mais non négligeable, de l'ordre de $0{,}05 \cdot 10^{-6}$ $mhos \cdot cm^{-1}$ pour une eau bidistillée sur permanganate et baryte, puis congelée et recueillie par fusion à l'abri de l'air et des gaz qu'il contient (CO_2, NH_3, etc.).

Les sels en solution ont une conductibilité qui varie en fonction de la concentration, passant par un maximum à une certaine valeur de celle-ci. On obtient une fonction linéaire de cette conductibilité en fonction de la concentration si on introduit la notion de conductibilité équivalente, ou quotient de la conductibilité par le nombre d'équivalents dissous dans un millilitre $\left(1 \text{ équivalent} = \frac{1 \text{ mol g}}{\text{valence}}\right)$. Cette conductibilité équivalente croît régulièrement avec la dilution pour les électrolytes forts tandis que, pour les électrolytes faibles, incomplètement dissociés, elle varie de toute autre manière par suite de l'effet de dilution sur la valeur de la dissociation.

Sans entrer dans le détail des lois de la conductibilité, il convient de souligner ici l'importance de ces lois sur lesquelles se fondent les titrages conductimétriques et grâce auxquelles il est possible de comprendre la signification de cette grandeur physique.

Coin (1943) a pu établir, d'après les résultats de 65 analyses d'eaux diverses, que conductibilité et force ionique [1] sont liées par la relation $\chi_{18°} = a\mu$, a étant un coefficient dont la valeur moyenne applicable aux eaux du Léman par exemple, est de 0,052.

Ainsi, force ionique et conductibilité seraient liées par la relation :

$$\mu = 19{,}23\chi_{18°}$$

et mesurer la conductibilité d'une eau dont la composition *relative* en chacun de ses éléments est constante reviendrait donc à apprécier sa teneur en sels.

Rouch (1946) détermine ainsi la salinité et la densité de l'eau de mer par mesure de la conductibilité électrique.

Richard et Van Cu (1961) ont analysé à ce point de vue 94 échantillons d'eau de provenances diverses, et critiquent la règle de Dorochewski habituellement employée par les hydrologues, qui propose comme coefficient de proportionnalité entre salinité (en $mg \cdot l^{-1}$) et résistivité à 20 °C (en

1. La force ionique d'une solution est la demi-somme du produit des concentrations de chaque ion présent par le carré de leur valence respective :

$$\mu = \frac{1}{2} \Sigma c_i z_i^2,$$

c_i étant la concentration et z_i la valence de l'on *i*.

ohms·cm^{-1}), le nombre moyen 688 000 (Salinité = 688 000/Résistivité). Pour eux, ce coefficient doit tenir compte de la nature des eaux; il a été calculé pour différentes eaux :

pour les eaux hyperminérales, genre eau de mer ($\rho < 100$ ohms·cm^{-1}) : 850 432;

pour les eaux très fortement minéralisées, type eau de Vichy ($100 < \rho < 300$) : 758 544;

pour les eaux fortement minéralisées, type eau de Vittel ($300 < \rho < 1\,200$) : 758 544;

pour les eaux moyennement minéralisées, type eau de Seine ($1\,200 < \rho < 3\,000$) : 715 920;

pour les eaux faiblement minéralisées ($3\,000 < \rho < 6\,000$) : 769 574;

pour les eaux très faiblement minéralisées ($6\,000 < \rho < 20\,000$) : 947 658;

pour les eaux de type météorique, genre eau de pluie ($\rho > 20\,000$) : 1 365 079. MEYBECK et CARBONNEL (1975) proposent pour le Mékong la formule suivante : Σ^{+-} (mg.l^{-1}) = $0{,}72\ \chi_{25} + 14.3$.

La température modifie beaucoup la conductibilité d'une solution, et en général elles varient dans le même sens. Aux températures ordinaires on a

$$\chi_t = \chi_{18°}[1 + \alpha(t - 18)]$$

α variant avec l'ion ou le sel considéré [1].

α est généralement choisi entre 0,02 et 0,025 dans le cas des eaux de composition « normale ». Une mention particulière doit être faite pour l'ion H^+ dont la mobilité est beaucoup plus grande que celle des plus rapides des anions ou des cations (AUDUBERT, 1955) (7 à 8 fois). Dans le cas de certaines eaux à pH très faible et riches en acides libres et notamment en acides humiques (c'est le cas dans des eaux très faiblement minéralisées), le coefficient α à introduire doit être très nettement diminué. BERG (1962) l'a calculé pour des pH variant entre 3,5 et 5,2; il est de 0,0149 à 0,0186.

On accorde, en physiologie, une importance particulière à une autre grandeur physique, l'**osmolarité** ou quantité de particules dissociées ou non présentes dans un volume donné de solution. L'osmolarité n et le point de congélation sont liées par la loi de Raoult

$$\Delta\theta = Kn$$

1. Aux températures plus élevées, $\chi_t = \chi_{18°}[1 + \alpha(t - 18) + \beta(t - 18)^2]$ avec α et β caractéristiques du sel en présence et de sa concentration.

$\Delta\theta$ étant l'abaissement du point de congélation par rapport à 0 °C dans le cas des solutions aqueuses (Bénézech, 1962).

b) Conductivité thermique

L'eau est faiblement conductrice de la chaleur.

Schmidt et Sellschopp (1932) ont évalué à différentes températures cette conductivité de l'eau et l'ont exprimée en watts·cm^{-1} par °C (le watt correspond à 1 joule par seconde soit 0,2389 cal·cm^{-1}·sec^{-1} par °C).

Elle est :

à 0 °C de $554 \cdot 10^{-5}$ watts·cm^{-1}·$°C^{-1}$;

à 10 °C de $576 \cdot 10^{-5}$ watts·cm^{-1}·$°C^{-1}$;

à 20 °C de $598 \cdot 10^{-5}$ watts·cm^{-1}·$°C^{-1}$;

soit $1,43 \cdot 10^{-3}$ cal·cm^{-1}.sec^{-1}·$°C^{-1}$.

Elle varie directement avec la pression.

c) Couleur

L'eau pure, en absorbant les radiations de grandes longueurs d'onde est bleue, mais l'eau naturelle en grande masse est soit bleue, soit verte, soit brune. Elle est bleue, quand par effet Tyndall, elle diffuse la lumière grâce aux particules colloïdales qu'elle tient en suspension; elle est verte quand elle est relativement riche en phytoplancton, chlorophycées par exemple; elle est brune quand des substances plus ou moins minérales sont dissoutes dans l'eau, tels que des acides humiques, des sels de fer, etc. La couleur d'une eau naturelle se mesure en unités platine (unités Hazen) ou d'après référence à la gamme du Forel-Ule.

d) Transparence

L'eau est un liquide transparent, mais sa transparence dépend de la longueur d'onde de la lumière qui la traverse. Si l'ultra-violet passe bien, l'infra-rouge, radiation si utile au point de vue physique (onde porteuse de chaleur) comme au point de vue biologique (photosynthèse), ne pénètre qu'à peine; l'eau est un liquide presque opaque dans l'infra-rouge, et elle absorbe fortement l'orange et le rouge. Dans les eaux naturelles, la transparence de l'eau est un critère mesurable en ne considérant que l'ensemble des radiations composant la lumière du jour. Si on ne considérait que l'absorption de lumière liée à sa diffusion dans l'élément liquide, il faudrait, dans l'eau pure et théoriquement, compter sur cette diffusion (uniquement moléculaire dans ce cas) jusqu'à une profondeur de 173 m. En fait, dans la pratique, la diffusion de la lumière n'a été observée que jusqu'à 60 m.

On sait que l'intensité I_z d'un rayon lumineux monochromatique ayant traversé une épaisseur z d'eau est (loi de LAMBERT-BEER)

$$I_z = I_0 e^{-\eta_0 z},$$

I_0 étant l'intensité de la lumière incidente considérée et η_0 un coefficient dépendant de la nature de cette lumière et appelé coefficient d'absorption.

Une certaine confusion règne dans les appellations de ce coefficient. Rappelons avec STRICKLAND (1958) que η_0 est appelé **coefficient d'absorption** quand il est calculé en se référant aux logarithmes népériens (coefficient de Lambert)

$$\eta_0 = ln \frac{I_0}{I_z} \quad \text{quand} \quad z = 1 \text{ exprimé en mètres.}$$

η s'appelle **coefficient d'extinction** quand le système de référence est celui des logarithmes à base 10.

$$(\eta_0 = 2{,}30\eta) \qquad \eta = \log \frac{I_0}{I_z} \quad \text{quand} \quad z = 1 \text{ exprimé en mètres}$$

En photométrie, $\log \frac{I_z}{I_0}$ est appelé **densité optique** quand le système C.G.S. est utilisé (z en centimètres). Par suite des phénomènes de réfraction et de diffusion dont une masse d'eau est le siège, il est également nécessaire de différencier des coefficients vrais et des coefficients « verticaux ». Le coefficient d'extinction vertical correspond le plus souvent à celui qui est mesuré : c'est le coefficient d'absorption calculé à partir de mesures effectuées avec une cellule photosensible tenue horizontalement dans l'eau, quel que soit l'angle d'incidence du rayonnement. Il est possible, empiriquement, de relier ces deux coefficients, le vrai et l'apparent, en évaluant la longueur de cheminement (cf. p. 142).

En première approximation

$$\frac{\text{coefficient d'extinction vrai}}{\text{coefficient d'extinction vertical}} = \frac{1}{1{,}20}$$

Le coefficient η a été déterminé pour diverses longueurs d'onde par JAMES et BIRGE (1938) et pour une épaisseur de 100 cm, il est de 0,455 pour le rouge (6 800 Å), 0,078 pour le jaune (5 800 Å), 0,016 pour le vert (5 200 Å), 0,0054 pour le bleu (4 600 Å) et 0,0134 pour le violet (4 000 Å) (fig. 5).

Malgré quelques différences entre les expérimentateurs, ces valeurs peuvent être retenues pour l'eau pure. Dans le cas des eaux naturelles

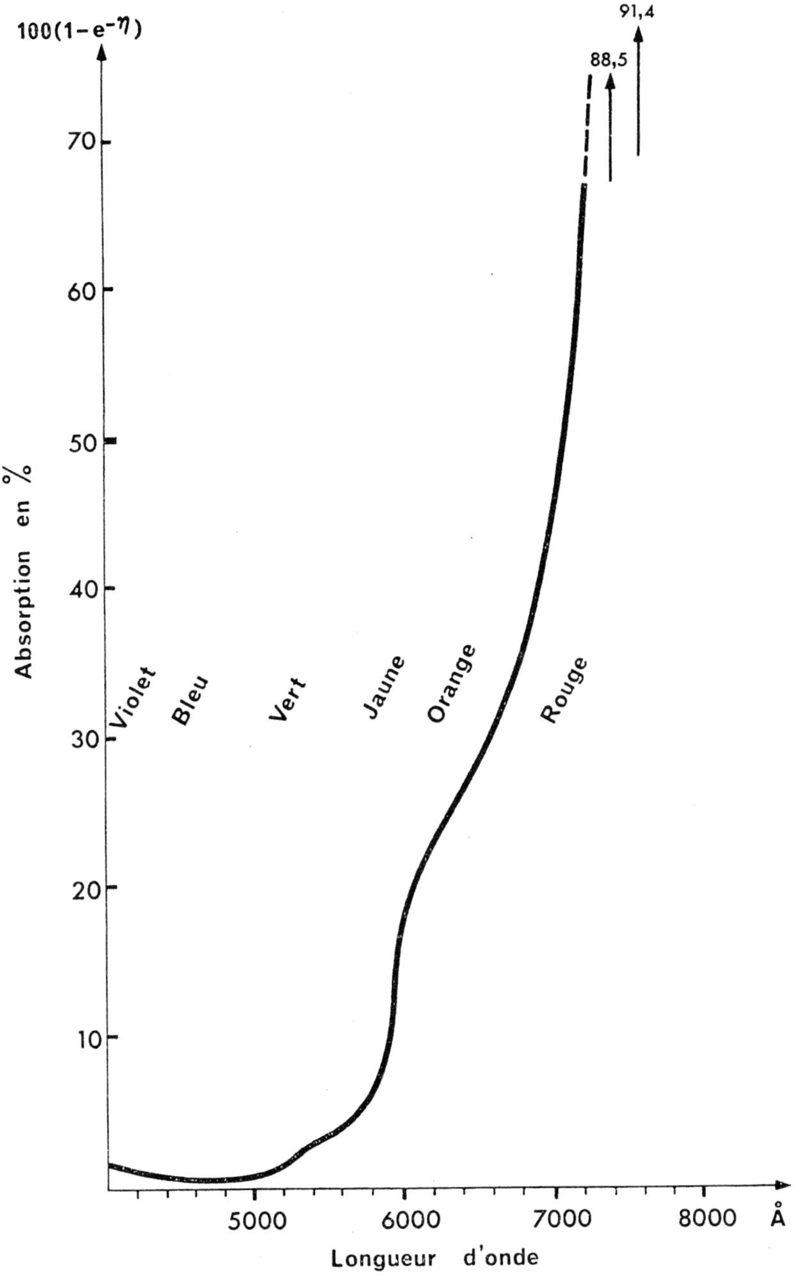

FIG. 5. — Variations du coefficient d'absorption de l'eau pure suivant la longueur d'onde, dans le visible.

qui nous intéresseront plus loin, elles devront être pondérées pour tenir compte à la fois des substances dissoutes et des particules en suspension dont les effets sont cumulatifs, plus précisément additifs en termes de coefficients d'extinction.

Rappelons que très souvent, la transparence relative d'un milieu est exprimée en pour cent de transmission ou en pour cent d'absorption, c'est-à-dire, puisque

$$\frac{I_z}{I_0} = e^{-\eta z}, \qquad \text{pour} \qquad z = 1 \text{ m}$$

respectivement en $100\, e^{-\eta}$ ou en $100(1 - e^{-\eta})$.

D. — ISOTOPES DES CONSTITUANTS DE L'EAU

1. EAU LÉGÈRE ET EAU LOURDE

Aperçue par Crookes (1886) (d'après Rankama, 1956), l'idée que les atomes des éléments naturels ont des poids correspondant à des nombres entiers a introduit la notion d'isotopes due à Thomson (1913) et Soddy. Les constituants des éléments naturels sont donc en fait des mélanges d'isotopes dont certains peuvent être radioactifs. L'homme a par ailleurs fabriqué un certain nombre d'isotopes artificiels par réactions nucléaires.

L'hydrogène naturel de masse atomique 1,0080 est ainsi composé pour 99,9844 % d'hydrogène vrai ou protium ^{1}H et pour 0,0156 % d'hydrogène lourd ou deutérium ^{2}H. L'importance pratique du deutérium a amené les chimistes à lui accorder le symbole D.

Le rapport $^{1}H/^{2}D$ est donc en moyenne de 6 409 (Way *et al*, 1950) [1].

Un troisième isotope ^{3}H ou tritium, radioactif et de 12,46 années de demi-vie a été découvert et a fait l'objet d'études intéressantes.

De même, l'oxygène a 3 isotopes stables ^{16}O, ^{17}O, ^{18}O, dont le plus abondant est ^{16}O qui dans l'eau distillée représente les 99,760 % de l'oxygène présent (^{17}O : 0,042 % et ^{18}O : 0,198 %) [2].

Trois isotopes radioactifs de demi-vie courte n'ont pas d'intérêt géodynamique reconnu : ^{14}O, ^{15}O et ^{19}O.

La molécule d'eau naturelle H_2O comme nous l'avons écrit et l'écrirons par la suite doit donc être en fait écrite $^{1}H_2^{16}O$. Un certain nombre de

1. 6249 d'après Ménaché (1965).
2. 0,204 % d'après Jacobshagen (1961).

molécules d'eau dans la nature a par contre une composition différente; les principales sont $^1H_2^{18}O$, $^1H_2^{17}O$ et $^1H^2H^{16}O$ ou $HD^{16}O$. L'eau lourde $D_2^{16}O$ ne se présente dans la nature qu'à raison de $2 \cdot 10^{-6}$ moles %, tandis que des molécules d'eau $D_2^{18}O$ peuvent également être décelées.

Il existe ainsi 18 possibilités de constitution de molécules d'eau dont une seule est courante, celle des chimistes $^1H_2^{16}O$. Cette variété se traduit par une certaine variabilité dans les propriétés physiques de l'eau naturelle et notamment la densité. Celle-ci peut présenter une variation de l'ordre de $\Delta_s = 20$ µg · g^{-1} soit $18,54 \cdot 10^{-3}$ moles % de D, lors de mesures effectuées au laboratoire, variation de fait principalement due aux variations de teneur en ^{18}O (DOLE, 1936) et correspondant donc à 0,016 moles % de ^{18}O [1].

Les propriétés physiques de l'eau lourde diffèrent substantiellement de celles de l'eau « légère ». Elle gèle à 3,79 °C et bout à 101,41 °C. Il sera donc possible, soit par distillation fractionnée, soit par diverses autres méthodes de fractionnement, de séparer l'eau lourde des autres formes d'eau.

Dans les eaux naturelles le taux d'eau lourde varie en fonction de diverses causes et notamment de l'origine de ces eaux. Dès 1938, TRONSTAD et BRUN ont évalué à 1/5 360 à ± 270 près la quantité relative de D_2O, par rapport à celle de ^1H_2O dans le lac Mösvann (Norvège), tandis que SWARTOUT et DOLE (1939) l'évalue à 1/6 970.

2. LES ISOTOPES STABLES DE L'HYDROGÈNE ET DE L'OXYGÈNE

Si la variation de densité des eaux naturelles est davantage imputable à ses variations de teneur en ^{18}O qu'à celles de D, il n'existe pas moins une variation mesurable dans la teneur des eaux en hydrogène de poids atomique 1 ou 2. Cette variation n'est actuellement que constatée et ne semble pas reliée à des phénomènes généraux : que les eaux étudiées viennent de zones tempérées ou arides, qu'elles aient subi des évaporations successives ou des concentrations, leur teneur en D ne sera guère modifiée. KIRSHENBAUM (1951) a déterminé que cette concentration est de l'ordre de 0,0148 ± 0,0002 moles %; cependant des causes de variation de ce rapport D/H, d'ordre météorologique la plupart du temps, ont été constatées. En effet, l'eau des océans contient en moyenne 0,0154 moles % de D, et les

---

1. On a coutume de rapporter la densité d'une eau à celle d'un standard tel que l'eau du lac Michigan dont on connaît exactement la composition. Pour cela on exprime les résultats en Δ_s ou *différence de densité*, positive (eaux plus lourdes) ou négative (eaux plus légères) en $\mu g \cdot g^{-1}$ ou γ (ou p.p.m.), entre l'échantillon et le standard.

eaux continentales sont souvent mélangées aux eaux météoriques d'origine marine; elles auront donc un taux relativement élevé en deutérium.

L'évaporation produirait également un certain fractionnement, mais la difficulté de séparer les causes de variations empêche d'affirmer la véracité de cette assertion à l'heure actuelle.

Ainsi, avec FRIEDMAN (1953) devons-nous considérer le cycle de l'eau de mer comme responsable par la pluie et la neige, des variations de la teneur en D des eaux continentales.

Les eaux liées aux dépôts sédimentaires plus ou moins hydratés (évaporites, pétroles, etc.) ou eaux connées, ont un taux de D voisin de l'eau de mer, ainsi que souvent les eaux thermales et celles d'origine volcanique; dans ce dernier cas, ce taux peut être plus important quc celui dans l'océan ou être notablement réduit.

Pour sa part l'oxygène participe grandement aux modifications de propriétés des eaux qui contiennent les isotopes ^{17}O et surtout ^{18}O. Alors que l'abondance relative en % de l'^{16}O dans l'oxygène atmosphérique est de 489,3 pour le rapport $^{16}O/^{18}O$, il est dans le même milieu de 2 667 pour le rapport $^{16}O/^{17}O$; ainsi la rareté de ^{17}O fait que l'isotope à comparer à l'oxygène normal ^{16}O est ^{18}O.

On ne connaît que très imparfaitement la constitution isotopique de l'oxygène constituant les eaux naturelles, eaux juvéniles et vadoses, continentales et marines, etc.

Cependant KOKUBU, MAYEDA et UREY (1961) ont montré que les eaux juvéniles et les eaux d'inclusion contenues dans les magmatites sont riches en ^{18}O et pauvres en D. On peut ainsi caractériser les eaux de surface comme ayant un δD de plus de — 8 %[1].

On sait par ailleurs que la vapeur d'eau atmosphérique est le plus souvent plus « légère » que l'eau de surface. Les eaux de pluies ont un Δ_s variable : les eaux de pluie orageuses sont plus « lourdes » que les eaux de pluie normales et au début d'une averse l'eau est plus « lourde » qu'après la variation de densité par rapport à une eau standard est de l'ordre de :

$$\Delta_s = -6{,}8\gamma \quad \text{à} \quad -0{,}4\gamma$$

Pour sa part, la neige a un Δ_s plus élevé en général que l'eau de pluie, par suite du fait que la fractionnation isotopique par évaporation durant une chute de pluie se produit à une température plus élevée que durant

1. A titre d'exemple, JACOBSHAGEN (1961) cite la composition relative des fumerolles du Paricutin :

$$\delta D = -4{,}93\ \% \qquad \delta^{18}O = +6{,}60\ ‰$$

une chute de neige et que la différence de pression de vapeur entre les molécules d'eau isotopiques décroît quand la température croît (RIESENFELD et CHANG, 1936). Cet accroissement de Δ_s est dû pour une part importante à la teneur élevée en ^{18}O de l'eau de condensation, alors que la teneur en D est au contraire assez basse (TEIS et FLORENSKY, 1940).

Ainsi la constitution isotopique des précipitations dépend de plusieurs facteurs tels que le mode de condensation fractionnée de la vapeur d'eau, de distillation des particules condensées, de formation des cristaux de neige, l'évaporation pendant la précipitation, l'humidité relative, la direction et la vitesse des vents, l'altitude des régions de condensation de la vapeur d'eau, la position de ces régions par rapport à la mer, etc.

De même les phénomènes d'évaporation, de dégels et de gels temporaires expliquent les variations de constitution isotopique de la glace de glaciers et de la glace d'eau et selon leur origine et leur destin, des eaux courantes. La glace pure, sans inclusions d'air, s'enrichit à la fois en D et ^{18}O : sa Δ_s s'accroît donc et devient souvent positive par action cumulative de ces 2 isotopes. Les eaux de rivière ont tendance à s'enrichir en isotopes lourds de leur source à leur embouchure; en effet, d'après OANA (1942), l'eau est d'abord une eau atmosphérique accumulée, puis l'évaporation fractionnée l'enrichit en isotopes lourds jusqu'à ce qu'il y ait équilibre entre l'oxygène de l'eau et l'oxygène de l'air d'une part, l'oxygène du CO_2 de l'atmosphère d'autre part.

Les eaux de source ont par définition une Δ_s voisine de 0; cependant, certaines différences ont été constatées, notamment en ce qui concerne les eaux thermales, leur densité étant fonction de leur degré de minéralisation. OANA (1939) a, de son côté, montré la relation existant entre Δ_s, température et pH : une eau de source a une densité d'autant plus grande que la température est plus élevée et le pH plus bas.

Les eaux juvéniles ont une Δ_s légèrement positive (de $+ 0{,}8\gamma$ à $+ 5{,}4\gamma$) (OANA, 1948).

Dans les eaux lacustres, certaines anomalies ont été également constatées et reliées à certains phénomènes tels que l'évaporation en surface qui provoque une concentration des isotopes lourds et surtout de ^{18}O qui, en moyenne, est présent à raison de $0{,}4\gamma$ d'après KIRSHENBAUM (1951).

C'est ainsi que les lacs salés ont une Δ_s toujours positive, telle la Caspienne ($+ 1{,}1\gamma$), la mer d'Aral ($+ 2{,}3\gamma$), la mer Morte ($+ 2{,}5\gamma$), le grand lac salé de l'Utah ($+ 2{,}7\gamma$), différence dont sont responsables à la fois le D et le ^{18}O, l'un présentant un déficit parfois prononcé, l'autre au contraire un excédent net : les pourcentages isotopiques correspondants aux variations individuelles de Δ_s sont — 40,0 % pour D et + 4,8 % pour ^{18}O (Δ_s de — 7,6γ pour D et + 9,9γ pour ^{18}O).

Enfin, l'eau de mer est toujours plus chargée en isotopes lourds que l'eau douce; sa Δ_s est donc positive et variable entre + 0,2γ et 5,9γ. L'évaporation est une des causes principales de ce phénomène si bien que les eaux tropicales sont les plus « lourdes » des eaux marines (FRIEDMAN, 1953).

De plus les organismes marins seraient capables de différencier ^{16}O et ^{18}O et par leur métabolisme concourraient à concentrer le ^{18}O. Le rapport $^{16}O/^{18}O$ serait ainsi de 502,0 en moyenne, tandis qu'en lac il avoisinerait 505,0 (dans les lacs américains).

3. CONTENU EN TRITIUM DE L'EAU NATURELLE

Formé très probablement par action des neutrons d'origine cosmique sur les noyaux d'azote atmosphérique :

$$({}^{14}N + n \rightarrow 3\,{}^{4}He + {}^{3}H),$$

le tritium se combine à l'oxygène de l'air pour former une eau superlourde que l'on retrouve dans l'eau de pluie en très faible quantité (de l'ordre de 10^{-18} d'après EIDINOFF, 1947) et dans les eaux de surface. Cette eau tritiée a une densité de 1,332, se solidifie à 8-10 °C et bout à 103-105 °C.

Le tritium est radioactif : c'est un émetteur β de demi-vie égale à 12,46 années. L'eau tritiée est utilisée à cause de cette propriété pour marquer les eaux souterraines et ce procédé est bien meilleur que ceux utilisant des produits pouvant être retenus par le substrat (fluorescéine par exemple, retenue par les argiles) ou se combinant avec lui.

Des mesures ont montré que l'eau de pluie contenait beaucoup plus de tritium (5 à 10 fois plus) quand elle tombait sur le continent que lorsqu'elle était seulement d'origine marine, par suite du temps de contact avec l'atmosphère, plus grand dans le premier cas. D'autre part, il y aurait un effet de la latitude, le flux des rayons cosmiques générateurs étant lié au champ magnétique terrestre (ainsi qu'aux variations de l'activité solaire), donc à ses fluctuations.

E. — ÉLÉMENTS RADIOACTIFS NATURELS DANS LES EAUX

Les principaux éléments radioactifs naturels présents dans les eaux continentales se répartissent en deux grands groupes :

a) Les éléments des familles de l'**Uranium**, du Thorium et du Radium qui comprennent tout d'abord les isotopes radioactifs de l'Uranium, de numéro atomique 92, ^{238}U ou U I, ^{234}U ou U II et ^{235}U ou AcU dont le premier est le plus abondant. La période ou temps au bout duquel la moitié des atomes présents est désintégrée est pour ces trois éléments très grande et respectivement de :

$$4{,}49 \cdot 10^9 \text{ ans}, \; 2{,}48 \cdot 10^5 \text{ ans et } 7{,}07 \cdot 10^8 \text{ ans}.$$

Tous les trois émettent des particules α (noyaux d'hélium ^4_2He) tandis que seuls ^{235}U et ^{238}U émettent un rayonnement γ d'assez faible énergie.

Les parents de ces éléments sont ^{234}Th pour ^{238}U, ^{230}Th pour ^{234}U et ^{231}Th pour ^{235}U. L'^{234}U donne naissance au ^{234}Pa.

TABLEAU 6

LES PRINCIPAUX NOYAUX RADIOACTIFS NATURELS ET LEUR PÉRIODE

Carbone...............	$^{14}_{6}C$	5 568 ans
Potassium.............	$^{40}_{19}K$	$1{,}49 \cdot 10^9$ ans
Plomb.................	$^{210}_{82}Pb$ = Ra D	22,2 ans
Bismuth................	$^{210}_{83}Bi$ = Ra E	4,97 jours
Polonium.............	$^{210}_{84}Po$	139 jours
Radon	$^{222}_{86}Rn$	3,825 jours
Radium...............	$^{223}_{88}Ra$ = Ac X	11,2 jours
Radium...............	$^{226}_{88}Ra$	1 622 ans
Actinium.............	$^{227}_{89}Ac$	21,7 ans
Thorium..............	$^{227}_{90}Th$ = Rd Ac	18,9 jours
Thorium..............	$^{228}_{90}Th$ = Rd Th	1,9 ans
Thorium..............	$^{230}_{90}Th$ = Ionium	$8{,}0 \cdot 10^4$ ans
Thorium..............	$^{234}_{90}Th$ = UX_1	24,5 jours
Protactinium	$^{234}_{91}Pa$ = UX_2	1,14 minutes
Uranium	$^{234}_{92}U$ = U_2	$2{,}48 \cdot 10^5$ ans
Uranium	$^{235}_{92}U$ = AcU	$7{,}07 \cdot 10^8$ ans
Uranium	$^{238}_{92}U$ = U_1	$4{,}49 \cdot 10^9$ ans

Le thorium, de numéro atomique 90, comprend également plusieurs isotopes radioactifs dont le ^{230}Th ou ionium est le moins rare; il émet des particules α et a une période de $8{,}0 \cdot 10^4$ ans. Les autres isotopes du thorium sont de période relativement très courte et n'ont de ce fait qu'un intérêt géochimique très limité.

Le **Radium** de numéro atomique 88 présente deux isotopes de périodes très différentes le ^{223}Ra ou Actinium X (11,2j) et le ^{226}Ra (1 622 ans). Ce dernier seul présente un certain intérêt du point de vue qui nous occupe ici.

b) Les éléments légers essentiellement constitués du carbone ^{14}C caractéristique des matériaux carbonés d'origine biologique et le potassium ^{40}K fréquent dans toutes les roches et dont la période, très longue ($1{,}49 \cdot 10^9$ ans) explique sa présence un peu partout, là où est décelé du potassium.

— *Origine des matériaux radioactifs de l'hydrosphère.*

Les roches ignées contiennent de l'uranium et du thorium :

— soit sous forme d'inclusions microscopiques (dans le sphène, le zircon, l'apatite, la monazite, etc.),

— soit à l'état diffus dans les minéraux essentiels,

— soit enfin dans les interstices et fractures des roches.

Après érosion de ces roches ignées, les inclusions radioactives et les éléments renfermant uranium et thorium sont entraînés, pulvérisés, partiellement dissous et arrivent ainsi en fin de compte dans les eaux continentales, puis à la mer.

Cependant, la présence dans les eaux de sels de fer et d'hydrates colloïdaux de fer, de manganèse, d'alumine et de silice provoque l'adsorption de l'uranium et son dépôt partiel. Ainsi, dans les eaux marines, une partie de l'uranium se retrouvera dans les eaux et une autre dans les sédiments; les sels de thorium sont, eux, pratiquement insolubles et n'accompagnent que les sédiments dans leur cheminement cyclique vers les profondeurs océaniques. Il en est de même dans les grands lacs.

De plus, la solubilité des composés oxydés de l'uranium et des uranates entraîne un accroissement sensible dans les eaux du rapport U/Th.

En moyenne, les eaux continentales contiennent $10 \cdot 10^{-6} g \cdot l^{-1}$ d'uranium : les eaux provenant de terrains basiques sont moins riches que celles venant de terrains acides.

Les produits de fission apportés par les eaux de pluie sont partiellement absorbés par les terrains dans lesquels ces eaux s'infiltrent. Des expériences ont montré l'action sélective des terrains : les terres rares, et avec elles le plutonium, sont très vite stoppés et diffusent mal dans les parties profondes. Par contre, le césium et le ruthénium pénètrent loin jusqu'à la nappe tandis que le strontium a un comportement intermédiaire. En surface, la couverture végétale et l'humus jouent un certain rôle dans cette rétention et accumulent quelques-uns de ces éléments en quantités notables.

CHAPITRE II

LE CYCLE DE L'EAU SUR TERRE

Sans discuter ici de l'origine de l'eau solide, liquide ou à l'état de vapeur qui participe à la constitution de la terre, force nous est de reconnaître que cet élément est en perpétuelle migration cyclique de la mer à la mer avec comme états intermédiaires les plus importants, la glace des calottes polaires et la vapeur d'eau atmosphérique.

TABLEAU 7

TENEUR EN EAU DES DIFFÉRENTES PARTIES DE LA TERRE (estimations corrigées)	— EAU —	
	kg par cm^2	Géogrammes (10^{20} g)
Lithosphère primaire	4 900	250 000
Roches sédimentaires	35,4	1 812
Océans et mers	258	13 220
Glace des glaciers et calottes polaires	0,87	45
Eaux continentales de surface et subsurface	0,82	41,7
Eaux de circulation souterraine profonde	5,6	288
Vapeur d'eau atmosphérique	0,0026	0,13

Cette dernière représente au-dessus des océans un volume dix fois plus important qu'au-dessus des continents.

MEINHARDUS (1928), HESS (1933), HALBFASS (1933), KULP (1951), RUBEY (1951) et plus récemment HUTCHINSON (1957), ont estimé la quantité d'eau que recélaient les différents grands ensembles terrestres.

A chaque centimètre carré de sol terrestre, correspond en moyenne 300 kg d'eau répartis comme suit :

	kg
Eau de mer	258,0
Eau continentale	41,8
Glace continentale	0,87
Vapeur d'eau	0,003

En tenant compte de la teneur des gaz volcaniques en vapeur d'eau juvénile (0,8 %?), et de la durée des temps géologiques ($3 \cdot 10^9$ années au moins), RUBEY (1951) en arrive à conclure que toute l'eau des océans et des continents provient de l'arrivée en surface de cette eau juvénile par les sources thermales et émanations liées à l'activité volcanique; bien que la composition chimique actuelle de l'une et de l'autre ne permette pas d'étayer *a priori* cette hypothèse. Au contraire, certains auteurs recherchent la première eau de mer, antérieure donc à la constitution même de la croûte terrestre actuelle dans la condensation d'une vapeur d'eau produite par réduction des oxydes primitifs ayant lessivé une « mer » d'halogénures alcalins solidifiés (DAUVILLIER, 1947).

Cette dernière hypothèse semble infirmée par l'étude géologique des terrains antécambriens les plus anciens qui rend peu probable l'existence d'une eau de mer de composition actuelle et ayant été à température élevée.

A. — VAPEUR D'EAU ATMOSPHÉRIQUE

Sur les 71 % de surface terrestre occupés par les mers, le soleil provoque une évaporation intense. On estime à 383 000 km³ (3,83 Gg) la quantité d'eau quittant ainsi annuellement la surface des océans. 346 000 km³ (3,46 Gg) reviennent directement à la mer par les précipitations, après un séjour plus ou moins prolongé dans les couches de l'atmosphère. 37 000 km³ seulement (0,37 Gg) sont entraînés au-dessus des continents par les courants aériens et arrivent au sol lors des précipitations. Ces dernières, de l'ordre de 99 000 km³ (0,99 Gg) sont également alimentées par l'évaporation et la transpiration des eaux du sol ou des réserves de surface (62 000 km³) (fig. 6).

Ainsi, la majeure partie du cycle de l'eau à la surface du globe terrestre est celle au-dessus des océans, là où évaporation et précipitations sont les plus intenses.

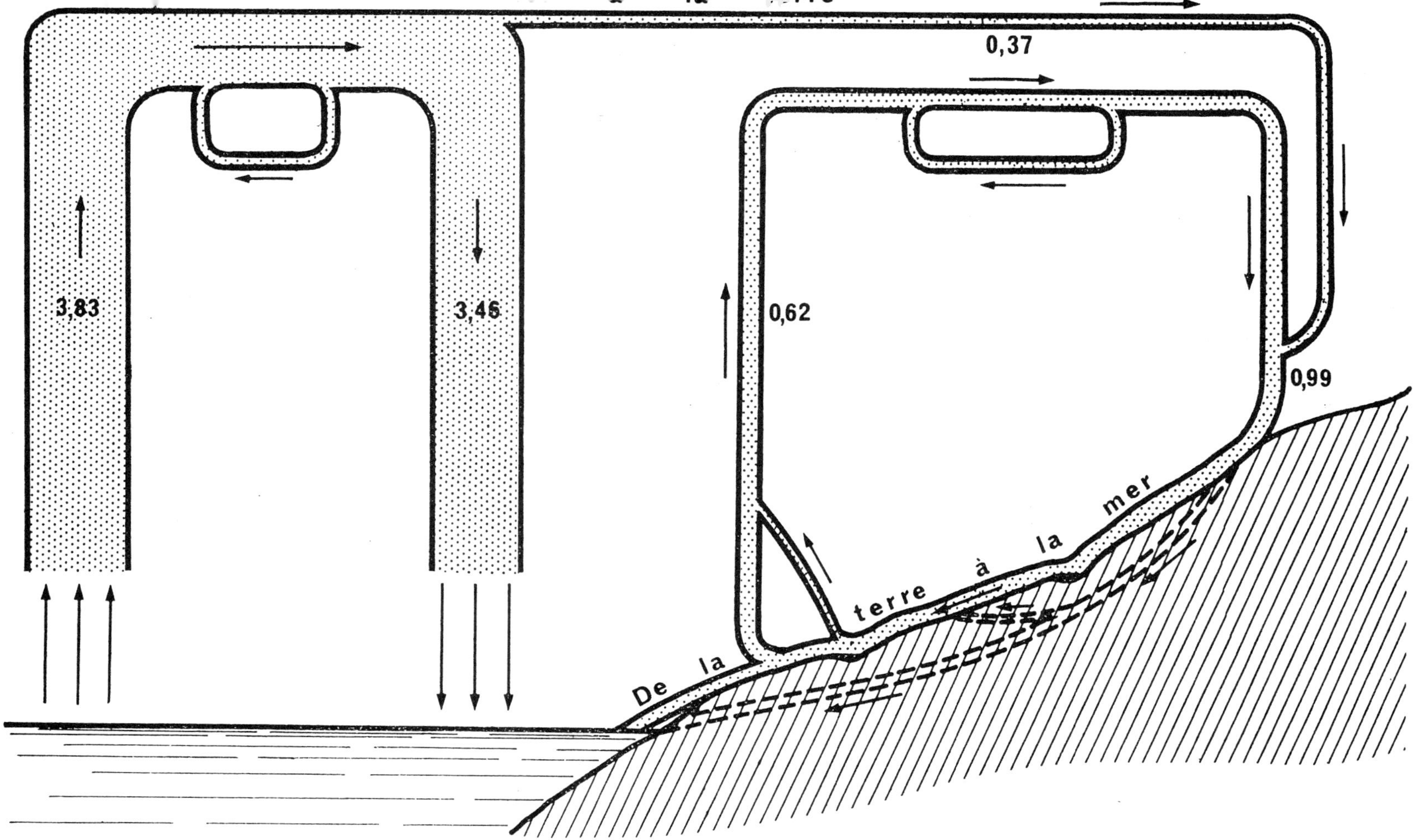

FIG. 6. — Cycle de l'eau sur la terre (quantités exprimées en géogrammes soit 10^{20} g).

L'évaporation d'une surface d'eau de 360 millions de km² représente annuellement plus d'un mètre d'eau. La vapeur d'eau ainsi produite à laquelle s'ajoute celle due à la transpiration et à la respiration des organismes continentaux provoque une humidification de l'air.

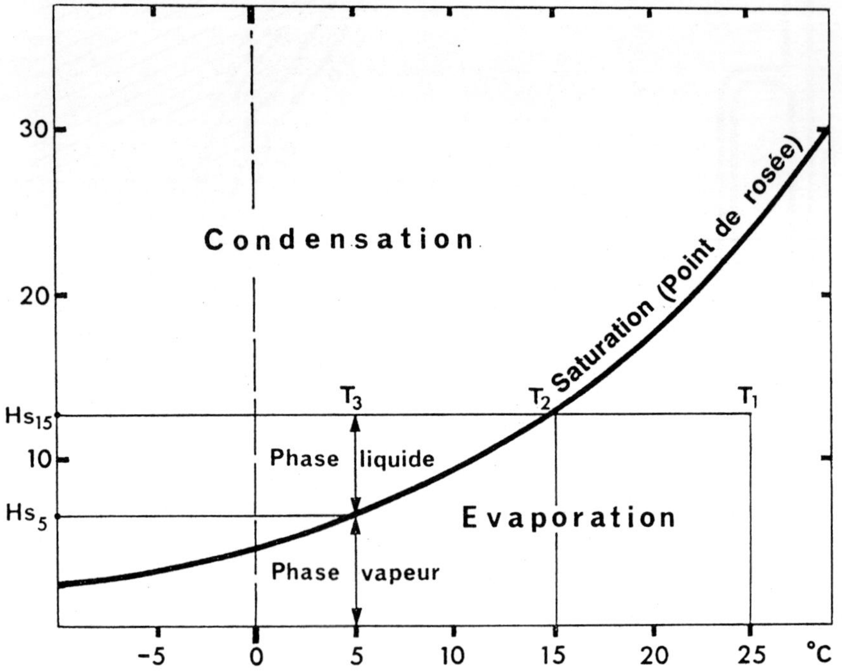

FIG. 7. — Courbe de saturation de l'air en vapeur d'eau en fonction de la température. Une masse d'air d'humidité spécifique 13 et de température T_1 = 25 °C contient 13 mg de vapeur d'eau par litre. Quand elle se refroidit, la vapeur d'eau commence à se condenser à la température $T_2 = 15$ °C. A la température $T_3 = 5$ °C, une partie de la vapeur d'eau est sous forme de gouttelettes liquides, soit la quantité correspondant à $H_{s_{15}} — H_{s_5}$. Comme $H_{s_{15}} = 13$ et $H_{s_5} = 6{,}8$, il y a $13 — 6{,}8 = 6{,}2\,mg \cdot l^{-1}$ d'eau liquide dans l'air ambiant à 5 °C.

En présence de noyaux de condensation et dans certaines conditions de température et de pression, cette vapeur d'eau se condense, provoque la formation de nuages, de brouillards, et autres phénomènes météorologiques se traduisant tôt ou tard par des précipitations solides (neige, grêle) ou liquides (pluies).

La tension de vapeur d'eau dans l'air est en effet variable avec la température. A chaque température correspond une tension maximum au-dessus de laquelle il y a condensation (fig. 7).

Un simple refroidissement au voisinage *du point de rosée* suffit donc à provoquer ordinairement l'apparition de gouttelettes d'eau ou de cristaux de glace. En fait, il y a souvent retardement de ce phénomène et l'air est alors sursaturé d'humidité sans qu'il y ait apparition d'une condensation. Les noyaux de condensation peuvent être provoqués naturellement ou artificiellement et la précipitation est alors obligatoire et abondante (pluies artificielles).

B. — PRÉCIPITATIONS

Les précipitations, suivant la température, la cause de la condensation, le taux d'humidité de l'air ambiant et la masse d'air en déséquilibre, seront soit des pluies, soit de la neige, soit du givre ou du verglas.

La répartition des masses d'air humide est commandée par les grands paramètres mondiaux : océans, vents, position des zones dépressionnaires, déplacement des anticyclones et des fronts. Les précipitations doivent leur existence le plus souvent à une turbulence provoquant un refroidissement. Cette turbulence peut être produite directement par échauffement du sol (pluie due à la convection thermique).

Très souvent, et dans les pays de montagne tout particulièrement, l'abaissement de la température des masses d'air est produit par le relief qui les oblige à s'élever en altitude (pluies orographiques) et ainsi à se détendre avec abaissement de température.

Plus généralement, les précipitations sont dues aux mouvements généraux des masses d'air, eux-mêmes induits par la rotation de la terre et par le gradient thermique latitudinal du globe terrestre. Les vents alizés sont en effet les grands responsables de la formation des systèmes nuageux qui, arrivés sur les continents, y laissent leur humidité sous forme de pluies ou de neige. La formation, au centre des continents, de zones stables de hautes pressions en hiver et de basses pressions en été, implique également la mise en place de systèmes convectifs propices à la formation de systèmes générateurs de précipitations (moussons).

L'importance des précipitations varie considérablement d'un point à un autre du globe, d'un jour à l'autre, en fonction de la nature de la précipitation, de la latitude, de l'altitude, de la morphologie locale, et de la nature de la couverture végétale du sol (s'il y en a).

Si, à PIRADOS (Chili), il ne pleut que tous les quatre-vingt-dix ans, au sommet de WAIALEALE (Hawaï), la moyenne annuelle des précipitations est de 11,7 mètres. (Dans les régions tempérées, il tombe entre 0,5 m et 1,20 m d'eau par an).

TABLEAU 8

DIAMÈTRE en mm	VOLUME en mm³	CARACTÉRISTIQUES DES GOUTTES DE PLUIES (d'après MEINZER) — NOMBRE DE GOUTTES AU MÈTRE CARRÉ PAR SECONDE						VITESSE DE CHUTE en m·sec⁻¹ (d'après LENARD)
		Pluie normale continue	Pluie avec averses et éclaircies	Pluie soudaine provenant d'un petit nuage	Averse violente avec grêle	Averse continue maximum	Fin de l'averse continue	
0,5	0,065	1 000	129	0	100	514	7	
1,0	0,524	200	100	50	1 300	423	233	4,4
1,5	1,77	140	73	50	500	359	113	
2,0	4,19	140	100	150	200	138	46	5,9
2,5	8,18	0	29	0	0	156	7	
3,0	14,1	0	57	200	0	138	0	7,0
3,5	22,4	0	0	0	0	0	32	
4,0	33,5	0	0	50	0	0	39	7,7
4,5	47,7	0	0	0	200	101	0	
5,0	65,4	0	0	0	0	0	25	7,9
TOTAL		1 480	488	500	2 300	1 829	502	
mm par mn		0,06	0,10	0,31	0,72	0,57	0,25	

Quand la température ambiante est au-dessus de 0°, les gouttes de pluie constituent la précipitation. Elles ont une taille variable qui dépend de la nature et de l'origine du nuage générateur.

Quand la température ambiante est suffisamment basse, la vapeur d'eau se condense sous forme solide.

BARLA (1957) a décrit six classes de cristaux constituant ces précipitations solides :

1. Les *aiguilles* qui se manifestent quand le champ électrique atmosphérique est positif (éléments électronégatifs) (planche 3, *a* p. 272).

2. Les *prismes* et plaquettes qui se manifestent dans des conditions analogues;

3. Les *étoiles,* les cristaux de neige bien connus, qui réclament un champ électrique positif ou nul (éléments électronégatifs);

4. Les *flocons* sans polarité, qui se forment surtout quand le champ électrique est neutre;

5. Le *grésil* qui se forme en présence d'un champ électrique négatif, ou neutre (éléments électropositifs);

6. La *grêle* caractéristique d'un champ électrique négatif, au moins au début de la précipitation (éléments électropositifs).

Le champ électrique est généralement positif quand la masse d'air chargée d'humidité est d'origine tropicale et négatif dans les masses d'air polaires.

« Les observations relatives à la fréquence des différents types de cristaux pendant une précipitation solide neigeuse, ont démontré que les formes géométriques idéales qui sont reproduites sur divers traités de météorologie sont, en nature, réelles seulement dans la proportion de 5 à 10 %. » (BARLA, 1957).

De ce fait, la densité moyenne de la neige sèche varie entre 0,1 et 0,35. Dans des régions à fortes précipitations et où les conditions de température permettent à celles-ci de tomber sous forme de neige, il ne sera donc pas surprenant d'observer des épaisseurs de plusieurs mètres de neige.

Dans les régions où la température moyenne annuelle de l'air ne dépasse pas 0 °C, cette neige ne fondra pas, se tassera sur place et constituera des névés. C'est le cas en montagne au-dessus de 2 600 à 3 000 m dans les Alpes, à la surface de la mer dans les régions polaires et *a fortiori* sur les calottes glaciaires, telles que l'inlandsis groelandais ou le continent antarctique. Sur sols en pente, ces névés auront tendance à s'écouler régulièrement et à descendre. Ils constitueront parfois des glaciers si leur alimentation et leur tassement sont suffisants.

En descendant, neige et glaces de névés ou de glaciers arriveront dans des zones où la fonte est possible et donneront naissance ainsi à des cours d'eau pouvant alimenter des lacs.

Un autre type de précipitations, pouvant amener à la surface du sol une grande quantité d'eau à la fois, est la grêle qui prend naissance quand la vitesse ascensionnelle d'un nuage, tel qu'un cumulo-nimbus, est suffisante pour amener l'air chargé d'humidité qui le constitue au contact de cirro-stratus qui souvent le surplombent. Au contact des aiguilles de glace dont ces derniers sont composés, l'eau en surfusion du cumulo-nimbus se cristallise et parcourt une certaine distance dans le nuage avant de pouvoir enfin tomber par son propre poids, la turbulence étant toujours très puissante dans ces cas.

C. — ÉCOULEMENT

Les précipitations, qu'elles soient solides ou liquides, arrivent sur les continents dont le relief est un des éléments primordiaux et aident à sa transformation.

Déjà la pluie, comme dans les régions soumises à leur action la neige et la glace, a une action physique d'érosion et une action chimique de dissolution sur les terrains sur lesquels elle tombe. Mais le ruissellement entraîne également la formation de cours d'eau de plus en plus gros et dont l'action dépend du relief et de l'importance du bassin versant.

On estime à 1 250 km^3 la quantité d'eau ainsi en perpétuel mouvement vers la mer, et à quelque 35 000 km^3 celle qui arrive chaque année effectivement dans les océans après avoir ruisselé. Les cinq plus grands fleuves du monde représentent plus de 22 % de ce débit (Amazone : 3 210 km^3, Congo : 2 130 km^3, Gange : 1 200 km^3, Yang-tsé-Kiang : 690 km^3, Mékong : 500 km^3).

D. — STAGNATION

L'eau, comme la glace de glacier d'ailleurs, a tendance à rejoindre au plus vite le point bas le plus proche. Ce point bas n'est pas toujours la mer. Il existe de très nombreux bassins fermés dans lesquels les eaux se concentrent sans jamais pouvoir atteindre la mer. Ces régions ou bassins endoréiques sont souvent occupés par des lacs plus ou moins salés suivant les possibilités d'évaporation et le climat. On en compte 258 dans les Alpes suisses (LUGEON et JEREMINE, 1913), mais les plus importants se situent dans les régions plates ou semi-arides (Mer Caspienne, Mer d'Aral, Tchad, Grand Lac Salé de l'Utah, etc.) ou dans les bassins à point bas au-dessous du niveau de la mer (cryptodépressions). Rivières et fleuves apportent dans ces régions, comme dans les régions exoréiques à la mer, l'eau que le sol n'a pas retenue et que la végétation n'a pas utilisée, et en même temps les matériaux d'accompagnement que sont les alluvions, limon et, au moment des crues, les galets, voire les blocs.

Une partie de cette eau, responsable du modelé terrestre et de la formation des sédiments continentaux, est retenue dans les cuvettes et bassins permettant la formation de lacs ou de mers plus ou moins fermées. Quand le bassin se trouve à une latitude suffisante, l'eau gèle, le plus souvent avant son arrivée au sol, et ainsi se constituent les inlandsis, calottes glaciaires et glaciers de cirque.

A la surface de ces masses liquides ou solides d'eau primitivement douce, une plus ou moins forte évaporation élimine une quantité d'eau importante. Dans les zones endoréiques cette évaporation provoque une concentration progressive en sels dissous. Dans les zones exoréiques cette concentration est contrebalancée par les apports continuels.

E. — RETOUR A L'ATMOSPHÈRE

Le retour à l'atmosphère de toute cette eau accumulée dans les océans et masses d'eaux continentales se fait par évaporation, l'évapotranspiration, phénomène si important au point de vue agricole, n'intervenant que pour une part minime dans la réhumidification des masses d'air (moins de 2 %).

DEUXIÈME PARTIE

LA CHIMIE DES EAUX NATURELLES

CHAPITRE III

PROPRIÉTÉS CHIMIQUES DE L'EAU

L'eau est, par ses propriétés électriques et sa constitution moléculaire, particulièrement apte à permettre la mise en solution de corps divers. En fait, la plupart des substances minérales peuvent se dissoudre dans l'eau ainsi qu'un certain nombre de gaz et de produits organiques.

Outre de vraies *solutions d'électrolytes* dissociés sous forme d'ions, l'eau peut constituer des solutions *colloïdales* avec certaines substances et même de vraies *solutions de non électrolytes.*

Les premières sont caractérisées par l'insertion, dans le réseau « cristallin » de l'eau, d'ions particuliers.

Les secondes ne sont qu'un réarrangement avec gonflement du réseau existant.

Les troisièmes ne sont possibles que par l'intermédiaire de ponts de protons entre molécules d'eau et molécules de la substance en dissolution. Le matériel ainsi dissous modifie donc le liquide qui acquiert de nouvelles propriétés (viscosité modifiée par exemple).

La solubilité des gaz qui se dissolvent dans l'eau est par ailleurs fonction de la température, de la pression et du coefficient de solubilité lui-même fonction de la tension de vapeur du gaz considéré. Cette solubilité variable entraîne un certain nombre de conséquences qui seront étudiées plus loin dans le cas des gaz de l'atmosphère (oxygène, azote, gaz carbonique).

A. — LES PRINCIPALES SUBSTANCES PRÉSENTES DANS LES EAUX NATURELLES

Au laboratoire, l'eau pure est difficile à obtenir et encore plus difficile à conserver. Le verre pyrex, maintenu dans l'eau bidistillée lui cède en une heure 9 mg d'alcalis exprimés en Na_2O par kg de verre, réduit à une granulométrie normalisée. Une bonne eau distillée arrive à dissoudre 0,2 mg de verre par décimètre carré et par jour (sous forme de silicates de calcium, de sodium, de manganèse, etc.).

L'eau naturelle, elle non plus, n'est jamais constituée du seul minéral eau, H_2O. Elle contient toujours de nombreuses substances en solution.

Si l'eau de mer contient, soit en solution, soit sous forme de produits liés à l'activité ou à l'organisation des êtres vivant en son sein, la plupart des métalloïdes et des métaux (13 métalloïdes sur 14 et au moins 40 métaux), les eaux continentales, juvéniles ou vadoses, souterraines ou superficielles, présentent une variété de composition tout à fait remarquable.

Depuis les eaux incluses dans les cavités des roches telles que granites et laves diverses jusqu'aux eaux de neige ou incluses dans les glaciers en passant par les eaux associées au pétrole et les eaux thermales, les eaux de sources et celles de lacs, ou de chotts, toutes les concentrations en sels dissous peuvent être rencontrées.

BRUCE (1941) cite une eau de mine ayant une teneur en sels dissous de 154,950 $g \cdot l^{-1}$, et dans laquelle seuls les chlorures de calcium et de sodium ont été dosés, en quantité importante. Cette eau était enclavée dans la roche sous forme de réservoir naturel.

KÖNIGSBERG et MÜLLER (1906), dans les microcavités du quartz, ont trouvé un liquide de composition suivante :

H_2O	= 85 %	Ca	= 0,3 %
CO_2	= 5 %	CO^3	= 3,5 %
Na	= 2,5 %	Cl	= 1,5 %
K, Li	= 1,5 %	SO^4	= 0,7 %

L'eau est par ailleurs considérée comme le constituant le plus important des émanations volcaniques. OULIANOFF (1958) a montré que toutes les laves contenaient de l'eau, la rhyolite 1,5 %, les andésites et trachytes 1,26 %, la phonolite 2,04 %, le basalte 1,62 %.

Les eaux juvéniles qui constituent une partie des eaux thermominérales sont particulièrement riches en métaux lourds et en gaz dissous. D'après MIHOLIĆ (1947), il existerait une corrélation entre le métal lourd caractéristique d'une eau de source et l'âge de l'époque orogénique ayant produit failles et fissures permettant à ces eaux vierges d'atteindre la surface (tableau 9).

Les eaux souterraines vadoses ont une composition saline très variable, qui dépend des terrains traversés et de leur âge, des possibilités d'échanges de bases, d'adsorption, d'oxydation ou de réduction.

Les eaux de gisement de pétrole ressemblent un peu à des eaux salées marines et SCHOELLER (1956) cite une eau du bassin de Sunset (d'après JENSEN, 1934) contenant 38,2 $g.l^{-1}$ de substances dissoutes constituées surtout de chlorures et de carbonates acides de sodium et de calcium, ainsi que de silice.

TABLEAU 9

	Époque de l'orogenèse
U (et ses produits de désintégration).	Archéen tardif
Ni.	Protérozoïque
Cu.	Calédonien
Sn.	Hercynien
Zn.	Alpin ancien (crétacé, éocène)
Pb.	Alpin récent (miocène)
Hg.	Récent

Certaines eaux naturelles sont ainsi très riches en substances dissoutes dont les principales sont, d'après MARQUARDT (tiré de WUNDT, 1953) :

GAZ	SELS (à l'état dissocié)	
CO_2	$CaCO_3$	$Mg(NO_3)_2$
N_2	$MgCO_3$	Na_2CO_3
O_2	$CaSO_4$	Na_2SO_4
CH_4	$MgSO_4$	$NaCl$
H_2S	$CaCl_2$	Fe_2O_3
Cl	$MgCl_2$	SiO_2
	$Ca(NO_3)_2$	H_2SO_4

Pour CONWAY (1942), la composition ionique moyenne des eaux continentales du globe est, pour une concentration de 2,35 milliéquivalents par litre :

		%			%
Cations :	Ca	64	*Anions :*	HCO_3	73
	Mg	17		SO_4	16
	Na	16		Cl.	10
	K	3			

Cette composition varie avec la nature des terrains du bassin de drainage et notamment celle des sols qui les recouvrent, mais est fonction aussi de l'importance des précipitations sèches et humides dans l'aire considéré.

Elle est également sous la dépendance du climat, de la topographie et du temps; ainsi les rivières en climat humide et tempéré ont en général des eaux plus riches en bicarbonates de calcium que celles qui coulent en zone aride, caractérisées surtout par des carbonates et sulfates de sodium et de calcium, tandis qu'en zone subéquatoriale, si les anions sont ceux de tous les climats humides, les cations dominants sont le Sodium et le Magnésium. De même, GORHAM (1961) a montré le rôle du relief sur la composition des eaux : en altitude les précipitations sont plus importantes et l'évaporation moindre qu'en plaine basse. Ces variations empêchent de considérer l'eau naturelle de surface comme de composition à peu près constante.

L'eau de mer, elle, qui reçoit par les rivières et fleuves $2,735 \cdot 10^9$ tonnes de substances dissoutes par an, a une composition assez peu variable, les proportions existant entre les 9 principaux ions (constituant les 99 % de leur salinité) étant remarquablement constantes (HARVEY, 1949).

TABLEAU 10

SELS ENTRANT DANS LA COMPOSITION DES EAUX OCÉANIQUES

Na^+	30,4 %	Cl^-	55,2 %
Mg^{++}	3,7 %	SO_4^{--}	7,7 %
Ca^{++}	1,16 %	Br^-	0,19 %
K^+	1,10 %	H_3BO_3	0,07 %
Sr^{++}	0,04 %	HCO_3^- et CO_3^{--}	0,35 %

Constituants secondaires = 0,02 à 0,03

d'après DITTMAR recalculé par HARVEY (1945).

Les eaux salées continentales de surface peuvent atteindre une teneur en sels beaucoup plus considérable.

Si le Soap lake (Washington, U.S.A.) n'a que 35,280 $g \cdot l^{-1}$ de sels (Cl^-, SO_4^{--}, CO_3H^-, CO_3^{--}, Na^+, K^+) d'après ANDERSON (1958), RAWSON et MOORE (1944) citent le cas du little Manitou lake (Saskatchewan, Canada) aux eaux contenant 120,3 $g \cdot l^{-1}$ de sulfates (51,72 g) et chlorures (23,29 g) de sodium (17,95 g) et de magnésium (11,16 g). Quant au lac de Rezaieh (Iran), il montre à l'analyse de ses eaux 183 $g.l^{-1}$ de sels constitués presque essentiellement de NaCl (VLADYKOV, 1964).

Le cas de la Mer Morte est d'autre part bien connu : elle contient $23 \cdot 10^9$ tonnes de chlorure de magnésium et $12,6 \cdot 10^9$ tonnes de chlorure de sodium, soit une concentration dix fois supérieure à celle de l'eau de mer, les principaux éléments dissous étant (par ordre d'importance) : Cl, Mg, Na, Ca, K, Br, SO_4, HCO_3, CO_3, SiO_2, Rb (BENTOR, 1961).

Dans toutes ces eaux, la vie est possible. VALLENTYNE (1963) rappelle à ce propos que la vie aquatique (ou devant être considérée comme telle) est possible de — 18 °C à + 104 °C et pour toutes les salinités, de l'eau distillée aux saumures sursalées.

Les eaux les plus intéressantes pour l'homme sont, bien entendu, les eaux de consommation, et tout particulièrement les eaux dites potables dont la distribution naturelle conditionne celle des populations et de leur activité agricole, voire industrielle.

Ces eaux potables sont ou des eaux de sources ou des eaux de rivières. La composition de ces dernières est variable non seulement avec la nature des terrains de leur bassin d'alimentation mais aussi avec le climat. On a constaté en effet que dans les régions à forte pluviosité et à sol riche en matières organiques, les eaux se chargeaient en gaz carbonique et devenaient ainsi carbonatées.

Dans les régions à faible pluviosité au contraire, ce sont les sulfates, les carbonates et les chlorures qui prédominent, accompagnés de silice, de fer et d'alumine.

Cette variabilité importante de la composition des eaux naturelles de surface entraîne le désir de classer ces eaux en fonction de leur salinité.

On appelle **eaux homoïohalines**[1] les eaux de composition stable, qu'elles soient douces ou que leur salinité et les rapports ioniques de leurs sels soient analogues à ceux de la mer moyenne.

Les **eaux poïkilohalines** seront par opposition celles dont la composition sera variable dans le temps.

Cette distinction, que nous devons à DAHL (1956), a le mérite de mettre en évidence le caractère variable de la salinité des eaux saumâtres. En ne considérant que la salinité moyenne de ces eaux (cf. chap. VII), il est possible d'établir des coupures entre les eaux sub-douces et les eaux sub-salées.

D'après AGUESSE (1957), ces coupures doivent être faites aux salinités suivantes : 0,5, 5, 16, et 40 $g \cdot l^{-1}$, en ce qui concerne les eaux n'ayant

1. MACAN (1963) préfère le terme d'eaux mixohalines pour ces eaux qu'il fait dériver, par dilution, de l'eau de mer. BAYLY (1967) préfère le suffixe « saline » à celui de « haline » pour toutes ces catégories afin de tenir compte de la remarque des paragraphes ci-dessus rappelant que bien des eaux ne sont pas caractérisées, comme l'eau de mer, par des halogènes mais bien plutôt par des sulfates ou des carbonates.

pas de communication régulière avec la mer. On appellera dans ce cas :

eaux oligohalines celles qui ont de 0,5 à 5 $g \cdot l^{-1}$ de sels;
eaux mésohalines celles qui ont de 5 à 16 $g \cdot l^{-1}$ de sels;
eaux polyhalines celles qui ont de 16 à 40 $g \cdot l^{-1}$ de sels.
Les eaux ayant plus de sels que la mer seront des **eaux métahalines.**

REMANE et SCHLIEPPER (1958) ont préféré les limites 3 et 18 $g \cdot l^{-1}$ pour les eaux mésohalines et les ont scindées en **eaux meiomésohalines** (de 3 à 8-10 ‰) et **eaux pléiohalines** (de 10 à 18 ‰).

Au-dessus d'une salinité de 30 ‰, les eaux polyhalines font place dans cette classification aux **eaux euhalines** (de 30 à 40-45 ‰) de KOLBE puis aux **eaux hyperhalines** (> 40 ‰) de HEDGPETH.

Notons que ces classifications, basées sur des critères qui veulent être écologiques et qui mettent en valeur le rôle de la salinité, ne tiennent pas compte de la remarque de KNIPOWITSCH (1938) qu'à 24,69 ‰, la salinité d'une eau est telle que la température de son maximum de densité correspond à celle de sa congélation (— 1,33 °C), phénomène d'une importance toute particulière en eau saumâtre dans les pays froids; nous en verrons les conséquences plus loin (chap. V B). De plus, elles ne tiennent pas compte de la nature des ions responsables de cette salinité; or, nous verrons dans les chapitres ultérieurs l'importance biologique des rapports ioniques qui influencent le développement des organismes ou simplement leur survie. C'est pour cette raison que le terme même d'eaux saumâtres a été critiqué lors d'un symposium sur les eaux salées non marines. Nous lui préférerions aisément celui d'eaux hétérosalines.

Pour qu'une eau soit considérée comme potable, il faut qu'elle contienne :

Demande biologique en oxygène (D.B.O.) 5 j., moins de 5 mg d'O_2 consommé;
Degré hydrotimétrique total, 15 à 30° maximum;
Degré hydrotimétrique permanent, 5 à 15° maximum;
Alcalinité (en CaO), moins de 150 $mg \cdot l^{-1}$ (5,3 $mé \cdot l^{-1}$);
Magnésie (en MgO), moins de 30 $mg \cdot l^{-1}$ (1,5 $mé \cdot l^{-1}$);
Chaux (en CaO), moins de 200 $mg \cdot l^{-1}$ (7,1 $mé \cdot l^{-1}$);
Phosphates, pratiquement néant;
Chlorures (en NaCl), moins de 70 $mg \cdot l^{-1}$ (1,2 $mé \cdot l^{-1}$);
Sulfates (en SO_3), moins de 40 $mg \cdot l^{-1}$ (1,0 $mé \cdot {}^{-}l^{1}$);
Nitrates (en N_2O_5), moins de 6 $mg \cdot l^{-1}$ (0,05 $mé \cdot l^{-1}$);
Nitrites, néant;
Azote ammoniacal, moins de 0,5 $mg \cdot l^{-1}$ (0,03 $mé \cdot l^{-1}$);

Matières oxydables par le permanganate (oxydabilité), moins de 3 $mg \cdot l^{-1}$.

En fait, dans de nombreux cas, ces normes des services d'Hygiène ne peuvent être prises à la lettre et il est parfois toléré par exemple des teneurs très supérieures en chlorures ou en sulfates, particulièrement dans les pays chauds où le sel est un élément désaltérant dans l'eau (zones arides).

Les quantités d'eau consommées en moyenne en France sont évaluées par DARLOT, DARVES-BORNOZ et PERRIN-PELLETIER (1961) à :

Prévision pour 1970	m^3 par habitant et par an	en $10^9 \cdot m^3$ par an	
Eau potable..................	80	4	pour $49 \cdot 10^6$ habitants
Eau industrielle { en circulation.......	470	23	
Eau industrielle { prélevée....	290	14	
Eau agricole..................	400	14,5	
Navigation..................	30	1,5	
Soit en eau prélevée...........		34	

Elles se répartissent ainsi :

(en m^3/habitant/an)	Domestique	Organismes collectifs	Industries	Municipalités	Pertes	Total
Milieu rural et agglomérations de moins de 5 000 hab............	10-30	0-5	0-5	0-10	2-10	12-50
Agglomérations de 5 000 à 10 000 hab.........	10-30	0-5	0-5	0-10	4-12	24-62
Agglomérations de 10 000 à 20 000 hab.........	15-40	5-10	5-10	5-20	5-15	30-75
Agglomérations de 20 000 à 100 000 hab........	15-40	5-10	5-10	5-20	7-17	42-87
Paris (exemple pour 2 850 000 hab)........	62	7	7	41	54	170
Marseille (pour comparaison)...	80	22		48	234	354

Ces chiffres corrigent substantiellement les estimations de SCHOELLER (1956).

Retenons donc que les éléments permettant de comparer les eaux d'après leur origine comme d'après leurs caractéristiques essentielles sont :

Na	K	
Ca	Mg	
Cl	SO_4	CO_3
S		

mais qu'il sera parfois nécessaire de tenir compte d'autres éléments également importants sinon présents en grande quantité comme certains métalloïdes (N, Br, I, F, P), ou certains métaux (Fe, As, Cu, etc.).

Enfin, signalons l'intérêt d'une unification des langages des géologues, hydrologues, géochimistes et hygiénistes dans le domaine de l'interprétation des résultats qui devront, de préférence, être exprimés en équivalents par litre (ou milliéquivalents par litre).

B. — OXYDATION, RÉDUCTION, LE rH

En chimie classique, une oxydation est une fixation d'oxygène ou encore un départ d'hydrogène (déshydrogénation). Ce peut être aussi une perte d'électrons, l'ionisation d'un métal ou l'accroissement de la valence d'un ion métallique.

Les permanganates sont dits oxydants parce qu'ils libèrent de l'oxygène.

Du point de vue électronique, en fait, une oxydation n'est qu'une perte d'électron.

On peut distinguer deux catégories de corps : les *oxydants* et les *réducteurs*. Les corps oxydants sont électronégatifs; ce sont des comburants, ils sont plus ou moins forts.

Exemple : F Cl O Br I S

(Forts → Faibles → très Faibles)

Les réducteurs sont électropositifs : ce sont des combustibles. De même leur « force » est variable. Ce sont par exemple :

K Ba
Na Ca Mg Al Zn Mn Cr Fe B Si C S

Le soufre peut être à la fois oxydant et réducteur. C'est dire la relativité d'une telle classification.

Si un oxydant réagit sur un réducteur, il y a formation d'un corps indifférent.

Si on tente de faire réagir un oxydant sur un autre oxydant, la réaction est difficile et faible, les deux corps en présence ayant peu d'affinité l'un pour l'autre. De même quand un réducteur est en présence d'un autre réducteur.

Si un oxydant réagit sur un corps indifférent, il y a déplacement de l'oxydant du corps indifférent si celui-ci est le plus faible des deux oxydants en présence, et formation d'un nouveau corps indifférent :

$$\text{Oxydant A} + \text{corps indif. B}' \rightarrow \text{corps indif. A}' + \text{Oxydant B}$$

De même un réducteur fort peut déplacer un réducteur faible d'un corps indifférent qui le constitue.

Exemple de réaction : $MnO_2 + HCl$.

MnO_2 peut être considéré comme la somme d'une base MnO et de l'oxygène;

or
$$\underset{(\text{base})}{MnO} + \underset{(\text{acide})}{2HCl} \rightarrow \underset{(\text{sel})}{Cl_2Mn} + \underset{(\text{eau})}{H_2O}$$

et
$$\underset{(\text{oxydant})}{O} + \underset{(\text{corps indif.})}{2HCl} \rightarrow \underset{(\text{oxydant})}{2Cl} + \underset{(\text{corps indif.})}{H_2O}$$

d'où
$$MnO_2 + 4HCl \rightarrow Cl_2Mn + 2H_2O + 2Cl$$

Si on considère un système de 3 corps oxydants S_1, S_2 et S_3, S_1 étant plus oxydant que S_2, lui-même plus oxydant que S_3, S_2 est donc un oxydant par rapport à S_3 et un réducteur par rapport à S_1. La notion d'oxydo-réduction est donc toute relative.

Un système d'oxydo-réduction peut, suivant les conditions de milieu (pH, concentration, température, etc.) évoluer de façons différentes. Ainsi le Mn^{7+} en milieu acide est réduit à l'état de Mn^{2+} tandis qu'en milieu basique il n'est réduit qu'au stade Mn^{4+}.

Une classification des éléments d'après leur pouvoir oxydant ou réducteur s'avère donc très complexe.

1. POTENTIEL PLATINE ET POTENTIEL D'OXYDO-RÉDUCTION

Si on considère une pile constituée par un système S d'oxydo-réduction dans lequel plonge une électrode en platine poli et en relation par un pont d'agar-agar avec un autre système S dans lequel plonge une électrode en platine platiné baignant dans une atmosphère d'hydrogène distribuée à la pression $P_{H_2} = 1$ atmosphère et si on relie les deux électrodes, on constate grâce à un galvanomètre mis dans le circuit que l'ensemble est traversé par un courant dont la force électromotrice E_M est égale à

$$E_M = E_{Pt} + E_H$$

E_{Pt} étant le potentiel de l'électrode inaltérable (rapporté au système S), et E_H le potentiel de l'électrode baignant dans le bain d'hydrogène moléculaire sous 1 atmosphère de pression.

E_H est, par la nature même de l'électrode envisagée, stable et reproductible. E_{Pt} l'est moins, car malgré l'inaltérabilité du platine, une réaction ionique entre l'électrode et la solution dans laquelle elle baigne (système S) entraîne la mise à un potentiel plus ou moins stable de cette électrode. Si le système S considéré est constitué de substances riches en électrons mobiles (substances électroactives), E_{Pt} sera vite stable et reproductible.

Dans un système S oxydant ou réducteur, E_{Pt} est assez stable et reproductible pour le mesurer et le définir : potentiel d'oxydo-réduction (E[Red, Ox]). Il dépend de la pression P_{H_2} d'hydrogène moléculaire de la solution considérée. En général, E_{Pt} étant plus grand que E_H, l'électrode de Pt sera donc le pôle positif de la pile formée par le système.

L'assimilation de l'électrode de Pt, inattaquable mais catalysante plongeant dans une solution oxydo-réductrice, à une électrode à hydrogène, permet d'appliquer à la première de ces électrodes la loi d'action de masse

en partant de $$H \rightleftharpoons H^+ + e$$

En effet, dans ce cas, $K = \frac{(H^+)}{(H)}$ (Guldberg et Waage).

(H^+) et (H) étant les activités de l'hydrogène ionisé ou non, présent dans le système, et K la constante d'équilibre[1].

1. Rappelons que concentrations et activités sont liées par la relation $(A) = f_A \cdot [A]$ où (A) est l'activité de l'élément A, [A] sa concentration et f_A son coefficient d'activité.

Le potentiel de l'électrode est alors (équation de Nernst)

$$E_H = E_0 + \frac{RT}{\mathcal{F}} ln \frac{(H^+)}{(H)}$$

Par analogie, pour un système quelconque d'oxydo-réduction, les équations seront :

$$Red \rightleftharpoons Ox + ne$$

$$K = \frac{(Ox)}{(Red)}$$

$$E_{Pt}\ (Redox) = E_0\ (Red, Ox) + \frac{RT}{n\mathcal{F}} ln \frac{(Ox)}{(Red)}$$

E_0 est le potentiel normal thermodynamique;
n le nombre d'électrons entrant dans la réaction;
R la constante des gaz parfaits = $8{,}31 \cdot 10^7$ erg/degré;
T la température absolue;
$\mathcal{F}$ le faraday (96 500 coulombs).

En toute généralité, dans une réaction à plusieurs constituants

$$aA + bB + \ldots\ldots \rightleftharpoons xX + yY + \ldots\ldots + ne$$

$$K = \frac{(X)^x (Y)^y \ldots\ldots}{(A)^a (B)^b \ldots\ldots}$$

et
$$E_{Pt} = E_0 + \frac{RT}{n\mathcal{F}} ln \frac{(X)^x (Y)^y \ldots\ldots}{(A)^a (B)^b \ldots\ldots}$$

2. CAS DES ÉLECTROLYTES FORTS

La dissociation est ici complète et activités et concentrations ne peuvent être confondues. Pour des raisons pratiques, il est préférable d'évaluer le potentiel d'oxydo-réduction par rapport aux concentrations et non aux activités. La formule de NERNST s'écrit alors :

$$E_{Pt} = E_0 + \frac{RT}{n\mathcal{F}} ln \frac{(Ox)}{(Red)} = E_0 + \frac{RT}{n\mathcal{F}} ln \frac{[Ox] \cdot f_{Ox}}{[Red] \cdot f_{Red}}$$

soit
$$E_{Pt} = E_0 + \frac{RT}{n\mathcal{F}} ln \frac{[Ox]}{[Red]} + \frac{RT}{n\mathcal{F}} ln \frac{f_{Ox}}{f_{Red}}$$

et en posant $E'_0 = E_0 + \frac{RT}{n\mathcal{F}} ln \frac{f_{Ox}}{f_{Red}}$, $E_{Pt} = E'_0 + \frac{RT}{n\mathcal{F}} ln \frac{[Ox]}{[Red]}$

E'_0 dépend de la force ionique μ de la solution [1] et ne dépend que d'elle; il est appelé potentiel normal apparent.

3. CAS DES ÉLECTROLYTES FAIBLES

Si l'on prend comme exemple un système dans lequel la forme réduite est un diacide faible de formule Red H_2, on aura deux constantes de dissociation correspondant aux deux stades de la réduction :

$$\text{Red } H_2 \rightleftharpoons \text{Red } H^- + H^+ \quad \text{et dans ce cas} \quad K_1 = \frac{(\text{Red } H^-)(H^+)}{(\text{Red } H_2)}$$

$$\text{Red } H^- \rightleftharpoons \text{Red}^{--} + H^+ \quad \text{et} \quad K_2 = \frac{(\text{Red}^{--})(H^+)}{(\text{Red } H^-)}$$

Or, en milieu acide, la molécule Red H_2 n'est pratiquement pas dissociée et la relation d'équilibre peut donc s'écrire :

$$\text{Red } H_2 \rightleftharpoons Ox + 2H^+ + 2e \quad (\text{car } H_2 \rightleftharpoons 2H \rightleftharpoons 2H^+ + 2e)$$

La formule de NERNST sera alors :

$$E_{Pt} = E_0 + \frac{RT}{2\mathcal{F}} ln \frac{(Ox)(H^+)^2}{(\text{Red } H_2)}$$

soit

$$E_{Pt} = E_0 + \frac{RT}{2\mathcal{F}} ln \frac{[Ox]}{(\text{Red } H_2)} + \frac{RT}{\mathcal{F}} ln(H^+)$$

En milieu très alcalin au contraire, Red H_2 sera sous forme d'anion bivalent Red^{--} donc :

$$\text{Red}^{--} \rightleftharpoons Ox + 2e$$

et

$$E_{Pt} = E_0 + \frac{RT}{2\mathcal{F}} ln \frac{(Ox)}{(\text{Red}^{--})}$$

Comme (Red^{--}) n'est pas mesurable, on préfère lui remplacer la concentration totale $(\text{Red } H_2)_{tot.}$ et le calcul montre que dans ce cas :

$$E_{Pt} = E_0 + \frac{RT}{2\mathcal{F}} ln \frac{[Ox]}{[\text{Red } H_{2tot.}]} + \frac{RT}{2\mathcal{F}} ln\{K_1K_2 + K_1(H^+) + (H^+)^2\}$$

1. $\mu = \frac{1}{2}\Sigma c_i z_i^2$ où c_i est la concentration et z_i la valence de l'ion i.

En travaillant à pH constant, on peut réduire la formule à

$$E_{Pt} = E'_0 + \frac{RT}{2\mathcal{F}} ln \frac{[Ox]}{[Red\ H_{2tot.}]} \text{avec } E'_0 = E_0 + \frac{RT}{2\mathcal{F}} ln\{K_1K_2 + K_1(H^+) + (H^+)^2\}$$

4. CAS DES NON-ÉLECTROLYTES

Dans ce cas, la dissociation est nulle. Si on prend comme exemple un système dans lequel une molécule d'hydrogène réagit, on aura :

$$H_2 \rightleftharpoons 2H \rightleftharpoons 2H^+ + 2e$$

donc $$Red \rightleftharpoons Ox + 2H^+ + 2e$$

et dans ce cas :

$$K = \frac{(Ox)(H^+)^2}{(Red)} \quad \text{et } E_{Pt} = E_0 + \frac{RT}{2\mathcal{F}} ln \frac{(Ox)(H^+)^2}{(Red)}$$

soit $$E_{Pt} = E_0 + \frac{RT}{2\mathcal{F}} ln \frac{(Ox)}{(Red)} + \frac{RT \cdot 2\, ln\,(H^+)}{2\mathcal{F}}$$

En posant $E'_0 = E_0 + \frac{RT}{\mathcal{F}} ln(H^+)$ et en se rappelant que dans le cas des non-électrolytes, concentrations et activités sont pratiquement identiques, on revient à la formule générale :

$$E_{Pt} = E'_0 + \frac{RT}{2\mathcal{F}} ln \frac{[Ox]}{[Red]}$$

avec dans ce cas un potentiel normal apparent E'_0 qui dépend du pH, de la solution considérée [puisque le *p*H est $-\log\,(H^+)$] et de la force ionique μ (puisque la formule est écrite en concentration).

En conclusion, et dans la majorité des cas, la condition nécessaire et suffisante pour caractériser un système oxydo-réducteur sera de définir son potentiel E_{Pt} et son pH.

Reprenant l'exemple du système S dans lequel plongent deux électrodes dont une à hydrogène et une de platine poli, on peut écrire, en ce qui concerne le potentiel de cette dernière (dans laquelle $\frac{1}{2} H_2 \rightleftharpoons H \rightleftharpoons H^+ + e$) :

$$E_{Pt} = E_0 + \frac{RT}{\mathcal{F}} ln \frac{(H^+)}{\sqrt{P_{H_2}}}$$

puisque l'activité (H_2) est proportionnelle à la pression d'hydrogène P_{H_2} dans le système et que cette pression, exprimée en atmosphères et plus ou moins théorique, correspond à la pression 1 atm. dans l'électrode à hydrogène. Pour une électrode à hydrogène dite normale, E_0 par définition est égale à 0; d'où :

$$E_{Pt} = \frac{RT}{\mathcal{F}} ln \frac{(H^+)}{\sqrt{P_{H_2}}}$$

soit

$$E_{Pt} = \frac{RT}{\mathcal{F}} ln(H^+) - \frac{RT}{2\mathcal{F}} ln P_{H_2}$$

ou encore en se rappelant que que $lnX = 2{,}3 \log X$ et en exprimant $\frac{RT}{\mathcal{F}}$ par sa valeur, soit par exemple

$$\frac{RT}{\mathcal{F}} = 0{,}02586 \text{ à } 30\ °C \text{ (cf. tableau 11)}$$

$$E_{Pt}^{30°} = 0{,}06 \log (H^+) - 0{,}03 \log P_{H_2}$$

TABLEAU 11.

Valeurs de $2{,}3\frac{RT}{\mathcal{F}}$ entre 0 °C et 30 °C

t °C	$2{,}3\frac{RT}{\mathcal{F}}$	*t* °C	$2{,}3\frac{RT}{\mathcal{F}}$
0	0,0542	16	0,0573
1	0,0544	17	0,0575
2	0,0546	18	0,0577
3	0,0548	19	0,0579
4	0,0550	20	0,0581
5	0,0552	21	0,0583
6	0,0554	22	0,0585
7	0,0556	23	0,0587
8	0,05575	24	0,0589
9	0,05595	25	0,0591
10	0,0561	26	0,0593
11	0,0563	27	0,0595
12	0,0565	28	0,0597
13	0,0567	29	0,0599
14	0,0569	30	0,0601
15	0,0571	—	—

(D'après G. CARPENI in LOISELEUR, 1954).

ou encore

$$E_{Pt}^{30°} = -0{,}06\ pH + 0{,}03\ rH \quad \text{en posant avec CLARK} \quad rH = \log \frac{1}{P_{H_2}}$$

soit à température ordinaire (20 °C environ)

$$E_{Pt} = 0{,}03\ rH - 0{,}058\ pH$$

Ainsi, à pH constant, existe-t-il une relation directe entre potentiel d'oxydo-réduction et rH. Plus généralement, et en première approximation, on peut écrire à température ordinaire :

$$E_{Pt} = \frac{0{,}058}{n} \log \frac{[Ox]}{[Red]}$$

dans la mesure où les coefficients d'activité des ions en solution peuvent être considérés comme voisins de 1.

En limnologie, le potentiel redox d'une eau ou d'un sédiment associé sera déterminé à un pH donné et sera corrigé, afin de permettre les comparaisons, pour un pH défini qui est habituellement pH = 7. Dans ce cas, le symbole employé sera E_7. Il sera calculé en se rappelant qu'à température habituelle chaque variation d'une unité de pH correspond à une variation de 0,058 volts du potentiel redox; chaque unité de pH au-dessus de 7 correspond à une diminution de E_{Pt} de 58 millivolts environ et inversement (la valeur exacte est à rechercher au tableau d'après la température de mesure).

C. — LES GAZ DISSOUS DANS L'EAU

Les eaux naturelles et tout particulièrement les eaux de surface qui nous occupent ici sont presque constamment en contact avec l'air atmosphérique. Les gaz qui composent cet air sont tous solubles dans l'eau et certains d'entre eux sont d'intérêt essentiel pour les organismes aquatiques, soit pour leurs besoins propres (oxygène, gaz carbonique), soit par leur action nocive (méthane, hydrogène sulfuré).

La solubilité de ces gaz est fonction de la température, de la pression et du coefficient de solubilité, lui-même fonction de la tension de vapeur du gaz considéré.

Si l'air contient surtout de l'azote et de l'oxygène moléculaires, d'autres gaz entrent dans sa composition et notamment l'argon, le gaz carbonique, la vapeur d'eau, le méthane, l'oxyde de carbone, l'oxyde d'azote (N_2O), l'hydrogène moléculaire, l'ozone, etc.

1. L'OXYGÈNE

Intermédiaire indispensable entre le monde minéral et le monde organique, produit de « déchet » de la photosynthèse, nécessaire à l'oxydation énergétique de la carboxyhémoglobine, l'oxygène est certainement une des substances dont l'évaluation exacte est la plus utile aussi bien à l'ingénieur contrôlant les eaux de chaudières qu'au biologiste.

Dans l'air, l'oxygène est à l'état gazeux. Ce gaz entre dans la composition volumétrique de l'air sec pour près de 21 % (exactement 20,946 %). Au contact de l'eau, l'air se charge de vapeur d'eau et à l'interface eau-air on peut considérer que l'air est saturé d'humidité. La pression partielle de l'oxygène à une altitude et dans des conditions météorologiques données sera donc proportionnelle à $P_a - P_e$, P_a étant la pression atmosphérique à l'endroit de l'observation et P_e la pression partielle de vapeur d'eau dans les conditions de température existantes.

De fait, les variations instantanées de pression atmosphérique en un lieu donné ne sont que faibles et l'incidence de ces variations sur la solubilité de l'oxygène est trop minime pour être habituellement prise en considération dans la nature. Il sera par contre toujours tenu compte de la pression *moyenne* qui est en relation directe avec l'altitude et la température absolue moyenne théorique de la colonne d'air manquante c'est-à-dire celle de 0 m à z mètres, z étant l'altitude du lieu d'observation.

En supposant avec RICKER (1934) et en première approximation, que le degré géothermique dans l'air et pour la zone de présence des lacs sur le globe est de 1 °C pour 200 m d'élévation [1] et en estimant que la température $\theta_{\bar{z}}$ à la profondeur moyenne de la masse d'eau considérée reflète la température moyenne de cette masse d'eau, la pression P_z à l'altitude z sera calculée grâce à la formule :

$$\log P_z = \log P_0 - \frac{273z}{18\,421(\theta_{\bar{z}} + 273 + 0{,}0025z)}$$

Très généralement cette pression est calculée par extrapolation ou interpolation ou plus simplement lue sur des tables.

La solubilité de l'oxygène dépend encore de la salinité du milieu dans lequel est étudié sa répartition, mais dans de nombreux cas ce sera

1. On estime cependant en général à 6,5 °C/km le gradient de température dans la troposphère (soit 1 °C pour 153 m).

surtout la pression P_e de la vapeur d'eau qu'il faudra prendre en considération d'abord.

Parmi les nombreux essais de calcul de la solubilité de l'oxygène de l'air dans l'eau, les plus récents sont ceux de TRUESDALE, DOWNING et LOWDEN (1955). MORTIMER (1955) a longuement donné les raisons militant en faveur des tables de TRUESDALE qui fournissent la valeur de solubilité de l'oxygène en contact avec de l'air humide à pression normale (760 mm de mercure) et à différentes températures entre 0 °C et 35 °C (tableau 12). Pour tenir compte des résultats expérimentaux de MONTGOMERY et COCKBURN (1964) et des travaux de MONTGOMERY *et al.* (1964) ainsi que de ceux de MURRAY et RILEY (1969), MORTIMER (1981) a modifié sa table des valeurs de solubilité de l'oxygène dans l'eau. Les résultats sont cependant très voisins de ceux obtenus à partir de la table de TRUESDALE *et al.* (1955). A 20 °C par exemple, la différence est de 0,24 $mg.l^{-1}$.

Plus récemment, STEEN (1958) a mesuré le coefficient d'absorption (coefficient de solubilité) de l'oxygène libre dans l'eau distillée dégazée par insuflation de ce gaz dans une eau traitée et évaluation de la quantité d'oxygène retenue. Aux températures de 6 °C, 12 °C, 18 °C, et 24 °C les valeurs trouvées sont respectivement 0,04189, 0,03671, 0,03229 et 0,02905, valeurs très voisines de celles trouvées par WINKLER puis par FOX (1909), et assez différentes finalement de celles acceptées par MORTIMER (1955).

Bien que l'oxygène soit un gaz, il est habituel d'en considérer le poids plutôt que le volume et les résultats sont donc exprimés en mg par litre et non en centimètres cubes.

Au cours de la dissolution de l'air atmosphérique dans l'eau, les proportions de ses constituants se modifient; l'oxygène, relativement plus soluble, se dissout davantage et c'est ainsi qu'à 0 °C, il représente en moyenne plus de 34,9 % en volume des gaz dissous, alors qu'à 30 °C il en représente encore 33,6 % à pression normale.

L'habitude qui s'est instaurée de comparer la teneur d'une eau naturelle en oxygène à celle qu'elle aurait si elle pouvait en contenir le plus a donné naissance à la notion de **teneur à la saturation**. De fait, OLSZEWSKI (1948) a montré que la valeur théorique ne correspondait pas toujours à la valeur réelle obtenue en mélangeant intimement l'air atmosphérique et l'eau **naturelle** considérée à pression p et à température t données par l'observation. La notion de saturation doit alors être remplacée par celle de norme, la valeur à la saturation par des points de norme (ou mieux valeur normale) et le pourcentage par rapport à la saturation exprimé sous forme

TABLEAU 12. — Solubilité de l'oxygène dans l'eau (en $mg \cdot l^{-1}$) à pression normale (760 mm de Hg)

Température °C	0,0	0,1	0,2	0,3	0,4	0,5	0,6	0,7	0,8	0,9
0.....	14,16	14,12	14,08	14,04	14,00	13,97	13,93	13,89	13,85	13,81
1.....	13,77	13,74	13,70	13,66	13,63	13,59	13,55	13,51	13,48	13,44
2.....	13,40	13,37	13,33	13,30	13,26	13,22	13,19	13,15	13,12	13,08
3.....	13,05	13,01	12,98	12,94	12,91	12,87	12,84	12,81	12,77	12,74
4.....	12,70	12,67	12,64	12,60	12,57	12,54	12,51	12,47	12,44	12,41
5.....	12,37	12,34	12,31	12,28	12,25	12,22	12,18	12,15	12,12	12,09
6.....	12,06	12,03	12,00	11,97	11,94	11,91	11,88	11,85	11,82	11,79
7.....	11,76	11,73	11,70	11,67	11,64	11,61	11,58	11,55	11,52	11,50
8.....	11,47	11,44	11,41	11,38	11,36	11,33	11,30	11,27	11,25	11,22
9.....	11,19	11,16	11,14	11,11	11,08	11,06	11,03	11,00	10,98	10,95
10.....	10,92	10,90	10,87	10,85	10,82	10,80	10,77	10,75	10,72	10,70
11.....	10,67	10,65	10,62	10,60	10,57	10,55	10,53	10,50	10,48	10,45
12.....	10,42	10,40	10,38	10,36	10,34	10,31	10,29	10,27	10,24	10,22
13.....	10,20	10,17	10,15	10,13	10,11	10,09	10,06	10,04	10,02	10,00
14.....	9,98	9,95	9,93	9,91	9,89	9,87	9,85	9,83	9,81	9,78
15.....	9,76	9,74	9,72	9,70	9,68	9,66	9,64	9,62	9,60	9,58
16.....	9,56	9,54	9,52	9,50	9,48	9,46	9,45	9,43	9,41	9,39
17.....	9,37	9,35	9,33	9,31	9,30	9,28	9,26	9,24	9,22	9,20
18.....	9,18	9,17	9,15	9,13	9,12	9,10	9,08	9,06	9,04	9,03
19.....	9,01	8,99	8,98	8,96	8,94	8,93	8,91	8,89	8,88	8,86
20.....	8,84	8,83	8,81	8,79	8,78	7,76	8,75	8,73	8,71	8,70
21.....	8,68	8,67	8,65	8,64	8,62	8,61	8,59	8,58	8,56	8,55
22.....	8,53	8,52	8,50	8,49	8,47	8,46	8,44	8,43	8,41	8,40
23.....	8,38	8,37	8,36	8,34	8,33	8,32	8,30	8,29	8,27	8,26
24.....	8,25	8,23	8,22	8,21	8,19	8,18	8,17	8,15	8,14	8,13
25.....	8,11	8,10	8,09	8,07	8,06	8,05	8,04	8,02	8,01	8,00
26.....	7,99	7,97	7,96	7,95	7,94	7,92	7,91	7,90	7,89	7,88
27.....	7,86	7,85	7,84	7,83	7,82	7,81	7,79	7,78	7,77	7,76
28.....	7,75	7,74	7,72	7,71	7,70	7,69	7,68	7,67	7,66	7,65
29.....	7,64	7,62	7,61	7,60	7,59	7,58	7,57	7,56	7,55	7,54
30.....	7,53	7,52	7,51	7,50	7,48	7,47	7,46	7,45	7,44	7,43
31.....	7,42	7,41	7,40	7,39	7,38	7,37	7,36	7,35	7,34	7,33
32.....	7,32	7,31	7,30	7,29	7,28	7,27	7,26	7,25	7,24	7,23
33.....	7,22	7,21	7,20	7,20	7,19	7,18	7,17	7,16	7,15	7,14
34.....	7,13	7,12	7,11	7,10	7,09	7,08	7,07	7,06	7,05	7,05
35.....	7,04	7,03	7,02	7,01	7,00	6,99	6,98	6,97	6,96	6,95

d'un indice de norme. En appliquant cette conception, on tient davantage compte de l'influence des autres composés de l'eau et de tous les facteurs qui, dans l'eau ou au moment du dosage, interfèrent pour donner la valeur apparente de teneur en oxygène. Cette notion ne tient malheureusement pas compte des difficultés qui surgissent quand on essaie de saturer de l'eau naturelle en oxygène atmosphérique, à une température donnée si bien que, malgré son caractère séduisant, elle n'est que rarement considérée.

Dans une masse d'eau homogène, l'oxygène dissous est réparti en fonction de sa seule solubilité, elle-même fonction de la température, de la salinité et de la pression. Si seule la température varie avec la profondeur, la teneur en oxygène variera régulièrement de la surface au fond. Dans une eau naturelle les organismes végétaux libèrent dans le milieu de l'oxygène comme déchet de la photosynthèse, tandis que les animaux et micro-organismes chimiosynthétisants et minéralisateurs consomment cet oxygène. Il y aura donc, au moins dans ces milieux « stagnants » une répartition verticale de l'oxygène dont l'évolution dans le temps sera liée à plusieurs facteurs physiques et biologiques. Nous suivrons cette évolution plus loin (cf. chap. V F.).

2. LE GAZ CARBONIQUE

L'atmosphère terrestre contient en moyenne trois dix millièmes de gaz carbonique qui s'y trouve à l'état d'équilibre dynamique.

De récentes évaluations tendent à prouver que cette teneur est en voie d'augmentation par suite de la remise dans le cycle biologique du carbone à la surface de la terre, d'une quantité croissante des réserves fossilisées au cours des temps géologiques (pétroles, houilles, tourbes, etc.). Les déterminations habituellement retenues varient entre 0,033 % et 0,044 %. Chaque année, 2.10^{11} tonnes de Carbone sont éliminées de l'atmosphère sous forme de CO_2 et transformées en C organique par photosynthèse (Ward, 1966) (ce qui représente 7.10^{11} tonnes de CO_2). 90 % de cette photosynthèse est d'origine aquatique marine et dulçaquicole. 10 % seulement sont dus à la photosynthèse des plantes terrestres.

Ce gaz carbonique est l'anhydride d'un biacide faible et peu hydrolysable, soluble dans l'eau. Sa formule sera donc CO_2 et dans l'eau CO_2, H_2O plutôt que CO_3H_2 par suite de sa faible aptitude à s'hydrolyser.

Le coefficient de solubilité du CO_2 est voisin de 1 :

TABLEAU 13.

		%	%
Dans l'air		0,033	0,044
Dans l'eau..........	à 4 °C	0,94	1,26
	à 10 °C	0,76	1,02
	à 20 °C	0,56	0,74

Dans l'eau pure, il se laisse donc dissoudre à raison d'environ 0,3 cc, soit 0,6 mg par litre, à température ordinaire (environ 20 °C).

Rappelons que la solubilité d'un gaz dépend de la pression partielle qu'il exerce : $c = K \cdot p$.

c étant la concentration (en $mg \cdot l^{-1}$), p la pression du gaz (en atmosphères) et K un facteur de proportionnalité dépendant du gaz. Pour $p = 1$, $c = K$. Pour les gaz les plus importants dans le domaine aquatique, c est donné par le tableau 14.

TABLEAU 14.

t °C	Oxygène	CO_2	H_2S	t °C	Oxygène	CO_2	H_2S
0.....	67,59	3 347	7 027	16....	45,63	1 904	4 309
2.....	63,96	3 091	6 589	18....	43,82	1 789	4 086
4.....	60,61	2 872	6 178	20....	42,29	1 689	3 929
6.....	57,57	2 681	5 795	25....	38,71	1 450	3 432
8.....	54,75	2 494	5 441	30....	35,94	1 250	
10.....	52,12	2 319	5 112	35....	33,60	1 106	
12.....	49,79	2 166	4 823	40....	30,81	974	
14.....	47,64	2 033	4 556				

Ainsi la solubilité de l'oxygène pour une pression partielle de 0,2095 atm. (20,95 % d'oxygène dans l'air) est, à 10° de

$$c = 52{,}12 \times 0{,}2095 = 10{,}92 \ mg \cdot l^{-1}$$

et celle du CO_2 pour une pression partielle de 0,00044 atm. (0,044 %) à 10 °C

$$c = 2319 \times 0{,}00044 = 1{,}02 \ mg \cdot l^{-1}$$

Dans les eaux naturelles le gaz carbonique se trouvant le plus souvent en présence de sels de métaux alcalins et alcalino-terreux, se combine à eux pour former des bicarbonates et des carbonates.

Il existe un équilibre chimique entre ces trois formes de l'acide carbonique, équilibre que l'on peut écrire dans le cas de sels de calcium :

$$(CO_3H)_2Ca \rightleftharpoons CO_3Ca + CO_2 + H_2O$$

Carbonate acide de calcium — Carbonate de calcium — Gaz carbonique libre dissous.

Quand l'acide carbonique se trouve dissous dans une eau pure, il provoque un abaissement du pH, les deux acidités de cet acide étant neutralisées à pH 8,3 et 4,5. A l'état libre, cet acide va rechercher une base pour former un sel; il sera donc agressif pour les sels de bases tels que la chaux ou la magnésie. Cette agressivité n'intéresse cependant pas la totalité de l'acide carbonique présent puisqu'une partie calculable de cet acide est en équilibre avec ses sels comme le souligne la formule ci-dessus, et ne peut donc réagir avec le sel neutre pour donner un sel acide.

En présence de bases, telle que la chaux, l'acide carbonique va former d'abord un carbonate acide ou bicarbonate grâce à la première de ses deux acidités; ce sera l'acide carbonique semi-combiné. Sous forme de carbonate, la plupart du temps insoluble, l'acide carbonique sera dit combiné. Ainsi, dans les eaux naturelles, le gaz carbonique se présente sous quatre formes différentes :

— un *acide carbonique combiné*, sous forme de sel neutre;

— un *acide carbonique semi-combiné*, sous forme de sel acide;

— un *acide carbonique agressif*, sous forme d'acide libre et réactif;

— et un *acide carbonique équilibrant*, libre et non réactif, nécessaire au maintien en solution de l'acide carbonique semi-combiné.

C'est à TILLMANS que nous devons la notion de CO_2 agressif.

L'acide carbonique équilibrant ne peut être évalué que par calcul. Plusieurs théories ont été avancées afin de procéder à cette évaluation. Une des plus connues est celle due à TILLMANS et HEUBLEIN (1912) qui a donné naissance aux tables de TILLMANS auxquelles doit être annexée la formule fournissant le pH d'équilibre du système $CO_2 — CO_3H^- — CO_3^{--}$ qui, à 17 °C, est

$$pH = 7 - \log \frac{3}{0{,}61} \cdot \frac{[CO_2 \text{ libre}]}{[\text{Alcalinité}]}\ [1],$$

l'alcalinité étant exprimée en CO_3Ca (voir chap. III D). En effet, si l'on considère l'équilibre $CO_3H_2 \rightleftharpoons CO_3H^- + H^+$, la loi d'action de masse permet d'écrire :

$$\frac{[CO_3H^-][H^+]}{[CO_3H_2]} = K \quad \text{d'où} \quad pH = pK - \log \frac{[CO_3H_2]}{[CO_3H^-]}$$

Cette formule n'est donc applicable qu'aux eaux à pH inférieur à 8,3 ou eaux ne contenant pas de carbonates.

---

1. Les termes entre crochets sont des concentrations.

Par ailleurs, on peut établir que :

$$CO_2 \text{ équilibrant} = [CaO][CO_2 \text{ lié}]^2 \times \frac{1}{Kt} \times \frac{44}{56},$$

avec à 20 °C :

$$\frac{1}{Kt} \times \frac{44}{56} \times 10^5 = 2{,}11 \quad \text{(formule de TILLMANS).}$$

En première approximation, pour une teneur en $(CO_3H)_2Ca$ de

1	milliéquiv. l^{-1},	la quantité	de CO_2	équilibrant	est	de	0,6 $mg \cdot l^{-1}$
2	—	—	—	—	—		2,5 $mg \cdot l^{-1}$
3	—	—	—	—	—		6,5 $mg \cdot l^{-1}$
4	—	—	—	—	—		15,9 $mg \cdot l^{-1}$

De fait, cette manière de faire n'est possible que dans les eaux où le pH est essentiellement déterminé par l'acide carbonique. Parfois, ce ne sera pas le cas et notamment quand les eaux considérées seront relativement riches en acides forts (chlorhydrique ou sulfurique) ou en acides organiques libres (acides humolimniques); c'est le cas dans les tourbières acides.

LANGELIER (1936) pour sa part, a défini un pH de saturation pH_S pour lequel, une eau donnée, dont l'alcalinité et la teneur en Ca sont connues, n'est ni sursaturée, ni sous-saturée en CO_3Ca. En combinant les différentes équations d'application de la loi d'action de masse :

$$[Ca^{++}][CO_3^{--}] = K_s'$$

$$\frac{[CO_3^{--}][H^+]}{[CO_3H^-]} = K_2'$$

$$[H^+][OH^-] = K_w$$

et

$$[Alc] + [H^+] = 2[CO_3^{--}] + [CO_3H^-] + [OH^-]$$

correspondant respectivement à la solubilité du CO_3Ca, à la dissociation du $(CO_3H)_2Ca$, et de H_2O d'une part et à l'équation de neutralité électrique du système d'autre part, l'auteur arrive à une formule qu'il a traduite sous forme graphique (fig. 8) et qui permet de calculer ce pH_s[1].

---

1. Cette formule est

$$pH_s = (pK_2' - pK_s') + pCa + p\left[Alc + [H_s^+] - \frac{K_w}{[H_s^+]}\right] + \log\left[1 + \frac{2K_2'}{[H_s^+]}\right]$$

Dans les limites $6{,}5 < pH_s < 9{,}5$, habituelles dans les eaux naturelles, cette formule se réduit à :

$$pH_s = (pK_2' - pK_s') + pCa + pAlc.$$

La différence entre le pH mesuré (pH actuel) et le pH_S, évalué en valeur algébrique est une mesure de l'indice de saturation en CO_3Ca. Un indice positif indique une sursaturation, un indice négatif une sous-saturation, donc une certaine agressivité (cf. p. 86).

Les principales sources de CO_2 disponible dans le milieu aquatique sont :

— Les **eaux de pluies** qui se chargent en CO_2 au cours de leur passage dans l'atmosphère;

— La **dissolution des carbonates** insolubles par suite des modifications de pH du milieu (voir chapitre IIID);

— La **respiration des organismes** qui libère le CO_2 comme substance de déchet;

— La **décomposition anaérobie** des hydrates de carbone au niveau des boues et vases et qui représente, d'après OHLE (1959) une des sources principales de CO_2 dans les lacs de petite et moyenne importances;

— Enfin, l'**apport latéral** par les eaux de ruissellement et eaux souterraines qui se sont chargées en CO_2 au cours de leur passage à travers roches et sols, et qui finissent par arriver dans un bassin fermé.

Chacune de ces sources sera évoquée ultérieurement car la balance du CO_2 est d'importance considérable pour la compréhension des phénomènes physiques, chimiques, géologiques et biologiques dans les eaux continentales.

Dans certains cas, la quantité de CO_2 formé excédera considérablement les possibilités de dissolution ou de réaction et il y aura sursaturation; en surface il y aura dégazage et à la surface de l'eau apparaîtront des bulles d'un gaz qui contiendra une forte proportion de CO_2, c'est le gaz à l'eau. En profondeur, la pression retiendra ce gaz dans l'eau ou les sédiments du fond. Dans le lac Kivu, SCHMITZ et KUFFERATH (1955) ont ainsi évalué à 1,62 litre la quantité de gaz à 73,4 % de CO_2 que contenait chaque litre d'eau à 300 m de profondeur.

3. L'HYDROGÈNE SULFURÉ, LE MÉTHANE

L'**hydrogène sulfuré** est un gaz soluble dans l'eau à l'odeur caractéristique et aux propriétés toxiques connues. Sa formule, H_2S, en fait un biacide; c'est un acide faible dont les constantes de dissociation sont assez proches de celles du CO_2 (cf. p. 92). La première acidité est nettement plus forte et l'ion HS^- est le plus abondant. Cependant, nous verrons que le soufre (S^{--}) peut apparaître dans certaines eaux par oxydation et participer à certains phénomènes biologiques particuliers.

Le rapport $\frac{[H_2S]}{[HS^-]}$ est voisin de 1 à pH 7. Il s'accroît au fur et à mesure que le pH baisse, d'environ 10 fois par unité de pH.

Ce dernier étant lui-même en général sous la dépendance de la teneur en sels alcalino-terreux dans les eaux continentales, il y aura le plus souvent une relation quantitative entre teneur en hydrogène sulfuré libre, ion HS^- et alcalinité.

Or, l'H_2S non dissocié est très toxique pour les organismes [même pour les bactéries du soufre d'après BAAS-BECKING (1925)], tandis que l'ion HS^- l'est beaucoup moins. Aux pH acides, les eaux chargées en hydrogène sulfuré seront donc très toxiques (cas des lacs peu minéralisés en été). En présence de bases (bicarbonates, carbonates alcalino-terreux), il y aura dissociation et les bactéries pourront se développer (cas des lacs méromictiques riches en sels alcalino-terreux).

D'autre part, l'action de l'hydrogène sulfuré sur les sels métalliques et bases présentes en zone réductrice provoque la formation de sulfures dont le plus important est le sulfure de fer FeS, dont la solubilité, toujours très faible, dépend elle aussi du pH.

En présence de Fe, il n'y aura donc presque jamais d'H_2S libre.

L'Hydrogène sulfuré ne sera présent que là où il peut se former et se maintenir. Les processus de décomposition de tourbes (GORHAM et CRAGG, 1960, TOLPA et GORHAM, 1961), du plancton (SCHMITZ et KUFFERATH, 1955) et surtout la réduction des sulfates, notamment par les bactéries (MORTIMER, 1941) ainsi que des origines géologiques, peuvent expliquer la présence de ce gaz à l'état plus ou moins dissous. Son maintien est fonction du milieu, du pH, du potentiel redox, etc. Ainsi, dans le Big Soda Lake (Nevada) dont l'histoire curieuse est relatée par HUTCHINSON (1937), les couches profondes, originellement chargées en sulfates à raison de 11,9 g par litre (en SO_4^{--}) présentaient, 28 ans après que le niveau du lac ait été remonté par apport d'eau très diluée, une teneur en H_2S de 456 mg par litre (près du fond, cette teneur était même de 786 $mg \cdot l^{-1}$!)

Dans le lac Kivu (Congo), la concentration en H_2S des eaux est de 1 $mg \cdot l^{-1}$ à 60 m de profondeur, 7 $mg \cdot l^{-1}$ vers 275 m et dépasse 9 $mg \cdot l^{-1}$ à 350 m (SCHMITZ et KUFFERATH, 1955).

Le **méthane** est un constituant du gaz des marais ou gaz à l'eau. Il est produit par décomposition strictement anaérobie des végétaux et animaux aquatiques, sédimentés en milieu alcalin et constituant le feutre organique mort déjà partiellement dégradé. Généralement associé au CO_2, voire au CO il se dégage très généralement par dégazage, au fur et à mesure de sa formation. Le gaz des marais en contient une quantité variable en fonction de nombreux facteurs dont la température n'est pas le moindre; d'autre part, sa production dépend de la pression comme l'a souligné KOYAMA (1955) en précisant que c'est à la pression de 50 atmosphères et au-delà de 300 atmosphères que ce gaz avait le plus de mal à se former.

Ainsi, le gaz du lac Kivu (Congo) en contient 24,8 % (SCHMITZ et KUFFERATH, 1955), le Garvin Lake (U.S.A.) 3,85 %, le lac Beloye (U.R.S.S.) 72 à 84 % en profondeur et 20 à 24 % en surface, etc.

Les organismes responsables de cette production de méthane aux dépens des acides gras, cétones, alcools et autres hydrates de carbone de poids moléculaire peu élevé sont surtout une bactérie *Methanosarcina methanica* très commune et préférant les eaux froides, et trois autres bactéries des genres *Methanococcus* et *Methanobacterium* qui préfèrent les eaux plus chaudes.

D. — LES ANIONS

L'eau naturelle, en plus des gaz dissous qui sont tous plus ou moins réactifs, contient des électrolytes. Certains seront des anions ou ions chargés négativement. Ils seront le résultat de la dissociation de sels dont les principaux seront d'origine géologique (dissolution de roches) et dont quelques uns participent activement, directement ou non, à la vie des organismes aquatiques, à leur développement, à leur métabolisme.

1. LES SELS DE L'ACIDE CARBONIQUE, NOTION D'ALCALINITÉ

Nous avons vu que le CO_2 était partiellement hydrolysé lors de sa dissolution dans l'eau et que ce biacide faible réagissait avec les bases présentes pour donner des bicarbonates et des carbonates. Les bases les plus fréquentes sont la chaux et la magnésie. Cependant, dans quelques-cas, au demeurant fort intéressants, ce seront la soude et la potasse qui réagiront pour donner des bicarbonates et carbonates.

Les carbonates alcalino-terreux sont peu solubles, les carbonates et bicarbonates alcalins sont par contre solubles. Une mention particulière doit être faite pour les carbonates et bicarbonates de fer dont le rôle sera évoqué plus loin à propos des échanges eau-vase (chap. IV).

Dans la nature, le **carbonate de calcium** se présente sous la forme habituelle de Calcite, CO_3Ca, dont le spath d'islande est l'expression la plus pure. L'aragonite répondant à la même formule chimique mais cristallisée dans le système orthorhombique est très instable aux températures ordinaires et quoique fabriquée par bon nombre d'organismes, ne se rencontre que dans de rares cas, tels que certains dépôts d'origine bactérienne ou d'eaux thermales ou dans des dépôts contenant des coquilles de mollusques d'eau douce souvent constituées de ce minéral.

A côté de ces deux formes habituelles de CO_3Ca il faudrait mentionner plusieurs autres minéraux qui jouent un rôle dans certains cas particuliers, tels la vatérite et certains carbonates hydratés comme la calcite trihydratée ou pentahydratée. De plus il existe une forme de CO_3Ca amorphe, résultat de l'activité bactérienne (DEBYSER, 1959), très répandue dans les dépôts lacustres et marins et une forme colloïdale dont l'importance est à souligner.

A côté de ce carbonate, les eaux naturelles sont en contact avec d'autres sels de l'acide carbonique dont les principaux sont :

— le **carbonate de magnésium** sous forme de giobertite (ou magnésite), de nesquehonite ou d'hydromagnésite, formes hydratées peu stables dans les conditions habituelles;

— la **dolomie** ou carbonate double de calcium et de magnésium, dont la variété ankérite est blanche à brunâtre;

— le **carbonate de baryum**, de strontium etc.

Une place à part doit être faite aux autres carbonates et notamment aux carbonates alcalins dont le **natron**, CO_3Na_2, 10 H_2O et le **trona** CO_3Na_2, CO_3H Na, 2 H_2O qui constituent, avec la **gay-lussite**, CO_3Na_2, CO_3Ca, 5 H_2O, les efflorescences littorales sur les bords des lacs salés.

Enfin nous verrons le rôle du **carbonate ferreux** lors de l'étude du fer.

Si le carbonate de calcium est très peu soluble dans l'eau pure (un peu plus de 13 $mg \cdot l^{-1}$ à 15 °C), le carbonate de magnésium l'est davantage, mais sa relative rareté lui confère un rôle bien plus modeste dans les échanges carboniques entre atmosphère, hydrosphère et organismes vivants.

Les bicarbonates sont tous beaucoup plus solubles dans l'eau et notamment le bicarbonate de calcium. Ils servent d'intermédiaires entre le gaz carbonique libre et les carbonates peu solubles.

Les liens étroits qui unissent les sels de l'acide carbonique et les métaux alcalino-terreux et alcalins sont si étroits que leur étude ne peut qu'être conjointe.

Quand l'acide carbonique se trouve dans une eau très pure, il provoque un abaissement sensible du pH. Ce pH se relève au fur et à mesure de la formation des bicarbonates et des carbonates; c'est sur cette constatation qu'est basée la méthode de dosage du gaz carbonique et de ses sels.

Dans une eau dite « très douce », il ne peut y avoir formation de beaucoup de bicarbonates puisque les sels de calcium sont en faible quantité. Au contraire, dans une eau dite « dure », les bicarbonates sont présents en assez grande quantité. Une eau naturelle « normale » contient d'ordinaire

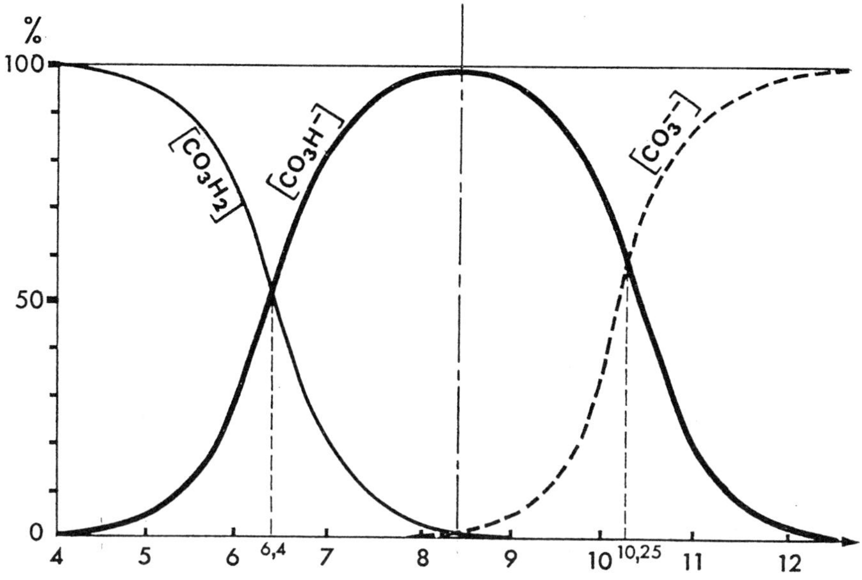

FIG. 9. — Dissociation de l'acide carbonique en fonction du pH.

200 mg·l^{-1} d'acide carbonique total, dont 10 % seulement environ sous forme d'acide carbonique libre, le reste étant sous forme de bicarbonates (GOUSSEF, 1952). Ces valeurs sont en fait très variables et dépendent de plusieurs paramètres :

Reprenons l'étude de l'acide carbonique et de ses sels et appelons C la somme $[CO_3H_2] + [CO_3^{--}] + [CO_3H^-]$ des concentrations moléculaires ou ioniques des formes de cet acide.

La loi d'action de masse permet d'écrire :

$$\frac{[CO_3H^-][H^+]}{[CO_3H_2]} = K'_1 \quad \text{et} \quad \frac{[CO_3^{--}][H^+]}{[CO_3H^-]} = K'_2$$

K_2' et K_1' étant les constantes apparentes de dissociation, égales respectivement et en première approximation à $4{,}72 \cdot 10^{-7}$ et $6{,}38 \cdot 10^{-11}$ d'après POURBAIX (1945).

En fait, ces constantes dépendent de la température et de la force ionique des solutions considérées, donc de la nature et de la concentration des ions présents [1].

Il est aisé de tirer des équations précédentes les concentrations moléculaires ou ioniques de chacun des constituants soit :

$$[CO_3H_2] = \frac{[H^+]^2C}{[H^+]^2 + K_1'[H^+] + K_1'K_2'}$$

$$[CO_3^{--}] = \frac{K_1'K_2'C}{[H^+]^2 + K_1'[H^+] + K_1'K_2'}$$

$$[CO_3H^-] = \frac{K_1'[H^+]C}{[H^+]^2 + K_1'[H^+] + K_1'K_2'}$$

En fonction du pH du milieu, il est facile d'exprimer graphiquement ces valeurs (fig. 9).

La figure est symétrique par rapport à un axe passant par pH = 8,3 qui est la demi-somme des pK (pK_1 = 6,4 et pK_2 = 10,4, les pK étant les cologarithmes des constantes de dissociation K).

L'axe de symétrie correspond d'autre part au maximum de la courbe de concentration en CO_3H^-. Les points de rencontre des 3 courbes prises deux à deux correspondent par ailleurs l'une à $[CO_3H_2] = [CO_3H^-]$ soit $pH = pK_1' = 6{,}4$ et l'autre à $[CO_3H^-] = [CO_3^{--}]$ soit $pH = pK_2' = 10{,}25$.

A pH inférieur à 4,3, il n'y aura plus en solution pratiquement que de l'acide carbonique libre.

Les carbonates, eux, n'apparaissent en fait qu'à pH supérieur à 8,3; le domaine des bicarbonates est compris entre pH 4,3 et pH 12,6.

L'alcalinité d'une eau sera cette teneur en sels de l'acide carbonique.

La présence fréquente dans les eaux naturelles de carbonates insolubles disponibles donne une signification toute particulière à cette notion. Le rôle joué dans le métabolisme des végétaux aquatiques par le CO_2 oblige également à considérer comme très important la réserve que cet acide présente sous forme de bicarbonates solubles, le plus souvent du bicarbonate de

1. Les constantes vraies de dissociation sont généralement estimées à $K_1 = 4{,}4.10^{-7}$ et $K_2 = 4{,}2.10^{-11}$ à 20 °C (HARNED et SCHOLES, 1941) (voir aussi GOLTERMAN, 1975).

calcium. Le pH joue un rôle prépondérant par son effet direct ou indirect sur la solubilité des carbonates ou comme indicateur d'acide libre plus ou moins dissocié.

Il est évident que le rôle joué par l'ion H^+ et les sels de l'acide carbonique ne se conçoit que si une base est à l'origine de la neutralisation partielle ou totale de cet acide. Très généralement ce sera la chaux qui sera responsable de cette neutralisation.

L'étude détaillée du système chaux/carbonate/bicarbonate/acide carbonique/eau permettra de mieux comprendre les relations existant entre ces différentes formes de CO_2. Nous devons à SCHMITT (1955) une synthèse de nos connaissances sur ce sujet.

Si nous ajoutons un peu de gaz carbonique purifié à une solution de chaux, on constate immédiatement une précipitation de carbonate. En présence de cette phase solide, la loi d'action de masse permet d'écrire :

$$[CO_3^{--}][Ca^{++}] = K'_s$$

K'_s étant la constante de dissociation du CO_3Ca à la saturation. Dans un tel système, la concentration des ions Ca^{++} en solution n'est donc pas quelconque, mais dépendra de la teneur en ions CO_3^{--}. Or, dans une solution en équilibre, il doit y avoir égalité des charges électriques positives et négatives et le milieu devra donc être neutre électriquement, ce qui peut s'écrire dans le cas ci-dessous :

$$2[Ca^{++}] + [H^+] = [CO_3H^-] + 2[CO_3^{--}] + [OH^-]$$

En donnant une valeur particulière aux variables $[Ca^{++}]$ et $[H^+]$ il sera possible de dresser la courbe $[Ca^{++}] = f$ (pH) qui est très voisine d'une parabole dont l'équation se tire des égalités précédentes.

En effet :

$$[CO_3^{--}] = \frac{K'_s}{[Ca^{++}]} \quad \text{et} \quad [CO_3H^-] = [CO_3^{--}]\frac{[H^+]}{K'_2} = \frac{K'_s}{[Ca^{++}]} \cdot \frac{[H^+]}{K'_2}$$

L'équation de neutralité électrique s'écrira donc :

$$2[Ca^{++}] + [H^+] = \frac{K'_s}{K'_2} \cdot \frac{[H^+]}{[Ca^{++}]} + \frac{2K'_s}{[Ca^{++}]} + \frac{K'_w}{[H^+]}$$

puisque $[H^+][OH^-] = K'_w$

soit en multipliant par $[Ca^{++}][H^+]$:

$$2[H^+][Ca^{++}]^2 + ([H^+]^2 - K'_w)[Ca^{++}] - 2K''_s[H^+] - \frac{K'_s}{K'_2}[H^+]^2 = 0$$

Les « constantes » K'_w, K'_s et K'_2 étant fonction de la force ionique μ de la solution, la courbe n'est qu'une « parabole approchée ».

La solubilité du calcium sera minimum au pH défini par la tangente horizontale à cette courbe soit 10,21 à 20 °C dans le cas de CO_3Ca. En fait, le caractère très plat du sommet de cette courbe confère à ce pH une valeur assez théorique, assertion confirmée par le fait que les différentes formes de CO_3Ca présentes dans la nature n'ont pas la même constante K_s de solubilité.

Si maintenant, nous considérons d'une part la courbe d'équilibre $[Ca^{++}] = f$ (pH), d'autre part la courbe de dissolution du CO_3Ca et les courbes d'évolution d'une eau quelconque au contact de CO_3Ca, nous constatons que cette évolution s'accompagne soit d'une dissolution, soit d'un dépôt de carbonate, mais de toute manière, d'une variation de pH. Cette variation de pH s'accompagne bien entendu d'une variation de la teneur de la solution en ions Ca^{++}; l'agressivité d'une eau de caractéristiques M sera donc *mm'* (fig. 10).

La famille de courbes ainsi définies permet d'autre part de constater que deux eaux de teneur en Ca^{++} différentes peuvent avoir la même agressivité *a* si leur pH est différent : ainsi, une eau de pH 6,75 et de dureté 28,5 °Fr (5,7 mé. ou 285 $mg \cdot l^{-1}$ en CO_3Ca) aura la même agressivité qu'une eau de pH 6,1 et de dureté 1,6 °Fr (0,32 mé. ou 16 $mg \cdot l^{-1}$ en CO_3Ca)!

Dans le cas des eaux naturelles, les courbes d'évolution seront légèrement différentes par suite de la présence dans le milieu d'ions qui modifient la force ionique du milieu et jouent un rôle parfois net dans la solubilité ou la dissociation des formes étudiées ici de l'acide carbonique. Cependant, le phénomène restera dans son ensemble le même, la courbe d'équilibre glissera un peu vers la droite et les courbes d'évolution s'aplatiront vers l'axe horizontal. Une eau peu ou très chargée en calcium, mais ayant une force ionique $\mu_e = 0,1$ grâce à des ions étrangers au système étudié ici sera plus agressive qu'une eau sans « impuretés ». Par contre, une eau moyennement dure sera dans les mêmes conditions beaucoup moins agressive qu'une eau pure.

La nature des ions étrangers au système doit également être prise en considération. La présence d'ions étrangers positifs abaisse très nettement la teneur en « calcium » tandis que l'augmentation importante de la force ionique « relève » la dureté de l'eau; les courbes d'évolution resteront par contre les mêmes quelle que soit la nature des ions étrangers présents.

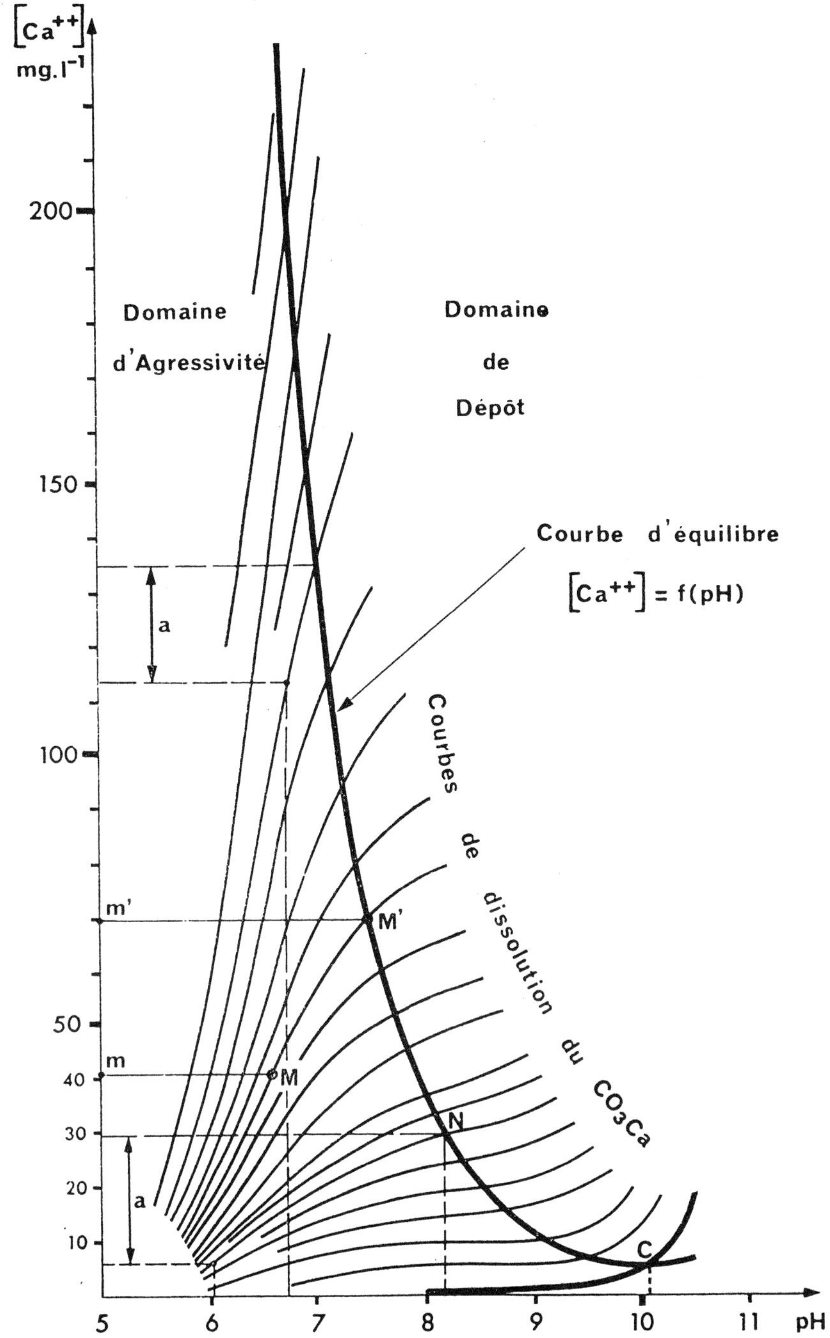

FIG. 10. — Courbes d'équilibre et d'évolution d'une solution de CO_3Ca sous ses diverses formes. D'après SCHMITT, 1955.

Si, A^+ et B^- sont respectivement les charges positives et négatives apportées par les ions étrangers au système, c'est-à-dire les ions Mg^{++}, Na^+, K^+, Fe^{++}, Al^{+++}, etc., d'une part et Cl^-, SO_4^{--}, PO_4^{---}, NO_3^-, etc., d'autre part, la valeur absolue de l'expression (A^+ — B^-) sera importante à prendre en considération. Plus cette valeur est faible, plus l'action de la force ionique prend de l'importance. Pour une force ionique extérieure faible et pour une valeur de (A^+ — B^-) inférieure à 0,001 (en valeur absolue) soit 1 mé$\cdot l^{-1}$, les courbes d'agressivité à pH constant que l'on peut déduire de l'étude des courbes d'évolution d'un système sans impuretés peuvent être utilisées (SCHMITT, 1955).

L'agressivité d'une eau ne sera donc pas seulement causée par sa teneur en CO_2 libre mais dépendra aussi de son pH, de sa salinité et notamment de sa teneur en ion calcium.

D'autre part, les eaux naturelles de surface, en l'absence de phénomènes biologiques secondaires, tendront à se mettre en équilibre avec le CO_2 atmosphérique et à atteindre ainsi un pH de 8,2 à 8,4. En présence de calcium en quantité suffisante elles s'équilibreront donc pour atteindre la valeur du point N (fig. 10). Si elles sont trop pauvres en Ca^{++}, elles deviendront agressives.

En présence de phénomènes biologiques tendant soit à accroître la concentration en CO_2 (respiration) soit à la diminuer (photosynthèse), les processus physico-chimiques évoqués ci-dessus tendront à ramener l'équilibre et modifieront, pour leur part et par voie de conséquence, le milieu.

2. LES HALOGÈNES, NOTION DE SALINITÉ

Des principaux anions présents dans les eaux naturelles, les halogènes sont les plus importants si l'on tient compte de la place de choix qu'ils occupent dans les eaux marines et saumâtres et les eaux polluées. Le chlore est de loin le plus abondant. Cependant, les eaux continentales en contiennent généralement peu. Ce sont des électrolytes forts qui ne jouent pas de rôle particulier habituellement.

Les **chlorures** proviennent souvent des eaux de pluie et sont donc d'origine marine comme le souligne MACKERETH (1957) pour les eaux du district des lacs anglais. Au voisinage des côtes, les embruns peuvent apporter également une certaine quantité de chlorures sous forme de ClNa. Les échanges directs actuels ou anciens avec la mer sont aussi la cause de l'enrichissement en chlorures des lacs littoraux plus ou moins saumâtres tels que ceux du littoral méditerranéen (NISBET, PETIT, SCHACHTER, 1958).

Dans d'autres cas, ce sera la remise en circulation en surface du produit de lessivage de terrains salés d'origine marine ou la remontée par capillarité des sels du sol, tels qu'en Camargue et en Afrique du Nord ou encore dans le « Seewinkel » sur les bords du Neusiedlersee où KNIE (1958) a évalué à 0,2-0,3 $g \cdot l^{-1}$ la teneur en Cl^- des eaux de ces étangs peu profonds à la frontière austro-hongroise.

Dans d'autres cas, l'apport de chlorures sera dû à la dissolution des roches mêmes et notamment des évaporites fossiles (DUSSART, 1962).

Enfin, il ne faut pas sous-estimer l'enrichissement des eaux naturelles en chlorures par les apports animaux et l'homme, dont les produits d'excrétion contiennent en moyenne, plus de 5 $g \cdot l^{-1}$ d'ions chlore.

En eau continentale ce ne sont pas les chlorures qui en général caractérisent la salinité d'une eau mais bien plutôt les carbonates ou les sulfates. Cependant, dans le cas des eaux dites saumâtres, les halogènes peuvent jouer un rôle important.

En limnologie, une attention toute particulière sera portée à la somme des substances dissoutes qui sera évaluée en première approximation par la mesure du résidu sec à 105 °C. Ce résidu sec comprendra les principaux sels et notamment ceux qui nous intéressent ici, mais englobera également des matières organiques thermostables et des molécules d'eau d'hydratation de certains sels.

Rappelons que la salinité d'une eau est plus ou moins liée à sa teneur en électrolytes et que force ionique, conductibilité électrique et salinité (donc résidu sec) sont fonctions les unes des autres.

3. LE SOUFRE

Après les bicarbonates et les silicates (ou la silice), les sulfates sont l'élément principal des eaux continentales. Le contenu de ces eaux en ion sulfate est cependant très variable et, dans la nature, il est possible de le rencontrer à l'état de traces comme d'en doser jusqu'à 60 g au litre dans le Red Lake (Wyoming, U.S.A.) (lac temporaire), alors que la mer n'en renferme en moyenne que 2,7 $g \cdot l^{-1}$, soit 7,7 % du total des sels dissous.

Cet ion SO_4^{--} est lié aux cations alcalins et alcalino-terreux. L'eau de pluie en renferme une quantité notable mais la source la plus importante des sulfates est, sans conteste, le sulfate de calcium hydraté, le gypse, minéral fréquent (pierre à plâtre), assez soluble dans l'eau. Cependant, la pyrite est assez facilement oxydable pour être parfois responsable de la teneur des eaux en sulfates ou en acide sulfurique libre suivant la richesse ou la pauvreté des eaux en calcaire.

Dans les régions volcaniques, les eaux peuvent être enrichies en soufre sulfurique par les émanations du sous-sol, tandis que c'est l'évaporation qui concentre les sulfates dans les bassins lacustres des régions semi-arides. Le Soap lake (Washington, U.S.A.) a ainsi une eau contenant 6 240 $mg \cdot l^{-1}$ de SO_4^{--} pour une charge totale de 35,28 $g \cdot l^{-1}$! Enfin, il faut parfois rechercher l'origine des sulfates dans les produits de l'activité humaine et dans les régions minières (mines de charbon), l'eau peut ainsi être enrichie de cet anion; c'est dans ce cas une manifestation de pollution industrielle marquée [1].

Les conditions régionales ne sont pas les seules à influer sur la teneur des eaux en sulfates et sulfites; les conditions climatiques peuvent également jouer un rôle prépondérant. Ainsi les eaux de neige peuvent diluer considérablement les apports du sous-sol ou les eaux de ruissellement. L'évaporation aussi bien que la congélation jouent le rôle inverse. De plus, les organismes vivants peuvent modifier également la composition chimique des eaux stagnantes par transformations métaboliques. Ainsi, les sulfates peuvent être réduits en sulfures. Au lac Ritom (Suisse) avant 1918, les sulfates amenés par des sources séléniteuses nettement au-dessous du niveau le plus bas du lac, étaient transformés en sulfures à partir de 13 m de profondeur et la teneur en H_2S des eaux augmentait progressivement jusqu'à atteindre 30 $mg \cdot l^{-1}$ par 32,5 m de fond (devant l'hôtel Piora)! (Collet, 1925). Un aménagement du lac avec forte baisse du niveau (près de 30 m) a supprimé ces conditions exceptionnelles. Désormais, l'oxygénation des eaux profondes par les apports de surface est suffisante pour empêcher la réduction des sulfates en sulfures et la prolifération de bactéries sulfuraires pourpres (rhodothiobactéries) oxydant l'H_2S (et libérant ainsi du soufre plus ou moins colloïdal).

De même, au lac de la Girotte (Savoie), avant sa transformation en réservoir d'accumulation, Delebecque avait décelé 15,5 $mg \cdot l^{-1}$ d'H_2S au fond du lac; actuellement, par le jeu des apports d'eau et des variations de niveau, le soufre reste à l'état de sulfates à toutes profondeurs tandis que la plus faible teneur en oxygène mesurée en 1950, correspondait à 38 % de la saturation (Dussart, 1952), alors que la teneur en sulfates des eaux est trois fois plus forte à 75 m de profondeur qu'en surface.

Les organismes autotrophes et de nombreux hétérotrophes tirent le soufre dont ils ont besoin des sulfates. Pour constituer un certain nombre d'acides aminés sulfurés à groupement SH^- (cystine, cystéine, méthionine...),

1. Les papeteries peuvent provoquer le même résultat.

ils ont en effet besoin de cet élément « nutritif ». Par ailleurs, certaines bactéries détruisent les composés organiques du soufre et régénèrent ainsi soit le soufre élémentaire, soit ses produits d'oxydation, sulfites et sulfates, soit enfin ses produits de réduction, hydrogène sulfuré et sulfures.

Les recherches relatives au cycle du soufre dans les eaux lacustres sont relativement récentes. Quoique les sulfates soient en général des sels assez solubles dans l'eau, le sulfate de calcium (gypse) est à la fois le plus répandu dans la nature et un des moins solubles. L'Hydrogène sulfuré, par contre, est très soluble dans l'eau qui en dissout de 3,3 à 7 g environ au litre dans les conditions ordinaires de température et de pression (le coefficient d'absorption de l'H_2S est par exemple de 4,37 à 0 °C, 4,107 à 4 °C, 3,39 à 10 °C, 2,58 à 20 °C) (voir p. 79 et tableau 14).

Le sulfate de sodium est caractéristique des eaux des régions semi-arides et peut être observé à des concentrations très élevées dans certains cas particuliers où il forme même avec d'autres sels, de véritables croûtes minérales côtières sur la berge de certains lacs du centre américain [(Muskiki lake (Canada), Soap lake, Lenore lake (Washington, U.S.A.)] des Chotts et Sebkhas algériens et tunisiens (Gauthier, 1928, Anderson, 1958).

La chimie du soufre dans les eaux naturelles est intimement mêlée à celle des cations correspondants et notamment au calcium et au fer (le sulfure de fer est un constituant habituel des sédiments lacustres). Elle est étroitement liée au développement des bactéries du fer et du soufre.

La réduction des sulfates ne commence qu'à un certain potentiel d'oxydo-réduction que Mortimer (1941-1942) estime à $E_7 = 0{,}06$ à 0,10. Il y a alors apparition d'H_2S et des bactéries qui modifient profondément l'équilibre de l'oxygène dans les eaux, la répartition de la matière organique et des composés inorganiques qui y sont liés.

Les sulfates sont rarement des anions influençant directement les organismes aquatiques. Par contre, leurs produits de réduction et en premier lieu l'hydrogène sulfuré jouent un rôle direct et indirect considérable quand ils s'accumulent dans les eaux profondes des lacs et mers intérieures.

Dans la mer noire, Kriss (1961) rappelle qu'en moyenne 99,5 % de l'H_2S présent en profondeur provient de la réduction des sulfates, tandis que 0,5 % seulement sont le résultat de la décomposition minéralisatrice des constituants organiques sulfurés des organismes.

L'hydrogène sulfuré est un biacide faible dont les constantes de dissociation sont

$$K_1 = \frac{[H^+][HS^-]}{[H_2S]} = 0{,}91 \cdot 10^{-7} \text{ à } 18\ °C$$

$$K_2 = \frac{[H^+][S^{--}]}{[HS^-]} = 10^{-15}$$

A pH 7, les concentrations en H_2S et en HS^- d'une solution aqueuse sont sensiblement égales; cependant chaque abaissement d'une unité de pH multiplie par 10 le rapport

$$\frac{[H_2S]}{[HS^-]}$$

La Mer Noire, dès 150 m de profondeur, contient assez d'H_2S pour supprimer toute vie normale; à 500 m il y en a déjà 4 ml par litre (SKOPINZEW et GUBIN, 1955).

Certaines bactéries anaérobies sont capables d'oxyder l'H_2S et de le transformer en SO_4H_2. OHLE (1954) donne un excellent exemple d'accroissement de la teneur en sulfates dans le grand lac de Plön au niveau de la couche de transition entre zone oxydée (trophogène) et zone réduite (tropholytique), vers 20 m de profondeur le 30 septembre 1952.

Les sulfates y jouent le rôle prédominant d'accepteur d'hydrogène ou, en d'autres termes, de « témoins d'oxygénation ».

Plus grande est donc dans un lac la concentration en sulfates en profondeur ainsi que le production de plancton, plus rapide apparaît un minimum d'oxygénation des couches profondes et par suite plus puissante est la formation d'hydrogène sulfuré.

MORTIMER (1941-1942), étudiant les échanges entre eau et vase lacustres a constaté une augmentation avec la profondeur de la teneur en sulfates des eaux dans le Windermere (Lake District, Angleterre), tandis qu'il note dans l'Esthwaite Water voisin, le phénomène inverse. La distribution des sulfates dans les eaux lacustres est en effet liée à la présence au niveau de la vase d'une couche oxydée qui n'est jamais complètement détruite dans le Windermere et permet ainsi les échanges, tandis qu'absente durant une assez longue période dans l'Esthwaite Water (été), elle bloque le passage des ions du milieu subsolide au milieu liquide. Rappelons que cette couche superficielle oxydée ne peut se maintenir que dans la mesure où l'eau sus-jacente est elle-même suffisamment oxygénée. Pour MORTIMER, la réduction des sulfates dans des cas de ce genre se produit au niveau de l'interface eau-vase et ne peut se produire que dans la mesure où le potentiel d'oxydo-réduction s'abaisse au-dessous de la valeur 0,10 volts, ce que HUTCHINSON avait lui-même observé dans le Linsley Pond (HUTCHINSON, 1941) où les conditions de milieu se rapprochent de celles du Windermere (les sulfates passent en septembre de 0,75 $mg \cdot l^{-1}$ en surface à 1,7 $mg \cdot l^{-1}$ près du fond, à 13 m).

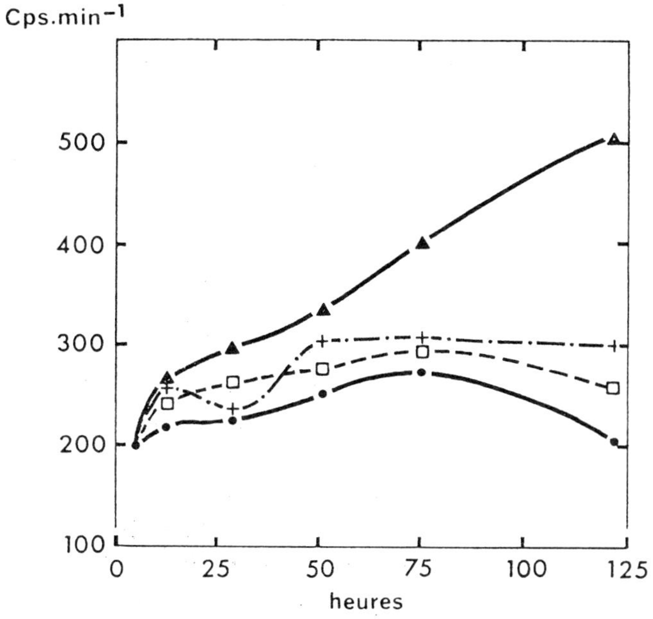

FIG. 11. — Stimulation de la croissance d'une population phytoplanctonique par l'adjonction de nitrates et de sulfates.
— D'après GOLDMAN et WETZEL, 1963.
En ordonnées, l'accroissement de production évalué par la méthode de comptage au ^{14}C.

•——•——• témoin
□····□····□ témoin + 2 $mg \cdot l^{-1}$ de NO_3 (sous forme de NO_3Na).
+—·—+—·—+ témoin + 10 $mg \cdot l^{-1}$ de SO_4 (sous forme de SO_4Mg).
▲——▲——▲ témoin + 2 $mg \cdot l^{-1}$ de NO_3 [$(NO_3)_2Ca$] + 10 $mg \cdot l^{-1}$ de SO_4 (SO_4Mg).

Récemment, SUGAWARA, KOYAMA et NODA (1952) ont noté que les ions sulfates étaient adsorbés par le précipité d'hydroxyde de fer formé par oxydation du fer ferreux présent en grande quantité parfois dans certains lacs. Cette précipitation de base ferrique entraîne donc un appauvrissement des eaux en sulfates et un enrichissement considérable de la vase en cet anion au niveau de l'eau interstitielle, le soufre lui-même étant un constituant secondaire des vases lacustres.

Ainsi le soufre, qui n'est pas un élément majeur du monde aquatique, joue un rôle important d'accompagnement. Nous verrons (chap. X) qu'il est également, grâce au métabolisme bactérien, un catalyseur de réactions biochimiques. L'exemple donné par Goldman et Wetzel (1963) est significatif à cet égard : si on suit dans le temps le développement du phytoplancton du Clear lake (Californie) cultivé au laboratoire dans l'eau même du lac ou après addition de sels nutritifs, on constate que l'addition de nitrates seuls (NO_3Na) ne stimule pas la culture, l'addition de sulfates seuls (SO_4Mg ou SO_4Na_2) ne stimule que peu la culture, tandis que l'addition de ces deux éléments ensemble donne de bien meilleurs résultats (fig. 11).

De son côté, Beauchamp (1953) estime que la croissance du phytoplancton dans le lac Victoria (Afrique orientale) est limitée par un taux de sulfates trop bas. Les sulfates peuvent ainsi devenir dans certains cas, facteur limitant la productivité des eaux naturelles.

4. L'AZOTE

En se dissolvant dans l'eau, l'air approvisionne l'eau en azote. Celui-ci grâce à des catalyseurs biologiques (organismes fixateurs d'azote, bactéries nitrifiantes) rentre dans la constitution de molécules oxydées NO, NO_2, NO_3 qui, réduites, fourniront de l'ammoniac ou un sel d'ammonium. En fait, l'azote métabolique arrive dans les eaux naturelles essentiellement par dissolution et lessivage des terrains et se recycle perpétuellement par décomposition (minéralisation) des organismes qui en contiennent tous. Cependant l'eau de pluie en contient parfois une quantité appréciable : Ruttner (1963) estime à 0,36 mg par litre la quantité d'azote nitrique et ammoniacal qu'elle contient à Lunz (Autriche), soit 6 kg par hectare et par an pour une pluviosité moyenne de 1 650 mm; nous verrons que cette valeur exceptionnellement élevée est du même ordre de grandeur que celle trouvée par Richard (1960) pour la zone subéquatoriale de la région sud-vietnamienne de Saïgon (8,5 $kg \cdot ha^{-1}$) (cf. chap. V C).

L'azote est un des constituants essentiels de la matière organique et entre dans la composition des protéines cellulaires.

Il est indispensable à la croissance des organismes photosynthétiques qui le puisent dans le milieu le plus souvent sous forme de nitrates. Certains organismes seraient également capables de fixer directement l'azote moléculaire et parmi eux les Cyanophytes *(Anabaena)* semblent être les plus typiques avec les bactéries du groupe *Azotobacter*[1]. Ruttner

1. La fixation d'azote par *Azotobacter* n'a pas été réellement démontrée. Elle pourrait n'être qu'apparente et liée à la production d'une substance active de type auxinique, antibiotique (?) et accroissant la fertilité des sols. Cette fixation par *Aphnizomenon* est de 0,5 g N. $m^{-2}.an^{-1}$ dans le lac Erken, soit 40 % de l'azote organiquement combiné. C'est dire toute l'importance de cette fixation cyanophytique dans le métabolisme lacustre (Granhall et Lundgren, 1971).

(1963) rapporte une observation de KUZNETSOV (1958) montrant que l'assimilation totale d'azote dans un lac près de Kossino est pour 13,1 kg due à *Anabaena* tandis qu'*Azotobacter* n'assimile pendant le même temps que 0,14 kg d'azote.

D'autres organismes, des bactéries essentiellement, sont capables de dénitrifier le milieu, si bien qu'il existe un certain équilibre entre les différentes formes d'azote présentes simultanément dans un lac.

Nous ne connaissons encore qu'assez mal les réactions d'échanges entre ces différentes formes, réactions à la fois chimiques ($NO_2^- + O \rightarrow NO_3^-$) et biochimiques ($NO_3^- \rightarrow NH_2^- \rightarrow NH_3$).

Les méthodes d'approche ne sont pas encore interprétées avec assez de détail (notamment ce que les auteurs appellent azote organique) et nous sommes loin de pouvoir établir sans hésitation la balance de l'azote en lac. MORTIMER (1939) a tenté d'interpréter les nombreux résultats de ses analyses des eaux lacustres anglaises à ce sujet et montré que les organismes jouaient surtout le double rôle de dénitrifiants et de bloqueurs de l'azote sous forme organique dans les sédiments. Ce phénomène est particulièrement net dans les lacs riches, à biomasse productrice importante (cf. chap. XIX C).

Si l'on tente de déceler dans une eau naturelle les différents composés azotés qu'elle contient, on peut, outre l'azote moléculaire dissous, rencontrer les éléments minéraux suivants :

Les **nitrates** qui sont parfois immédiatement utilisés par les organismes et qui jouent donc le rôle de facteur limitant pour les êtres autotrophes.

Ces nitrates ont une répartition qui dépend bien entendu de leur provenance, mais aussi de la distribution de l'oxygène, elle-même sous la dépendance de la répartition des organismes autotrophes et hétérotrophes.

Il y aura donc stratification des nitrates en période de stratification thermique si la distribution de l'oxygène obéit elle-même à une loi (cf. chap. V F).

Quand les conditions sont défavorables à la stabilité de l'azote nitrique (potentiel d'oxydo-réduction trop bas, absence d'oxygène) les nitrates tendent à disparaître et sont remplacés par deux formes beaucoup moins stables, les nitrites et l'ammoniaque (et ses sels).

Les **nitrites** apparaissent dans le milieu quand le potentiel redox atteint la valeur $E_7 = 0,45$ à 0,40 volts.

Ils sont instables par le fait que le milieu reste rarement dans les conditions normales de stabilité pour ces ions. Ils sont alors soumis soit à une tendance à l'oxydation avec régénération des nitrates :

$$NO_2^- + \tfrac{1}{2}O_2 \rightarrow NO_3^- - 18\,000 \text{ cal.}$$

soit à une tendance à la réduction qui les transforme en azote élémentaire, plus rarement en ammoniac (le E_7 de la réaction $NO_2^- \rightarrow NH_4^+$ est de 0,40 à 0,35).

L'**ammoniac** pour sa part est le produit de réduction finale des substances organiques azotées. On en décèle parfois des quantités notables quand le milieu est fortement réducteur et notamment au niveau des sédiments. C'est aussi, sous forme de sels d'ammonium, un produit de dégradation largement excrété par les organismes. En milieu oxydant, il se transforme graduellement en nitrites, passant successivement à l'état d'oxime pyruvique puis d'hyponitrite. Dans les eaux naturelles la détection d'ammoniac en grandes quantités est un critère de pollution.

Outre ces trois formes d'azote, l'eau d'un lac peut contenir des molécules organiques azotées plus ou moins dégradées et notamment des acides aminés (PETERSON *et al*, 1925) à des concentrations de l'ordre de 4 $mg \cdot m^{-3}$ pour la cystine, de 13 $mg \cdot m^{-3}$ pour la tyrosine, le tryptophane, l'histidine.

La concentration des eaux naturelles en ces produits de dégradation comme en hydroxylamine, urée, etc., dépend essentiellement de la quantité de matière organique présente et de la nature des minéralisateurs chargés de transformer et de rendre réutilisables ces produits organiques du métabolisme.

5. LE PHOSPHORE

C'est à la fois le métalloïde le plus nécessaire à la vie aquatique, le moins abondant en général et celui qui se présente sous la forme la plus simple, celle d'orthophosphate.

Une partie des phosphates présents n'est pas immédiatement assimilable; les cellules vivantes (animales et végétales) ont par ailleurs la possibilité d'accumuler, d'adsorber, de rejeter le phosphore dans le milieu intérieur ou dans leur environnement. Nous verrons plus en détail (chap. XIX) que le phosphore soluble, dont la concentration varie de traces (moins d'un $mg \cdot m^{-3}$) à des valeurs élevées (208 $g \cdot m^{-3}$ dans le lac Goodenough (British Columbia) en zone aride (HUTCHINSON, 1957), est à la fois responsable de la pauvreté de certains lacs et facteur inhibiteur à fortes concentrations du développement de certaines algues (RODHE, 1948).

Une des difficultés d'approche du phosphore présent dans une eau est qu'une partie seulement de ce phosphore est à l'état d'ion (donc dissous). Nous savons en effet que certains composés phosphorés se présentent à l'état colloïdal (phosphore organique dissous); d'autres sont des composés organiques qui restent à l'état particulaire dans les eaux (phosphore sestonique).

De plus, d'après RIGLER (1964), le rapport

$$\frac{\text{P organique soluble}}{\text{P total}}$$

serait constamment dans les lacs de 25 à 32 %, les différences signalées par les auteurs étant dues d'abord à la diversité des techniques employées.

Les sources de phosphore sont réduites. Seules certaines roches en contiennent (apatite) mais la source la plus importante de phosphore semble être le lessivage des sols et depuis peu les industries de détergents (polyphosphates)!

La part importante jouée par cet élément dans le développement des populations phytoplanctoniques est renforcée par le fait que l'accumulation saisonnière de phosphate ferrique au niveau du fond permet de considérer un lac comme un piège à phosphore pendant une partie de l'année.

L'évolution géologique et biologique des masses d'eau est la conséquence de cette constatation.

Récemment, OLSEN (1964) utilisant du phosphore marqué (^{32}P) a montré que les sédiments jouaient un rôle d'échangeur de phosphore et pouvaient servir de réservoir (« caisse d'épargne ») de phosphates assimilables. Il en conclut que l'absence de phosphore soluble dissous dans l'eau n'a de signification que dans la mesure où le phosphore ne se trouve pas sous une forme momentanément bloquée dans le fond. On voit par cette simple constatation combien peut être compliquée l'approche d'un milieu aquatique quand ses caractéristiques physico-chimiques ne peuvent pas être suivies dans le temps et l'espace.

Dans de telles conditions, seule l'estimation du phosphore total présent peut avoir quelque signification.

E. — LES CATIONS

Nous avons vu que les éléments dissous étaient souvent ionisés. Aux anions passés en revue antérieurement correspondent donc des cations dont l'étude est non moins importante.

Parmi eux, les métaux alcalino-terreux sont les plus communs et le calcium joue notamment un rôle de tout premier plan dans la dynamique des substances nutritives. Une place particulière devra également être réservée aux métaux de la série du fer qui, par leur présence parfois en faible quantité (oligo-éléments) ou par la nature de leurs bases, influencent directement le développement des organismes.

1. LES ALCALINS ET ALCALINO-TERREUX

Nous savons que les eaux naturelles lacustres possèdent du sodium et du potassium sous forme de chlorures, de sulfates, de carbonates. Le rapport entre ces deux cations est important au point de vue biologique : en effet, le potassium est nécessaire aux organismes vivants mais en même temps il est souvent considéré comme poison à trop fortes concentrations (Boone et Baas-Becking, 1931; Harnisch, 1951).

Nous ne sommes malheureusement que mal renseignés sur le rôle réel que jouent ces deux cations dans les eaux naturelles continentales qui y sont présents le plus souvent à raison de quelques milligrammes par litre (dix fois plus de sodium que de potassium) peut-être parce qu'ils n'apparaissent en grandes quantités que dans les zones arides, constituant même parfois des dépôts littoraux comme dans le lac Little manitou (Saskatchewan) tapissé de mirabilite (SO_4Na_2, $10H_2O$), ou dans les lacs du Kanem (Tchad).

Il n'en est pas de même pour les alcalino-terreux et tout particulièrement pour le calcium et le magnésium qui jouent un rôle de premier plan dans les eaux naturelles comme nous l'avons déjà constaté en étudiant les équilibres carbonates-bicarbonates.

Les sels de calcium sont nombreux dans la nature et leur solubilité variable. Les chlorures sont très solubles, les sulfates le sont moins, les carbonates encore moins, tandis que les phosphates voient leur solubilité varier grandement avec les conditions de milieu.

Le calcium arrivant dans un lac provient de la dissolution des roches calciques du bassin d'alimentation. Nous avons vu le rôle du pH et de la teneur en CO_2 (agressivité) sur cette dissolution. Le magnésium a une origine analogue. Il existe des eaux presque entièrement privées de calcium et d'autres où il se sédimente (sursaturation).

Bien que facteur de productivité, le calcium n'est pas forcément considéré comme indispensable; même les mollusques qui puisent dans le milieu la matière de leur test calcique, peuvent se développer normalement dans les eaux très pauvres en calcium. Certains même *(Margaritifera)* préfèrent les eaux « douces » (HENDELBERG, 1960). Il en est de même de certains crustacés calciphobes comme *Holopedium gibberum* ou *Acantholeberis curvirostris* (PACAUD, 1939).

Le magnésium pour sa part, beaucoup plus soluble que le calcium, est un élément d'accompagnement dont l'action diffère sensiblement, justement à cause de cette différence de solubilité : Au cours de l'évaporation d'une eau carbonatée contenant ces deux cations, le calcium se dépose en premier si bien que l'eau s'enrichit en magnésium, ce qui entraîne parfois des modifications de flore et de faune.

Le sel de magnésium qui se dépose par évaporation d'une eau sursalée naturelle semble être l'hydromagnésite $(CO_3)_3(OH)_2Mg_4$, $3H_2O$. Outre le calcium et le magnésium, les eaux lacustres peuvent être caractérisées par des teneurs anormalement hautes en lithium et en strontium. LIKENS et JOHNSON (1966) ont ainsi constaté dans le Pingo lake (Alaska) des teneurs allant jusqu'à 1,97 $mg.l^{-1}$ de strontium et 1,08 $mg.l^{-1}$ de lithium, ce lac étant méromictique.

2. LES OLIGO-ÉLÉMENTS MÉTALLIQUES

MACAN (1963) fait remarquer à juste raison que nous ne connaissons encore que très imparfaitement le rôle joué par les nombreux cations présents dans l'eau à l'état de traces. Certains, plus abondants, ont attiré l'attention très tôt (le fer par exemple); d'autres ont une importance soupçonnée (le cobalt, le vanadium, le molybdène); d'autres enfin paraissent toxiques à certaines concentrations (le cuivre, le zinc...).

Dans la nature, le **fer**, indispensable à la vie organique végétale au moins à l'état de traces, se présente à l'état minéral (sels ferreux et ferriques) et à l'état organique (colloïdes, humates, etc.).

Dans les eaux neutres ou légèrement acides et en présence d'oxygène dissous (plus de 0,5 $mg \cdot l^{-1}$), les sels ferreux sont transformés en sels ferriques qui, hydrolysés, précipitent à l'état d'hydrate ferrique insoluble (rouille). Dans une eau contenant assez d'acide carbonique, le fer pourra être solubilisé à l'état de carbonate ferreux, mais précipitera à l'état d'hydrate ferrique s'il peut y avoir oxydation de ce carbonate en carbonate ferrique hydrolysable. Au-dessus de pH 7,5 (DAMAS, 1964), la précipitation du fer sous forme d'hydrate ferrique est automatique (en fait, d'après SCHMASSMANN 1948, le pH critique est 7,7). « Le fer ne se trouvera donc en solution, sous forme de sels minéraux, que dans des eaux neutres ou acides et dépourvues d'oxygène, c'est-à-dire dans l'hypolimnion d'un lac eutrophe ou dystrophe en période de stratification. Au moment des brassages totaux, le fer est immédiatement précipité et s'incorpore aux sédiments » (DAMAS, *op. cité*).

EINSELE (1938) a montré par ailleurs le rôle important du fer dans le cycle des phosphates, le phosphate ferrique insoluble, constituant habituel des vases oxydées, étant en milieu réducteur transformé en phosphates et en sels de fer (ou sulfure) solubles.

RODHE (1948), de son côté, a confirmé que le fer se présentait, au point de vue biologique, sous deux formes d'importance très inégale : le fer assimilable et le fer non assimilable constitué surtout de composés organiques, de colloïdes à forte capacité d'adsorption et d'absorption, de complexes ferro-humiques ou d'hydrate ferrique.

Enfin, des doses importantes en fer donnent à l'eau naturelle des propriétés incompatibles avec son utilisation comme eau potable ou industrielle, les dépôts d'hydrate ferrique (rouille) n'étant pas tolérables et dépendant de la composition de l'eau, de son oxygénation, de son pH, etc.

Pour comprendre les propriétés des composés du fer dans les eaux, il faut considérer, outre les formes ionisées de fer bivalent et trivalent en liaison avec les ions OH^-, CO^{3--} et S^{--} présents dans ces eaux, les complexes de fer, le potentiel redox du système considéré ainsi que la cinétique des réactions d'échanges. Ainsi, le taux d'oxydation du fer ferreux en fer ferrique dépend non seulement de la concentration en ions H^+ mais aussi de la température.

Les *composés ferreux* tendent à montrer en général une solubilité plus grande que les constituants ferriques.

Le fer ferreux soluble se présente principalement sous forme d'ions $[Fe(H_2O)_6]^{++}$, $[Fe(H_2O)_5(OH)]^+$ et $[Fe(H_2O)_3(OH)_3]^-$; la solubilité de ces composés est contrôlée par celle de l'hydroxyde correspondant $Fe(OH)_2$, le carbonate $FeCO_3$ et le sulfure FeS.

En l'absence de CO_2 et d'H_2S, la solubilité du fer ferreux dépend uniquement de celle de l'hydroxyde $Fe(OH)_2$; cependant, il peut se former plusieurs complexes, si bien que ce n'est que dans des limites bien précises de pH que la concentration en Fe^{++} soluble est variable (STUMM et LEE, 1960).

Cette concentration est en fait calculable pour chaque valeur de pH :

$$[Fe(II)_t] = \frac{K_1}{K_w^2}[H^+]^2 + \frac{K_2}{K_w}[H^+] + \frac{K_3K_w}{[H^+]}$$

où le $Fe(II)_t$ représente tout le fer ferreux, qu'il soit sous forme de Fe^{++}, de $[Fe(OH)]^+$ ou de $[Fe(OH)_3]^-$, K_1, K_2 et K_3 sont les constantes d'équilibre (tirées de la loi d'action de masse) des réactions suivantes :

$$Fe(OH)_2(i) \rightleftharpoons Fe^{++} + 2OH^- \qquad (K_1 = 8 \times 10^{-6})$$ [1]

$$Fe(OH)_2(i) \rightleftharpoons [Fe(OH)]^+ + OH^- \qquad (K_2 = 4 \times 10^{-10})$$

$$Fe(OH)_2(i) + OH^- \rightleftharpoons [Fe(OH)_3]^- \qquad (K_3 = 8{,}3 \times 10^{-6})$$

K_w est la constante de dissociation de l'eau (10^{-14} à 24 °C).

Cet ensemble peut se représenter sous forme graphique (fig. 12).

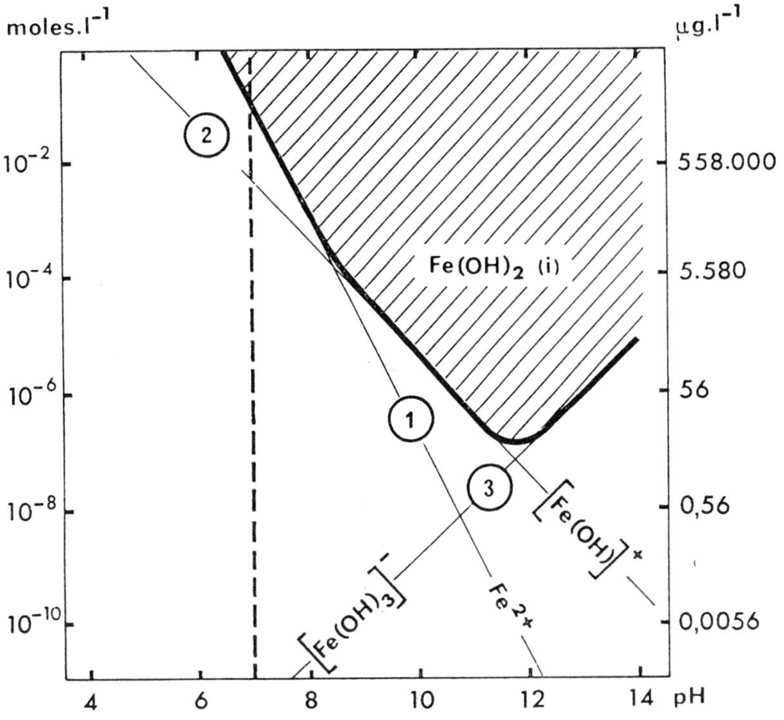

FIG. 12. — Solubilité de l'hydroxyde ferreux. — D'après STUMM et LEE, 1960.

Ce graphique permet d'évaluer, pour un pH donné, la nature et la concentration de chaque forme de Fe^{++} susceptible d'être présente.

En présence de CO_2, il peut se former du $FeCO_3$; cependant les ions CO_3^{--} limitent très rapidement la solubilité du fer à pH acide car le produit de solubilité du $FeCO_3$ est environ 200 fois plus faible que celui du

1. (*i*) = ionisé, dissocié.

$CaCO_3$, ce qui revient à dire qu'à une molécule de carbonate de calcium ne peut correspondre plus de $\frac{5}{1\,000}$ de molécule de carbonate de fer.

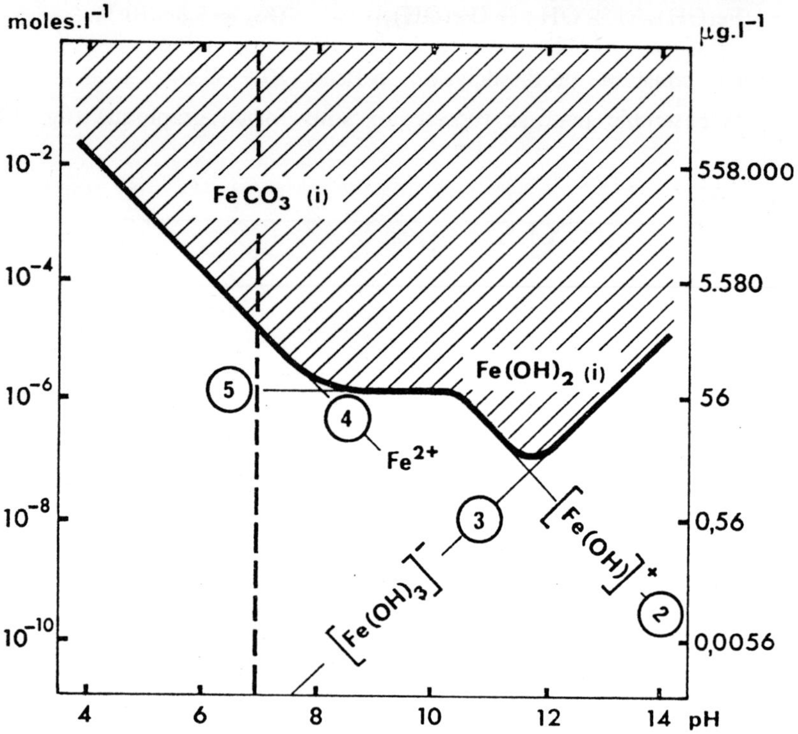

FIG. 13. — Solubilité du fer ferreux dans une eau contenant du bicarbonate à raison de 2 mé·l⁻¹ (au moins jusqu'à pH = 11,3). — D'après STUMM et LEE, 1960.

A pH alcalin, supérieur à 8,3, d'autres réactions entrent en jeu et, plus particulièrement par suite de l'apparition de carbonates en équilibre avec les bicarbonates présents, la réaction :

$$FeCO_3(i) + OH^- \rightarrow [Fe(OH)]^+ + CO_3^{--}$$

Au-dessus de pH 10, l'hydrate ferreux s'équilibre à nouveau avec les ions OH^- présents et reste en solution.

A noter également que le Fe^{++} est beaucoup plus soluble dans une eau sans carbonates que dans une eau bicarbonatée (comme la plupart des eaux naturelles) (comparer les fig. 12 et 13).

Là encore, une formule permet de calculer la concentration maximum du fer présent à l'état soluble, en fonction de l'alcalinité et des constantes d'équilibre des réactions correspondantes :

$$[Fe(II)_t] = \frac{[H^+] + 2K_6}{[Alc]K_6}\left[K_4 + \frac{K_5K_w}{[H^+]}\right]$$

où K_4, K_5 et K_6 sont les constantes d'équilibre des réactions :

$FeCO_3(i) \rightleftharpoons Fe^{++} + CO_3^{--}$ $(K_4 = 2{,}1 \times 10^{-11})$

$FeCO_3(i) + OH^- \rightleftharpoons [Fe(OH)]^+ + CO_3^{--}$ $(K_5 = 1 \times 10^{-5})$

$HCO_3^- \rightleftharpoons H^+ + CO_3^{--}$ $(K_6 = 4{,}8 \times 10^{-11})$

et [Alc] est la concentration en équivalent par litre, valeur de l'alcalinité.

Cette équation n'est pratiquement valable que jusqu'à pH 9.

A noter que l'assertion fréquente que le fer ferreux n'est soluble que sous forme de bicarbonate est incorrecte, cette solubilité dépendant du pH. Entre pH 8 et pH 11, il peut se former un carbonate mixte tel que :

$$[Fe(OH)_2, FeCO_3]$$

La présence de composés du soufre, même en petites quantités, est incompatible avec la présence de quantités appréciables de fer ferreux. En effet, jusqu'à pH 10, la solubilité du fer ferreux est fonction de celle du sulfure FeS dont le produit de solubilité est :

$K_7 = 6 \times 10^{-18}$ (suivant la formule $FeS(i) = Fe^{++} + S^{--}$)

si bien que c'est plutôt le fer ferreux qui commande la solubilisation du soufre que ce dernier qui rend possible celle du fer. Cependant, à très faibles concentrations de soufre, la solubilité du fer ferreux n'est plus limitée par celle du FeS.

La solubilité du *fer ferrique* est sous la dépendance étroite de celle de l'hydrate ferrique et pour une moindre part du phosphate (au-dessous de 0,3 $mg \cdot l^{-1}$ de P). Cet hydrate de fer peut se présenter soit sous forme de précipité amorphe $Fe(OH)_3$, soit sous forme FeOOH correspondant à la goethite et à la lépidocrocite, soit sous forme d'oxyde Fe_2O_3 (hématite, magmatite).

En solution, il y a formation d'ions divers en équilibre, les constantes de dissociation n'étant pas toujours bien connues. Il y a formation surtout de $[Fe(OH)]^{++}$ et $[Fe(OH)_2]^+$ aux pH habituels (aux pH très alcalins, il y a également $[Fe(OH)_4]^-$ (fig. 14).

Les *complexes* du fer sont surtout des chloro, des sulfato et des phosphato complexes. Les ions ferriques ont généralement une plus forte tendance à former ces complexes que les ions ferreux. De nombreuses bases organiques forment également des complexes solubles très forts

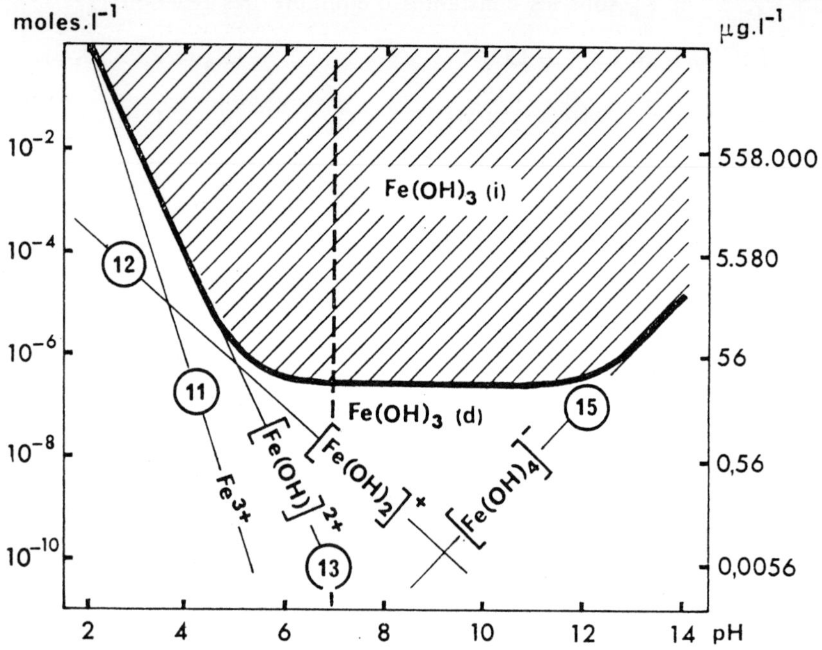

FIG. 14. — Solubilité de l'hydroxyde ferrique
D'après STUMM et LEE, 1960

avec le fer bivalent et le fer trivalent et peuvent ainsi accroître la solubilité du fer dans l'eau. La présence de fortes concentrations d'acides humolimniques et de composés ligneux est souvent associée à des fortes concentrations de fer soluble; il y a alors coloration en jaune des eaux naturelles non seulement par les acides organiques présents mais également par les complexes du fer. Dans ces eaux, il peut y avoir aussi stabilisation sous forme d'hydrate ferrique colloïdal du fer « protégé » par les composés organiques présents (HUTCHINSON, 1957).

SHAPIRO (1957) a montré par l'expérience que si on traite 10 mg d'acides humolimniques (sous forme de sels de sodium) dissous dans

35 ml d'eau distillée, par du chlorure ferrique (0,5 mg) à pH 6 et si on élève progressivement le pH jusqu'à 13,2 avec de la soude, on n'obtient pas de précipité. Au contraire, une eau distillée dans les mêmes conditions, voit précipiter de l'hydroxyde ferrique dès que son pH est élevé à pH 5,8. Dans une autre expérience, SHAPIRO a confirmé ce résultat en montrant par ailleurs l'effet de la dialyse sur le passage des sels de fer et des acides humolimniques.

A l'état hydraté, les ions ferreux et ferriques sont acides, ces derniers étant beaucoup plus acides que les premiers et plus vite susceptibles de former des complexes hydratés.

L'ion ferrique hexahydraté $[Fe(H_2O)_6]^{3+}$ a une constante d'acidité du même ordre de grandeur que l'acide phosphorique. Une oxydation d'un sel de fer dans les eaux se traduira donc le plus souvent par une baisse de pH et une diminution de l'alcalinité.

Les complexes hydratés ferriques ont, de plus, tendance à se polymériser (olation), suivant la formule :

$$2n[Fe(H_2O)_5(OH)]^{2+} \rightarrow n[Fe_2(H_2O)_8(OH)_2]^{4+} + 2nH_2O$$

le dimère est le plus stable et le plus fréquent; sa formule peut s'écrire :

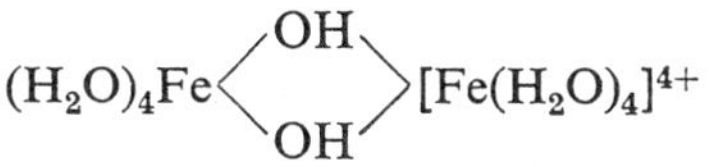

Ces polymères sont également hydratables et l'action conjointe de ces olations et hydratations amène la formation de composés colloïdaux métastables, voire de précipités insolubles.

La stabilité des micelles colloïdales ferriques hydratées électro-positives (hydrophobes) dépend de plusieurs facteurs tels que le présence en quantités suffisantes de matériel colloïdal organique hydrophile électro-négatif (amidon, agar agar, protéines, etc.).

Quand les unes et les autres sont en quantités équivalentes, il y a neutralisation des charges et coagulation, surtout dans les solutions riches en électrolytes et constituant des ions plurivalents positifs et négatifs.

Enfin, le fer dans les eaux naturelles est souvent présent sous forme de suspensions partiellement adsorbées par les particules vivantes (plancton) ou inertes (tripton) du seston.

Ainsi, dans les eaux contenant du fer, un ensemble de réactions (hydrolyses, olations, chélations etc.), dans lesquelles de nombreux ions tendent vers un équilibre qui dépend en premier lieu des solubilités différentes des produits formés, empêche le plus souvent de dresser un tableau simple de la composition instantanée du milieu. Cependant certaines des propriétés de ces eaux, et en particulier celles liées à leur pH, ont été mises en lumière.

Dans les conditions normales des eaux naturelles de surface, il est rare de trouver des pH très éloignés de la neutralité; aussi, il est rare également de trouver du fer ferrique à l'état soluble. De plus quand des substances, le plus souvent organiques, entretiennent par leur pouvoir réducteur des conditions anaérobies, ces substances sont capables de réduire le fer ferrique soluble aussi bien qu'insoluble à l'état ferreux, à moins que des bases organiques n'amènent la formation de complexes stables du fer trivalent.

L'oxydation de ce fer ferreux est d'autant plus rapide que l'anion ou les anions présents ont plus d'affinité à former des complexes ferriques. A pH donné, ce taux d'oxydation décroît dans la série des anions suivants : pyrophosphates, phosphates, chlorures, sulfates, perchlorates.

L'oxydation du fer métallique conduit, en milieu aqueux oxygéné, soit directement, soit par l'intermédiaire des processus de photosynthèse, à la formation d'oxyde de fer (rouille). Cette oxydation se traduit par une corrosion d'autant plus importante que la teneur en oxygène est plus grande, tout au moins en milieu chloruré. HACHE, BARRIETY et DEBYSER ont observé ce parallélisme de l'attaque du fer (sous forme d'acier martin) et de la teneur en oxygène dissous entre les valeurs 9 et 30 $mg \cdot l^{-1}$ dans une eau de mer à 24 °C et à pH alcalin (8,2). Cette corrosion est la conséquence normale du déséquilibre constatable dans l'eau de mer entre le fer ferreux et le fer ferrique à température, à *p*H et à teneur en oxygène normaux. Il existe, en effet, un équilibre entre ces deux états du fer, équilibre qui peut être étudié en suivant les variations du potentiel redox du système.

On peut écrire en effet (chap. III B) :

$$Fe \rightleftharpoons Fe^{++} + 2e$$

et :

$$Fe^{++} \rightleftharpoons Fe^{+++} + e$$

Le premier système, quand il est en équilibre, a un potentiel négatif (— 0,441). Le potentiel du système $H_2 \rightleftharpoons 2H^+ + 2e$ étant nul par définition, il y a oxydation du fer par H^+. Au contraire, le potentiel du deuxième système étant positif (+ 0,7701) le fer bivalent ne peut pas être oxydé en fer trivalent par H^+. Là encore le pH de la solution considérée joue un rôle dans l'équilibre des systèmes présents. Il faut donc considérer dans tout milieu contenant du fer, son pH et son potentiel d'électrode pour le caractériser et savoir son sens d'évolution en fonction de sa température et de ses substances et sels dissous et tout particulièrement l'O_2 et le CO_2.

Ce potentiel d'électrode varie avec le pH et s'abaisse rapidement aux environs de la neutralité rendant plus facile l'oxydation du fer et la formation du $Fe(OH)_3$ qui précipite (rouille).

En résumé les conditions physico-chimiques de la précipitation (donc de la solubilisation par processus inverse) du fer contenu dans les eaux naturelles sont :

pH supérieur à 7,
potentiel d'oxydoréduction supérieur à 0,20 volt à pH 7,
oxygène dissous présent à raison d'au moins 0,5 $mg.l^{-1}$.

Le **manganèse**, facilement soluble dans les eaux sous forme bivalente, est souvent un élément d'accompagnement du fer. Dans les eaux carbonatées, le rapport Mn/Fe est d'environ 5 et dans les eaux sulfatées il est voisin de 1.

Le Mn^{2+} est facilement oxydé à l'état tétravalent en milieu oxygéné et il reste alors en solution sous forme d'hydroxyde colloïdal plus ou moins stabilisé par les matières organiques.

En milieu réducteur, le précipité d'hydroxyde de Mn peut repasser en solution. Pour que le manganèse précipite de façon irréversible, il faut qu'il soit en milieu oxydant à potentiel relativement élevé et qu'il y ait du carbonate de calcium présent (pH alcalin) (RANKAMA et SAHAMA, 1950).

H. PETTERSSON (1945) estime à 10 mg le poids de Mn qui tombe annuellement sur chaque mètre carré de sol sous-lacustre (et sous-marin) sous forme de poussières volcaniques autant que par voie biologique. Les lacs anglais en contiennent 6 à 40 $mg \cdot m^{-3}$ (HARVEY, 1949) et les lacs suédois 9 à 79 $mg \cdot m^{-3}$ (NYDAHL, 1951) et même jusqu'à 390 $mg \cdot m^{-3}$ (LOHAMMAR, 1938). JUDAY, BIRGE et MELOCHE (1938) en signalent 3 à 25 $mg \cdot m^{-3}$ dans les lacs du nord Wisconsin.

OHLE (1934) a montré que les concentrations maximales étaient associées à la circulation printanière dans les lacs allemands tandis que YOSHIMURA (1931) note une légère augmentation avec la profondeur de la teneur en Mn dans les lacs japonais qu'il a étudiés. Cette distribution s'apparente à celle du fer bien que le rapport Fe/Mn s'accroisse lui aussi avec la profondeur.

Le manganèse a une très grosse importance en biologie. Il est nécessaire pour la croissance des plantes et des animaux et c'est un activateur des enzymes.

Beaucoup de plantes aquatiques peuvent accumuler le Mn sous forme de $Mn(OH)_4$. On a trouvé 0,7 % de Mn dans les cendres d'un plancton principalement constitué d'organismes végétaux. Certains organismes ont une teneur de 1 % en Mn *(Trapa natans)*.

PIRSON (1937), EMERSON et LEWIS (1939) ont démontré par ailleurs qu'une déficience en Mn réduisait l'intensité de la photosynthèse. Les algues des genres *Scenedesmus*, *Chlamydomonas*, *Zygnema*, *Eudorina*, etc., ont besoin de cet élément (GUSEVA, 1937).

HARVEY (1947), a montré qu'une diatomée marine *Ditylum brightwelli*, certaines espèces d'algues telles que les *Chlorella*, *Chlamydomonas* et une *Cryptomonas* rouge sont toutes sévèrement limitées dans leur développement par une déficience en Mn.

Par contre, quand la concentration devient trop forte et atteint 1 $mg \cdot l^{-1}$, le Mn devient toxique et fait dépérir certaines cyanophytes *(Aphanizomenon)*.

Le Mn est un microconstituant des animaux supérieurs; il a un rôle dans le développement osseux, dans la croissance et dans la reproduction.

Le **cuivre**, comme le zinc, le molybdène, le gallium, etc., est un de ces éléments importants pour les êtres vivants dont l'action est encore insuffisamment étudiée. Entrant dans la composition d'enzymes tels que les oxydases, on le rencontre dans l'hémocyanine, pigment respiratoire des mollusques et de quelques crustacés. Les eaux naturelles en contiennent de 5 à 1 000 $mg.m^{-3}$ (10 à 100 $mg.m^{-3}$ en moyenne), soit sous forme ionique, soit sous forme de complexes organo-métalliques à base d'acides aminés (MARTELL et CALVIN, 1959), soit encore sous forme sestonique (RILEY, 1939).

Très employé comme moyen de lutte contre les fleurs d'eau et développements anarchiques de conferves, le cuivre, sous forme de sulfate est un poison sensible à la teneur en carbonates des eaux avec lesquels il se combine pour donner des carbonates de cuivre (malachite, azurite) insolubles qui, sédimentés, pertuberont à leur tour l'équilibre faunistique de la couverture biologique des sédiments. Les bactéries semblent jouer un rôle dans la solubilisation ultérieure du cuivre (PARÈS, 1964).

L'étude détaillée de ces métaux présents à l'état de traces reste à faire, malgré les tentatives de BRAIDECH et EMERY (1935), RODHE (1951), HUTCHINSON (1957) etc.

F. — LES MATIÈRES ORGANIQUES

Les eaux naturelles vivantes contiennent non seulement le produit de la dissolution des roches et des gaz de l'atmosphère mais aussi les substances entraînées par lessivage des sols et surtout les résultats du métabolisme des organismes qui vivent en leur sein.

Nous verrons chapitre V F quelle est la nature des substances humolimniques provenant des sols (apports allochtones). Celles qui résultent du métabolisme des organismes sont soit des produits de déchet, soit des sécrétats soit encore la matière organique de ces organismes elle-même qu'il est parfois difficile de séparer de l'eau si les cellules sont très petites ou si elles ont éclaté pour une raison ou une autre.

Les matières organiques ainsi considérées seront des hydrates de carbone, des matières protéiques et acides aminés, des lipides et autres substances de réserves dont certaines jouent le rôle de catalyseurs, de stimulateurs ou d'inhibiteurs des fonctions biologiques (pigments, vitamines, hormones, etc.) (voir notamment OVERBECK, 1974).

L'approche de ces substances variées autant que complexes est difficile. Nous n'avons pas de méthode globale sûre, malgré la vogue de la technique de mesure de l'oxydabilité au permanganate de potassium. D'autre part, quel que soit l'intérêt de ces méthodes globales d'approche, il n'est pas moins important de considérer les composants organiques eux-mêmes. Nous aurons en maints chapitres, l'occasion de montrer leur action prépondérante.

Les matières organiques dissoutes dans les eaux représentent elles-mêmes une source essentielle de substances nutritives directement utilisables par la plupart des organismes, qu'ils soient considérés comme autotrophes ou qu'ils soient hétérotrophes stricts. Bien que nous devions être prudents, dans l'état actuel de nos connaissances, pour interpréter les résultats des nombreux travaux anciens relatifs à cette matière organique, il est cependant nécessaire de noter que BIRGE et JUDAY (1934) estimaient déjà que la matière organique vivante et particulaire (y compris le plancton) ne représentait que le cinquième, voire le vingtième de la matière organique présente (dissoute).

Nous ne sommes pas encore suffisamment renseignés sur les besoins des organismes et leur physiologie pour nous permettre d'établir un bilan des matières organiques dans les eaux naturelles. Il nous suffira de retenir que la plupart des constituants de la matière vivante se trouvent à un moment ou à un autre, en suspension ou en solution dans ces eaux et que leur rôle n'est pas toujours en relation directe avec leur concentration ou la complexité de leur formule chimique.

Pour HUTCHINSON (1957), la matière organique autochtone dissoute aurait un rapport C/N d'environ 12 et dériverait essentiellement de la décomposition du plancton, tandis que la matière organique allochtone, beaucoup moins riche en protéines, aurait un rapport C/N de 45 à 50 et donnerait à l'eau sa couleur; ce serait le résultat du lessivage des tourbes et de la décomposition des ceintures littorales (végétation fixée).

De nombreuses recherches sont encore nécessaires avant de mieux connaître la composition des eaux en matériel organique au point de vue limnologique. Nous savons déjà, grâce à HUTCHINSON et à ses collaborateurs, détecter et même estimer la teneur de ces eaux en thiamine (vitamine B_1) (HUTCHINSON, 1943), en biotine (vitamine H) (HUTCHINSON et SETLOW, 1946) et en vitamine PP. VALLENTYNE et WHITTAKER (1956) ont dosé le glucose et le saccharose des eaux lacustres filtrées et WHITTAKER et VALLENTYNE (1957) le maltose, le glucose, le saccharose et le fructose du seston lacustre (cf. Chap. XIX D).

BISHOP, ADAMS et HUGHES (1954), LEWIN (1956) et bien d'autres auteurs ont montré que les algues étaient capables de rejeter dans le milieu des polysaccharides que GORYUNOVA (1954) a retrouvés dans les eaux naturelles. Les cyanophytes sont capables d'enrichir le milieu en glucane de type amylopectine (HOUGH, JONES et WADMAN, 1952), mais nous ne connaissons pas encore même la nature des substances métaboliques responsables des fleurs d'eau (cf. chap. XIX et XX).

CHAPITRE IV

STABILITÉ ET INSTABILITÉ DES COMPOSANTS DE L'EAU

Nous avons vu dans le chapitre précédent comment se présentait le milieu aquatique quand il était analysé à un moment quelconque de sa vie. En fait, ce milieu est en perpétuel devenir et son étude réclame de tenir compte du facteur temps. Plus, il sera nécessaire de définir plusieurs unités de temps adaptées au phénomène à étudier et au milieu considéré.

A. — CHANGEMENT DE VALENCE

Une des caractéristiques essentielles du milieu aquatique est d'être en continuel équilibre ionique. Le potentiel redox est une mesure de cet équilibre qui peut se stabiliser à divers niveaux suivant la nature des ions en présence et la puissance des échanges existant entre les différentes unités géographiques : sol, eau, air.

Nous avons vu que la teneur de l'eau en CO_2 et en ses sels dépendait plus ou moins directement de la tension de CO_2 de l'atmosphère, du coefficient de solubilité de ce gaz dans l'eau et de ses possibilités de réaction avec les carbonates insolubles présents. Chaque changement dans le teneur en CO_2 se traduira donc par une modification de l'équilibre ci-dessus et aura des conséquences importantes à tous les niveaux.

De même, une modification de la teneur en oxygène des eaux se traduira par un déséquilibre ionique et un réaménagement des valences des ions polyvalents. Ce phénomène a surtout été étudié au niveau des sédiments où il a une importance toute particulière.

Les premières études sur le redox en limnologie, effectuées en 1932 par KARSINKIN et KUZNETSOV, concernaient surtout les sédiments lacustres. De leur côté en 1939, PEARSALL et MORTIMER s'intéressèrent essentiellement à l'hypolimnion des lacs. Ce sont enfin HUTCHINSON *et al* (1939), ALLGEIER, HAFFORD et JUDAY (1941) qui étudièrent le redox des eaux superficielles des lacs.

Dans les lacs où la distribution de l'oxygène est plus ou moins

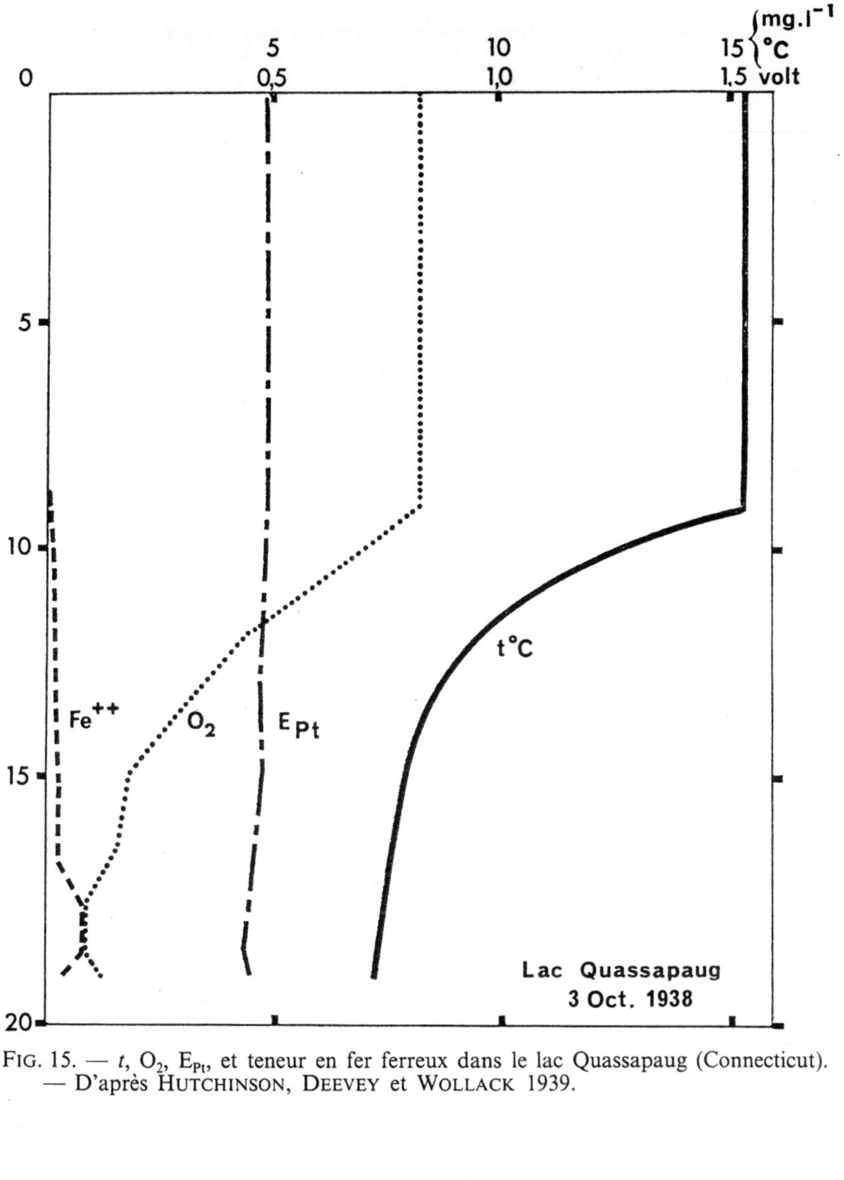

FIG. 15. — *t*, O_2, E_{Pt}, et teneur en fer ferreux dans le lac Quassapaug (Connecticut). — D'après HUTCHINSON, DEEVEY et WOLLACK 1939.

orthograde en période de stratification thermique, (cf. chap. V F) la courbe du potentiel redox tend aussi à être orthograde. Les valeurs du potentiel ne diminuent seulement que lorsque la surface de la vase est réellement atteinte. Mais une courbe d'oxygène clinograde n'implique pas nécessairement une courbe de potentiel redox clinograde car la concentration en oxygène n'affecte que peu le potentiel. Ainsi, dans le lac Quassapaug (Connecticut), la courbe du potentiel redox est orthograde (fig. 15). Dans des lacs beaucoup plus

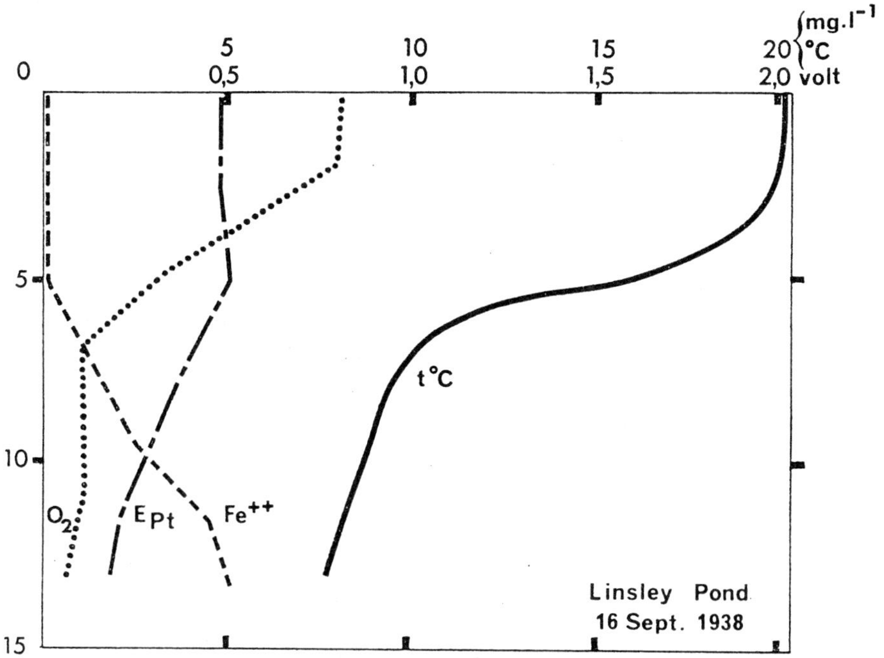

FIG. 16. — *t*, O_2, E_{Pt}, et teneur en fer ferreux dans le Linsley Pond (Connecticut). — D'après HUTCHINSON, DEEVEY et WOLLACK 1939.

petits, avec toujours des courbes clinogrades d'oxygène, et marqués par des déficits d'oxygène dans l'hypolimnion, la courbe du potentiel redox est nettement clinograde (KUZNETSOV, 1935). Le Linsley Pond (Connecticut) est un exemple de lac à distribution clinograde d'oxygène et de potentiel redox (fig. 16).

Dans le lac Helmet (Wisconsin), les eaux superficielles peuvent atteindre un potentiel redox relativement faible, tel que $E_7 = 0{,}375$ volts pour un pH de 5,95 et un potentiel de 0,314 volts a été enregistré à la partie supérieure de l'hypolimnion, en absence de fer ferreux ou d'hydrogène sulfuré et en présence de quantités minimes d'oxygène (HUTCHINSON, 1957). Dans ce cas, on peut penser que le système oxydo-réducteur existant est d'origine organique; la couleur des eaux du lac le laisse d'ailleurs supposer.

La plupart du temps cependant, il est probable que le système oxydo-réducteur le plus déterminant est le système fer ferreux-fer ferrique.

Dans le cas du lac Mary (Wisconsin, U.S.A.), lac méromictique, (cf. chap. V G) l'importante substance réductrice existant dans le monimolimnion apparaît être l'H_2S. Le potentiel redox du monimolimnion tombe de 0,140 volts à 8 m à 0,075 volts à 20,5 m tandis que la teneur en H_2S croît de 1,2 à 2,1 $mg \cdot l^{-1}$. Notons qu'on n'a pas trouvé de fer ferreux dans ce lac.

Mortimer (1941-1942) a fait une étude minutieuse de la *variation saisonnière* du potentiel redox dans l'Esthwaite Water dans lequel les courbes de l'oxygène et du potentiel redox sont nettement clinogrades. Ses résultats indiquent une remontée des surfaces iso-volts à travers l'hypolimnion pendant la période de stagnation d'été. Les études d'Ivlev sur la teneur en fer du lac Beloye laissent à penser qu'il existe une stratification très nette du potentiel redox, sous la couverture de glace pendant les rigueurs d'un climat à caractère très fortement continental, bien que Mortimer (1942) n'ait pu observer ce gradient en Angleterre.

Si nous essayons maintenant de transposer le phénomène d'oxydo-réduction de l'eau des lacs à leurs sédiments, nous observons également une stratification des potentiels redox, décroissant de haut en bas à partir de la surface des sédiments.

Sauf parfois à sa surface, la boue lacustre a toujours des propriétés réductrices; les seuls cas possibles de couche épaisse de boue qui ne possèdent pas de propriétés réductrices sont à chercher dans les lacs pratiquement azoïques où se sédimentent des débris glaciaires (lac Blanc de Belledone par exemple).

Mortimer (1942) a étudié en même temps les potentiels redox de l'eau et de la boue lacustres en position naturelle, c'est-à-dire ceux de l'eau et des sédiments des lacs. Il a pu ainsi en suivre les variations et la micro-stratification depuis l'horizon limite, constitué par l'interface eau-boue, si significative au point de vue du métabolisme d'un lac (fig. 17).

Au contact de l'eau et des sédiments d'un lac dont l'hypolimnion contient suffisamment d'oxygène, c'est-à-dire d'un lac oligotrophe (cf. chap. XXI) (ou eutrophe au moment de la circulation complète), les redox mesurés sont voisins de 0,6 volts. C'est la même valeur qu'on trouve dans l'eau libre de l'hypolimnion. A l'intérieur des sédiments par contre, le potentiel décroît très rapidement et, en règle générale, à la profondeur

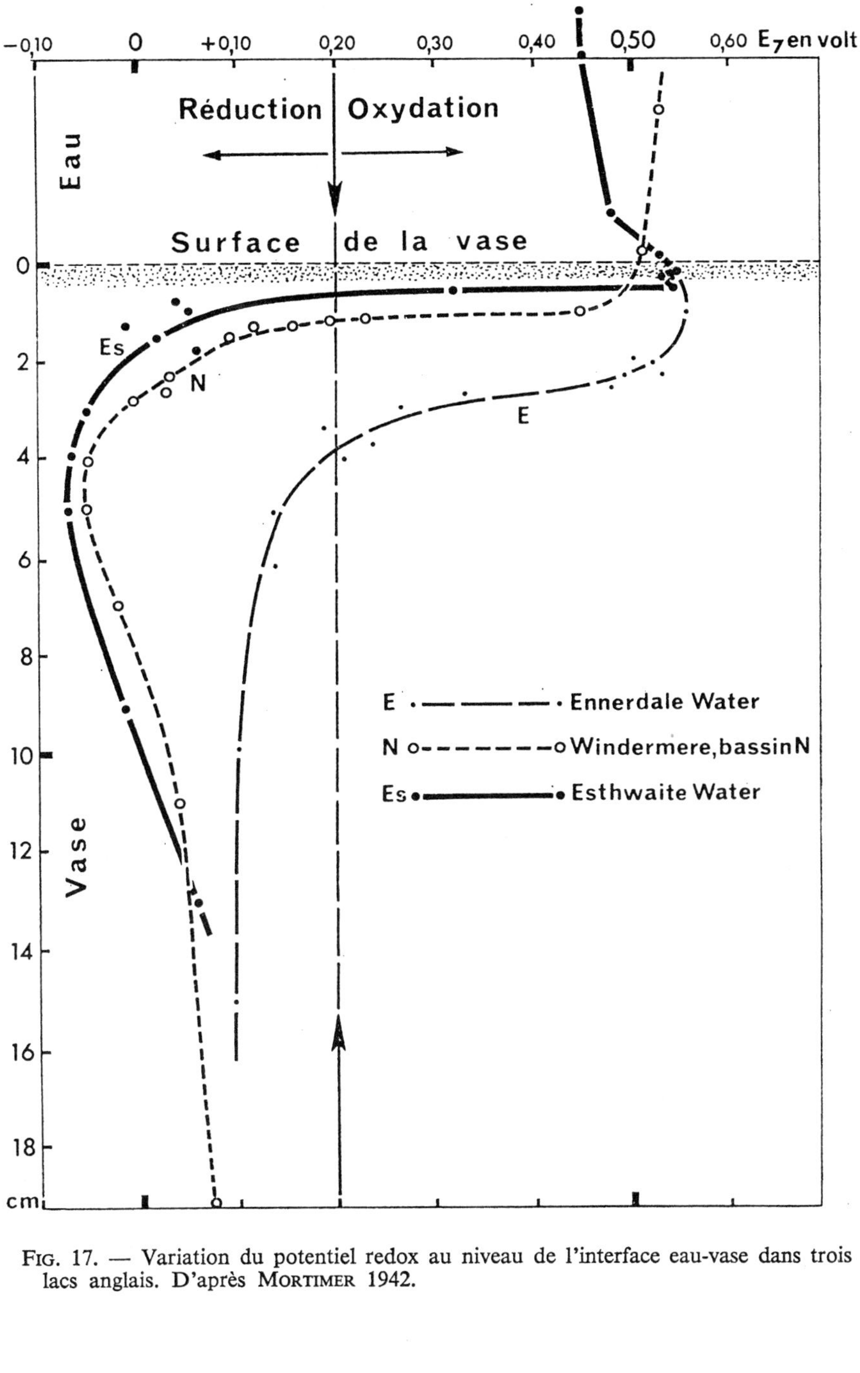

FIG. 17. — Variation du potentiel redox au niveau de l'interface eau-vase dans trois lacs anglais. D'après MORTIMER 1942.

de 5 cm, atteint un minimum dont la valeur est une expression de la force réductrice de la boue et par suite est caractéristique du type de productivité du lac. A plus grande profondeur, le redox peut montrer une tendance à l'accroissement indiquant une décomposition anaérobie.

Dans ce gradient du potentiel redox, on a pu établir des zones correspondant à l'oxydo-réduction de certains systèmes importants, au point de vue biologique, tels :

$NO_3^- — NO_2^-$ = 0,45-0,40 volt
$NO_2^- — NH_4^+$ = 0,40-0,35 —
$Fe^{+++} — Fe^{++}$ = 0,30-0,20 —
$SO_4^{--} — S^{--}$ = 0,10-0,06 —

Si la teneur en oxygène diminue dans l'hypolimnion, et par suite dans la boue, le redox décroît et les surfaces horizontales d'égal potentiel ou iso-volts montent vers la surface des sédiments. Le voisinage de $E_7 = 0{,}2$ volt décisif pour la réduction ou l'oxydation du fer, est particulièrement significatif au contact eau-boue. Aussi longtemps qu'il existe à la surface des sédiments un redox excédant cette valeur, c'est-à-dire que la courbe $E_7 = 0{,}2$ volt reste **dans** les sédiments, un précipité complexe d'hydroxyde ferrique (gel) imprègne cette surface. Ce précipité est visible par sa teinte brunâtre.

Avec la diminution progressive de la teneur en oxygène de l'hypolimnion, cette « couche oxydée », épaisse de quelques mm, se détruit par le bas (réduction de Fe^{+++}).

Dès que la courbe $E_7 = 0{,}2$ volt atteint la surface des sédiments, des quantités considérables de Fe^{++}, Mn^{++}, NH_4^+, P et de substances analogues apparaissent dans l'eau profonde, et il se forme une stratification de substances dissoutes particulièrement reconnaissable dans l'hypolimnion des lacs eutrophes et méromictiques. Pour MORTIMER, les ions ainsi trouvés sont solidement fixés dans le gel ferrique de la couche oxydée et par suite ne peuvent diffuser dans l'eau tant que cette couche persiste. Après destruction de cette couche par réduction, les ions sont libérés et la diffusion peut se produire.

La présence d'une microzone oxydée d'un bout à l'autre de l'année pour certains lacs, disparaissant suivant les saisons dans les zones profondes des autres, est peut-être la plus importante dichotomie qu'on puisse trouver pour la classification chimique des lacs (HUTCHINSON, 1957) et on comprend ainsi que le rôle du potentiel redox soit primordial dans une étude rationnelle de la chimie, de la physique et par suite de l'écologie lacustres.

B. — ÉVOLUTION

Les variations constatées expérimentalement dans le potentiel redox se traduisent dans la nature par des échanges saisonniers et une évolution de la masse d'eau au point de vue chimique.

Les organismes réagissent à cette évolution et induisent de nouvelles variations qui, orientées cette fois, sont moins réversibles et conduisent le lac à son destin. Parfois ce seront les conditions géographiques et surtout climatiques qui joueront ce rôle inducteur. KJENSMO (1964) nous fournit l'exemple du lac Bjordammen (Norvège). Protégé des vents, celui-ci subit l'action d'un climat continental qui, lors de la fonte des glaces, se traduit par une rapide installation d'une stratification thermique qui bloque les eaux profondes, alourdies par les substances dissoutes et riches en fer.

Ces transformations, cette évolution, s'inscrivent parfois au niveau des sédiments d'une manière mesurable. OANA et DEEVEY (1960) ont cherché dans le taux de ^{13}C un moyen de les suivre.

Nous savons en effet que le carbone se présente dans la nature sous forme de plusieurs isotopes dont le ^{14}C, radioactif, sert à dater les matières carbonées de moins de 55 000 ans d'âge (en principe) ainsi qu'à marquer les organismes autotrophes (cf. chap. XIX); mais les plus abondants des isotopes du carbone sont sans conteste le ^{12}C qui représente 99 % et le ^{13}C qui représente 1 % de tout le carbone naturel. Le ^{14}C ne démontre en effet sa présence que par sa radioactivité :

$$^{14}C \rightarrow {}^{14}N + e$$

Le ^{13}C provient d'un fractionnement isotopique d'origine biologique. Les bactéries et les algues ont en effet la propriété de provoquer ce fractionnement. Si on compare ainsi la teneur relative d'un milieu (eau, vase, biomasse planctonique, benthique, etc.) en ^{13}C à celle d'un milieu de référence (ici un carbonate marin étudié par CRAIG, 1957), on peut suivre l'évolution du carbone, utiliser le ^{13}C comme traceur, au lieu du ^{14}C beaucoup plus sujet à caution en géochronologie et paléolimnologie depuis le développement de l'industrie (combustion de houilles et pétroles fossiles) et les expériences atomiques récentes (énergie de fusion, bombe à hydrogène).

Rapporté à l'échantillon de CRAIG, le déficit en ^{13}C ou $\delta^{13}C$ est calculé en ‰ :

$$\delta^{13}C = \frac{^{13}C/^{12}C \text{ (échantillon)} - {}^{13}C/^{12}C \text{ (standard de Craig)}}{^{13}C/^{12}C \text{ (standard de Craig)}} \times 1\,000$$

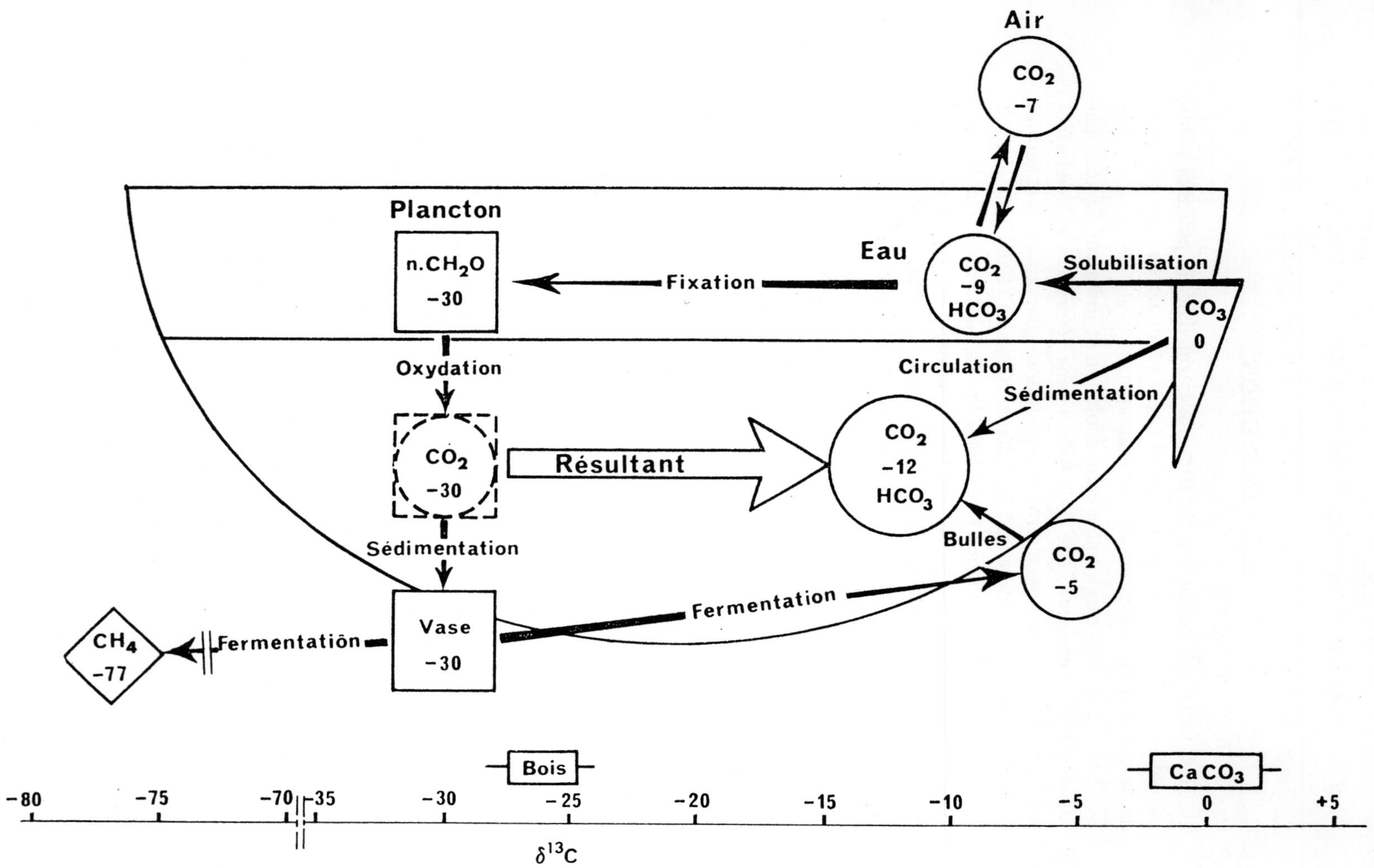

FIG. 19. — Cycle du carbone dans un lac d'après le déficit en ^{13}C de ses constituants.

Il est de 7 $^0/_{00}$ pour le CO_2 atmosphérique et de 9 pour le CO_2 dissous sous forme de bicarbonates (en l'absence de carbonates).

Le plancton végétal et animal a un déficit en ^{13}C de 30 $^0/_{00}$. C'est le déficit moyen constaté dans tous les milieux et dû à l'activité métabolique des organismes (fig. 18).

Le CO_2 formé par décomposition du matériel organique avant ou après dépôt aura le même déficit, tandis que le CO_2, produit du pélométabolisme, n'a que 5 $^0/_{00}$ de déficit, sa production étant liée à celle de CH_4 « léger » (— 80 $^0/_{00}$ de ^{13}C).

Le CH_4 est le plus souvent évacué (gaz à l'eau) tandis que le CO_2 est repris par les responsables du métabolisme hypolimnique (cf. chap. V F).

Les recherches de DEEVEY et STUIVER (1964) ont par ailleurs montré que dans les petits lacs tel le Linsley Pond (Connecticut), la moitié seulement du carbone qui arrive par les affluents sous forme de carbonates et bicarbonates est métabolisé : sur 25 mg de C par $cm^2 \cdot an^{-1}$, 13 seulement sont assimilés par le phytoplancton, 3 $mg \cdot cm^{-2} \cdot an^{-1}$ se retrouvent dans les sédiments et sont fossilisés; le reste entre dans le cycle de la matière vivante et « tamponne » le milieu. Les échanges avec l'atmosphère (1 $mg \cdot cm^{-2} \cdot an^{-1}$) et avec les eaux souterraines de la nappe phréatique, les sources et émissaires sous-lacustres (2 $mg \cdot cm^{-2} \cdot an^{-1}$), compensent les pertes par sédimentation tandis que celles par évacuation des eaux (émissaires) compensent les apports.

Des recherches récentes du même type ont permis de se faire une idée du cycle du soufre en s'appuyant sur une méthode analogue (DEEVEY et NAKAI, 1963).

Nous verrons tout au long des chapitres suivants comment se comportent en fait dans les diverses masses d'eau considérées les principaux éléments qui les caractérisent et le rôle des organismes dans leurs variations.

TROISIÈME PARTIE

LE MILIEU

Les eaux continentales représentent un complexe d'eaux de surface et souterraines, courantes et stagnantes, pérennes ou temporaires qui seront considérées ici dans leurs rapports avec la vie qu'elles abritent.

Tous les intermédiaires existent entre chacune des classes esquissées ci-dessus. Les seuls points vraiment communs qui lient ces différents milieux seront donc l'eau, dont nous avons étudié précédemment les qualités et propriétés, et la vie dont nous aborderons la description systématique plus loin.

Deux grandes catégories d'eaux continentales se présentent au géographe ou au naturaliste : les eaux stagnantes et les eaux courantes.

Il y a cependant des eaux « stagnantes » dont les courants modifient le métabolisme, ce seront les eaux **dormantes** des lacs; et certaines eaux dites courantes seront caractérisées à certaines périodes (étiage) par l'absence de courant!

La plupart des eaux de surface, les principales que nous envisagerons plus loin, sont sous la dépendance de facteurs externes cosmiques et climatiques dont l'abord sera plus aisé en eaux dormantes. C'est pourquoi une place toute particulière sera faite à l'étude des lacs, domaine essentiel de la limnologie.

CHAPITRE V

LES LACS

A. — NATURE, ORIGINE, FORMES

1. DÉFINITION

L'existence d'un lac — et ce mot est pris dans son sens le plus large — est conditionnée essentiellement par l'existence d'une dépression naturelle plus ou moins fermée de tous côtés et possédant un point dit central plus bas que les rives de cette dépression. Il faut de plus que cette dépression puisse être remplie d'eau, qu'elle soit donc plus ou moins imperméable et qu'enfin, indépendamment de cette imperméabilité, les apports d'eau soient possibles soit par précipitations, soit de différentes autres manières (par condensation par exemple).

En langue française, une confusion règne en limnologie par suite de l'existence de deux substantifs similaires qui ont été d'abord employés indifféremment puis ont pris chacun un sens particulier, les termes lacs et étangs.

Le premier vient du grec (et du sanscrit) déchirer; c'est donc une déchirure, un lambeau (liquide) de l'écorce terrestre; c'est pour Littré un grand espace d'eau, qui se trouve enclavé dans les terres. Cette définition est statique; elle veut décrire un état local de la surface terrestre sans présager de son devenir et encore moins de son origine.

Un étang est, au contraire, ce que devient une eau courante quand elle est barrée, rendue stagnante par un changement de pente du terrain ou par la construction d'écluses. Un étang n' « existe » donc pas, il a une origine et ses eaux un devenir. C'est une entité géographique qui a une histoire, un commencement et une fin. Les eaux *retenues* dans un étang sont stagnantes par définition (nous verrons ce qu'il faut penser de la rigueur de cette définition); celles d'un lac dorment dans la cuvette naturelle (ou artificielle) qui les *abrite*. Bon nombre de lacs devraient donc être appelés étangs et réciproquement un certain nombre d'étangs être dénommés lacs. L'usage, avec la complicité des géographes, a remplacé la logique et le bon sens a parfois perdu ses droits. Les lacs des landes sont des étangs parce qu'il est évident que ce sont des retenues naturelles d'eau qui doivent leur origine au barrage des petits cours d'eau locaux par les dunes littorales. Génétiquement, ce sont donc des étangs. Pour le limnologue qui vient les étudier, ce sont des lacs au même titre que toutes les masses d'eau naturelles dont les variations de niveau sont petites par rapport à la profondeur. S'il fallait prendre à la lettre l'étymologie du mot étang, presque tous les lacs d'origine glaciaire, fluviale, éolienne, maritime, seraient des étangs! Les cuvettes constituées par creusement deviendraient des lacs, celles causées par l'exhaussement des rives seraient de futurs étangs!

Nous réserverons plus simplement le terme de lac à toute cuvette naturelle ou artificielle contenant de l'eau et ayant une vie propre, une certaine autonomie.

Les étangs seront ces « lacs » artificiels dont la genèse et l'histoire dépendent directement de l'homme qui les assèche, les remplit, les réduit, les conditionne à son gré dans le but d'en tirer le meilleur profit.

Étangs et lacs de retenues (réservoirs) sont donc des entités analogues. On emploiera plus précisément le premier de ces termes pour les masses d'eau peu profondes et de plaine (ou de plateau) et les deux derniers pour celles destinées à collecter l'énergie en montagne ou dans les vallées et qui, de ce fait, sont généralement assez ou très profondes.

La diversité d'origine des lacs explique partiellement aussi la difficulté de les grouper tous dans une même définition.

Si tous les bassins ne sont pas, en effet, remplis d'eau, tous ont la possibilité de l'être, que ce soit des bassins dus à des dislocations de l'écorce terrestre ou des bassins dus au barrage d'une vallée par des matériaux plus ou moins imperméables; que ce soit des bassins dus à l'érosion glaciaire ou que, la glace existant encore, elle soit elle-même, par son modelé, le substrat d'une cuvette lacustre; que ce soient des bassins d'origine volcanique remplis d'eau ultérieurement, ou que, dans une région sédimentaire, une dépression naturelle coupe une nappe aquifère.

2. ORIGINE ET CLASSIFICATION

Tout bassin, toute cuvette, toute dislocation de l'écorce terrestre fut, est, ou peut être un lac, à condition que ce bassin, cette cuvette, soit suffisamment imperméable, qu'il recoive assez d'eau, et que le phénomène de l'évaporation ne l'assèche pas.

De multiples classifications de géologues ou de géographes se basent sur cette diversité d'origine et la fin du siècle dernier a été particulièrement prolifique à ce sujet.

Tour à tour DAVIS (1882), VON RICHTHOFEN (1886), PENCK (1894), RUSSEL (1895), SUPAN (1896), DELEBECQUE (1898), GEIKIE (1905), DE MARTONNE (1909-1950) et plus récemment COLLET (1925) ont tenté de ranger en un nombre limité de catégories tous les lacs du globe, selon leur origine.

Sans entrer dans le détail, ni faire l'historique de ces classifications nombreuses autant qu'insuffisantes, nous nous inspirerons de celle de HUTCHINSON (1957) en réduisant sensiblement le nombre de types décrits par cet auteur (76 environ!); ne seront cités que quelques exemples dans les principaux de ces types.

On peut, en principe, classer tous les lacs dans l'une des catégories suivantes :

Lacs tectoniques

Il existe des bassins d'origine tectonique. Ils peuvent être remplis d'eau. Si l'on excepte les énormes lacs du type mer Caspienne ou mer d'Aral qui sont, en quelque sorte, des mers résiduelles, les principaux lacs-bassins tectoniques se trouvent soit en Afrique, soit en Amérique du Nord, soit dans certaines régions de la Sibérie. Le lac Baïkal est un lac de graben comme le lac Tanganika en Afrique Centrale ou le lac Pyramid dans le Névada. On peut également citer un certain nombre d'exemples plus proches de nous comme le Falhensee en Suisse ou même certains lacs des rivages méditerranéens. Plusieurs lacs du Jura ont également cette origine; citons ,par exemple, le lac de Joux (COLLET, 1925) qui est, lui aussi, formé dans un bassin tectonique. Les lacs grecs ou yougoslaves tels que le lac de Prespa et le lac d'Ohrid sont aussi des lacs tectoniques. En France, les lacs de Saint Point et de Remoray (Jura) sont dans des cuvettes formées par barrage tectonique de synclinaux, tandis que le lac de Sylans (Ain) devrait son origine en partie au synclinal de Charix-les-Neyrolles (DUBOIS, 1959).

Lacs volcaniques

Une autre catégorie de lacs, également assez rare, est constituée par ceux dont la formation est due à une *activité volcanique*. Cette activité volcanique peut se traduire par la formation de dépressions de différentes origines suivant le mode d'activité des volcans. Tout d'abord il existe des *lacs de cratère*, mais il peut exister aussi des lacs dus à une éruption explosive simple ou multiple. Nous avons quelques lacs de cratère en France : le lac de la Godivelle d'en haut, le lac de Tazanat, du Bouchet, de Servière, etc., sont des lacs de cratères vrais, tandis que le lac d'Issarlès et le lac Pavin sont produits par une explosion volcanique. En dehors des lacs de cratères vrais, l'activité volcanique peut produire d'autres formes de bassins tels que les lacs dûs à des irrégularités dans l'écoulement des laves et dans le refroidissement de cet écoulement : (lacs Bourdouze, de Chambedaze, des Esclauzes, d'Arcône, etc.); enfin il existe encore, et il y en a de nombreux exemples en Auvergne, des lacs formés par le barrage volcanique d'une vallée plus ou moins bien arrosée; c'est le cas, par exemple du lac Chambon (Puy-de-Dôme), tandis que le lac de Montcyneire doit son existence au barrage par un volcan de l'émissaire d'un lac de cratère dont le bassin d'alimentation est assez vaste pour permettre à l'eau d'y former un lac assez important (fig. 19).

FIG. 19. — Le lac de Montcyneire (Puy-de-Dôme) — *Photo B. Dussart*

Enfin, il existe des lacs de barrage dus à des coulées de laves tels le lac d'Aydat, ou de Guéry également en Massif Central. Tout autour du Pacifique, les lacs d'origine volcanique sont nombreux, notamment au Japon.

Lacs de glissements
(Lacs formés par des glissements de terrain).

Des glissements de terrain peuvent se présenter par suite de l'écoulement de portions de montagnes et provoquer le barrage de vallées existantes. Ces barrages naturels provoquent la formation de lacs si le débit des affluents dans le bassin d'alimentation en amont est suffisant. C'est le cas dans différentes régions du globe et de lacs français tels que le lac de Montriond en Haute-Savoie, de Chaillexon (Doubs) et partiellement du lac de Sylans (Ain). Cette formation par glissements de terrain est assez fréquente; un des derniers en date est le lac de Vallon dont la formation ne remonte qu'à 1943 et qui s'est formé par le glissement d'une langue d'argile glaciaire dans la région de Thonon-les-Bains (Haute-Savoie). Parfois, un lac prend naissance directement *sur* la surface des terrains glissés, c'est le cas du lac de Saint-André (Savoie).

Lacs glaciaires

Il existe des lacs formés par l'activité purement glaciaire, catégorie dans laquelle on pourrait ranger, éventuellement, certains lacs de la catégorie précédente. Ces lacs sont produits, soit par le barrage glaciaire d'une vallée, soit par le barrage de cette vallée par la moraine d'un glacier.

Il existe de multiples formes de lacs produits par cette activité : lacs de barrage par moraine actuelle, tel le lac Long (Tarentaise, Savoie) qui doit son origine à la moraine latérale du glacier de la Grande Casse; lacs de barrage par moraine terminale barrant une vallée principale (lac de Chalain [Ain], de Nantua [Ain], de Gérardmer, de Longemer [Vosges], etc.), les lacs de barrage par moraine terminale barrant une vallée secondaire (lac de Laffrey [Isère], de Clairvaux [Jura], de Barbazan [Haute-Garonne]); lacs de barrage par moraine latérale barrant une vallée secondaire (lac de Barterand [Jura]).

De plus il peut exister des lacs dans ou sur la glace dont le plus célèbre en France est le lac du Glacier de Tête-Rousse, au-dessus de Saint-Gervais (Haute-Savoie) dont la formation est liée à la présence d'une contrepente dans la partie terminale du glacier et qui provoqua, en se vidant brutalement, une inondation catastrophique à Saint-Gervais le 12 juillet 1892.

De tels lacs existent également au glacier de Hohberg (près de Randa, Suisse) au glacier de Crête-Sèche au-dessus de la source de la Dranse du Valais (Suisse), à l'Überthalgletscher et au Martellergletscher (Alpes orientales), d'après RICHTER (1891).

Un glacier peut lui-même barrer un cours d'eau et provoquer ainsi la formation d'un lac, c'est le cas du petit lac du glacier du Tacul, maintenant disparu. Le lac de Märjelen (Suisse), celui du glacier de Malaspina (Alaska), etc., sont des exemples typiques de ce genre de lacs.

Enfin, il existe des lacs qui se sont constitués dans des bassins creusés par le glacier; ce sont des lacs de cirque ou des lacs de fjords ou encore des lacs dus à l'érosion glaciaire tout au long d'une vallée. Ces lacs peuvent être constitués par une activité actuelle ou par une activité antérieure des glaciers. En particulier, dans toute la région septentrionale de l'Amérique et de l'Europe il existe de très nombreux lacs qui doivent leur origine à une action glaciaire (fig. 20). En France, en amont d'un verrou glaciaire, citons le lac de Naguille et le lac de Gaube (dans les Pyrénées), le lac Cornu (dans les Alpes de Haute-Savoie), le lac du Ballon (dans les Vosges). Les grands lacs subalpins sont de ce type.

FIG. 20. — Le lac La Ronge (Saskatchewan).
Noter l'allongement des îles orientées dans le sens du surcreusement glaciaire du bouclier canadien.
— *Photo B. Dussart.*

Lacs dus à la dissolution

Des lacs peuvent encore être formés par suite de la dissolution de certaines roches par les eaux météoriques. Ce sont des *lacs de doline* dans la mesure où le bassin s'est constitué par la fonte des glaces fossiles (lac de la Beunaz [Haute-Savoie]) ou des *lacs tectonokarstiques* formés principalement par la dissolution de certaines roches calcaires suivie d'effondrement du plafond de la cavité (lac de Narlay dans le Jura). D'autres fois, ce sont les sels solubles contenus dans le sous-sol qui sont dissous, tels le chlorure de sodium ou le gypse; c'est le cas de certains lacs allemands et de nombreux lacs de la région alpine. Citons par exemple le lac de la Girotte, le lac de Tignes et pour une certaine part le lac du Mont-Cenis. Enfin, certains sédiments contenant des aluminates ou des sels de fer, en particulier de l'hydroxyde de fer, peuvent être partiellement dissous par les eaux acides et provoquer ainsi la naissance d'un bassin pouvant constituer un lac.

Lacs dus aux eaux courantes

Les eaux courantes peuvent également provoquer, par leur action directe, des bassins lacustres. C'est le cas, par exemple, lorsque dans une région où il y a formation de cascades ayant provoqué des dissolutions ou des usures (sous ces cascades), la vallée s'est asséchée partiellement. Le Falls lake et le Castle lake dans la région du Grand Coulee (Washington, U.S.A.) représentent ce type de bassins. (Planche 1, *a*, p. 176).

Un cas particulier de ce type de lacs a été décrit par LEENTVAAR (1958) en Hollande, ce sont les « Wielen » (singulier « Wiel ») marmites produites par rupture de digues non loin des rivières canalisées dont le lit finit par surplomber la plaine et dont les eaux creusent le sol à l'endroit du flot d'inondation. De plusieurs hectares parfois et de 10 à 15 m de profondeur le plus souvent, ce sont de véritables lacs qui jalonnent les bras du Rhin inférieur non loin de Rotterdam (fig. 21) et de l'Escaut *.

Lacs dus aux rivières

Il existe aussi quelquefois des formations de barrages dues à l'action fluviatile, lorsque les fleuves ont une charge solide suffisante pour provoquer des amoncellements de sédiments, d'alluvions. (Lac de Saint-Hélène [Jura], produit par le Coisetan; lac de Bluvis [Jura], produit par le Rhône).

C'est le cas également de bien des lacs dont l'origine est due à l'avancement de deltas dans des bassins préexistants, tels le lago di Mergozzo (Italie) ou certains lacs du Lake District en Angleterre et encore le lac de

* DUMONT et GYSELS (1971) les appellent des « criques ».

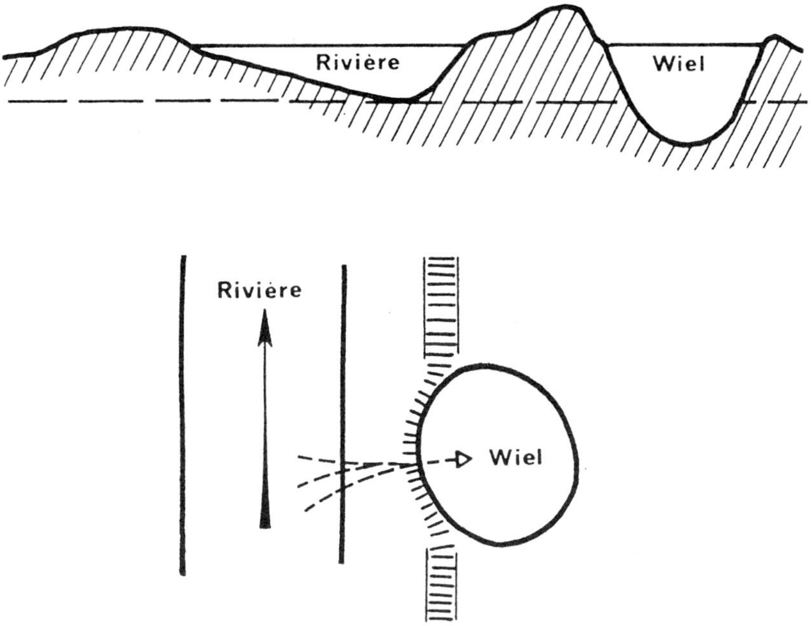

FIG. 21. — Représentation schématique de la formation d'un « wiel »

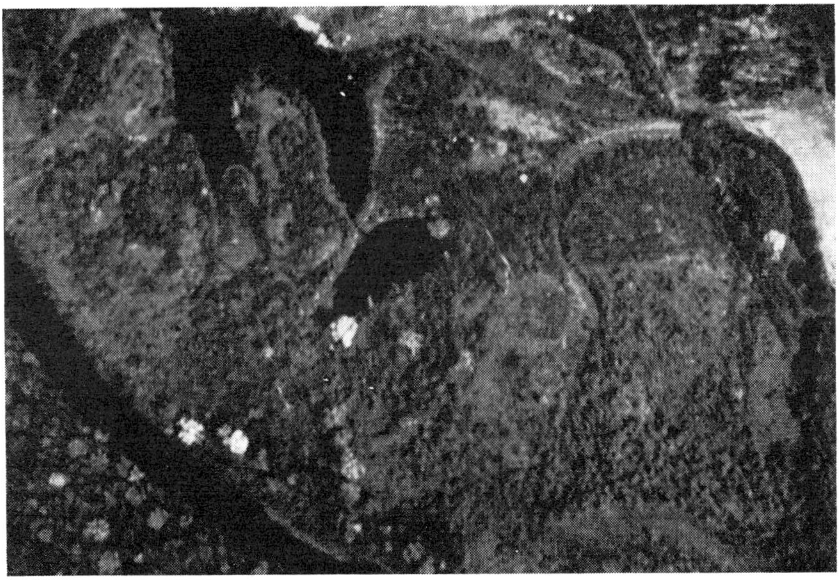

FIG. 22. — Lac en fer à cheval formé par la rivière du diable, en bas à gauche de la photo (Parc du Mont Tremblant, Québec).
— *Photo B. Dussart.*

Thun (Suisse). Citons encore certaines masses d'eau plus ou moins lagunaires qui se forment dans les grands deltas tels que ceux du Mississipi, ou plus proches de nous, ceux du Rhône : l'étang de Vaccarès peut être considéré comme faisant partie de cette catégorie, au même titre que l'étang de Berre et celui d'Entressens.

Enfin, dans les régions de plaine, il peut y avoir formation de masses d'eau produites par les divagations, l'oblitération de certains méandres de rivières, ou bien par suite de l'abandon de certains tronçons de cours de rivière par le lit principal de celle-ci. Ces masses d'eau prennent le nom de *lônes* le long du Rhône et la forme de chenaux ou de croissants tout à fait caractéristiques et typiques (lacs en fer à cheval) (fig. 22). Dans le Val de Seine, la « Grande mare » à Pont-Audemer, a cette origine. Le lac de Murin (Bretagne) au confluent du Don et de la Vilaine fait également partie de ce type.

Lacs dus au vent

Indépendamment des eaux courantes, le *vent* peut également constituer des lacs par phénomène de dépôt éolien. Le cas se présente particulièrement dans les régions steppiques du Sud de la Russie ou de l'Asie centrale. C'est également le cas de certains chotts de l'Afrique du Nord. et de très nombreuses « mares » plus ou moins natronées du Kanem (Tchad).

Lacs dus à la mer

Certains lacs peuvent aussi avoir pour origine l'action directe ou indirecte de la *mer* liée à l'action du vent, tels les lacs des Landes, produits par l'oblitération de la côte par des dunes sableuses. Citons, en particulier, les lacs de Parentis, de Lacanau, d'Hourtin, etc., isolés de la mer par des dunes, les étangs de Thau, de Leucate, etc., isolés par un cordon littoral, l'étang de Pesquiers près d'Hyères isolé par un tombolo double. Ce phénomène peut d'ailleurs se rencontrer directement en lac, et donner, en quelque sorte, naissance à un lac adjacent à un grand lac par suite de l'action concurrente d'un transport de matériaux *lacustres* ; c'est le cas du lac Nabugabo sur la côte nord-occidentale du lac Victoria en Afrique centrale.

Lacs dus à une activité organique

Il existe aussi des lacs dus à une accumulation organique. Les produits organiques forment en effet, quelquefois, des barrages de formations variées. La principale d'entre elles est la formation végétale quand une forte densité de plantes arrive à former une sorte de barrage. Rentrent dans cette catégorie les lacs de tourbières et les lacs provoqués par la formation des coraux dans le Pacifique central par exemple où une île est en fait constituée par un atoll au centre duquel les eaux de pluie peuvent suffisamment nourrir une cavité d'origine corallienne pour former un lac normal. Il existe d'ailleurs d'autres lacs de formation « organique » (si l'on peut dire!), ce sont ceux qui sont dus à l'activité des organismes supérieurs tels que les lacs de barrage dus au castor ou dus à l'homme. Nous devons encore ranger dans cette catégorie tout ce qui est gravières, lacs produits par l'abandon des carrières et des mines superficielles (Feldersee près de Vienne [Autriche], lac d'Ayse [Haute-Savoie], « fouilles » des environs de Paris, etc.).

Lacs d'origines diverses

Enfin, il existe une catégorie spéciale de lacs assez rares; ce sont les lacs produits par l'impact d'une météorite. Quand cette météorite est suffisamment importante pour provoquer une grande cavité, il peut y avoir formation d'un bassin lacustre; c'est le cas dans certaines régions canadiennes ou africaines.

Lacs d'origine mixte

De nombreux lacs ont une origine moins simple; plusieurs phénomènes peuvent en effet être la cause d'une cuvette lacustre.

Le lac du Mont-Cenis, par exemple, est à la fois un lac dû à la dissolution de la roche en place et un lac de barrage par le cône de déjection du torrent de Ronce.

Le lac Supérieur (U.S.A.), l'un des plus grands lacs du monde, est à la fois un lac d'origine tectonique et un lac d'origine glaciaire, situé au fond d'un énorme synclinal précambrien plus ou moins faillé dont les dépôts postérieurs ont été en partie éliminés par l'érosion récente (préquaternaire et quaternaire).

3. FORMES

a) Morphométrie

Une fois connue l'origine d'un bassin lacustre, le plus important est certainement de comprendre la forme, et en général la morphologie de ce bassin. Cette forme peut être parfaitement exprimée par une carte. Cette carte doit permettre d'établir d'une part la surface, d'autre part le volume, la profondeur maximum et la profondeur moyenne, la longueur de la ligne de côte et son développement, c'est-à-dire le rapport $L/2\sqrt{\pi A}$, A étant l'aire et L la longueur de la ligne de côte. D'autre part, le rapport de la profondeur moyenne à la profondeur maximum est une mesure de la forme du bassin lacustre rapportée à la forme d'un cône théorique. Il faudrait y ajouter le creux, c'est-à-dire le rapport de la profondeur à la racine carrée de la surface, et la profondeur relative ou profondeur maximum rapportée au diamètre moyen :

$$Z_r = 50 z_m \sqrt{\pi} / \sqrt{A}$$

En moyenne, les lacs ne sont pas excessivement profonds : deux lacs seulement dépassent 1 000 m de profondeur : ce sont le lac *Baïkal*, le plus profond et le plus grand des lacs connus si l'on excepte les mers résiduelles que sont la mer Caspienne, la mer d'Aral et le *Tanganika* ; leur profondeur moyenne excède 500 m.

Dix-neuf lacs, au moins, répartis dans le monde entier, ont une profondeur dépassant 400 m. La mer Caspienne, considérée comme un lac, c'est-à-dire comme une étendue d'eau séparée des océans, est la plus grande et la plus volumineuse de toutes les masses d'eaux continentales connues.

Après la mer Caspienne, le plus grand des lacs — en surface — est le lac Supérieur (U.S.A.) avec 83 300 km². Mais le plus volumineux est le Baïkal (U.R.S.S.) avec 23 000 km³ d'eau. Ces lacs peuvent avoir des formes extrêmement variées d'après leur origine; ils peuvent être circulaires, subcirculaires, elliptiques, subrectangulaires ou de forme très irrégulière. Des îlots et des îles peuvent exister et elles peuvent avoir différentes origines, soit faire partie de la structure du bassin, soit avoir une origine volcanique. Des îles flottantes peuvent également se présenter; on en observe dans l'étang de Léon (Landes, France) (JOVET, 1951), dans certains lacs du Massif Central (WURTZ, 1945), au lac Tchad, etc.

Au début de la formation d'un lac, sa ligne de côte peut ne pas être en harmonie avec les mouvements ultérieurs des eaux de ce lac. Il se constituera donc peu à peu une nouvelle ligne de rivage présentant des zones d'alluvionnement et des zones d'érosion. Cette côte est le résultat des actions combinées du vent, des courants lacustres et de la forme, de la structure et de la nature minéralogique de la côte primitive. Des deltas se forment, des baies se comblent, des caps sont érodés et tout cela contribue à la formation d'une côte « définitive ».

Dans l'appréciation de la forme générale de la cuvette d'un lac, on a le choix entre la dépression cônique, parallélipipédique, parabolique. Dans chacun de ces trois cas, le rapport $\bar{z}/z_m$ est respectivement de 0,33,

1,0 et 0,50. Or, si l'on calcule la moyenne statistique de ce rapport pour un grand nombre de lacs, on obtient 0,467. NEUMANN (1959), en se basant sur 107 valeurs de ce rapport relatif à des lacs répartis dans le monde entier, préfère ramener la forme idéale des lacs à une sinusoïde elliptique. Cette sinusoïde est définie comme étant le corps géométrique dont la base est une ellipse et dont la surface est une sinusoïde.

Le fond d'un lac de cette forme serait tel que des plans perpendiculaires à la surface et passant par le centre de l'ellipse de surface couperaient ce fond suivant une courbe sinusoïdale. Le volume de ce lac est alors :

$$V = 1{,}456\ abz_m\ \left(= 4\left(1 - \frac{2}{\pi}\right)abz_m\right)$$

a et b étant les demi-axes de l'ellipse-surface d'aire $S = \pi ab$. Le rapport $\bar{z}/z_m$ est donc $\left(\bar{z} = V/S = \frac{1{,}456\ abz_m}{\pi ab}\right)$ égal à 0,464, très proche de la valeur statistique indiquée plus haut (fig. 23).

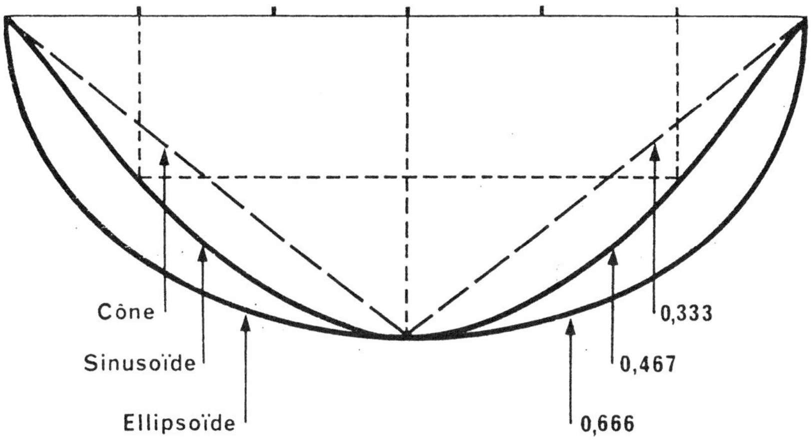

FIG. 23. — Forme générale moyenne de la cuvette d'un lac. D'après NEUMANN, 1959.

La forme du bassin dépend évidemment de l'histoire du lac et de sa cuvette constitutive, mais quelquefois un nouveau relief sous-lacustre vient modifier considérablement le relief préexistant. C'est le cas lorsqu'il se forme des vallées sous-lacustres produites par un alluvionnement différentiel sur un delta en cours de constitution, comme par exemple dans le Léman et le lac de Constance où le Rhône et le Rhin respectivement ont constitué une telle vallée sous-lacustre (cf. chap. IX B).

Bon nombre de lacs profonds ont leur point le plus bas situé au-dessous du niveau de la mer; c'est le cas, par exemple, du Baïkal et c'est aussi le cas bien connu de la Mer Morte (Israël) dont la surface même se trouve à — 392 m. Cette formation est appelée cryptodépression. Les principales cryptodépressions d'Europe occidentale sont le lac de Garde, le lac de Côme et le lac Majeur (Italie).

La morphométrie d'un lac peut donc évoluer avec le temps, les modifications peuvent être telles que toute la vie du lac et ses possibilités d'utilisation peuvent en être perturbées; il y a en effet une certaine relation entre la forme, le développement des côtes et la vie d'un lac, sa vitesse de comblement et ses possibilités d'exploitation.

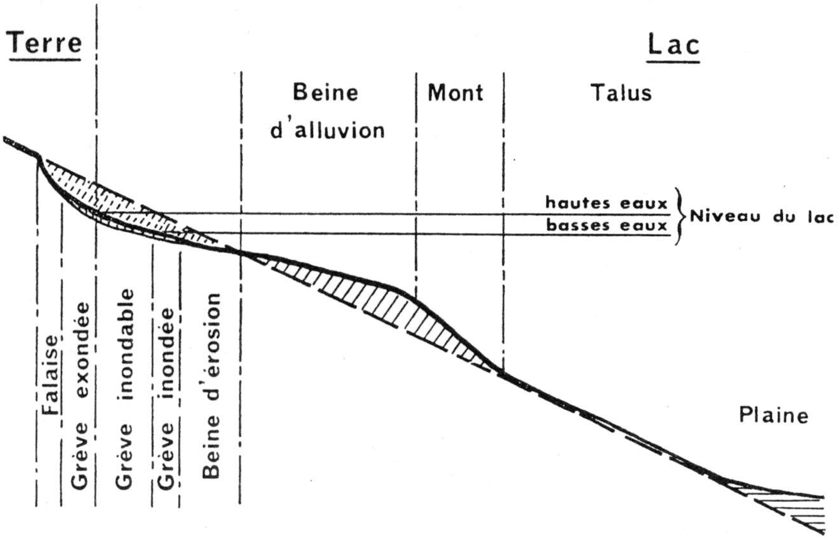

Fig. 24. — Schéma général de formation de la côte lacustre.

b) Morphologie

Par côte, il faut entendre la région bordière d'un lac comprenant la zone terrestre modifiée par le lac et la zone du lac modifiée par la terre ferme. Ces deux zones peuvent être appelées respectivement rivage et littoral lacustre. Elles peuvent avoir deux origines suivant qu'elles sont dues à une action d'érosion ou à une action d'alluvionnement par transport.

La **côte d'érosion** ne se trouve guère que dans les terrains meubles.

Elle amène la formation d'une grève produite par l'érosion de la falaise du rivage. Cette grève peut elle-même être subdivisée en :

— grève exondée;
— grève inondable;
— grève inondée.

La grève se prolonge sous la surface du lac en une « beine » peu inclinée (5 à 15°) ou blanc fond, beine qui peut être d'érosion ou d'alluvion. Le talus de la beine vers le large est couramment appelé « Mont », surtout par les riverains pêcheurs (fig. 24). Sa pente variable peut atteindre 40°.

La beine d'alluvion est le plus souvent constituée de matériaux plus fins que la beine d'érosion elle-même souvent caractérisée par des galets et des sables (cf. chap. IX B).

Les vagues sont évidemment la cause maîtresse de la formation d'une telle côte, à condition toutefois que le niveau du lac reste sensiblement constant.

La **côte d'alluvion** est due à la formation d'un delta à l'embouchure d'un affluent. Il y a successivement formation d'un cône immergé, puis émergé, recouvert de matériaux subhorizontaux amenés par le torrent une fois le delta enfoncé plus loin dans le lac. La pente du Mont, ainsi formé par les sédiments poussés au large, dépend de la finesse de ceux-ci et peut atteindre 65 % (Dranse dans le Léman) fig. 25 *a* et pl. 3 b, p. 272.

Une autre forme de côte d'alluvion est due au transport de matériaux fins par les vagues. Un bon exemple de ce genre de côte semble être la baie de Coudrée au lac Léman dont les rives sont sablonneuses. Il y a formation sur le rivage de dunes lacustres de plusieurs mètres de haut et le littoral est essentiellement formé de bancs sableux s'étendant sur plusieurs centaines de mètres sous quelques décimètres d'eau. Le sable constituant cette zone proviendrait du lavage de moraines littorales du Léman, tant à Yvoire qu'à Corzent et du transport par la vague, le long de la côte, de tous ces matériaux bloqués dans une baie particulièrement abritées (fig. 25 *b*)[1].

Quand la côte est balayée par des courants littoraux, le transport de ces alluvions peut amener la formation de cordons constituant par isolement des marais et découpant le lac en lagunes closes. La côte d'alluvion se reforme en avant du cordon et le processus peut reprendre. Dans ce cas, la pente du mont est beaucoup moins forte que dans le cas précédent.

En résumé, « la morphologie de la zone côtière est la conséquence d'une double action d'érosion et d'alluvion. L'érosion excave la côte et creuse la falaise et la beine d'érosion, laissant en place les matériaux les plus gros

1. Voir aussi pl. 2 b, p. 192.

(blocs erratiques des moraines littorales dans les lacs subalpins). L'alluvion ordonne les dépôts fins de la beine d'alluvion et de son talus d'éboulement, le mont; l'alluvion fluviale bâtit la partie émergée des deltas, l'alluvion fluviolacustre leur partie immergée; l'alluvion, enfin, établit les cordons littoraux, leurs lagunes et les dunes qui peuvent les combler » (F. A. FOREL).

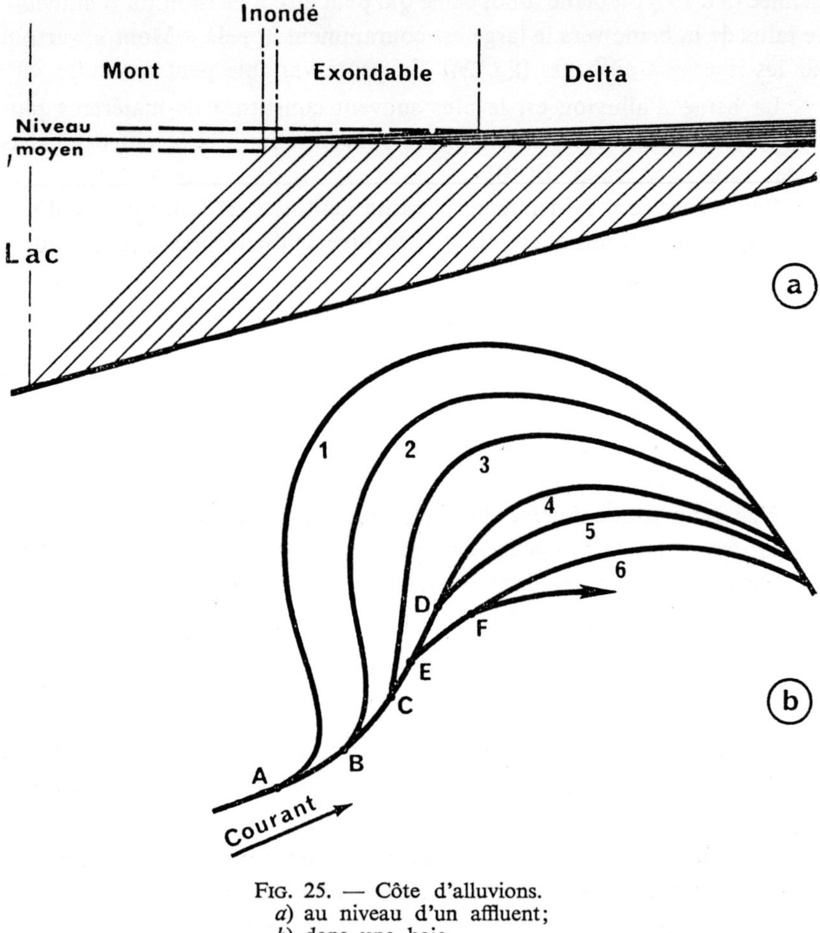

FIG. 25. — Côte d'alluvions.
a) au niveau d'un affluent;
b) dans une baie.

Une conséquence importante de cette régularisation des côtes par les actions d'érosion et d'alluvion est la diminution du périmètre des lacs. Or, la productivité des lacs dépend entre autre de la longueur des côtes; celles-ci diminuant par alluvionnement, la productivité devrait en faire autant.

Côte d'érosion et côte d'alluvion dépendent évidemment du relief préalable. Il ne peut y avoir de beine là ou la roche s'enfonce à pic dans les profondeurs, et exactement comme pour le littoral océanique, l'absence de falaise d'érosion entraîne l'absence d'un relief caractéristique. Il peut y avoir, cependant, dans ces cas, développement d'un trottoir dû à la prolifération d'algues calcaires comme au lac d'Annecy (HauteSavoie) au Roc de Chère.

Enfin, l'action des vagues sur une falaise hétérogène entraîne le transport, parallèlement à la côte, des sédiments fins et, perpendiculairement, le dépôt de matériaux grossiers. L'action des vagues étant continue et sensible parfois jusqu'à plus de 10 m de profondeur, ces matériaux grossiers sont à leur tour sujets à érosion et leur forme, leur usure dépendent elles-mêmes de leur position sur la beine, de leur âge relatif et de leur origine.

Dans les lacs artificiels, l'altitude du lac étant fixée arbitrairement pendant un certain temps par l'homme, il se forme des côtes d'érosion à différents niveaux et ainsi une côte à gradins successifs quand la pente des rives le permet.

B. — ACTION DU SOLEIL

Le globe terrestre subit l'action périodique directe ou indirecte du soleil qui lui apporte en surface un rayonnement porteur d'ondes lumineuses dont certaines sont calorifiques. Les eaux de surface se laissent partiellement traverser par ce rayonnement et en absorbent une partie importante.

1. PÉNÉTRATION

L'eau pure est transparente. Celle des lacs, plus ou moins chargée en sels dissous, en colloïdes divers, en substances et particules en suspension vivantes ou inertes, laissera plus ou moins pénétrer les rayons solaires.

La lumière du jour est composée de rayonnements de différentes longueurs d'onde qui pénètrent plus ou moins dans l'eau.

De nombreuses recherches ont précisé l'importance de cette pénétration dont les variations dépendent non seulement de la nature des ondes lumineuses atteignant la surface des eaux (lumière solaire directe ou radiations diffusées) et de l'angle d'attaque de cette surface, mais aussi des qualités des eaux pénétrées, du temps de pénétration, donc de la situation géographique, du climat, de la latitude, de l'altitude et de la période (saison, heure) considérée.

Les ondes lumineuses naturelles qui atteignent perpendiculairement la surface d'une masse d'eau sont partiellement absorbées par cette eau. Cette absorption est faible dans le visible; elle est totale dès les premiers 10 cm d'eau pour celles dont la longueur d'onde excède 10 000 Å (le spectre visible, rappelons-le va de 3 500 à 7 500 Å environ)[1].

Les infrarouges sont presque immédiatement absorbés. Au contraire, les rayons lumineux de faible longueur d'onde, tels les bleus et violets, passent bien à travers une grande épaisseur d'eau.

Les couches superficielles d'eau agissent donc à la manière de filtres dont les qualités d'absorption seront définies en fonction de la nature des eaux et de leurs variations dans le temps.

La pénétration de la lumière naturelle dans l'eau n'est intéressante à étudier que parce que cette lumière est porteuse d'énergie. La quantité d'énergie transportée dépend de la longueur d'onde. On sait en effet, depuis PLANCK que la fréquence d'une radiation et l'énergie qu'elle porte varient dans le même sens, donc que les courtes longueurs d'onde sont les plus riches en énergie, tandis que les longues longueurs d'onde ont une énergie beaucoup plus faible.

Dans le spectre visible, la quantité d'énergie qui arrive réellement à la surface du milieu aquatique, évaluée en % de l'énergie totale radiante (perpendiculaire à la surface de l'eau), est mesurable (tableau 15).

Entre 4 800 Å et 6 800 Å cette quantité relative d'énergie radiante est sensiblement indépendante de la longueur d'onde. Du côté du rouge il y a de substantielles variations en plus ou en moins, tandis que vers les bleus et violets le % d'énergie radiante diminue régulièrement avec la longueur d'onde λ.

Cette énergie radiante, une fois dans l'eau est soit absorbée et plus ou moins transformée en chaleur, soit dispersée.

L'absorption est sélective : toutes les longueurs d'onde ne pénètrent pas aussi facilement. C'est pourquoi le coefficient d'extinction η varie-t-il avec cette longueur d'onde (cf. p. 36).

De fait, ce qui intéresse le limnologue est de savoir :

1. quel flux d'énergie lumineuse arrive à une profondeur donnée;
2. quelle est sa possibilité d'utilisation par les organismes;
3. et enfin pendant combien de temps cette énergie est reçue par le milieu et par unité de temps (jour).

---

1. D'après l'annuaire du bureau des longitudes, les limites du spectre visible seraient 3 900 Å et 8 000 Å.

a) INTENSITÉ DE L'ÉCLAIREMENT REÇU.

Si l'unité d'intensité lumineuse *produite* par une source de lumière est le candela, l'unité que nous retiendrons ici sera l'unité d'éclairement (illumination) *reçu* par unité de surface, c'est-à-dire le *lux*. 1 lux correspond au flux lumineux d'un lumen par m² produit par la source étalon de lumière (qui a une composition spectrale définie).

La radiation totale arrivant à la surface de l'eau n'est pas limitée au visible et c'est pourquoi, à côté de cette unité d'illumination ou d'éclairement, il sera nécessaire le plus souvent d'utiliser l'unité d'énergie radiante totale qui est le langley (ly). Un langley correspond à une calorie-gramme (à 15°) par cm², quelle que soit la longueur d'onde porteuse d'énergie. Si la longueur d'onde est définie, le langley peut être rapporté au nombre de quanta d'énergie radiante reçus par unité de surface. Rapportée à

TABLEAU 15

Couleur	Longueur d'onde en Angstrœms	Énergie en %	Longueur d'onde en Angstrœms	Énergie en %	Couleur
Ultra-violet.	3 500-3 600	0,524	5 500-5 600	3,010	
	3 600-3 700	0,653	5 600-5 700	2,998	
	3 700-3 800	0,775	5 700-5 800	2,985	
	3 800-3 900	0,946	5 800-5 900	2,954	..... Jaune
	3 900-4 000	1,095	5 900-6 000	2,957	
Violet......	4 000-4 100	1,469	6 000-6 100	2,967	
	4 100-4 200	1,798	6 100-6 200	2,957	
	4 200-4 300	1,925	6 200-6 300	2,972	.... Orange
	4 300-4 400	2,142	6 300-6 400	2,993	
	4 400-4 500	2,449	6 400-6 500	2,983	
	4 500-4 600	2,651	6 500-6 600	2,970	
Bleu........	4 600-4 700	2,818	6 600-6 700	2,952	
	4 700-4 800	2,955	6 700-6 800	2,934	
	4 800-4 900	3,046	6 800-6 900	2,663	
	4 900-5 000	3,088	6 900-7 000	2,650	
	5 000-5 100	3,080	7 000-7 100	2,800	..... Rouge
	5 100-5 200	3,054	7 100-7 200	2,330	
Vert........	5 200-5 300	3,028	7 200-7 300	2,230	
	5 300-5 400	3,028	7 300-7 400	2,583	
	5 400-5 500	3,034	7 400-7 500	2,551	..Infrarouge
	Soit, 3 500 à 7 500 Å =			100 %	

l'unité de puissance, l'énergie radiante unité correspond chaque minute à 0,0698 $watt \cdot cm^{-2}$. En effet, si :

$$1 \text{ watt} = 1 \text{ joule} \cdot \text{sec}^{-1}$$
$$1 \text{ watt} = 14{,}3 \text{ cal} \cdot \text{min}^{-1}$$
$$1 \text{ watt} \cdot \text{cm}^{-2} = 14{,}3 \text{ ly} \cdot \text{min}^{-1}$$

Dans les limites habituelles de longueurs d'onde visibles provenant d'une source artificielle de lumière (de composition spectrale standard) :

$$1 \text{ watt} = 665 \text{ lumens}$$
$$1 \text{ lux} = 1{,}5 \cdot 10^{-7} \text{ watts} \cdot \text{cm}^{-2} = 2{,}15 \cdot 10^{-6} \text{ ly} \cdot \text{min}^{-1}$$

et provenant d'une source naturelle (soleil et lumière céleste) (de 3 800 à 7 200 Å) :

$$1 \text{ watt} = 240 \text{ lumens}$$
$$1 \text{ lux} = 4{,}1 \cdot 10^{-7} \text{ watts} \cdot \text{cm}^{-2} = 6 \cdot 10^{-6} \text{ ly} \cdot \text{min}^{-1}$$

Ces valeurs seront doublées pour estimer la radiation *totale* avec les appareils de mesures habituels (pyrhéliomètres) qui ne sont pas également sensibles à toutes les radiations et dans toutes les directions.

L'énergie radiante (lumineuse ou non) qui pénètre dans l'eau n'est pas dirigée. Nous avons supposé jusqu'ici, par simplification, que seuls les rayons perpendiculaires à la surface s'enfonçaient et étaient absorbés. Cependant comme l'a souligné Whitney (1938), en un point déterminé, par exemple sous 1 m d'eau, convergent tous les rayons atteignant la surface sous un certain angle. Si, verticalement, il est aisé de mesurer 1 m, le chemin parcouru par les autres rayons, ou longueur de cheminement pour atteindre 1 m de profondeur, sera plus difficile à déterminer. Quand le soleil est au zénith, cette longueur de cheminement est de 1 m. Quand par contre, il fait un angle i avec le zénith, l'indice moyen de réfraction de l'eau étant $n = 1{,}33$, la longueur de cheminement sera $1 \times \frac{1}{\cos r}$, r étant l'angle de réfraction. ($n \sin r = \sin i$)

La longueur moyenne de cheminement des rayons arrivant ainsi à une profondeur déterminée (ici 1 m) a été estimée à 1,19 Z. C'est le cas en l'absence de soleil direct ou par nébulosité totale (cf. p. 36).

L'angle d'incidence n'est pas le seul facteur d'absorption supplémentaire. Les substances dissoutes et notamment les matières organiques et minérales responsables de la couleur de l'eau augmentent substantiellement l'absorption à certaines longueurs d'onde. S'expliquent ainsi les différences notables existant entre l'absorption des radiations par l'eau distillée, par la plupart des lacs et par certains cas particuliers tels le lac Nagyszékto de Hongrie (Dvihally, 1961) ou le lac Helmet (Wisconsin).

De plus, les eaux naturelles contiennent des substances en suspension et organismes qui absorbent la lumière et ceci sélectivement et en fonction de leur couleur propre.

Les matières en suspension et les organismes du plancton ne font pas qu'absorber les radiations porteuses d'énergie; elles les réfléchissent produisant une certaine diffusion qui, dans les limites du spectre visible, est mesurable. Cette diffusion varie bien entendu avec la taille et l'abondance des particules.

Radiations directes, verticales ou non, partiellement sélectionnées par les substances dissoutes et les particules en suspension, et radiations diffusées, éclairent ou alimentent en énergie le milieu aquatique non seulement de haut en bas, mais, nous venons de le voir, pratiquement dans toutes les directions de l'espace. Pour évaluer ce bilan global en un point particulier d'un lac, situé à la profondeur z, il faut donc mesurer l'*énergie radiante totale* à cette profondeur, qui se décompose en *énergie radiante directe maximum* (elle-même somme de l'*énergie radiante verticale* que reçoit une surface horizontale à la profondeur z et de l'*énergie radiante environnante* arrivant par cheminement oblique) et en *énergie radiante diffusée.*

La loi de pénétration des radiations dans l'eau naturelle sera donc assez différente de celle dans l'eau pure — en conditions de laboratoire — et partant de cette loi :

$$I_z = I_0 e^{-\eta z} \qquad \text{(p. 36)}$$

nous définirons un nouveau coefficient d'extinction η_t (coefficient total d'extinction) comme étant la somme des coefficients :

η_e d'extinction de l'eau pure;

η_s des particules en suspension et

η_d des substances dissoutes.

ces coefficients étant additifs (Åberg et Rodhe, 1942).

D'autre part, pour faciliter la transposition des observations, nous emploierons les logarithmes décimaux pour calculer η_t à partir de la formule ci-dessus (Coefficients de Bunsen introduits par Poole et Atkins, 1926).

Ainsi : $$I_z = I_0 e^{-\eta_t z} = I_0 \cdot e^{-\eta_e z} \,.\, e^{-\eta_s z} \,.\, e^{-\eta_d z}$$

et pour $z = 1$: $$I_1 = I_0 \cdot e^{-\eta_e} \,.\, e^{-\eta_s} \,.\, e^{-\eta_d}$$

Les résultats des observations en nature sont donnés soit en pour-cent d'absorption $[100\ (1 - e^{-\eta})]$ *par mètre*,
soit en pour-cent de transmission $(100e^{-\eta})$ *par mètre*,
soit en valeurs du coefficient d'extinction η,
soit encore en valeur du coefficient de transmission $1 - \eta$ (cf. p. 35).

η_e est fourni par l'expérience (cf. chap. I C 6);
η_s est calculé par mesures avant et après filtrations;
η_d est calculé par différence entre η après filtration et η_e.

Les auteurs n'ont pas tous opéré de la même manière. Pour les uns il suffisait de plonger dans l'eau et de plus en plus profondément un instrument de mesure (cellule photo-électrique, pyrlimnomètre, disque blanc) et de rapporter les résultats de lecture à la mesure en surface. Pour d'autres, il fallait prélever de l'eau à différentes profondeurs et mesurer le coefficient d'extinction au laboratoire sur une distance déterminée (1 m) grâce à une source artificielle d'énergie radiante (lumineuse et de longueur d'onde plus ou moins définie par des filtres).

Enfin, pour d'autres les mesures ont été faites *in situ* par l'un ou l'autre de ces procédés, ou tous combinés.

Mise à part la difficulté de rapporter à l'énergie radiante totale les résultats obtenus avec une simple cellule photo-électrique au sélénium, l'appareil employé par ÅBERG et RODHE (1942) est à ce point de vue un des plus perfectionnés.

Une méthode approchée de mesure de η consiste à utiliser la valeur de la transparence de l'eau mesurée au disque de Secchi, disque métallique peint de 0,30 m de diamètre.

En effet, on évalue à 3 % en moyenne l'illumination verticale ascendante du milieu aquatique par rapport à son illumination verticale descendante (les variations suivant les milieux vont de 2 à 5 %); or le disque de Secchi, par construction, réfléchit en surface toute cette illumination descendante. Si ce disque n'est plus visible à la profondeur Z, l'intensité lumineuse observable en $z < Z$ est :

$$I_z = I_0 \cdot 10^{-\eta(2z)}$$

puisque le chemin parcouru par le rayon visuel est $2z$.

A la profondeur limite Z de visibilité on peut donc écrire : $0{,}03 I_0 = I_0 \cdot 10^{-\eta(2Z)}$ puisqu'en ce point la lumière diffusée est seule visible, d'où $\eta = \dfrac{0{,}75}{Z}$ (STRICKLAND, 1958).

D'après JONES et WILLS (1956) $\eta = \frac{2{,}06 \pm 0{,}035}{Z^{(1{,}04 \pm 0{,}02)}}$ entre 0,75 et 21 m de transparence, η étant cette fois le coefficient d'extinction vrai de l'eau (cf. p. 36).

De son côté, BEETON (1958), opérant sur les grands lacs américains, évalue à 14,7 % l'intensité moyenne relative de lumière transmise à la

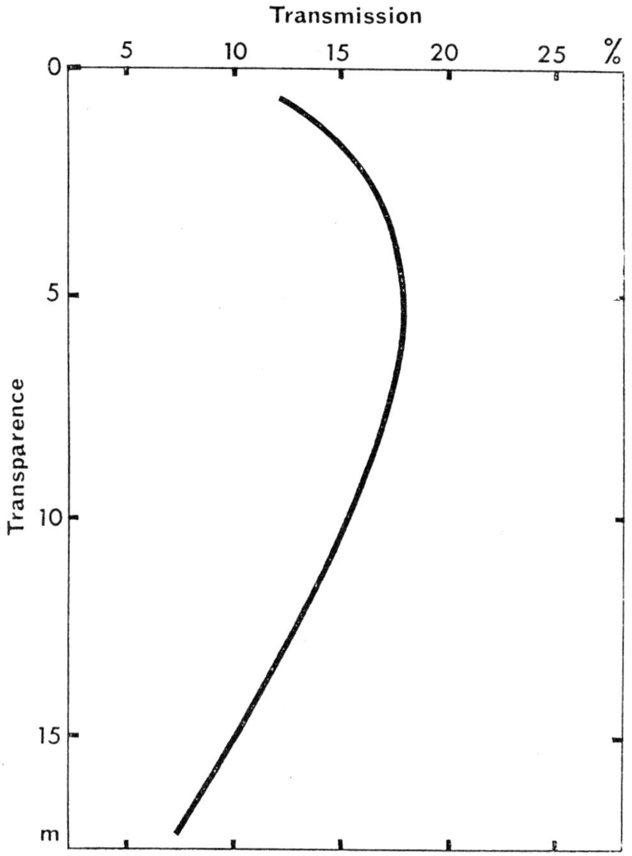

FIG. 26. — Variations de la transmission de la lumière en fonction de la profondeur de disparition du disque de Secchi (de 20 cm) dans le lac Huron. D'après BEETON, 1958.

profondeur de disparition du disque de Secchi (environ 12 m) avec un angle d'incidence *i* de 50° en moyenne.

Les nombreuses mesures effectuées montrent que la variation de η calculable par la formule ci-dessus, passe par un maximum vers 6 m et tend au-dessous vers la linéarité avec la profondeur (fig. 26).

Stepanek (1958) a tenté de mesurer Z avec des disques colorés (laqués) dont la couleur correspondait aux longueurs d'onde suivantes : 4 500 Å, 4 800 Å, 5 700 Å, 6 150 Å, 7 350 Å et 7 500 Å. Les résultats ont montré une bonne concordance avec des lectures effectuées avec un photomètre. Cette méthode permet donc d'avoir une première idée de ces coefficients d'extinction à différentes longueurs d'onde.

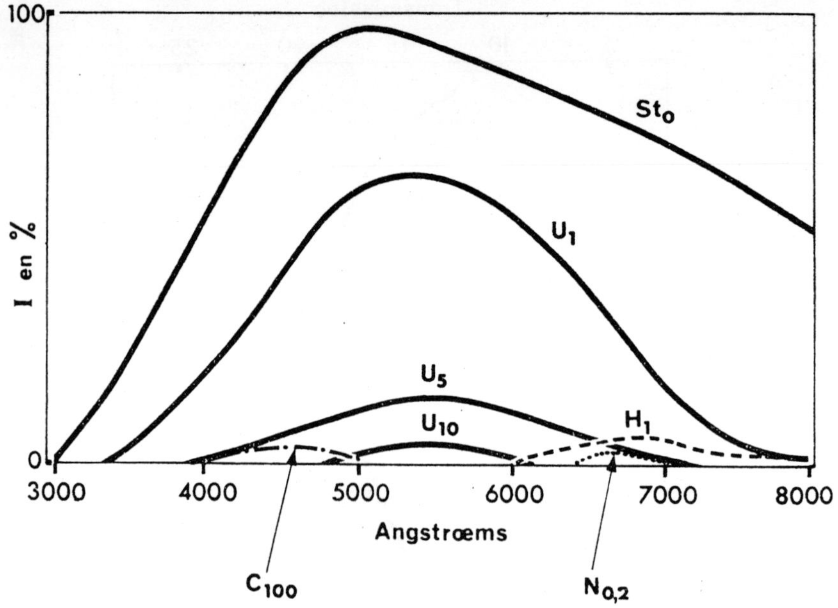

Fig. 27. — Variation de la composition spectrale de la lumière dans différents lacs à différentes profondeurs.
St_0 = lumière du jour standard à 0m.
U_1, U_5, U_{10} = Lunzer Untersee (Autriche) à 1, 5, 10 m.
C_{100} = Crater Lake (Oregon) à 100 m.
H_1 = Helmet Lake (Wisconsin) à 1 m.
$N_{0.2}$ = Lac Nagyszekto (Hongrie) à 0,2 m.
D'après James et Birge, 1938 et Dvihally, 1961.

b) Radiations visibles

Des nombreuses observations que nous dispense la littérature contemporaine, on peut en déduire les résultats suivants; en matière de radiations visibles, la composition spectrale de la lumière varie avec la nature des eaux, avec la profondeur, avec la saison. Les lacs à eaux colorées absorbent dans des limites plus étroites du spectre que les lacs à eaux « claires », avec un décalage généralement vers les grandes longueurs d'onde (fig. 27).

En effet, les matières organiques dissoutes absorbent le plus souvent fortement dans le violet et le bleu et relativement peu dans les rouges, si bien qu'une eau qui en contient beaucoup aura une meilleure « transparence » aux longues longueurs d'onde que l'eau pure. Ainsi, le Crystal lake (Wisconsin), de couleur 0 (unité platine) a une absorption voisine, aux différentes longueurs d'onde, de celle de l'eau distillée. Au contraire, le lac Adelaïde, dans la même région, avec une couleur de 28 unités Pt absorbe beaucoup plus dans les faibles longueurs d'onde et au lac Helmet, voisin, de couleur 236 unités Pt, la lumière commence à pénétrer à partir seulement de la longueur d'onde 5 700 Å (JAMES et BIRGE, 1938) (fig. 28).

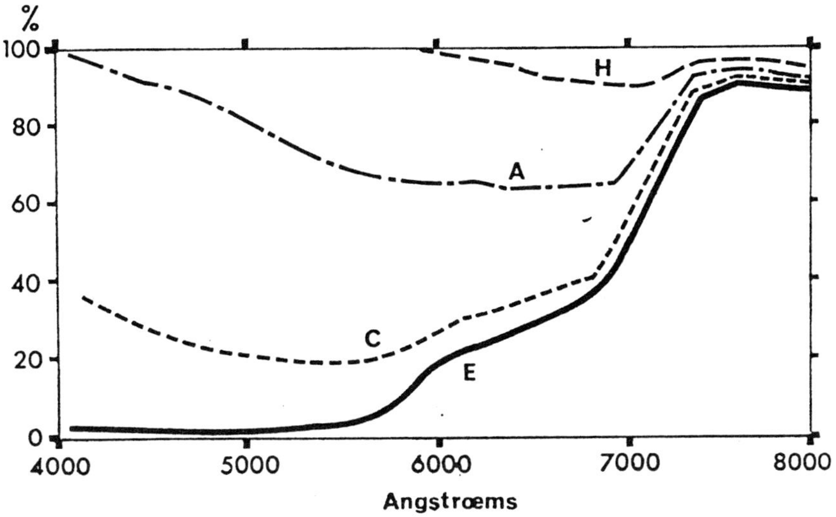

FIG. 28. — Absorption, en pour cent, de trois lacs du Wisconsin pour différentes longueurs d'onde :
E = Eau pure;
C = Crystal Lake (couleur 0 unité platine);
A = Adelaïde Lake (couleur 28 unités platine)
H = Helmet lake (couleur 236 unités platine).
D'après JAMES et BIRGE, 1938.

La composition spectrale de la lumière, atteignant les couches profondes d'un lac, varie également avec la profondeur. SAUBERER (1939) a évalué dans le Lunzer Untersee (fig. 27) l'intensité relative de lumière (en % de l'intensité en surface) de longueur d'onde connue arrivant à différentes profondeurs. Il a ainsi montré que la « couleur » qui passait le mieux était le vert et non plus le bleu comme dans l'eau distillée, mais que la « transparence » des eaux de ce lac diminuait à toutes profondeurs aussi bien avec les longueurs d'onde croissantes qu'avec les décroissantes :

A 10 m ne pénètrent plus les violets, ni les rouge-orangés;

A 20 m, il ne reste plus que les verts et quelques jaune-verts, dont l'intensité est d'ailleurs très faible.

Dans d'autres lacs, et notamment ceux aux eaux colorées (en brun ou jaune par les acides humo-limniques), non seulement l'intensité lumineuse globale sera beaucoup diminuée à profondeur égale, mais il y aura également décalage vers les grandes longueurs d'onde. Au contraire, dans les lacs très clairs, très transparents, la lumière pénétrant dans les profondeurs sera bleue, comme dans les eaux pures de l'océan.

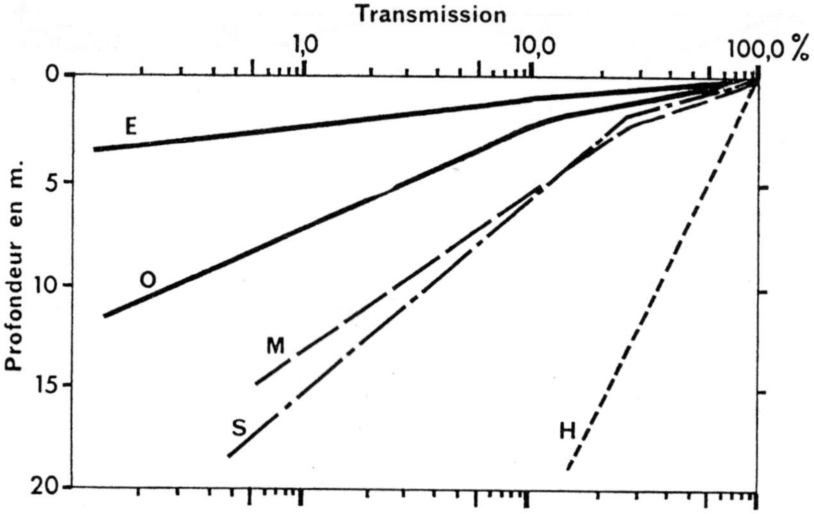

FIG. 29. — Distribution en profondeur de la lumière de longueur d'onde 4 400-4 900 Å dans les grands lacs américains.
(E = Érié; O = Ontario; M = Michigan; S = Supérieur; H = Huron.)
D'après BEETON, 1962.

BEETON (1962), comparant les différents grands lacs américains à ce sujet, précise que le pourcentage de radiation incidente varie avec chaque lac; la lumière bleue pénètre jusqu'aux plus grandes profondeurs dans le lac Huron, tandis qu'il n'y a plus que le vert à atteindre les profondeurs des lacs Supérieur et Michigan et l'orange dans les lac Erie et Ontario (fig. 29).

Enfin, POLLI (1951) a donné des valeurs très intéressantes de coefficient d'extinction et de densité optique dans un lac de montagne aux eaux très transparentes (altitude 2 661 m), le lac Scuro (Italie) et en a suivi les variations en fonction de l'heure et de la longueur d'onde.

Ce même auteur a évalué les limites de variabilité du coefficient d'extinction η dans le lac Caldonazzo (Italie) situé à 449 m d'altitude.

Ses résultats sont fournis dans le tableau suivant :

TABLEAU 16.

	Blanc	Violet	Bleu	Vert	Rouge	Rouge foncé	Transparence au disque de Secchi
Minimum......	0,03	0,25	0,08	0,03	0,14	0,15	4,5 m
Maximum.....	0,36	1,09	0,64	0,65	0,58	1,08	9,0 m
Longueur d'onde en Å.		3 500	4 200	5 300	6 500→	7200→	

NYGAARD (1955) a étudié cette pénétration dans les lacs danois. Dans le Fureso, 1 % des radiations vertes de surface atteint le fond; par contre, ce sont les radiations rouges qui pénètrent le plus profondément dans le Store Gribso.

c) RADIATION TOTALE

Outre la composition spectrale, il convient de donner une certaine importance à l'intensité de la radiation globale qui ne peut être mesurée qu'avec des appareils sensibles également à toutes les longueurs d'onde tels que les thermopiles basées sur le principe du corps noir.

L'utilisation de tels moyens d'investigation permet de constater la rapide absorption de l'énergie radiante par le milieu ambiant. Dans l'eau distillée déjà, 47 % seulement de cette énergie atteint 1 m de profondeur. Ce taux est de 40 % dans les lacs les plus transparents et atteint quelques pour-cents seulement dans les lacs à eaux vertes ou brunes.

Signalons enfin que le taux d'absorption varie avec la profondeur s'il est mesuré horizontalement; il y a une certaine corrélation entre transparence des eaux aux rayons lumineux et teneur en plancton (RUTTNER et SAUBERER, 1938) ou teneur en particules caractérisant les interfaces sol-eau (au niveau du fond) ou hypolimnion-épilimnion (dans un lac stratifié).

d) Possibilité d'utilisation par les organismes

Ces observations ainsi que les nombreuses autres que nous avons sur les lacs de tous les continents nous sont très instructives quand elles sont comparées au spectre d'absorption de la chlorophylle. L'intensité de la photosynthèse est en effet liée à la nature comme à l'intensité des radiations qui apportent l'énergie aux organismes autotrophes. Or, les pigments responsables de la photosynthèse chez les chlorophycées par exemple, présentent une courbe d'absorption à deux maxima : 4 350 et 6 750 Å, un dans l'indigo, l'autre dans l'orange, le minimum d'absorption intermédiaire étant à 5 500 Å (vert-jaune). A d'autres pigments, (caroténoïdes, fucoxanthine, phycocyanine, etc.) correspondent d'autres maxima d'absorption si bien que, directement ou non, la plus grande partie du spectre visible est utilisée, *mais sélectivement par certaines algues et non par d'autres!* (voir chap. XIX C).

La fraction du spectre utilisable par les organismes photosynthétiques est ainsi comprise entre 3 800 et 7 200 Å (alors que la radiation solaire reçue va de 3 000 à 50 000 Å!)

C'est pourquoi la caractérisation des eaux par leurs propriétés optiques a-t-elle tant d'importance en limnologie. Ruttner (1963), constatant que les plus grandes variations se présentaient dans les courtes longueurs d'onde, a été même jusqu'à proposer un code en s'appuyant sur les valeurs de transmission à 4 000 Å, 5 000 Å et 6 000 Å, les plus faciles à mesurer. En évaluant ces valeurs en dizièmes (et non plus en pour-cent) on obtient trois chiffres constituant un **nombre code**; pour l'Untersee par exemple avec des valeurs de transmission de 32 % à 4 000 Å, 70 % à 5 000 Å et 63 % à 6 000 Å (à 1 m de profondeur), le nombre code serait de 376!

e) Durée de l'éclairement

L'énergie radiante arrivant à la surface des eaux provient à la fois du soleil et de la voûte céleste.

La durée du jour et les variations saisonnières de hauteur du soleil au-dessus de l'horizon à midi seront donc deux éléments importants à considérer.

Au cours de la journée, le soleil monte dans le ciel et l'intensité du rayonnement reçu par la surface terrestre va augmenter jusque 12-14 h.; elle diminue ensuite.

Au moment de l'optimum théorique en surface, la lumière atteindra une profondeur maximum théorique durant un instant très court, profondeur qui dépendra, rappelons-le, de l'absorption du milieu, de sa composition, de l'abondance des substances en suspension vivantes ou non et de l'importance de la diffusion au sein de l'eau. Si l'on porte sur un graphique la profondeur de pénétration de la lumière (qui est fonction de son intensité et de sa composition spectrale) en fonction de l'heure, la courbe obtenue aura la même allure que celle de l'intensité relative de la lumière reçue en surface aux différentes heures du jour. Cette courbe permet d'évaluer la durée d'éclairement à toute profondeur inférieure à la profondeur maximum théorique.

D'autre part, l'angle d'incidence du rayonnement solaire est fonction de la latitude φ du lieu et de la déclinaison δ à la date considérée :

$$i = \varphi - \delta \text{ à midi.}$$

La durée moyenne du jour et la quantité d'énergie radiante reçue dépendront de φ et de δ.

2. RÉFLEXION

Toutes les radiations atteignant la surface de l'eau n'y pénétrent pas. Une partie se trouve réfléchie par cette surface. La proportion réfléchie dépend bien entendu de l'angle d'attaque (d'incidence) du rayonnement : les rayons perpendiculaires à la surface pénètrent entièrement, ceux qui sont subtangentiels sont presque complètement réfléchis. D'après ANDERSON (1952), la réflectivité ou proportion de lumière réfléchie soit par réflexion vraie soit par diffusion est, dans le cas du lac Hefner (Oklahoma), $Rf = 1{,}18\left(\frac{\pi}{2} - i\right)^{-0.77}$, i étant l'angle d'incidence et $\left(\frac{\pi}{2} - i\right)$ étant donc l'angle que fait le rayonnement solaire direct avec l'horizontale. Rf est de 6 % pour $i = 60°$ et de 34, 8 % pour $i = 80°$ d'après RUTTNER (1963).

Comme il est difficile de définir l'angle i pour la lumière provenant de la voûte céleste ou même celle qu'envoie à la surface des eaux un ciel couvert de nuages, il est préférable de considérer une réflexion moyenne plutôt que la réflexion calculée.

D'après JOHNSSON (1946) la quantité d'énergie radiante réfléchie ou diffusée dans l'atmosphère par temps clair d'été est de 6 % (par parts égales) et de 10 % en hiver, à la latitude du lac Klämmingen (Suède). Il ne semble pas que nous ayons de semblables appréciations à des latitudes moins élevées. RUTTNER (1963) préfère estimer cette réflectivité totale en moyenne à 2,5 % en été (à midi par temps clair) et à 14 % en hiver.

La reflectivité d'une surface d'eau dépend de l'angle *i*. Deux facteurs doivent être pris en considération pour expliquer les différences entre calculs basés sur la loi physique de Fresnel et observations dans la nature; ce sont :

a) les variations de l'angle d'incidence avec l'heure du jour et la latitude et, nous l'avons vu, la diffusion de cette lumière incidente;

b) les vagues, vaguelettes et autres mouvements rapides de la surface des eaux qui font vairer *i* continuellement en un point précis de cette surface.

Si, d'après ce qui a été dit plus haut, le crépuscule tombe plus vite dans l'eau que dans l'air par suite de l'accroissement rapide de R*f*, si le lac est agité la diminution de l'intensité lumineuse qui pénètre dans l'eau sera beaucoup moins accentuée.

Notons également que souvent et particulièrement en montagne, l'horizon est barré par des obstacles naturels; collines aussi bien qu'arbres ou maisons arrêtent les rayons directs, diminuent l'énergie radiante tout en laissant subsister la lumière diffuse. Tous ces paramètres sont à prendre en considération pour calculer, à partir des résultats bruts, la quantité d'énergie qui pénètre par rayonnement dans le milieu aquatique.

3. THERMIQUE

a) STRATIFICATION

Les radiations infrarouges, calorifiques, sont absorbées par les couches les plus superficielles d'eau. Un lac se réchauffe donc par le haut. Or, au-dessus de 4 °C environ, l'eau est d'autant plus légère qu'elle est plus chaude. L'eau chauffée par le soleil restera donc en surface. Les courants, vagues et phénomènes variés de turbulence provoqueront en fait un certain mélange des couches, sur une certaine épaisseur, mais s'instaurera tout de même, en période de réchauffement, une stratification thermique qui est un des phénomènes les plus caractéristiques, que l'on peut rencontrer en lacs, surtout en zone tempérée.

Il sera généralement possible, en saison chaude, de différencier :

— une *couche superficielle* ou ÉPILIMNION, chaude, où les courants produits par le vent en surface peuvent librement se mouvoir et où le gradient de température est faible quoique variable;

— une *couche profonde*, souvent épaisse, puisqu'atteignant le fond, froide, appelée HYPOLIMNION, généralement assez calme, et où la variation de la température est *grosso modo* exponentielle.

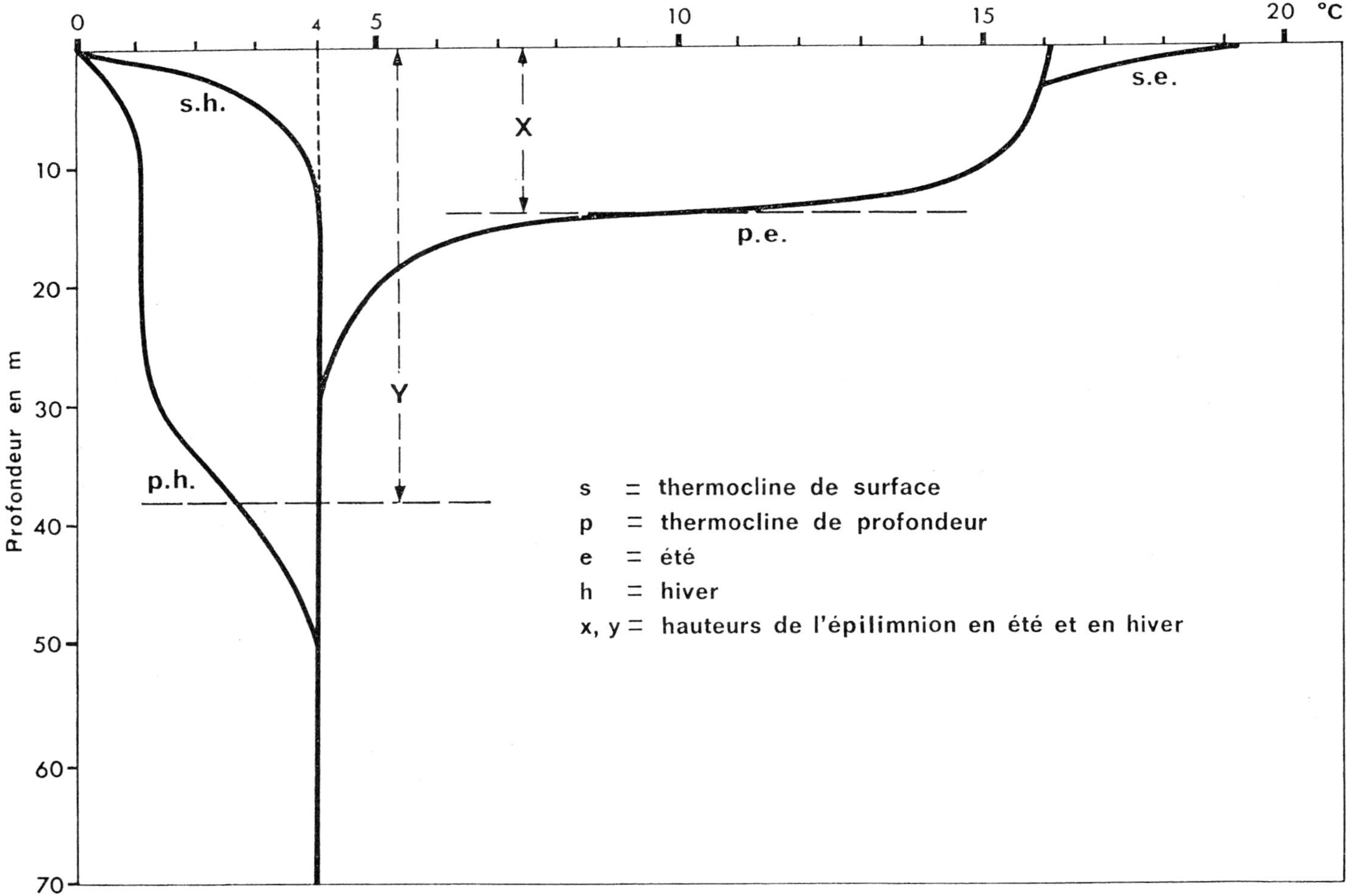

FIG. 30. — Types de thermoclines. D'après OLSZEWSKI, 1953.

Entre ces deux couches existe un METALIMNION caractérisé par une *thermocline* accusée, c'est-à-dire par une zone à gradient thermique très prononcé [1] (fig. 30).

Cette stratification thermique souvent très nette à la fin de l'été dans les lacs quelque peu profonds a pour conséquence l'installation d'un gradient de densité provoquant une stabilité relative des couches dont le mélange n'est possible que si certaines forces produisent un certain travail. Or, ces forces ne peuvent provoquer, en fait, que des mouvements horizontaux des masses d'eau et ce ne sera que par contre-coup que des phénomènes de turbulence permettront un certain mélange vertical, localisé, de ces masses d'eau superposées. Ces forces sont principalement dues aux vents et aux variations locales d'apports d'énergie calorifique (refroidissement nocturne alternant avec réchauffement diurne).

Cette stratification thermique, dite directe, des lacs n'est pas un phénomène absolument général. En saison froide, il peut y avoir formation d'une stratification inverse avec superposition d'une couche légère froide entre 4 et 0° (voire glacée) en surface et d'une couche « chaude » à 4° (environ) en profondeur.

Dans les lacs très protégés du vent et d'assez petites dimensions, l'apport de chaleur se cantonne les jours calmes aux couches tout à fait superficielles. Si une période de refroidissement passager a préalablement épaissi l'épilimnion, il peut y avoir, au retour de conditions favorables, formation d'une *thermocline de surface* (Steinböck, 1934), parfois réduite à quelques décimètres d'épaisseur. C'est le cas notamment dans certains lacs de montagne sous l'effet de jours ensoleillés très chauds.

Dans ces lacs, il y aura donc deux thermoclines : une de surface et une *thermocline profonde* (Olszewski, 1953).

Si la période de refroidissement dure longtemps, l'épilimnion s'épaissit et se refroidit simultanément, surtout si le vent aide en apportant l'énergie cinétique nécessaire au mélange des couches d'eau. Il y a alors ce que les anglo-saxons appellent un overturn, qui précède la période dite de circulation au cours de laquelle les eaux superficielles et profondes, de température donc de densité analogue, peuvent se mélanger, s'homogénéiser.

Si le refroidissement de l'atmosphère fait descendre la température des eaux au-dessous de 4 °C, il y aura formation d'une stratification inverse

1. Les océanographes ont donné le genre féminin à l'adjectif substantivé thermocline ; nous les suivrons ici, bien qu'en Limnologie l'habitude ait été prise de lui donner le genre masculin. En fait, thermocline est très généralement employé pour courbe thermocline et de ce fait doit être féminin !

puisque, nous l'avons vu, l'eau douce a son maximum de densité à 4 °C.

Suivant l'altitude, la latitude et les dimensions des lacs, on peut donc considérer avec HUTCHINSON et LÖFFLER (1956) :

1° **Des lacs amictiques** sans échanges thermiques appréciables entre extérieur et intérieur de l'eau et ayant de ce fait une couche permanente de glace opaque en surface, et une température constante (et faible) au-dessous.

2° **Des lacs monomictiques froids** à température ne dépassant jamais 4° en surface en saison chaude, et dénommés parfois lacs de *type polaire* (FOREL [1895], YOSHIMURA [1936], RUTTNER [1952]). Ils ont, en saison froide, une épaisse couche de glace en surface et la débâcle de ces glaces ne dure que peu de temps. Certains lacs des hautes montagnes françaises (Alpes, Pyrénées) sont de ce type[1].

3° **Des lacs dimictiques** à deux périodes de stratification, une directe en saison chaude, une inverse en saison froide et deux *périodes de circulation* entre les périodes de stratification ci-dessus. Ce sont les lacs de *type tempéré* et les plus fréquents; ils se trouvent surtout sous nos latitudes.

4° **Des lacs monomictiques chauds** dont la température ne descend jamais ni en surface ni en profondeur au-dessous de 4 °C et ne comportant de ce fait qu'une période de circulation en saison froide et une période de stratification directe en saison chaude; ce sont les lacs de *type tropical* de FOREL (1895), les lacs de *type subtropical* de YOSHIMURA (1936) et de RUTTNER (1952), les *lacs chauds* de VIVIER (1961)[2].

5° **Des lacs oligomictiques** dans lesquels l'eau est toujours chaude à toutes profondeurs, et les périodes de stratification rares, courtes, irrégulières et sans grande importance ; ce sont les lacs de type tropical de YOSHIMURA (1936) et de RUTTNER (1952), les lacs à faible altitude des régions équatoriales.

6° **Des lacs polymictiques** à température relativement basse à toutes profondeurs, quoique toujours au-dessus de 4°, et présentant de nombreuses (voire quotidiennes) périodes de circulation dues à la perte de la chaleur emmagasinée et interdisant ainsi la formation d'une stratification stable. C'est le cas de nombreux lacs de haute altitude des régions intertropicales (voire tempérées). PASCHALSKI (1964) ajoute la catégorie des lacs pléomictiques qui, en régions tempérées, sont stagnants seulement en hiver et « circulent » aux autres saisons. Les masses d'eau passent ainsi des basses températures hivernales aux plus hautes températures estivales

1. PASCHALSKI (1964) préfère les appeler psychromonomictiques.
2. PASCHALSKI (1964) les appelle thermomonomictiques.

et retournent, dès l'automne, aux basses températures. Un lac pléomictique est donc monomictique froid deux fois dans l'année et monomictique chaud une fois. Le terme pléomictique est synonyme de métamonomictique.

Ces divers types de lacs sont répartis à la surface du globe terrestre en fonction des climats, donc de la latitude et de l'altitude.

En première approximation, on peut présenter cette répartition sous forme de graphique valable surtout pour l'hémisphère nord (on sait qu'il existe un décalage net entre les deux hémisphères quant aux climats par suite de la répartition très inégale des terres et des mers) (fig. 31).

Lacs monomictiques et lacs dimictiques peuvent d'autre part être répartis en ordres, d'après WHIPPLE (1927) (fig. 32) qui distingue :

a) *Les lacs de PERMIER ORDRE* dont la température en profondeur reste toujours voisine de 4 °C.

b) *Les lacs de SECOND ORDRE* dont la température en profondeur varie largement autour de 4 °C.

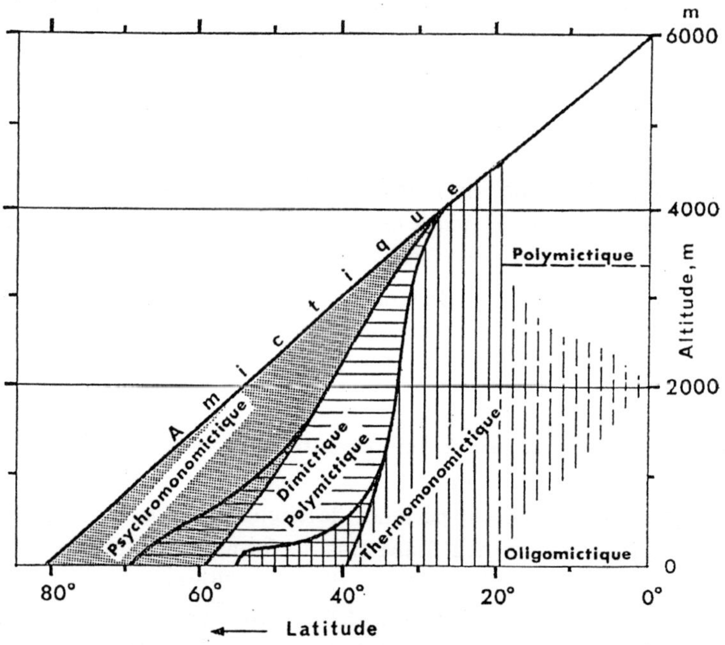

FIG. 31. — Répartition latitudinale et altitudinale des types de lacs. D'après HUTCHINSON et LÖFFLER, 1956.

c) *Les lacs de TROISIÈME ORDRE* dont la stratification thermique n'est pas accusée; ce sont les lacs amictiques, oligomictiques et polymictiques de HUTCHINSON.

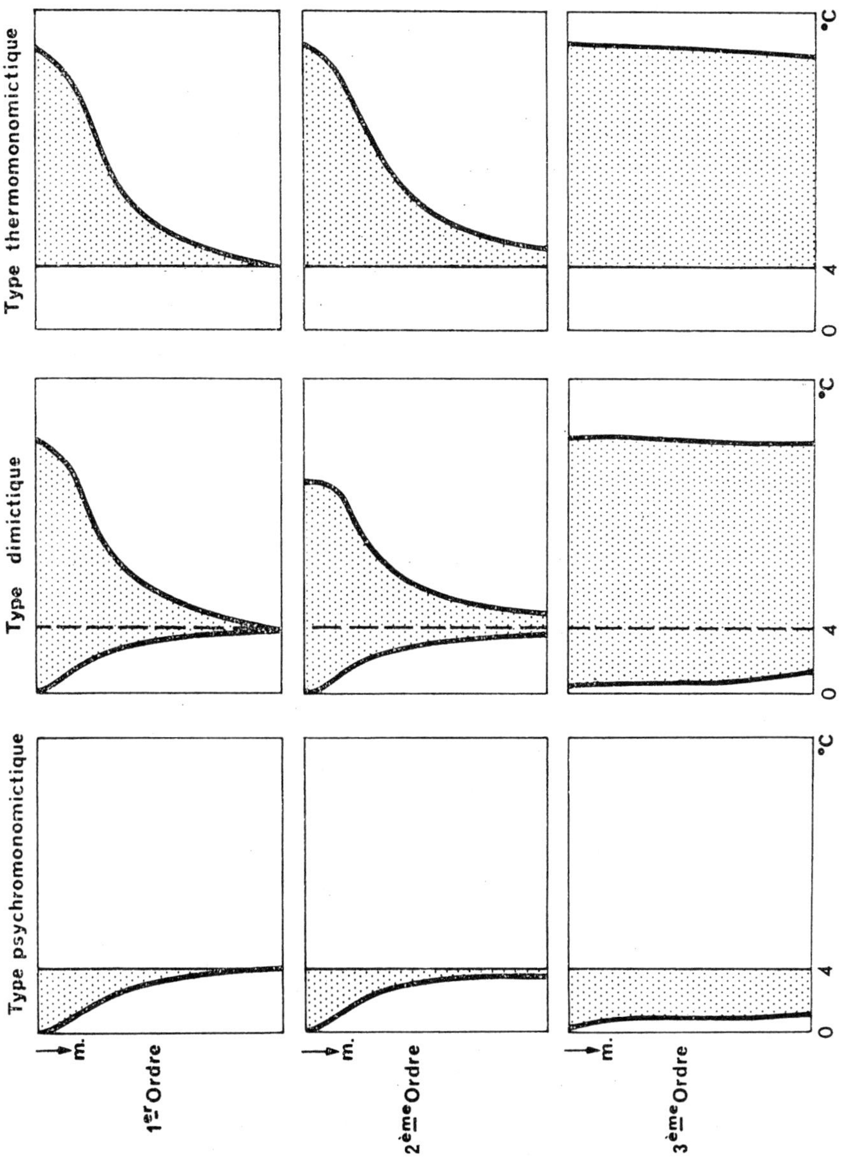

FIG. 32. — Types de lacs d'après WHIPPLE, 1927.

A titre d'exemple, disons que le *Léman*, notre plus grand lac français (dont les 3/5 sont en Suisse à vrai dire) est un lac monomictique chaud de premier ordre. Le lac d'Annecy est un lac dimictique de premier ordre. Le lac de l'Abbaye (Jura) est dimictique de second ordre, etc.

La forme, l'orientation, la profondeur maximum et la profondeur moyenne, ainsi que la nature des vents dominants d'origine océanique ou continentale sont les principaux facteurs qui donnent à un lac sa particularité thermique.

De plus, il convient de rappeler que la pression augmentant avec la profondeur, la température du maximum de densité qui est de 4 °C environ à la pression atmosphérique, diminue légèrement. Elle n'est plus que de 3,19 °C au fond du lac Baïkal et n'est déjà plus que de 3,72 °C à 200 m. KELL (1970) rappelle en effet que la température du maximum de densité varie avec la pression, donc avec la profondeur de 0,00196 °C par mètre. De son côté, EKLUND (1965) avait montré que la température du maximum de stabilité d'un lac était liée à la profondeur de telle manière que $\delta T_s / \delta z = \delta T_\rho / 2\, \delta z$, Ts étant la température du maximum de stabilité et T_ρ celle du maximum de densité (voir également IDSO, 1973).

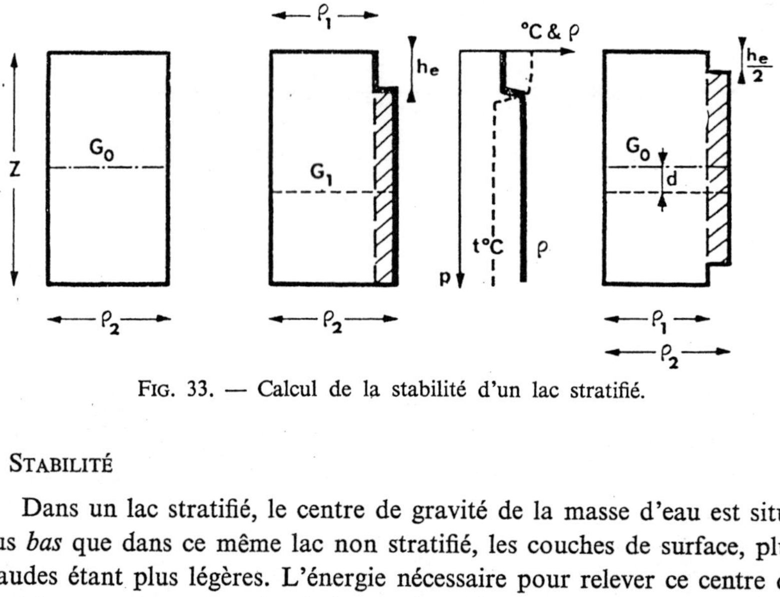

FIG. 33. — Calcul de la stabilité d'un lac stratifié.

b) STABILITÉ

Dans un lac stratifié, le centre de gravité de la masse d'eau est situé plus *bas* que dans ce même lac non stratifié, les couches de surface, plus chaudes étant plus légères. L'énergie nécessaire pour relever ce centre de gravité au moment des circulations saisonnières est amenée par le vent (BIRGE, 1916); elle est utilisée pour vaincre ce que SCHMIDT (1928) a appelé la *stabilité de la stratification*, stabilité bien étudiée récemment par ECKEL (1950).

Il est relativement facile de déterminer en première approximation cette stabilité pour un lac dont on connaît la surface, le volume et la température à toutes profondeurs, à la date considérée. En effet, (RUTTNER, 1963) si l'on imagine un lac parallélipipédique rectangle dont la surface de base est celle du lac considéré et dont la profondeur est la profondeur de ce lac, on pourra situer son centre de gravité G_0 dans un plan à mi-distance $h = Z/2$ entre surface et fond en période d'homogénéité. En période de stratification, on peut définir une couche supérieure épilimnique de température t_1 (donc de densité ρ_1) et d'épaisseur h_e et une couche hypolimnique de température t_2 (donc de densité ρ_2) et d'épaisseur $2h — h_e$ (fig. 33).

Le centre de gravité de cette masse sera alors en G_1 et situé *grosso modo* à une distance $\frac{1}{2}$ *he* de G_0.

La force nécessaire pour élever G_1 au niveau de G_0 sera donc :

$$S = (\rho_2 - \rho_1)(2h - h_e)\frac{1}{2}h_e$$

$\rho_2 - \rho_1$ est donné par des tables (DUSSART, 1954) dans le cas d'une eau douce.

S sera exprimée en kilogrammètres ou en $g.cm \cdot cm^{-2}$.

L'étude de cette égalité montre que S croît avec h_e pour atteindre le maximum de sa valeur quand $h_e = h$ et s'annule pour $h_e = 2h$ (homogénéité complète).

Il sera également intéressant de constater que S dépend de la différence $(\rho_2 - \rho_1)$. Or cette différence est d'autant plus grande que :

a) les différences de température sont plus importantes;

b) les températures sont plus élevées;

c) les différences de salinité sont plus grandes.

Notamment une différence de densité de $4{,}75 \cdot 10^{-4}$ existe entre 12 °C et 4 °C, aussi bien qu'entre 24 °C et 22 °C (DUSSART, 1954) pour une eau douce. La stabilité d'un lac africain tel que le lac Édouard (DAMAS, 1937), dont les variations de température entre 4 et 35 m ne sont que de 1 °C (25°89 et 24°88 respectivement) est donc plus accusée que celle d'un lac tempéré comme le lac Vättern sensiblement de même taille et dont les variations de température se situent en moyenne entre 15 °C et 4 °C (ÅBERG et RODHE, 1942).

En fait, la stabilité d'un lac se calcule en tenant compte de la densité relative moyenne de chaque strate définie par sa température. ECKEL (1950) la calcule en partant de la formule :

$$S = z_g \sum_{0}^{Z} A_z\sigma - \sum_{0}^{Z} zA_z\sigma$$

qui n'est que la forme pratique de la formule générale due à SCHMIDT (1928) :

$S = z_g \int_0^z \sigma A_z dz - \int_0^z \sigma z A_z dz$ avec z_g = profondeur du centre de gravité

A_z = surface du lac à la profondeur z (z compris entre 0 et z)

$\sigma = 1 - \rho$ (ρ étant la densité).

Ainsi, dans le lac d'Annecy (Haute-Savoie) la stabilité était, le 30 juillet 1952, de 2 314 $g.cm \cdot cm^{-2}$. HUTCHINSON (1957) évalue cette stabilité à :

21 500 $g.cm \cdot cm^{-2}$ pour le lac Atitlan (Guatémala);
514 $g.cm \cdot cm^{-2}$ pour le lac Mendota (Wisconsin);
390 $g.cm \cdot cm^{-2}$ pour le Lunzer Untersee (Autriche).

Tous les lacs ne présentent pas une stratification thermique bien établie en saison chaude. Dans le cas de lacs très ouverts aux conditions externes (tachymictiques) et sous climat océanique, l'épilimnion a beaucoup de mal à se constituer au cours du réchauffement. Il se constitue donc plutôt une zone ou **couche épilimnique** (DUSSART, 1954, 1955); thermocline de surface et thermocline de profondeur ont tendance à se confondre. C'est le cas du Léman, des lacs yougoslaves (DUSSART, 1955) des Lochs d'Écosse (JENKIN, 1930) et lacs anglais (JENKIN, 1942).

L'épilimnion n'est alors nettement caractérisé qu'au seul moment où commence l'overturn.

Plus encore que la stratification thermique la caractéristique essentielle des lacs est donc leur stabilité périodique (cas des lacs holomictiques) *ou permanente* (lacs méromictiques) (voir chap. V G).

De plus, avant d'interpréter des observations concernant la stratification thermique plus ou moins anormale d'un lac, il conviendra toujours de comparer ces observations à celles relatives à la salinité. Dans les lacs salés, à méromicticité ectogénique ou crénogénique, on peut trouver de spectaculaires anomalies :

Dans le Hot lake (Washington), ANDERSON (1958) a noté des températures de 33 °C au niveau du fond alors qu'en surface le lac gelait ! Le lac Medveto (appelé maintenant lac Ursu, est en Roumanie et non en Hongrie) présente une température de 56 °C à 1,32 m de profondeur, c'est-à-dire au niveau de son interface eau douce-eau salée, alors que l'eau douce est à température normale (KALECSINSKY, 1901) et dans certain lac indonésien, d'origine volcanique, RUTTNER (1961) a mesuré 91 °C en profondeur !

Ces lacs sont cependant stables. Dans les uns, c'est un effet de serre qui réchauffe les couches profondes salées plus absorbantes, à travers les couches superficielles, plus légères et plus pures qui laissent passer les radiations calorifiques; dans les autres (tel le Kivu) ce sont des apports de chaleur directe (laves par exemple) qui élèvent la température des eaux profondes qui, salées, restent plus denses quoique plus chaudes.

Il faudra donc toujours différencier deux sortes de stabilités : la thermostabilité qui est celle des lacs holomictiques en période de stratification et la salinostabilité qui se rencontre dans les lacs méromictiques et peut se surimposer à la précédente.

c) Bilan calorifique

Toute élévation de température n'est que la traduction mesurée d'une accumulation de chaleur. Cette accumulation de chaleur est elle-même mesurable. C'est la différence existant entre la quantité de chaleur accumulée à la fin de la plus chaude période de l'année et la quantité de chaleur résiduelle permettant à l'eau d'avoir une certaine température à la fin de la période la plus froide. Calculer cette accumulation de chaleur, c'est évaluer le budget calorifique du lac ou *provision annuelle de chaleur*.

Cette énergie accumulée sous forme de chaleur sert, au cours de l'année, à des fins multiples :

— évaporation de l'eau;
— adoucissement du climat régional par rayonnement;
— vie au sein de l'eau;
— synthèses organiques : photosynthèse, chimiosynthèse, etc.

Pour calculer ce budget calorifique, il faut d'abord connaître exactement le volume de l'eau en présence, donc avoir sous la main la carte bathymétrique détaillée du lac.

On considère alors le lac comme formé de tranches d'eau d'une épaisseur constante, par exemple 5 ou 10 m et d'une surface donnée par la moyenne arithmétique des deux surfaces des niveaux supérieur et inférieur de la tranche considérée. Pour une meilleure appréciation du volume d'un lac, il est préférable d'utiliser la formule :

$$V = \frac{h}{3}(S_1 + S_2 + \sqrt{S_1 S_2})$$

où h est la distance séparant les tranches S_1 et S_2 considérées (Hubault, 1947).

Il faut ensuite calculer la quantité de chaleur accumulée dans une colonne d'eau de 1 cm^2 de surface de base et d'une hauteur égale à la profondeur moyenne du lac, aux jours le plus chaud et le plus froid de l'année.

Le calcul se présente comme suit (cas du Léman) (tableaux 17 et 18) :

TABLEAU 17

VOLUMES PARTIELS DU LAC ET DONNÉES MORPHOMÉTRIQUES
(tranches de 20 m d'épaisseur)

Profondeur (m)	Volumes partiels (m^3)	Rapport au volume total
0-20	11 171 769 000	0,126
20-40	10 257 020 000	0,115
40-60	9 260 090 000	0,104
60-80	8 118 356 000	0,091
80-100	7 399 250 000	0,083
100-120	6 762 100 000	0,076
120-140	6 169 210 000	0,069
140-160	5 578 148 000	0,063
160-180	5 113 550 000	0,058
180-200	4 605 340 000	0,052
200-220	4 080 270 000	0,046
220-240	3 504 360 000	0,039
240-260	2 841 590 000	0,032
260-280	2 181 330 000	0,025
280-300	1 652 821 000	0,019
300-309,4	225 460 000	0,002
Total	88 920 664 000 m^3	1,000

Surface à la cote 0 : 582 360 000 m^2
Profondeur moyenne : 152,69 m (15 269 cm)

(D'après HUBAULT 1947, suivant les données de DELEBECQUE 1898)

La provision annuelle de chaleur varie d'une année à l'autre. Ainsi, pour le Léman, DUSSART (1961) l'a évalué à :

37 000 $cal.cm^{-2}$ en 1930;
35 000 $cal.cm^{-2}$ en 1950;
30 000 $cal.cm^{-2}$ en 1952;
31 000 $cal.cm^{-2}$ en 1959;
34 000 $cal.cm^{-2}$ en 1960.

TABLEAU 18

PROVISION ANNUELLE DE CHALEUR POUR L'ANNÉE 1880

Profondeur m	Volumes	26 février 1880		29 juillet 1880	
		t^o	produit 2 × 3	t^o	produit 2 × 5
(1)	(2)	(3)	(4)	(5)	(6)
0					
20	0,126	4,90	0,617	18,40	2,318
40	0,115	4,75	0,546	8,40	0,966
60	0,104	4,70	0,489	6,60	0,686
80	0,091	4,70	0,428	5,80	0,528
100	0,083	4,60	0,382	5,20	0,432
120	0,076	4,55	0,346	4,85	0,369
140	0,069	4,50	0,310	4,70	0,324
160	0,063	4,50	0,283	4,70	0,296
180	0,058	4,50	0,261	4,60	0,267
200	0,052	4,50	0,234	4,55	0,237
220	0,046	4,50	0,207	4,50	0,207
240	0,039	4,50	0,175	4,50	0,175
260	0,032	4,45	0,142	4,50	0,144
280	0,025	4,40	0,110	4,50	0,112
300	0,019	4,40	0,084	4,50	0,085
309,40	0,002	4,40	0,009	4,50	0,009
			4,623		7,155

Écart de température : 7,155 — 4,623 = 2,532.

Provision annuelle de chaleur pour 1880 :

2,532 × 15 269 cm^3 = 39 000 calories·cm^{-2}.

Elle suivrait donc les variations climatiques régionales.

Outre le budget calorifique annuel ou *provision annuelle de chaleur*, il est possible d'évaluer pour un lac dimictique :

1. **l'apport estival de chaleur** ou quantité de chaleur nécessaire pour élever la température des eaux lacustres de 4 °C à toutes profondeurs (en période de circulation vernale) à la température la plus élevée aux diverses profondeurs à l'époque la plus chaude de l'année (été).

Cette élévation de température des couches superficielles se traduit par une migration vers le fond du centre de gravité du lac considéré et le vent apporte une partie importante d'énergie nécessaire au mélange des eaux chaudes de surface et des eaux plus froides de profondeur; l'apport estival de chaleur est fonction à la fois de la chaleur rayonnée reçue et de l'énergie apportée par les vents.

2. **l'apport hivernal de chaleur** correspond au passage des conditions de stratification inverse (avec le gel de la surface parfois) aux conditions de circulation liées à l'homothermie à 4 °C.

3. **le budget calorifique global** ou quantité absolue de chaleur accumulée dans un lac en quelque saison que ce soit. C'est le nombre de calories par unité de surface que retient la masse d'eau liquide, c'est-à-dire la quantité de chaleur nécessaire pour faire passer cette eau de 0 °C à la température maximum annuelle à toutes profondeurs. Cette quantité de chaleur est parfois évaluée à partir de 4 °C. Dans les lacs monomictiques, cette évaluation correspond souvent à la provision annuelle de chaleur.

Les facteurs climatiques liés à la latitude et à l'altitude jouent un rôle certain dans la quantité de chaleur que peut accumuler un lac. Cependant, il n'y a pas de règle simple permettant d'établir une relation entre ces grandeurs. Si le rôle de l'altitude est très net, certains lacs de haute latitude peuvent accumuler plus de chaleur que d'autres situés dans des régions plus clémentes. TIMMS (1975) relie les variations annuelles du budget calorifique d'abord au volume du lac et à sa profondeur moyenne (composants passifs) puis à la protection plus ou moins grande vis-à-vis des effets du vent et de la nature du climat local (composants actifs).

C. — ACTION DES PRÉCIPITATIONS

Nous considérerons ici non seulement les précipitations liquides (pluies, brumes de condensation), mais également les précipitations solides (grêles, neige, particules sèches, poussières atmosphériques, volcaniques, etc.) ainsi que les « précipitations négatives » en l'occurence le phénomène d'évaporation.

1. PRÉCIPITATIONS LIQUIDES

Ce sont les pluies, trombes et condensations.

La pluie est constituée de gouttes d'eau dont nous avons vu les caractéristiques physiques (p. 50). Ces gouttes confèrent à la surface d'un lac des qualités particulières. L'eau qui constitue la pluie n'est pas une eau distillée; il peut y avoir une différence nette de température entre eau de pluie et eau lacustre qui se traduit par une différence encore plus marquée entre leur densité respective.

Un lac agissant d'abord, à l'égard de la pluie, comme un immense pluviomètre, il y aura accumulation en surface d'une épaisseur d'eau correspondant approximativement à la précipitation.

C'est ainsi que dans le lac d'Annecy au printemps il y a une correspondance nette entre la valeur des précipitations et la hauteur du lac (Milon, 1939; Onde, 1944).

Outre cet effet de pluviomètre, la pluie agit sur l'eau d'un lac en la diluant. La composition moyenne des eaux de pluie est en effet voisine de celle de l'eau distillée. Cependant l'eau météorique contient toujours un certain nombre de gaz et de solides dissous qui, entraînés dans le lac, peuvent modifier momentanément ses qualités en surface.

Ainsi, au voisinage des côtes atlantiques, l'eau de pluie a en moyenne une teneur en ions de l'ordre de 0,1 $mé \cdot l^{-1}$ dans lesquels les sulfates et les chlorures dominent, les premiers surtout aux faibles concentrations ioniques totales. Les nitrates et les phosphates sont alors présents en très faibles quantités (20 $\mu g \cdot l^{-1}$ d'azote nitrique, 1 $\mu g \cdot l^{-1}$ de phosphore phosphorique).

Le rapport chlorures-sodium montre d'autre part que l'origine des sels contenus dans l'eau de pluie en climat maritime est l'eau de mer qui, sous forme d'embruns, est entraînée très loin des côtes jusqu'à des centaines de kilomètres à l'intérieur des terres.

Au cours du transport des sels contenus dans la mer sous forme de noyaux de condensation pour la vapeur d'eau atmosphérique, il peut cependant y avoir séparation différentielle et apports terrigènes. Certains sels plus hygroscopiques seront entraînés plus loin, les sulfates pourront provenir partiellement des sulfites, anhydride sulfureux et hydrogène sulfuré dégagés par certaines vases recouvrant de grandes étendues ou les sols volcaniques, et partiellement aussi de la pollution de l'atmosphère dans les régions peuplées (telles que le Lake district [Gorham, 1955]).

Dans les régions à orages nombreux (climat équatorial, climat de mousson), les décharges électriques (éclairs) provoqueront l'oxydation de l'azote présent dans l'air et enrichiront l'eau de pluie en nitrates et ammoniaque : à Saïgon, Richard (1960) a évalué à 106 $\mu g \cdot l^{-1}$ la teneur de l'eau de pluie en azote nitrique, à 11 $\mu g \cdot l^{-1}$ celle en azote nitreux et à 458 $\mu g \cdot l^{-1}$ celle en azote ammoniacal, ce qui revient à 851 $mg \cdot m^{-2}$ et par an d'azote arrivant ainsi à la surface des eaux du grand lac du Cambodge situé dans la même région (DUSSART, 1962) (soit de 2 500 à 8 000 tonnes d'azote suivant la surface de lac considérée — basses ou hautes eaux).

De plus, l'eau de pluie est acide et contient souvent assez d'acides libres pour être corrosive; les bâtiments et monuments publics en gardent parfois les traces. Le pH de la pluie qui est de 6,0 à Saïgon varie entre 4,3 et 5,9 en Suède orientale (TAMM, 1953) et entre 4,0 et 5,8 en Angleterre.

Arrivant dans un lac à réserve alcaline importante ou au contact de sels de calcium et magnésium insolubles, la pluie aura donc pour effet de rendre assimilables des substances nutritives momentanément bloquées.

Les eaux pluviales, outre les principaux constituants de l'eau de mer, chlorures, sulfates, bicarbonates pour les anions, sodium, potassium, magnésium, calcium pour les cations, amènent à la surface du sol les gaz de l'atmosphère qu'elles ont pu dissoudre au cours de leur voyage dans les nuages et pendant leur descente. Elles sont donc oxygénées et en équilibre avec l'atmosphère en ce qui concerne le CO_2.

De plus, nous savons que les eaux pluviales ont une composition qui varie en fonction de leur origine. Au-dessus des grands continents, l'évaporation est suffisante pour donner naissance à des nuages dont les noyaux de condensation ne sont plus essentiellement des micro-cristaux de sels marins. L'analyse détaillée des teneurs en chlorures et en sulfates de la pluie a montré que plus on s'éloigne du littoral marin, moins la pluie est chlorurée. Cette variation serait *grosso modo* exponentielle. Elle doit tenir compte évidemment du trajet préférentiel des masses d'air (vents humides) et de la forme de la côte océanique la plus proche dont dépend le calcul de la distance à cette côte du lac considéré! Elle ne peut donc être calculée que très approximativement.

DRISCHEL (1940) estime les teneurs en Cl^- des précipitations à :

15-30 $mg \cdot l^{-1}$ à 1-2 km de la mer;
4-9 $mg \cdot l^{-1}$ à 50 km de la mer;
1-2 $mg \cdot l^{-1}$ à 500 km de la mer;
0,5 à 1,5 $mg \cdot l^{-1}$ à 1 000 km de la mer.

Ainsi la pluie à Moscou aurait-elle une teneur de 0,5 $mg \cdot l^{-1}$ en Cl^- par vents d'Ouest (air maritime) et de 0,04 $mg \cdot l^{-1}$ seulement par vents d'Est (air continental) (SELIVANOV, 1946). Cependant, WITYN (1911) n'a pas trouvé de variation sensible de cette teneur sur l'ensemble du territoire européen de l'U.R.S.S. (cité d'après ALEKIN, 1962).

S'il est possible de relier assez étroitement la teneur en chlorures des eaux pluviales à celles des alcalins, et d'en déduire que les embruns marins sont les principaux fournisseurs en ces éléments, en ce qui concerne les sulfates, force nous est de reconnaître que les fortes teneurs relatives en cet anion ont une autre origine. En effet, les pluies ont le plus souvent de 1 à 2 fois plus de sulfates que de chlorures, parfois davantage (COLLINS et WILLIAMS, 1933; DRISCHEL, 1940; BURKSER, 1952; KOYAMA et SUGAWARA, 1953).

Il faut rechercher dans les différences de solubilité du sulfate de calcium et du chlorure de sodium une des causes de cette anomalie qui explique pourquoi, dans les lacs très pauvres en substances dissoutes, il y a relativement plus de sulfates que de chlorures.

Outre les pluies vraies, un lac peut recevoir d'autres précipitations liquides dues à la condensation de la vapeur d'eau contenue dans l'air au-dessus de l'eau lacustre.

Cette condensation peut être provoquée par une différence de température entre deux moments différents : le jour où la température élevée provoque une évaporation intense et la nuit (surtout à la fin) au cours de laquelle le refroidissement nocturne peut faire descendre la température de l'air humide au-dessous du point de rosée et provoque ainsi une condensation à la surface du lac. Ce phénomène est particulièrement important en région tropicale où les pluies sont rares et les variations de température comme l'évaporation importantes.

Les deux phénomènes : précipitations liquides par système nuageux et condensations, peuvent être simultanés, ce sont les trombes.

Une **trombe** est, en effet, un paquet d'air humide qui, primitivement étalé à la surface de l'eau est soudain attiré par un mouvement ascensionnel dans les couches plus élevées de l'atmosphère où règne une inversion de température et des courants ascendants qui sont à l'origine de la formation d'un cumulonimbus étroitement associé à la trombe.

En montant, le paquet d'air traverse la masse d'air plus froide située entre le cumulonimbus et la surface de l'eau et atteint le point de rosée à sa périphérie. Une trombe est donc constituée d'un cylindre d'air tourbillonnant dont les « parois » sont rendues visibles par les gouttelettes d'eau de condensation. A sa base, l'appel d'air est d'une puissance suffisante pour créer un fort remous à la surface de l'eau, habituellement appelé **buisson**.

De nombreuses trombes ont éré décrites notamment en Suisse. Une des dernières, qui a donné lieu à des observations précises est celle du 7 octobre 1956 sur le Léman, décrite par MERCIER (MERCIER et WACKER, 1958; MERCIER, 1960).

Elle a pris naissance à moins de 2 km de Lausanne-Ouchy à 9 h 29 et a duré un quart d'heure. Le cumulonimbus associé était à 412 m au-dessus du lac; la trombe avait donc cette hauteur. Son diamètre variait entre 10 et 25 m (Il en est de près de 50 m de diamètre!), et la zone perturbée du lac atteignait 200 m de diamètre. Le buisson avait pour sa part plus de 20 m (fig. 34).

Très généralement, autour de la trombe, la condensation provoque une précipitation de fines gouttelettes de pluie tandis que plus loin, se déversent les eaux pluviales du cumulonimbus en averse puissante.

2. PRÉCIPITATIONS SOLIDES

Ce sont tout d'abord les cristaux de neige et la glace de la grêle. Leurs qualités se rapprochent de celles de l'eau de pluie et leur seule caractéristique que nous retiendrons ici est leur température! Quand un nuage s'abat sur un lac sous forme de grêle, il peut provoquer un refroidissement net de la surface et être à l'origine de phénomènes de convection, voire de courants de densité. La neige a relativement moins d'importance par suite de son faible poids spécifique et de la période au cours de laquelle elle peut agir et qui est par ailleurs celle où l'eau est à température déjà basse.

A côté de ces précipitations accidentelles et très particulières, un lac reçoit de façon continue les poussières atmosphériques et cosmiques, minérales et organiques que les courants aériens transportent souvent fort loin. Ces précipitations solides (ou précipitations sèches) sont généralement sous-estimées.

Elles représentent cependant 58 % des apports radio-actifs par retombées (fall out) (Chesselet, Nordemann et Dussart, 1963) dans la région du Léman.

3. ÉVAPORATION

De nombreuses formules ont été proposées pour calculer le pouvoir évaporant de l'atmosphère au-dessus d'un lac. Les facteurs qui conditionnent le taux d'évaporation sont principalement la température de l'air, celle de l'eau, l'insolation, l'humidité de l'air, la vitesse du vent, etc.

Pour Dalton (d'après Réméniéras, 1960) :

$$E = K(s_s - s_a)$$

A (9 h 38) B (9 h 40)

FIG. 34. — Trombe du 7 octobre 1956 sur le Léman devant Ouchy.

Noter la transparence de la trombe, son aspect « tubulaire » et la vitesse de déplacement à la surface du lac en deux minutes. On voit très nettement les remous sur le lac (buisson).

Photos P. Mercier.

E étant l'évaporation en millimètres par jour;
K un coefficient souvent fort complexe;
$s_s - s_a$ = le déficit hygrométrique de l'atmosphère ou différence entre taux de saturation maximum en vapeur d'eau de l'air à la température considérée et taux de saturation observée à cette température.
K est évalué à $(1{,}465 - 0{,}00055\ P_a)\ (0{,}33 + 0{,}198\ w)$
P_a étant la pression en millibars
et w la vitesse moyenne du vent en $m \cdot sec^{-1}$.

D'autres formules ont été proposées; les trois plus employées sont :

1. celle de TRABERT (1896)

$$E = 0{,}41(e_w - e_a)\sqrt{w}$$

E est exprimée en mm par jour
e_w est la pression de vapeur de l'eau de surface en mm de Hg
e_a est la pression de vapeur d'eau de l'air
w est exprimée en $m \cdot sec^{-1}$.

2. celle de MEYER (1942)

$$E = C(e_s - e_a)\left(1 + \frac{w}{10}\right)$$

E est alors évaluée en pouces par jour
C est une constante voisine de 0,36
e_s et e_a doivent alors être exprimées en pouces de Hg
et w, vitesse du vent, en miles par heure, toutes mesures effectuées à 25 pieds au-dessus de la surface du lac étudié.

3. celle de LUGEON et SKYENKIEWICZ (ROEDERER, 1953)

$$E = A(e_s - e_a)n\,\frac{273 + t}{273} \cdot \frac{760}{B - e_s}$$

Le taux d'évaporation E est alors exprimé en mm pour un mois de n jours, A est un coefficient voisin de :

0,318 en zone subtropicale
0,398 en zone tempérée
0,600 en zone méditerranéenne (coefficient de LUGEON);

t est la température moyenne mensuelle des maxima journaliers (en °C); et B la pression moyenne mensuelle en mm de Hg.

E est aussi souvent mesurée à la surface d'un bac évaporatoire ou cuve évaporométrique. Pour appliquer ces valeurs de E à un lac de grande étendue où les conditions font intervenir le microclimat local, il faut multiplier les résultats ainsi obtenus par un coefficient de pondération qui varie entre 0,75 et 0,85 suivant les cas.

Ainsi, à la surface du Léman, les valeur E de l'évaporation sont en moyenne de 850 mm par an en tenant compte des moyennes calculées pour les quatre villes principales, Genève, Lausanne, Thonon et Montreux, soit plus de 2,3 mm par jour! (BLAVOUX, DUSSART *et al.*, 1962.)

Au lac Tchad, l'évaporation atteint 2 260 mm par an (BOUCHARDEAU et LEFÈVRE, 1957) et au grand lac du Cambodge a été estimée à 1 400 mm par an (DUSSART, 1962).

Dans le cas de mesures à l'évaporomètre de Piche (à buvard), l'évaporation au-dessus de la surface d'eau libre peut être estimée à la moitié de la valeur de ces mesures.

4. VARIATIONS DE NIVEAUX

Nous avons vu qu'un des rôles des précipitations était d'amener à la surface une certaine quantité d'eau. Le changement de volume de la masse d'eau considérée se traduira par une *variation de niveau* qu'il ne faut pas confondre avec les dénivellations (cf. chap. V E). De même le jeu des précipitations et de l'évaporation peut être à l'origine de fluctuations régulières du niveau.

Nous verrons plus loin leur importance au point de vue biologique. Nous nous contenterons ici de souligner le rôle de ces fluctuations sur la définition de la profondeur d'un lac et de l'altitude de son plan d'eau.

Pour définir altitude et profondeur, il faudrait partir de l'altitude du point le plus profond ou de l'altitude moyenne du fond plat (plaine centrale) d'un lac.

Le Léman par exemple, à son point le plus profond, est à 62,20 m au-dessus de la mer. Son niveau 0 oscille entre 371 m et 372,92 m depuis la régularisation du régime du lac. Sa profondeur maximum peut donc être aussi bien :

$$372{,}92 - 62{,}20 = 310{,}72 \text{ m}$$

que

$$371{,}00 - 62{,}20 = 308{,}80 \text{ m}$$

la moyenne de ces deux valeurs donnerait 309,76 m.

TABLEAU 19

Léman	Altitude moyenne	Altitude maximum	Altitude minimum	Profondeur maximum correspondante	
				D'après altitude moyenne	D'après moyenne des maxima et minima
1949	371,77	372,44 (sept.)	370,975 (mars)	309,57	309,50
1950	371,99	372,405 (nov.)	371,47 (avril)	309,79	309,74
1951	372,11	372,84 (juil.)	371,61 (avril)	309,91	310,02
1952	372,02	372,48 (déc.)	371,45 (mars)	309,82	309,76
1953	371,98	372,535 (juil.)	371,425 (mars)	309,78	309,78
1954	371,93	372,59 (août)	371,35 (avril)	309,73	309,77
1955	372,07	372,60 (janv.)	371,65 (mars)	309,87	309,92
1956	371,99	372,34 (sept.)	371,47 (mars)	309,79	309,70
1957	371,96	372,33 (juil.)	371,55 (mai)	309,76	309,74
1958	372,07	372,28 (sept.)	371,72 (avril)	309,87	309,80
1959	372,04	372,28 (juil.)	371,70 (avril)	309,84	309,79
Moyenne (en m au-dessus de la mer)				309,79	309,77

En fait, les fluctuations du niveau moyen ne permettent pas de définir avec précision l'altitude moyenne vraie d'un plan d'eau. Reprenons l'exemple du Léman, un des mieux connus : le tableau 19 nous montre que la profondeur maximum du lac varie avec les années.

Il sera donc plus rationnel de caractériser la profondeur d'un lac par sa **profondeur normale** Z_n

$$Z_n = \frac{\text{Cote maximum} + \text{Cote minimum}}{2} - \text{altitude du fond plat.}$$

(Rappelons que la profondeur moyenne $\overline{Z}$ est le rapport du volume moyen à la surface moyenne.)

Dans le cas du lac de la Girotte (Haute-Savoie), devenu un lac-réservoir, l'altitude du fond plat est à 1 636,60 m au-dessus de la mer, les cotes maximum et minimum du plan d'eau sont 1 753,50 m et 1 645,20 m.

$$Z_n = \frac{1\,753{,}50 - 1\,645{,}20}{2} - 1\,636{,}60 = 62{,}75 \text{ m}$$

Or, la profondeur maximum z_m varie entre 116,90 et 8,60 m avec la saison !

Le plus souvent, dans les petites masses d'eau, les variations de niveau sont moins importantes quand elles ne sont liées qu'aux précipitations et sont de l'ordre de grandeur de cette précipitation, c'est-à-dire de quelques centimètres, et dans certains cas exceptionnels, de un à quelques décimètres.

D. — ACTION DES AFFLUENTS ET EFFLUENTS

Les lacs occupent très généralement le fond d'une cuvette naturelle qui sert de bassin d'accumulation aux eaux de cette cuvette. Quand celle-ci est assez grande, elle prend le nom de bassin et le ruissellement des eaux météoriques provoque peu à peu la formation de ruisseaux puis de rivières constituant des affluents dont certains sont considérables.

Si l'évaporation compense exactement les apports, le lac sera à *bilan hydrologique nul.*

Si l'évaporation n'est pas suffisante le *bilan hydrologique* sera *positif* et un ou plusieurs émissaires dirigeront l'excès d'eau vers la mer.

Si au contraire, l'évaporation est la plus importante, le *bilan hydrologique sera négatif* (DUSSART, 1961).

Les fluctuations climatiques obligeront tôt ou tard les premiers à rentrer dans l'une ou l'autre des deux autres catégories.

Les lacs à *bilan hydrologique négatif* sont voués à la disparition par desséchement; ce sont des lacs salés pour la plupart d'entre eux.

Seuls les lacs à *bilan hydrologique positif* nous intéresseront dans ce chapitre.

L'eau, pour arriver au lac, peut emprunter divers chemins : ce peut être l'arrivée directe par les précipitations; c'est le plus souvent par l'intermédiaire d'affluents plus ou moins importants.

Il existe d'autres apports, plus discrets mais non moins importants. Dans certains cas, ce seront des sources sous-lacustres; d'autres fois, ce seront des apports latéraux par transferts directs de la nappe phréatique. Parfois encore, l'émissaire jouera alternativement le rôle d'évacuateur de trop plein et d'affluent. C'est le cas au lac de Bourget (Savoie) où le canal de Savières reliant ce lac au Rhône joue plusieurs mois de l'année le rôle d'affluent (HUBAULT, 1947); c'est aussi le cas au lac de Narlay (Jura) et au lac de Joux (Suisse) où ce sont des entonnoirs émissaires qui refluent parfois et servent alors d'affluents.

Enfin, certains phénomènes accidentels peuvent donner naissance à des affluents temporaires tels les *graus* des étangs méditerranéens qui peuvent être alternativement émissaires et affluents et changent même de place avec l'activité côtière de la méditerranée.

1. APPORTS ALLOCHTONES

Les eaux courantes arrivant dans un lac y entraînent ce qu'elles arrachent au bassin d'alimentation.

Leur action sera donc multiple : elles modifieront la morphologie de la cuvette lacustre en surface (formations deltaïques) et en profondeur (alluvionnement, érosion des dépôts...); elles contribueront au régime hydrologique du lac par les apports liquides; elles participeront à l'évolution chimique, biologique et géologique du lac parce qu'elles transportent

— les matières dissoutes (fonction du débit liquide);

— les matériaux roulés (ou plus exactement tractées par roulement ou saltation);

— les matériaux en suspension.

L'action morphologique de ces eaux courantes est intimement liée à leur débit solide, lui-même fonction complexe du débit liquide.

a) L'EAU

Le débit liquide d'un affluent lacustre agit par la quantité d'eau qu'il amène : il fait varier le niveau. Lors de précipitations importantes, si le bassin n'est pas trop grand, l'onde de crue mettra un certain temps à atteindre le lac et la variation de niveau produite par l'action directe des précipitations (effet de pluviomètre) aura eu le temps d'être amortie avant la nouvelle perturbation produite par la crue de l'affluent.

L'étude détaillée de ces influences relève de l'hydrologie et nous n'entrerons guère plus avant dans le détail ici.

Qu'il suffise de rappeler quelques exemples typiques :

α) Le grand lac du Cambodge voit son niveau varier de plus de 9 mètres entre la saison sèche et la saison humide. Or, au début de la saison des pluies, le lac commence à monter comme un immense pluviomètre puis c'est l'eau collectée par les affluents propres du lac qui provoque l'élévation du niveau de l'eau (par l'action du Stung Sen surtout) et enfin, c'est l'énorme crue du Mékong et de ses affluents qui apporte au lac les masses d'eau qui l'amène au niveau maximum (DUSSART, 1962).

β) Le lac Majeur, avec son bassin d'alimentation de près de 6 600 km^2 a reçu, du 26 au 29 octobre 1889, une hauteur de précipitations de près de 300 mm (341 mm à Locarno). Son niveau a donc monté de cette valeur pendant la précipitation. Mais, étant donné la faible capacité de rétention de ce bassin, une part importante de cette eau ainsi recueillie a dévalé les pentes et par l'intermédiaire notamment du Ticino est venue grossir l'eau du lac de quelques 407 millions de m^3; le niveau du lac est monté de plus de 1,90 m entre le 28 et le 29 octobre, 48 heures après le début de la précipitation.

γ) Dans le Léman, le Rhône apporte non seulement les eaux de pluie collectées dans les 4 369 km^2 de son bassin non englacé, mais aussi les produits de la fonte des 852 km^2 de glaciers qui complète son bassin de réception. Or, l'été, la glace ne fond que le jour et le Rhône présente donc un débit régulièrement variable avec une crue par 24 heures. Cette crue arrive au lac dans la nuit peu après 0 h. Il a fallu une douzaine d'heures pour que l'effet de l'insolation sur la partie supérieure du bassin du Rhône se fasse sentir dans le Léman (DUSSART, 1948).

Dans d'autres cas, le retard sera plus grand encore. Les variations de débit et les crues, donc les modifications de niveau du lac, seront ainsi fonction de l'intensité des précipitations, de la capacité de rétention et de la taille du bassin de réception et de la longueur des affluents.

L'eau qui arrive dans un lac provient parfois de sources sous-lacustres ou de la nappe phréatique. Dans ce cas, il sera très difficile d'en estimer directement le débit. Cependant, il ne faut pas sous-estimer le rôle de ces apports sur la vie dans le lac. La faune liée à ces eaux souterraines a parfois une répartition qui permet de déceler indirectement ces sources. Dans d'autres cas ce sera la nature du fond lacustre, lessivé ou limoneux qui les mettra en évidence. Les exemples français les plus connus de sources sous-lacustres importantes sont ceux du Boubioz dans le lac d'Annecy (Haute-Savoie) et de la Vise dans l'étang-lac de Thau (Hérault) mais nombreux sont les lacs qui possèdent ainsi des apports d'eau sous-aquatiques (fig. 44).

b) Les matières dissoutes

Le débit liquide d'un affluent agit aussi sur un lac par les matières dissoutes qu'il amène au lac et dont certaines sont des substances nutritives et d'autres des toxines ou des substances de déchet.

Variables avec la nature du bassin d'alimentation, ces matières dissoutes, chlorurées, silicatées, sulfatées ou carbonatées, modifient la densité relative des eaux affluentes donc leur mode d'écoulement et de mélange avec les eaux lacustres.

La teneur des eaux affluentes en substances dissoutes varie en fonction des précipitations et de l'ensoleillement moyen du bassin de réception des eaux pluviales.

Le Rhône, avant son arrivée dans le Léman, peut être considéré comme un bon exemple illustrant cette variation.

Alimenté par des glaciers dans sa partie supérieure (16,3 % du bassin) surtout en été, il reçoit dans sa partie inférieure, l'eau de sources ayant traversé des terrains gypseux ou calcaires (dolomitiques) et qui coulent la plus grande partie de l'année. Dans cette région, les précipitations ont surtout lieu en été. Ainsi, bien que ce soit à la fin de l'hiver que le Rhône amène le plus de substances dissoutes *par litre* au Léman, c'est en été que la quantité *totale* de substances dissoutes apportées au lac est la plus importante (tableau 20).

La nature des substances transportées varie considérablement entre l'été et l'hiver. En hiver, ce sont des carbonates, sulfates, alcalino-terreux et électrolytes divers provenant des eaux souterraines ramenées en surface et eaux ruissellant sur des terrains secondaires et tertiaires calcaires, dolomitiques et marneux; en été au contraire, grâce à une pluviosité relativement forte et surtout à une température et un ensoleillement importants, l'eau du Rhône est très peu chargée en substances dissoutes.

TABLEAU 20.

	Charge en 1886 d'après FOREL en $g \cdot m^{-3}$	Débit moyen en $m^3 \cdot sec^{-1}$ (1935-1958)	Transport en $kg \cdot sec^{-1}$	Transport total en tonnes
Janvier..........	230	60,4	13,89	37 208
Février..........	230	60,7	13,96	33 774
Mars.............	250	68,0	17,00	45 532
Avril............	255	103,0	26,26	68 078
Mai..............	250	201,0	50,02	134 589
Juin.............	230	391,0	89,93	233 098
Juillet..........	215	431,0	92,66	248 193
Août.............	190	362,0	68,78	184 220
Septembre........	180	240,0	43,20	111 974
Octobre..........	185	117,0	21,64	57 973
Novembre.........	192	88,2	16,93	43 892
Décembre.........	210	67,2	14,11	37 797
TOTAL..........				1 326 328

La charge en matières transportées par dissolution est donc fonction :

— de la nature géologique du bassin d'alimentation;
— de la pluviosité;
— de la température moyenne de l'air;
— de l'ensoleillement;
— du débit global de l'affluent considéré.

Ces substances sont des éléments importants de la vie d'un lac. Si certaines d'entre elles ne jouent qu'un rôle indirect, d'autres peuvent modifier directement par leur présence (ou leur absence!) la répartition qualitative et quantitative des organismes (cf. chap. XIV A).

Pour apprécier ce rôle, il suffit de rappeler que, d'après les résultats de recherches effectuées sur l'initiative de la commission franco-suisse d'étude et de protection du Rhône contre les pollutions, la quantité d'azote minéral total arrivant ainsi au lac chaque année est de l'ordre de 2 500 tonnes par an pour le Rhône seul. Pour l'ensemble des affluents du lac cette quantité avoisinerait 3 163 tonnes.

c) LES MATIÈRES EN SUSPENSION

Outre les matières dissoutes, l'eau d'un affluent transporte une certaine quantité de matières en suspension. Cette matière est constituée de particules non ou difficilement solubles, minérales ou de nature plus ou moins colloïdales ainsi que des matières organiques. Leur maintien en suspension est fonction :

α) des phénomènes de turbulence dont l'eau courante est le siège;

β) de la taille et de la forme des grains dont le sédiment est composé;

γ) des variations de débit et de pente du cours d'eau.

Là encore, nous prendrons le Rhône comme exemple; FOREL (1892) puis COLLET (1925) ont estimé chacun que ce mode d'apport était le plus important dans le cas d'un fleuve glaciaire; il représente en effet quelque 8 millions de tonnes de matières minérales arrivant au Léman chaque année.

Si nous suivions le Rhône en différentes saisons et de plus en plus loin de son embouchure, nous constaterions que, dès leur arrivée dans le Léman et par suite de leurs caractéristiques thermiques, physiques et chimiques, ces eaux gardent leur individualité durant un certain temps, surtout en hiver. (Planche 1 *b*, p. 176).

En été, le Rhône, avec sa température relativement basse (9,7 °C en moyenne), sa faible teneur en électrolytes ($135 \cdot 10^{-6}$ mhos·cm^{-1} de conductivité) et malgré sa forte charge en substances en suspension (allant jusqu'à plus de 2,5 kg au m^3 en moyenne), ne s'enfonce que de quelques mètres et s'étale vers 15-20 m de profondeur. Il est possible de suivre ces eaux jusque devant Evian-Lausanne, soit par sondages ultra-sons (les ultra-sons étant réfléchis sur les particules en suspension) (DUSSART, 1957), soit par dosages (DUSSART, 1948).

En hiver par contre, la forte teneur en électrolytes et la température du Rhône (tableau 21) beaucoup plus proche de celle du lac en surface, aident à l'enfoncement direct des eaux fluviales dans le lac.

TABLEAU 21

TEMPÉRATURES MOYENNES
DU RHÔNE (EN 1951) ET DU LÉMAN EN SURFACE

	Lac	Rhône		Lac	Rhône
Janvier.....	5° 70	3° 2	Juillet.....	19° 30	9° 9
Février.....	5° 75	4° 4	Août	19° 60	10° 0
Mars.......	6° 15	5° 9	Septembre.	18° 85	9° 8
Avril.......	8° 35	8° 6	Octobre...	14° 70	8° 6
Mai........	12° 00	9° 5	Novembre.	10° 75	6° 3
Juin........	17° 50	9° 3	Décembre..	7° 85	3° 1

D'après DUSSART, 1961, 1962.

Cependant le débit beaucoup plus faible du fleuve ne permet pas à celui-ci d'amener de grandes quantités de matières en suspension et le rôle de ces eaux hivernales est surtout de laver les sédiments lacustres plutôt que d'apporter des matériaux de comblement.

d) LES MATÉRIAUX ROULÉS

Les matériaux de comblement sont souvent amenés par roulement sur le fond du lit des affluents, au moment des crues. Beaucoup plus grossiers en général, ils sont constitués de grains de sables, de graviers, voire de blocs. Les grains, dont la taille et la densité sont les mieux adaptées aux conditions locales de turbulence, sont roulés, déplacés par saltation et viennent s'accumuler là où la vitesse des eaux assurant le transport diminue subitement, c'est le cas au voisinage des berges et à l'entrée dans le lac. Dans le cas typique du Léman, il se constitue ainsi un bourrelet de matériaux détritiques alimenté par l'affluent en amont et maintenu par les courants lacustres en aval.

La pente avale de ce bourrelet s'accroît peu à peu jusqu'à ce qu'elle soit trop forte pour se maintenir. Un glissement de terrain en milieu aquatique survient alors, s'apparentant à un courant de turbidité et une avalanche sous-lacustre de matériaux prétriés se produit. Le diamètre moyen de ces matériaux est caractéristique et fonction de la vitesse moyenne du courant de transport, ou plus exactement de la force critique de traction des particules en roulement (GLANGEAUD, 1938). L'avalanche entraîne avec elle des matériaux plus grossiers en quantité notable quoique réduite et au cours de la descente sur la pente du delta, il n'y a qu'un faible réaménagement de ces matériaux.

Ces courants de turbidité, bien étudiés par SHEPARD (1948) et KUENEN (1950), s'apparentent donc à des glissements en masse de matériaux plus ou moins calibrés par hydroclassement et provoquent sur le fond souvent meuble et fluide du lac une érosion réelle.

Cette érosion se traduit dans le cas du Léman par la formation d'un canyon sous-lacustre de surimposition qui a été également observé notamment au lac de Constance. Il a une forme de vallée à tracé sinueux avec méandres de plus en plus larges et tendant à être débordés par la droite (la rotation de la terre déviant toute force à la surface du globe vers la droite dans l'hémisphère nord) (cf. figure 54).

Ainsi, la distribution des sédiments allochtones, la formation des varves (cf. chap. XXII), la vitesse de comblement, différente avec le lieu, s'expliquent dans un lac par le mode d'apport des matériaux solides provenant du bassin d'alimentation du lac. Souvent les apports ne consistent qu'en alluvions fines se répartissant également sur tout le delta et venant colmater la cuvette, mais parfois, si le débit solide est suffisant, il y a surcharge et transport des matériaux collectés. C'est le cas dans les réservoirs où les courants de turbidité peuvent provoquer un comblement rapide et localisé de la cuvette, comme au lac Mead (Névada) (ANDERSON et PRITCHARD, 1951).

L'arrivée, dans un lac, des eaux fluviales chargées de matériaux en suspension est souvent spectaculaire. Il y a formation de ce que FOREL a appelé dans le Léman **une bataillère** (« Brech » en allemand) c'est-à-dire un front d'eaux turbides se heurtant aux eaux transparentes du lac; les eaux fluviales s'enfoncent en tourbillons et volutes multiples et la séparation des deux masses d'eau est localement très nette. A quelques dizaines de mètres des eaux du Rhône, à la transparence réduite à quelques centimètres, le Léman a des eaux claires et limpides et laisse parfois voir le disque de Secchi à plus de 20 mètres de profondeur! (Planche 1, *b.* p. 176.)

2. RENOUVELLEMENT

Dans les lacs à bilan hydrologique négatif ou nul, la totalité des apports reste dans la cuvette et contribue à son comblement. Dans ceux à bilan hydrologique positif, une partie des eaux affluentes et des matériaux qui leur sont associés continue son chemin vers la mer par l'intermédiaire d'une effluent ou d'un ou plusieurs émissaires.

Si, dans la plupart des cas, les lacs possèdent plusieurs affluents superficiels ou sous-lacustres ou d'autres sources d'approvisionnement en eau, ils ne sont munis que d'un émissaire le plus souvent superficiel. Cependant, il arrive qu'à un émissaire superficiel jouant le rôle de trop-plein soit adjoint un écoulement sous-lacustre régularisateur, c'est le cas par exemple au lac de Montriond (Haute-Savoie) constitué par éboulement d'une montagne calcaire et dont le barrage est mal imperméabilisé.

Le renouvellement des eaux d'un lac, quelle que soit la nature de son émissaire et de ses affluents, va donc être possible par le double jeu des précipitations et affluents d'une part et de l'évaporation et de l'écoulement d'autre part. Ils amènent ou éliminent substances nutritives dissoutes, substances minérales ou organiques, vivantes ou inertes et particules sédimentaires. L'étude du bilan d'un lac à ce point de vue peut être très instructive.

Le rôle respectif de chacun des facteurs évoqués ci-dessus varie fondamentalement d'un lac à l'autre. Un exemple seul peut situer le problème :

Le Léman reçoit :

a) 1 010 mm d'eau en moyenne par an, soit 18,62 $m^3 \cdot sec^{-1}$;

b) 229 $m^3 \cdot sec^{-1}$ d'eau par les affluents soit 181 par le Rhône, 32 par les affluents rive gauche, 16 par les affluents rive droite;

c) 11 $m^3 \cdot sec^{-1}$ par ruissellement et sources sous-lacustres.

Cette eau quitte la cuvette lémanique à raison de

a) 243 $m^3 \cdot sec^{-1}$ par le Rhône à Genève;

b) 850 mm d'eau par évaporation soit 15,67 $m^3 \cdot sec^{-1}$.

A l'étude de ces données (Blavoux, Dussart, Maneglier, Salvetti, 1962), il est possible de se faire une idée du rôle respectif des éléments qui jouent un rôle dans le renouvellement des eaux lacustres du Léman :

— Seuls 160 mm d'eau météorique, soit 2,95 $m^3 \cdot sec^{-1}$ arrivent par précipitations (eau de dilution).

— La plus grande partie des eaux affluentes arrivent par le Rhône.

— L'apport annuel de la totalité des eaux apportées au lac représente 9,16 % du volume du lac. Il faut donc près de 11 ans pour « renouveler » le Léman... Le temps théorique de renouvellement pour les lacs suivants est de : lac de Saint-Point : 0,6 ; lac d'Annecy : 3,3 ; lac Tchad : 1 ; lac Victoria : 120 ; lac Malawi : 700 ; lac Tanganyka : 1 500.

De fait, il est nécessaire d'établir une discrimination entre eau et matières transportées.

Un lac joue toujours le rôle d'un bassin de décantation. De plus, son émissaire évacue avec l'eau des substances dissoutes et des organismes planctoniques en grandes quantités. C'est par contre un piège à substances nutritives par le jeu du cycle de la matière vivante. Nous aurons l'occasion de revenir sur ce sujet (chap. XIX).

E. — ACTION DES AGENTS ATMOSPHÉRIQUES

Les masses d'air, en perpétuel mouvement, agissent directement ou indirectement sur la surface d'un lac de différentes manières.

Elles apportent une force vive capable d'entraîner par friction les eaux superficielles et provoquent ainsi la formation de vagues et de courants; elles suscitent des échanges d'énergie entre air et eau et sont à l'origine de mouvements très importants des masses d'eau tels que les seiches superficielles et les ondes internes. De même certaines variations de pressions barométriques peuvent engendrer localement des phénomènes analogues.

1. APPORT D'ÉNERGIE

Sans entrer encore dans le détail des actions directes des vents sur une masse d'eau lacustre, abordons dès maintenant un des rôles les plus importants des vents : celui qui en fait des pourvoyeurs d'énergie.

Par frottement sur la surface d'un lac, les vents entraînent les masses d'eau et provoquent une turbulence qui permet à ces masses d'eau de se mélanger partiellement. Si le lac présente une hétérogénéité thermique, ce qui est le cas dans les lacs holomictiques en période de stratification (saison chaude), il y aura transfert partiel d'énergie d'une couche à l'autre, énergie qui peut être dépensée en courants ou en chaleur.

L'énergie cinétique que le vent transmet ainsi à la masse d'eau lacustre est donc partiellement utilisée à homogénéiser les couches d'eau; elle se traduit par une accumulation de chaleur, ce qui a fait dire à Birge (1916) que le vent « travaillait à chauffer le lac Mendota (Wisconsin) ». De fait, il a pour principale action de transférer aux couches profondes une énergie calorifique emmagasinée dans les couches superficielles et incapable, par suite de la faible conductivité thermique de l'eau, de pénétrer en profondeur.

Le vent provoque donc des échanges qui se traduisent par une turbulence fonction de la force du vent générateur et d'un coefficient de diffusion turbulente dont la valeur varie avec les conditions de milieu. Ces échanges sont concrétisés par l'homogénéisation des couches superficielles; ils sont d'autant plus aisés que la différence de densité entre les couches considérées est plus petite. Au printemps, après la période de circulation, ces échanges sont généralement caractéristiques des lacs dimictiques jusqu'à l'instauration d'une stratification thermique qui n'est que l'expression d'un gain de chaleur plus rapide et plus important que le travail d'homogénéisation du vent en surface. Tout l'épilimnion est soumis à ces échanges, le métalimnion n'étant en fait que la zone (couche) où ils ne se font plus sentir directement et qui constitue donc une sorte de barrière entravant le passage des particules d'eau des couches supérieures vers les couches inférieures (et réciproquement) ainsi que de tout ce qui leur est lié (ions, plancton, etc.).

Sans les courants de convection et la turbulence liée à ce travail du vent, un lac ne pourrait présenter de stratification véritable en période de réchauffement.

Birge (1916), un des rares à avoir étudié cette action du vent, l'exprime tout d'abord par la formule :

$$\mathrm{T}r = \mathrm{RT} \times z \times (1 - \rho_t)$$

Tr étant le travail du vent pour faire atteindre à une couche d'eau la température qu'elle présente, ou mieux, pour que cette couche d'eau accumule la quantité de chaleur qui l'a portée de 4 °C à t °C. RT est « l'épaisseur réduite » de la couche considérée ou rapport du volume vrai de cette couche à la surface du lac (à $z = 0$).

ρ_t est la densité de l'eau à t °C.

Avec l'aide de SLICHTER, BIRGE a transformé cette formule élémentaire et l'exprime ainsi :

$$\mathrm{T}r = \frac{1}{\mathrm{A}_0} \int_0^{z_m} z(1 - \rho_t)\mu(z)dz$$

où $\mu(z)$ est « l'épaisseur réduite » à la profondeur z, et A_0 le coefficient de turbulence dans l'eau.

Pour l'ensemble du lac, HUTCHINSON (1957) préfère rapporter l'épaisseur relative à la profondeur moyenne et exprime Tr par la formule :

$$\mathrm{T}r = \frac{1}{\mathrm{A}_0} \int_0^{z_m} \bar{z}\mathrm{A}_z(1 - \rho_z)dz$$

Tr étant exprimé en $g.cm \cdot cm^{-2}$.

Cette formule ne tient pas compte de la perte d'énergie par radiation, mais celle-ci n'est sensible qu'à la surface de l'eau et peut donc être négligée en première approximation.

Il ne faut pas sous-estimer le rôle de cet apport d'énergie par le vent. Pour ne donner qu'un seul exemple, il suffit de rappeler que les lacs Chandler (Alaska) et Güija (Salvador) situés l'un en climat subpolaire et l'autre en zone subéquatoriale ont un budget calorifique sensiblement analogue mais diffèrent fondamentalement par leur budget énergétique total : l'un est plus de 5 fois plus soumis à l'action du vent que l'autre (HUTCHINSON, 1957) (tableau 22).

TABLEAU 22

Lac	Surface en km^2	Budget calorifique en $cal \cdot cm^{-2}$	Travail dû au vent en $g.cm \cdot cm^{-2}$	Rapport Budget/travail du vent
Chandler...	15,00	5 800	175	0,030
Güija......	44,25	5 410	958	0,177

A noter que dans le lac Chandler, le mélange des couches d'eau est facilité par les faibles températures atteintes qui ne modifient que peu la densité des couches, tandis que dans le lac Güija, une faible variation de température entraîne une forte variation de densité (voir également BENNETT, 1975).

2. COURANTS

Considérons un lac présentant un gradient de température et un gradient de densité.

Il est possible de concevoir dans ce lac :

— des surfaces d'égale température (surfaces isothermes);

— des surfaces d'égale densité (surfaces isostères);

— des surfaces d'égale pression (surfaces isobares) et enfin,

— des surfaces d'égale profondeur (surfaces de niveau).

Si toutes ces surfaces sont parallèles, le lac sera en repos, et la masse d'eau ne sera pas soumise à courant. Mais si une de ces surfaces vient à présenter un certain pendage, un courant prendra naissance qui tendra à rétablir l'équilibre ainsi momentanément détruit; c'est ce qui se produit continuellement.

Si, par exemple, les surfaces d'égale densité ne sont plus parallèles aux surfaces de niveau, il se formera un courant de densité. Si un vent pousse les eaux de surface dans une certaine direction, il créera un courant de dérive et quand le vent se calmera, il y aura formation de seiches internes provoquant des courants associés à des ondes internes.

Enfin, dans un lac, si les marées lunaires n'ont jamais une grande amplitude, elles n'en existent pas moins, et provoquent des courants de marée.

Or en mécanique des fluides de l'hydrosphère terrestre, l'équation du mouvement

$$\frac{dC}{dt} + 2\Omega C = -\frac{1}{\rho}\nabla p + g + F$$

contient les termes suivants :

C est le vecteur vitesse, t le temps, Ω le vecteur vitesse angulaire de rotation de la terre, ρ la densité du fluide, ∇p le gradient de pression, g le vecteur accélération due à la gravité, et F le vecteur friction.

$\frac{dC}{dt}$ sera donc l'accélération d'une masse unité due aux effets accumulés de la force de Coriolis $-2\Omega C$, de la force due au gradient de pression $-\frac{1}{\rho}\nabla p$ et des forces dues à la gravité g et aux effets de friction F. Ces termes peuvent être identifiés de la manière suivante (Von Arx, 1962) : terme inertie + terme Coriolis = — terme gradient de pression + terme gravitation + terme friction

Les rapports de ces termes (présentés sous forme simplifiée) ont été utilisés pour définir plusieurs nombres sans dimensions :

Nombre d'Euler soit $\frac{\text{Force d'inertie}}{\text{Force gradient de pression}}$ soit $\frac{\rho V^2}{p}$

Nombre de Froude soit $\frac{\text{Force d'inertie}}{\text{Force de gravitation}}$ soit $\frac{V^2}{Lg}$ ou $\frac{V}{\sqrt{Lg}}$

Nombre de Rossby soit $\frac{\text{Force d'inertie}}{\text{Force de Coriolis}}$ soit $\frac{V}{fL}$

Nombre de Reynolds soit $\frac{\text{Force d'inertie}}{\text{Force de friction}}$ soit $\frac{VL}{\mu/\rho} = \frac{VL}{\upsilon}$

Nombre d'Ekman soit $\frac{\text{Force de Coriolis}}{\text{Force de friction}}$ soit $L\sqrt{\frac{f}{2\mu/\rho}}$

où L est une longueur caractéristique, V est une vitesse caractéristique, ρ est la densité du fluide considéré, *g* la gravité, *f* la paramètre de Coriolis, *p* la pression, et μ la viscosité dynamique.

Ces nombres sont sans cesse utilisés en hydraulique pour caractériser un mouvement et assigner des limites à son amplitude.

On peut classer les différents phénomènes de circulation dans les grandes masses d'eau en trois catégories, d'après Von Arx (1957), ces trois catégories peuvent être distinguées d'après la manière avec laquelle les forces dues au gradient de pression sont opposées soit :
1) par friction, cas des écoulements à petite échelle dans les rivières, les estuaires étroits, et quelques lacs,
2) par une combinaison de la friction et des effets d'inertie dus à la rotation de la terre, cas des grands lacs, et des mers intérieures ou marginales, et
3) par la force de Coriolis seule, cas des océans et systèmes océaniques.

Ces trois catégories peuvent être résumées, quant à leurs caractéristiques de la manière suivante :

Circulations locales	Circulations régionales	Circulations planétaires
Lacs, baies, rivières, atolls et estuaires étroits.	Grands lacs, baies, mers marginales et intérieures.	Océans et systèmes océaniques.
Force due au gradient de pression contrariée par friction.	Force due au gradient de pression contrariée par friction et par la force de Coriolis.	Force due au gradient de pression contrariée par la force de Coriolis.
Gradients de pression dus à : Rivières affluentes, effluents, évaporation, infiltrations, vents locaux, seiches, intrusion d'eau salée.	Gradients de pression dus à : Vents synoptiques, gradients de pression synoptiques (air), équilibre entre écoulements, évaporation, précipitations et marées.	Gradients de pression dus à : Vents « planétaires », distribution climatique des vents saisonniers, insolation, évaporation et précipitations.
Seiches rectilignes; mouvement principalement transversal aux isobares.	Seiches tendant à suivre les cercles d'inertie; mouvement avec une composante transversale aux isobares.	Cercles d'inertie négligeables; mouvement principalement géostrophique.
Système se rapprochant d'un schéma plat stationnaire, utilisant les modèles de Froude (et de Reynolds) ordinaires.	Système se rapprochant d'un schéma plat tournant utilisant les modèles tournants de Froude (et de Reynolds).	Système se rapprochant d'un schéma curviligne tournant utilisant les modèles tournants.

L'eau des lacs est en continuel mouvement par suite des courants prenant naissance en son sein. Ces courants peuvent avoir diverses origines. SVERDRUP (1942) distingue ainsi :

a) les courants dus directement à l'action des vents sur la surface de l'eau;

b) les courants liés à la distribution de la densité;

c) les courants de marées et ceux associés aux ondes internes.

a) COURANTS DUS AU VENT OU COURANTS DE DÉRIVE

Un vent soufflant sur une masse d'eau homogène et de profondeur infinie produit à sa surface un courant qui, selon la théorie d'EKMAN (1928) est dévié par la force de Coriolis vers la droite dans l'hémisphère Nord *(cum sole)*. Cette déviation s'accentue avec la profondeur, en même temps que la vitesse du courant diminue selon une loi exponentielle. Ce courant est appelé **courant de dérive** (drift current). Si le courant, à des intervalles égaux de profondeur, est représenté par un vecteur dont la direction est celle du courant et la longueur proportionnelle à sa vitesse, les extrémités des vecteurs ainsi définis forment une spirale logarithmique, une fois reportée sur un plan horizontal. Il existe donc toujours une profondeur D à laquelle le courant présente une direction opposée à celle du courant de surface et une vitesse déjà faible qui ne représente qu'une fraction petite de sa valeur en surface (4/100). Au-dessous, les courants sont pratiquement négligeables; cette profondeur est appelée par EKMAN : profondeur de frottement (depth of frictionnal resistance). C'est celle jusqu'où l'influence des vents se fait sentir. Elle est fonction de la vitesse de ceux-ci et de la latitude.

Nous ne développerons pas la théorie de ces courants de dérive dont les noms de BJERKNES *et al.* (1933), PROUDMAN (1953), DEFANT (1961) et VON ARX (1962) jalonnent les progrès. Nous n'aborderons, à l'usage du biologiste, que quelques aspects non mathématiques de cette théorie et quelques résultats.

En théorie :

$$D = \pi \frac{\mu}{\rho \Omega \sin \varphi}$$

où D est la profondeur de frottement évaluée en mètres,
μ est le coefficient de viscosité cinématique,
φ est la latitude,
Ω est la vitesse de rotation de la terre,
ρ est la densité.

En première approximation, $D = \frac{7,6\ W}{\sqrt{\sin \varphi}}$

où W est la vitesse du vent exprimée en $m \cdot sec^{-1}$.

THORADE (1914) remplace cette formule par la suivante quand le vent a une vitesse inférieure à 6 $m \cdot sec^{-1}$ (18 $km \cdot h^{-1}$)

$$D = \frac{3,67 \sqrt{W^3}}{\sqrt{\sin \varphi}}$$

Le courant de dérive est alors, en surface ,de :

$$V_0 = \frac{0,0127\ W}{\sqrt{\sin \varphi}}$$

d'après EKMAN.

Par vent de 7 $m.sec^{-1}$ par exemple, à la latitude de 45°, la profondeur de frottement sera de 60 à 70 m; par brise de 4,5 m/sec^{-1}, elle ne sera que de 40 m.

De plus, des formules précédentes on peut tirer :

$$D = \frac{7,6\ V_0}{0,0127} = 600\ V_0$$

la profondeur de frottement a donc pour valeur en mètres 600 fois la vitesse du courant de surface exprimée en $m \cdot sec^{-1}$.

Ceci n'est vrai que dans une masse d'eau homogène; quand la densité varie avec la profondeur, la valeur de D diminue. Elle est généralement dans les lacs de 20 à 100 m (HUTCHINSON, 1957).

En fait, les courants de dérive n'intéressent, dans un lac stratifié, que la couche épilimnique; la thermocline, surtout quand elle est accusée, c'est-à-dire à l'automne, agit en effet comme une paroi que les courants ne peuvent pénétrer. Le reste de l'année, et particulièrement au moment des périodes de circulation, au contraire, les courants de dérive peuvent se développer comme le veut la théorie d'EKMAN. La profondeur inférieure de frottement diminue toutefois de valeur au printemps, au début de la stratification thermique à laquelle se surimpose parfois une légère stratification chimique, par suite de l'arrivée d'eaux affluentes de composition différente (cas du Rhône arrivant dans le Léman).

Certains auteurs considèrent que D a la valeur de l'épaisseur de l'épilimnion en période de stratification. Il n'y a là que coïncidence dans le cas de lac de grande taille en climat tempéré.

Quand la profondeur du lac est insuffisante pour que le courant de dérive soit de direction opposée au courant de surface avant qu'il atteigne le fond, la théorie d'Ekman n'est plus directement applicable et l'influence de la force de Coriolis se fait de moins en moins sentir en surface tandis que la friction contre le fond prend de l'importance (fig. 35).

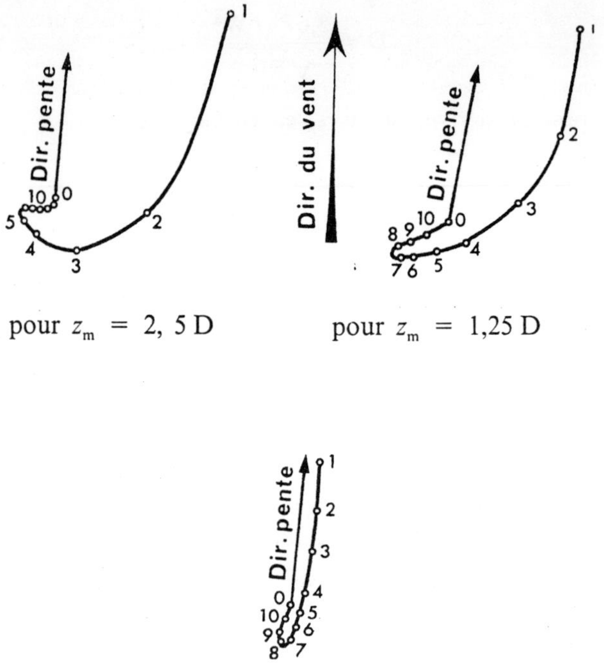

pour $z_m = 2,5$ D pour $z_m = 1,25$ D

pour $z_m = 0,5$ D

FIG. 35. — Direction et vitesse des courants de dérive pour $\frac{z_m}{D}$ petits d'après EKMAN.

De très nombreuses observations directes de courants de dérive ont été effectuées sur des grands lacs. Celles sur le Bodensee et le Léman en Europe et les grands lacs laurentiens aux États-Unis seront pris en exemples.

Dans le Bodensee, les recherches de WASMUND (1927, 1928), puis celles d'AUERBACH et RITZI (1937) ont mis en évidence un complexe de courants constituant deux vastes mouvements circulaires en surface.

Sous la surface, on retrouve le cours du Rhin qui, lui, ne peut être détecté que par d'autres moyens d'investigation.

Dans le Léman, les mêmes procédés d'investigation ont permis à Mercanton (1932) et à Kreitmann (1931) sinon d'établir une carte de courants de dérive dans le grand lac, tout au moins de donner une idée de la vitesse et de l'orientation de ces courants. Ils sont en grandes généralités longitudinaux, parfois rapides (1,250 $km \cdot h^{-1}$) et ont tendance à constituer des systèmes tourbillonnaires juxtaposés. Dans le petit lac, les observations de Dienert et Guillerd (1913), puis de Bétant et Perrenoud (1932) ont mis en évidence des courants de 1,310 $km \cdot h^{-1}$ en surface, 2,680 $km \cdot h^{-1}$ à 15 m et 0,980 $km \cdot h^{-1}$ entre 30 et 50 m de profondeur. Ces derniers ont démontré l'existence, dans la partie la plus proche de Genève, de courants de subsurface orientés dans le sens du lac tandis qu'aussi bien à 20 qu'à 25 m ces courants suivent en quelque sorte les isobathes en se renforçant vers l'axe du lac. La petitesse relative du bassin considéré provoque des effets de relief importants et pourtant les courants ont tendance à constituer des mouvements cycloniques des eaux dans le sens inverse des aiguilles d'une montre.

Dans le grand lac au contraire, il est parfois possible d'observer directement le mouvement circulaire des masses d'eaux qui se traduit par une modification de la forme et de la nature des vaguelettes à la périphérie du cercle d'inertie (cf. plus loin) (Planche 2 *a*, p. 192).

Dans les grands lacs américains, la plupart des observations que nous possédons grâce à Harrington (1895), Verber (1955), Ayers *et al.* (1956, 1958), Johnson (1958, 1960), Rushmeyer et Olson (1958), Van Oosten (1963) montrent que les courants de dérive sont provoqués en été surtout par une circulation d'air venant de l'ouest et qui provoquent, tels le 28 juin 1955, un grand mouvement cyclonique dans la région sud-orientale du lac Michigan et un autre en sens contraire dans sa partie septentrionale (fig. 36) tandis que dans le lac Huron il y a la plupart du temps prédominance de courants côtiers occidentaux. En plus de ces courants de surface giratoires et souvent dans le sens des aiguilles d'une montre, l'effet du relief provoque des phénomènes d'enfoncement (sinking) et de remontée (upwelling) respectivement le long des côtes orientales (sud-orientales) et occidentales (nord-occidentales). Ces courants ne semblent pas dépasser des vitesses de 2,400 $km \cdot h^{-1}$ (fig. 37). A signaler que ces courants de dérive, malgré l'énorme énergie qu'ils nécessitent et la taille des bassins considérés, changent en direction et vitesse en fonction des facteurs météorologiques auxquels ils sont liés.

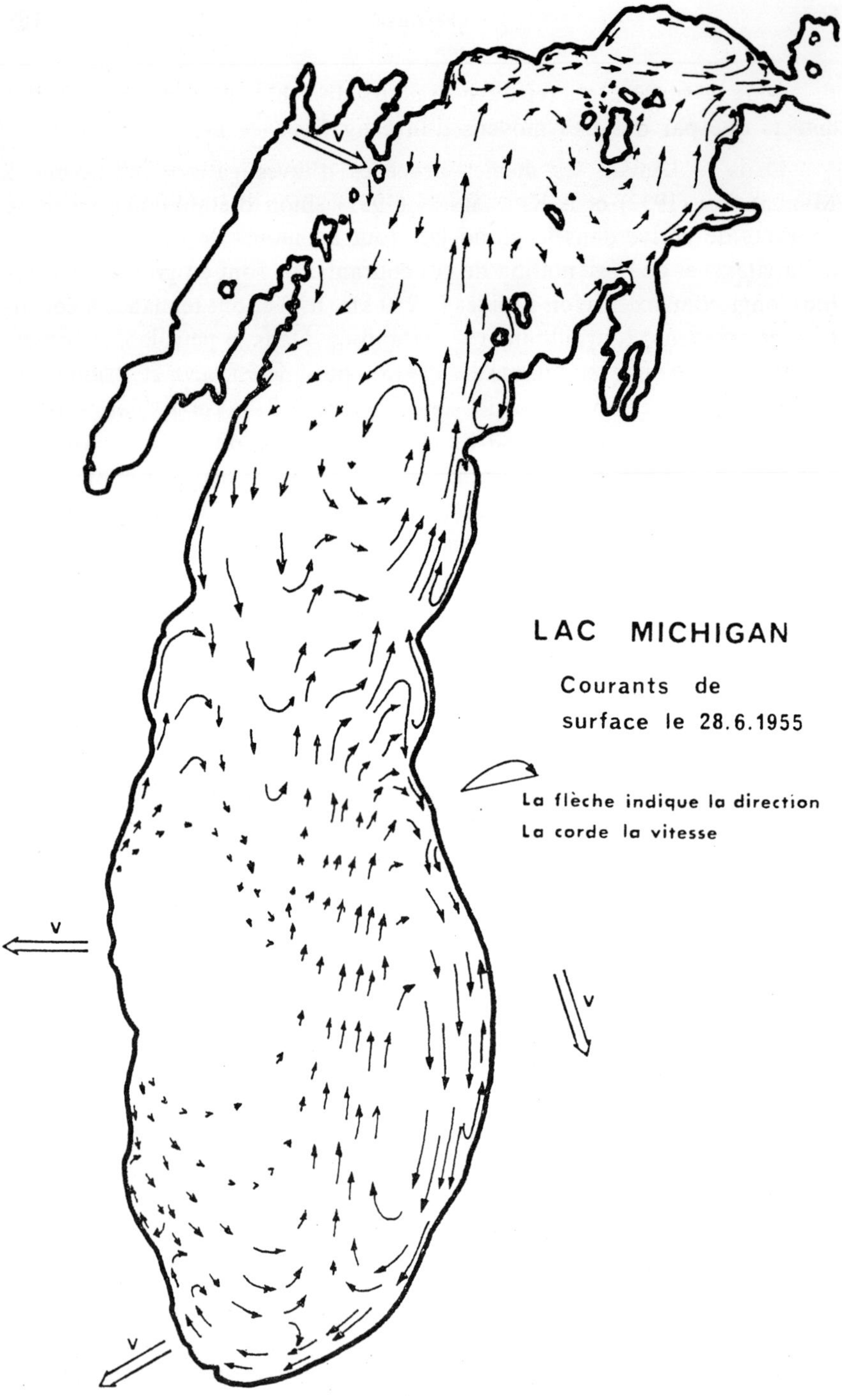

FIG. 36. — Courants de surface du lac Michigan, 28-6-1955. D'après AYERS, 1959.

Dans le bassin occidental du lac Ontario, BRUCE (1960) a aussi mis en évidence un fort courant cyclonique lié au vent.

Un courant de dérive se réfléchit le plus souvent sur la côte (le fond) du lac où il a pris naissance et provoque un courant de retour intéressant

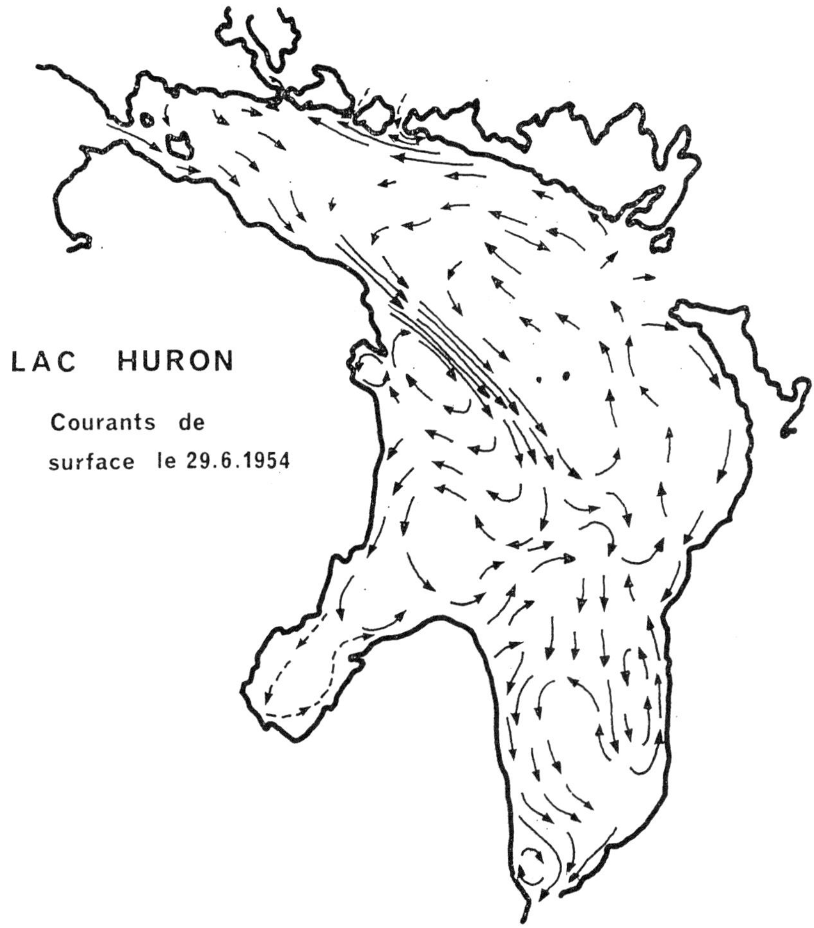

FIG. 37. — Courants de surface du lac Huron, 29-6-1954. D'après AYERS, 1959.

la partie inférieure de la zone homogène superficielle. Ce courant de retour, par suite de la viscosité dynamique de l'eau, entraîne à son tour les couches sous-jacentes et un système de courants de dérive, de plus en plus profonds et de vitesse de plus en plus lente, prend parfois naissance. Les observations ci-dessus mentionnées montrent que ce phénomène est fréquent, notamment aux extrémités du bassin considéré.

Un vent soufflant sur un lac au voisinage d'une côte produit, en surface, une dénivellation apériodique. Cette dénivellation provoque une modification de la pente des surfaces isobares, modification qui sera à l'origine d'un courant.

Ce **courant de pente** se manifeste par un courant profond et par un courant atteignant la surface, ce dernier perpendiculaire à la direction de la pente et ayant une vitesse presque uniforme; la direction du vecteur vitesse du courant profond fait, au voisinage du fond, un angle de 45° *cum sole* (vers la droite dans l'hémisphère Nord) avec la direction de la pente (du gradient). Comme pour les courants de dérive, le courant est d'autant plus dévié vers la droite qu'on s'éloigne du fond, en même temps que cette vitesse diminue pour atteindre, à la *hauteur limite de frottement*, une valeur négligeable. A cette hauteur, seule subsiste la deuxième composante du courant de pente. Cette hauteur limite de frottement a sensiblement la même valeur que la profondeur de frottement du courant de dérive, dans une masse d'eau fermée de toute part, comme un lac, tout au moins une partie de l'année quand le lac ne présente pas de gradient de température accusé (viscosité homogène). C'est, en quelque sorte, la zone où les forces de friction sur le fond ne se font plus sentir. Au-dessus, l'eau s'écoule presque sans friction (si l'on excepte les phénomènes de turbulence), à vitesse constante et dans une direction perpendiculaire à celle du gradient. En surface, donc, courant de dérive et courant de pente se composeront pour donner le courant observable.

Ainsi, dans un lac comme dans une mer, on peut considérer trois sortes de courants superposés au voisinage d'une côte :

— un courant de fond qui est un courant de pente dont la vitesse est fonction des forces de friction sur le fond;

— un courant de mi-eau, perpendiculaire au gradient et de vitesse constante;

— un courant de surface qui est la résultante du courant de pente, constant en direction et vitesse, et du courant de dérive dont la vitesse décroît avec la profondeur.

Dans le Léman, les vents dominants étant N — NE et W — SW (en moyenne 5 $m \cdot sec^{-1}$), courants de dérive et courants de pente se conjuguent pour donner naissance à un courant résultant, sensiblement parallèle à la côte, sur toute l'étendue du lac. Il y a donc bien tendance à la formation de dénivellations longitudinales composées, qui sont à l'origine des courants de seiches internes. On peut donc, en première approximation, parler d'accumulation d'eau à la côte « sous le vent », produite par des courants de dérive en quelque sorte « redressés » par les courants de pente.

b) Courants liés a la distribution de la densité

Considérons une molécule d'eau A située à une profondeur z. Cette molécule subit une pression verticale dirigée de haut en bas P_A égale à $z \times g \times \rho$, g étant l'accélération de la pesanteur, supposée constante, et ρ étant la densité moyenne de la colonne d'eau au-dessus de z.

Dans la masse d'eau considérée, tous les points où la pression P_A est la même constituent une surface dite surface isobare. Si cette surface est parallèle aux surfaces de niveau, aucune force ne tendra à déplacer la molécule A.

Mais si la pression en deux points A et B, voisins et situés à la même profondeur z, n'est pas la même, une force tendra à rétablir une pression égale en ces deux points situés sur la même surface de niveau. Cette force F engendrera un courant. Si les deux points se trouvent sur la perpendiculaire en A à la surface isobare, cette force s'exprime par la différence de pression existant entre les deux points A et B rapportée à l'unité de longueur le long de AB, soit :

$$F_1 = \frac{P_A - P_B}{L}$$

et est dirigée perpendiculairement à la surface isobare passant par A, si la pression est plus forte en A qu'en B.

Or la terre tourne, et sa rotation provoque une force centrifuge composée (force de Coriolis) dirigée à angle droit par rapport à la vitesse du courant. Cette force, dont la valeur est $2\,\Omega V \sin\varphi$ doit faire équilibre à la force F dans le cas de la molécule A, dans la mesure où A se meut en ligne droite et d'un mouvement uniforme (en négligeant la friction et les perturbations dues aux phénomènes de viscosité);

On a donc dans ce cas :

$$\frac{P_A - P_B}{L} = 2\Omega V \sin\varphi \qquad \text{d'où} \qquad V = \frac{P_A - P_B}{2\Omega L \sin\varphi}$$

telle est la formule de HELLAND-HANSEN déduite du théorème de la circulation de BJERKNES, permettant de calculer la vitesse des courants de densité. Cette formule simplifiée par ROUCH (1948) a été discutée par SVERDRUP (1942) puis par PROUDMAN (1953); ces courants de densité sont largement masqués dans les lacs par les courants de dérive et les courants de seiche.

Les variations de pression étant liées à celles de la densité au point considéré, seront elles-mêmes liées aux facteurs qui font varier cette densité, la température, la salinité. Ainsi, des *courants de convection thermique* peuvent prendre naissance quand, par temps nuageux, le soleil ne réchauffe qu'irrégulièrement la surface de l'eau. Ils peuvent aussi se produire, dans certains lacs de montagne encaissés, par exemple, quand un pan rocheux provoque une ombre sur une partie de la surface du lac. Ces courants ont été reproduits expérimentalement par KREITMANN (1935). Ils se traduisent par un courant de surface se dirigeant des zones ensoleillées vers les zones d'ombres et par un courant sous-jacent de direction opposée. Il peut même se produire, quand le lac présente une stratification thermique, des courants successifs de direction chaque fois opposée, chaque courant entraînant une masse d'eau plus importante que le courant sus-jacent, mais avec une vitesse moins grande.

De ces courants de convection thermique doivent être rapprochés les courants de convection dus au refroidissement nocturne de la surface de l'eau d'un lac à l'automne, au moment de l'overturn, période de circulation des eaux. Celles-ci tendent en effet à s'enfoncer et constituent ainsi un épilimnion toujours plus épais quoique plus « froid ».

Mais ce sont les courants liés aux variations d'ensemble de la densité des masses d'eau qui seront les plus importants.

Leur étude n'est possible que par voie indirecte et par le calcul, car leur importance est fonction, non de leur vitesse presque toujours réduite, mais de la masse d'eau qu'ils mettent en mouvement. Ils ne prennent naissance de façon spectaculaire qu'en période de stratification thermique.

Considérons un lac holomictique en zone tempérée nord en été. A une certaine profondeur égale à 2 ou 3 fois l'épaisseur de l'épilimnion (donc dans l'hypolimnion), la température peut être considérée comme invariable et la même dans l'ensemble du lac. A cette profondeur, surface isotherme, surface isobare et surface de niveau coïncident. Si cette surface est prise comme surface de référence, on peut concevoir en chaque point du lac une hauteur fictive égale à la hauteur qu'aurait une colonne d'eau ayant une température uniforme de référence (4 °C) et non comprimée hydrostatiquement. Les différentes hauteurs obtenues aux différents points d'observation du lac considéré permettent de figurer une topographie dynamique ou géopotentielle de la surface du lac. De cette topographie peuvent être déduites direction et vitesse des courants.

Cette méthode a été inaugurée en lac par AYERS (1956) au lac Huron puis étendue à d'autres lacs (Des tables [AYERS, 1956, 1957] facilitent la mesure de cette hauteur dynamique).

Quand on établit un profil thermique d'un lac, il est possible de soupçonner le plus souvent ces courants. De nombreux auteurs l'ont fait (notamment MORTIMER [1951], BRYSON et SUOMI [1952], BARDACH [1954], DUSSART [1954], etc.).

En plus de ces courants de densité liés aux faibles variations de cette densité avec la température, une attention toute particulière doit être prise pour ceux qui naissent à la suite de variations locales de densité liées aux apports : sources sous-lacustres, affluents. Les observations les plus spectaculaires en ce domaine sont celles des batailleres, telle celle du Rhône arrivant dans le Léman et qui provoque un déséquilibre local mais profond des couches d'eau au voisinage de son embouchure et un contre-courant notable de surface (cf. Planche 1, *b*, p. 176.). De même la source du Boubioz dans le lac d'Annecy perturbe la partie septentrionale du lac (DUSSART, 1955) et il ne fait aucun doute que la source de la Vize joue un rôle du même ordre dans l'étang de Thau.

c) COURANTS DE MARÉES

Dans les lacs, les courants de marées sont le plus souvent trop faibles pour être mesurables et même jouer un rôle dans le métabolisme ou la répartition de la faune et de la flore.

Des marées existent cependant dans les lacs. Elles ont été étudiées dans certains d'entre eux et notamment dans le Léman par MERCANTON (1955) dans le cadre d'une étude générale du niveau du lac par le service fédéral des eaux de Berne et avec la collaboration de B. DUSSART (KUNSTCHEN *et al*, 1954).

L'amplitude de cette marée est maximum aux deux extrémités du lac et de signes opposés et atteint 4,9 mm à Bellevue et 4,5 mm à Chillon. C'est la lunaire principale semi-diurne la plus importante. Aux niveaux de Thonon-Rolle-Saint-Sulpice, la marée est toujours très faible. Il y aurait trois lignes cotidales transversales et un point amphidromique au voisinage de Thonon (fig. 38).

De semblables marées ont été observées dans les grands lacs américains (HARRIS, 1909) ainsi qu'au lac Baïkal (STERNECK, 1928) où elles atteignent 15 mm et étudiées par PROUDMAN (1953). (Tableau 23).

Rappelons que les marées sont, dans les lacs comme en mer, des *oscillations forcées* de période d'un peu moins de 12 h 30 pour la marée semi-diurne astronomique.

Puisque des marées sont décelables dans certains lacs, elles doivent provoquer des courants périodiques, mais l'amplitude même de ces marées

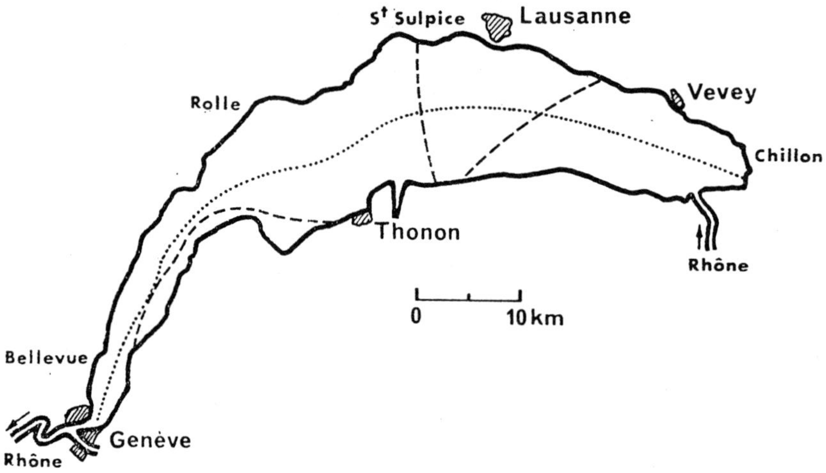

FIG. 38. — Lignes cotidales probables de la marée du Léman (en tirés) (pour M_2). En pointillés, l'axe moyen du lac. D'après MERCANTON, 1955.

est si petite que les courants qui en résultent sont extrêmement faibles et impossibles à observer directement. D'autre part, comme les courants de densité, les courants de marées sont masqués par les courants beaucoup plus importants de dérive et de seiches internes.

La particularité essentielle de ces courants de marées est qu'ils ne provoquent pas, finalement, de transport d'eau, par suite de leur périodicité; d'autre part, leur vitesse est très faible. Cependant, il est nécessaire de souligner que, dans les masses d'eau importantes, ces courants de marées

TABLEAU 23

Lac et Station considérés		Léman Hermance	Léman Thonon	Léman Chillon	Lac Supérieur Duluth	Lac Michigan Milwaukee	Lac Baïkal
1. *Diurnes*							
Lunisolaire	K_1	0,76	1,05	0,72	10,5		3,5
Lunaire majeure	O_1	0,89	0,44	0,77	6,5		2,2
— elliptique	Q_1	0,14	0,15	0,54			
— — complém.	J_1	0,27	0,21	0,36			
Solaire	P_1				5,1		0,8
2. *Semi-diurnes*							
Lunaire principale	M_2	1,18	0,31	1,80	20,1	7,5	4,5
Solaire principale	S_2	0,07	0,23	0,62	10,3	3,1	2,9
Lunaire elliptique majeure	N_2	0,17	0,16	0,48			0,8
— — mineure	L_2	0,39	0,11	0,27			
— variations	μ_2	0,28	0,33	0,56			
Lunisolaire petits fonds	$2\ SM_2$	0,23	0,17	0,08			
Lunisolaire	K_2						0,7

Amplitude des marées en mm (La marée de vive eau théorique vaut $2(M_2 + S_2)$.
Léman d'après MERCANTON, 1955.
Lacs Supérieur et Michigan d'après HARRIS, 1909 (tiré de HUTCHINSON, 1957).
Lac Baïkal d'après STERNECK, 1928.

sont soumis à la force de Coriolis, si bien que le trajet d'une petite quantité d'eau, au centre d'un grand lac par exemple, est une ellipse qu'elle parcourt dans le sens des aiguilles d'une montre dans l'hémisphère Nord.

Ces courants de marées intéressent l'ensemble de la masse de l'eau, au même titre que les courants de seiches. Cependant, dans un lac présentant un gradient de densité, un phénomène secondaire peut prendre naissance : d'après O. PETERSSON (1907), en effet, la variation de pesanteur due à la variation de composante verticale de la force génératrice des marées pourrait être suffisante pour amener un déplacement vertical des couches isohalines. Comme les lacs des régions tempérées présentent, au moins l'été, une forte stratification thermique, on peut donc s'attendre à un phénomène d'onde de marée interne, au moins en période de fortes marées. Ce genre d'onde n'a pas encore été mis en évidence.

3. SEICHES ET ONDES INTERNES

Les courants créés par les marées sont évidemment trop faibles pour être perceptibles. Des variations de niveau beaucoup plus importantes et susceptibles de créer de véritables courants mesurables sont celles produites par les *oscillations libres* que FOREL (1895), après les avoir étudiées, a appelées **seiches** comme les riverains du Léman depuis au moins le XVIe siècle.

Le phénomène dénommé seiche est une oscillation stationnaire libre provoquée par une dénivellation temporaire rapide, d'impulsion assez prompte pour donner lieu à une série d'oscillations du niveau de l'eau autour de sa position d'équilibre.

Ces oscillations ont fait l'objet d'une approche mathématique dès la fin du XVIIIe siècle (LAGRANGE, 1781). Ce sont surtout MERIAN (1828), AIRY (1845), DU BOYS (1891), CHRYSTAL (1904) et SERVAIS (1957) qui ont permis de mettre au point un modèle mathématique exploitable.

La principale cause de formation d'une seiche est une variation brusque et locale du champ de pression. Le temps orageux, le passage rapide d'une forte dépression, un vent violent ayant une dépression comme origine sont les causes principales d'une seiche. Dans certains cas exceptionnels, un tremblement de terre peut avoir le même effet.

Il existe plusieurs formes de seiches :

Les **seiches longitudinales** ont lieu dans le sens de la plus grande dimension horizontale du bassin;

Les **seiches transversales** ont lieu dans le sens de sa largeur;

Les *vibrations* sont des oscillations plus ou moins entretenues de très faible amplitude et de courte période.

Une seiche est uninodale si l'oscillation se présente sous la forme fondamentale et normale, c'est-à-dire avec un nœud au centre du bassin et deux ventres, chacun à une extrémité.

Dans le Léman, tout concourt à donner à cette seiche uninodale longitudinale son amplitude importante : forme du lac simple et en croissant dans le sens Ouest-Est, c'est-à-dire dans le même sens que la direction prise par les dépressions pour parcourir la région; longueur du bassin qui correspond sensiblement à la vitesse habituelle de déplacement de ces dépressions qui viennent ainsi renforcer leur action première tout au long du lac.

Dans certains cas cependant, le moteur de la seiche ne sera pas tout à fait en phase avec la seiche initiale et il pourra se former des seiches binodales particulièrement observables au centre du bassin, et même, au moins théoriquement, des trinodales, quadrinodales, etc.

L'interférence entre uninodales et binodales dont les périodes ne sont jamais tout à fait dans un rapport simple ($2 \pm \varepsilon$) provoque la formation de seiches « dicrotes » très caractéristiques au Léman.

Bien que très fréquentes dans les lacs, les seiches ne sont pas limitées aux bassins fermés et des seiches de bassins ouverts ont été souvent observées; celles de Malte, d'une période de 20 minutes environ, sont bien connues.

La période d'une seiche se calcule en première approximation par la formule de Du Boys :

$$T_1 = \int_0^l \frac{2\,dx}{\sqrt{gh(x)}}$$

Cette formule n'est applicable qu'aux seiches uninodales et fournit T_1 en secondes si l, longueur du bassin et h, profondeur à la distance x du point extrémité pris comme origine sont évaluées en cm.; h sera appréciée en fonction de la section transversale du bassin considérée. D'autres théories ou méthodes de calcul des seiches ont fait intervenir l'irrégularité aussi bien que la forme schématique du lac et ont été largement développées, telles celle de CHRYSTAL (1904)[1] ou celle de HIDAKA (1931) et résumées par SERVAIS (1957). Aucune ne donne de résultats plus approchés que celle de DU BOYS qui peut se réduire d'ailleurs à la formule de MERIAN :

$$T = \frac{2l}{\sqrt{gh_0}}$$

quand la forme du bassin et sa profondeur relativement constante h_0 le permet.

Il faut en effet remarquer que ce ne sont que dans les lacs où des seiches se produisent qu'il est intéressant à notre point de vue de les étudier; or ces lacs ont une taille, une forme et une orientation telles que d'une part le phénomène est possible et le calcul approché de ce fait aussi. Rappelons enfin, que la période d'une seiche uninodale est d'autant plus petite que le niveau du lac est plus élevé, comme le souligne la formule.

Le relevé des lacs où les seiches ont été étudiées tiendrait de l'annuaire tellement sont nombreuses les observations. Les plus significatives d'entre elles sont celles de FOREL (1895), KUNTSCHEN *et al.* et SERVAIS (1957) pour le Léman, CALOI (1948) pour les lacs italiens, CHRYSTAL (1910) pour les lacs de Grande-Bretagne, ENDRÖS (1905-1913) pour les lacs allemands, etc.

HUTCHINSON (1957) a résumé en un tableau quelques-uns des résultats connus. CALOI (1948) au lac de Garde, BRYSON et STEARNS (1959) au lac Huron ont pour leur part évalué le rôle des golfes dans le calcul de la position des nœuds et de la période du lac pris dans son ensemble et considéré ces golfes comme des bassins ouverts ayant leur propre mode d'oscillation.

A titre d'exemple, les différentes seiches observées ou calculées pour le Léman par SERVAIS (1957) sont présentées dans le tableau 24.

---

1. L'équation de CHRYSTAL s'écrit :

$$\frac{d^2u}{dv^2} + \frac{\lambda u}{\sigma(v)} = 0$$

u représente le volume d'eau balayé par la tranche liquide $S(x)$ au cours de son déplacement (ξ) parallèlement à l'axe Ox, v est l'aire de la surface libre du lac mesurée depuis l'une des extrémités prise comme origine, et $\sigma(v) = S(x) \cdot b(x)$,
$S(x)$ étant l'aire d'une section transversale d'abscisse x et de largeur à la surface libre $b(x)$.

TABLEAU 24

Type de la seiche		Période en minutes	
A. Longitudinales	1. Uninodale........	71,4	méthode de Defant
		71,7 à 72,8	formule de Du Boys
		70,4 à 70,7	méthode de Milne
		74,5	calculs de Doodson
		73,5	*observations*
	2. Binodale.........	34,9	méthode de Defant
		35,5	*observations*
B. Transversales	1. Uninodale transversale sans nœud longitudinal	10,9	méthode Servais, prof. moy.
		10,1	— — prof. réduite
	2. Uninodale transversale à un nœud longitudinal	8,3	méthode Servais, prof. moy.
		7,7	— — prof. réduite
	3. Uninodale transversale à deux nœuds longitudinaux...	7,5	— — prof. moy.
		7,0	— — prof. réduite
	4. Seiche locale à 1 nœud transversal (correspond à B1) Morges - Évian..	10,2	— — coord. curvil.
		10,3	*observations*
	5. Seiche locale à 2 nœuds transversaux. Rolle - Thonon...........	6,7	méthode Servais, coord. curvil.
		7,0	*observations*

Plusieurs phénomènes concourent pour provoquer une rupture d'équilibre à l'interface eau-air.

Les variations brusques de pression barométrique provoquent un enfoncement (anticyclone) ou un soulèvement (dépression) local de la surface d'eau; quand il y a vent à la surface du lac, il y a poussée des eaux superficielles vers la côte « sous le vent ». Les courants de dérive ainsi engendrés sont assez importants à certaines périodes de l'année pour provoquer des dénivellations non négligeables. En période de stratification, ces dénivellations ont une importance considérable dans les lacs holomictiques comme dans les lacs méromictiques (fig. 39).

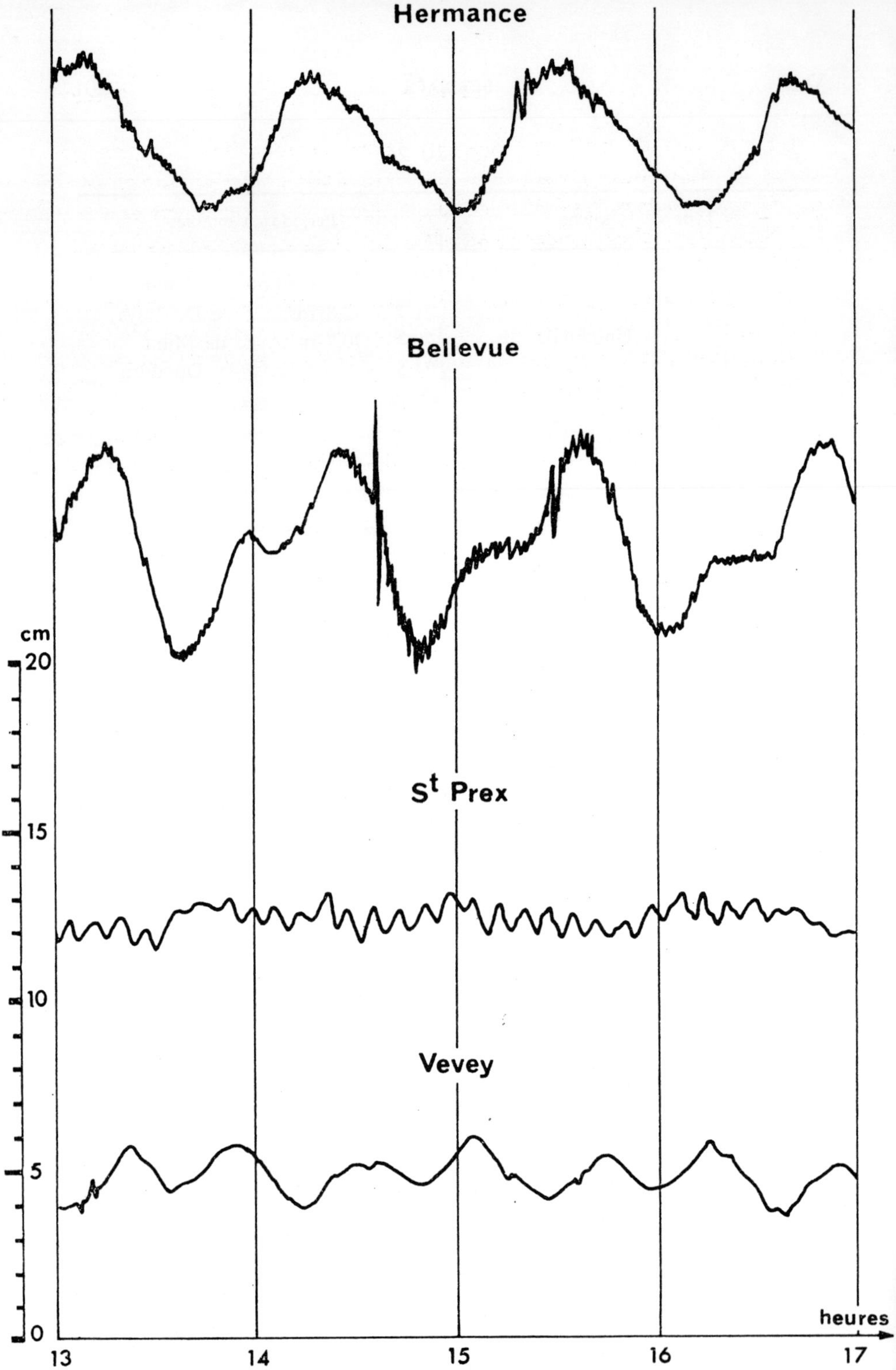

FIG. 39. — Seiches du Léman le 27 juillet 1950.
à Hermance : seiche uninodale longitudinale.
à Bellevue : seiche dicrote.
à St Prex : seiche binodale transversale.
à Vevey : seiche binodale longitudinale.
D'après KUNTSCHEN *et al*, 1954.

Forel donnait pour le Léman quelques exemples de conséquences de ces dénivellations (il y a « upwelling ») en signalant l'état thermique du Léman aux deux extrémités du lac, le même jour, par temps de bise (N.-NE.). Les seiches atteignent, à certaines périodes, plusieurs centimètres à Thonon, et plusieurs décimètres parfois à Genève, par suite de la conformation du bassin lacustre (fig. 40). Ces dénivellations superficielles introduisent des perturbations jusque dans les couches profondes, et tendent, par exemple, à faire pencher vers la côte « sous le vent », le métalimnion tout entier.

Si l'on accepte les idées de H. Pettersson, cette élévation de niveau superficiel du lac provoque un approfondissement de la couche de transition, tel que si ρ_1 et ρ_2 sont les densités moyennes des couches superficielles et profondes, la profondeur de l'interface entre ces deux couches s'accroît de :

$$\frac{\rho_1}{\rho_1 - \rho_2} \times h$$

h étant la valeur de la dénivellation.

Dans le Léman, l'été, la valeur de $\frac{\rho_1}{\rho_1 - \rho_2}$ est voisine de 1 000.

Quand le calme revient, il faut s'attendre à des **seiches internes** précédées d'un train d'ondes internes progressives de plusieurs décamètres d'amplitude aux extrémités du lac.

Que sont ces seiches internes?

Comme les seiches superficielles, ce sont des phénomènes périodiques d'oscillation, prenant naissance au contact de deux fluides de densité différente. Elles ont été étudiées théoriquement et expérimentalement bien avant d'être observées dans la nature; dès 1847 Stokes en déterminait les lois, mais ce n'est qu'en 1888 que Sir John Murray signale un phénomène du même genre, et il faut attendre 1904 pour que Watson l'étudie systématiquement et le rapproche de la théorie des oscillations libres.

Plus tard Mortimer (1952, 1953) Proudman (1953), Dussart (1954), Hutchinson (1957) donnent des exemples et améliorent la théorie de ces ondes internes.

Sans entrer dans le détail de cette théorie, il est nécessaire de souligner l'intérêt qu'il y a à ne pas limiter à 2 le nombre de couches dans un lac stratifié, mais à envisager au moins 3 couches correspondant à l'épilimnion, au métalimnion et à l'hypolimnion.

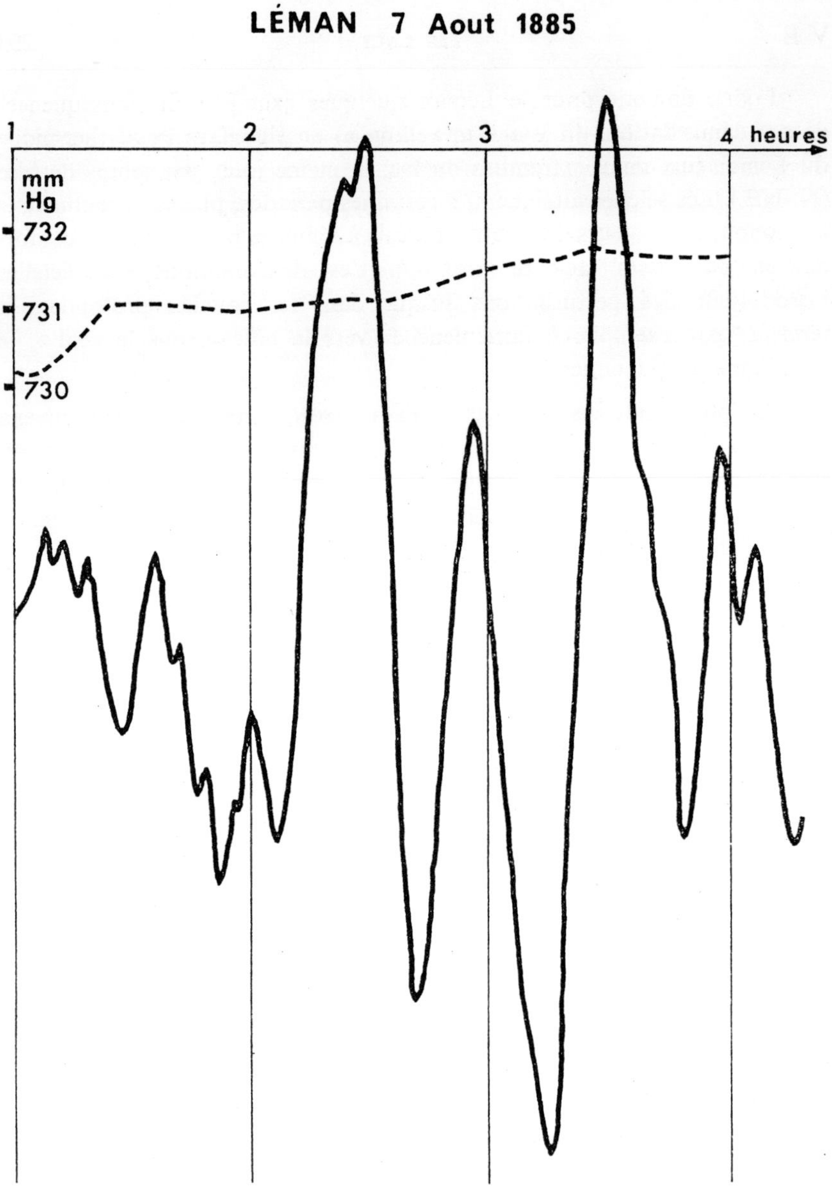

FIG. 40. — Seiche du 7 août 1885 dans le Léman.

Cause : orage et dépression barométrique suivie de hausse de pression.

le 6 août 1885 à 18 h, le baromètre marquait à Genève 729 mm Hg,
le 7 — — à 0 h, — — — 730 —
le 7 — — à 6 h, — — — 732 —

Soit 3 mm en 12 h provoquant théoriquement un enfoncement du lac de

$$3 \times 13{,}6 = 40{,}8 \text{ mm.}$$

Amplifiée par la mise en résonance du bassin et une pluie orageuse de 4,5 mm tombée le 7 entre 1 h et 2 h du matin, la seiche atteignait 53 cm.

Si l'on ne considère que 2 couches de hauteur h_1 et h_2 et de densité ρ_1 et ρ_2 dans un lac de longueur l, la période d'oscillation de l'interface entre ces deux couches est :

$$T = 2l\left[\frac{\rho_2}{\rho_2 - \rho_1}\cdot\frac{1}{g}\cdot\left(\frac{1}{h_1}+\frac{1}{h_2}\right)\right]^{1/2}$$

formule qui peut s'écrire également, au facteur $\frac{\rho_2}{\rho_1}$ près

$$T = \frac{2l}{\left[\dfrac{g(\rho_2 - \rho_1)}{\dfrac{\rho_1}{h_1}+\dfrac{\rho_2}{h_2}}\right]^{1/2}}$$

En considérant le lac comme soumis aux effets géostrophiques, cette période d'oscillation de la seiche interne est telle que :

$$\frac{1}{T^2} = \frac{1}{T_s^2} + \frac{1}{T_p^2}$$

ou T_s est la période calculée d'après la formule précédente et T_p le demi-jour pendulaire soit :

$$\frac{2\pi}{2\Omega \sin \varphi}$$

Si, par contre, on considère un lac formé de 3 couches superposées, la période T_i d'oscillation est, d'après Mortimer :

$$T_i = \frac{2l}{(-gH_i)^{1/2}}$$

où i représente la modalité du système (ici 3),
l la longueur du bassin considéré,
g l'accélération de la pesanteur,
et H_i une des racines de l'équation :

$$H^2(h_1+h_2+h_3) + H\left[h_1h_2\left(\frac{\rho_1}{\rho_2}-1\right)+h_2h_3\left(\frac{\rho_2}{\rho_3}-1\right)+h_1h_3\left(\frac{\rho_1}{\rho_3}-1\right)\right] + h_1h_2h_3\left(\frac{\rho_1}{\rho_2}-1\right)\left(\frac{\rho_2}{\rho_3}-1\right) = 0$$

où h_1 h_2 et h_3 sont les hauteurs des couches de densités ρ_1 ρ_2 et ρ_3.

Les principales séries d'observations de seiches internes sont celles de WEDDERBURN (1907, 1912) sur le loch Ness et le loch Earn (Écosse), d'EXNER (1928) sur le Lunzer Untersee (Autriche), de CALOI (1947) sur le lac de Garde (Italie), de MORTIMER (1952) sur le Windermere (Angleterre), de MORTIMER (1953) et DUSSART (1954) sur le Léman (France), de BRYSON et RAGOTZKIE (1954) sur le lac Mendota (Wisconsin).

Le tableau 25 résume les principaux résultats obtenus.

TABLEAU 25

Lac et années d'observations		Longueur l en km	Période calculée P_c en heures	Période observée P_o en heures
Lunzer Untersee	1927	1,51	3,9	3,7
Mendota..............	1953	9,6		
Windermere bassin N ..	1947	6,6	14,8	15,0
— — N ..	1951	6,5	13,8	12 - 14
— — S...	1950	8,9	19,2	23 - 24
— — S...	1951	8,9	22,2	23 - 25
Loch Earn	1911	9,6	16,4	16
			en jours	*en jours*
Lac de Garde	1941	54	2,1	2,0
Loch Ness.............	1903	36,0	2,5	2,4
— —	1904	37,0	2,5	2,5
Léman	1941-1944	73,0	4,0	3 - 4,5
Baïkal............	1911-1914	675,0	77,0	38

d'après MORTIMER, 1953 et divers.

Dans le Windermere, l'ordre de grandeur des courants engendrés par les seiches internes est de 6 cm·sec^{-1} dans la couche supérieure, 4 cm·sec^{-1} dans la couche médiane et 3 cm·sec^{-1} dans la couche inférieure. Mais si leur vitesse est faible, ces courants, intéressant l'ensemble de la masse lacustre, ont une importance considérable. Leur étude, quoique toujours délicate par suite de la complexité des phénomènes naturels et de la multiplicité des causes qui les déterminent, est rendue possible par le fait que les seiches internes provoquent une variation périodique des caractéristiques physiques, chimiques, voire biologiques de l'eau lacustre aux différentes profondeurs. Cette étude se résout donc à la mesure suivie ou de préférence continue d'un critère techniquement et hydrologiquement intéressant. THOMAS (1951), dans le lac de Zürich (Suisse) a proposé l'oxygène dissous comme critère d'étude en hiver, à une époque d'homogénéité du lac. MORTIMER (1952) a décelé des ondes internes dans le Windermere en suivant les variations de la teneur de l'eau en silice. Mais la plupart des recherches sur les seiches internes dans les lacs sont basées sur la constatation primordiale suivante :

— Les échanges calorifiques entre deux masses d'eau n'ayant pratiquement jamais lieu par conduction, ces deux masses d'eau, si elles ont à l'origine une température différente, ne se mélangeront pas sans dépense d'énergie et leur mélange ne peut être réalisé que par convection et en faisant entrer en ligne de compte des phénomènes de turbulence. Il est possible de caractériser, donc de différencier, deux masses d'eau grâce au critère-température, dans la mesure où ces masses d'eau ont une température différente.

Dans un lac stratifié thermiquement, l'étude des seiches internes peut donc revenir à étudier, dans le temps, les variations thermiques de ce lac aux différentes profondeurs, et ce, en différents endroits simultanément, ou tout au moins dans les plus brefs délais possibles (recherches synoptiques).

De nombreuses observations de température accidentelles, en surface, sont dues à ces mouvements internes, telles les différences passagères et très importantes de température de surface entre deux points ou deux rives opposées d'un lac. Il est fréquent de noter en même temps dans le Léman en été 22 °C à Genève et 15 °C voire 12 °C à Vevey ; dans le grand lac Michigan, 22 °C sur la côte Ouest pendant que la côte Est est baignée par de l'eau à 11 °C.

Comme pour les courants de dérive, les courants créés par les ondes internes sont déviés par la force de Coriolis si bien que l'interface épilimnion-hypolimnion n'oscille pas perpendiculairement à un plan fixe; elle se tord latéralement de telle manière que l'axe perpendiculaire à cette surface, situé en son centre géographique, engendre un cône à base elliptique. Le métalimnion tout entier est ainsi transformé en une couche à faces gauches dans les lacs assez grands pour être soumis aux effets géostrophiques : Il n'y a plus balancement mais effet de roulis-tangage.

Les courants latéraux engendrés à l'interface peuvent atteindre 9 cm·sec^{-1} et dans le Loch Ness, MORTIMER (1955) a évalué à 4-5 m l'amplitude de cette onde interne transversale.

De plus, les ondes internes, tout comme les seiches superficielles peuvent ne pas être qu'uninodales. Il existe ainsi des seiches internes binodales au lac de Garde (CALOI, 1947) et probablement des trinodales dans le Léman (DUSSART, 1954).

On retrouve ainsi en profondeur dans un lac tous les mouvements que la surface enregistre sous forme de seiches, mais amplifiés plusieurs centaines de fois, et fortement ralentis.

BRYSON et RAGOTZKIE (1954) dans le lac Mendota ont de même suivi la formation d'ondes internes de courtes longueurs d'onde (16,4 m) analogues à une houle interne de 3 minutes de période et de vélocité 8,6 cm · sec^{-1} à 10,7 m de profondeur. Ces ondes sont observables par réflexion sur la surface de l'eau et doivent être à l'origine de ces vibrations dont l'explication n'est pas encore clarifiée.

Enfin, les ondes internes au moment de leur formation sont précédées d'un train d'ondes progressives mis en évidence par DUSSART (1955) qui, tel une onde solitaire vient modifier profondément l'équilibre des eaux calmes et profondes, notamment à leur contact avec le fond.

4. VAGUES ET TRANSPORT LITTORAL

L'action des vagues à la surface des lacs est trop importante pour ne pas y consacrer quelques lignes, il ne sera pas nécessaire cependant d'entrer dans le détail de la théorie des vagues et houles qui a fait déjà l'objet de très importants mémoires de la part des océanographes et hydrographes aussi bien que des hydrauliciens (voir à ce sujet notamment SITARZ 1963).

Qu'il suffise de rappeler ici qu'une houle est le résultat d'une excitation (par le vent le plus souvent) de l'interface eau-air.

Une vague, loin des côtes, ne produit pas de transport d'eau. Un objet flottant se déplace alors en traçant dans un plan vertical une trajectoire elliptique (théorie irrotationnelle) et revient périodiquement à la même position. Le profil de la houle a la forme d'une trochoïde définie par sa longueur d'onde L et son amplitude H tandis que son mouvement est défini par sa période et sa célérité C = L/T. On parle aussi de cambrure de la houle, nombre sans dimension défini par le rapport $\frac{H}{L}$.

Il existe plusieurs sortes de vagues et le spectre de la houle est l'ensemble de toutes les séries d'ondes de caractéristiques variées qui prennent naissance à la surface de l'eau. Parmi ces séries, la *houle caractéristique* est celle qui prédomine; elle est le plus souvent elle-même une onde virtuelle constituée par interférence de plusieurs sortes d'oscillations.

STOKES a établi la relation existant entre célérité, longueur d'onde et profondeur z du bassin :

$$C = \left[\frac{gL}{2\pi} \text{ th } 2\pi \frac{z}{L}\right]^{1/2}$$

pour $z > \frac{L}{2}$, th $2\pi \frac{z}{L}$ est pratiquement égal à 1.

Quand z est petit, on peut confondre la tangente hyperbolique et l'arc et la valeur de C devient :

$$C = [gz]^{1/2}$$

Quand L est plus grand que 1,8 cm (T de plus de 0,1 seconde), la houle est constituée d'ondes de gravité ordinaires. Pour L < 1,8 cm (T de l'ordre de 0,1 seconde) il y a formation d'ondes capillaires ou rides (ripples).

Quand $\frac{H}{L}$ croît, il arrive un moment où la houle déferle. En profondeur infinie, le déferlement survient pour une valeur d'environ 0,1; il y a alors formation de *moutons*.

L'intérêt principal des études de houles en eaux continentales réside non dans le phénomène de la houle au large, avec ou sans « moutons », mais surtout dans l'action de cette houle sur le littoral. Or si la houle s'approche de la côte obliquement, elle se réfracte et tend à se mettre parallèle à la côte; si elle s'approche d'un cap ou d'une presqu'île, elle tentera de contourner l'obstacle en se diffractant. Chaque fois se constituera un **courant de houle** parallèle à la côte et dont l'importance est indéniable. Dans les baies il y aura divergence de la houle et répartition moins dense de l'énergie qu'elle transporte, il y aura plus facilement comblement.

Arrivant au voisinage de la côte, la houle, par les mouvements oscillatoires des particules d'eau qu'elle entretient au voisinage du fond, met le matériau côtier suffisamment fin en agitation. Un transport est possible. Ce transport peut être :

1. un *transport par déferlement*, d'autant plus important que la houle est plus frontale. Il y a transport par mouvement plus ou moins hélicoïdal des matériaux charriés;

2. un *transport par jets de rive* (beach drifting) ou en dents de scie; la matériau est alors charrié jusqu'à la crête de la plage par l'eau projetée à partir de la ligne de vague la plus proche du rivage, puis redescend dans la zone de déferlement. C'est ce matériau qui subit la plus grande usure et produit ces lignes de galets et de débris souvent observables sur le bord des lacs;

3. un *transport par courant côtier* (longshore-current) particulièrement important quand la houle est oblique et qui est responsable de la mise en mouvement sur de grandes distances des matériaux et de leur accumulation dans les baies;

4. un *transport par courant au large* dû à la réfraction de la houle et qui ne concerne que les matériaux fins.

Quand la houle est assez cambrée et la pente du rivage assez faible, il y a réflexion faible des ondes sur le littoral et la formation d'une barre quand la granulométrie et la densité du matériau constituant la plage le permet. Au-delà de la barre, le profil de la plage tend à être parabolique par érosion ou dépôt. La barre se constitue, pour une houle donnée de période T inférieure à la période critique T_c, au niveau de la ligne de déferlement de cette houle. La distance de cette barre à la crête de la plage est alors :

$$x_0 = C_m T_c$$

C_m étant la célérité moyenne de l'onde entre la ligne de déferlement et la crête, et T_c étant donné par la formule de SITARZ :

$$H = A\rho'^{1/2} d^{1/2} g^{1/2} T_c$$

où H est l'amplitude moyenne de la houle, ρ' est la densité apparente des grains de diamètre d; (A = 0,6) (système C.G.S.). Cette formule n'est valable que pour les valeurs de l'expression $H/\rho'D$ supérieures à 80.

Il peut se constituer plusieurs barres parallèles si l'énergie de la houle n'est pas dissipé dans sa plus grande partie au niveau de la première barre. Ainsi, à Excenevex, dans la baie de Sciez du Léman y a-t-il toute une série de barres successives au fond de la baie, les vagues ayant au large une amplitude H de près d'un mètre parfois et une cambrure de 0,05 (fig. 41).

L'effet de la houle se fait sentir également par un remaniement continu des matériaux du fond qui se traduit par la formation de rides de fond (ripple-marks). Dans cette zone, il ne peut y avoir formation de bancs marneux ou calcaires. Au Léman, les rides de fond sont observables jusqu'à 8 m; au Lunzer Untersee, dès 1 m de fond apparaissent les bancs de « maerl » (cf. chap. IX C).

Outre les vagues et houles, la surface d'un lac présente d'autres particularités souvent mal expliquées. Telles les *taches d'huiles* ou « *fontaines* », ces zones où par léger vent les rides ne se forment pas ou ont une cambrure bien plus petite qu'ailleurs. (Planche 2 *b*, p. 192).

FIG. 41. — Barres de la plage d'Excenevex (vue aérienne) dans le Léman.
Photo B. Dussart.

L'étalement d'un film monomoléculaire de lipides et autres huiles naturelles pourrait être à l'origine de ce phénomène. Pour leur part, les océanographes ont tendance à relier ces « fontaines » aux grands phénomènes de turbulence et courants de convection dont l'épilimnion est le siège (EWING, 1950). Cependant, certaines observations effectuées dans le Léman semblent montrer que les taches d'huile se déplacent et se déforment trop vite pour permettre d'accepter sans restriction cette interprétation. Des taches d'huile peuvent être observées tout près du littoral et même dans les ports alors qu'aucune différence de température ne peut être décelée entre zones calmes et zones ridées. L'étude fine de ce phénomène curieux reste à faire (voir également SCHROEDER et GRÜNEWALD, 1967).

F. — ACTION DES ORGANISMES

Si les facteurs physiques étudiés jusqu'à présent jouent un rôle de premier plan dans l'histoire, l'évolution géodynamique des masses d'eau, les caractéristiques les plus tangibles et les propriétés les plus importantes de celles-ci aux yeux de l'homme d'aujourd'hui sont celles liées aux organismes qui les habitent. Une grande partie d'entre eux sont des unicellulaires et leur métabolisme est étroitement lié au milieu ambiant qui leur sert de « milieu intérieur » (Cl. Bernard, 1876). Ils utiliseront donc ce milieu non seulement comme source d'approvisionnement (sels nutritifs, énergie de rayonnement, énergie thermique, oxygène etc.) mais aussi comme milieu d'évacuation des déchets : ils se détoxiquent au détriment du milieu dans lequel ils vivent; on entrevoit déjà ici le paradoxe de la vie aquatique dont les détails seront étudiés plus loin.

1. RESPIRATION

Considérée comme une absorption d'oxygène nécessaire à l'organisme, la respiration est un phénomène biologique étroitement lié au métabolisme des animaux et des végétaux. Dans de nombreux cas et notamment chez les micro-organismes hétérotrophes, cette respiration se traduira aussi bien par une déshydrogénation. De fait, cette fonction vitale est intimement associée au rejet du gaz carbonique et représente une forme particulière de catabolisme.

Tous les organismes aérobies respirent, qu'ils soient végétaux ou animaux et l'effet de leur respiration se traduit dans une masse d'eau telle qu'un lac par une absorption d'oxygène.

Plus le nombre d'organismes présents sera grand, plus cette absorption sera élevée.

Les sources d'approvisionnement en oxygène dissous sont essentiellement l'atmosphère (source physique) et la déshydrogénation de l'eau associée à toute photosynthèse (source biologique). Dans un milieu éclairé, l'absorption d'oxygène par le processus de la respiration sera largement compensée par sa libération par photolyse de l'eau grâce aux végétaux (algues) qu'il contient. En tous temps en profondeur ainsi que la nuit en surface, il n'y aura qu'absorption d'oxygène, absorption liée à la respiration et aux réactions de chimiosynthèse bactérienne (dégradation voire minéralisation de la matière organique morte).

De ces observations découle tout le cycle de l'oxygène dans les eaux naturelles. Considérons un lac en période de circulation : Sans organismes présents la teneur en oxygène de ses eaux tend à avoisiner celle de l'eau pure à même température et saturée en oxygène dissous (à la pression correspondant à son altitude). Il y aura donc correspondance étroite entre température et oxygène. Si des organismes végétaux, animaux et bactériens sont introduits dans le milieu, ils créeront par leur métabolisme un gradient d'oxygène dissous, gradient fonction de l'éclairement; il y aura alors sursaturation du milieu en oxygène le jour et au voisinage de la surface si la quantité de matière organique active et photosynthétisante est suffisante. Par contre, les processus respiratoires absorberont une partie importante de cet oxygène la nuit.

En profondeur seuls les phénomènes de respiration et de décomposition bactérienne agiront dans la nuit relative ou permanente et il y aura toujours absorption. Le phénomène physique de circulation lié à une turbulence généralisée du milieu tendra à homogénéiser la distribution de l'oxygène qui sera dite **orthograde** (ÅBERG et RODHE, 1942).

En période de stratification thermique au contraire, la turbulence des eaux n'est que partielle et la zone inférieure, hypolimnique, dans laquelle seuls les processus de respiration et de décomposition sont apparents et que nous appelerons donc *zone tropholytique*, est isolée jour et nuit de la zone épilimnique où se constitue et se synthétise la matière organique et dénommée pour cela *zone trophogène.*

Si la biomasse présente n'est pas trop importante, il n'y aura ni excès en surface de production d'oxygène, ni décompositions considérables en profondeur et la distribution de l'oxygène sera encore orthograde. Si, au contraire, la biomasse présente, grâce à des conditions de milieu particulièrement favorables, se développe beaucoup, elle provoquera une augmentation spectaculaire du taux d'oxygène dissous dans la zone trophogène le jour et simultanément une diminution, voire une disparition de ce gaz dans la zone tropholytique bien que la distribution de la température tende à contrarier cette répartition. La distribution de l'oxygène sera **clinograde**. C'est le cas notamment quand apparaissent des *fleurs d'eau*, ou prolifération anarchique d'une seule espèce d'algue qui supplante rapidement toutes les autres espèces présentes et disparaît subitement généralement par auto-intoxication, provoquant une augmentation brutale de matière organique décomposable en profondeur.

Il y a donc souvent une relation étroite entre la distribution de l'oxygène dissous aux différentes périodes de l'année, la production et la productivité de la matière organique vivante et morte dans la masse d'eau considérée. C'est la raison pour laquelle la répartition de l'oxygène dissous a été tant étudiée dans les lacs. A cette raison s'ajoute celle liée à la distribution des poissons dont le métabolisme respiratoire varie avec les espèces et, au moins dans les régions tempérées, avec la qualité de la chair. Enfin, la quantité d'oxygène dissous en profondeur renseigne sur la capacité d'auto-épuration d'une masse d'eau, capacité elle-même liée à la quantité présente d'organismes microbiens minéralisateurs.

Le résultat de la respiration des organismes, lié à celui de la synthèse organique par les végétaux chlorophylliens, est donc à l'origine de la répartition de l'oxygène et du CO_2. Une démonstration supplémentaire peut en être donnée en étudiant certains lacs présentant une teneur en oxygène dissous particulièrement importante au niveau du métalimnion; ce sont des lacs aux eaux très transparentes et à épilimnion peu épais tel le lac Beasley (Wisconsin) étudié par BIRGE et JUDAY (1911) dont la teneur en oxygène varie et qui de près de 9 $mg \cdot l^{-1}$ de 0 à 3 m, atteint 22 $mg \cdot l^{-1}$ à 5 m pour n'être plus que de 1 $mg \cdot l^{-1}$ à 7 m de profondeur; la distribution de l'oxygène dans ces lacs est **hétérograde positive**. De même, il existe des lacs à distribution **hétérograde négative** de l'oxygène, tel le Grosser Plöner See (Allemagne), le Sakrower See (Allemagne) (ANTONESCU, 1931) (fig. 42) ou le Skärshultsjön (Suède) (ÅBERG et RHODE, 1942).

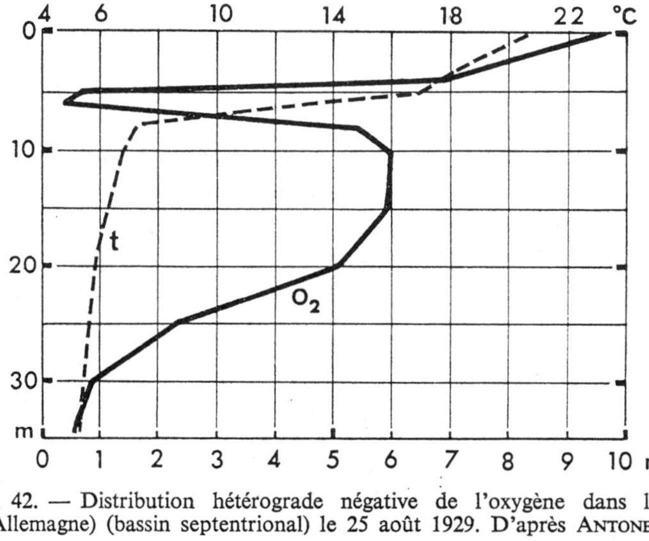

FIG. 42. — Distribution hétérograde négative de l'oxygène dans le Sakrowersee (Allemagne) (bassin septentrional) le 25 août 1929. D'après ANTONESCU, 1931.

Czeczuga (1959), étudiant les lacs Rajgród (Pologne), a montré que l'existence d'un maximum ou d'un minimum de teneur en oxygène au niveau du métalimnion dépendait avant tout de la profondeur du point de compensation ou profondeur à laquelle assimilation et respiration se compensent. Quand ce point de compensation se trouve dans l'épilimnion, il y a le plus souvent existence d'un minimum au niveau de la thermocline; quand il se trouve au niveau de la thermocline, un maximum d'oxygénation se situera au niveau du métalimnion. Il existe donc une relation étroite entre transparence, stratification thermique, taux d'assimilation, et de respiration et valeur de l'oxygénation dans les couches superficielles d'un lac. Par contre, il n'y a pas toujours correspondance absolue entre teneur en oxygène et distribution des organismes. Dans le lac Rajgród, il y a parallélisme, dans l'évolution avec la profondeur, de la teneur en oxygène et de la demande biochimique en O_2 (D B O) ce qui tend à montrer que, contrairement à ce que pense Kuznetsov (1959) la consommation d'oxygène au niveau du métalimnion des lacs à distribution hétérograde négative de cet élément n'a pas pour origine une accumulation de bactéries.

Dans les lacs méromictiques, le blocage de la zone tropholytique, qui comprend alors le monimolimnion en permanence et la partie hypolimnique du circulolimnion, se traduit par une distribution clinograde de l'oxygène même si le métabolisme lacustre est lent (cf. chap. VG).

Le métabolisme des organismes étant fonction de la température, il faut s'attendre à quelques différences de comportement des masses d'eau en fonction de la latitude et de l'altitude. Les êtres aquatiques poïkilothermes suivent encore assez bien la loi de Van t'Hoff (ou du Q_{10}) qui veut que les réactions métaboliques soient deux à trois fois plus intenses chaque fois que la température du milieu ambiant s'accroît de 10 °C entre les limites normales compatibles avec la vie. A 18 °C, température habituelle pour l'épilimnion des lacs tempérés, le Q_{10} des organismes sera donc au moins deux fois plus grand qu'à 8°, température de bien des hypolimnions à nos latitudes, tandis qu'il ne sera que la moitié de celui qui, à 28 °C, caractérise les masses d'eaux intertropicales. Ceci explique pourquoi les lacs tropicaux sont souvent méromictiques par blocage biogénique des couches profondes, l'intensité des échanges métaboliques étant accrue par l'élévation permanente de la température.

Ainsi, est-il possible maintenant de définir avec plus d'exactitude les facteurs qui gouvernent les échanges respiratoires et par là la répartition de l'oxygène :

A température *moyenne* relativement basse (10 °C et moins) c'est la présence de matières oxydables vivantes (respiration) ou mortes (décomposition) qui régit la distribution de l'oxygène, elle-même fonction des variations saisonnières de stabilité de la masse d'eau dans les lacs holomictiques.

A température moyenne relativement élevée (plus de 20 °C), c'est l'accroissement du métabolisme de l'ensemble des organismes présents, producteurs, consommateurs ou transformateurs de matière organique qui détermine cette distribution.

Dans les lacs méromictiques c'est le temps qui peut modifier la répartition de l'oxygène, notamment dans le monimolimnion, puisque quelle que soit la quantité de matière organique, vivante ou morte, son oxydation est rendue précaire par l'absence d'échanges.

Les rapports étroits existant entre le cycle de l'oxygène et la productivité de beaucoup de masses d'eau permettent d'introduire la notion d'excédent et de déficit en oxygène : il y a déficit quand la quantité d'oxygène présente, à un certain moment choisi comme étant à la fin de la période de stagnation et à une certaine profondeur, est inférieure à celle que les conditions de milieu (température, pression notamment) permettraient de définir théoriquement.

Dans la pratique, on définit ainsi le *déficit actuel* (ALSTERBERG, 1929) qui est bien mis en évidence par comparaison des courbes de temperature, de teneur à la saturation et de teneur réelle aux différentes profondeurs dans un lac.

Il est également possible de parler de *déficit relatif* (STRØM, 1931); c'est la différence entre teneur réelle à la fin de la période de circulation d'un lac holomictique quand il y a homogénéité des eaux à toutes profondeurs et teneur actuelle à la fin de la stagnation suivante.

Il a été fait mention dans le passé d'un *déficit absolu* qui est la différence entre quantité d'oxygène présente si le lac était à 4 °C et saturé en oxygène à toutes profondeurs et quantité d'oxygène à la fin de la stagnation. Cette évaluation n'a pas de signification limnologique réelle car les couches profondes sont souvent soumises à des effets d'absorption et de diffusion (moléculaire et tourbillonnaire turbulente) qui leur confèrent une teneur particulière en oxygène dissous, différente de la saturation. Pour des raisons analogues, il sera toujours préférable de déterminer le déficit relatif qui tient mieux compte des variations de milieu que le déficit actuel qui n'est qu'un calcul. Il sera parfois nécessaire de faire intervenir dans ces évaluations la quantité d'oxygène bloquée au niveau du fond par les phénomènes d'oxydation des gaz et produits de décomposition tels que le méthane, l'hydrogène sulfuré, qui enlèvent du cycle normal de l'oxygène nécessaire à la respiration et à la vie des aérobies, une part parfois importante d'oxygène libre dissous. HUTCHINSON (1938) définit alors un *déficit apparent* calculé comme ci-dessus et un *déficit réel* qui comprend, outre le déficit apparent, la quantité d'oxygène nécessaire à l'oxydation complète de toutes les substances qui ne pourraient exister si la quantité d'oxygène présent était suffisante (nitrites, sels ferreux, méthane, etc.). (Ainsi, il faut 2,87 mg d'O_2 pour oxyder 1 cm^3 de méthane!)

Ces évaluations de déficit sont calculées soit pour le lac tout entier, en prenant en considération le volume de chaque couche pour laquelle un dosage d'oxygène a été effectué, soit par litre, soit par centimètres carrés de surface du lac, soit encore en cm^2 de surface de l'hypolimnion.

Evalué entre deux dates (dont une seule est précise!) il est également courant de réduire le déficit à une perte quotidienne et le résultat final est alors exprimé en $mg.cm^{-2}\cdot j^{-1}$.

Enfin, si à la fin de la période de stagnation, il est possible de définir nettement un épilimnion et un hypolimnion, il est possible de calculer séparément le déficit relatif de chacune de ces couches et de les exprimer en cm^2 de surface de lac ou de surface d'épilimnion et d'hypolimnion. Le rapport $\frac{\text{épilimnion}}{\text{hypolimnion}}$ des deux valeurs obtenues est un des plus importants de toute la limnologie.

De plus, HUTCHINSON (1938) puis RAWSON (1942), ont montré qu'une correspondance étroite existait entre « standing crop » et déficit relatif de l'hypolimnion (exprimé par unité de surface) dans les lacs réellement ou d'apparence oligotrophes (cf. chap. XXI).

Il y a dans ces lacs une certaine indépendance entre productivité et biomasse et nous aurons l'occasion d'étudier à nouveau ce curieux paradoxe qui trouve son explication dans la prise en considération du rôle joué par les facteurs morphométriques et notamment par le rapport $\frac{E}{H}$, les apports exogènes, etc.

Les procédés de calcul s'apparentent à ceux employés pour l'évaluation du bilan calorifique qui, lui aussi, s'exprime en cm^2 de surface (tableau 26).

En résumé, les valeurs de teneur en oxygène aux différentes profondeurs d'un lac dont la morphométrie est connue peuvent être :

1° extrapolées à l'ensemble d'un lac, couche par couche;

2° « réduites » à 1 cm^2 de surface.

Comparées à la valeur de la saturation à 4 °C et à la pression existant à la surface du lac (fonction de l'altitude), elles permettent d'établir le

TABLEAU

Valeur du déficit en O_2

Les valeurs des différentes couches considérées ont
profondeurs où les dosages avaient été effectués. Les

1	2	3	4	5	6	7	8	9	10
		le 21-9-53							
Profondeur	Surface en 10^3 m^2	t °C	O_2 sat. $mg \cdot l^{-1}$	O_2 $mg \cdot l^{-1}$	O_2 moy. $mg \cdot l^{-1}$	% O_2 sat.	Déficit actuel (*a*) $mg \cdot l^{-1}$	Déficit relatif (*b*) $mg \cdot l^{-1}$	Déficit absolu (*c*) $mg \cdot l^{-1}$
0	*27 042*	19,05	8,55	9,58		112	— 1,03	1,35	2,37
					9,63				
10	24 084	18,90	8,40	9,68		115	— 1,28	1,25	2,27
					10,57				
20	*22 656*	6,95	11,10	11,46		103	— 0,36	— 0,53	0,49
					10,50				
30	20 616	5,30	11,55	9,55		83	2,00	1,38	2,40
					9,34				
40	17 706	4,95	11,65	9,13		78	2,52	1,80	2,82
45	15 732	4,75	11,70	9,14	8,83	78	2,56	1,79	2,81
50	12 048	4,65	11,73	8,21		70	3,52	2,72	3,74
55	6 090	4,50	11,80	6,49	6,05	55	5,31	4,44	5,46
60	2 820	4,45	11,80	3,45		29	8,35	7,48	8,50
					2,68				
64,7	0	4,45	11,80	1,92		16	9,88	9,01	10,03

Teneur moyenne en O_2 le 21-9-53 = 9,59 $mg.l^{-1}$

a) Valeur de saturation à *p* et *t* observés — valeur observée (colonne 5).
b) Valeur observée à la fin de la période de circulation au sommet de l'hypolimnion (Constante primaire) — valeur observée = 10,93 — valeur observée (colonne 5).

26.

du lac d'Annecy en 1953.

été calculées en prenant les valeurs moyennes des

volumes partiels sont ceux calculés par HUBAULT.

11	12	13	14	15	16	17	18
Volume en 10^3 m^3	Qté totale d'O_2 en 10^6 g le 21-9-53	Déficit actuel		Déficit relatif		Déficit absolu	
		en 10^6 g	en mg.cm^{-2} de surf. tot	en 10^6 g	en mg.cm^{-2} de surf. tot	en 10^6 g	en mg.cm^{-2} de surf. tot
255 900	2 464,317	—294,285	— 1,09	332,670	1,23	593,688	2,20
234 800	2 481,836	—192,536		169,056		324,024	
218 300	2 293,241	179,006		185,555		317,626	
192 900	1 801,686	435,954		306,711		503,469	
148 100	1 307,278	425,047	4,75 (d'Hypol. : 5,47)	311,454	5,15 (d'Hypol. : 5,93)	462,516	7,60 (d'Hypol. : 9,80)
68 900	416,845	394,797		382,161		406,510	
4 550	12,216	41,473		37,514		42,156	
867 550	8 313,102	1 283,741		1 392,451		2 056,301	
1 123 450	10 777,419	989,456	3,66	1 725,121	6,38	2 649,989	
E = 255 900 H = 867 550 $\frac{E}{H} = 0,30$	$\frac{O_2E}{O_2H} = 0,296$			en mg.$cm^2 \cdot j^{-1}$: **0,051**			

c) Valeur de saturation à p observée et t = 4 °C — valeur observée = 11,95 — valeur observée (colonne 5.
Nota : Les colonnes 13 à 18 sont calculées à partir des moyennes obtenues comme celles de la colonne 6 (exemple : colonne 13 = colonne 11 × moyennes de la colonne 8).

déficit absolu, qui peut être évalué pour la période considérée tout entière ou « réduite » à sa valeur quotidienne.

Comparées à la valeur réelle moyenne en pleine période de circulation (donc d'homothermie), elles fournissent le *déficit relatif* qui pourra être aussi réduit à sa valeur quotidienne et par cm^2 de surface.

Comparées enfin aux valeurs de saturation aux mêmes températures et conditions de pression *à la date* des observations, elles donneront un moyen d'évaluer le *déficit actuel* qui, là encore, pourra être « réduit » à l'unité de surface.

A défaut d'évaluation globale, le calcul, par prélèvement, du pourcentage à la saturation, renseignera sur l'état de la masse d'eau considérée. Cette manière de faire est courante et exprimée souvent graphiquement par comparaison des courbes de teneur réelle en oxygène par litre et des teneurs à saturation dans les mêmes conditions de température et de pression.

S'il est possible de ramener le plus souvent le cycle de l'oxygène au schéma ci-dessus esquissé, il est aussi parfois nécessaire de prendre en considération d'autres facteurs pour expliquer la répartition verticale et horizontale de cet élément vital.

Durant la stagnation hivernale de certains lacs dimictiques ou monomictiques froids, il y a blocage du lac par une couche de glace qui interdit les échanges entre eau et air. Dans ces conditions, si les phénomènes de respiration et de décomposition sont suffisamment importants, il y a disparition de l'oxygène dissous et, par là, mort des éléments de la faune. Le fait n'est pas rare dans les lacs peu profonds (GREENBANK, 1945). Le gel peut produire les mêmes effets ; ce sont les *martégades* redoutées en Provence (PETIT, 1953).

De même, une élévation importante de la température de masses d'eaux également peu profondes peut amener un dégazage relatif qui se traduira par une sous-saturation très nette en oxygène dissous et une libération intense d'hydrogène sulfuré. C'est ce qu'on nomme en Languedoc *Malaïgue* ou mauvaise eau. A ce phénomène doit être rapproché ce que SCHACHTER, SENEZ et LEROUX-GILERON (1953) appellent curieusement une « crise dystrophique » (voir note infrapaginale page 525) et qui se traduit par une mortalité massive de la flore et de la faune ; dans ce dernier cas cependant la cause initiale du phénomène ne doit pas être recherché dans une élévation de température mais dans une brutale réduction des sulfates par une bactérie sulfato-réductrice : *Desulfovibrio desulfuricans* qui entraîne la désoxygénation du milieu.

Par ailleurs, il faudrait distinguer zone pélagique et zone littorale (cf. chap. XIII).

2. MÉTABOLISME DE TRANSFORMATION

a) LE CO_2

L'expression la plus concrète du métabolisme dans un lac est le rejet dans le milieu des produits de déchet dont le gaz carbonique est un des éléments importants, surtout dans les couches profondes et au voisinage du fond (OHLE, 1959). Dans la zone trophogène, le rejet de CO_2 n'est mesurable qu'en l'absence de photosynthèse. Comme l'a notamment montré BEYERS (1963), ce rejet est surtout net au début de l'obscurcissement (tombée de la nuit). Dans un aquarium équilibré contenant 3 litres d'eau naturelle colonisée par des valisneries et divers organismes animaux et végétaux, ce rejet est de l'ordre de 40 à 80 micromoles par litre et par heure.

Dans la nature, ce CO_2 libéré est souvent réutilisé soit pour les besoins de la photosynthèse des végétaux aquatiques, soit pour remettre en solution les carbonates présents sous forme de bicarbonates.

La connaissance de la quantité de CO_2 assimilée par voie photosynthétique permet d'apprécier quelle quantité d'énergie reçue par le milieu est utilisée par les organismes; en effet, l'équation de la photosynthèse peut s'écrire en première approximation :

$$6CO_2 + 6H_2O + 675 \text{ cal.} \rightarrow \underset{\text{(sous forme de polysaccharides)}}{C_6H_{12}O_6} + 6O_2\nearrow$$

Chaque molécule de CO_2 assimilée représente 675 calories emmagasinées. VERDUIN (1956) a par ailleurs montré qu'en fait, il n'y a guère plus de 1,6 % de l'énergie incidente à être utilisée par photosynthèse dans le lac Erie. Dans ce lac et par suite de ses conditions hydrodynamiques propres (seiches internes notamment), le taux de photosynthèse atteint 500 millimoles de CO_2 par mètre carré et par jour. Le plancton de ce lac est en effet capable d'absorber jusqu'à 6 à 8 micromoles de CO_2 par microlitre de plancton et par heure en conditions naturelles, cette absorption étant curieusement en proportion inverse de la densité de phytoplancton naturel présent (VERDUIN, 1962).

Par ailleurs, la quantité de CO_2 naissant au cours de la nutrition autochtone des organismes présents est une mesure des transformations d'énergie dont la masse d'eau est le siège. Elle est mesurée sous forme de « CO_2 libre » par une simple alcalimétrie (virage à pH 8,4 par addition de NaOH ou de CO_3Na_2).

La distribution verticale du CO_2 est assez voisine de celle du déficit en oxygène; cependant, il y a le plus souvent indépendance de ces deux valeurs dans l'épilimnion : l'oxygène est plus vite en équilibre avec l'air sus-jacent que le CO_2 qui est alors en sous-saturation nette par suite de l'activité des organismes photosynthétisants.

Cette activité peut être traduite en terme ou **quotient photosynthétique** ou rapport QP du nombre de molécules d'oxygène libérées pendant la photosynthèse au nombre de molécules de CO_2 assimilées.

$$(QP = + \Delta O_2 / - \Delta CO_2)$$

A ce quotient peut être comparé le quotient respiratoire QR ou rapport du nombre de molécules de CO_2 libérées pendant la respiration au nombre de molécules d'oxygène consommées ($QR = + \Delta CO_2 / - \Delta O_2$).

Ce dernier quotient varie suivant la nature de la substance alimentaire consommée. Pour les hydrates de carbone $QR = 1$; pour les lipides, $QR < 1$ et souvent voisin de 0,70; pour les protéines, $QR = 0{,}8$.

En alimentation équilibrée $QR = 0{,}85$; en suralimentation, avec synthèse interne de lipides à partir des glucides « de réserves », le QR peut dépasser 1,5.

La détermination de ce QR moyen, estimé à 0,85, permet de passer de l'oxygène (en déficit dans l'hypolimnion) au CO_2; par comparaison avec les valeurs trouvées pour le CO_2 libre réellement présent, on peut alors définir une anomalie du CO_2 libre (ΔCO_2) qui est la différence entre valeur trouvée et valeur calculée. L'accroissement de CO_2 dans l'hypolimnion est dû :

1. à l'accroissement en CO_2 libre provenant essentiellement de l'activité des organismes;
2. au bicarbonate d'ammonium formé en milieu réduit par action directe du CO_2 sur l'ammoniaque, donc d'origine métabolique;
3. à l'accroissement en bicarbonates solubles non volatiles dont une partie importante est également d'origine métabolique (au moins 50 %).

L'anomalie du CO_2 peut donc être calculée non plus à partir du CO_2 libre présent, mais de tout le CO_2 métabolique. Elle sera alors notée $\Delta' CO_2$. Cette anomalie métabolique est souvent positive (OHLE, 1934); elle traduit alors des conditions anaérobies.

L'existence de seiches internes et d'une turbulence notable au niveau de l'interface hypo-métalimnion oblige à considérer qu'il existe un certain transfert de CO_2 des couches profondes vers celles de surface, surtout aux extrémités d'un lac en période de stratification.

D'autre part, les végétaux sont pour beaucoup capables d'assimiler non seulement le CO_2 libre, mais aussi et directement certains carbonates, carbamates et bicarbonates.

Le pH d'une eau étant lié à la quantité de CO_2 présente, du moins dans la plupart des cas, l'échange continuel de CO_2 entre organismes et milieu provoquera une variation dans le temps de ce pH. Depuis longtemps déjà une relation a été établie entre ces deux valeurs (OSTERHOUT et HASS [1919], ATKINS [1923], VERDUIN [1956], ODUM [1957], LYMAN [1961], BEYERS *et al* [1963], WOOD [1964]) et exprimée par REVELLE,

$$\Sigma CO_2 = [ACO_2] \cdot \frac{[H^+]/K_1' + K_2'/[H^+] + 1}{1 + 2K_2'/[H^+]}$$

$[ACO_2]$ étant l'alcalinité totale,
$[H^+]$ la concentration en ion hydrogène en ions grammes par litre,
K_1' et K_2' les constantes apparentes de dissociation de l'acide carbonique. ($6{,}5.10^{-7}$ et 15.10^{-11} respectivement d'après WOOD) (voir aussi SVERDRUP *et al.*, 1942).

L'importance de la détermination du pH d'une eau naturelle et surtout de ses variations en fonction de l'apport d'énergie découle de cette relation.

Les fluctuations du CO_2, liées aux phénomènes métaboliques entraînent une modification continuelle de l'équilibre entre le CO_2 et ses sels et notamment le CO_3Ca; celui-ci pourra précipiter si la quantité de CO_2 libre diminue. La vitesse de précipitation est cependant relativement lente et il y a souvent sursaturation de l'eau en bicarbonate de calcium (RUTTNER, 1960), et notamment chaque fois que l'alcalinité totale est supérieure à 1 milliéquivalent. JÄRNEFELT (1939) a souligné l'importance de ce phénomène en créant deux types d'eaux continentales : celles dont la teneur en CO_2 est en valeur relative négative (type α limnique) et celles présentant un excédent de CO_2 (type β limnique). MAUCHA (1949) a plus tard montré que ces deux types d'eaux existaient également quand la teneur en chlorures et sulfates augmentait et a distingué des types α et β limniques ci-dessus définis, les types α et β limnohalins et halins caractérisés par une plus forte teneur en sodium et en chlorures.

b) LE pH

Comme nous l'avons vu, il existe un lien étroit entre pH, teneur en CO_2 libre, en réserves alcalines ou ensemble des carbonates et bicarbonates pouvant libérer du CO_2 assimilable et photosynthèse (donc productivité).

Dans les eaux relativement riches en calcium, l'utilisation par les plantes du CO_2 disponible provoque la rupture de l'équilibre réversible existant entre les différents ions présents et une précipitation de CO_3Ca par dissociation du bicarbonate. En effet, la réaction d'équilibre peut s'écrire :

$$(CO_3H)_2Ca \rightleftharpoons \underset{\downarrow}{\underline{CO_3Ca}} + H_2O + CO_2$$

Tout départ de CO_2, entraînera la réaction dans le sens gauche-droite.

Or le carbonate acide est presque complètement dissocié :

$$(CO_3H)_2Ca \rightleftharpoons Ca^{++} + 2CO_3H^-$$

et

$$CO_3H^- \rightleftharpoons H^+ + CO_3^{--} \text{ (à pH élevé)}$$

tandis que l'hydrolyse de la deuxième acidité de l'acide carbonique permet d'écrire :

$$CO_3H^- + H_2O \rightleftharpoons H_2CO_3 + OH^-$$

cette hydrolyse étant concrétisée par l'élévation du pH du milieu due à la présence des ions OH^-.

Dans ces eaux calciques, le pH sera déterminé par le rapport entre :

— ions H^+ provenant de la dissociation de l'acide carbonique :

$$CO_3H_2 \rightleftharpoons CO_3H^- + H^+$$

$$CO_3H^- \rightleftharpoons CO_3^{--} + H^+ \quad \text{et}$$

— ions OH^- provenant de l'hydrolyse des carbonates acides.

Comme la quantité d'ions H^+ est sensiblement constante par suite du faible nombre de molécules de CO_3H_2 qui est dissocié (l'acidité étant très faible), et que la quantité d'ions OH^- est rendue constante par le jeu de l'équilibre entre carbonates acides et carbonates neutres disponibles, le pH de ces eaux sera sensiblement constant : le mélange acide faible + ses sels est une solution tampon, en d'autres termes, le milieu est tamponné.

Dans le cas d'une eau à faible réserve alcaline, le pH dépendra plus de la quantité d'ions H^+ provenant de la dissociation de l'acide carbonique que de l'hydrolyse des carbonates acides. Toute variation dans la teneur en CO_2 modifie la teneur en ions H^+, donc le pH et le milieu sera peu tamponné à moins qu'il soit sous la dépendance de substances humiques acides (cas des eaux acides de forêts) (Lefèvre, 1940) ou de sels alcalins tels que les carbonates acides de sodium ou de potassium (Ruttner, 1948).

Cet effet tampon est d'importance considérable en limnologie car les organismes sont parfois sensibles aux variations de pH.

Ainsi, l'alcalinité ou l'acidité du milieu aquatique sera sous la dépendance de deux facteurs essentiels : la quantité relative de sels d'acide faible (essentiellement du CO_2) et l'importance de la photosynthèse qui absorbe le CO_2, libère par hydrolyse des ions OH^- et provoque le plus souvent une précipitation de CO_3Ca. (Chez les plantes à feuilles, cette précipitation peut être mise en évidence sur la face dite supérieure; il y a *différenciation physiologique* (RUTTNER, 1921).

Enfin, tous les végétaux à chlorophylle ne sont pas capables d'utiliser l'ion CO_3H^- comme source de carbone. Un certain nombre (les mousses en particulier) doit se limiter au CO_2 libre. Ces végétaux voient donc leur photosynthèse s'arrêter dès que le CO_2 directement assimilable est absorbé; ils ne peuvent se développer qu'en milieu relativement acide ou en équilibre constant avec l'atmosphère (sources, littoral agité des lacs, profondeurs de ceux-ci dans certains cas, eaux courantes).

C'est le cas de la mousse *Fontinalis antipyretica* et des algues rouges du genre *Batrachospermum* (RUTTNER, 1960).

c) LES SUBSTANCES HUMIQUES

Conjointement à la construction autochtone de molécules organiques grâce à la photosynthèse végétale, d'autres substances d'origine terrestre et elles-mêmes organiques peuvent venir participer au métabolisme lacustre. Parmi ces substances, les *acides humo-limniques* ont droit à une mention particulière. Ils proviennent du lessivage des acides humiques des sols avoisinant la masse d'eau considérée. La preuve en est fournie non seulement par l'analyse chimique qui en fait dans les deux cas un mélange d'acides carboxyliques, mais aussi par la simple constatation qu'après une pluie importante, la couleur du lac étudié en une région propice, tend à foncer, à devenir couleur thé plus ou moins fort.

Cependant il existe quelques différences entre acides humiques et acides humolimniques; les premiers ont un poids moléculaire plus élevé (environ 1 400) et une structure encore plus complexe que les seconds (de poids moléculaire voisin de 456).

Nous savons depuis THIELE et KETTNER (1953) que les acides humiques des sols proviennent de la combinaison de deux produits de décomposition (bactérienne...) d'une quinone, la parabenzoquinone :

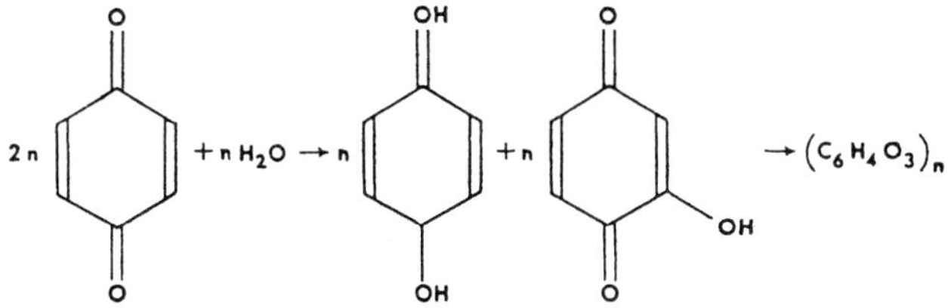

p. benzoquinone hydroquinone hydroxyquinone acides humiques

L'hydroxyquinone ainsi formée peut aussi se polymériser pour constituer une molécule dont certaines liaisons peuvent être plus ou moins temporaires et constituées par des ponts de type oxazine :

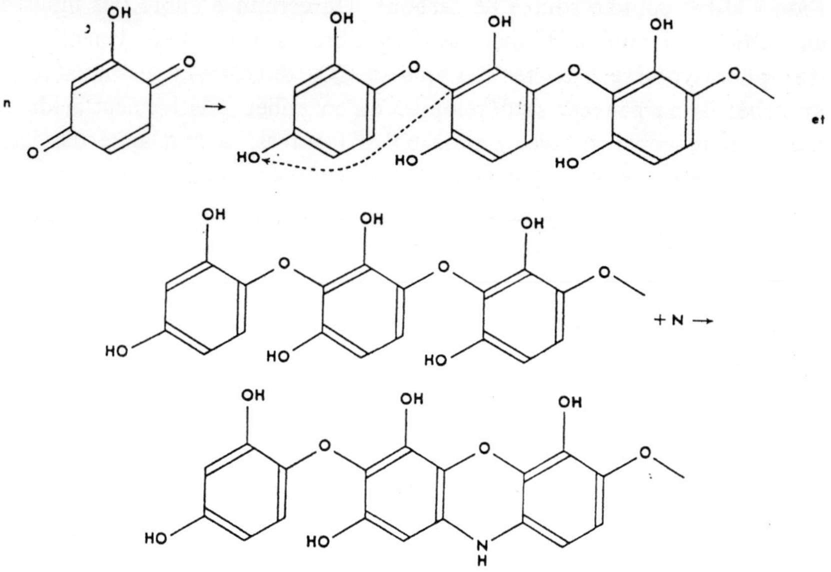

Ainsi, l'azote ferait pont entre acides aminés et acides humolimniques; c'est pourquoi Swain, Blumenthals et Millers (1959) en font un élément constitutif de la matière organique dissoute tandis que Shapiro (1957) préfère considérer sa présence comme fortuite dans la molécule. Les acides aminés peuvent en fait être associés aux acides humolimniques par des ponts divers : —CH_2—, —NH—, —CO—, —S—, etc., et même être adsorbés sur la micelle humique. Ainsi, ces acides humolimniques ont-ils la possibilité de bloquer les acides aminés et ainsi de limiter leur réutilisation par suite de leur grande résistance à l'altération biologique. Nous ne possédons malheureusement que peu d'information sur ces substances complexes qui sont sous la dépendance des variations de la composition ionique du milieu et jouent un rôle de premier plan dans le métabolisme aquatique. Leur qualité de biacides dialysables (donc en solution non colloïdale) et non cristallisables ainsi que leur propriété de stimulateur de croissance en font des substances attachantes pour l'avenir...

Ainsi, sans entrer plus avant en ce chapitre sur la rôle des organismes dans le devenir du milieu aquatique, est-il possible de souligner que ce milieu est étroitement lié au métabolisme des populations végétales photosynthétisantes (productrices) et des populations animales (consommatrices) qui par leur respiration et leurs excrétions modifient les conditions de vie et participent à certaines réactions biochimiques essentielles. Nous pouvons donc dès à présent introduire un concept qui sera développé plus loin, celui d'unité vivante à l'échelle, non de l'organisme ni de la population, mais du milieu tout entier.

Nous voici donc en présence de trois nouvelles façons d'approcher le milieu aquatique continental :

— l'organisme (cf. 4e partie);

— la biocénose constituée d'organismes (cf. 5e partie);

— le milieu constitué de la biocénose et de ses produits de métabolisme (nutritifs ou de sécrétion) et considéré dans son cadre géodynamique (cf. 6e partie).

G. — LA MÉROMICTICITÉ

Si tous les lacs peuvent être considérés comme soumis plus ou moins à l'action du soleil et des vents et par conséquent obligés d'être périodiquement en stratification et en circulation, tous ne réagissent pas de la même manière à ces actions. Certains, dont l'eau a une densité suffisamment peu variable en fonction de la profondeur et du temps, arrivent à entrer entièrement en circulation et s'homogénéisent ainsi régulièrement; on les appelle depuis FINDENEGG (1937) lacs **holomictiques** ou qui se mélangent entièrement. D'autres, au contraire, n'entrent que partiellement en circulation et les couches profondes sont ainsi hors de toute atteinte régulière par les eaux de surface; ce sont les lacs **méromictiques**.

Un lac méromictique peut être considéré comme deux lacs ou parties de lacs superposées, un lac supérieur appelé **mixolimnion** (on l'appelle aussi parfois circulolimnion) et un lac inférieur, isolé ou **monimolimnion**. Entre les deux se situe la **chemocline** (ou lytocline) caractérisée par une variation rapide de la densité des eaux, les eaux profondes étant toujours et en permanence plus lourdes que les eaux de surface [1].

1. Un cas très particulier de méromicticité sans chemocline est celui du lac Baïkal dont la profondeur est telle que l'action de brassage des vents, en période de circulation, n'arrive pas à dépasser les 250 premiers mètres. Ce lac possède donc une « zone de pérennité » de plus de 1 000 m d'épaisseur (WERESCAGIN, 1937) sans que pour autant on puisse déceler de stratification chimique nette. Il y a là fausse méromicticité ou **méromicticité mécanique**, l'énergie que peut emmagasiner le Baïkal au cours de l'année grâce aux effets de la température et des vents n'étant pas suffisante pour vaincre habituellement l'inertie (stabilité) de la masse d'eau. Cependant, des phénomènes de turbulence des eaux y ont été décelés même sous la glace par SOKOLNIKOV (1960).

La méromicticité des lacs peut avoir plusieurs origines. On distingue ainsi (Hutchinson, 1937) :

1. Une *méromicticité ectogénique*, c'est-à-dire constituée par la superposition fortuite de deux eaux de salinités différentes, soit que la cuvette soit remplie progressivement par des eaux « salées » au-dessus desquelles subsistent des eaux douces préexistantes, soit que des eaux douces soient amenées peu à peu sur une masse d'eau salée préexistant dans le bassin lacustre considéré. Cette méromicticité tend à diminuer avec le temps par le mélange des deux eaux;

2. Une *méromicticité crénogénique*, c'est-à-dire formée par l'apport continu de sources salées profondes. Il se forme alors un équilibre entre les eaux profondes ainsi salées et les eaux produites par le mélange des eaux douces affluentes superficielles et les eaux salées au niveau de la chemocline; l'effluent, compensant les sources, permet à l'ensemble d'être assez stable en général;

3. Une *méromicticité biogénique*, c'est-à-dire à couche profonde modifiée par l'apport des organismes, apport plus ou moins minéralisé par les bactéries et suffisant pour qu'en une année relativement calme, il provoque la formation d'un gradient de densité plus accusé que celui constitué par la stratification thermique. La circulation intersaisonnière n'est alors plus complète et une méromicticité de plus en plus stable s'établit. C'est le cas de nombreux lacs des pays chauds.

1. MÉROMICTICITÉ ECTOGÉNIQUE

Le Hammelsdorfersee près de Lübeck (Allemagne) est un des exemples les plus connus depuis le travail de Griesel (1921), avec le lac Tokke (Norvège) dont l'histoire est relatée par Strøm (1955). Le premier, très près de la Baltique, est de temps à autre envahi par la mer (tous les siècles?). L'eau douce de son bassin d'alimentation vient laver progressivement le lac, constituant une chemocline qui s'approfondit avec le temps jusqu'à atteindre le fond. Ainsi, la dernière invasion d'eau salée datant de 1872, le monimolimnion a disparu en 1934. Le lac Tokke a l'histoire en quelque sorte inverse; il est constitué par un fjord surcreusé par les glaciers qui, sous l'effet de la relaxation isostasique de la Scandinavie, a été soulevé au-dessus du niveau de la mer. Les eaux douces du bassin d'alimentation ont lessivé les eaux de surface, et désormais l'eau de mer en profondeur est en voie de fossilisation...

De nombreux autres cas de méromicticité ectogénique ont été signalés au Japon (YOSHIMURA, 1938), au Groenland (TROLLE, 1913), en Pologne (JENTZSCH, 1912), aux U.S.A. (ANDERSON, 1958), au Canada (NORTHCOTE et JOHNSON, 1964), aux Philippines (WOLTERECK, TRESSLER et BUNAG, 1941), etc.

2. MÉROMICTICITÉ CRÉNOGÉNIQUE

Les deux lacs les plus connus pour leur méromicticité crénogénique sont malheureusement perdus pour la science, du moins à ce propos : le lac de la Girotte (Haute-Savoie) aussi bien que le lac Ritom (Suisse) ont en effet été complètement transformés par la construction de barrage supérieur et l'utilisation de leurs eaux à des fins hydroélectriques.

Le lac RITOM, bien étudié par BOURCART (1906), BACHMANN et EDER-SCHWYZER (1924), DÜGELLI (1924) et COLLET (1925), était alimenté par des sources sous-lacustres qui furent observées en 1918 quand ce lac a été partiellement vidé pour en faire une retenue.

De même le lac de la Girotte, décrit d'abord par DELEBECQUE (1898), possédait en profondeur des sources riches en sulfate de calcium qui, sous l'effet du métabolisme propre du lac, se transformait en hydrogène sulfuré produisant ainsi sa méromicticité. Depuis, ce lac a été vidé puis son niveau surélevé, il n'a donc plus du tout les mêmes conditions d'existence (DUSSART, 1952). Signalons que lors de sa première vidange, toute la vallée (y compris les installations de vannes de la station hydroélectrique) a été fortement perturbée par l'hydrogène sulfuré répandu avec l'eau du lac.

Bien d'autres exemples pourraient être donnés, de France (lac du Mont-Cenis, DUSSART, 1952), d'Europe (Salzungersee, [HALBFASS, 1902]), Ulmener Maar, [THIENEMANN, 1915]) ou d'ailleurs... (Japon [YOSHIMURA, 1937], U.S.A., [HUTCHINSON, 1957]).

A ces exemples il faudrait ajouter ceux du Traunsee (NERESHEIMER et RUTTNER, 1928) du Rudersdorfsee (RÖHLER, 1926) et de quelques autres lacs dont la méromicticité est artificielle et consécutive à une action humaine (déversements des déchets de carrière, d'usines, etc.).

3. MÉROMICTICITÉ BIOGÉNIQUE

Relativement plus fréquente que les deux autres formes, la méromicticité biogénique apparaît dans les lacs qui laissent accumuler en profondeur les produits de leur métabolisme et constituent ainsi une zone profonde isolée de la zone trophogène et généralement impropre à la vie animale.

De très nombreux lacs sont atteints par cette sorte de déséquilibre biologique et surtout bon nombre de lacs en zone tropicale et subéquatoriale, même les plus grands comme le Tanganika ou le Kivu, ce dernier ayant une méromicticité d'origine cependant plus complexe si l'on suit les vues de DAMAS (1937).

En Autriche, le Wörthersee, le Millstättersee et plusieurs autres lacs de Carinthie (FINDENEGG, 1937), le Zellersee, le Hallstättersee (EINSELE, 1944) sont méromictiques.

Aux U.S.A., les plus connus sont le lake Mary, Wisconsin (JUDAY et BIRGE, 1932) et le Fayetteville green lake, New York (EGGLETON, 1931).

Quant au lac Kivu (Congo) son cas est des plus intéressant puisqu'il a même fait l'objet d'exploitation des produits de sa méromicticité (KUFFERATH et SCHMITZ, 1954).

Cette forme de méromicticité ne s'installe que si le lac considéré est assez profond, suffisamment protégé et a un métabolisme suffisant.

Pour expliquer le rôle de chacun de ces facteurs, il faut avoir à l'esprit le cycle des variations de la température, expression de celles de la turbulence, dans la partie supérieure (mixolimnion) du lac :

Dans un lac peu profond, ayant sa surface non protégée du vent en période de stratification, il y a circulation complète dès que les conditions le permettent (refroidissement automnal); le lac est dit **tachymictique** par OLSZEWSKI (1953). Si au contraire, par suite de facteurs divers climatiques (vents faibles) ou géographiques (collines ou montagnes environnantes), le vent n'a pas de prise sur le lac, la circulation sera beaucoup plus lente; le lac sera **bradymictique**. Quand la circulation des eaux est intermédiaire, on dira que le lac est **eumictique**. Ainsi. le lac Wigry (Pologne) est nettement tachymictique.

Si le lac est profond, les phénomènes sont quelque peu différents. En effet, au cours du cycle annuel de la température et dans un lac dimictique au moins, il y a deux périodes avant circulation au cours desquelles on peut considérer dans le lac deux couches : une supérieure sous l'influence directe des conditions extérieures (vent) et une couche inférieure qui ne reçoit qu'indirectement cette influence bien que dépendant directement des conditions de vie du lac (apports minéraux ou organiques).

Suivant que la surface du lac est protégée ou non par des écrans naturels et suivant la force moyenne des vents générateurs de courants, il y aura donc mélange faible (bradymicticité), moyen (eumicticité) ou fort (tachymicticité) dans la couche supérieure.

Un diagramme schématique (fig. 43) montrera tous les cas possibles.

Ainsi, certains lacs profonds non protégés pourront, certaines années calmes ou déficitaires au point de vue vent, voir s'instaurer un régime de profondeurs calmes qui sera générateur de méromicticité. De même, deux lacs analogues pourront réagir tout à fait différemment aux conditions extérieures suivant qu'ils sont protégés ou non. C'est de l'étude conjointe de ces conditions extérieures et du métabolisme interne d'un lac que l'on pourra déduire sa physiologie, donc son destin, à condition de prendre en considération les variations annuelles des unes et de l'autre.

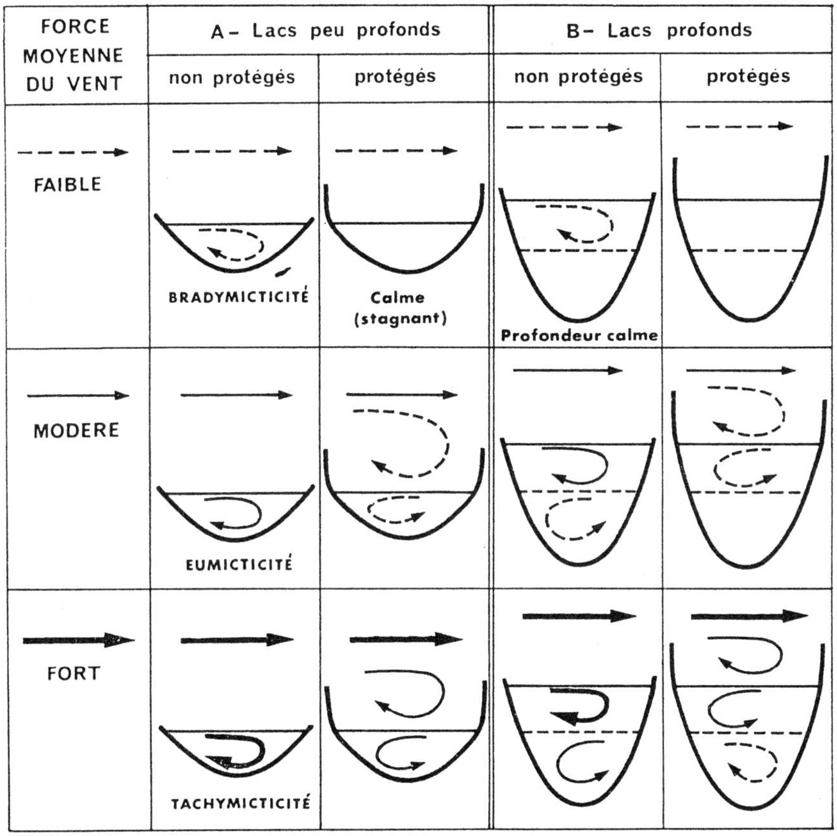

FIG. 43. — Rôle de la morphologie et de la force moyenne du vent sur la « micticité » d'un lac. D'après OLSZEWSKI, 1953.

C'est le cas du lac Sumiyosiike (Japon) qui est méromictique certaines années calmes à hiver doux et présente alors une distribution à peu près clinograde de l'oxygène, tandis que les hivers rudes permettent le mélange des eaux et l'instauration d'une holomicticité temporaire (YOSHIMURA d'après HUTCHINSON, 1957).

Dans d'autres cas ce sera la durée de la période de circulation qui sera trop courte pour permettre un mélange suffisant des couches, leur réoxygénation et l'installation progressive d'une méromicticité qui s'apparentera alors à une méromicticité biogénique.

CHAPITRE VI

LES ÉTANGS

A. — CARACTÉRISTIQUES

Une des caractéristiques essentielles des petites collections d'eau est leur variabilité.

Nous pourrons donc distinguer avec PICHLER (1939) :

— les *flaques d'eau* ou petites collections d'eau de moins de 20 cm de profondeur dont la température est sous l'action directe du soleil, de la surface au fond et peut donc facilement atteindre 25 °C en été;

— les *mares* ayant jusqu'à 60 à 80 cm de profondeur et dont toutes les couches sont encore sous l'action du soleil mais qui présentent quotidiennement une stratification thermique alternant avec une période nocturne d'homothermie par suite du faible volume d'eau présent. Ces mares ont une température variant de 5 °C à 15 °C au fond en climat tempéré, de 30 à 40 °C en climat plus chaud tel celui de la Floride (YOUNG et ZIMMERMAN, 1956);

— les *petits étangs* ou collections d'eau atteignant 1 m de profondeur et ne recevant donc plus directement la chaleur solaire au fond. Ils sont polymictiques et ont déjà un « métabolisme » les apparentant à des lacs; cependant le faible volume d'eau et son étalement relativement considérable en font des masses d'eau plus directement influencées par les variations des facteurs externes : leur inertie est faible;

— les *grands étangs* (dans le sens que nous avons donné au terme étang), ont bien sûr une plus grande surface que les petits, mais leur réceptivité aux facteurs externes est semblable et leur métabolisme est analogue.

La caractéristique essentielle des étangs est leur variabilité dans le temps. Ils représentent, en outre, plus une mosaïque de micromilieux évoluant ensemble qu'une unité biologique.

Ce sont des lacs à évolution rapide et réduits à leur zone littorale, des masses d'eau dont la biomasse est sous la dépendance étroite des constituants du necton et des décomposeurs. La zone tropholytique y est réduite la plupart du temps à la couverture biologique du fond et au fond lui-même.

Leur étude a été poussée par suite de leur utilisation, notamment en pisciculture. Huet (1952), Wurtz (1958), Schäperclaus (1962) parmi d'autres ont décrit leur particularités et leur mode d'utilisation.

Ils sont pour la plupart munis d'une bonde (moine) et constitués par construction d'une levée de terre (digue). Leur taille varie beaucoup mais les plus recherchés sont ceux qui, profonds de 1 à 2 m, n'ont que quelques ares ou quelques hectares. La nécessité de les vidanger leur confère une morphologie particulière : leur fond est en pente vers le moine et le plus souvent muni de rigoles de vidange.

Le moine ou système de vidange permet à la fois de régler le niveau de l'eau (déversoir) et la vidange totale de l'étang. Un système de grilles empêche les poissons de s'échapper.

De telles caractéristiques permettent aux plantes supérieures de se développer dans un étang (au moins théoriquement).

Le faucardage est destiné à réduire la surface ainsi envahie par les phanérogames aquatiques. Parfois, les meilleurs instruments de faucardage sont les poissons eux-mêmes.

L'utilisation d'herbicides est également très fréquente.

Une des caractéristiques essentielles des étangs est de posséder une flore et une faune spécialisées et évoluant rapidement avec le temps.

Les constituants du milieu jouent un rôle considérable dans ces conditions. Notons toutefois avec Hrbaček (1958) que le développement du nannoplancton ne dépend dans ces étangs ni de la quantité de phosphore ni de celle d'azote dissous dans l'eau. Bien que certains poissons soient planctophages, il y a également une certaine indépendance entre biomasse nectonique et biomasse planctonique. Les poissons ont cependant tendance à éliminer les grandes formes les premières. Il y a au moins trois explications à ces phénomènes en apparence insolites :

— la première est le rôle joué par la ceinture végétale et les diverses formes de biotecton dans la production de matière organique (cf. chap. XIII).

STRAŠKRABA (1961) a montré dans l'étang Valký Pálenec, de 32 hectares, que la production en saison chaude se répartissait en moyenne ainsi (en g. d'N par m^2) :

Macrophytes	7,6	
Biotecton végétal	3,2	total 11,5
Phytoplancton	0,7	
Zooplancton		1,65

Dans l'étang Smyslov, elle est respectivement de 6,7, 1,1, 0,6 (total 8,4) et 0,5.

C'est dire la part que prend la zone littorale à Phanérogames dans la production d'un étang.

— la seconde est l'énorme différence de vitesse et de taux de reproduction et de développement entre les divers constituants de la flore et de la faune présentes. Dans un milieu aussi propice à la survie et à la croissance de la plupart des formes, la vitesse de recyclage de la matière organique est relativement énorme, si bien que les chances de développement des individus sont grandes.

— la troisième est la part considérable prise par le sol des étangs dans le métabolisme aquatique. Les échanges entre eau et sol sont continuels; la biomasse benthique joue un rôle plus effacé peut-être, mais bien plus important que le plancton dans la nutrition du necton composé de poissons et dont l'accroissement se traduit par une plus grande vitesse de recyclage de la matière organique. Dans les étangs, il y a en quelque sorte une certaine accélération du métabolisme qui se traduit, quand il « s'emballe » par l'apparition de fleurs d'eau (cf. chap. XX C).

B. — LE SOL DES ÉTANGS

Le sol des étangs est constitué d'un substrat imperméable recouvert d'un terrain plus ou moins sableux ou argileux, lui-même surmonté d'une certaine épaisseur de vase. C'est cette vase qui donne à l'étang sa richesse ou sa pauvreté. Quand elle est réduite à sa composante inorganique, l'étang est pauvre; quand, par contre, elle est le réservoir et en même temps le piège à détritus organiques en décomposition, l'étang devient de plus en plus riche si les substances nutritives qu'il contient ou qu'on lui apporte se trouvent en quantités suffisantes.

La vase du fond d'un étang est, dans de bonnes conditions, analogue à une gyttja (voir chap. XI); elle est vivante et constituée pour une part souvent importante de matériaux organiques et produits de décomposition.

Le sol d'un étang dépend de la nature géologique du terrain sous-jacent, de la qualité de l'eau qui l'imbibe, de la nature et de l'importance des échanges physico-chimiques entre l'un et l'autre, de la part jouée par les minéralisateurs dans la décomposition de la matière organique qui se dépose et de la vitesse de cette décomposition.

Il se caractérise par l'absence en général de sédiments autochtones : il n'y a pas dépôt de silice (vase à diatomées) ou de calcaire (précipitation biogénique) sur le sol des étangs. Il n'y a que la vase dont l'activité biologique (qui est considérable) est liée à la vie propre des organismes qui l'habitent et à celle des éléments du plancton et du necton qui peuplent l'eau immédiatement sus-jacente.

Bien qu'il y ait stratification thermique et chimique le jour dans un étang, cette stratification n'est pas assez permanente pour qu'elle puisse jouer un rôle dans le métabolisme du sol.

Récemment WURTZ (1962) a mis l'accent sur le rôle de l'argile dans la vitalité du sol d'étang. Il a montré en effet que, au moins dans la région de la Dombes (Ain), où les étangs sont périodiquement mis en assec et cultivés (avoine, lotier), la teneur en argile est d'autant plus grande que l'étang est plus riche. De plus, après la mise en eau, la teneur en argile augmente avec le temps, soit par apport latéral, soit par échanges au sein même de la vase. L'étang du petit Glareins présente ainsi une teneur en argile de 225 $^{0}/_{00}$ dès la première année, alors que celui de la Gélinière, voisin, doit attendre 4 ans pour atteindre ce taux.

L'activité biologique d'un sol d'étang dépend également du pH des eaux qui l'imbibent. Les étangs de forêts, riches en matières humiques acides, ont des vases pauvres en bactéries protéolytiques et cellulolytiques et lentes à se minéraliser; ils sont généralement pauvres. Le relèvement du pH par chaulage les rend nettement plus productifs. C'est le cas en Sologne et dans la Brenne (Indre) où le fond des étangs est riche en sables tertiaires, aussi bien qu'en Vendée ou dans la Jemaye (Dordogne) où la proportion de matières humiques est assez importante pour faire baisser le pH à 5,3-5,5.

Parfois cependant, malgré un pH permettant le développement normal des minéralisateurs et des conditions favorables à un enrichissement organique important, le métabolisme bactérien n'est pas assez rapide pour permettre un recyclage intense des substances organiques et l'étang s'appauvrit par envasement. C'est le cas dans la Somme où le climat n'est pas assez chaud et l'apport d'énergie proportionnellement insuffisant par rapport aux apports de substances nutritives.

Dans les étangs sous climat tropical, c'est le phénomène inverse qui se produit et il y a stérilisation par excès de minéralisation : le recyclage est trop rapide, les substances nutritives sont en quantités insuffisantes, ou mal équilibrées.

Nous connaissons encore fort mal la nature des échanges existant entre sol et eau dans les étangs. Pour STANGENBERG le rapport C/N est essentiel; pour HRBAČEK (1958), il n'existe pas de relation étroite entre phosphore, azote et richesse (productivité) d'un étang. Le phosphore immobilisé dans la vase est pourtant régulièrement libéré dans l'eau au cours des mois et participe ainsi à la production. La potasse, par contre, s'accumule dans la vase par suite de la capacité d'absorption de l'argile.

On voit là le rôle de la nature du substrat sur la richesse d'un étang si on a à l'esprit l'importance des rapports des ions métaboliques sur cette richesse. Le complexe absorbant qui donne à la vase d'un étang son utilité est de même nature que celui d'un sol cultivé. L'action de l'homme sur lui devra donc être mesuré et étalé dans le temps pour lui donner une meilleure efficacité.

Dans les étangs de la Dombes, il y a en moyenne 50 fois plus de calcium dans la vase que dans l'eau. Plus ce calcium est facilement soluble, plus l'étang paraît riche. Il en est de même du magnésium. La capacité d'échange du sol d'étang pour les alcalino-terreux est en moyenne élevée. Elle l'est beaucoup moins semble-t-il pour le phosphore, encore moins pour l'azote.

C. — LES SYSTÈMES D'ÉTANGS

Dans les régions où le sol ne permet pas l'implantation d'une agriculture rentable, l'aménagement d'étangs peut être le moyen élégant de faire rendre à la terre une production satisfaisante. Des calculs récents ont en effet montré qu'un hectare d'eau aménagé était le plus souvent plus productif qu'un hectare de sol cultivé. C'est cette constatation qui est à l'origine de l'organisation en zone tempérée de nombreux étangs sur sols pauvres, sols acides ou sols sablonneux, là où le réseau hydrographique ou la pluviosité le permettent. En zone intertropicale, c'est la difficulté de l'approvisionnement en protéines d'origine animale qui a lancé la pisciculture en étangs. En d'autres régions, les étangs ne sont que des produits secondaires d'une agronomie planifiée (riziculture). Chaque région climatique, chaque développement agricole ou programme d'élevage a son système d'étangs.

Suivant l'origine de l'eau et la configuration du terrain, on peut distinguer :

1. Les étangs alimentés par des sources ou par la nappe phréatique. Ils sont cantonnés dans les régions à pluviosité et perméabilité des sols suffisantes;

2. Les étangs alimentés par les eaux météoriques, pluies et eaux de ruissellement provenant des terres avoisinantes qui se rencontrent dans les régions à forte pluviosité relative et où sol et sous-sol sont plus ou moins imperméables;

3. Les étangs alimentés par les eaux courantes vraies qui doivent leur origine soit au barrage d'un ruisseau ou d'une petite rivière, soit à la dérivation d'un bras de rivière ou d'une partie du cours d'un fleuve. Ce sont les plus nombreux.

Si la déclivité (pente) du terrain le permet, il est possible de construire des étangs successifs par le barrage d'un même cours d'eau ou de faire stagner plusieurs fois de suite la même eau (dans les régions où l'évaporation n'est pas trop forte). Ce sera le cas habituellement envisagé pour les grands étangs. Pour les petits et ceux destinés à la pisciculture intensive, la méthode dite des étangs en parallèle sera préférée afin d'éviter les contaminations en série en cas de déséquilibre ou d'épidémie dans l'un d'entre eux.

Suivant la productivité des étangs et la nature de leur flore planctonique, ceux-ci seront classés de la manière suivante (voir chap. XXI) :

1. **Étangs oligotrophes :** ils comprendront trois types, suivant l'origine de leur oligotrophie et la nature du substrat.

Les *étangs oligotrophes vrais* ont un fond sableux ou de gravier. L'oxygénation de leurs eaux est bonne à tous moments et partout. Leur flore algale est variée sans dominance anarchique. Ce sont des étangs pauvres.

Les *étangs oligotrophes acides sur sablons et argiles* sont pauvres, sans vase, sans dominantes vraies. On y rencontre des Desmidiées, Diatomées, Chlorococcales, Chrysophycées et Péridiniens. Ce sont des étangs de forêt dont le type peut être recherché en Dordogne (forêt de la Double).

Les *étangs oligotrophes acides à tourbe* présentent une dominante nette à Desmidiées (plus de la moitié de la biocénose) et à Diatomées (Pennales). D'autres algues d'accompagnement, en proportion stable, leur confèrent leur caractère. La minéralisation des matières organiques au niveau du fond est lente et incomplète;

2. **Étangs mésotrophes :** ce sont des étangs dans lesquels se forme peu de vase. Les algues dominantes sont soit des Chrysophycées seules,

soit un mélange de Chrysophycées, Diatomées et Péridiniens. Parfois une fleur d'eau à *Botryococcus* peut apparaître dans ces étangs dont l'oxygénation est pourtant bonne à toute profondeur;

3. **Étangs eutrophes :** suivant le degré de sursaturation en oxygène des eaux de surface le jour et de sous-saturation en profondeur, on peut distinguer les *étangs faiblement eutrophes*, à Péridiniens et Diatomées dominants (60 à 70 %) et à flore macroscopique (phanérogames) dure, envahissante et permettant le développement d'un périphyton à Diatomées Pennales abondant; les *étangs moyennement eutrophes* à Chlorococcales — Diatomées — Péridiniens — Chrysophycées dominantes où des fleurs d'eau à *Oscillatoria* ou à *Microcystis* (Cyanophytes) se développent en automne et à *Volvox* (Chlorophycée volvocale) au printemps. Les phanérogames envahissantes ont des tissus plus mous (renoncules, myriophylles...). Suivant le pH des eaux, ce seront les Péridiniens (pH acides) ou les Chlorococcales (pH plus alcalins) qui domineront; les *étangs fortement eutrophes* présentent une forte dominance de Chlorococcales et de Cyanophytes formant fleur d'eau *(Anabaena)*. A part un cortège de Diatomées, Volvocales et Eugléniens en petit nombre (sauf parfois au printemps), seules les Cyanophytes pourront constituer une biomasse très importante;

4. **Étangs polytrophes :** ils se comblent rapidement par formation d'une grande quantité de vase organique qui entraîne la disparition de l'oxygène en profondeur, alors qu'en surface il y a une très forte sursaturation de ce gaz produit, comme déchet, par la photosynthèse.

Ce sont des étangs à Volvocales, Chlorococcales, Cyanophycées à fleurs d'eau produites notamment par *Aphanizomenon flos aquæ* et où les Cladocères se développent bien. Dans certains cas, les algues dominantes seront des Eugléniens et des Volvocales seulement et les autres groupes disparaîtront presque totalement; ce sont les plus riches des étangs, mais aussi ceux où la quantité d'oxygène utilisable par les animaux est la plus fluctuante. Cette catégorie d'étangs évolue parfois vite vers l'étang anaérobie à *Chromatium* et Ciliés et où la vie des poissons n'est plus possible.

Cette classification biologique des étangs, due à WURTZ (1958), ne rend que très partiellement compte de leurs possibilités d'évolution rapide. Elle n'est adaptée qu'aux collections d'eau en climat tempéré humide et aurait gagné à être généralisée. Cependant, elle a le mérite de situer les étangs les uns par rapport aux autres en donnant une certaine valeur aux facteurs d'environnement et à la vase qui représente dans ce milieu un des critères les plus intéressants à considérer dans la mesure où il n'est pas l'objet de trop de modifications artificielles.

On doit ranger dans les étangs, les rizières qui sont des étangs particuliers, temporaires, dont le sol est cultivé sous l'eau et dont la biologie est encore incomplètement connue.

Sans entrer dans le détail ici de l'étude de ce milieu très particulier et artificiel, il est bon de souligner la dépendance des diverses biocénoses qui peuvent s'y développer : Cyanophytes fixatrices d'azote améliorant la culture du riz, poissons (Cyprinides) utilisant le plancton et remuant, en l'aérant, le fond de l'étang, engrais qui permettent le développement d'un abondant phytoplancton, etc. De même, il est courant en Europe centrale d'élever des canards dans les étangs à carpes, chacune de ces deux espèces profitant de la présence de l'autre.

L'étude de ce milieu relève de l'hydrobiologie appliquée autant que de l'agronomie.

Les étangs représentent en limnologie un stade intermédiaire entre l'expérience de laboratoire qui ne fait et ne veut faire intervenir que quelques facteurs essentiels et le lac dont la lenteur relative d'évolution ne permet pas toujours d'avoir le recul nécessaire pour une bonne interprétation des phénomènes. Il est évident qu'une meilleure connaissance de ce milieu très particulier et artificiel ouvrira des horizons nouveaux au chercheur soucieux de comprendre la complexité du monde aquatique.

De plus, le fait que la production tertiaire (poissons) d'un étang peut varier en fonction de sa situation et de son mode d'utilisation entre quelques kilos à l'hectare et quelques kilos au mètre carré (SHUE MING, 1958, cité par SCHÄPERCLAUS, 1962) montre combien il est instructif de suivre les chaînes alimentaires en étang et les moyens que l'on a de leur donner leur efficacité optimum. Dans les nouvelles installations de type « Spoutnik » la production peut même atteindre 16 kg au m^2 de poisson chinois *Ctenopharyngodon idellus* (SCHÄPERCLAUS, 1963).

BOTNARIUC et BELDESCU (1961), étudiant les étangs latéraux au Danube, formés en zone inondable (bras morts, etc.), ont montré que les macrophytes ne pouvaient s'y développer que si le rapport transparence/profondeur était supérieur à 0,20.

Enfin, UHLMANN (1967), lors d'une étude des étangs saprotrophes d'Allemagne, distingue les étangs à caractéristiques autotrophes (basse température, faible diversité animale par exclusion de certaines espèces, stock élevé de poissons, élimination du zooplancton causé par la baisse du taux d'oxygène dissous) et les étangs à caractéristiques hétérotrophes. Ceux-ci peuvent être considérés comme de véritables systèmes d'épuration naturelle et utilisés ainsi.

CHAPITRE VII

LE MILIEU SAUMÂTRE

A. — CARACTÉRISTIQUES PROPRES

Nous avons vu (Chap. III A) qu'en première approximation, nous pouvions considérer que le milieu saumâtre était caractérisé par des eaux poïkilohalines dont la salinité pouvait varier, de 0,5 $^0/_{00}$ dans le cas des eaux oligohalines, à plus de 45 $^0/_{00}$ pour des eaux hyperhalines.

DAHL (1956) a été un des premiers à souligner l'*instabilité* des eaux saumâtres en général et le rôle des critères morphométriques dans leur caractérisation, en différenciant les systèmes en communication avec les océans (milieux ouverts) de ceux qui évoluent indépendamment de la mer (milieux fermés). Les eaux euhalines de REMANE deviennent alors les eaux marines proprement dires (eaux homoiohalines) et les eaux hyperhalines de REMANE sont dénommées **métahalines**.

AGUESSE (1957) a, de son côté, mis l'accent sur une des caractéristiques essentielles du milieu saumâtre qu'il a étudié, la *variabilité*. Il s'avère nécessaire alors d'utiliser une dénomination binomiale afin de faire intervenir à la fois la salinité moyenne et les écarts accidentels ou saisonniers de cette salinité.

Gardant les appellations de DAHL et REMANE en ce qui concerne les salinités moyennes, nous caractériserons la variabilité d'une eau saumâtre par son degré ou type de poïkilohalinité.

Les eaux *monotypiques* (ou oligopoïkilohalines d'AGUESSE) ont une variabilité qui ne les fait pas sortir de leur classe d'halinité. Une eau oligohaline monotypique aura donc toujours une salinité variant entre 0,5 et 3 $^0/_{00}$; une eau euhaline monotypique variera seulement entre 30 et 40-45 $^0/_{00}$.

Les eaux *ditypiques* (mésopoïkilohalines) ont une variabilité qui les fera déborder sur une seule autre classe d'halinité. Si c'est par le maximum, ce type sera affecté du signe +; si c'est par le minimum, il sera affecté du signe —.

Ainsi, une eau oligohaline ditypique + sera caractérisée par une salinité moyenne de 0,5 à 5 ‰ et des extrêmes de salinité pouvant atteindre 0,5 et 15 ‰. Une eau hyperhaline ditypique — sera une eau salée à plus de 40 ‰ en moyenne, mais pouvant être diluée momentanément jusqu'à 30 ‰.

Enfin, les eaux *polytypiques* (polypoïkilohalines) auront une variabilité de composition telle que leurs extrêmes de salinité déborderont sur 2 ou 3 classes d'halinité.

Aguesse (1957) a créé le terme subpoïkilohalin pour les types d'eaux saumâtres où l'homme fait agir son influence stabilisante par le jeu de ses installations (rizières, marais salants, etc.). Le terme *subtypique* pourrait lui être préféré.

Dans les eaux saumâtres poïkilohalines au sens de Dahl et monotypiques, seront rangées la plupart des collections et masses d'eau pérennes. Les eaux saumâtres ayant tendance à être temporaires et celles sous l'influence d'apports allochtones importants (cas des lagunes et lacs d'estuaires, de deltas et des cuvettes sous l'influence des marées) seront le plus souvent di ou polytypiques. Dans certains cas extrêmes, la salinité peut ainsi passer de 0 à 150 $g \cdot l^{-1}$ en Camargue.

Une autre caractéristique propre des eaux saumâtres est de posséder une flore et une faune adaptées à cette salinité particulière et parfois à ses variations.

Chaque milieu saumâtre a ses populations plus ou moins fluctuantes; cependant des types pourront être mis en évidence. Certains éléments de ces populations proviendront des eaux continentales, d'autres seront marins, la plupart seront euryhalins, mais quelques-uns d'entre eux seront assez strictement cantonnés aux eaux à salinité réduite.

Dans les eaux oligohalines monotypiques de la Camargue, les *Utricularia* se développent ainsi que les *Azolla*, les Copépodes Harpacticoïdes préfèrent les eaux permanentes et les Phyllopodes Eubranchiopodes, les eaux temporaires.

Dans une eau oligohaline ditypique permanente, ce seront les *Potamogeton pectinatus* et *Myriophyllum spicatum* qui pousseront; le Crustacé Copépode *Onychocamptus mohammed* et des Odonates tels que *Orthetrum cancellatum* et *Ischnura pumilio* s'y développeront.

Dans la même région, les eaux polyhalines monotypiques seront caractérisées par les Crustacés *Erichtonius difformis* (amphipode) et *Idothea viridis* (Isopode), tandis que les polytypiques verront se développer le Copépode Harpacticoïde *Cletocamptus retrogressus.*

Il est toutcfois bien connu que dans les eaux polytypiques il y a beaucoup moins d'espèces à se développer, chacune étant représentée par un grand nombre d'individus et il est fort difficile de trouver des espèces caractéristiques de ces milieux très variables, réclamant de la part des organismes qui y vivent une grande capacité d'adaptation.

On retrouve cette forme de sélection dans la répartition des groupes. HOOGENRAAD et DE GROOT (1940), sur 119 espèces de Thécamœbiens de Hollande, n'en citent que 6 d'eaux saumâtres et KAHL (1933) évalue à 3 $^0/_{00}$ la limite de salinité tolérée par les Ciliés d'eaux douces. Si les Turbellaires sont parfois assez euryhalins, telle *Planaria lugubris* ou *Dendrocœlum lacteum*, pour vivre en milieu oligohalin, les Rotifères sont souvent assez malléables pour accepter un taux de salinité assez élevé, tels *Filinia longiseta* qui est un des éléments du plancton de la Caspienne, *Keratella cochlearis* qui vit dans la mer d'Aral, *Keratella quadrata* dont l'euryhalinité lui permet de vivre aussi bien en eaux très douces que dans les eaux mésohalines de la Werra (8,5 $^0/_{00}$) ou dans le lac de Mansfield, ou encore *Brachionus plicatilis* qui tolère 50 $^0/_{00}$ de salinité! Il en est de même des autres vers tels les Nématodes, Oligochètes etc. dont certains représentants sont strictement limités soit aux eaux douces, soit aux eaux marines, mais qui possèdent des espèces, généralement apparentées à des formes d'eau douce, qui sont très euryhalines et acceptent jusqu'à 20 $^0/_{00}$ de salinité.

Les Mollusques sont pour beaucoup sténohalins, mais le cas de *Dreissena polymorpha* est bien connu (LJAKHOV, MIKHEEV *et al.*, 1964).

Pour DAHL (1956), les organismes qui caractérisent les eaux polyhalines du nord de l'Europe sont notamment les Amphipodes *Corophium insidiosum, Bathyporeia pilosa, Melita palmata,* les Copépodes *Laophonte baltica, Zaus spinatus, Harpacticus chelifer,* tandis que le Mollusque *Crassostrea virginica* ne tolérerait que des eaux à 12-20 $^0/_{00}$ de salinité. Cependant plusieurs des espèces précitées acceptent des eaux euhalines; seules les trois premières seraient vraiment caractéristiques.

Un certain nombre de groupes marins n'ont aucun représentant en eaux saumâtres, tels les Echinodermes, Brachiopodes, Tuniciers, Céphalopodes, Cirripèdes, Porifères ; très peu de Foraminifères, de Mollusques, de Bryozoaires se retrouvent en milieux peu salés, tandis que les Crustacés et les Insectes semblent accepter beaucoup plus facilement ces milieux.

Parmi les espèces d'origine marine, il faut citer des Polychètes, des Bryozoaires, Crustacés, Nématodes, Turbellariés, que l'on retrouve même dans les eaux peu salées, telles les eaux meiomésohalines.

Par ailleurs, des espèces d'origine continentale peuvent également caractériser des eaux même hyperhalines. Ce sont alors des formes s'adaptant bien aux grandes variations de salinité qui se rencontrent dans ces eaux toujours poïkilohalines et sans liaison directe avec la mer.

B. — RÔLE DU CLIMAT

Du point de vue limnologique, il faudrait différencier dans les eaux saumâtres :

1) les collections d'eaux temporaires et autres milieux très peu profonds qui rentrent pour la plupart dans la catégorie des milieux plus ou moins ouverts, en liaison avec la mer, telles les embouchures de rivières et de fleuves, les zones deltaïques et marécageuses des bords de mer;

2) les collections d'eau pérennes des zones arides, poïkilohalines, à profondeurs parfois importantes et les lacs méromictiques (cf. chap. V G) dont la stabilité relative fait de ces milieux des entités salées importantes et différentes de la mer par la composition relative de leurs eaux (souvent plus riches en sulfates et en carbonates et moins riches en chlorures);

3) les mers intérieures telles que mer Baltique, mer Noire et lac Maracaibo (Venezuela) etc., qui présentent, du fait de leurs dimensions, un gradient de salinité, donc une hétérogénéité spatiale semi-permanente.

Vouloir traiter de la même manière ces différentes catégories d'eau saumâtre est illusoire.

Géographiquement, il existe une localisation de ces milieux et cette localisation est liée au climat.

Comme nous l'avons déjà vu, les eaux saumâtres ont surtout deux origines :

Ou ce sont des eaux marines en voie de dessalure par les apports d'eaux douces (cas des eaux en liaison avec la mer), ou ce sont des eaux douces qui se chargent en sels (cas des eaux intérieures).

Les premières sont liées à des apports, donc à des précipitations relativement abondantes; on les trouvera en zone tempérée et au voisinage des mers.

Les secondes sont liées à un climat aride ou au moins sec; de ce fait, elles seront surtout fréquentes en zone méditerranéenne et dans les bassins endoréiques sous climat continental sec ou climat tropical.

Les variations physico-chimiques et la dynamique des populations présentes sont liées à ces origines diverses.

Dans la zone tempérée, les eaux saumâtres d'origine marine abriteront souvent des reliques telles que *Mesidothea entomon* (Isopode), *Limnocalanus grimaldii* (Copépode), *Cottus quadricornis* (Poisson), en mer baltique; *Hypania invalida* (Polychète), des Pseudocumidæ et Mysidaceæ (Crustacés Péracarides), surtout en Mer Noire etc. Certaines de ces espèces sont endémiques.

Dans la zone méditerranéenne et aux embouchures des fleuves et rivières, ce seront les formes d'origine marine qui caractériseront le plus souvent les populations des eaux poïkilohalines.

Enfin, dans la zone de climat continental ou tropical, ce seront plus simplement des formes d'eaux continentales adaptées aux fortes salinités, certaines seront déjà des races écologiques, d'autres de simples espèces euryhalines.

CHAPITRE VIII

LES EAUX COURANTES

La notion d'étang nous est apparue comme une notion intermédiaire entre celle de lac et celle d'eaux courantes. Celles-ci jouent un rôle important à la surface du globe et présentent une diversité qui les rend intéressantes pour l'hydrologue comme pour l'hydrobiologiste.

La caractéristique essentielle de ces eaux est de s'écouler. La vitesse d'écoulement et la masse d'eau qui dévale (et ses variations) sont les facteurs qui permettent de différencier des types d'eau courante.

A. — SOURCES ET RÉSURGENCES

L'eau accumulée dans les terrains perméables cherche un moyen d'écoulement (eau gravifique des hydrogéologues). Dès qu'elle le peut, elle réapparaît à la surface, donnant naissance à une source. Suivant la nature du sol et l'origine de l'eau, cette source aura des caractéristiques propres.

— Les **sources hélocrènes** apparaissent quand la nappe phréatique est interrompue par une dépression. Les eaux s'écoulent lentement et un peu partout, avec un débit presque nul. C'est l'origine de l'eau des zones marécageuses, des marais, de certaines tourbières.

Les sources hélocrènes, par leur débit très faible, donnent naissance à un milieu à eau pratiquement stagnante.

On crée une source hélocrène artificielle et temporaire en creusant dans le sable ou le gravier des bords de cours d'eau, de lacs ou de mer, un trou (trou de CHAPPUIS) dans le but de récolter la faune interstitielle qui peuple les eaux phréatiques.

— Les **sources limnocrènes** sont situées dans une dépression de terrain. Elles sourdent au fond de l'eau de flaques, de mares, d'étangs, de lacs et leur débit est parfois assez important. Quand leur point d'apparition est net et situé dans un terrain sableux, celui-ci se creuse en entonnoir.

— Les **sources rhéocrènes** apparaissent au flanc des sols en pente et permettent aux eaux vadoses de revenir en surface. Les suintements sont souvent de minuscules sources rhéocrènes. Ce sont des ruptures de nappe ou des surpressions (saturation des terrains) qui provoquent ces sources.

Dans les régions humides leur débit est assez constant. Les fontaines sont des cas particuliers de sources rhéocrènes.

Sources rhéocrènes et sources limnocrènes ont une certaine constance de température et, dans le cas des eaux dites minérales, de composition physico-chimique. Ce sont des milieux s'apparentant, au point de vue hydrobiologique, au domaine souterrain.

Les résurgences sont des réapparitions brutales d'eaux souterraines. Quand c'est tout un cours d'eau qui réapparaît au niveau d'une faille, d'une cassure de l'écorce, d'un changement de nature pétrographique de la roche, la résurgence peut être importante (Source de la Bèze au N. W. de Dijon par exemple).

Parfois, l'accumulation d'eau souterraine se fait dans une poche qui se vide par un siphon. Le débit de la résurgence est alors variable et son existence même intermittente (Fontaine de Vaucluse).

Sources et résurgences sont des milieux intermédiaires entre monde épigé et monde hypogé. Ils font donc l'objet des travaux de spécialistes de branches variées de la science. En limnologie leur importance apparaît quand leur rôle sur le milieu lacustre est notable. C'est le cas dans certains lacs de montagne réchauffés par les sources limnocrènes que l'on voit sourdre près des rives, surtout quand la température extérieure est basse. La couverture de glace du lac est alors littéralement percée à certains endroits de larges trous circulaires où l'eau reste libre longtemps et où la flore et la faune se répartissent différemment du reste de la masse d'eau. C'est le cas lorsque des résurgences importantes apparaissent au fond même des lacs; l'exemple de la source de la Vise dans l'étang-lac de Thau (lagunaire) est bien connu : par des fonds de 3 à 4 mètres entre Balaruc-les-Bains et Bouzigue, le fond se creuse en entonnoir de 30 m de profondeur. Une source puissante alimente le lac en cet endroit perturbé sur une distance de 100 m (fig. 44). Elle se signale en surface par des rides produites par le flux d'eau.

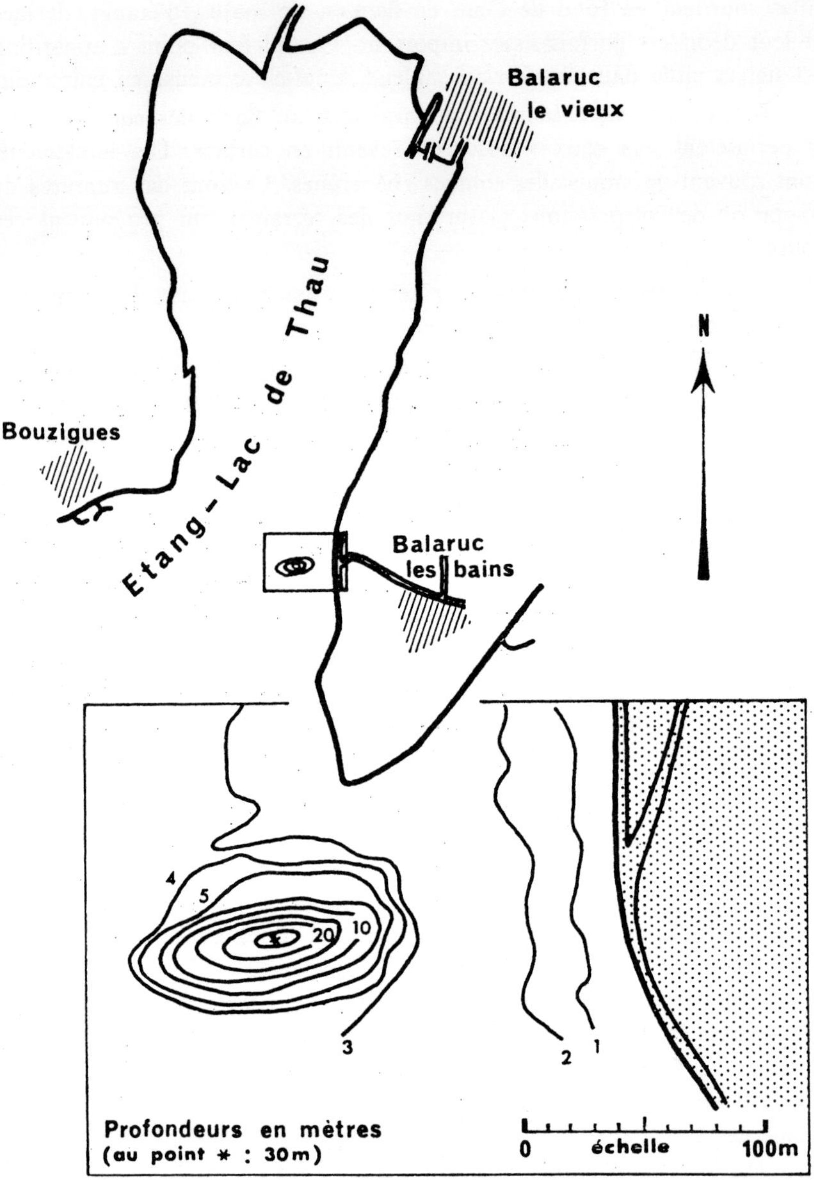

FIG. 44. — Source de la Vise dans l'étang, lac de Thau (Hérault)

La résurgence la plus spectaculaire que l'on connaisse semble bien être celle du Boubioz dans le lac d'Annecy. L'entonnoir qu'elle a constitué mesure 250 m de long et 200 m de large par 25-30 m de fond et descend jusqu'à 81 m. Les parois de cet entonnoir ont une inclinaison de 40°.

Bien que nous ne sachions pas exactement quel est le débit de cette résurgence ni sa constance, nous sommes renseignés sur ses effets physiques et les répercussions biologiques de ses apports sur la faune locale (DUSSART, 1955; JUGET, 1958). La température de ses eaux varie peu et se situe généralement vers 11-12° bien que le 5 octobre 1952, j'y ai mesuré 8°65 et JUGET le 17 août 1955, 6°6.

L'oxygénation de l'eau y est toujours excellente. L'Oligochète *Tubifex barbatus* s'y cantonne, le Chironomide *Sergentia* la préfère ainsi que des *Micropsectra;* le Mollusque *Ancylus fluviatilis* y abonde.

L'existence d'une niche écologique à conditions stables dans un milieu qui évolue, comme le lac d'Annecy actuellement, est du plus haut intérêt pour l'écologiste. Dans le cas de résurgences en milieux temporaires, il peut y avoir conservation d'une faunule permettant la pérennité des populations.

Un type particulier de source est constitué par les fontaines et puits qui mettent à jour artificiellement une collection d'eau inaccessible directement. Les puits ont le grand intérêt d'être en quelque sorte des fenêtres sur le monde souterrain. Des organismes variés les habitent.

Comme le rappelle MEGYERI (1963), la profondeur, la quantité d'eau, sa température et son éclairement sont les principaux facteurs écologiques qui président au peuplement des puits et des fontaines. En eaux froides, profondes, obscures, le nombre d'espèces est petit; il n'y a ni Rotifères, ni Cladocères. En eaux peu profondes et éclairées, la biocénose s'apparente à celle des eaux de surface. Des relations étroites peuvent s'instaurer entre populations d'eaux superficielles et populations de source profonde quand les deux milieux sont près l'un de l'autre. Les principales espèces de Copépodes rencontrés dans ce milieu très particulier varient avec la région. Pour KIEFER (1957), ce sont *Diacyclops languidoïdes* et *Paracyclops fimbriatus* en Allemagne et surtout cette dernière en Yougoslavie. En Autriche LÖFFLER (1960) donne la préférence à *Diacyclops bicuspidatus*; en Hongrie ce serait *Diacyclops bisetosus*, en compagnie de *D. bicuspidatus*, *D. languidoïdes* et *Eucyclops serrulatus* d'après MEGYERI (1963), toutes espèces troglophiles sauf la dernière.

B. — LES TORRENTS

Les eaux superficielles, collectées dans les régions où la pente est forte, donnent naissance aux torrents. Ceux-ci, fréquents surtout en pays de montagne ont, comme principales caractéristiques, des eaux généralement fraîches, tumultueuses, coulant sur fond de graviers ou entre des blocs qu'elles érodent. En terrain calcaire, l'érosion peut amener la formation de marmites, de passages en surplomb, de chutes. En zones de haute montagne, les eaux torrentielles peuvent se charger non plus en sels dissous mais en argile glaciaire produite par la décomposition des feldspaths au contact des neiges et des glaces d'altitude.

Du point de vue hydrobiologique, les torrents ont un intérêt indéniable. Ils permettent l'étude du comportement des organismes soumis à des courants variables mais en général forts. Les variations de débit souvent considérables sont à l'origine de migrations de faunes et la température toujours basse des eaux produit un triage des formes; seules les sténothermes d'eaux froides subsistent habituellement dans le milieu.

La flore est réduite à des formes benthiques, constituant un biotecton rarement épais, sur les cailloux et rochers humides ou immergés. La faune, constituée surtout de larves d'Insectes, de Vers et de Mollusques, est souvent adaptée à cette vie très particulière. HUBAULT (1927) en a établi les conditions d'existence; VERRIER (1948, 1953) puis DORIER et VAILLANT (1954), la résistance aux courants. MARLIER (1954) en a décrit les caractéristiques en pays équatorial.

Au point de vue limnologique, les torrents apportent aux lacs, dont ils sont l'aboutissement, des matières minérales en suspension et par roulement des matériaux grossiers qui vont constituer les plages et rives lacustres (graviers, galets).

Ils modifient localement la transparence des eaux quand leur débit et leur charge solide sont suffisants. Ils apportent également des matières minérales et organiques en dissolution et contribuent à ce titre à l'enrichissement de la cuvette lacustre.

Par contre, si les torrents affectent les rivages littoraux des lacs dans lesquels ils débouchent, ils leur doivent parfois une partie de leur faune. Nombreux sont les poissons qui remontent, ne serait-ce que pour frayer, le cours des torrents de montagne. Dans le cas de torrents à débit très variable, s'annulant même en saison sèche, il y a transfert de faune d'invertébrés et colonisation périodique. C'est ainsi que les larves d'Insectes aquatiques de certains torrents temporaires africains proviennent d'imagos trouvant, dans les eaux tranquilles des régions basses, les conditions normales de développement permanent.

Le phénomène inverse se produit et certains lacs de montagne dans les Alpes doivent leur richesse à l'apport saisonnier d'insectes aquatiques dont les larves peuplent les torrents à l'entour. Ils viennent voler à la surface des eaux et servent alors de nourriture aux poissons (Salmonides) dont la croissance est ainsi beaucoup plus rapide.

FIG. 45. — Larve de l'Ephéméroptère *Ecdyonurus venosus* dans un fort courant d'eau. Noter la position aplatie sur le substrat, à quelques dixièmes de millimètres seulement de lui, c'est-à-dire dans la couche limite.

D'après AMBÜHL, 1960.

Nous n'entrerons pas plus avant dans l'étude de ce milieu spécial qui relève d'une autre discipline. Qu'il nous suffise d'attirer l'attention sur l'intérêt des recherches effectuées sur le rôle du courant comme facteur écologique. Celui-ci concerne aussi bien les animaux torrenticoles que ceux qui peuplent les rivages lacustres caillouteux et battus par les vagues (AMBÜHL, 1959, ZIMMERMANN, 1961). (Voir Chap. IX).

Rappelons toutefois que beaucoup de ces animaux sont morphologiquement adaptés au milieu torrenticole. Il n'est que de voir se déplacer une larve d'*Ecdyonurus* sur un caillou pour comprendre le rôle de son aplatissement (fig. 45).

Quant aux cavernicoles colonisant trous, fissures et interstices du substrat, leur thigmotactisme a été étudié (AMBÜHL, 1959).

Certaines larves d'Insectes construisent des pièges pour se nourrir facilement, tels les entonnoirs tissés par les *Philopotamus* ou les toiles-filets des *Hydropsyche* dont SATTLER a fait une si curieuse photographie (dans ILLIES, 1961); d'autres se protègent dans des fourreaux, cocons, etc.

C. — RIVIÈRES ET FLEUVES

Dans les régions basses et en plaine, les cours d'eau prennent l'allure de rivières qui, se jetant les unes dans les autres, donnent naissance aux fleuves. La vitesse du courant, bien que fonction des crues et de la pente, est généralement assez faible. Cependant dans certains fleuves, elle peut atteindre celles des torrents. Les rivières et les fleuves sont toujours caractérisés par des eaux au cours nettement moins turbulent et à la température plus variable que celle des torrents. La vitesse des eaux dépend du débit et augmente avec la pente et la profondeur. Elle varie de manière complexe aux différents points d'une section mouillée. Les hydrologues évaluent par jaugeage cette vitesse. Elle peut atteindre 2 m à 2,50 m par seconde au milieu du lit et au-dessous de la surface. La vitesse en surface, facilement mesurable, ne reflète que très imparfaitement la vitesse moyenne du cours d'eau.

Le rapport V_m/V_o de cette vitesse moyenne à la vitesse en surface est habituellement compris entre 0,75 et 0,92 (PARDÉ, 1955).

Nous avons vu quelle part pouvaient prendre les rivières et les fleuves dans l'évolution locale ou générale des lacs dont ils sont souvent à la fois le point d'arrivée et la naissance.

Les variations saisonnières de débit, les crues, les étiages, le transport solide sont la préoccupation autant des techniciens (hydrologues) que des géographes. Les premiers ont surtout à l'esprit les facteurs qui régissent le débit (précipitations, topographie, température, évaporation...), les méthodes d'analyse du régime des cours d'eau en un point déterminé et l'établissement de l'hydrogramme de ce cours d'eau (courbe $Q(t)$ des débits en fonction du temps). Les seconds préfèrent aborder les cours d'eau dans leur ensemble, étudier leur module ou débit moyen annuel; ils comparent les cours d'eau entre eux et les classent en fonction de leur régime.

Une des valeurs les plus intéressantes et qui permet de situer un cours d'eau au point de vue hydrologique est son **module spécifique** ou débit moyen évalué en litres-seconde et rapporté au km^2 de bassin versant. Ainsi, la Seine, fleuve de plaine dans une région à pluviosité relativement faible (710 mm), a un module spécifique de 6,7. Les grands fleuves du monde sont d'un type voisin (Amazone : 18, Congo : 11, Mékong : 24, Mississipi : 5,75, Ienissei : 6,75). Quand le bassin d'alimentation est montagneux, le débit spécifique augmente (Ain : 35,4, Arve : 41,9, Gave d'Oloron 40,5, Pô : 24,3 etc.).

Le **régime** est fonction de la nature des variations saisonnières de débit. Il existe des régimes simples, où une période d'abondance (crues) et une de pénurie (étiage) se succèdent chaque année. Le *régime glaciaire* est caractérisé par une grande abondance en été et un étiage hivernal. Le *régime nival de montagne* s'apparente beaucoup au précédent mais est plus précoce et moins accusé; le *régime nival de plaine* est encore plus précoce et caractérisé par des crues brutales et brèves au printemps (débâcle).

Le *régime pluvial tropical* s'apparente au régime glaciaire avec de forts débits en été (saison des pluies) et des étiages très nets en saison sèche (hiver). Le *régime pluvial océanique* est son homologue en climat tempéré; il se caractérise par une inversion du maximum qui se situe en hiver. En été la sécheresse relative entraîne l'étiage.

L'appartenance d'un cours d'eau à deux régimes à la fois lui confère un *régime complexe.* Il en existe ainsi un pluvio-nival océanique et un autre pluvio-nival méditerranéen qui ne doit pas être confondu avec le régime nivo-pluvial aux crues de printemps plus fortes et plus tardives et aux crues d'automne plus précoces succèdant à une période d'étiage très accusé d'été.

Beaucoup de grands cours d'eau ont un régime complexe changeant qui dépend de l'importance relative prise chaque année par l'une ou l'autre des influences principales qui marquent le cours d'eau sur une partie de son trajet vers la mer. Ainsi, le Rhône, au régime glaciaire jusqu'au Léman, est influencé successivement par l'Ain, la Saône, de type pluvial océanique, puis de nouveau par des affluents de type glaciaire, nival (Isère) ou pluvio-nival méditerranéen (Ardèche).

Nous ne nous attarderons pas à l'étude détaillée de ces régimes qui retiennent l'attention des géographes et spécialistes de la potamologie. Qu'il nous suffise de retenir qu'ils sont à l'origine de la répartition spatiale et saisonnière des populations planctoniques (potamoplanton), nectoniques et benthiques dont l'étude nous retiendra quelque peu.

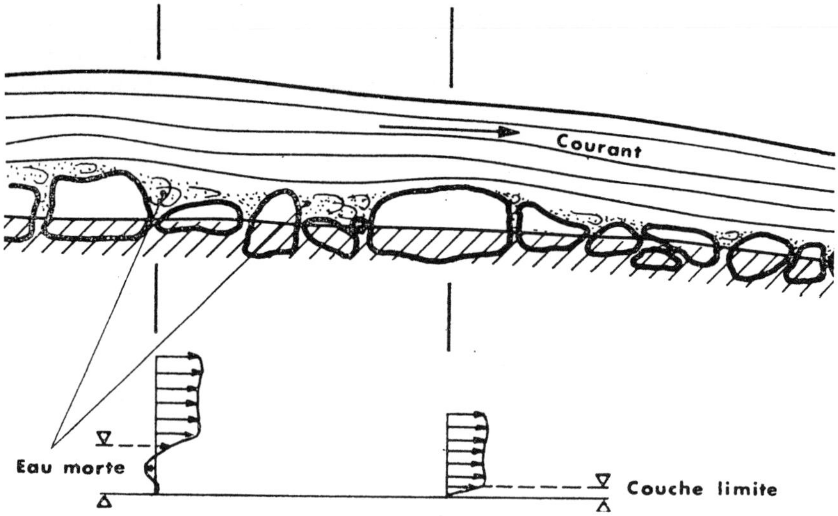

FIG. 46. — Eaux mortes et vitesse du courant dans un torrent (modifié de AMBÜHL)

Nous avons vu que l'écoulement n'était pas de même type en torrents et en rivières. Sur fond de cailloux, de graviers, voire de sables grossiers, cet écoulement sera de type turbulent. En un point précis à la surface du substrat, le courant sera donc fonction de sa vitesse et des forces de friction qui rendront les eaux turbulentes. Il existera ainsi un certain nombre de zones d'*eaux mortes* qui pourront être colonisées par des organismes qui ne toléreraient pas de forts courants (fig. 46). De même, sur parois lisses, existe une zone de contact, très peu épaisse (1 à 10 mm), où le courant se ralentit; l'écoulement est alors de type laminaire. Cette *couche limite*, aux propriétés hydrologiques particulières, pourra être peuplée d'organismes profilés tolérant la vie dans un milieu caractérisé par un fort gradient de vitesse (organismes présentant une face munie d'appendices ou de dispositifs de fixation au contact du substrat inerte et une autre soumise à l'action du courant liquide plus ou moins laminaire) (AMBÜHL, 1962). Notons que l'épaisseur de cette couche limite est fonction inverse du courant et de la température.

Dans les rivières et dans les fleuves à courant lent peuvent subsister un certain nombre d'éléments du plancton. La plupart du temps ce plancton provient du passage en eaux courantes d'organismes qui se sont reproduits et développés en eaux stagnantes ou dormantes (tychoplancton). Cependant peu d'espèces vivant dans ces derniers types d'eau acceptent de survivre en eaux courantes. Pour des raisons encore bien mal connues, elles meurent peu après leur changement de milieu et servent alors, vivantes ou mortes, à la nourriture des formes benthiques d'eaux courantes. MÜLLER (1955) a montré que dans les rapides situés en aval des lacs qui jalonnent la rivière Luleälv, certains Trichoptères *(Hydropsyche, Neureclipsis, Plectrocnemia)*, des Diptères *(Simulium)*, divers Orthocladinae, se nourrissent presque exclusivement du phyto- et du zooplancton lacustres apportés par la rivière dans leur zone de vie et ne se développent que grâce à cet apport (formes passives). Leur nombre est de ce fait beaucoup plus grand que si un lac n'existait pas en amont. Les formes actives (recherchant leur nourriture) sont par contre réparties plus régulièrement.

Dans les grands cours d'eau et fleuves lents, un certain nombre de formes peuvent subsister. Parmi les algues, ce sont des Diatomées et des Chlorophycées cœnobiales. Les unes indifféremment benthiques ou planctoniques se développent dans les zones calmes et sont entraînées lors des crues. Les autres arrivent à se reproduire assez rapidement pour être considérées comme véritablement potamoplanctoniques, bien que le plus souvent leur origine soit à rechercher dans une collection d'eau amont plus ou moins en relation avec le cours d'eau. Ce sont des *Eudorina, Pediastrum, Scenedesmus, Closterium,* auxquelles s'ajoutent des Chromophytes telles que *Ceratium, Dinobryon. Asterionella gracillima, Melosira granulata, Cyclotella meneghiniana,* etc. et des Cyanophytes *(Anabaena, Lyngbya)*.

Parmi les Rotifères, les plus habituels sont des *Polyarthra, Synchaeta, Keratella cochlearis, K. aculeata, (= K. quadrata) Brachionus pala, B. angularis, B. urceolaris* (DAMAS, 1939).

Les Copépodes sont représentés par *Eucyclops serrulatus,* les Cladocères par des *Bosmina,* et parfois même par *Leptodora* (dans la Saône).

Dans la Meuse, la méduse *Craspedacusta sowerbyi* a été observée ainsi que des curiosités comme l'Endoprocte *Urnatella gracilis* sur les substrats solides ou l'Oligochète *Branchiura sowerbyi.*

Nous ne sommes encore que fort mal renseignés sur les peuplements lotiques. MARGALEF (1960) a tenté cependant une synthèse en s'appuyant sur les expériences en laboratoires (chemostat de MONOD [1950], microcosme d'eaux courantes de ODUM et HOSKIN [1957], ou appareillages de cultures continues de MARGALEF [1958]). En règle générale, le rapport production/biomasse décroît régulièrement de la source jusqu'à la mer en ce qui concerne le potamoplancton et est d'autant plus grand que le débit est plus faible. LEFÈVRE (1942) a calculé qu'un *Closterium* parcourant un cours d'eau de 600 km à cours lent comme la Seine (0,70 $m \cdot sec^{-1}$) aura le temps de produire 1 023 cellules filles si les conditions de reproduction sont favorables tout au long du parcours et si la prédation ne décime pas la population en cours de route. Il en déduit que l'origine des développements massifs de potamoplancton végétal doit être recherché dans les tributaires du fleuve plus que dans le fleuve lui-même. En fait, il suffit que le fleuve voit sa section mouillée s'accroître nettement pour que, la vitesse du courant diminuant notablement et les conditions d'écoulement turbulent étant grossièrement remplacées par un écoulement de type laminaire, le potamoplancton s'accroisse sensiblement. BROOK et RZÓSKA (1954) ont constaté ainsi que la construction d'un barrage sur le Nil blanc au sud de Khartoum fait s'accroître considérablement la biomasse phyto- et zooplanctonique; le nombre d'algues passe de 47 à 6 $790 \cdot 10^3$ cellules et celui de zooplanctontes de 0,8 à 123 par litre. Dans la retenue de Dubosar sur le Dniestr le nombre d'individus passe de 4,4 par litre à 100 km du barrage, à 289 près de lui (SHADIN, 1962). Beaucoup de ces éléments meurent quand ils sont entraînés à nouveau par le courant comme l'a souligné RUTTNER (1956) qui constate leur disparition à 90 % par prédation ou piégeage après 1 km de parcours en eaux courantes.

Les règles qui président à l'installation ou au développement de telles communautés, quand le courant s'affaiblit, semblent être constantes (SHADIN, 1962). Les biocœnoses psammorhéophiles [1], qui composent la majeure partie de la biomasse du fond des fleuves de plaine (en Russie), sont remplacées par des biocœnoses pélorhéophiles tandis que les biocœnoses lithorhéophiles ou argillorhéophiles sont réduites.

---

1. SHADIN (1950) définit ainsi les termes qu'il emploie pour définir certaines biocœnoses potamiques :
Psammorhéophile : biocœnose des dépôts sableux dans le courant;
Pélorhéophile : celle des substrats boueux mous quoique rigides dans le courant;
Lithorhéophile : sur les cailloux, pierres et autres substrats solides;
Argillorhéophile : dans les dépôts d'argile;
Phytorhéophile : sur les plantes aquatiques d'eaux courantes;
Psammophile, pélophile, phytophile : de même, mais en eau calme.

Les populations phytorhéophiles sont elles-mêmes remplacées peu à peu par des populations phytophiles.

De plus il est intéressant de constater dans les rivières à cours rapide et à pente irrégulière, qu'au niveau des rapides, le biotecton (mousses, algues) prolifère sur les cailloux et permet ainsi l'implantation d'une faune benthique riche en espèces comme en individus et constituée de vers, de mollusques, de larves d'insectes. Au niveau des zones calmes, le biotecton s'amenuise et la faune, comme la flore, s'appauvrit. Par contre, la végétation littorale, le plancton, les formes benthiques vraies ont tendance à remplacer celles d'eaux très courantes.

On voit là toute la complexité qu'une biocœnose potamique peut acquérir dans le temps et dans l'espace et l'interdépendance qui la lie d'une part aux eaux stagnantes, d'autre part à la vitesse du courant (elle-même liée à la pente du lit) (voir chap. IX).

Elle est sous l'influence de facteurs qui varient de nature et d'importance tout au long du cours d'eau considéré, facteurs géographiques et géologiques liés au substrat d'abord, puis aux eaux (courant, composition chimique); puis les facteurs biologiques (édaphiques) prendront le dessus pour définir plus précisément les communautés. Enfin, la succession dans le temps de populations bien adaptées aux conditions ainsi définies, dépendra du climat et de ses lentes ou brutales variations. La température des eaux, fonction du climat, serait donc un facteur qui, bien que primordial, n'agit qu'après plusieurs autres sur la répartition et le devenir des faunes et des flores potamiques.

D. — LES EAUX SOUTERRAINES

Monde à part, étudié par les Biospéologues, le domaine des eaux souterraines assure la continuité du monde aquatique continental. Depuis le milieu hypotelminorheique de MEŠTROV (1962) et l'ensemble des eaux phréatiques, jusqu'aux grandes collections d'eaux souterraines, il est intimement mêlé à la genèse des cavités et leur assure une vie mal connue.

Nous n'entrerons pas ici dans le détail de l'étude de ce milieu qui a déjà fait l'objet de l'attention de DELAMARE-DEBOUTTEVILLE (1960) et, dans la même collection, d'une synthèse (VANDEL, 1964). Nous renvoyons donc le lecteur à ces ouvrages spécialisés.

E. — LES SURFACES MADICOLES ET LES SUINTEMENTS

A la limite du monde aquatique, là où l'épaisseur d'eau tend vers zéro et à condition que cette eau soit renouvelée, se développe une faune spécialisée dite **faune madicole**, qui affectionne aussi bien les substrats pierreux (faune pétrimadicole ou hygropétrique) que les surfaces limoneuses ou recouvertes d'un dépôt minéral friable (concrétions) (faune limimadicole) ou les téguments de Bryophytes, Hépatiques, etc., qui elles-mêmes prolifèrent en un tel milieu (faune bryomadicole) (VAILLANT, 1956).

L'épaisseur de la lame d'eau courante dans laquelle vit cette faune n'excède pas 2 mm. Les espèces eumadicoles (21 % de la faune) comprennent d'une part des larves d'insectes à large aire de répartition, aquatiques et exigeantes au point de vue respiratoire et d'autre part des espèces qui, terrestres à l'origine, se sont adaptées à une vie dans l'eau, gardant cependant leur respiration aérienne [les Diptères *Pericoma* (Psychodidae) ou *Hermione* (Stratiomyidae) par exemple].

A côté de ces formes adaptées, finalement peu nombreuses, les surfaces madicoles sont peuplées de nombreuses espèces de groupes divers qui peuvent temporairement ou de façon permanente tolérer les variations importantes de température et d'ensoleillement qui caractérisent ce milieu (espèces tychomadicoles). Elles construisent pour cela le plus souvent un abri (fourreau fixe ou mobile).

Ce sont des vers et des arthropodes, quelques mollusques. Les Diptères sont de loin les plus nombreux (61,2 %), avec les Coléoptères (9,0 %), Trichoptères (8,5 %) et Hydracariens (6,6 %).

Puis viennent les crustacés, Copépodes surtout (4,4 %), les mollusques (4,1 %) et les vers constitués de Turbellaires, et d'Oligochètes (3,3 %).

Si la diversité des espèces rencontrées est un trait caractéristique pour les Diptères et les Hydracariens, le nombre d'individus qu'une surface madicole peut abriter est quelquefois considérable et limité à deux ou trois genres, de Copépodes, Ostracodes et Trichoptères notamment.

Le milieu madicole est un milieu largement ouvert à toutes les possibilités de colonisation, c'est ce qui explique la rapidité avec laquelle il se peuple, malgré des conditions de milieu très sélectives. La vitesse du courant, qui est fonction de la pente et de l'épaisseur de la lame d'eau, varie sur surface lisse verticale entre 10 et 90 $cm \cdot sec^{-1}$.

Elle peut ne pas dépasser quelques millimètres par seconde sur certaines surfaces subhorizontales mal alimentées (suintements). La température est un facteur limitant pour bon nombre d'espèces ainsi que la teneur en CO_2 ou en matières organiques (d'origine animale).

Le magnésium et pour une moindre part le calcium jouent également un rôle dans la distribution des organismes.

Les formes animales, plus ou moins adaptées (branchies peu nombreuses, stigmates dorsaux chez les formes aériennes, etc.) ont une taille qui varie peu, elle est en effet limitée par la taille de l'habitat. Ce sont des saprophages et phytophages, presque essentiellement des brouteurs, plus ou moins aplatis.

Comme beaucoup des éléments tychomadicoles sont, une partie de leur vie, aériens ou terrestres, ils peuvent arriver sur les rives lacustres et participer à la vie d'une grande masse d'eau. Il en est de même quand une cascade surplombe un lac; c'est à ce titre que nous avons rapidement esquissé les grandes lignes de ce que nous savons sur ce milieu très spécial étudié notamment par THIENEMANN (1909), BERTRAND (1948), MARLIER (1951) et VAILLANT (1956).

Notons que les rapports existant entre les espèces madicoles sont encore mal connus et que nous sommes loin de savoir à quelle vitesse se renouvellent cette faune et cette flore soumises à des conditions de vie d'une extrême variabilité mais souvent très propices à la vie et à son développement rapide.

CHAPITRE IX

LES MILIEUX ASSOCIÉS

Dès son arrivée à la surface du globe, l'eau naturelle est intimement liée au substrat qui la contiendra et qu'elle imbibera. Parfois elle jouera le rôle d'un ciment, d'autres fois elle se répartira dans ou au-dessus d'un sol en formation (sol hydromorphe). Il est difficile de dissocier totalement les milieux-supports qui nous intéresseront dans ce chapitre, de l'eau dont ils sont parfois l'origine (cas des sols d'origine organique) et toujours un constituant.

Deux sortes de milieux sont successivement liés à l'eau, à la surface du globe; l'atmosphère au travers duquel les précipitations atteignent la croûte terrestre et les sédiments plus ou moins autochtones et grossiers qui se forment ou se transforment grâce aux eaux courantes et dormantes.

Un sédiment peut être monodispersé, polydispersé ou complexe (FRANCIS-BŒUF, 1947). Dans la nature, les sédiments *monodispersés*, c'est-à-dire constitués d'éléments tous de la même taille, n'existent pas réellement et seuls, du point de vue dimensionnel, existent les sédiments *polydispersés*, pouvant être cependant monophasés, c'est-à-dire composés d'éléments de taille variant dans des limites étroites (sablons, poudres, etc.).

Les sédiments polyphasés comportent plusieurs phases, c'est-à-dire des éléments de taille nettement différentes.

BOURCART (1941) distingue ainsi les phases suivantes :

Phases		Dimension des éléments en mm
Cailloux		> 2
Sables	Sables	2 - 0,1
	Sablons	0,1 - 0,01
Poudres		0,01 - 0,001
Argiles	Précolloïdes	0,001 - 0,0001
	Colloïdes	$<$ 0,0001 -

CAILLEUX (1954), se basant sur une comparaison statistique de 34 systèmes de nomenclature granulométrique, propose plutôt les limites suivantes aux phases :

Millimètres	Noms français	Noms allemands	Noms anglais
> 200	Blocs	Blocke	Boulders
200	Galets, cailloux	Schotter, Brock	Cobbles
20	Gravette	Kies	Fine gravel
2	Sable	Sand	Sand
0,2	Sablon, farine	Mo, Mehl	Silt
0,02	Limon, poudre	Schluff	Silt
0,002	Argile	Ton	Clay

Les cailloux comprennent les *galets*, constituant habituel des grèves et les *graviers* ou cailloux ayant moins de 20 mm de longueur. MARGALEF (1974) préfère les limites suivantes, dictées par la nécessité (?) d'utiliser une progression logarithmique afin de faciliter les comparaisons :

plus de 256 mm	pierre, pierraille	de 0,2 à 1 mm	sable
de 64 à 256	caillou	de 0,02 à 0,2	sable fin
de 4 à 64	grave, gravier	de 0,002 à 0,02	limon
de 2 à 4	gravette	moins de 0,002	argiles
de 1 à 2	sable grossier		

Les sables et sablons ont une granulométrie caractéristique et leurs constituants peuvent avoir beaucoup d'intérêt quand on recherche l'origine d'une formation. Toute étude de ces phases nécessite donc un examen à la fois granulométrique (RIVIÈRE, 1937, PRENANT, 1955), morphoscopique (CAILLEUX, 1943) et minéralogique (DUPLAIX, 1948).

A. — L'ATMOSPHÈRE

Les relations existant entre eau lacustre et atmosphère sont du ressort de l'hydrométéorologiste.

En moyenne, dans les lacs profonds et étendus, l'air fournit à l'eau de la chaleur pendant tout le printemps et en reçoit dès juillet-août pendant tout le reste de l'année (DUSSART, 1954). En hiver, la perte de chaleur par l'eau est importante et plus grande que celle due à l'évaporation; celle-ci est maximum en été.

Le rapport de la quantité de chaleur livrée directement par l'eau à l'air, à la chaleur consommée par l'évaporation, atteint 36 % dans l'ensemble d'une année dans le cas d'un lac en zone tempérée semi-continentale humide (du type Léman).

Le phénomène d'évaporation a été souvent étudié à la surface d'un lac et continue d'être la préoccupation des spécialistes. ECKEL (1956) a comparé l'évaporation E à la surface du Traunsee (Autriche) et l'échange direct de chaleur L entre eau et air. En supposant que le coefficient d'échange de chaleur est de même ordre que celui de la vapeur d'eau, on peut écrire $L/E = a\Delta T/\Delta e$

ΔT étant la différence de température entre eau de surface et air;

Δe la différence de pression de vapeur entre ces deux milieux;

et a une « constante », fonction de la pression et de la chaleur de vaporisation de l'eau, dont la valeur est de 0,49 au niveau de la mer, 0,48 à 400 m d'altitude et peut être arbitrairement fixée en général à 0,5.

De ces différentes données, on peut tirer:

$E = 0{,}41\Delta e\sqrt{W}$ en mm par jour

$L = 0{,}41 \frac{\Delta T}{2} \sqrt{W}$ en mm (équivalent d'évaporation)

E peut se mesurer en équivalent calorifique; il suffit de multiplier la valeur en mm par 32,2 pour l'avoir en calories, W étant la vitesse du vent en $m \cdot sec^{-1}$.

L'étude du quotient L/E à l'interface eau-air du Traunsee a montré que, durant l'année, 62 % du temps (7 mois 1/2) étaient caractérisés par un flux de chaleur et de vapeur d'eau dirigé de l'eau vers l'air; 31 % soit 3 mois et 20 jours environ, l'eau fournit de la vapeur d'eau à l'air tout en recevant de la chaleur et enfin le reste du temps, soit 7 % (25 jours!), les deux flux sont dirigés vers l'eau.

Ces échanges de chaleur et d'humidité ne vont pas sans créer un microclimat, c'est-à-dire un climat local résultant de conditions spéciales ici liées à l'existence de la nappe d'eau libre. La capacité qu'a l'eau d'un lac de se laisser pénétrer par les rayons lumineux et autres radiations calorifiques fait qu'il peut accumuler en 6 mois 10 à 20 fois plus de chaleur que les terres avoisinantes (100 à 300 grandes calories par mètre carré au lieu de 15 dans le cas des lacs autrichiens d'après Eckel (1957).

La connaissance que nous avons du Léman nous permet de calculer la quantité de chaleur que cède ce lac *en une nuit de février*. Elle est de l'ordre de $5{,}24 \times 10^{12}$ calories pour les 582 km^2 de surface du lac.

De plus un lac, par rapport aux terres avoisinantes, peut être considéré comme un milieu sursaturé en eau. Dans les mêmes conditions, l'évaporation y sera donc beaucoup plus intense que sur les terrains riverains.

Cette évaporation varie avec de nombreux facteurs, tels que la température, la tension de vapeur d'eau dans l'air, la chaleur déjà stockée dans le lac, les vents, etc. (voir chap. V C). Les conditions d'humidité au voisinage d'un lac favorisent le développement d'une ceinture végétale littorale qui modifie les conditions d'évaporation dans la région étudiée : l'évaporation physiologique s'ajoute alors à l'évaporation physique.

COUTAGNE (1949), THORNTHWAITE (1954), TURC (1955), SERRA (1955) etc. ont ainsi été amenés à proposer des formules pour évaluer cette évapotranspiration.

On peut penser, *a priori*, qu'étant donné les conditions anormales d'humidité au-dessus d'un lac, les précipitations y seront obligatoirement plus nombreuses et plus abondantes. En fait, le rôle de la température et des vents ainsi que l'influence des perturbations sont prédominants et un lac, sauf exception, n'a donc pas à proprement parler d'action directe sur les précipitations.

Au lac de Bret (Suisse) si on compare la pluviosité au-dessus du lac et au poste pluviométrique voisin de la Tour de Gouze, pourtant situé 253 m plus haut, on constate que malgré la loi de pluviosité, qui voudrait qu'en ce dernier point il pleuve davantage, il y a une nette et constante différence à l'avantage du lac (tableau 27) (MERCIER et GAY, 1954).

TABLEAU 27

Années	Pluviosité en mm	
	Tour de Gouze 927 m	Lac de Bret 674 m
1943	1 014,5	1 125,0
1951	1 320,5	1 531,0

Par contre, au lac de Grand-Lieu (France), malgré 3 700 hectares d'eaux, la pluviosité est moindre au-dessus du lac qu'à Nantes situé non loin et présentant une évaporation nettement plus forte (GADECEAU, 1909).

TABLEAU 28

	Pluie en mm	Tempér. moyenne mensuelle		Évaporation en mm
		Minimum	Maximum	
Lac	697	6°75	15°	966
Nantes	876	6°5	16°5	616
Écarts	— 179	+ 0°25	— 1°5	+ 350

Le rôle modérateur du lac est net (en température).

Il en est de même au Tanganika dont les 54 000 km² représentent une énorme surface d'échanges thermiques et d'humidité. CAPART (1952), malgré l'absence de normes, a constaté l'effet modérateur du lac en maintes occasions et signale que chaque fois que les écarts journaliers de température atteignaient 8 °C à terre, sur le lac cet écart n'était que de moins de 2 °C, et le plus souvent de 1 °C! BULTOT (1950), de son côté, a noté qu'il pleut

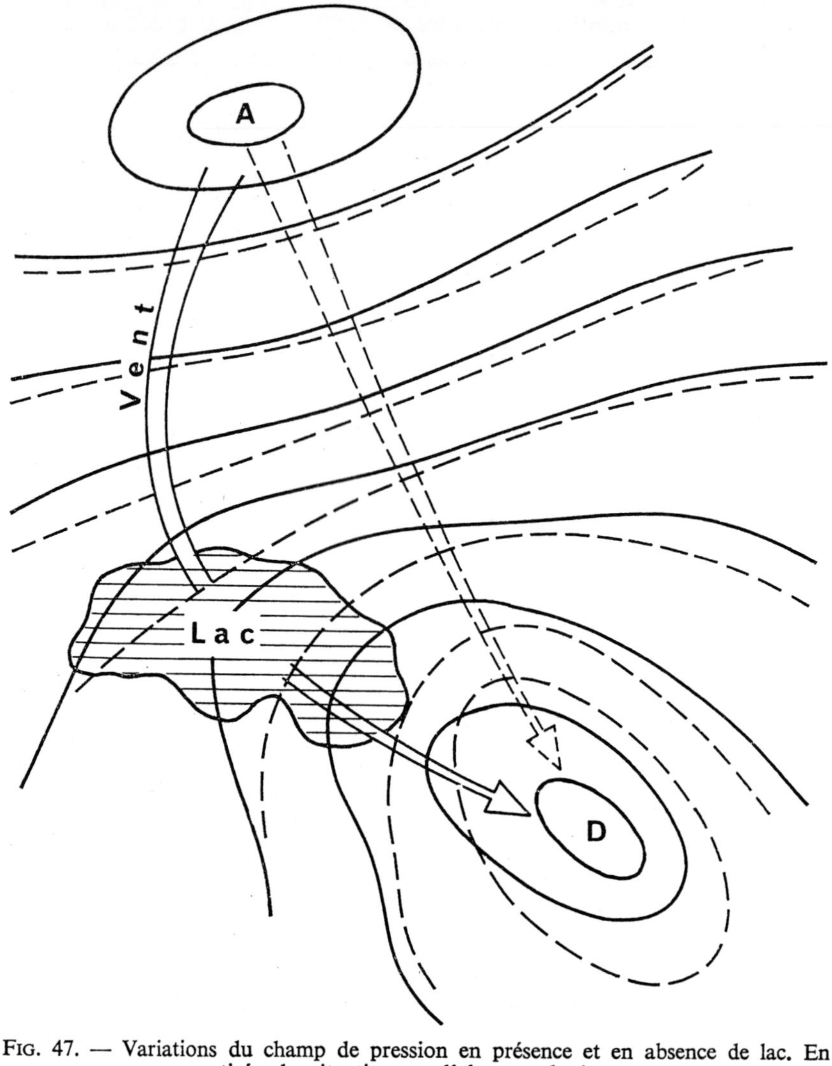

FIG. 47. — Variations du champ de pression en présence et en absence de lac. En tirés, la situation en l'absence de lac

presque moitié moins sur ce lac que sur terre ferme : quand à Pala il pleut 44 jours, il n'y a que 13 jours de précipitations au large; quand il tombe 374 mm à terre, on ne recueille que 208 mm d'eau sur le lac!

Un lac a par contre une action certaine sur le champ de pression dès qu'il atteint une certaine taille.

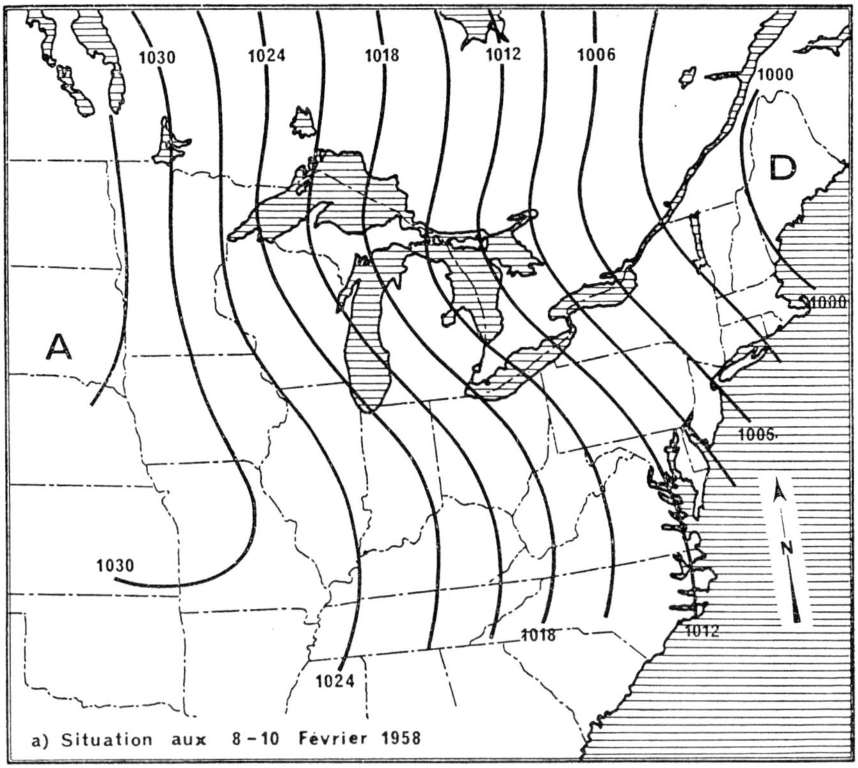

FIG. 48. — Évolution du champ de pression au-dessus des grands lacs américains du 8 au 14 février 1958. D'après PETTERSSEN, 1960.

a) du 8 au 10 février, un violent courant d'air arctique froid couvre la région des grands lacs (noter la courbure des isobares au voisinage des lacs et la comparer au schéma, fig. 47);

Si l'on considère une région lacustre au-dessus de laquelle se sont formés une dépression et un anticyclone, on constate que les isobares, au lieu de se répartir régulièrement entre les deux centres de basse et de haute pression, sont déviées et le vent, au lieu de prendre le chemin le plus court entre l'un et l'autre, prend une direction préférentielle qui le fera passer au-dessus du lac (fig. 47).

Ainsi Petterssen (1960) a constaté, au-dessus des grands lacs américains, la formation d'une dépression au cours du mois de février 1958. Il en déduit que les lacs tendent à créer un champ tourbillonnaire cyclonique pendant les périodes froides au cours desquelles les surfaces terrestres sont froides comparativement aux surfaces aquatiques (fig. 48 et 49).

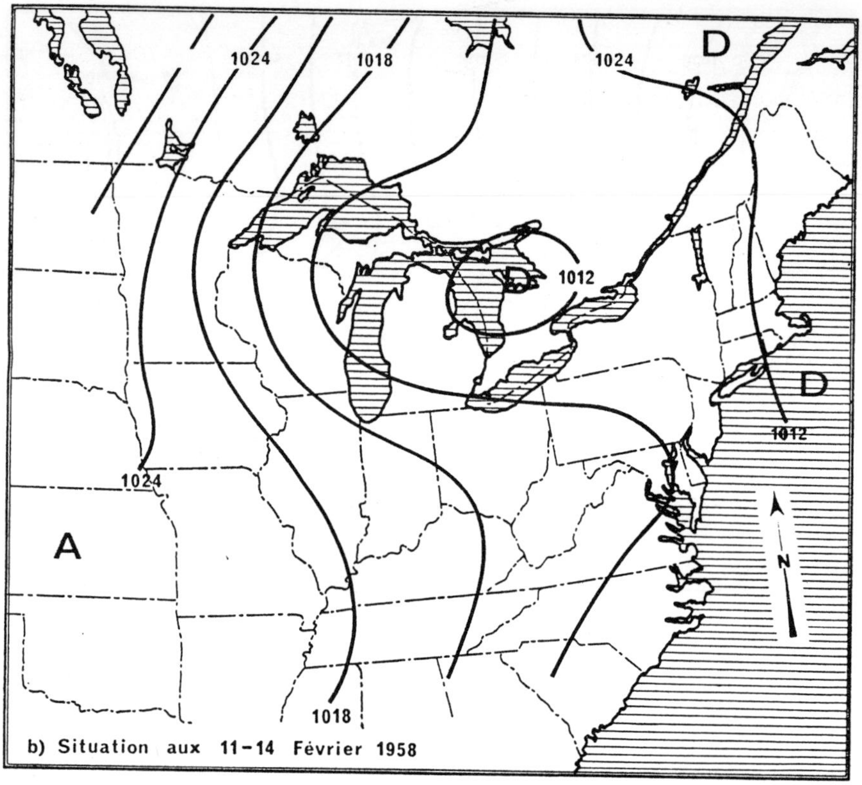

Fig. 49. — Évolution du champ de pression au-dessus des grands lacs américain au cours de la période du 8 au 14 février 1958. D'après Petterssen, 1960.

b) du 11 au 14 février, ce courant s'affaiblit et un centre de basses pressions s'établit dans la région du lac Huron, provoqué par la seule présence de ses eaux chaudes relativement à l'air ambiant.

De plus, l'effet local d'un lac sur les vents se traduit par la formation de brises dites de terre ou de lac suivant leur origine. La brise de terre souffle de la terre vers le lac quand le lac est plus chaud que la terre, tandis que la brise de lac souffle en sens inverse. Le matin, en effet, une basse pression locale et momentanée peut s'établir au-dessus du lac et provoquer un appel d'air vers lui, simplement par suite des écarts de température entre eau et terre. Exceptionnellement, la brise de terre peut être renforcée par l'existence d'une zone de hautes pressions en altitude au-dessus du lac qui provoque un courant de gravité faisant s'écouler l'air en altitude, du lac vers la terre le matin et qui, se retournant par effet de relief au voisinage des côtes, s'écoule à nouveau au niveau du sol, de la terre vers le lac (fig. 50).

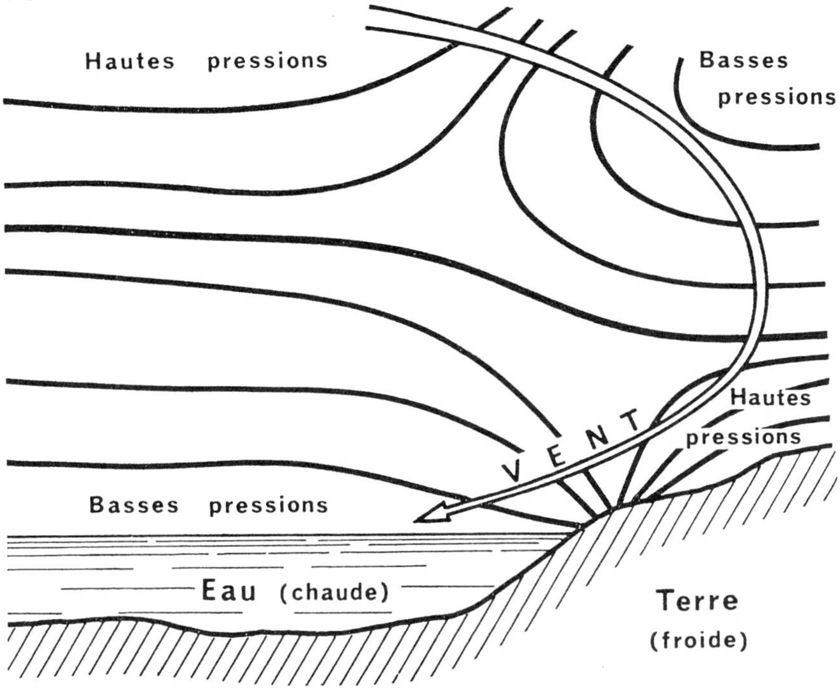

Fig. 50. — Brise de terre renforcée par le champ de pression

Quand un lac se trouve en région accidentée, et c'est le cas de la plupart des lacs de montagne, le relief joue un rôle considérable sur le climat local, la température, la capacité d'évaporation, les vents, etc. Des mouvements tourbillonnaires peuvent ainsi prendre naissance au-dessus d'un lac et se répercuter dans l'eau (courants côtiers). D'autre part les vallées des affluents pourront « concentrer » le vent jusqu'à leur arrivée au lac où les masses d'air s'étaleront. Enfin, l'effet de relief peut provoquer des précipitations en certains endroits d'un lac et non en d'autres : un vent qui se décharge de son humidité sur les contreforts montagneux d'un lac peut arriver sec dans la région considérée. Au contact de ce lac il va se charger d'humidité et la laissera retomber en précipitations à la côte « au vent », le relief de ce versant jouant le rôle d'écran et de condenseur de vapeur d'eau.

C'est le cas au Léman (BLAVOUX, DUSSART *et al.*, 1962 (fig. 51).

Si la région est soumise à un régime de vents dominants, il y aura ainsi une rive du lac nettement plus sèche que l'autre.

Malgré le faible nombre d'observations citées et leur apparente discordance, on peut donc conclure que :

1. Les lacs jouent un rôle manifeste de modérateurs, tempérant le climat, l'adoucissant en été et le réchauffant en hiver;

2. Les lacs de grande taille semblent capables de créer des perturbations très importantes et des vents (brises de terre et de lac) qui influencent le climat local (par adoucissement);

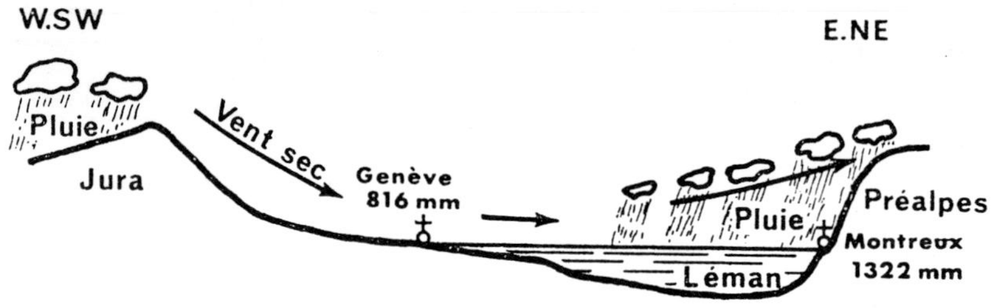

FIG. 51. — Effet du relief sur la pluviosité dans la région du Léman
D'après BLAVOUX, DUSSART *et al*, 1962.

3. L'humidité au contact d'un lac est toujours très grande et l'évaporation, fonction de la température de l'eau, est d'autant plus importante que les vents sont plus fréquents et plus intenses;

4. Les lacs favorisent les précipitations occultes et modifient la répartition des précipitations normales, suivant la topographie de la cuvette et des versants et le climat régional;

5. L'effet modérateur des lacs se traduit par une végétation généralement plus abondante sur ses rives et prospérant d'autant mieux que les écarts de températures extrêmes y sont moins grands qu'ailleurs.

B. — SABLES ET GRAVIERS

Tout ce qui a plus de 0,02 mm de diamètre moyen peut être considéré comme un sable ou un gravier (jusqu'à 200 mm). L'accumulation de ces matériaux est due soit au vent, soit à des conditions hydrologiques particulières, soit encore au transport côtier. Il est rare de trouver des sables véritablement autochtones dans les lacs; cependant, dans les petites collections d'eau, nous avons vu (chap. VI) que le fond pouvait en être constitué. Il en est de même dans les eaux courantes.

Nous ne nous étendrons pas ici sur l'étude des sables et graviers en eux-mêmes qui relève de la sédimentologie. Il nous suffira de rappeler que leurs caractéristiques essentielles sont :

— des *paramètres de fréquence :* mode (valeur la plus fréquente), médiane (valeur à 50% du poids), diamètre moyen (moyenne arithmétique des valeurs) ;

— des *paramètres de dispersion :* écart-type, écart interquartile, semi-interquartile, coefficient de classement (sorting coefficient ou écart interquartile géométrique) etc. Les résultats de tamisage doivent donc être exploités non seulement en courbes de fréquence qui renseignent sur l'importance relative de la taille des grains dominants, mais aussi en courbes cumulatives qui permettent d'évaluer la médiane et l'homogénéité des sables considérés (fig. 52).

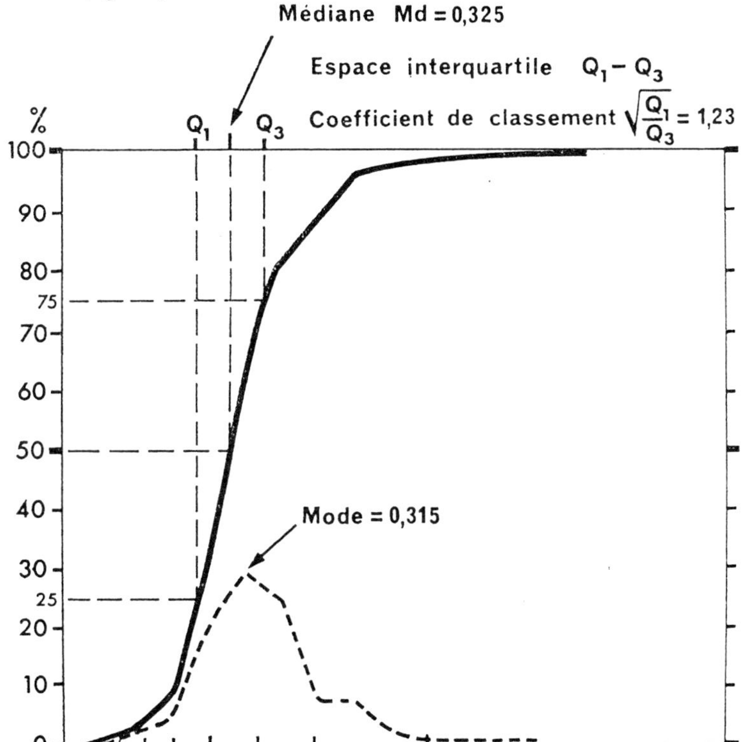

FIG. 52. — Courbe de fréquence et courbe cumulative granulométrique des sables du fond du Léman et indication des principaux paramètres habituellement calculés.

La granulométrie des sables a fait l'objet de très nombreuses études critiques : Rivière (1937), Krumbein et Petitjohn (1938), Twenhofel et Tyler (1941), Billy (1954), Berthois (1958), Barnes (1959), etc. sans compter les notes de Prenant (1955), Alimen (1959), etc.

Parmi les paramètres qui modifient les résultats et rendent délicate leur interprétation, citons :

1. Les difficultés d'échantillonnage, surtout quand le sédiment est mal classé;

2. La quantité de sédiment disponible;

3. L'âge des tamis et le temps de tamisage;

4. La nature du sédiment. Quand le temps de tamisage est trop grand, il y a broyage des micas et des calcaires; obstruction des tamis quand le matériau est fin et homogène;

5. Le colmatage des tamis;

6. La précision des pesées et l'expression des résultats, etc.

Pour les graviers comme pour les sables, l'étude granulométrique ne dispense pas de l'étude morphoscopique.

Les sables usés sont généralement d'origine éolienne; les galets aplatis d'origine fluviatile et s'ils sont tronqués, d'origine glaciaire. L'étude fine de ces caractéristiques permet souvent de retrouver l'origine du matériau et d'en définir le mode de dépôt. Nous verrons par ailleurs leur rôle dans le mode de colonisation par la faune interstitielle (chap. XIII).

Enfin, l'étude minéralogique et, notamment celle des minéraux lourds, permet d'ajouter un critère décisif aux précédents quand il y a doute sur l'origine du sédiment. Le résidu insoluble dans les acides forts n'est pas non plus à négliger en ce cas.

Un sable est dit homogène quand son coefficient de classement n'atteint pas la valeur 2,5; il est alors bien classé. Si ce coefficient est entre 2,5 et 3, il est encore normalement classé mais le classement est faible entre 3 et 4 ou très mauvais au-dessus de 4.

La nature d'un sable est très importante au point de vue limnologique. Les grains de micas, légers et aplatis, qui constituent une part notable des sédiments transportés par les rivières et affluents glaciaires, n'ont pas le même destin que les grains de quartz ou d'amphiboles plus lourds et plus arrondis. L'exemple du Léman sera là encore plein d'intérêt.

Dans ce lac en effet arrivent les eaux du Rhône, chargées en été de matières minérales en suspension, difficilement solubles, et qui apportent au lac des matériaux roulés, triés, constitués de grains de quartz et de feldspaths mêlés à des micas et à des minéraux lourds, épidotes, amphiboles, pyroxènes (diallage).

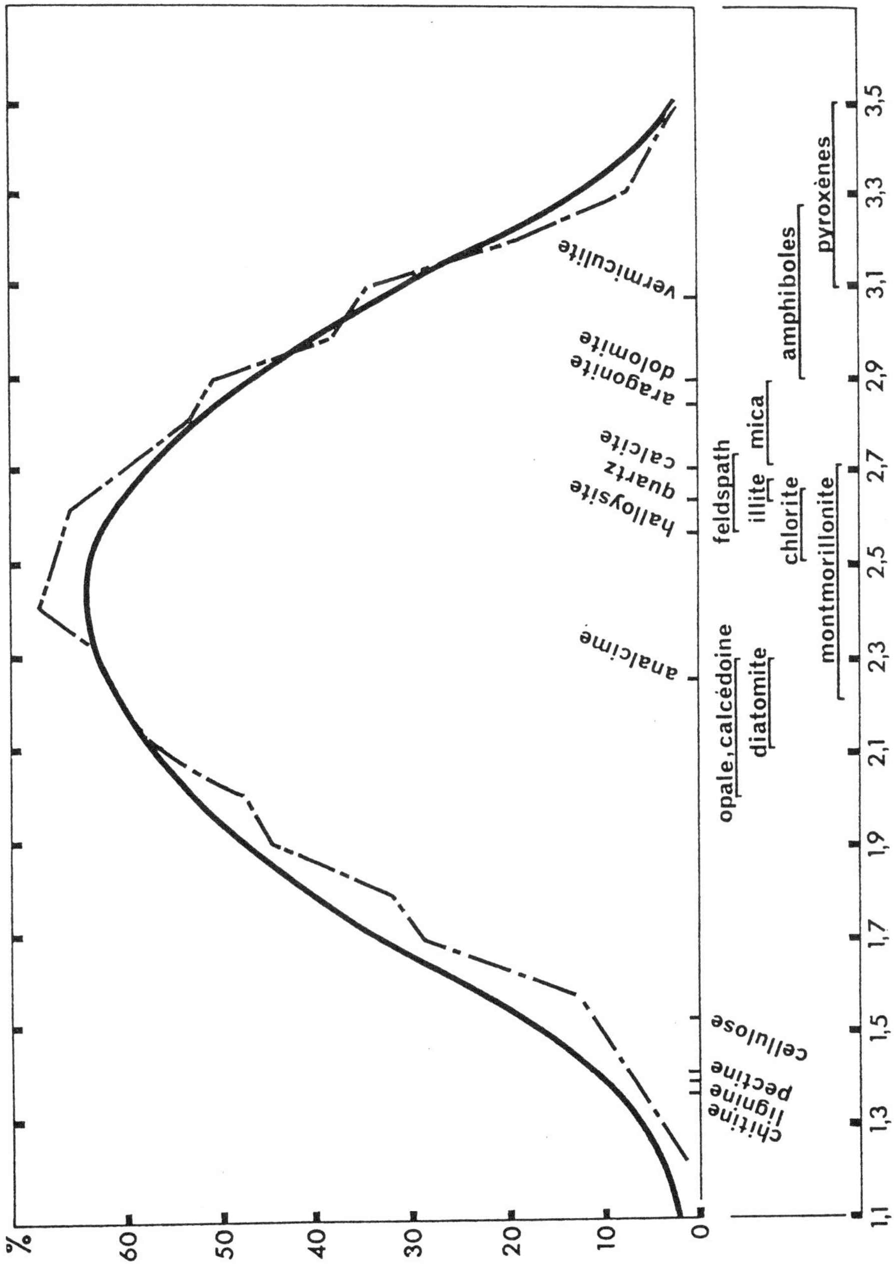

FIG. 53. — Densité des différents constituants des sédiments, d'après BAAS-BECKING et MOORE, 1959

Arrivés dans le lac, ces matériaux se séparent. Les plus fines particules, de 50 μ de diamètre moyen, vont constituer l'alluvion impalpable qui rend parfois laiteuses les eaux des rives septentrionales du lac (quand les ondes internes amènent en surface les eaux métalimniques). Cette alluvion impalpable est accompagnée de micas dont la décantation est fortement ralentie par leur forme en plaquettes, malgré une densité assez forte (fig. 53).

Le caractère saisonnier de cet apport se traduit par la formation d'alternances de sédiments gris foncé (à dominante calcaire) et gris clair (à dominante silicieuse ou micacée) appelées **varves**.

Les premiers ne se déposent qu'en hiver (voir chap. XXII) et l'arrivée de quantités énormes de sédiments micacés en été provoquent la formation des seconds. Ces dépôts théoriquement annuels dans leur alternance, permettent de dater les couches et d'apprécier la vitesse de sédimentation.

Les particules plus grosses, grains de sables et graviers, s'entassent à l'embouchure du fleuve et y provoquent la formation d'un coussin de matériaux peu colmatés, lavés et sujets à glissement. Suivant la nature granulométrique de ces matériaux et les conditions de dépôt, ce glissement peut entraîner la formation d'un véritable courant de turbidité, une avalanche sous-lacustre amenant la formation d'un chenal d'écoulement (cf. chap. V D). Ainsi, dans le lac de Constance où ce phénomène a été pour la première fois découvert par HÖRNLIMAN (1893), le chenal ou ravin sous-lacustre se prolonge sur près de 10 km jusqu'à une profondeur de 205 m sous l'eau, alors que le lac n'a que 252 m de profondeur maximum.

De même, le Rhône a produit dans le Léman un ravin qui s'étend pratiquement jusqu'aux plus grands fonds (309 m) et par lequel les sables et limons rhodaniens viennent colmater progressivement la plaine centrale (DUSSART, 1961). Le phénomène s'apparente étroitement aux coulées de matériaux détritiques dans les canyons sous-marins, avec cette différence que, produit sur un sédiment mou, il n'y a pas tellement érosion de ce sédiment mais épaississement des berges par rejet latéral des matériaux les plus fins (argiles) ou les moins facilement sédimentables (micas). Très encaissés, ces ravins sous-lacustres ont un thalweg à pente irrégulière, en escalier, chaque augmentation de pente étant un point d'arrivée d'un courant de turbidité (fig. 54).

Ils permettent l'écoulement jusque sur la plaine centrale des sables rhodaniens qui, contrairement à la logique, sont d'autant plus grossiers que plus loin de l'embouchure du Rhône. L'épaisseur d'une de ces coulées de sables et sablons, arrivée devant Lugrin, par 300 m de fond (le Léman fait 309 m de profondeur maximum), peut atteindre 44 cm, les sables les plus grossiers étant les plus profonds (graded bedding).

Quand les matériaux amenés par les affluents sont constitués de galets et matériaux grossiers sans autres propriétés que des propriétés mécaniques, leur dépôt à la rive constitue peu à peu un cône de déjection sous-lacustre à forte pente amenant la formation d'un delta. L'exemple

FIG. 55. — Éboulement de la rive à Thonon-Ripaille sur le Léman, le 20 février 1961 — *Photo B. Dussart*

de la Dranse dans le Léman est un exemple typique : la pente du delta immergé atteint 65 %. En surface il y a rupture de pente et sédimentation subhorizontale dans la partie émergée (fig. 52 et planche 3 *b*, p. 272).

Dans les zones profondes, au voisinage de côtes à pente forte, peuvent également arriver des sédiments littoraux par glissement en masse. Récemment (février 1961), un glissement de ce type a pu être observé à Thonon sur le Léman à la suite d'apports destinés à construire un quai. Le poids de ces apports, joint à l'humidification d'une couche d'argile glaciaire littorale par les pluies exceptionnellement abondantes cet hiver-là, a provoqué un affaissement suivi de glissement. Une avalanche sous-aquatique a ainsi pris naissance entraînant au départ 10 000 m³ de matériaux. Un chenal s'est formé dans le fond meuble du lac mettant à nu les couches plus profondes sur 3 m d'épaisseur au début, 0,40 m seulement plus loin (60 m de fond) (fig. 55 et 56).

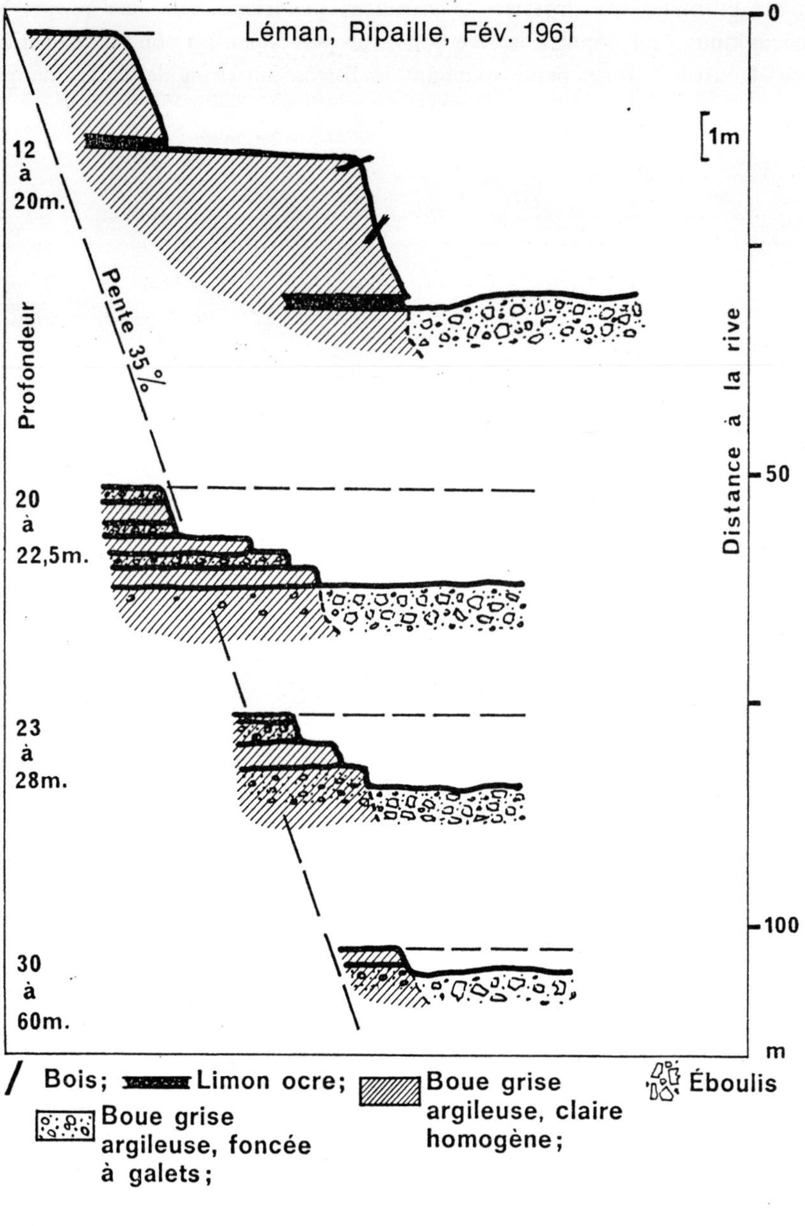

FIG. 56. — Erosion du talus lacustre dans le Léman à Ripaille le 20 février 1961. (voir page précédente).

De tels phénomènes ne sont pas rares. COLLET (1925) cite les glissements suivants :

— 72 m de quai effondré en 1891 à Montreux sur le Léman (SCHARDT);

— 20 maisons et un quai emportés à Zoug (Suisse) en 1887 (A. HEIM);

— glissement de vase sur roche en place à Horgan sur le lac de Zürich en 1875 (CULMANN).

Ils provoquent d'une part des lacunes stratigraphiques au point de départ du glissement, d'autre part des superpositions non chronologiques dans la zone de dépôt où viennent se sédimenter les couches anciennes, entraînées par dessus les couches contemporaines du glissement (loupes de sédimentation) (fig. 57).

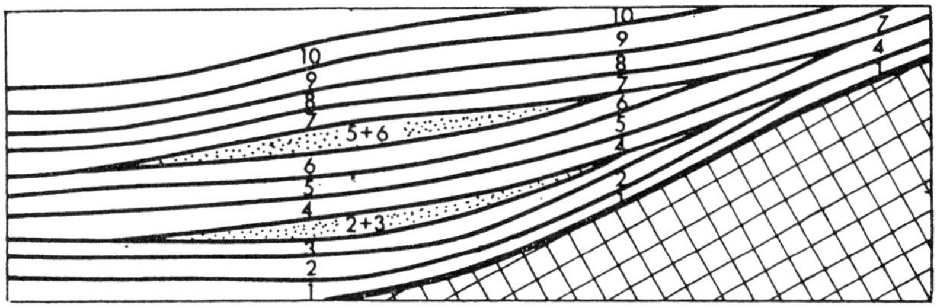

FIG. 57. — Loupes de glissement et lacunes de sédimentation produites par glissement des sédiments
D'après A. HEIM

Ces glissements provoquent également des microplissements dans les matériaux entraînés. Il faut rapprocher ces microplis de glissement à ce que l'on observe dans le Wildflysch où les glissements se seraient produits en milieu marin.

Dans les eaux courantes, sables et graviers constituent des bancs parfois émergés en période d'étiage. Leur composition granulométrique dépend de la grosseur des grains, de leur composition minéralogique et de la vitesse moyenne du courant de transport (GLANGEAUD, 1938).

Leur relative mobilité ne les empêche pas, tout comme les matériaux sableux lacustres, d'être peuplés d'organismes psammiques (voir chap. XIII).

C. — SOLS ET LIMONS AQUATIQUES D'ORIGINE MINÉRALE

Que ce soit des poussières atmosphériques, des matières en suspension qui arrivent en eaux dormantes par les affluents, des substances en cours de précipitation, de floculation ou les résidus minéraux des activités biologiques, les matériaux qui se déposent au fond d'une masse d'eau continentale y constituent un sédiment qui, en surface, a vocation de sol. Des échanges entre couches profondes et eau lui confèrent ses caractéristiques essentielles. Quand la profondeur d'eau est suffisante, ce sol n'est colonisé que par une florule bactérienne minéralisatrice et par quelques animaux benthiques. En zone littorale voire sublittorale, plantes fixées et organismes variés du biotecton (cf. chap. XIII) lui assurent une biochimie de véritable sol renversé au sens des pédologues. Enfin, dans la zone inondable, il y a passage aux sols hydromorphes.

L'étude de cette phase solide, d'une importance capitale en limnologie biologique, n'en est qu'à ses débuts. Ce milieu « carrefour » a été jusqu'à présent assez délaissé par les sédimentologues comme par les pédologues et les écologistes des sols et des eaux.

1. GENÈSE ET CLASSIFICATION

Des alluvions fluviatiles de dépôt récent aux boues profondes en cours de fossilisation tous les termes intermédiaires existent; la plupart des modes de dépôt sont observables. Sans nous étendre ici sur un chapitre encore à écrire de la pédologie, nous considérerons succinctement la dynamique de formation et de dépôt de ces matériaux lacustres *(sensu lato)*.

Du point de vue morphologique, on peut distinguer plusieurs faciès ou type de dépôts. Dans les eaux stagnantes ou pouvant être considérées comme telles, se déposeront des nappes à surface plane ou concave. Dans les eaux courantes ce seront des bancs en lentilles, plus ou moins allongés.

Quand ces dépôts se trouvent momentanément émergés (baisse ou retrait des eaux), ils se dessèchent en surface et se rétractent. Ils se craquellent et les fentes de retrait, primaires ou secondaires, s'organisent en polygones plus ou moins réguliers (Romanovsky et Cailleux, 1942).

L'évolution de ces vases en sols a été suivie à l'étang de Saint-Quentin (Seine-et-Oise) (Pierre, 1951). Par desséchement, il y a la première année apparition des fentes primaires de dessication qui ne se referment pas par humidification l'hiver suivant. La deuxième année, les blocs polygonaux se fendent (fentes secondaires), mettant en lumière la structure feuilletée de la vase. Les pluies hivernales ne modifient pas la morphologie générale du dépôt qui, l'été suivant (troisième année), s'uniformise par fragmentation et comblement progressif des fentes. La végétation prend pied sur le dépôt dès la seconde année. La dessiccation joue donc un rôle considérable en aérant le futur sol. Le gel, par contre, n'a qu'une action très secondaire par suite de l'élasticité relative de la vase imbibée d'eau.

Les sols sous-aquatiques littoraux présentent un métabolisme, une évolution qui offrent des caractères tout à fait spéciaux par rapport aux sols terrestres de même composition. L'interpénétration continue et à tous les niveaux de la phase solide et de l'eau d'imbibition (véhicule des échanges), confère en effet à ces sols une qualité essentielle, celle de ne pas être sous l'influence de migrations rapides, au sein même du sol, des ions et autres matières minérales et organiques qui leur donnent leur caractère. Par contre les échanges entre l'eau sus-jacente et les couches superficielles du sol sont très importants quoique limités le plus souvent aux premiers centimètres (15 à 20 cm au maximum).

Nous avons vu (chap. IV A) comment se répartissait le potentiel d'oxydo-réduction à l'intérieur d'un sol sous-aquatique lacustre profond. En zone littorale, l'influence des vagues et houles et l'existence d'échanges plus rapides entre atmosphère et hydrosphère, autant que la présence de végétaux chlorophylliens, entraînent la formation de sols variés dont les caractéristiques dépendent essentiellement de la prédominance relative d'un des trois composés essentiels de ces sols : l'argile, le calcaire, l'humus.

Les sols **sans horizon humifère** sont les homologues des sols bruts des pédologues; ce sont des **protopédons** au sens de Kubiena (1953). De dépôt très récent, ils ne sont encore que faiblement colonisés par un petit nombre d'organismes plus ou moins ubiquistes qui contribuent à constituer un feutrage organique (äfja des auteurs suédois) correspondant à la litière des sols forestiers.

Le rapport C/N de leurs composants, quoique variable, ne dépasse généralement pas 5.

En l'absence de carbonates, la caractéristique principale d'un protopédon est sa teneur en fer.

Dans un milieu aquatique oxygéné, le fer d'un **protopédon ferrugineux non carbonaté** constitue, au niveau de l'interface eau-sol, un gel d'hydroxyde ferrique qui confère à ce sol sa teinte rouille et joue un rôle très important dans la rétention et les échanges des ions susceptibles de migrer du sol vers l'eau et réciproquement. Cette couche oxydée, ferrugineuse et peu épaisse généralement (quelques millimètres), peut migrer en profondeur et même, en conditions anaérobies, disparaître complètement (cf. chap. IV A).

Les protopédons ferrugineux se forment essentiellement dans les régions cristallines, là où l'apport de fer est important par lessivage oblique des sols terrestres qui en contiennent des quantités notables (podzols, rankers à humus brut) et dont les complexes humus-fer et silice-fer sont entraînés par ruissellement.

La structure de ces protopédons est extrêmement variable ; ils contiennent plus ou moins de sable et d'argile et ne sont guère colonisés que par des organismes sidérophiles.

Les **protopédons non ferrugineux et non calcifiés** (ou secondairement décalcarifiés) ont une micro-couche oxydée très réduite. Leur altération augmente avec l'acidité des eaux. En eaux courantes, ils passent progressivement au slikke dans la zone à marée et au schorre latéraux. Leur étude relève de la sédimentologie marine plutôt que de la pédolimnologie.

Ce sont presque essentiellement des sols colluviaux remaniés ou des alluvions fluviatiles riches en argiles.

Les **protopédons carbonatés** sont fréquents en eaux continentales. Ce sont des boues plus ou moins marneuses parfois striées (varvées) dont la genèse est étroitement liée à la photosynthèse des organismes planctoniques.

Un cas particulier très curieux de ce type de sol sous-aquatique est le **maerl**. Le maerl est pour KUBIENA (1953) un sol lacustre argilo-calcaire s'apparentant à la « Weisserde » des auteurs allemands. Bien que colonisé en surface par plantes et animaux, l'horizon A véritable manque et l'äfja ou feutrage organique est directement en contact avec ce que l'on peut considérer comme roche-mère et qui n'est autre que le sol fossilisé sous-jacent. Cette roche-mère a une composition en matière organique et en argile variable, fonction de son origine et de son âge. La teneur en CO_3Ca est également variable et passe de 20 à 70 %. Dans un cas extrême, elle peut atteindre et même dépasser 80 % ; il y a alors concrétionnement et formation de ces curieux amoncellements gris-blanc de matériaux d'apparence grossière qui constituent d'assez grandes épaisseurs notamment au Sturgeon lake (Saskatchewan) ou au Base lake (Michigan) (fig. 58).

KUPSCH *et al*, (1956) ont étudié ce genre de dépôt.

Le premier de ces auteurs émet trois hypothèses concernant la formation du maerl :

1. Par *sédimentation mécanique* de calcaire arrivant par apport latéral. Dans le cas de dépôts varvés, cette hypothèse semble valable. Pourtant,

l'abondance des débris carbonatés manifestement autochtones (de limnées, planorbes, tiges de characées, etc.) l'infirme. De plus, il n'y a pas toujours correspondance entre nature des terrains lessivés avoisinants et nature du dépôt ;

2. Par *précipitation géochimique*. Le CO_3Ca est transporté cette fois, non plus mécaniquement mais sous forme dissoute par les eaux de pluies, de ruissellement et les eaux souterraines riches en CO_2 et capables donc de dissoudre le carbonate de calcium, de le transformer en bicarbonate. Une

FIG. 58. — Concrétions de type maerl sur la grève du Base Lake (Michigan). — *Photo B. Dussart*

fois dans l'eau lacustre, celui-ci se débarrasse de son excès de CO_2 (par agitation de l'eau, élévation de température, oxygénation de l'eau, etc.) et précipite (voir chap. III D). Or, les conditions de précipitation géochimique du CO_3Ca, étudiées notamment par PIA (1933) dans le lac de Zürich sont telles que la solubilité de la calcite dans une eau naturelle est très généralement insuffisante pour expliquer les dépôts importants de maerl;

3. Par *précipitation biochimique*, c'est-à-dire utilisation des bicarbonates présents par les organismes qui, pour certains, s'en servent pour fabriquer leur test calcaire (constitué de calcite ou d'aragonite plus ou moins cristallisés) et pour d'autres l'utilisent comme source de carbone organique

(sous forme de CO_2) et libèrent de ce fait du CO_3Ca qui précipite. Il y a ainsi encroûtement des tiges végétales, des microorganismes (Cyanophytes, Bacillariophycées, etc.) et finalement concrétionnement si l'agitation et la teneur de l'eau en CO_2 le permettent.

Au Sturgeon lake, les organismes responsables de la formation du maerl sont pour 62,6 % les Cyanophytes, pour 20,8 % les Characées (pour 0,2 % leurs oogones calcifiés) et pour 6,9 % les Bacillariophycées qui pourtant ont leurs frustules constituées de silice. Les animaux, crustacés, mollusques, etc., n'entrent dans le maerl que pour une proportion de 4,4 %.

S'apparentant au maerl, la **craie lacustre** est un dépôt le plus souvent à plus de 75 % de calcaire. Elle a une origine analogue mais se forme et se dépose dans la zone pélagique; elle est donc beaucoup plus homogène, bien que parfois la phase sableuse n'y soit pas négligeable (20 à 30 %).

Dans le Léman, ROMIEUX (1930) a reconnu un certain nombre de termes de passage entre cette craie lacustre et les protopédons non calcifiés ni ferrugineux qui caractérisent la partie orientale du lac non soumise à l'action du Rhône et qui constituent une boue fine homogène plus ou moins stratifiée à 10 % de CO_3Ca. Sous l'influence du Rhône, cette boue fine s'enrichit en paillettes de micas une fois par an et se stratifie (varves).

Les **sols aquatiques à horizon humifère** sont assez nombreux. En eau peu profonde et en milieu acide, ils passent aux sols organiques vrais (tourbes). En eaux neutres et quelle que soit la profondeur, ils évoluent vers les dépôts à rapport C/N petits.

POTONIÉ (1908) a comparé les sols terrestres et les sols aquatiques actuels et anciens et HANSEN (1959) en a établi le rapport C/N moyen (tableau 29).

Dans les eaux acides se dépose un complexe rappellant un humus brut et biologiquement très peu actif; il a été dénommé **dy** (prononcer diou) par les auteurs suédois, tyrfopel par NAUMANN, *limnic peat* par les auteurs anglo-saxons.

La structure du dy est fragmentaire, floconneuse, parfois fibreuse; c'est un dépôt très riche en eau (90 %). Dans la masse du sédiment sous-jacent à la partie en cours de dépôt peuvent se présenter des granules de dopplérite élastiques, à cassure conchoïdale au séchage et à C/N très important (40 à 50). A l'examen microscopique, on constate que le dy contient de nombreux débris d'organismes (chitine) et des excréments; par contre, les végétaux sont le plus souvent déjà complètement transformés.

TABLEAU 29

		Série acide (humulite)		Série neutre (sapropel)	
Moderne ...	Terrestre	Mor (humus brut) 30[1]	Moder 15	Mull (humus doux) 10	
Moderne ...	Limnique	Tourbe (dopplerite) 50	Dy 10	Gyttja 5	Sapropel
Fossile	Limnique	↓ Lignite ↓ Houille		↓ Saprocolle ↓ Saprodile ↓ Bog Head ↓ Anthracite	↓ Pétrole

1. Les nombres correspondent au rapport C/N.

Le dy, par beaucoup de points, correspond au moder des forêts non résineuses et des prairies à légumineuses. Relativement très acide donc pauvre en éléments basiques, il est surtout caractéristique par sa déficience en matières nutritives et son rapide appauvrissement en oxygène qui lui confère des conditions réductrices et élimine ainsi bon nombre d'organismes animaux.

Le rapport C/N, si important pour caractériser les sols, est relativement élevé (supérieur à 10). Il est dû au gel humique d'origine allochtone qu'il contient et a une teneur globale en carbone organique supérieure à 10 %.

Le **Gyttja** (prononcer youttia) est un dépôt biologiquement actif, gris brun à noirâtre, riche en débris de plantes, d'animaux divers, qui s'observe dans les collections d'eaux riches en éléments nutritifs et peu acides ou neutres. La structure du gyttja est lâche; c'est un dépôt facilement dissocié à teneur en eau élevée. Par séchage il se contracte fortement. En surface, l'horizon A, ou couche soumise au transfert vertical de substances en cours de transformation (lessivage), est épais de quelques centimètres (gyttja oligotrophe) à plusieurs mètres (gyttja eutrophe). En son sein, l'activité biologique est importante et les bactéries minéralisent la matière organique tandis que les animaux détritivores les aident en enrichissant simultanément le milieu de leurs excréments et produits de déchet (arthropodes surtout).

Par suite de cette minéralisation importante, le rapport C/N moyen du gyttja est petit et de toute manière inférieur à 10 et la teneur en carbone organique inférieure à 10 % (HANSEN, 1959) (tableau 30).

TABLEAU 30
Composition du dépôt de fond de 2 lacs.

Type de dépôt	Lac	Perte au feu	C organ. en %	M. O.	N	C/N	Si O_2 tot.	Si O_2 sol.	Matières minérales	CO_3Ca
Dy.......	Gribsö	33,7	19,6	32,5 à 39,2	1,3	15,6	51,4	8,9	42,5	
Gyttja....	Almind sö	23,8	9,8	16,4 à 19,6	1,1	8,7	53,2	32,5	20,7	1,1

D'après HANSEN, 1959.

L'odeur de ce dépôt est caractéristique (odeur phénolique) et fait penser à l'encre. Elle est quelquefois mais rarement mêlée à celle putride de l'hydrogène sulfuré (passage aux sapropels). La présence de CO_3Ca dans le dépôt est fréquente. Le gyttja, par augmentation de sa teneur en calcaire, passe progressivement aux protopédons carbonatés. Un terme de passage est représenté par le gyttja calcimorphe dont la teneur en calcaire peut atteindre 10 %. Notons avec TADAJEWSKI (1966) que dans un lac contenant du gyttja en profondeur, comme le lac Kortowo, la teneur des sédiments en éléments minéraux et organiques s'accroît en moyenne avec la profondeur, exception faite pour la silice.

2. ÉVOLUTION

Par augmentation de l'acidité du milieu et diminution de l'activité biologique, le gyttja passe à un dy-gyttja dans les eaux pauvres en carbonate de calcium ou de magnésium et qui est l'analogue du moder en pédologie terrestre.

Un grand nombre de lacs de taille petite ou moyenne possèdent un fond tapissé de gyttja plus ou moins carbonaté ou acide. Dans bien des cas, l'analyse seule permettra de définir avec exactitude la nature réelle du dépôt; c'est un des intérêts des travaux de HANSEN (1959) que d'avoir mis l'accent sur la valeur du rapport C/N en ce domaine.

De nombreuses recherches restent à promouvoir afin de définir les modalités de transfert des substances dans les dépôts sous-aquatiques ainsi que de suivre la biochimie de ce milieu intermédiaire entre sols hydromorphes des pédologues et sédiments des géologues. KOYAMA (1955), par exemple, a précisé de quelle manière les gaz s'échappent des vases lacustres qu'il a étudiés et a montré que le CO_2 était réduit à pression ordinaire par les donneurs d'hydrogène et formaient ainsi du méthane, surtout dans les vases hétérogènes (voir aussi KOYAMA, 1962). Le même auteur (KOYAMA, 1963) a montré que les acides organiques participaient à cette formation de méthane et notamment le radical CH_3^- de ces acides (pour 60 % contre 20 à 30 % seulement pour le CO_2 présent et 5 à 6 % pour le C de la fonction acide des produits organiques présents).

D. — SOLS AQUATIQUES D'ORIGINE ORGANIQUE

Dans quelques cas, assez particuliers, le sol sous-aquatique en formation se réduit à sa couverture qui prend ainsi une importance considérable. C'est le cas quand la flore fixée appartient au groupe des Mousses (*Sphagnum, Hypnum*) ou quand la teneur en matière organique du dépôt est telle que les bactéries deviennent l'élément prépondérant.

Dans le premier cas il y a formation de tourbes, dans le second de sapropel.

1. TOURBES ACIDES

Dans un milieu aquatique ou subaquatique pauvre en sels de calcium, des mousses du type *Sphagnum* se développent souvent. Les propriétés très particulières de ces mousses confèrent au sédiment qu'elles construisent des qualités très spéciales. Agissant comme des échangeuses d'ions, les *Sphagnum* puisent dans le milieu pauvre en cations qu'elles colonisent les substances nutritives dont elles ont besoin et l'appauvrissent ainsi. Le pH tombe à des valeurs très basses inférieures à 5,5 tandis que la teneur en matières organiques augmente. La nature de ces matières organiques dissoutes est encore mal connue; elle s'apparente aux acides humiques et créniques. SHAPIRO (1957) les a appelés acides humolimniques afin de montrer leur caractère soluble dans l'eau et de les différencier des véritables acides humiques à la structure complexe et au poids moléculaire beaucoup plus élevé.

Récemment BATUT (1965) a montré la diversité de peuplement biologique des eaux liées aux sphaignes, et surtout composé de Rotifères, de Copépodes et de Cladocères. La tourbe elle-même est colonisée en surface par un certain nombre de plantes d'accompagnement telles que *Aulacomnium palustre*, *Polytrichum commune*, *Arundo phragmites*, *Juncus conglomeratus*, *Carex echinata*, *Luzula campestris*, des scirpes et des phanérogames allant de *Erica tetralix* à *Salix caprea*.

De Barjac (1955) s'est penchée sur la composition bactériologique de ces tourbes qui peuvent laisser proliférer jusqu'à 707 millions de micro-organismes par gramme de sol (Kononova, 1961).

Ces tourbes acides à décomposition lente et humification fortement ralentie par les conditions mêmes de leur formation se constituent souvent dans des conditions « hautes » et ne sont généralement imbibées que d'eau atmosphérique qu'elles retiennent d'ailleurs énergiquement. Par décomposition elles s'enrichissent en lignine difficilement transformable et c'est pourquoi ces tourbes montent au-dessus du sol. Ce sont les high moors des auteurs anglo-saxons. Cependant elles gardent une partie de leurs composés organiques végétaux sous forme de celluloses et hémicelluloses. Presque essentiellement formées de matériel organique, ces tourbes ne laissent pratiquement pas de cendres à la combustion et servent pour cela de combustibles dans certaines régions privées de houilles. Leur rapport C/N est généralement compris entre 30 et 40.

Une tourbière acide à sphaignes ou fagne est constituée verticalement de 3 couches :

1. Une couche superficielle lâche, jaune verdâtre à blanchâtre, qui contient 15 à 20 fois son poids d'eau bien que située au-dessus de la nappe phréatique. Cette eau est incolore et peut être expurgée par compression;

2. Une couche sous-jacente, brun clair, plus compacte, brunâtre à l'état humide et qui se coupe aisément. A l'état sec, elle ne durcit pas, se rétrécit peu mais réabsorbe énergiquement l'eau;

3. Une couche profonde noyée et qui passe latéralement à un dy-gyttja noirâtre, imprégné d'un gel humique. Au séchage, cette couche profonde se rétracte fortement de 1/3 à 1/6 de son volume, durcit et ne réabsorbe que difficilement l'eau.

On classe dans cette catégorie de tourbes acides (ou oligotrophes) les **tourbes à linaigrettes** *(Eriophorum)*, fréquentes sur les pentes et en bas de pentes en montagne, notamment dans les Préalpes; ce sont des tourbes très grossières et peu décomposables qui passent latéralement à des podzols quand le drainage est suffisant.

Le **carr** (Fraser, 1943) est une tourbe riche en débris de Conifères; on le trouve immédiatement au sud de la toundra boréale. Très chargé en eau de rétention, le carr est très acide et pratiquement privé d'oxygène. L'humus tourbeux riche en bois recouvre le plus souvent un ancien podzol ou un ranker à mor ou encore une ancienne tourbe acide si les conditions primitives sont aquatiques.

Les sols tourbeux de toundras sont parfois rattachés à cette catégorie de sols intermédiaires entre sols périglaciaires terrestres et sols subaquatiques ou sous-aquatiques.

2. TOURBES ALCALINES

On nomme tourbe alcaline ou tourbe mésotrophe ce que les Anglo-Saxons appellent fen, les Néerlandais veen, les Allemands fehn. Ce sont des dépôts organiques présents dans les dépressions à nappe permanente en milieu riche ou moyennement riche en calcaire et qui constituent des tourbières basses. Se décomposant lentement, le sol est donc réduit à une épaisse couche de matériel végétal dont la cellulose, les hémicelluloses et autres chaînes hydrocarbonées sont détruites ou en cours de destruction par les bactéries. Celles-ci provoquent la fermentation de la tourbe et laissent dégager du méthane et des gaz pauvres.

La lignine s'accumule et finit par constituer 70 à 75 % du matériau tandis que le calcium présent contribue à former des complexes colloïdaux qui, par calcination, laissent un résidu en cendres de 10 à 15 %. Le pH de ces tourbes est de 7 à 7,5 et le rapport C/N, par suite de la décomposition avancée des hydrates de carbone, descend vers 20 à 30.

Dans ces tourbes alcalines sont rangées un certain nombre de dépôts d'après la nature du matériel végétal entrant dans leur composition. On distingue ainsi :

a) une **tourbe à roseaux** constituée de rhizomes, tiges, feuilles et racines diverses de *Phragmites* et autres cannes mêlées à des prêles, Typhacées, rubaniers, etc. Cette tourbe est souvent située sur un dépôt lacustre de type gyttja. Quand la profondeur devient insuffisante, elle se recouvre progressivement d'une tourbe à mousses *(Hypnum)*.

Les produits de fermentation du gyttja et de la partie inférieure de la tourbe à roseaux s'accumulent parfois entre ces deux formations, créant des poches liquides qui peuvent crever de manière explosive. D'autres fois, il y a décollement du tapis de tourbe en formation et libération de radeaux flottants (cf. chap. XIII A).

La partie ancienne de cette tourbe passe à un humus de transition vers le type gyttja par humification avancée (gyttja tourbeux). Par drainage ou dessiccation, cet humus très rétractable (25 %) donne un mull riche, surtout si les apports latéraux (limons, sables, etc.) sont importants.

Ce type de tourbe, fréquent dans les baies de lacs peu profonds à ceinture littorale importante, se rencontre dans toute l'Europe tempérée, notamment dans les masses d'eau landaises et le Jura;

b) une **tourbe à carex** dont la caractéristique essentielle est l'existence de cette graminée aux tiges triangulaires et souvent aussi des graines en forme de lentilles du trèfle d'eau, *Menyanthus trifoliata.* Cette tourbe, généralement peu épaisse, se développe en eaux calcaires peu profondes ou rendues peu profondes par une développement antérieur de tourbe à roseaux. Les conditions d'oxygénation de cette tourbe sont suffisantes pour permettre une vie bactérienne, végétale et animale active. Par fossilisation, cette tourbe claire, jaunâtre, se transforme après oxydation en un matériel noirâtre qui passe à un gyttja typique, riche en excréments de microorganismes qui, draîné, fournit un sol noir fertile;

c) une **tourbe à Hypnum** qui correspond à la formation la plus élevée; la moins profonde de ces tourbières basses. Elle est souvent limitée à des taches localisées de mousses *(Hypnum)* mêlées à quelques *Carex*. C'est une tourbe légère, lâche, jaunâtre à brun-rougeâtre, s'émiettant facilement.

De décomposition lente, relativement pauvre en eau de rétention, cette tourbe conserve dans le temps ses propriétés pendant des millénaires;

d) une **tourbe ligneuse** qui se forme essentiellement sous l'eau, aussi bien en milieu stagnant qu'en eau légèrement courante, au dépens des restes et débris de bois des essences hygrophiles telles que l'aulne glutineux *(Alnus glutinosa)* et leurs chatons et cônes. S'y ajoutent parfois des débris d'arbres entraînés, de feuilles, etc., provenant des bois alentours. Cette tourbe est lourde, molle et a une consistance vaseuse. Elle se rétracte fortement au séchage et devient friable. Tourbe très active, de nombreux organismes aérobies y trouvent leur nourriture. En vieillissant, la tourbe à bois donne un gyttja qui, drainé, fournit un sol noir riche.

Il n'est pas rare de voir toutes ces tourbes superposées (cf. chap. XXII).

3. LE SAPROPEL

Le sapropel ou fetid slime des auteurs anglo-saxons est un sol très réduit, essentiellement putride, laissant s'échapper sous forme gazeuse certains produits de décomposition de leur matière organique (H_2S, CH_4, etc.). La totalité du profil est dépourvu d'oxygène et le potentiel d'oxydo-réduction de ce dépôt est toujours inférieur à 0,2 volt (cf. chap. IV A).

Les sels oxydés y sont réduits; les sulfates donnent naissance à des sulfures qui cristallisent (sphérules de pyrites), l'azote nitrique (ou nitreux) fournira de l'ammoniaque ou des sels d'ammonium.

Le sapropel se présente sous l'aspect d'une boue compacte plus ou moins grasse, dense. Il est riche en bactéries et en organismes adaptés à ce genre de dépôt (Annélides). C'est un sédiment caractéristique des milieux aquatiques pollués aussi bien marins que continentaux. Il est parfois le résultat d'un enfouissement d'un gyttja tourbeux lui-même formé par vieillissement d'une tourbe alcaline.

QUATRIÈME PARTIE

LES ORGANISMES

Si l'on tient compte des données récentes concernant la filiation des formes vivantes sur terre, force nous est de situer dans le monde aquatique l'origine de la vie.

Les grands critères d'évolution actuellement retenus sont :

— la photosynthèse (et la chimiosynthèse);

— la présence de chlorophylle *a*;

— la formation d'un noyau figuré;

— la différenciation de moyens de locomotion et de défense dont les flagelles sont le type primitif.

Certains groupes d'organismes ont perdu peu à peu une ou plusieurs de ces caractéristiques essentielles par évolution complexe progressive et régressive (LWOFF, 1944). Ainsi, sans présupposer l'existence de formes vivantes particulières, antérieures à toute vie ayant laissé une trace actuelle de leur longue existence, nous pouvons rechercher chez les organismes autotrophes l'origine de tous les êtres vivants. Les plus primitifs des autotrophes sont les Cyanophytes ou Myxophycées et les bactéries dites autotrophes. L'arbre généalogique des êtres vivants actuels peut ainsi se schématiser de la manière suivante (inspiré de CHRISTENSEN [1962]) :

Les formes sans noyau (Protocaryotes) représentent un monde très important et comparable dans le milieu aquatique à celui plus facilement abordable des Eucaryotes (planche 5)[1].

La perte de chlorophylle, donc du pouvoir photosynthétique, amène les Protocaryotes à l'évolution vers les bactéries et les Eucaryotes chromophytes vers les champignons et les animaux (métazoaires). Les Protozoaires ont une double origine à rechercher chez les Chromophytes et les Chlorophytes. Nous manquons de connaissances concernant la base de cet « arbre généalogique », mais il n'est pas déraisonnable de penser que beaucoup de groupes ont une origine polyphylétique et notamment les bactéries, les champignons, les protozoaires et les métazoaires.

---

1. p. 304.

CHAPITRE X

LES PROTOCARYOTES

Les Protocaryotes ont une faculté d'adaptation extraordinaire. Les cellules dont ils sont constitués sont de type imparfait mais ils ont la possibilité de vivre dans des milieux extrêmement divers. Leur reproduction est de type dit asexué. On les trouve aussi bien en eau douce qu'en eau marine, dans les sols, les sources thermales, la neige, etc.

Leur caractère primitif leur donne également des qualités particulières, telles celles de fixer l'azote, de jouer un rôle important dans le cycle du soufre, etc.

A. — LES CYANOPHYTES

Longtemps considérées comme des algues, les Cyanophytes ou Cyanoschizophytes ou Myxophyceæ ont été définitivement séparées de celles-ci depuis qu'on les connaît mieux (FELDMANN, in DES ABBAYES, CHADEFAUD *et al.*, 1960 ; CHADEFAUD, 1960 ; SCHWABE, 1964).

Elles ont dans le milieu aquatique un rôle considérable à cause de leur métabolisme spécial et de la faculté qu'elles ont de se multiplier de façon anarchique en produisant des substances métaboliques qui entravent le développement des algues.

Comme les bactéries que l'on connaît mieux à cet égard, certaines peuvent fixer l'azote de l'air ou de l'eau. Vivant très bien en présence d'H_2S ou même de soufre libre, elles utilisent la même réaction que les bactéries sulfureuses pour leurs besoins en énergie ; c'est une des raisons pour lesquelles on les trouve dans les eaux thermales et régions à solfatares, riches en soufre.

Capables de vivre en hétérotrophie, elles sont également susceptibles d'être de parfaites autotrophes grâce aux nombreux pigments que contiennent leurs cellules à l'état plus ou moins diffus : phycocyanine, myxanthophylle et leurs compléments : phycoérythrine, myxanthine, flavicine (pigments de transfert) (voir notamment GARNIER, 1964).

Elles supportent aussi bien les très hautes températures (80-85 °C) que les très basses (— 190 °C) et sont peu exigeantes quant à la composition chimique des eaux dans lesquelles elles se trouvent. Elles sont cependant plus fréquentes, voire plus abondantes, dans les milieux dits riches, peut-être à cause de leur métabolisme très particulier qui leur fait préférer les eaux polluées ou riches en matières organiques en voie de décomposition (α méso-saprobes et polysaprobes) [cf. Chap. XVII].

Les plus connues des Cyanophytes sont les *Nostoc* ou crachats de la lune dont certaines espèces sont utilisées comme aliments *(Nostoc commune)* en Amérique du Sud. Ces Protocaryotes sont aériens.

Dans le milieu aquatique naturel ce sont les *Anabæna* et les *Microcystis* que l'on rencontre le plus fréquemment dans les milieux normaux. Dans ceux où le phénomène communément appelé fleur d'eau est habituel, ce sont souvent les *Aphanizomenon* et *Oscillatoria* qui croissent considérablement (ann. 1, 2 et 3) [1]. Dans d'autres cas, ce sont des *Phormidium* (eaux thermales) ou des *Spirulina* (mares salées continentales).

Ce sont des Cyanophytes qui sont responsables de la couleur verte du Nil vert *(Aphanizomenon kaufmanni)*, de la couleur rouge de la mer rouge *(Oscillatoria erythræa)* et des lacs de Morat (Suisse) ou de Nantua (France) *(Oscillatoria rubescens)* [JAAG, 1953].

Cette dernière espèce communique à de nombreux lacs suisses une couleur rouge qui fait penser à du sang et a donné crédit depuis 1825 à la légende du sang des bourguignons dont les armées bernoises se sont débarrassées en 1476 en les jetant dans le lac de Morat après une bataille célèbre.

Certains *Phormidium* sont responsables des qualités de boues thermales et peuvent être ainsi partiellement à l'origine de la vogue des cures et bains (thermalisme), tandis que les *Spirulina* récoltées au Tchad dans certaines mares très riches en carbonates de sodium sont exploitées comme condiment, voire comme nourriture et pro duit « pharmaceutique » par les populations locales.

Les produits du métabolisme de ces Cyanophytes ont fait l'objet de nombreux travaux. (HARDER, 1917; FLINT et MORELAND, 1946; STEPHENS,

1. pp. 620, 622, 624.

1948; LEFÈVRE, JAKOB et NISBET, 1950, 1952; GORHAM, 1960, 1964; JAKOB, 1961; LEFÈVRE, 1964 etc.). Certains jouent un rôle essentiel dans les phénomènes d'auto-antagonisme et surtout d'hétéro-antagonisme qui induisent successions, cycles et développement des organismes végétaux et animaux aquatiques (cf. chap. XX C).

On compte environ 150 genres et 1 200 espèces de Cyanophytes en eaux continentales.

B. — LES SCHIZOPHYTES OU BACTÉRIES

Tout comme les Cyanophytes, les Bactéries sont des organismes imparfaitement constitués. Elles sont, de plus, privées de chlorophylle, ce qui leur confère une hétérotrophie que seules quelques espèces peuvent faire évoluer vers une chimiautotrophie très particulière (Bactéries vertes, Bactéries pourpres). On trouve des bactéries partout. Leur petite taille et leur apparente simplicité morphologique ont amené les systématiciens à rechercher dans un certain nombre de réactions biochimiques, fermentaires et antigéniques, des critères de spécificité (NOVEL, 1943).

Les trois types morphologiques et d'ailleurs peu stables auxquels peuvent se ramener toutes bactéries sont la forme sphérique (coque), la forme en bâtonnet (bacille) et la forme spiralée (spirille).

La plupart des bactéries peuvent s'enkyster; elles donnent naissance alors à des « spores » très résistantes.

Les coques *(Micrococcus)* sont souvent associées par paires *(Diplococcus)* ou en séries ou chaînes *(Streptococcus)*, en amas réguliers *(Sarcina)* ou irréguliers *(Staphylococcus)* (ann. 4. 5 et 6)[1].

Les bacilles *(Bacillus)* sont dénommés *Vibrio* s'ils sont courbes et *Bacterium* s'ils ne sporulent pas. S'ils sont très allongés et grêles, ils deviennent des *Leptothrix*; s'ils sont ramifiés, ils sont dénommés *Streptothrix* ou *Cladothrix*, cette dernière forme étant très voisine de certaines Cyanophytes.

Les spirilles *(Spirillum)* sont parentes des *Treponema* aux spirales serrées. Nombreuses sont les bactéries munies de flagelles et mobiles; ce sont des monotriches *(Chromatium)*, amphitriches (deux flagelles opposées) *(Spirillum rubrum)*, lophotriches (plusieurs flagelles insérés d'un même côté *(Azotobacter)* ou péritriches (ciliées comme le *Bacterium typhi)*.

1. pp. 626, 628, 630.

Beaucoup de bactéries sont chromogènes; elles produisent des pigments qui permettent de les reconnaître; d'autres sont photogènes et provoquent une luminescence caractéristique des milieux sur lesquels elles se développent (tel le *Bacillus phosphorescens*).

Si les eaux continentales abritent un certain nombre de bactéries pathogènes et notamment le Colibacille, le *Bacterium typhi* et en l'absence d'oxygène dissous le *Bacillus perfringens* et le *Clostridium botulinum* (espèces anaérobies), elles permettent également le développement et sont sous la dépendance étroite de nombreuses bactéries hétérotrophes et autotrophes qui participent au cycle de nombreux éléments indispensables à la vie des autres organismes et tout particulièrement des algues et des animaux.

Leur rôle physiologique est capital.

La plupart des bactéries vraies sont rangées dans le groupe des Eubacteria. Seuls les Actinomycètes voisins des champignons, le groupe des Chlamydobacteria avec l'espèce *Sphærotilus natans* et celui des Beggiatoæ (avec *Beggiatoa alba*) en sont séparés, si l'ensemble des Myxobacteria et Myxomycètes est mis à part.

1. — LES BACTÉRIES DU CYCLE DU SOUFRE

Certaines bactéries sont capables d'attaquer les matières protéiques combinées au soufre (cystine, cystéine, méthionine...) et libèrent ainsi de l'hydrogène sulfuré; ce sont les **bactéries anaérobies de la putréfaction**; elles sont responsables de la dégradation de la matière organique quand du soufre est présent. Le schéma d'attaque peut s'écrire (OHLE, 1955) :

$$3SO_4H_2 + C_6H_{12}O_6 \rightarrow 3H_2S + 6CO_2 + 6H_2O$$

D'autres oxydent l'H_2S (et le soufre libre) et le transforment en sulfates; ce sont les **bactéries sulfoxydantes**; les unes sont colorées, ce sont les bactéries sulfuraires pourpres ou Rhodothiobactéries, les autres ne le sont pas, ce sont les Leucothiobactéries ou Sulfuraires incolores.

Les Rhodothiobactéries contiennent dans leur cellule deux pigments, la bactériopurpurine et la bactériochlorine (ou bactériochlorophylle ou bactérioviridine), pigments photosynthétiques dont le spectre d'absorption est exactement complémentaire de celui de la chlorophylle des algues et s'étend dans l'infra-rouge (fig. 59). Quand la quantité d'H_2S présente dans le milieu est importante (plus de 50 mg par litre), à ces Sulfuraires pourpres s'associent des Sulfuraires vertes ne contenant plus guère que de la bactériochlorine et n'oxydant l'H_2S qu'au stade soufre libre *(Chlorobium, Clathrochloris)*.

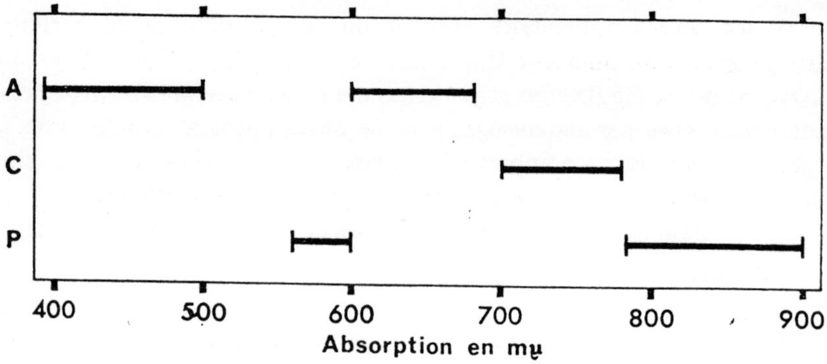

FIG. 59. — Bandes d'absorption de la chlorophylle (A), de la bactériochlorine (C) et de la bactériopurpurine (P), modifié de VAN NIEL et STANIER in EDMONDSON (1959).

Les principales Rhodothiobactéries sont les *Chromatium (Chromatium okenii)* et les *Thiopedia (Thiopedia rosea)*; elles sont capables de vraie photosynthèse en présence d'H_2S et de conditions anaérobies. Elles provoquent la formation de nuages rouges au niveau du métalimnion des lacs et sont capables de colorer entièrement en rouge certains étangs (UTERMÖHL, 1925). Un élément du cycle du carbone sera nécessaire, il jouera le rôle d'accepteur d'hydrogène. La réaction de photosynthèse peut être schématisée de la façon suivante :

$$CO_2 + 2H_2S \rightarrow (CH_2O) + 2H_2O + 2S + 122 \text{ cal.}$$

(CH_2O) représente en fait les oses formés par photosynthèse et non l'aldéhyde formique. Le soufre s'accumulera sous forme de granules dans les cellules, puis pourra être lui-même oxydé :

$$2H_2O + 2S + 3O_2 \rightarrow 2SO_4H_2 + 282 \text{ cal.}$$

L'acide sulfurique résultant sera neutralisé par les bases de l'eau et transformé en sulfates.

Les Leucothiobactéries sont également autotrophes mais s'appuient sur une réaction de chimiosynthèse pour trouver l'énergie nécessaire à leur développement : elles oxydent directement l'H_2S. Les réactions utilisées sont :

$$2H_2S + O_2 \rightarrow 2H_2O + 2S \quad \text{puis} \quad 2H_2O + 2S + 2O_2 \rightarrow 2SO_4H_2$$

Les plus répandues des Sulfuraires incolores sont les *Beggiatoa* et les *Thiothrix* qui sont des bactéries filamenteuses pouvant constituer, dans les milieux polysaprobes encore oxygénés, de longues touffes ou nappes blanchâtres ressemblant à du coton hydrophile.

Comme autres Leucothiobactéries importantes, il faut signaler *Achromatium oxaliferum*, une des plus grandes bactéries, de près de 50 μ, qui accumule dans ses cellules, outre le soufre qu'elle produit par oxydation de l'H_2S, de gros globules de carbonate de calcium ou d'oxalate de calcium (d'après SCHEWIAKOFF) dont le rôle n'est pas encore bien connu; elle préfère de ce fait les eaux calcaires. Sa physiologie la rapproche étrangement de certaines Cyanophytes. *Thiobacillus thioparus* est également une Leucothiobactérie intéressante qui est responsable de l'accumulation de soufre dans les lacs et notamment dans le lac Sernoye (KUZNETSOV, 1958).

Les **bactéries sulfatoréductrices** attaquent les sulfates et les transforment en soufre et hydrogène sulfuré (voir SENEZ, 1962) ; elles agissent donc à l'inverse des précédentes. Leur métabolisme est voisin de celui des bactéries dénitrifiantes. En opérant cette réduction, elles provoquent une précipitation de carbonate de calcium, donc une baisse de la teneur en calcium des eaux. La réaction de réduction peut s'écrire (NADSON, 1928 ; KUZNETSOV, 1958) :

$$SO_4Ca + 2C \rightarrow CaS + 2CO_2$$

$$CaS + CO_2 + H_2O \rightarrow CO_3Ca + H_2S$$

(le C provient de la décomposition de la matière organique présente).

Cette réaction ne se produit que si le potentiel redox du milieu est assez bas (inférieur à 0,10 volt d'après MORTIMER, 1942) donc quand le milieu est désoxygéné. La bactérie responsable de cette réduction est avant tout *Desulfovibrio desulfuricans*.

Elle participe à la transformation de la matière organique morte et en décomposition et joue un rôle très important dans le cycle des carbonates. C'est elle qui fait dire à OHLE (1954) que les sulfates servent de catalyseurs du cycle de la matière organique dans les eaux.

2. — LES BACTÉRIES DU CYCLE DE L'AZOTE

Par les matières protéiques dont elle est partiellement constituée, la matière organique contient une proportion notable d'azote sous forme d'acides aminés, d'amides, de dérivés de la pyridine, etc. Lors de sa décomposition bactérienne, il y a **ammonification,** c'est-à-dire destruction des chaînes carbonées et libération de CO_2 et d'ammoniaque. Les bactéries responsables de cette minéralisation des substances azotées sont des saprophytes protéolytiques aérobies *(Bacillus fluorescens, B. subtilis...)* ou anaérobies *(Clostridium bifermentans, C. perfringens,* etc.). Elles sont aidées par des Actinomycètes et des champignons.

Parmi les substances azotées pouvant être ainsi ramenées au stade d'utilisation directe (les sels ammoniacaux sont assimilés par les végétaux) une mention particulière doit être faite à l'urée, produit de déchet très fréquent dans tous les liquides d'excrétion (l'urine humaine en contient 25 g au litre!). C'est *Micrococcus ureæ* qui transforme cette urée en ammoniaque ou en sels ammoniacaux avec précipitation de carbonate de calcium si des sulfates sont présents.

L'ammonisation n'est possible qu'en milieu alcalin.

L'oxydation de l'ammoniaque (ou des sels ammoniacaux non utilisés directement) est provoquée par les **bactéries nitrifiantes.**

Les Bactéries nitreuses permettent d'atteindre le stade nitrite *(Nitrosomonas, Nitrosococcus)*; les Bactéries nitriques oxydent les nitrites en nitrates *(Nitrobacter)*. Toutes ces bactéries sont autotrophes, aérobies et construisent leur propre matière organique par chimiosynthèse; on les retrouve dans les sols (WINOGRADSKI, 1949). Elles ne se développent bien que dans les milieux déjà très modifiés, où la matière organique est réduite en ses éléments simples et où les autres bactéries consommatrices d'oxygène ont fini d'agir. Elles sont donc des transformatrices de fin de cycle. (MINDER, 1920; BRAND, RAKESTRAW et RENN, 1937; STURM et KANUNNIKOWA, 1945).

Leur action est difficile à suivre et leur isolement délicat, bien que nombreux soient les auteurs ayant mis en évidence leur rôle de régénérateur de nitrites et surtout de nitrates (WURTZ, 1945, 1946; KUZNETSOV, 1950).

Le phénomène inverse du précédent est de règle en milieu anaérobie et en présence de matières organiques en grandes quantités.

C'est alors grâce aux **bactéries dénitrifiantes** que les composés oxygénés de l'azote sont transformés ou en ammoniaque ou en azote libre.

Parmi celles-ci, le *Bacillus prodigiosus* ne s'attaque qu'aux nitrites ou pousse les destructions de toutes les associations azotées jusqu'au stade azote libre. D'autres, comme *B. denitrificans*, ne s'attaquent qu'aux nitrates.

De toute évidence ces bactéries dénitrifiantes ont un rôle néfaste dans les eaux naturelles.

Les **bactéries fixatrices d'azote** dont l'*Azotobacter agilis* est un représentant en eaux pures et alcalines, ont le privilège de pouvoir fixer directement l'azote atmosphérique pour le transformer en azote organique. Elles partagent ce privilège avec quelques Cyanophytes (FOGG, 1947). En milieu anaérobie, c'est *Clostridium pasteurianum* qui en fait autant.

Toutes ces bactéries trouvent l'énergie nécessaire à leur métabolisme dans la destruction de la matière organique présente. Leur rôle est considérable dans les milieux naturellement pauvres en azote minéral et où celui-ci peut être considéré comme facteur limitant.

3. — LES BACTÉRIES DU CYCLE DU CARBONE

Le phénomène de putréfaction est bien connu. La matière organique est constituée, pour une part importante, d'hydrates de carbone auxquels s'ajoutent notamment chez les organismes aquatiques des lipides et des substances particulières, lignine, chitine, dont la décomposition est pratiquement continue dans le milieu naturel.

Les **bactéries cellulolytiques** sont nombreuses. Les plus représentatives du milieu aquatique continental sont *Cytophaga lutea* et *Cellvibrio flavescens* auxquelles s'ajoute *Cellfalcicula* (WINOGRADSKI).

Certaines sont sélectives et *Bacillus macerans* par exemple détruit, au cours du « rouissage » des plantes, le ciment pectique qui unit les cellules. En milieu anaérobie, c'est *Bacillus felsineus* qui opère de même. Certaines de ces bactéries donnent naissance à du méthane et sont donc à l'origine du gaz des marais.

Les **bactéries protéolytiques** agissent également et dégradent les protéines en même temps que les bactéries ammonisantes auxquelles elles sont apparentées (*Bacillus mycoïdes*, *Proteus vulgaris*, etc.).

Les **bactéries chitinolysantes** jouent un rôle essentiel dans l'attaque des cadavres de crustacés (Copépodes, Cladocères, Ostracodes...) ainsi que des insectes, mollusques, etc. Le *Bacillus chitinivorus* est responsable de cette destruction de l'acétyl-glucosamine qui ne se retrouve dans les restes animaux sur le fond que sous la forme de quelques capsules céphaliques d'insectes et de Cladocères et quelques restes d'organes particuliers comme les postabdomens de Cladocères, mandibules d'insectes, etc.

Les **bactéries lipolytiques** s'attaquent aux graisses en milieu soit aérobie, soit anaérobie. Elles permettent la formation d'hydrocarbures dont les pétroles ne seraient que la résultante. Leur action est plus lente que celles des précédentes.

Les **bactéries amylolytiques** affectionnent les sucres et hydrates de carbone simples. Elles agissent en même temps que les cellulolytiques.

Les bactéries du cycle du carbone sont donc d'une part étroitement liées à celles qui utilisent l'azote comme source d'énergie et d'autre part assez spécialisées. L'importance de leur action est considérable quoique peu étudiée quantitativement.

4. — LES BACTÉRIES DU CYCLE DU FER

Il existe des **ferrobactéries** aérobies qui catalysent la réaction d'oxydation des sels ferreux en sels ferriques pour utiliser l'énergie que cette réaction libère; elles en font de même avec la réaction $Mn^{++} \rightarrow Mn^{+++}$ ou décomposent partiellement certaines matières organiques (tels les *Leptothrix*).

Ces bactéries accumulent souvent dans leur gaine extracellulaire des dépôts de $Fe(OH)_3$ leur conférant leur teinte ocracée (*Leptothrix ocracea*); chez *L. crassa* c'est le Mn_3O_4 qui est responsable de sa teinte plus foncée. D'autres accumulent cet hydroxyde ferrique dans leurs cellules elles-mêmes à l'extrémité des filaments qu'elles ont constitués (*Gallionella ferruginea*).

Les ferrobactéries comprennent les Pseudomonadales et les Chlamydobactériales; les premières groupent un certain nombre de bactéries très communes telles les *Siderocapsa*, *Ochrobium*, *Siderobacter*, *Ferribacterium*, les secondes les *Leptothrix*, *Sphærotilus*, *Crenothrix*, etc.

Certaines sont filamenteuses, comme celles dénommées « queues d'agneau » qui sont des touffes de *Sphærotilus natans*.

D'autres ferrobactéries, anaérobies cette fois, nécessitent pour se développer une double réaction d'oxydation du fer ferreux et de réduction des nitrates présents et indispensables; ce sont les *Sporovibrio ferroxydans* dont le métabolisme s'apparente à celui du *D. desulfuricans*.

Le rôle de toutes ces ferrobactéries est encore incomplètement connu. Certaines sont responsables du dépôt, au fond des lacs, de ces boues ocracées si caractéristiques; d'autres précipitent le fer non plus sous forme d'hydrate ferrique, mais sous forme de sulfure dont le FeS est une trace indélébile au fond des eaux.

Nous avons vu le rôle très important de ces diverses formes de fer dans le métabolisme lacustre (chapitre IV). Qu'il nous suffise d'ajouter que certaines de ces bactéries comme *Sphærotilus* peuvent prendre un énorme développement si les conditions le permettent et être ainsi l'objet des préoccupations des techniciens (DONDERO, 1961).

CHAPITRE XI

LES EUCARYOTES VÉGÉTAUX

L'apparition du noyau est un phénomène d'une portée considérable chez les êtres vivants. Tout porte à croire que cette apparition est postérieure à celle d'un ou des pigments permettant la synthèse organique (fixation du carbone, de l'azote, dégradation des composés sulfurés ou soufrés).

Les Eucaryotes furent d'abord des végétaux; puis par perte progressive de leur potentiel d'adaptation, ils donnèrent naissance au règne animal tout entier et à d'autres formes à la biologie particulière (tels que l'ensemble de ce qui est habituellement dénommé champignons). Ils furent tous primitivement aquatiques.

A. — LES ALGUES

La plupart des groupes d'algues ont des représentants en eau continentale. La classification de toutes ces formes repose sur un certain nombre de critères qui, malheureusement, ne permettent pas encore de placer définitivement certaines familles aux caractères mixtes.

Les trois classifications les plus souvent citées sont celles de SMITH 1950, FELDMANN (in DES ABBAYES, CHADEFAUD *et al.*, 1960) et CHRISTENSEN (1962, 1964), et naturellement celle de CHADEFAUD (1960).

Elles rangent toutes trois les classes en groupes que SMITH appelle divisions, FELDMANN, embranchements (groupés en Phylums) et que d'autres auteurs, comme MOREAU (1960), préfèrent appeler séries.

Le tableau 31 (p. 300) résume ces classifications [1].

1. La classification d'ENGLER (1954), reprise par HAWKER, LINTON *et al* (1960) ne diffère de celle de SMITH que par le rapprochement des Chloromonadales et des Cryptophyceae des Dinophyceae dans une division élargie des Pyrrophytes.

TABLEAU 31

Classification de SMITH		Classification de CHADEFAUD-FELDMANN			Classification de CHRISTENSEN
Division	Classe	Phylum	Embranchement	Classe	
Rhodophytes...	Rhodophyceæ	Rhodophytes..	Rhodophycophytes	Rhodophyceæ	Rhodophyceæ
Euglenophytes..	Euglenophyceæ			Euglenophyceæ	Euglenophyceæ
Pyrrophytes....	Dinophyceæ		Pyrrophycophytes	Dinophyceæ	Dinophyceæ
Position incertaine?...	(Cryptophyceæ)			Cryptophyceæ	Cryptophyceæ
					Rhaphidophyceæ
Pheophytes....	Pheæophyceæ		Pheophycophytes	Pheaeophyceæ	Pheaeophyceæ
	Xanthophyceæ	Chromophytes.		Xanthophyceæ	Xanthophyceæ
					Haptophyceæ
Chrysophytes...	Chrysophyceæ		Chrysophycophytes	Chrysophyceæ	Chrysophyceæ
					Craspedophyceæ
	Bacillariophyceæ			Bacillariophyceæ	Baccilariophyceæ
					Prasinophyceæ
Chlorophytes...	Chlorophyceæ			Chlorophyceæ	Chlorophyceæ (dont les Charales)
			Chlorophycophytes	Zygophyceæ	
Position incertaine?...	(Chloromonadales)			Charophyceæ	
		Chlorophytes..	Bryophytes Pteridophytes Spermatophytes		Loxophyceæ

D'après BOURRELLY (communication verbale), le nombre de genres et d'espèces d'algues d'eau douce connus est, à l'heure actuelle, de :

Rhodophyceæ	23	genres et	120	espèces
Euglenophyceæ	50	—	900	—
Dinophyceæ	25	—	170	—
Cryptophyceæ	14	—	65	—
Pheæophyceæ	3	—	5	—
Xanthophyceæ	95	—	550	—
Chrysophyceæ	150	—	800	—
Bacillariophyceæ	64	—	1 700	—
Chlorophyceæ (y compris les Charales).	520	—	8 000	—

1. — LES ALGUES ROUGES (RHODOPHYTES)

Caractérisées par l'absence de formes mobiles et de flagelles, les algues rouges possèdent une pigmentation à base de phycobiline au niveau de leurs rhodoplastes qui ne renferment jamais d'amidon en réserve et de phycoérythrine, bilichromoprotéide hydrosoluble à fluorescence orangée voisine de la phycocyanine des Cyanophytes. Elles sont pour la plupart marines. Cependant, il est fréquent de trouver dans certaines eaux claires courantes et fraîches les masses mucilagineuses et très caractéristiques des *Batrachospermum* de la sous-classe des **Florideae :** ou encore les microscopiques *Kyliniella* du groupe correspondant des **Bangiophycideae.**

Leur rôle dans les eaux continentales est assez effacé. Cependant, certaines Floridées telles les *Lemanea annulata* et les *Batrachospermum vagum* sont des indicateurs biologiques (oligosaprobes) (ann. 18)[1].

2. — LES ALGUES BRUNES (CHROMOPHYTES)

L'ensemble des Chromophytes représente une part importante des algues d'eaux douces. Si l'on met à part les Bacillariophycées ou Diatomées, à la morphologie si spéciale et si attachante pour le microscopiste, elles se répartissent en trois grands groupes dont un n'est bien représenté qu'en eau marine, celui des Phéophycophytes (ann. 18).

Les deux autres embranchements ont de très nombreux représentants en eaux continentales; ce sont les **Pyrrophycophytes** ou ensemble des algues à amidon extra-plastidial, corps mucifères ou trichocystes et flagelles

1. p. 654.

dissemblables implantés dans une invagination plus ou moins profonde de la cellule. Parmi les algues de cet embranchement, citons les **Dinophycées** ou Péridiniens, nombreuses dans toutes les eaux naturelles, marines ou continentales, les **Cryptophycées** dont les *Cryptomonas* sont de communs représentants et les Chloromonadophycées ou **Rhaphidophycées** très voisines et rares. Enfin, les **Euglenophycées** sont ces étranges algues flagellées vertes et rampantes parfois, qui peuvent vivre à l'obscurité et deviennent alors hétérotrophes (on dit aussi métatrophes); perdant leur pigmentation, elles vivent de matières organiques (acides aminés) comme des animaux (zooflagellés) (ann. 7 et 8).

Les Euglènes sont surtout fréquentes dans les milieux riches en substances organiques, mares de ferme et autres milieux polysaprobes *(Euglena viridis)*.

Les **Chrysophycophytes** sont caractérisées par leurs physodes ou corps physoïdes et surtout l'absence d'amidon dans leurs cellules, les substances de réserve étant surtout à l'état dissous (sous forme de chrysolaminarine ou de leucosine). Leur contingent de flagelles est très variable et généralement inséré dans une simple dépression.

Les **Chrysophycées** sont très bien représentées en eaux continentales dans le plancton *(Dinobryon, Mallomonas)*, plus ou moins fixées sur des substrats divers, donc épibenthiques ou épiphytiques *(Chrysopyxis, Ochromonas)* ou simplement attirées par le phénomène de tension superficielle à l'interface eau-air et constituant alors un film infraneustonique (cf. chap. XIV B). Certaines sont revêtues de plaquettes de calcite ou coccolithes qui se retrouvent dans les sédiments marins ou d'eau douce (JOUKOWSKY et BUFFLE, 1938) (ann. 9).

Les **Xanthophycées** ou Hétérocontes sont caractérisées notamment par leurs deux flagelles inégaux; elles comprennent de nombreuses formes libres plus ou moins amiboïdes et un certain nombre de formes pluricellulaires voire cœnocytiques *(Botryococcus)*; certaines sont de type siphoné c'est-à-dire à thalle plurinucléé et filaments sans cloisons, telles les *Vaucheria*. Certaines sont planctoniques, d'autres, par leur structure filamenteuse, préfèrent les petites mares temporaires, telle cette conferve du genre *Tribonema* qui se développe en amas vert clair au printemps et dont la croissance comme la reproduction ont attiré les physiologistes désireux de trouver une algue se développant vite et sans exigence particulière. De plus, les *Tribonema* vivent souvent en symbiose avec des ferrobactéries qui les recouvrent d'une pellicule de carbonate ferrique leur donnant une couleur brun-jaunâtre (ann. 10).

On range parfois dans les Chrysophycophytes les **Bacillariophycées** ou Diatomées qui ont des affinités à la fois avec les Xanthophycées et avec les Chrysophycées mais semblent plus primitives. Ces belles algues brunes, aux parois silicifiées, présentent une diversité de formes et d'ornementation de leurs frustules qui en font le groupe le plus étudié par les microscopistes et artistes scientifiques; elles servent aussi, rappelons-le, à définir la « résolution » des instruments d'optique.

Les Diatomées sont extrêmement nombreuses dans le milieu aquatique continental. Qu'elles soient allongées et en forme de boîte à sucre (Pennales) ou circulaires et plus ou moins empilées les unes sur les autres (Centrales), elles colonisent aussi bien le domaine pélagique (plancton) que le domaine littoral. Beaucoup sont épibenthiques. Elles sont capables de se développer au point de constituer de véritables fleurs d'eau. Dans les régions non calcaires, elles peuvent participer pour une part notable à la constitution de sédiments importants (randanite, diatomite des lacs d'Auvergne, par exemple) (ann. 11, 12 et 13).

3. LES ALGUES VERTES (CHLOROPHYTES)

Les algues vertes font partie de ce grand phylum des Chlorophytes qui comprend également les métaphytes, mousses, fougères et autres plantes supérieures. Leur pigmentation, à base de chlorophylle *a* et *b* comprend également des caroténoïdes mais en quantité relativement faible. Elles mettent en réserve dans leurs cellules de l'amidon soit au niveau des chloroplastes soit dans des leucoplastes.

Le grand groupe des algues vertes, ou Chlorophycophytes à cellules flagellées en général, comprend un grand nombre de représentants en eau douce. Ils font pour la plupart partie de la classe des **Chlorophycées** qui groupe des ordres d'organismes unicellulaires ou coloniaux ou filamenteux ou encore siphonés mais qui possèdent tous à un moment de leur vie des flagelles par deux, par quatre ou en grand nombre (stéphanocontés), tous égaux (isocontés) (ann. 14, 15, 16 et 17).

C'est dans cette classe que sont rangées les *Volvocales* dont le très commun *Volvox aureus* et ces petits *Chlamydomonas* qui seraient la forme primitive de toutes les Chlorophycées.

Les Chlorelles et toutes ces formes cœnobiales que sont les *Pediastrum*, *Scenedesmus* et cet étrange *Hydrodictyon* en réseau, sont des représentants bien connus des algues vertes ainsi que les *Zygnema*, *Mougeotia* et *Spirogyra* dont les rameaux conjugués constituent des amas parfois envahissants à la surface des eaux. Nous ne nous étendrons pas ici sur ce groupe si diversifié, dont nous verrons le rôle dans le monde aquatique quand nous étudierons sa capacité de production de matière organique. Qu'il nous suffise de souligner que partout, dans les eaux continentales, on peut trouver des Chlorophycées, dans les eaux très acides des tourbières où l'on trouve tant de Desmidiées voisines systématiquement des *Zygnema (Cosmarium, Staurastrum)*, comme dans les eaux très riches en matières organiques des cours de ferme où pullulent les *Chlorococcales (Scenedesmus, Pediastrum, Cœlastrum)*.

On sait par ailleurs le rôle de *Chlorella vulgaris* dans l'étude des phénomènes de photosynthèse et de métabolisme en général; l'« opération chlorelle » est à la base de nombreuses recherches de physiologie végétale appliquée (travaux de PRATT, MOYSE, MARGALEF, etc.) (cf. p. 439).

4. LES ALGUES CALCAIRES ET INCRUSTANTES

Une place à part sera faite à certains groupes de Chlorophytes dont le rôle limnologique est important. Parmi eux, il faut citer les **Charophycées** dont la structure complexe rappelle celles des Rhodophycées et dont le mode de reproduction est caractéristique. Nous verrons (chap. XIII A) que les prairies de *Chara* peuvent s'étendre jusqu'à la zone profonde dans les lacs. Elles peuvent aussi coloniser la zone littorale et se développer considérablement sur plusieurs décimètres d'épaisseur! Elles sont, la plupart du temps, abondamment revêtues d'une croûte de carbonate de calcium qui leur donne leur aspect rugueux au toucher, leur couleur et leur fragilité hors de l'eau.

On range dans les Charophycées les *Nitella* et *Nitellopsis* qui préfèrent les eaux acides et ne sont pas calcifiées comme les *Chara*. Certaines espèces préfèrent les eaux courantes (ann. 18).

Les oogones des *Chara* (graines) se retrouvent fréquemment dans les sédiments et permettent de suivre l'évolution du peuplement antérieur; leur morphologie très particulière permet le plus souvent leur détermination.

Le caractère d'organismes pluricellulaires différenciés acquis par les charophycées annonce les végétaux supérieurs.

B. — CHAMPIGNONS

Bien qu'il n'y ait que 1 à 2 % de champignons qui soient véritablement aquatiques (INGOLD, 1954), le groupe des Phycomycètes présente de nombreux représentants dans le milieu aquatique (WESTON, 1941). Certains de ces champignons sont capables de survivre en conditions limites. Ils vivent aussi bien à la lumière qu'à l'obscurité, sont peu affectés par les températures extrêmes et très tolérants vis à vis du pH. Parmi eux, il y a des Ascomycètes, des Hyphomycètes dont certains s'attaquent aux feuilles submergées en décomposition dans les eaux renouvelées et des Sphæropsidales. Leur intérêt réside dans leur caractère de *saprophytes* ou de *parasites* d'organismes aquatiques. Leur rôle dans la décomposition du matériel organique a été longtemps sous-estimé (ann. 19).

En culture pure et en l'absence de bactéries hétérotrophes, ils attaquent vigoureusement une grande quantité de matériaux grossiers, animaux et végétaux. Dans la nature, ils prennent part également à la destruction spécifique de certaines substances plus résistantes.

Les champignons parasites d'algues, de macrophytes ou d'animaux, jouent également un rôle important et contribuent parfois à modifier l'équilibre des populations (CANTER et LUND, 1948).

C. — LES BRYOPHYTES ET PTÉRIDOPHYTES

Un nombre important de mousses et d'hépatiques colonisent le milieu aquatique.

Les Bryophytes possèdent un archégone (ensemble de l'oosphère [gamète ♀] et des cellules haploïdes qui l'accompagnent) et ont un cycle biologique à alternance : gamétophyte — sporophyte. Les Mousses *(Fontinalis, Sphagnum)* ont des tiges et des feuilles, tandis que les Hépatiques *(Riccia)* en sont parfois dépourvues; elles ont alors un thalle.

Elles ont un rôle important dans certaines collections d'eau comme les tourbières dont l'existence est étroitement liée à des sphaignes (Sphagnales) ou à des *Hypnum* (Bryales). Dans les eaux fraîches, l'oxygénation est partiellement due à l'activité photosynthétique des *Fontinalis* (Bryales) (ann. 19).

Les Sphaignes *(Sphagnum)* ont un métabolisme particulier et possèdent des propriétés d'échangeuses d'ions qui n'ont pas été reconnues chez d'autres représentants végétaux dans le monde aquatique. C'est à ces propriétés spéciales que le milieu des tourbières doit certaines de ses qualités et notamment son acidité. L'acidité d'une tourbière à Sphaignes est telle que les bactéries cellulolytiques ne peuvent détruire la base morte des Sphaignes. Il y a donc accumulation, formation de tourbe, en même temps surélévation du « sol » à raison de 1/2 mm par an et formation de tourbière haute (cf. chap. IX). Le développement des tourbières à Sphaignes est considérable dans certaines régions tempérées froides. Dans les régions à modelé glaciaire, nombreux sont les anciens lacs ayant été ainsi progressivement comblés par les Sphaignes (lac Luitel en Dauphiné) [Joly, 1960] ou qui possèdent latéralement une ou plusieurs tourbières d'âge parfois différent (lac de la Landie, Puy-de-Dôme) (Planche 4, *a*, p. 288). Les espèces les plus fréquentes en France sont *Sphagnum acutifolium* et *S. cymbifolium*. Parmi les *Fontinalis*, dont certaines prairies tapissent le littoral de certains lacs-étangs de forêts (comme l'étang de Coupe-Gorge dans la forêt de Rambouillet (S.-et-O.), *Fontinalis antipyretica* est la plus commune. Quant à l'espèce que F.A. Forel a trouvée fixée sur les cailloux du fond du Léman devant Yvoire par 50 à 60 m de fond *(Thamnium alopecurum* var. *lemani)*, c'est une curiosité qui pose le problème de sa survie en eau profonde. Il n'est pas rare d'en récolter des rameaux dressés de plusieurs centimètres, très fortement pigmentés et solidement accrochés aux cailloux et blocs de cette zone très particulière du Léman (Dussart, 1955). Rappelons que cette Mousse ne possède pas de rhizome rampant.

Les Hépatiques, si spectaculaires au voisinage des sources par leur symétrie bilatérale et leur aplatissement dorso-ventral, sont représentées dans le monde aquatique par plusieurs ordres dont celui des Marchantiales. Les *Riccia*, petites plantes flottantes, constituent des tapis à la surface des eaux. Elles servent d'abris à toute une faunule dont les alevins de poissons ne sont pas exclus, notamment dans les aquariums de faune aquatique exotique!

L'ordre des Jungermanniales comprend un certain nombre d'Hépatiques à feuilles dont plusieurs représentants affectionnent les roches suintantes et le voisinage des eaux.

Les Hépatiques sont, pour le limnologue, une curiosité intéressante mais, hormis les *Riccia*, de bien peu d'intérêt par suite de leur relative rareté.

Les Ptéridophytes ne sont bien représentées dans le monde aquatique que par des Équisétinées et des espèces du genre *Isoetes* qui font transition entre Lycopodinées et Filicinées. Ces deux classes, avec le groupe fossile des Psilophytinées, voisin des Lycopodinées, constituent l'ensemble de l'embranchement.

Les *Isoetes* forment des prairies rases au niveau de l'eau ou à une certaine profondeur. Leurs touffes rappellent beaucoup celles des *Litorella* de la famille des plantains. Leurs racines, à l'écorce noirâtre ou brunâtre-rouille, les en distinguent (ainsi que l'absence de floraison). De détermination délicate, les *Isoetes* jouent un rôle dans la répartition du benthon des lacs aux eaux acides où ils se développent et tout particulièrement dans les régions montagneuses ou froides.

Les Équisétinées, dont le développement a été considérable aux temps primaires, sont maintenant essentiellement représentées par les prêles *(Equisetum)* à la morphologie caractéristique.

Leurs rameaux articulés s'élèvent au-dessus du sol humide ou de la surface des eaux, jusqu'à 1,50 m chez une espèce *(Equisetum maximum)*. Leur fragilité est bien connue. Elles portent souvent (pieds fertiles) un épi sporangifère en masselotte d'où s'échappe des spores vertes, arrondies, de 40 μ de diamètre environ [1] dont la paroi externe se fend en plusieurs lanières spiralées appelées élatères ayant toutes même point d'attache et hygroscopiques.

La détermination des Équisétinées est rendue délicate par l'existence d'hybrides.

Il existe quelques Filicales aquatiques (Hydroptérides), telles ces *Salvinia natans* aux sporocarpes immergées et ce curieux *Azolla filiculoides* dont les tissus foliaires abritent en symbiose des Cyanophytes *(Anabæna)* et bactéries ± fixatrices d'azote *(Azotobacter, Pseudomonas)*.

D. — LES SPERMATOPHYTES

De nombreuses Spermatophytes vivent en bordure ou dans les eaux : ce sont toutes des Angiospermes (ann. 20).

Parmi les plantes aquatiques supérieures, on trouve des représentants aquatiques de nombreuses Dicotylédones et Monocotylédones.

Dans la classe des Dicotylédones, citons parmi les Dialypétales dans l'ordre des Ranales (à carpelles séparés), des représentants dans la famille des Ranunculaceæ et notamment les renoncules aquatiques et autres populages *(Caltha palustris)* ou trolles *(Trollius europæus)*.

Les Nympheaceæ nous donnent les nénuphars *(Nuphar luteum)* et en eaux tropicales la célèbre *Victoria regia* aux feuilles de 1 mètre de diamètre.

Les Ceratophyllaceæ ne comprennent que le genre *Cerathophyllum* très communément représenté dans les eaux douces, tandis que les *Cabomba*

1. Il existe des grandes spores donnant naissance aux pieds femelles (ou hermaphrodites suivant les espèces) et des petites spores qui sont à l'origine des pieds mâles.

tropicales font partie de la famille des Cabombacæ. Les lotus *(Nelumbo)*, très proches des *Nymphea*, constituent la famille parente des Nelumbaceæ.

L'ordre des Pariétales n'est guère représenté dans le monde aquatique que par le cresson *Nasturtium officinale* (Crucifère) et quelques plantes curieuses et carnivores comme les *Drosera* (Droseracée) ou les *Sarracenia* (Sarracéniacée).

Dans l'ordre des Lythrales, très voisin de celui des Myrtales, on range communément des Onagracées comme *Ludwigia*, des Trapacées comme les mâcres ou chataîgnes d'eau *(Trapa natans)*, si désagréables pour

FIG. 60. Iles flottantes produites par *Eichhornia crassipes* dans le grand lac du Cambodge.
Photo B. Dussart.

les baigneurs des bords des étangs landais, des Halorrhagidacées comme les très communs *Myriophyllum*, les pesses ou queues de cheval, ressemblant aux prêles, que sont les *Hippuris* (Hippuridacées) et les *Callitriche* que l'on range parfois dans les Euphorbiales.

Parmi les Apétales, les Polygonales sont bien représentées en lieux humides par des *Polygonum* (Polygonacées), tandis que des arbres et arbustes hygrophiles comme les *Salix* (Salicales) ou les *Alnus* (Fagales) apportent leur contingent d'ombre et d'épibiontes au bord des eaux.

Enfin, parmi les gamopétales, l'ordre des Gentianales nous apporte le trèfle d'eau, *Menyanthes trifoliata* (Gentianacée), celui des Tubiflorales,

les Utriculaires, *Utricularia* (Utriculariacées autrefois appelées Lentibulariées), tandis que les Primulales comprennent les *Hottonia* ou millefeuilles aquatiques (Primulacées).

La classe des Monocotylédones est elle-même très bien représentée dans le monde aquatique. On rassemble parfois bon nombre d'entre elles en un groupe des Fluviales comprenant plusieurs ordres tels que celui des Alismatales avec le plantain d'eau *(Alisma plantago*, alismacée) et plusieurs Hydrocharidacées intéressantes *(Stratiotes, Vallisneria)* ou envahissantes *(Helodea)* et celui des Potamogetonales, avec les nombreux *Potamogeton*, les zostères et posidonies marines, etc.

Mais ce sont les Liliales qui sont à l'origine de la plupart des Monocotylédones subaquatiques : Liliacées, Iridacées, Typhacées (massettes), Aracées, Lemnacées (lentilles d'eau), Juncacées et autres scirpes, carex et graminées dont de nombreuses espèces familières ou rares peuplent les milieux aquatiques les plus divers, et sont parfois largement utilisées en agronomie, tel le riz *(Oriza)*.

Cependant, les Alismatales ont également donné naissance aux Commélinales (misères ou *Tradescentia*), aux Broméliales dont fait partie l'ananas et ses dérivés horticoles et aux Scitaminales tropicales (bananiers, *Canna*).

Parmi toutes ces plantes aquatiques, la jacinthe d'eau *(Eichhornia crassipes)* de la famille des Pontédériacées tient une place spéciale non seulement par son rôle dans les milieux aquatiques tropicaux (Asie, Afrique), mais aussi par sa place systématique, intermédiaire entre Fluviales et Liliales (fig. 60).

CHAPITRE XII

LES EUCARYOTES ANIMAUX

Nous avons vu qu'il est parfois difficile de limiter nettement une frontière entre monde végétal et monde animal. Le grand groupe des Flagellés est écartelé dans les traités entre ces deux mondes et ni la nature des parois cellulaires, ni l'autotrophie ne sont de parfaits critères pour marquer cette limite. Il faut étudier la structure nucléaire et le mode de développement de ces êtres primitifs pour en déterminer la vraie place dans la classification.

C'est dans le milieu aquatique que s'épanouissent ces formes particulières, à côté de nombreuses autres espèces animales. ILLIES (1953) a estimé grossièrement le nombre d'espèces que contenaient les eaux douces allemandes. Il a dénombré :

2 180	espèces	d'insectes;
1 450	—	de vers et vermidiens;
1 320	—	de protistes;
430	—	d'Hydracariens et autres Arachnides;
310	—	de crustacés;
127	—	de mollusques;
93	—	de vertébrés;
16	—	de Spongiaires et Cœlentérés.

On voit la part importante jouée par les arthropodes et les vers dans la colonisation du milieu aquatique. Notons cependant que certains groupes, mieux étudiés, paraissent être surévalués par rapport à d'autres. Ainsi, il semble que la « supériorité » des Hydracariens sur les Crustacés ne soit que la conséquence d'une meilleure étude du premier de ces groupes. La reconnaissance, fréquente encore, d'espèces nouvelles en Allemagne permettra sans doute de donner aux Crustacés, quand ils auront été mieux étudiés, la place qui leur revient. Il est significatif à ce sujet de comparer le nombre d'espèces de Copépodes reconnues par KIEFER (1960) en Allemagne et dénombrés en France par DUSSART (1967).

Le premier a décrit :

21 espèces de Calanoïda;
48 — de Cyclopoïda;
58 — d'Harpacticoïda, soit 127 espèces en tout;
le second respectivement 28,59 et 141 soit un total de 228!

A. — LES PROTOZOAIRES

Leur nature et leur morphologie en font des êtres primitifs. Ils sont répartis un peu partout dans les eaux et milieux humides. Ils sont fondamentalement unicellulaires et uninucléés; cependant, certains peuvent donner naissance à des formes plurinucléées (plasmodes), d'autres à des apparences de colonies.

Ils sont classiquement divisés en plusieurs sous-embranchements : Rhizoflagellés, Actinopodes, Sporozoaires, Cnidosporidies, Ciliophores (ann. 21, 22, 23 et 24).

Parmi les Rhizoflagellés, la classe des Flagellés est représentée notamment par les tout petits *Bodo* et autres *Tetramitus* des eaux croupissantess des mares (Bodonides), mais surtout par de très nombreux parasites de métazoaires aquatiques. La super-classe des Rhizopodes comprend, pour sa part, des formes très variées allant de la simple amibe nue (*Chaos diffluens* [= *Amœba proteus*]) aux Thécamœbiens les plus compliqués dont les *Arcella, Difflugia* (Lobosa), *Euglypha* (Filosa), etc. et aux énormes *Pelomyxa* aux nombreux noyaux. La reproduction des Thécamoebiens a été étudiée notamment par CHARDEZ (1965). D'après cet auteur, la répartition de 1 129 espèces de Thécamoebiens d'après le type de milieu serait en pourcent la suivante : 65,9 % en eaux douces, dont 48,5 % exclusivement ; 22,1 % dans les Sphaignes, dont 9,8 % exclusivement ; 10,7 % dans la terre, dont 7 % exclusivement et 1,4 % dans le milieu marin, dont 1,1 % exclusivement.

Le sous-embranchement des Actinopodes ne comprend en eaux continentales que des Héliozoaires (*Actinophrys, Heterophrys*) bien étudiés notamment par PÉNARD (1904).

Si Sporozoaires et Cnidosporidies ne comportent que des formes parasistes, il n'en est pas de même des Ciliophores dont les infusoires ciliés (Ciliata) constituent la seule classe d'après CORLISS (1961).

La variété des formes est ici considérable, depuis les Holotriches hyménostomes à ciliation régulière (*Prorodon*) jusqu'aux Spirotriches hétérotriches tels que le gros *Stentor* dont la ciliature se différencie déjà en franges dans la région buccale.

Les cils de ces animaux peuvent se grouper pour former des cirres ou des membranelles caractéristiques chez les *Stylonychia* ou les *Euplotes* (Hypotriches). D'autres ciliés (Péritriches sessiles) se fixent au substrat par un pédoncule (*Vorticella*) ou se constituent une carapace protectrice (Tintinnides) tels ces *Codonella* communes dans le plancton lacustre.

La biologie et l'écologie de ces protistes sont très attachantes. Elles révèlent l'extrême malléabilité des espèces qui sont en général assez peu liées au milieu si ce n'est pas la nourriture qu'elles cherchent (petites proies, bactéries, substances organiques dissoutes...) (voir Bick, 1957 ; Bamforth, 1958). Cependant, il peut y avoir quelque dépendance plus directe, telle cette sensibilité réduite des Paramécies aux températures élevées quand le pH du milieu s'abaisse à 5,8 (Chalkley, 1930), ou ce problème encore insuffisamment étudié des nourritures préférentielles mis en évidence notamment par Lilly (1953) et ses collaborateurs (Lilly et Henri, 1956; Lilly, Herbst et Stillwell, 1961).

Signalons également que ces petits organismes ont une pression osmotique qui les oblige à vivre dans des milieux équilibrés ioniquement. Sernow (1958) cite le cas de formes d'eaux douces comme *Dileptus* qui meurent en quelques minutes quand on cherche à les faire vivre dans l'eau distillée. Il faut 50 minutes pour arriver au même résultat avec un *Stylonychia* et 2 heures avec *Bursaria*.

B. — SPONGIAIRES ET CNIDAIRES

Il existe un certain nombre d'éponges en eaux continentales. Elles font presque toutes partie de la famille des Spongillidæ. Pourtant, dans certains milieux particuliers peuvent vivre à l'état endémique d'autres formes telles que les Lubomirskiidæ qui colonisent les rives du Baïkal (Kozhov, 1963) et se distinguent des premières par leur squelette plus fort et par l'extrémité de leurs spicules plus profondément encastrées dans la spongine.

Parmi les Spongillidæ, l'espèce la plus connue est *Spongilla lacustris*, qui s'accommode de multiples types d'eau et de presque tous les climats et altitudes (Despax, 1925). Elle fait parfois place à des espèces du genre *Ephydatia*. Toutes sont des Monaxones du groupe (classe) des Démosponges ou éponges fibreuses (ann. 25).

Leur rôle dans les eaux continentales est assez minime; cependant, il ne faut pas sous-estimer leur appétit : elles sont capables de détruire une quantité importante de microplancton, de bactéries et bloquent dans leur squelette une certaine masse de silice que l'on retrouve ultérieurement dans les sédiments sous forme de spicules plus ou moins déterminables.

Certaines de ces éponges sont capables de constituer des gemmules qui leur permettent de survivre en conditions défavorables et quand les conditions redeviennent favorables, d'assurer la dispersion de l'espèce.

L'ancien groupe des Cœlentérés n'est représenté en eaux continentales que par l'embranchement des Cnidaires dont la classe des Hydroïdes a des représentants en eau douce dans l'ordre des Hydrides, ce sont les hydres dont *Chlorohydra viridissima* est le type. Parmi les Hydroïdes les plus connus en eaux continentales, citons des représentants des genres *Cordylophora* et *Hydra.* L'intéressante méduse *Craspedacusta sowerbyi* (Petasidæ) dont le polype avait été décrit sous le nom de *Microhydra ryderi*, prend sporadiquement une place notable dans le plancton des grandes masses d'eau telles que le lac de Lacanau (Joly, 1953, 1955). Elle fut introduite semble-t-il en Europe en même temps que des jacinthes d'eau brésiliennes, vers 1880. Sa biologie a été notamment étudiée par McClary, 1959 (voir aussi Symoens, 1953). C'est une Trachylide de la classe des Automéduses dans laquelle on range également les *Limnocnida* des lacs africains dont l'apparition soudaine et la disparition brusque soulignent la vitesse de développement asexué (bourgeonnement) ou sexué.

Dans les lagunes saumâtres du sud de la France, Picard (1951) a observé la limnoméduse *Odessia mæotica* f. *gallica* qui présente annuellement deux périodes d'activité sexuelle et fait partie de la famille des Mœrisiidæ.

C. — VERS ET VERMIDIENS

On range dans cette catégorie de métazoaires, un certain nombre d'embranchements dont plusieurs sont des constituants essentiels de la faune aquatique continentale. Sans vouloir sous-entendre d'affinités phylogéniques entre certains de ces embranchements, nous les rassemblerons en quatre groupes tous bien représentés dans les lacs.

1. PLATHELMINTHES ET NÉMERTIENS

Des six classes de Plathelminthes, une seule comprend de nombreux représentants libres en eau douce, celle des **Turbellariés.**

Dans l'ordre des Triclades, les planaires présentent une diversité de formes et d'habitats qui en font des indicateurs biologiques, telle cette petite *Gunda (Procerodes) ulvae* qui a besoin de calcium pour vivre, cet élément ayant la propriété d'abaisser la perméabilité de ses tissus (NISBET *et al.*, 1958), ou cette *Crenobia alpina* qui n'affectionne que les eaux très pures de plaines ou de montagnes (ann. 25).

L'étagement, le long d'un cours d'eau, des différentes espèces de Triclades est bien connue. DE BEAUCHAMP (1961) rappelle la succession *Fonticola - Crenobia alpina - Polycelis felina - Dugesia gonocephala* en eaux courantes propres et souligne l'affinité de *Dugesia lugubris*, de *Dendrocœlum lacteum* et de *Polycelis nigra* pour les eaux stagnantes plus ou moins riches en matières organiques et polluées.

REYNOLDSON (1958) va même jusqu'à considérer certaines planaires comme indicatrices de productivité des lacs anglais et classe ceux-ci en 5 catégories :

— Catégorie 1 : lacs très oligotrophes à *Phagocata vitta* liés à une teneur en Ca très faible, de moins de 2,4 $mg \cdot l^{-1}$;

— Catégorie 2 : lacs très oligotrophes sans triclades et à très faible teneur en Ca (moins de 5 $mg \cdot l^{-1}$);

— Catégorie 3 : lacs oligotrophes à *Polycelis nigra* et généralement à moins de 5 $mg \cdot l^{-1}$ de Ca (avec quelques exceptions!);

— Catégorie 4 : lacs mésotrophes à *Polycelis hepta* ou *P. tenuis*, et à plus de 5 $mg \cdot l^{-1}$ de Ca;

— Catégorie 5 : lacs eutrophes à *Dugesia lugubris* ou *Dendrocœlum lacteum* et à plus de 10 $mg \cdot l^{-1}$ de Ca.

Cependant, il peut exister des variations encore mal connues d'une région à une autre dans la distribution des espèces.

Il est évident que ce groupe est encore riche d'enseignements à venir. Les difficultés techniques de son approche systématique réduisent malheureusement son attrait.

L'existence des deux modes de reproduction, de variations phénotypiques souvent importantes, de races géographiques liées à une large répartition de certaines formes et une certaine difficulté dans la dispersion des espèces, par suite de la fragilité des cocons protecteurs d'œufs, en font des organismes à biologie attirante (DAHM, 1958).

Signalons le curieux cas de *Dugesia tigrina*, planaire américaine, introduite en Europe vers 1925 et qui la colonise maintenant de Hambourg à Montpellier (TUZET et PERRUGIA, 1957).

A côté des Triclades, les eaux lacustres peuvent recéler quelques Protriclades tel cet *Otomesostoma auditivum* des eaux profondes du lac Majeur (STEINBÖCK, 1949). On y trouve également des Eulécithophores (anciens Rhabdocœles) nombreux comme les *Dalyellia* ou ce *Macrostomum appendiculatum* très euryhalin ou encore ce *Macrostomum orthostylum* sténotherme d'eau froide réparti dans tout l'hémisphère nord. Contrairement aux Triclades, la dispersion des espèces est ici facilitée par des œufs protégés de la dessication.

L'ordre des Périlécithophores comprend le genre *Prorhynchus* qui colonise notamment les eaux profondes du lac Majeur, mais aussi, bien d'autres milieux d'eaux douces et saumâtres (STEINBÖCK, 1927).

Il n'est pas rare de rencontrer une quarantaine d'espèce de Turbellaires dans un même milieu. Des formes endémiques, surtout des Triclades, sont connues : il en existe quelque 15 espèces dans le lac d'Ohrid (STANKOVIĆ, 1960) et 80 de la famille des Dendrocœlidæ rien que dans le lac Baïkal (KOZHOV, 1963).

L'embranchement des **Némertiens** n'est guère représenté en eaux continentales que par le genre *Prostoma* dont l'espèce *P. rubrum* est la plus répandue. Ce ver de quelques millimètres de long (jusqu'à 18 mm) est différenciable par la ciliature serrée de ses téguments et surtout par sa longue trompe tubulaire dévaginable, habituellement logée dans une cavité centrale dite rhynchocœle. Il vit de proies au sein de la végétation de maints lacs, mares et rivières à cours lent ou dans les débris du fond. Son rôle est minime en eaux douces; c'est plutôt une curiosité zoologique qui pourrait mériter davantage d'attention.

Les *Prostoma* peuvent constituer des kystes muqueux dans lesquels ils se protègent de la dessication; ils sont thigmotactiques et montrent une réaction positive au courant d'après REISINGER (1926).

2. ROTIFÈRES ET LOPHOPHORIENS

Il n'est pas excessif de dire que tous les types de collections d'eaux continentales contiennent des Rotifères. Ces petits organismes (certains ne dépassent pas la taille des Infusoires Ciliés), dont l'anatomie est complexe, colonisent en effet la plupart des milieux aquatiques. Leur biologie est elle-même assez bien connue pour que l'on attache une attention particulière à ce groupe.

Sans insister ici sur les principaux traits de l'anatomie de ces animaux, rappelons qu'ils possèdent tous un appareil ciliaire plus ou moins différencié et péribuccal et un appareil masticateur (le mastax) composé de plusieurs pièces articulées entre elles.

La plupart possèdent un pied, muni ou non d'orteils et plus ou moins rétractile. Certains s'en servent pour nager (sautiller), d'autres pour se fixer.

L'épiderme est cuticulaire et peut s'épaissir pour former une lorica rigide et ornementée, constituant des plaques ou un fourreau.

De très nombreuses variations existent qui permettent de différencier les espèces. La systématique actuelle du groupe est encore sujette à modifications et nombreux faunisticiens employent encore des noms de genres, voire d'espèces, entrés en synonymie depuis les révisions de HARRING (1913), AHLSTROM (1940, 1943), CARLIN (1943), NIPKOW (1952), VOIGT (1957), SUDZUKI (1962, 1964), etc. (ann. 26).

Sur les trois sous-classes de Rotifères, deux sont abondamment représentées en eaux continentales, les **Digonontes** (Bdelloïdes) et les **Monogonontes.**

Certains affectionnent le littoral et des substrats variés, d'autres sont essentiellement ou accidentellement planctoniques.

Une des caractéristiques essentielles que nous retiendrons à propos des Rotifères est l'existence de deux modes de reproduction : une reproduction parthénogénétique donnant un certain nombre de générations de femelles diploïdes pondant uniquement des œufs amictiques et une reproduction sexuée grâce à des œufs mictiques qui, s'ils ne sont pas fécondés, donnent des mâles et s'ils le sont des œufs de durée à parois épaisses qui donneront naissance à des femelles pondant des œufs amictiques.

L'anatomie des mâles est encore insuffisamment connue, bien que très importante pour la compréhension des rapports existant entre les différentes familles (SUDZUKI, 1955, 1956).

Au cours de sa vie, une femelle ne peut pondre qu'un nombre déterminé d'œufs (10 à 50), correspondant au nombre de noyaux présents à la naissance dans son ovaire. En général, elle meurt sans avoir utilisé complètement sa capacité de ponte. Elle peut donner au cours d'une année, une seule génération d'œufs mictiques (espèces monocycliques) ou alterner plus ou moins régulièrement générations parthénogénétiques et sexuées (espèces polycycliques). Les facteurs qui régissent l'apparition des femelles à œufs mictiques sont principalement la lumière et la température et aussi l'alimentation.

POURRIOT (1963) a montré l'influence de l'héméropériode sur l'apparition de ces femelles dites mictiques (pondeuses d'œufs mictiques).

Rappelons que seuls les Monogonontes présentent ces particularités, les Bdelloïdes ne se développant semble-t-il que parthénogénétiquement.

Les œufs normaux ne mettent que quelques heures à quelques jours pour donner naissance à des femelles adultes, tandis que les œufs de durée peuvent rester à l'état de vie ralentie durant des mois et supporter des températures excessives et même la dessiccation prolongée.

Beaucoup de Rotifères vivent dans les eaux à pH bas; moins nombreux sont ceux qui préfèrent les eaux alcalines ou riches en calcium. Les Bdelloïdes sont particulièrement abondants dans les mousses humides. Certains sont halophiles (OLIVIER, 1959).

Leur capacité de nutrition est énorme. ERMAN (1956) cite le cas de *Philodina roseola*, capable d'ingérer en une heure plusieurs fois son propre poids d'algues, tandis que *Brachionus urceolaris* var. *rubens* arrive à ingérer 70 % de son poids de *Scenedesmus acuminatus* en une heure dans les mêmes conditions.

Ils semblent capables de sécréter dans le milieu ambiant des produits induisant la croissance de certains organites. DE BEAUCHAMP (1952) cite l'action d'*Asplanchna brightwelli* sur *Brachionus pala*. En présence de la première de ces deux espèces, la seconde voit sa descendance allonger de plus en plus ses épines postérieures. L'auteur interprète cette évolution comme étant une défense de l'espèce proie contre l'ingestion par l'espèce prédatrice. Certains phénomènes de cyclomorphose auraient cette origine.

L'ensemble des Bryozoaires, ou **Ectoproctes**, est parfois considéré comme un embranchement (PRENANT et BOBIN, 1956). Parfois aussi, on le groupe avec les Kamptozoaires ou Endoproctes, les Brachiopodes et les Phoronidiens, en un embranchement des Lophophoriens quelque peu artificiel.

Seuls les Ectoproctes sont bien représentés en eaux continentales, avec quelques Endoproctes notamment du genre *Urnatella*. Les petites colonies sont plus ou moins fixées et composées d'animaux caractérisés par leur cercle péribuccal de tentacules ciliés dénommé lophophore et leur anus débouchant hors de ce lophophore chez les Ectoproctes ou à l'intérieur de celui-ci chez les Endoproctes.

Leur reproduction s'effectue par voie asexuée et bourgeonnement, avec ou non formation de formes de résistance telles que les hibernacules des Gymnolèmes *(Paludicella)*, ou les statoblastes d'été ou d'hiver des Phylactolèmes dont l'ornementation et la forme sont définies spécifiquement *(Cristatella, Pectinatella, Plumatella)*. La reproduction par voie sexuée, beaucoup plus rare, est d'importance bien moindre. Elle est généralement de type ovovivipare.

Les Bryozoaires affectionnent le littoral des eaux douces et saumâtres où ils se fixent ou rampent lentement sur les substrats les plus variés : branches vivantes ou mortes, coquilles, cailloux, etc.

Ils sont souvent abondants là où les éponges peuvent se développer également. Les **Endoproctes** ont des mœurs analogues.

3. NÉMATHELMINTHES ET NÉMATORHYNQUES

Ces deux embranchements comprennent un grand nombre de représentants en eaux continentales, surtout le premier, dont toutes les formes réclament, pour vivre, au moins une certaine humidité. Plus de la moitié des espèces connues vivent en eau douce.

Il serait vain de vouloir ici passer en revue ce que nous savons sur les Némathelminthes qui groupent les deux classes très inégales des Nématodes aux formes libres et parasites multiples et des Nématomorphes dont le curieux genre *Gordius* est pratiquement un des rares types (DORIER, 1932). La complexité de leur structure n'a d'égale que la difficulté de leur étude. Comme les Rotifères, les **Nématodes** grandissent sans augmentation du nombre de leurs cellules (phénomène de l'**eutélie**); ils ne peuvent donc pas assurer la régénération de leurs tissus. Comme eux aussi, ils présentent d'énormes possibilités d'anabiose et de reviviscence, ce qui leur confère une possibilité de survie remarquable à tous les stades de leur développement. Ils peuplent tous les milieux aquatiques liés aux substrats les plus variés, depuis les vases putrides et amas de détritus en voie de décomposition (espèces saprophages) des anses lacustres, jusqu'aux sources thermales chaudes, en passant par les interstices des sables submergés. L'ordre des Rhabditida (anguillules) et celui des Dorylaimida sont parmi les plus communément représentés. Cependant, des ordres marins comme celui des Desmoscolecoida peuvent avoir des représentants en eau douce.

La plupart des Nématodes ont une très vaste répartition. Nous n'entrerons pas davantage dans le détail de l'étude de ce vaste groupe qui relève d'une discipline spéciale, la Nématodologie (voir notamment HYMAN, 1951; EDMONDSON, 1959; GOODEY, 1963).

Parmi les Nématorhynques, seule la classe des **Gastrotriches** est bien représentée. Ce groupe n'affectionne guère que certains milieux aquatiques particuliers, littoral lacustre et d'étangs ou de mares, mousses immergées, etc. et n'est présent dans les eaux douces que par des représentants de l'ordre des Chætonotoidea *(Chætonotus)*. La reproduction parthénogénétique est de rigueur. S'il n'est pas rare d'observer des Gastrotriches dans des prélèvements de faunule effectués parmi la végétation aquatique ou les détritus immergés, ces organismes n'ont qu'une valeur de curiosité, leur nombre et leur taille, qui les fait souvent confondre avec les Infusoires ou certains Rotifères, ne permettant pas de la considérer comme abondants. Pour plus amples informations sur les Gastrotriches de la faune française, voir d'HONDT, 1967.

4. ANNÉLIDES

L'importance de cet embranchement dans les eaux continentales est considérable. Si la classe des **Polychètes** est relativement mal représentée en eau douce, il n'en est pas de même des deux autres classes du groupe : **Oligochètes**, tous plus ou moins terrestres ou aquatiques (les vers de terre sont des Oligochètes) et **Hirudinées** ou sangsues.

Parmi les Polychètes vivant en eau continentale, il n'est guère que des Nereidæ qui se soient adaptés à des milieux de moins en moins salés. Les principales espèces observées l'ont été en climat chaud (Californie) et humide (Amazone, Java), si l'on excepte la Sabellidæ *Manayunkia eriensis*. Le *Manayunkia eriensis* est entré en synonymie avec *Manayunkia speciosa* (voir HILTUNEN, 1965), qui colonise le lac Érié. Bien que rares au point de vue de leur distribution, leur rôle n'est cependant pas négligeable, tel ce *Neanthes succinea* dont se nourrissent les poissons de la Salton sea, curieux lac artificiel californien dont la salinité, due à l'évaporation, avoisine celle de la mer (bien que la nature de ses sels ne soit pas la même (WALKER, 1961)).

Les Oligochètes, par contre, ont beaucoup de leurs représentants en eaux continentales et les subtilités de leur répartition ont amené certains limnologistes à rechercher en eux un moyen de classement des lacs. Ces vers hermaphrodites très diversifiés par leurs soies peu nombreuses, mais d'aspects variés, peuvent posséder des branchies *(Branchiura sowerbyi)*.

La plupart affectionnent les fonds vaseux où, dans certains cas, ils se développent au point de constituer un véritable tapis vivant. C'est le cas notamment des *Tubifex*, longs de 3 à 4 cm, rouges par la couleur de leur sang visible à travers leur cuticule transparente et qui ne laissent apparaître dans l'eau que la partie postérieure de leur corps. La partie antérieure est enfoncée dans la vase putride des milieux qu'ils affectionnent (zone polysaprobe). Les *Stylodrilus* préfèrent les eaux oligotrophes des lacs. Parmi ces Tubificidæ, le genre *Peloscolex* a droit également à une mention particulière à cause de sa fréquence, ainsi que *Aulodrilus*. Les Lumbriculidæ, Aeolosomatidæ et Glossoscolecidæ ont également de nombreux représentants en eaux douces. Les Naïdidæ nous apportent ce curieux *Stylaria* très commun dans les mares et à la trompe caractéristique.

Ce groupe encore délicat à aborder malgré les efforts de STEPHENSON (1930), HRABĚ (1950 et suiv.) et BRINKHURST (1963) et les recherches écologiques dont il est l'objet (LENZ, 1955, JUGET, 1961, etc.) est promis à un bel avenir si l'on veut bien tenir compte du rôle de ses représentants dans la vie de la pellicule superficielle des sédiments (RAVERA, 1955, CASPERS et SCHULZ, 1964) comme transformateurs et « terrassiers » du fond.

Quant aux Hirudinées ou Achètes, elles doivent leur importance à leur caractère particulier d'ectoparasites pour bon nombre d'entre elles. Capables d'exterminer parfois des populations toutes entières *(Piscicola)*, elles abondent parfois et constituent un élément très particulier de la faune littorale *(Hirudo, Glossiphonia, Herpobdella)*.

Les quatre ordres d'Hirudinées sont bien représentés en eau douce et les espèces endémiques *(Paratorix)* ne sont pas rares (LUKIN et EPSTEIN, 1960), à côté d'espèces cosmopolites.

Sensibles aux variations des conditions de milieu (température, pH), elles affectionnent les eaux neutres ou légèrement alcalines et ont un métabolisme fortement affecté par le froid ou le jeûne. Cependant, ces espèces résistent bien aux rigueurs de mauvaises conditions passagères d'existence.

D. — MOLLUSQUES

Des sept classes de Mollusques, deux seulement ont des représentants en eaux continentales; ce sont les Gastéropodes et les Lamellibranches. Ils colonisent les zones littorales et profondes mais ne jouent pratiquement aucun rôle en zone pélagique si l'on excepte l'existence parfois de quelques larves nageuses *(Dreissena)*.

L'étude des coquilles a fait l'objet de l'attention de bon nombre de malacologistes soucieux de décrire formes et variétés jusqu'au jour où la validité systématique de ces formes a été mise en doute. Comme PELSENEER (1920) le rappelle, on s'aperçut en effet que les caractères morphologiques (pigmentation, taille, forme, épaisseur, ornementation, etc.) présentaient des changements non héréditaires mais directement sous l'influence du milieu (température, alimentation, lumière, agitation de l'eau, etc.). Il existe des formes stables et des formes à grande capacité d'évolution, des espèces fixes, linnéennes et des espèces évolutives aux caractères non encore définitivement fixés. Ces dernières n'ont pas encore subi complètement l'effet simultané des variations du milieu qui induisent les mutations et de la sélection qui fait disparaître en plus ou moins de temps les formes non adaptables ou trop bien adaptées (donc plus sensibles aux variations ultérieures du milieu). L'existence de telles espèces évolutives ou fluctuantes qui pourraient commodément être dénommées espèces + pour rappeler leur potentialité évolutive, a été reconnue non seulement chez les mollusques mais dans bien d'autres groupes d'animaux aquatiques, crustacés et même poissons (DUSSART, 1954, 1955).

1. — GASTÉROPODES

Cette classe compte dans le milieu aquatique continental un certain nombre de Prosobranches et surtout beaucoup de Pulmonés.

CLENCH (1959) en a dénombré près de 3 000 espèces aux États-Unis.

Les premiers sont surtout des *Valvata*, *Bithynia* et des Hydrobiidæ *(Hydrobia, Pyrgula)* qui colonisent les eaux douces. Rappelons que beaucoup d'Hydrobiidæ sont cavernicoles ou adaptées à la vie en eaux profondes. Dans certains lacs particuliers peuvent se différencier des formes dites Thalassoïdes, appartenant surtout à la famille des Melaniidæ dans le Tanganika (LELOUP, 1953) ou à celle des Baicaliidæ dans le Baïkal (KOZHOV, 1963) comprenant, rien que dans le genre *Baicalia*, 32 espèces endémiques inféodées au seul lac Baïkal. Mais ce sont surtout des Bulimidæ et des Viviparidæ que l'on rencontre un peu partout en compagnie parfois de Pilidæ.

Les Pulmonés, malgré leur organe respiratoire les prédisposant à vivre dans l'air humide, sont capables de vivre même en profondeur et toute leur vie sous l'eau. Des *Limnæa* existent au fond même du Léman et dans le Tanganika jusqu'à 150-200 m de profondeur. Un peu partout se rencontrent sous nos latitudes *Limnæa stagnalis*, *L. auricularia* et *L. ovata*; en Afrique *L. natalensis*. Les *Physa* aux coquilles senestres et les Planorbidæ aplaties et plus ou moins discoïdes rampent sur les pierres littorales ou les plantes immergées, tandis que les Ancylidæ préfèrent les eaux courantes ou la zone battue par les vagues dans les lacs exposés (ann. 25).

L'anatomie et la biologie de ces Gastéropodes sont très attachantes. Le fait que les coquilles sont souvent protégées de la destruction, surtout dans les eaux alcalines et riches en calcium, en font un matériel de choix pour le paléolimnologue qui peut ainsi reconstituer l'histoire d'un lac (FAVRE, 1927).

De plus, les Gastéropodes étant souvent des hôtes intermédiaires de parasites variés, surtout en pays chauds, leur intérêt est grand en parasitologie. Enfin, ils servent de nourriture habituelle à certains poissons, Il est toujours assez surprenant de palper l'estomac d'un omble chevalier *(Salvelinus salvelinus)* pêché par 80 m de fond dans un lac comme le Léman et de sentir à travers les téguments les nombreuses coquilles de *Limnæa* en voie de digestion qu'il contient. L'homme en fait même parfois sa nourriture (*Pila* des bords du Tanganika).

Il est banal de constater que l'épaisseur de la coquille de ces animaux varie en fonction d'une part de la teneur en calcium de l'eau et d'autre part de l'agitation du milieu. Il n'y a pratiquement pas de mollusques dans la zone de déferlement des vagues dans le Baïkal parce que tous les animaux de ce groupe ont une coquille fragile dans ce lac. Dans le Léman, il y a quasi proportionnalité inverse entre profondeur et solidité de la coquille : Très puissante en surface, elle est très mince et pratiquement transparente dès 50 m de fond.

2. LES LAMELLIBRANCHES

Très peu nombreux en eau douce sont les Lamellibranches fixés par un byssus à un support solide. Tel est cependant le cas de *Dreissena polymorpha* dont les colonies abondent sur les rochers du lac du Bourget et qui peut prendre un développement considérable dans certains lacs. Wiktor (1963) a évalué à 67 000 tonnes la biomasse de ce mollusque dans les 46 km^2 de la lagune Szczecin voisine de la Baltique, biomasse dont 64 % meurent chaque année laissant en place quelque 15 000 tonnes de coquilles qui participent au comblement du bassin.

Cette espèce est originaire de la Russie méridionale. Elle s'est rapidement propagée vers l'Ouest et sa marche a été suivie depuis 1771. Elle a successivement envahi les fleuves de Russie, d'Allemagne, du Danemark et de la Hollande. En 1835, elle est signalée en Belgique et dans le nord de la France. En 1852, elle est à Lyon, et en 1866 à Agen. Actuellement on la trouve dans toute la France. La larve trochosphère tend à se fixer au voisinage de ses semblables; aussi, cette espèce se rencontre-t-elle fréquemment à l'état d'agrégation, des individus de tous âges étant réunis en paquets plus ou moins volumineux...

On peut très artificiellement ranger les Lamellibranches libres d'eau douce en deux catégories : les grands et les petits.

Les grands sont pour beaucoup des Unionoidea de l'ordre des Eulamellibranchia dont les Margaritiferidæ *(Margaritifera)* sont connus notamment en Alsace pour leurs rares et médiocres perles qu'elles peuvent fabriquer. Les Unionidae, encore plus largement réparties dans le monde ont parfois un comportement curieux, telles ces grandes *Anodonta* ou ces robustes *Unio* qui offrent à la progéniture de la Bouvière *(Rhodeus amarus)* la protection de ses valves (cf. chap. XIII). Les *Etheria* vivent en Afrique et ressemblent à des huîtres. Les *Quadrula* et *Tritogonia* sont largement réparties en Amérique du Nord, plus rares ailleurs.

Les petits, généralement beaucoup mieux représentés dans la zone profonde, sont des Sphæridæ dont la répartition est très étendue et le nombre d'espèces relativement important.

Pisidium conventus vit aussi bien en Nouvelle-Zemble que dans le Léman, bien que sous nos latitudes, cette espèce préfère les eaux profondes aux eaux de surface. *P. amnicum*, *P. casertanum* sont parmi les espèces les plus répandues. Les *Sphærium (S. corneum)* sont également fréquents dans de nombreuses masses d'eaux plus ou moins courantes. Il est facile d'en découvrir dans les résidus de tamisage des vases et boues profondes ou sublittorales en eaux alcalines. La biologie de ces animaux a été récemment étudiée par MITROPOLSKIJ (1966).

De façon assez peu explicable, le nombre d'espèces endémiques est beaucoup plus réduit chez les Lamellibranches que chez les Gastéropodes quoique *Pisidium giraudi* semble être réduit au Tanganika. Cependant, la répartition de ces petits bivalves de quelques millimètres de diamètre est assez curieuse. FAVRE (1940) cite le cas de *P. moitessierianum* qui, très fréquent dans la zone littorale et sublittorale du lac du Bourget n'existe ni au Léman ni au lac d'Annecy, ni là où les affluents font sentir leur action, sauf au Canal de Savières où il est parfois même abondant comme à Chanaz près du confluent avec le Rhône.

La concurrence vitale et la maladie (épidémie?) peuvent décimer une population de bivalves; ainsi les Unionidæ du lac du Bourget ont été réduites à quelques individus de chaque espèce par la prolifération de la Dreissenidæ *Dreissena* introduite par le Canal de Savières.

Dans le Léman, FAVRE (1940) explique la relative disparition des *Anodonta cygnea* par une épidémie destructrice, vers 1928. Actuellement il semble que la population ait été reconstituée.

E. — ARTHROPODES

L'immense embranchement des Arthropodes constitue en eaux continentales une part importante de la biomasse. Les Chélicérates sont représentés par l'ordre des Acariens (Hydracariens) et quelques Arachnides aux mœurs spéciales. Les Mandibulates groupent les deux grandes classes des Crustacés et des Insectes. Parmi les Crustacés, les Entomostracés sont très largement représentés, au moins en nombre d'individus, tandis que ce sont les larves de nombreux insectes qui colonisent le milieu aquatique, surtout des Mécoptéroïdes (Diptères, Trichoptères).

1. ARACHNIDES ET HYDRACARIENS

Bien avant l'homme, l'*Argyronète (Argyroneta)* a inventé la maison sous-aquatique. Tissant une toile en forme de dôme, elle la remplit d'air en transportant celui-ci sous forme de bulles accrochées aux poils de son abdomen et de la partie ventrale de son céphalothorax. Dans cette cloche d'air, elle vit.

C'est le moyen que cet Araneïde a trouvé pour devenir faussement aquatique. De fait, il n'y a pas d'araignée vraiment aquatique, pas plus que de Lépidoptères (papillons) d'ailleurs.

De la classe des **Arachnides,** seuls les Acariens libres et plus ou moins parasites ont de nombreuses espèces aquatiques, ce sont les hydracariens des auteurs. Colonisant toutes les formes de milieux, y compris le milieu hyporheique, leur variabilité est considérable. On les groupe généralement en **Parasitengona** et en **Cursoria.** Les premiers sont des Trombidiiformes dont les larves et les adultes n'ont ni la même morphologie ni la même éthologie; les seconds, au contraire, ont le même mode de vie et une morphologie comparables tout au long de leur vie.

Aux Parasitengona sont rattachées les principales familles d'hydracariens [1] d'eau douce telles les Hydrachnidæ aux nombreux représentants en lacs *(Hydrachna)*, les Limnocharidæ nageurs ou benthiques *(Limnochares)*, les Hydryphantidæ *(Thyopsis, Hydryphantes)*, dont certaines affectionnent les eaux sodiques (Ponyi et Ponyi, 1958), les Sperchonidae qui préfèrent les eaux fraîches et plus ou moins courantes pour la plupart *(Sperchon)*. Les *Lebertia*, à la taxinomie encore mal assurée (Angelier, 1954), les *Limnesia*, excellents nageurs, les *Hygrobates* et autres *Arrenurus*, sont les types d'autres familles également très riches en espèces d'eaux douces.

---

1. Ce terme ne sera pas employé dans un sens particulier et n'a pas de valeur réelle au point de vue systématique. La généralité de son emploi et sa commodité sont les seules raisons de son utilisation ici.

Aux Cursoria appartiennent les Halacaridæ dont beaucoup de formes sont marines, mais qui possèdent en eau douce une dizaine de genres, dont les *Porohalacarus* et *Soldanellonyx* sont largement distribués. Il existe également quelques genres d'Oribates acclimatés aux eaux douces.

ANGELIER (1952) rappelle que la répartition des hydracariens est nettement liée à certains facteurs tels que l'altitude, la nature ou type d'eau (courante, stagnante) ou de substrat (cailloux, sables, etc.). Il existe de nombreuses formes psammiques, d'autres sont planctoniques. Certains genres sont plus abondamment représentés dans certaines provinces géographiques. L'étude écologique et biologique des formes lacustres et en général d'eaux dormantes reste à être précisée. Un certain nombre d'entre elles vivent en ectoparasites plus ou moins temporaires sur des poissons. Toutes semblent être prédatrices à un moment de leur vie.

2. CRUSTACÉS

L'observation de la faune aquatique littorale, pélagique, profonde, de plaine comme de montagne et sous quelque latitude que ce soit, met le chercheur immanquablement devant un Crustacé. C'est la classe la plus évidente d'animaux aquatiques, aussi évidente au naturaliste que peut l'être celle des Poissons pour le pêcheur à la mouche ou au filet (ann. 27).

Presque tous les types menant une vie libre ont colonisé le milieu aquatique continental. De la sous-classe des Malacostracés aux nombreuses sous-classes d'Entomostracés aux racines lointaines et nombreuses, on trouve des formes adaptées à toutes les conditions de vie jusqu'à la vie amphibie. La pauvreté de nos connaissances relatives à certains groupes et la difficulté d'approche de certains d'entre eux expliquent l'embarras actuel dans lequel se trouvent les phylogénistes et systématiciens pour présenter une synthèse cohérente de cette classe. Un exemple parmi d'autres de cet embarras se situe dans l'admirable précis qu'est la réédition par EDMONDSON (1959) du « fresh-water biology » de WARD & WHIPPLE, qui n'a pas son semblable en Europe. On y constate en effet que DEXTER élève les Copépodes au rang de sous-classe, tandis que WILSON et YEATMAN leur gardent leur rang d'ordre. Nous suivrons ici la classification qui tend à être admise désormais.

a) BRANCHIOPODES

Groupe très primitif, à la biologie caractérisée par la prédominance de formes de résistance (œufs plus ou moins enveloppés ou contenus dans une capsule appelée parfois éphippium). Celles-ci permettent d'assurer la continuité du peuplement des milieux, des plus temporaires aux plus pérennes. Comme chez les Rotifères, une reproduction asexuée (parthénogénétique) alterne le plus souvent avec une reproduction sexuée normale. Dans la sous-classe des Branchiopodes sont rassemblés de vrais Phyllopodes qui peuplent maintenant les milieux temporaires, rizières, fossés, mares et dont la biologie est très curieuse, tels les *Artemia* des marais salants, les *Chirocephalus* des mares de forêt et de montagne, les *Branchipus* des « baisses et roubines » de Camargue qui sont des **Anostracés** et ces curieux *Triops (= Apus)* et *Lepidurus* qui sont rangés dans les **Notostracés.**

Les **Conchostracés,** en forme d'énormes Ostracodes ou de bivalves de quelques millimètres de long, groupent les *Lynceus, Limnadia* et *Cyzicus* des lacs, étangs et mares temporaires de zone tempérée chaude.

Mais l'ordre le mieux connu de Branchiopodes est celui des **Cladocères** qui doit sa popularité aux daphnies des mares *(Daphnia magna, D. pulex D. longispina)* et à ce cortège de formes qui ont été très étudiées anatomiquement, morphologiquement et biologiquement, notamment par WOLTERECK (1932), BERG (1934), PACAUD (1939), BROOKS (1957), AXELSON (1961), etc.

Excepté quelques espèces voisines des *Polyphemus (Podon, Evadne)*, la plupart des Cladocères ne colonisent que des eaux peu ou pas salées. La plasticité morphologique de certaines espèces est bien connue. Elle est liée à des modifications génétiques ou à une cyclomorphose plus ou moins saisonnière, étudiée notamment par WESENBERG-LUND (1900, 1926) et BROOKS (1946) et dont les facteurs inducteurs sont notamment la température, la turbulence, etc. Parmi les facteurs inducteurs de variations morphologiques, O'BRIEN et SCHMIDT (1979) notent la prédation intensive chez *Bosmina.*

Ainsi, *Daphnia cucullata* présente en hiver une capsule céphalique étirée en pointe tandis qu'en été, elle est réduite et arrondie. De même *Bosmina coregoni* est beaucoup plus « bossue » en été qu'en hiver et ses antennes sont plus de deux fois plus longues. Pour la plupart munis d'appendices masticateurs de type filtrant, les Cladocères, par le mouvement de leurs pattes, entraînent vers leur orifice buccal les particules dont ils se nourrissent. D'autres sont carnivores tels les grands *Leptodora* et tous les Polyphemidæ du plancton de nos lacs.

La plupart du temps le développement de ces Crustacés présente une alternance de générations parthénogénétiques et sexuées (amphimixiques) suivant les conditions de milieux. On connaît encore assez mal les raisons réelles qui font apparaître chez une *Daphnia* femelle des jeunes mâles et femelles sexuées pouvant donner par copulation naissance à des œufs de durée capable de supporter de longues périodes de vie ralentie. L'importance de ce phénomène est pourtant considérable en limnologie. Ces œufs de durée ne donnent naissance qu'à des femelles qui seront donc parthénogénétiques et se reproduiront pendant toute la période de vie optimum. Au cours d'une année, on rencontre des formes monocycliques ou dicycliques. Il en est aussi d'acycliques et de polycycliques.

Certains Cladocères préfèrent à la vie planctonique une existence dans le voisinage des plantes et substrats littoraux ou même vivent au profit de la couverture biologique tapissant le fond plus ou moins vaseux. Tels sont les nombreux et petits Chydoridæ comme le très commun *Chydorus sphæricus* ou les curieux *Alona*, *Acroperus*, ou encore le grand *Eurycercus lamellatus*.

b) COPÉPODES

La sous-classe des Copépodes est abondamment représentée en eaux continentales. Il n'est de milieu si temporaire soit-il qui ne puisse abriter un Copépode adapté au milieu. Depuis les formes planctoniques de grands lacs comme ces *Mixodiaptomus laciniatus* et ce *Cyclops prealpinus*, qui colonisent les grands lacs subalpins, aux espèces essentiellement temporaires comme *Diaptomus castor*, commun dans la région parisienne, en passant par les Harpacticides de mousses humides et aux Cyclopides de grottes, il y a toujours dans l'eau un Copépode présent à l'état adulte ou à un de ses nombreux stades de développement.

Plusieurs ordres de Copépodes sont représentés par des formes parasites. D'autres partagent leurs espèces entre les eaux océaniques et les eaux continentales, tel celui des Calanoïda ou celui des Harpacticoïda. Les Cyclopoïda renferment un certain nombre d'espèces reliques ou surévoluées (?) dans les eaux souterraines des régions tempérées et que l'on retrouve dans les eaux de surface des régions chaudes (LINDBERG, 1954).

Rappelons que les Copépodes représentent en eaux marines la plus grande biomasse vivante macroscopique existant à la surface du globe. On pourrait en dire autant en eau douce.

La diversité des espèces et celle des habitats entraînent celle des conditions d'existence et de développement. Tel Harpacticoïde comme *Elaphoidella gracilis*, qui vit dans la vase des lacs et parfois avec la faune interstitielle de leurs sables, contiendra de l'hémoglobine tandis que la même espèce vivant dans les mousses n'en contiendra pas (GREEN, 1959). L'étude du mode de reproduction des Copépodes est également riche d'enseignements; CZECZUGA (1959) rappelle que l'oviposition chez *Eudiaptomus gracilis*, forme très commune en lac et en étang dans nos régions, varie en fonction de la saison et de l'état de trophie de la masse d'eau. RØEN (1955) établit pour sa part une corrélation entre acidité de l'eau et nombre d'œufs pondus par *Eudiaptomus vulgaris.* A certaines périodes, les sacs à œufs s'épaississent, les œufs eux-mêmes prennent un aspect particulier (chez *Diaptomus castor* par exemple) et se mettent en vie ralentie. Dans ces conditions, il peut y avoir dessèchement du milieu. La remise en eau permettra l'éclosion et le retour à des conditions normales.

En première approximation, on peut dire que les Calanoïda, dont les familles des Temoridæ et des Diaptomidæ sont les mieux représentées, sont surtout planctoniques. Les Cyclopoïda, répartis entre plusieurs familles dont celle des Cyclopidæ est la plus représentative, sont fréquents partout, tandis que les Harpacticoïda, représentés en eau douce par plus de 20 familles rien qu'en France, sont étroitement liés aux substrats les plus divers : végétation, sables, vases, cailloux, feuilles mortes, etc. Il y a plusieurs centaines d'espèces de Copépodes dans les eaux douces françaises. Malheureusement leur approche systématique, biologique et biogéographique n'est encore qu'esquissée malgré les travaux de RICHARD, PELOSSE, ROY, CHAPPUIS, ROUCH, etc.

De nombreuses espèces, connues d'Europe depuis longtemps, sont encore à rechercher en France où les trouvailles ne sont rares que pour ceux qui ne se penchent pas sur ce groupe difficile et pourtant si intéressant au point de vue taxinomique (voir DUSSART, 1957, 1958, 1959, 1963, 1965, BOZIC, 1965).

Parmi les Copépodes parasites constituant plusieurs familles en milieu marin, il est des Lernæopodidæ sur les poissons d'eau douce, accrochés par les maxillipèdes réunis en ventouse *(Salmincola)* et des Ergasilidæ (*Ergasilus)* qui se fixent sur la peau des poissons par leurs antennes terminées en crochets.

On range près des Copépodes la sous-classe des Branchioures constituée d'animaux très particuliers, semi-parasites, dont l'*Argulus foliaceus* est le type (pou des poissons) et qui présentent une anatomie et une biologie très spéciales. On observe parfois dans le plancton de nos lacs et étangs quelques individus isolés de cette espèce.

c) OSTRACODES

Très importants aux yeux des paléontologistes, les Ostracodes sont de petits Crustacés en forme de micromollusques bivalves nageurs. Abondants aussi bien en mer qu'en eau continentale, ils sont la plupart du temps benthiques et fourmillent dans les petites collections d'eau (flaques riches en végétation).

Leur petite taille, souvent inférieure au millimètre et la variabilité de leurs appendices en font un groupe aussi difficile sinon plus que le précédent. Comme pour les Cladocères, l'ornementation de la carapace et la morphologie fine du postabdomen sont parmi les caractères les plus importants au point de vue systématique.

On range les Ostracodes en quatre ordres, dont un seul est bien représenté en eau continentale, celui des Podocopa caractérisé surtout par la structure de son antenne et qui, en eau douce, comprend surtout les deux familles des Cypridæ (à 7 paires d'appendices) et des Cytheridæ.

Leur rôle est assez effacé bien qu'ils constituent un élément important du benthon littoral et qu'on les trouve, eux aussi, dans les milieux les plus divers. Leur reproduction est souvent parthénogénétique et des œufs éclosent des larves (cyprides) qui, par mues successives, se transforment progressivement en adultes. La biologie des Ostracodes est encore assez mal connue dans son ensemble.

d) PÉRACARIDES

La sous-classe des Malacostracés groupe un certain nombre d'ordres qui peuvent être groupés en superordres tant est homogène leur organisation. Ainsi les Péracarides rassemblent : les **Mysidacea** *(Mysis, Limnomysis)* au faciès de petites crevettes de 15 à 25 mm de long et que l'on trouve à l'état planctonique dans les eaux saumâtres et les eaux douces des lacs ayant été sous l'influence des grands glaciers quaternaires, ceux du bouclier scandinave comme ceux du bouclier canadien et des bras à cours lent du Danube (WOYNAROVICH, 1954); les **Cumacea** qui préfèrent les fonds vaseux ou sableux des grandes masses d'eaux continentales du bassin caspien (Caspienne, région de la Volga) et autres eaux plus ou moins salées de grande taille (mer Noire, mer d'Azov....); les **Spelæogriphacea** qui ne sont connus que par une seule espèce *(Spelæogriphus lepidops)* trouvée dans un lac souterrain en Afrique du Sud; les **Tanaidacea** qui ne comprennent en eau douce qu'une espèce en zone tropicale; et enfin les **Isopodes** et **Amphipodes** dont le cloporte d'eau *(Asellus)* [1] et le gammare *(Gammarus)* sont les types respectifs.

Les Isopodes d'eaux continentales sont nombreux et peuvent être groupés en formes d'eaux de surface et formes souterraines dans lesquelles seront différenciées les formes de milieu interstitiel et celles troglobies ou troglophiles préférant les cavités (grottes, cavernes...). S'il existe peu d'Isopodes aquatiques épigés, pratiquement tous de la famille des Asellidæ (genre *Asellus*), il y a par contre un nombre considérable de formes hypogées diversifiées, d'origine marine, qui peuplent de nombreux milieux récemment

1. La biologie d'*Asellus aquaticus* a été étudiée récemment par BALESDENT (1965).

explorés avec succès (travaux de KARAMAN, RACOVITZA, CHAPPUIS, DELAMARE-DEBOUTTEVILLE, MATSUMOTO, etc.) et groupées en un certain nombre de familles encore mal définies dont les relations phylogénétiques ne sont pas pleinement mises en lumière (VANDEL, 1964).

Des formes lacustres, ils nous faut retenir les deux espèces *Asellus aquaticus* vivant en zone littorale et *Proasellus cavaticus* préférant les eaux profondes de nos lacs. Les espèces hypogées de la famille des Asellidae ont été revues et leurs genres décrits par HENRY et MAGNIEZ (1970) puis par MAGNIEZ (1974), HENRY (1976), HENRY et MAGNIEZ (1983).

Des espèces endémiques ont été reconnues notamment dans le lac Ohrid en Yougoslavie *(A. gjorgjevići)* (STANKOVIĆ, 1960) et dans le lac Baïkal; elles ne seraient que des formes évoluées de l'espèce primitive *Mesoasellus dybowskii* qui colonise les grottes japonaises et californiennes autant que le Baïkal lui-même (BIRSTEIN, 1951). Toutes vivent de détritus et du feutrage organique qui recouvre le substrat et préfèrent donc les milieux relativement riches en matières organiques.

Dans le Baïkal, *M. dybowskii* vit jusqu'à 1 000 m de profondeur et plus.

Les Amphipodes sont ces petites crevettes mâles ou femelles, au corps comprimé qui s'échappent de dessous les pierres dès qu'on les soulève. Le sous-ordre des Gammaridea groupe : des Gammaridæ d'eaux plus ou moins courantes et de surface *(Gammarus)* et les *Niphargus* des eaux souterraines (GINET, 1960) et des profondeurs lacustres; des Orchestiidæ tels que les *Hyalella* abondants au lac Titicaca (GILSON, 1964) et ces Corophiidæ qui se logent dans un tube qu'ils fabriquent avec les produits de sécrétion de leurs glandes glutinifères et des matériaux variés. On les observe notamment au lac Balaton *(Corophium curvispinum)*.

Le sous-ordre des Ingolfiellides a aussi des représentants en eaux douces, cantonnées en eaux souterraines, tel cette *Ingolfiella acherontis* de Yougoslavie.

Là encore, il existe des différenciations autour des principaux types et dans les masses d'eau anciennes on rencontre des formes endémiques tel, dans le lac d'Ohrid, ce *Rivulogammarus ochridensis* proche parent du banal *Rivulgammarus lacustris* qui, avec *Gammarus pulex*, constitue l'une des espèces les plus courantes de France continentale (DUSSART, 1948 ; PACAUD, 1952). C'est dans le Baïkal semble-t-il que la famille des Gammaridæ s'est le plus diversifiée et a constitué selon BAZIKALOVA (1959) 240 espèces réparties dans 34 genres, dont ce curieux *Macrohectopus branickii* au corps mysidiforme.

La densité de population des Amphipodes dans les eaux continentales est parfois très grande et peut atteindre 30 000 individus au mètre carré

(KOZHOV, 1963). Excellente nourriture appréciée des poissons, ces Amphipodes sont, grâce à leur haute teneur en caroténoïdes, partiellement responsables de la saumonisation des salmonides (truite dite saumonée). Certains sont pélagiques mais la plupart préfèrent le contact avec un support et leur phototropisme négatif les fait rechercher les zones d'ombres (sous les pierres, les feuilles, les brindilles, la zone sublittorale, etc.). Ils sont capables de migration vers les profondeurs. Leur origine plus ou moins marine a été discutée à la lumière de l'étude comparative de la pression osmotique de leur liquide cœlomique qui a montré des différences significatives entre les espèces ; *R. lacustris* serait une des formes les plus adaptées au milieu aquatique continental avec sa très basse pression osmotique. Voir également les travaux de BERNER (1955) sur l'éthologie de *G. pulex*.

e) SYNCARIDES ET PANCARIDES

Les représentants de ces deux super-ordres très primitifs de Malacostracés sont cantonnés dans des milieux ou zones bioclimatiques très particuliers. Les Syncarides, les plus primitifs de tous, font encore partie de la faune de surface des restes du continent de Gondvana dont l'Australie et la Tasmanie sont des éléments essentiels. Parmi les Anaspidacea, les *Anaspides* et *Micraspides* vivent en Tasmanie dans les eaux continentales de surface. Les Bathynellacea par contre ont fui la surface et se retrouvent un peu partout dans le monde, dans les eaux interstitielles et phréatiques aussi bien que dans les plus grandes profondeurs lacustres (KIEFER, 1928; DELAMARE-DEBOUTTEVILLE et CHAPPUIS, 1954; UÉNO, 1954; PONYI, 1957, etc.). *Bathynella magna*, par exemple, vit de 20 à 1 440 m de profondeur dans le Baïkal (KOZHOV, 1963), tandis que d'autres *Bathynella* (DELAMARE-DEBOUTTEVILLE, 1954) et les *Parabathynella* sont cantonnées aux eaux souterraines.

Les relations biogéographiques que ce groupe permet d'établir entre les divers milieux prospectés autorisent certains auteurs à faire remonter au crétacé l'origine probable de certaines faunes qui pourraient être ainsi dénommées super-reliques. Cependant, l'avancement continu de nos connaissances nous oblige à être très prudents en ce domaine tant controversé et si essentiellement provisoire de la biogéographie des formes contemporaines, quelles que soient leurs affinités ou leur origine.

Quant aux Pancarides, formes primitives à évolution isolée et spécialisations particulières, ils n'ont laissé en eaux continentales que quelques *Thermosbæna* et *Monodella* bien étudiés par MONOD (1927), RUFFO (1949), STELLA (1953), TARAMELLI (1954), etc., localisées à quelques grottes et sources du pourtour méditerranéen. Leur recherche dans d'autres régions du globe reste à faire. Jusqu'à présent ces formes curieuses et zoologiquement très intéressantes n'ont pas été retrouvées dans les profondeurs lacustres, alors que *M. argentarii* est considérée comme planctonique...

f) EUCARIDES

Il n'y a que peu d'Eucarides en eaux continentales. Dans nos régions il n'est guère que quelques écrevisses, une crevette, *Atyæphyra desmaresti* et un crabe *Eriocheir sinensis*. Cependant, ces trois catégories de Crustacés résument assez bien la classification de ce super-ordre. Les Euphausiacea ne colonisent pas les eaux douces; les Decapoda par contre y figurent par des Natantia de la famille des Atyidæ, dont la crevette *A. desmaresti*, bien étudiée par STEFFEN (1939), qui peuple nos eaux du nord de la France et par des Reptantia macroures et brachyoures.

Parmi les Natantia, d'autres familles existent en eaux douces telle celle des Palæmonidæ dont les *Palæmonetes* et *Macrobrachium* largement répandus aux États-Unis. Les macroures sont surtout ces nombreuses espèces d'*Astacus, Cambarus, Orconectes, Procambarus* rassemblées sous le nom vernaculaire d'écrevisses. Les Brachioures (ou brachyures) sont surtout des Potamonidæ *(Platythelphusa, Potamon)* (CAPART, 1952, 1954) et des Grapsidæ *(Eriocheir)* (HOESTLAND, 1948, 1959) fréquents en Afrique et Asie.

3. INSECTES

On divise communément les Insectes en deux grands groupes : les Aptérygotes et les Ptérygotes suivant qu'ils sont primitivement sans ailes ou avec. Il n'existe pas réellement d'Aptérygotes aquatiques : La préférence des Collemboles pour les lieux humides fait qu'il n'est pas rare d'en récolter à la surface des eaux où ils sautillent grâce à leurs appendices abdominaux composés d'une « furca » ventrale qui s'accroche à un rétinacle servant de crochet de fixation et « d'armement ». Très communs dans la terre humide, dans les feuilles mortes et même dans l'aéroplancton, ils colonisent tous les milieux où ils trouvent la nourriture qui leur est nécessaire (GISIN, 1960). Ils participent ainsi à la constitution du supraneustron (chap. XIV).

Leur petite taille et leur agilité les rendent difficiles à approcher par le limnologiste... Protoures et Diploures aussi bien que les Thysanoures (lépismes) n'ont pas de représentants aquatiques.

La plupart des Ptérygotes ne sont pas davantage des insectes vraiment aquatiques. Ils présentent en effet une période de vie aérienne plus ou moins prolongée. Cependant, de nombreux insectes ont une partie importante de leur vie qui se passe dans le milieu aquatique continental. Ils pondent leurs œufs dans l'eau ou à sa surface et les premiers stades de développement sont essentiellement aquatiques. Parmi eux, 6 super-ordres ont des milliers d'espèces en eaux continentales, de la plus petite flaque à la mer intérieure. Elles sont le plus souvent limitées dans leur répartition par la salure du milieu, les insectes supportant mal les milieux fortement salés. Très souvent aussi, ils vivent dans l'eau tout en respirant l'air de la surface et sont de ce fait liés à cette interface; c'est le cas de nombreux Coléoptères et des Hémiptères. On les dit alors entièrement aquatiques.

La grande sous-classe des Ptérygotes, une des plus diversifiée de tout le règne animal dans l'état actuel de nos connaissances (1 million d'espèces connues), est subdivisée en super-ordres : Palæoptéroïdes, Blattoptéroïdes, Orthoptéroïdes, Coléoptéroïdes, Psocoptéroïdes, Névroptéroïdes, Hyménoptéroïdes et Mécoptéroïdes.

On oppose parfois les Palæoptéroïdes à tous les autres, que l'on groupe en Néoptéroïdes; ceux-ci sont alors divisés en Polynéoptères qui ne comprennent comme insectes aquatiques que des Orthoptéroïdes, les Plécoptères; en Paranéoptères qui n'ont que certains Hémiptères (appelés aussi Rhynchotes) dans les eaux douces et en Oligonéoptères dans lesquels sont rangés Coléoptéroïdes, Névroptéroïdes, Mécoptéroïdes (dont les Trichoptères, Lépidoptères et Diptères) et Hyménoptéroïdes.

La belle synthèse de BERTRAND (1954) nous dispensera de nous étendre sur ce groupe d'importance capitale en limnologie dans l'étude plus particulièrement du benthon, de la faune littorale et de tous les problèmes qui leur sont liés (ann. 28 et 29).

a) PALÆOPTÉROÏDES

Ce sont les éphémères et les libellules, Ephéméroptères et Odonates pour le scientifique.

Les **Éphéméroptères** ou mouches de mai sont bien connus par leurs ailes diaphanes et redressées verticalement au repos, leur corps terminé par trois cerques allongés, par la brièveté de leur vie d'adulte et la soudaineté de leur apparition en vols massifs certains soirs (Manne), au moins pour certaines espèces.

Ces insectes hémimétaboles, donc à métamorphoses incomplètes, vivent la plus grande partie de leur vie en milieu aquatique. Ils sont nombreux à l'état de larves-nymphes, dans les eaux courantes *(Bætis, Ecdyonurus, Rhithrogena)* aussi bien que dans les eaux stagnantes *(Cloeon, Cænis)*, où elles essayent parfois de s'enfouir dans le sédiment meuble *(Ephemera)*.

Le comportement de toutes ces larves a été bien étudié (Rousseau, 1921; Hubault, 1927; Needham *et al.*, 1935; Verrier, 1956, etc.) et varie beaucoup suivant l'espèce, l'âge et le degré d'évolution des individus, le milieu, etc.

Elles vivent plusieurs mois, alors que l'adulte, qui ne se nourrit pas, ne vit à l'état d'insecte terrestre que le temps nécessaire à la reproduction (quelques heures à quelques jours). Nourriture préférée de certains poissons, les éphémères constituent un élément appréciable de la faune aquatique littorale. Leur répartition n'exclut pas une certaine forme d'endémisme. Les nombreuses familles du groupe sont largment représentées à toutes les latitudes, toutes les altitudes et dans tous les milieux, des mares temporaires et sources thermales chaudes aux glaciers élevés de l'Himalaya, en passant par toutes les formes d'eaux courantes et stagnantes où la vie est possible.

Les **Odonates** fréquentent régulièrement le bord des eaux et les zones de végétation aquatique. Demoiselles, aeschnes et libellules en constituent l'essentiel du groupe, caractérisé par un faciès bien reconnaissable à l'état adulte et une larve-nymphe munie d'un masque (lèvre inférieure préhensile et rétractable par double plicature) et carnassière. Le développement passe par deux stades (pronymphe et larve-nymphe) mais seul le deuxième est important sur le plan biologique. Les Odonates jouent un rôle dans le monde aquatique parce que leurs larves-nymphes sont à la fois très carnassières et une excellente nourriture pour certains poissons. Les adultes de leur côté, par leur aptitude à se nourrir de Diptères et notamment de Culicides et Simulides, sont des insectes utiles à l'homme mais qui suppriment une part de la biomasse nutritive des poissons. Ils servent par contre, eux aussi, de nourriture à ces derniers.

Le plus grand ennemi des Odonates est l'homme qui supprime les lieux de fraye (végétation supérieure, zone littorale) en les asséchant ou les traitant par faucardage ou produits chimiques et utilise les larves-nymphes comme appât. Ainsi s'explique la raréfaction de ces magnifiques insectes dans les régions habitées (région parisienne par exemple). Les Odonates sont particulièrement nombreux dans les eaux dormantes où ils sont aussi bien représentés par des Zygoptères *(Lestes, Agrion)* que par des Anisoptères *(Æschna, Cordelugaster)*.

b) Orthoptéroïdes

De toute la section des Polynéoptères, le super-ordre des Orthoptéroïdes est le seul qui ait des formes aquatiques et encore n'est-il représenté pratiquement que par les Plécoptères, eux-mêmes inféodés aux eaux courantes pour la plupart des espèces.

Les **Plécoptères** adultes ou mouches de pierres *(Stoneflies, Steinfliegen)* se distinguent assez vite des autres insectes du bord des eaux par leur corps massif; leurs ailes étalées ou rabattues *à plat* et leur abdomen le plus souvent terminé par deux cerques plus ou moins allongés. Ils se nourrissent peu ou pas et vivent de quelques jours à quelques mois. Insectes hémimétaboles, les larves-nymphes ressemblent aux adultes mais sont aquatiques, vivant de longs mois sous les pierres immergées et respirant grâce à des trachéo-branchies thoraciques (sternales ou pleurales) plus rarement abdominales, anales ou céphaliques (sous-mentonnières). Elles se métamorphosent progressivement au cours de plusieurs mues (jusqu'à 30!)

Leur relative rareté dans les milieux limniques est caractéristique; cependant, sur les grèves battues par les vagues, il n'est pas rare de récolter des *Nemura variegata* et autres espèces plus ou moins eurythermes et rhéophiles. Beaucoup de Plécoptères sont sténothermes d'eaux froides et affectionnent les reliefs élevés telles certaines *Chloroperla, Leuctra, Rhabdiopteryx, Isoperla. Leuctra braueri*, paradoxalement, est adaptée aux ruisseaux tranquilles de sous-bois, riches en végétation aquatique, mais ne se trouve pas dans les eaux stagnantes, même froides (Aubert, 1946).

Les Plécoptères, par leur vol lourd, ont une aire de répartition très limitée pour certaines espèces. Leur grande ancienneté (Permien) a par ailleurs permis la différenciation de formes variées ayant évolué plus ou moins parallèlement. Leur répartition actuelle montre que l'ensemble de ce groupe est resté très sensible aux températures élevées et le nombre d'espèces tropicales est très réduit alors qu'on en compte un grand nombre en zone holarctique, plus de 1 100 espèces. De toute évidence, ce sont des polyoxybiontes rhéobies (Despax, 1949). Aubert (1949) en a évalué le nombre de genres à 136, répartis en 13 familles et deux sous-ordres, les Filipalpes et les Sétipalpes.

c) Hémiptéroïdes

Si les Polynéoptères n'ont d'aquatiques que les Plécoptères, les Paranéoptères ne sont représentés en eaux continentales que par des espèces du super-ordre des Hémiptéroïdes du seul ordre des **Hétéroptères** ou Hémiptères s. str.

Ces animaux, caractéristiques par leurs hémiélytres et leurs appareils stridulatoires, que l'on retrouve chez certaines espèces aquatiques et dont le mécanisme d'action et la nature sont encore mal connus, ont un développement graduel (Hétérométaboles). Certaines races d'adultes peuvent devenir secondairement aptères *(Gerris)* ou à ailes réduites *(Hydrometra)*.

Suivant la conformation de l'antenne, on divise les Hétéroptères en Gymnocérates (à antennes bien visibles) et Cryptocérates (à antennes cachées sur la face ventrale).

Les Cryptocérates sont particulièrement adaptés au monde aquatique et constituent un groupe très important comprenant plusieurs milliers d'espèces. C'est dans ce dernier sous-ordre que sont rangés les nèpes *(Nepa)*, ranâtres *(Ranatra)*, notonectes *(Notonecta)*, naucoris *(Naucoris)* et corises *(Corixa, Micronecta, Sigara)*, qui pullulent parfois dans nos eaux douces et servent de nourriture aux poissons. Les *Belostoma* et autres Belostomatidæ affectionnent les eaux tropicales.

Les Gymnocérates, au contraire, vivent surtout à la surface des eaux (Géocorises) et certaines espèces sont mêmes allées jusqu'en mer où on les rencontre parfois marchant sur les eaux *(Halobates)*. Dans nos eaux douces, bien connues sont les hydromètres *(Hydrometra)* et les *Gerris* courant sur l'eau et constituant un des éléments les plus spectaculaires du supra-neuston avec ces petites *Velia* et *Microvelia* moins grandes mais souvent plus nombreuses.

d) Coléoptéroïdes et Névroptéroïdes

Les oligonéoptères comprennent plusieurs super-ordres à formes aquatiques. Parmi eux, citons celui des Coléoptéroïdes. Il n'existe qu'un seul ordre de Coléoptéroïdes, celui des **Coléoptères**. Ceux-ci ont de multiples représentants en eau douce dont certains vivent à tous les stades dans l'eau (Haliplidæ, Dytiscidæ) et d'autres alternent leur mode de vie. Le nombre de facteurs entrant en ligne de compte dans la détermination de l'habitat est grand. Parmi eux, citons la vitesse du courant, la nature du substrat solide ou liquide, la salinité, la teneur en calcium, l'existence d'hôtes, de proies, de commensaux, etc.

La diversité des adaptations n'a de comparable que celle des espèces qui ont choisi ce mode de vie; on en trouve dans de nombreuses familles. Celles-ci sont groupées en quatre sous-ordres. Les **Archostemata** ne comptent que des Cupedidæ xylophages. Les **Adephaga** comprennent tous les Caraboidea dont de nombreuses espèces aiment le voisinage des eaux à l'état d'imago ou de larves. Les Haliploidea sont franchement aquatiques *(Haliplus)* et végétariens aussi bien à l'état larvaire qu'à l'état adulte. La plupart des Hygrobioidea sont aquatiques et carnassiers (Hygrobiidæ). Les Rhysodoidea xylophages et surtout les Dytiscoidea, Nosteridæ et Dystiscidæ aux mœurs carnassières (dont le banal dytique [*Dytiscus marginalis*]), bien d'autres genres et espèces peuplent les eaux douces et saumâtres du monde entier.

Les larves également carnassières mais plus polyphages sont pour beaucoup de genres très reconnaissables par leurs mandibules robustes, incurvées, leur corne frontale plus ou moins développée, leur bouche souvent close, leurs 8 segments abdominaux, leurs deux cerques caractéristiques (rarement absents).

Les Gyrinoidea enfin, sont ces petites gouttes de métal qui aiment passer une partie de leur vie à la surface des eaux et en groupes, tournoyant et plongeant à la recherche des proies *(Gyrinus)*. Leurs larves sont aquatiques et très carnassières. Leur adaptation au monde aquatique est très nette, bien qu'ils aient également des aptitudes certaines au vol et soient pour la plupart très phototropiques positifs. Très fréquents au bord des lacs, dans les criques abritées, ou au sein de la végétation littorale, leur développement gagnerait à être mieux connu, beaucoup de nymphes n'ayant pas encore été sérieusement décrites, pas plus que le comportement des larves ou des adultes.

On dénomme parfois Hydrocanthares depuis LATREILLE puis GUIGNOT tous ces Adephaga aquatiques (BERTRAND, 1950).

Parmi les **Heterogastra**, citons brièvement comme aquatiques : les Dryopidæ phytophages aux pattes longues et grandes griffes, aux larves à opercule anal développé et ornementation typique *(Helmis, Limnius)*; les Helodidæ dont les adultes sont terrestres et vivent au bord des eaux tandis que les larves sont toutes aquatiques et caractérisées par leurs longues antennes *(Cyphon, Scirtes)*; les Eubriidæ assez voisins à l'état adulte des Helodidæ, mais dont la larve, curieusement aplatie et onisciforme, fait penser à un trilobite qui aimerait les milieux suintants et les eaux au cours lent, pouvant à l'occasion (et notamment quand la température s'élève) devenir amphibie *(Eubria)*; quelques Chrysomelidæ *(Donacia, Hæmoni)* recherchant le voisinage des plantes aquatiques flottantes ou submergées et s'en nourrissant à l'état larvaire, comme à l'état adulte; et quelques Curculionidæ qui se sont également adaptés secondairement à une vie subaquatique ou aquatique par leur prédilection pour les plantes hygrophiles. Tels sont *Bagoüs claudicans* qui vit dans la prêle *(Equisetum limosum)* ou ce *Lissorhoptus tibialis* qui se nourrit de riz sauvage aux États-Unis, ou encore ce *Lithodactylus* qui vit au dépens des *Myriophyllum.*

Les **Haplogastra** sont représentés dans le monde aquatique par des Hydrophilidæ qui constituent une des familles les plus caractéristiques de Coléoptères aquatiques et comprend des formes nageuses capables de voler et des marcheuses qui se rencontrent dans la végétation aquatique ou marchent « sur » l'interface eau-air (dans l'eau), se nourrissant des éléments du neuston. Généralement omnivores et plutôt végétariens, leurs larves sont au contraire carnassières et à l'occasion cannibales. Elles préfèrent les mollusques *(Hydrophilus)* ou les larves de diptères *(Hydrous)*. Certaines larves sont nageuses *(Hydrophilus)*. d'autres vivent au fond *(Berosus)*, dans les algues; d'autres enfin sont plus ou moins flottantes et se tiennent en surface *(Chætarthria)*.

On rapproche des Hydrophilidæ plusieurs familles ayant aussi des représentants aquatiques; ce sont : les Sphæridiidæ à l'allure globuleuse dont les larves sont hygrophiles et parfois aquatiques *(Cœlostoma)*; les Hydrochidæ affectionnent les mares et fossés, comme les précédentes *(Hydrochus)* et sont bien mal connues; les Helophoridæ voisines des précédentes ne sont pas franchement aquatiques *(Helophorus)*; les Spercheidæ ont des antennes en massues constituées de 6 articles, des larves saprophages et « infraneustoniques ».

Se rapprochant du grand groupe des staphylins, les Hydrænidæ ont des larves amphibies ou même terrestres, mais les adultes sont tous aquatiques *(Limnebius)* et recherchent parfois les milieux saumâtres *(Octhebius)*. Au voisinage des Hydrænidæ, on place les Hydroscaphidæ aux élytres laissant apparaître postérieurement les quatre derniers segments abdominaux et aux larves en quelque sorte biconiques.

On rencontre les *Hydroscapha* parmi les algues des sources avec des Hydrophilidæ *(Helochares)*. Dans les mares sous climat continental chaud, alors que le milieu devient saumâtre et la température élevée (jusqu'à 42 °C), d'autres Hydrophilidæ (tel *Tropisternus quadristriatus*) peuvent vivre encore activement tandis que les Dytiscidæ *(Bidessus flavicollis)* et Noteridæ *(Hydrocanthus iricolor)* préfèrent les zones d'ombre de ces milieux dont les conditions de vie sont limites (tapis d'algues) (Young et Zimmerman, 1956).

Non loin des Coléoptéroïdes, on range dans les Oligonéoptères les Névroptéroïdes qui comprennent en eau continentale des Mégaloptères et des Planipennes.

Les **Mégaloptères** sont autant caractérisés par leurs larves carnassières à mandibules acérées que par les imagos noirâtres à ailes repliées en toit au repos et nervuration spéciale; ce sont les *Sialis*, fréquents dans nos lacs de montagne et les *Corydalus* exotiques, que l'on trouve notamment en Amérique du Nord dans les rivières et qui possèdent à l'état adulte un dimorphisme sexuel net. Ils sont parfois appelés mouches de Saules (Alderfly) à cause de leur affinité pour ces arbres. Ils affectionnent aussi les fleurs des bords des eaux au printemps où ils se rassemblent souvent en grand nombre. Les larves des espèces limniques sont fouisseuses et très reconnaissables par leur cerque unique (au moins dans le genre *Sialis*) et leur trachéo-branchies plus ou moins articulées; elles vivent deux ans avant de se nymphoser (3 chez *Corydalus*). Il existe quelque dix stades larvaires.

Les **Planipennes** vivent aussi au bord des eaux mais leurs larves également aquatiques ne vivent au plus qu'un an. L'imago a des ailes plus grandes et plus transparentes, à nervures parfois fourchues et a des mœurs d'animal nocturne (libellule de nuit). La larve possède de très longues mandibules creuses qui, avec les maxilles également transformées, servent d'organes préhensiles suceurs. Elle a aussi deux pseudopodes terminaux au segment anal. Elle tisse un cocon au moment de la nymphose. C'est dans les Planipennes que sont rangés les fourmilions terrestres *(Myrmeleon)*, les *Sisyra* dont la larve vit aux dépens des Spongilles et de certains Bryozoaires *(Cristatella)* et les *Osmylus* aux mœurs amphibies.

e) MÉCOPTÉROÏDES

Si l'on excepte les **Mécoptères** qui n'ont que de très rares représentants dans le monde aquatique *(Nannochorista)*, les trois grands groupes rassemblés dans ce super-ordre possèdent de très nombreuses espèces dans les eaux douces.

Les **Trichoptères** (phryganes, caddis flies) sont presque tous totalement aquatiques; c'est dire leur importance en hydrobiologie. Ils ressemblent quelque peu à certains Lépidoptères mais ne possèdent pas de trompe; les maxilles restant de type habituel et s'ils ont des formations écailleuses sur les ailes ordinairement pubescentes, les écailles ne sont pas striées. Les ailes antérieures se referment en toit sur l'abdomen comme chez les Mégaloptères. Les larves se reconnaissent par leur allure générale, leur capsule céphalique reconnaissable et surtout leurs pygopodes ou pseudopodes anaux terminés chacun par un crochet puissant. Certaines restent nues; d'autres tissent des entonnoirs ou des filets-pièges qu'elles surveillent; d'autres s'abritent dans un fourreau qu'elles fabriquent avec les matériaux les plus divers (toujours à peu près les mêmes) et qu'elles transportent avec elles ou fixent au substrat (Psychomyidæ).

Ces larves sont des carnassières (Rhyacophilinæ), des phytophages (Hydroptilidæ) ou des omnivores (Phryganeidæ) ou encore des microphages (certains Limnophilidæ, des Rhyacophilidæ, etc.). Leur vie peut durer 3 ans.

Elles colonisent de nombreux types de milieux : torrents de montagne, sources, rivières de plaine, lacs, étangs, lagunes saumâtres littorales, lacs salés et même la mer... D'autres préfèrent les surfaces madicoles et vont même dans le milieu souterrain, quoique nous ne connaissions pas de vraies cavernicoles.

Les lacs sont plus particulièrement le domaine des Limnophilidæ *(Limnophilus)*, des Phryganeidæ, des Leptoceridæ et de certains Polycentropidæ. Certaines formes sont endémiques dans quelques régions (Pyrénées, Baïkal, etc.). D'autres ont une très vaste répartition bien que certaines familles soient restreintes à l'hémisphère nord.

Il existe 18 familles de Trichoptères, certaines ne comprennent que des formes rhéophiles à l'état larvaire et ne se rencontrent donc qu'en eaux courantes (Rhyacophilidæ, Philopotamidæ...); d'autres comptent des formes d'eaux courantes et d'eaux stagnantes (Hydrophilidæ, Polycentropidæ, Leptoceridæ, Limnophilidæ...); d'autres enfin, sont inféodées aux eaux stagnantes ou faiblement courantes (Phryganeidæ, Sericostomatidæ).

Certains Trichoptères sont considérés comme de bons indicateurs biologiques, telle *Hydropsyche lepida* caractéristique des milieux β mésosaprobes. (cf. chap. XVII B).

Les **Lépidoptères** ou papillons ne sont guère aquatiques.

Il n'y a que la famille des Pyralididæ qui puisse être condisérée comme composée à la fois de formes terrestres et de formes aquatiques au moins à l'état larvaire, par suite de la tendance qu'ont certaines chenilles à se nourrir de plantes aquatiques plus ou moins submergées : les *Nymphula nympheata* vivent aux dépens des nénuphars; les *N. stratiotata* se nourrissent de Callitriches, *Trapa*, etc. et possèdent des trachéo-branchies; les *Cataclysta lemnata* préfèrent les *Lemna*.

L'*Acentropus niveus*, étudié par de nombreux auteurs, a une chenille qui donne naissance après nymphose à trois sortes d'adultes : des mâles, des femelles à ailes réduites (microptères) et essentiellement aquatiques et des femelles ailées qui volent près des eaux au lever et au coucher du soleil. On ignore le rôle et la signification des femelles aquatiques microptères et à respiration cutanée.

Préférant les eaux calmes, il n'est pas rare d'observer, au bord des lacs, au voisinage de la végétation, ces petits papillons et leurs chenilles sur les feuilles et les tiges.

D'autres familles de Lépidoptères contiennent des espèces liées aux eaux de surface ou à leur végétation : Noctuidæ, Arctiidæ, etc., mais ce sont plus des hygrophiles que des aquatiques.

Les **Diptères** enfin, un des plus grands groupes zoologiques connus, comprennent un nombre considérable d'espèces et de variétés dans le monde aquatique; ils se sont adaptés à tous les modes de vie et à tous les milieux.

Ils sont divisés en deux grands sous-ordres d'après la morphologie de leurs antennes à nombreux articles (Nématocères) ou simplement au nombre de 3 au plus (Brachycères à antennes en massue).

Si les Brachycères ne comprennent que peu de genres aquatiques (des familles de Tabanidæ, Rhagionidæ, Stratiomyidæ, Dolichopodidæ, Ephydridæ, etc.), par contre, les Nématocères pullulent souvent et ont une importance économique et limnologique considérable par les Simuliidæ, Blepharoceridæ, Culicidæ et surtout Chironomidæ qu'ils contiennent.

BERTRAND (1954) cite dix neuf familles de Diptères aquatiques; leur importance est inégale. Certaines d'entre elles contiennent des dizaines de genres, des centaines d'espèces. Aucune n'est complètement aquatique : l'adulte est toujours aérien; seules les larves et les nymphes vivent dans les eaux, et suivant la biologie des formes, à certaines profondeurs et dans certains milieux. Les larves de Diptères du groupe des Chironomides sont d'excellents indicateurs biologiques qui ont servi à THIENEMANN (1925) puis BRUNDIN (1956) à classer les lacs d'après la répartition des larves d'*Orthocladius*, de *Tanytarsus*, de *Sergentia*, de *Stictochironomus*, de *Chironomus* de divers groupes (groupe *anthracinus*, groupe *thumni*, groupe *plumosus*, etc.).

Les larves de Diptères, toutes caractérisées par l'absence de pattes vraies et souvent par la présence de pseudopodes, notamment au dernier segment abdominal, ont des antennes parfois rétractiles (Tanipodinæ). Certaines, par leur couleur rouge due à une hémoglobine spéciale, sont appelées improprement « vers de vase »; d'autres s'abritent dans des fourreaux qu'elles fabriquent avec des particules sableuses ou limoneuses et qui finissent parfois par constituer de véritables roches (tufs), tels ces dépôts à *Tanytarsus emarginatus* étudié par BERTRAND (1949). D'autres aussi sont phorétiques ou plus ou moins commensales, telle la larve de ce petit *Tanytarsus exiguus* récoltée sur les pattes d'un Odonate (*Callopteryx*) par WAUTIER (1947 *a*, 1947 *b*) ou même parasites de mollusques et d'autres insectes (CODREANU, 1939).

En dehors des Chironomidæ qui représentent parfois 75 % de la biomasse benthique des lacs, les Diptères ont, dans le monde aquatique, d'autres larves telles ces curieux *Eristalis* (Syrphidae) et surtout la horde des Simuliidæ qui préfèrent les eaux courantes et peuvent devenir dangereuses par leur nombre, la nocivité de leur salive (espèces toutes piqueuses) ou par les hôtes (hématozoaires, Nématodes...) qu'elles transmettent.

Enfin, les Culicidæ, reconnaissables à leur longue trompe piqueuse chez la femelle, sont très nombreuses dans les mares et petites collections d'eau de toute nature; on en trouve également à l'état larvaire dans le plancton de certains lacs *(Chaoborus)*. Les larves d'*Anopheles* préfèrent le littoral et les petites flaques et sont souvent les véhicules de virus, sporozoaires, Nématodes, vecteurs de nombreuses maladies (fièvre jaune, paludisme, filarioses...).

F. — LES VERTÉBRÉS

Il n'existe que peu de Mammifères franchement aquatiques en eaux continentales; il faut aller les chercher dans les très grandes masses d'eaux d'Asie ou d'Afrique où des Pinnipèdes peuvent trouver des conditions d'existence favorables, tel le phoque de Sibérie au Baïkal *(Phoca sibirica)* ou le phoque de la Caspienne *(Phoca caspica)* ou encore le lamantin des fleuves africains, végétarien et l'hippopotame.

En Europe, la loutre *(Lutra lutra)* est amphibie et vit de poissons. Le castor et le ragondin ont des mœurs sensiblement analogues. La rareté relative des espèces ne doit cependant pas faire oublier qu'ils représentent parfois des éléments importants d'une chaîne alimentaire dont ils sont un terme. De même, les Reptiles aquatiques comme couleuvres, crocodiles, aligators et tortues sont, avec certains Oiseaux (Palmipèdes notamment), des animaux dont l'éthologie, quoique attachante, ne doit pas faire oublier qu'ils sont tributaires pour leur développement, comme pour leur survie, d'un monde aquatique auquel ils sont étroitement liés.

Mais ce sont surtout les vertébrés inférieurs que les conditions d'existence rendent essentiellement aquatiques.

1. — CYCLOSTOMES

Il n'est pas rare, dans certaines régions de France, de rencontrer dans les cours d'eaux des animaux anguilliformes, sans nageoires paires et à orifice buccal béant agissant comme une ventouse et leur permettant de s'accrocher aux pierres du bord; ce sont des lamproies *(Lampetra, Petromyzon)*.

Les Cyclostomes sont surtout des animaux d'eaux courantes et ne se trouvent que rarement dans les eaux dormantes où ils se cantonnent le plus souvent dans la zone littorale.

Les dégâts qu'ils causent sont importants.

La lamproie marine *(Petromyzon marinus)*, par son caractère de prédateur, s'attaque aux poissons et leur cause de profondes blessures le plus souvent mortelles. C'est un migrateur potamotoque qui se fait véhiculer ou nage vers les têtes de rivières et de fleuves. Fréquente dans les mers de l'hémisphère nord, elle a remonté le Saint-Laurent en 1921 et à atteint le lac Huron en 1930, le lac Supérieur vers 1946 (CHANDLER, 1964). S'attaquant aux Salmonides locaux, elle a fait quasiment disparaître la truite de lac *(Salvelinus namaycush)* et s'attaquait aux corégones et autres poissons quand une commission internationale a essayé, avec succès, d'enrayer cette invasion par tous les moyens possibles (pièges, pêche électrique, poisons, etc.), (APPLEGATE, 1950; MOFFETH, 1957).

2. POISSONS

Il n'est pas question ici de passer en revue les Poissons vivant en eaux continentales. STERBA (1959) en a décrit plus de 1 300 espèces appartenant à plus de 70 familles. La pauvreté relative des eaux douces françaises et européennes en types différents oblige cependant à rappeler que l'approche de cette classe d'animaux n'est pas aussi facile qu'il paraît, dès qu'on se préoccupe des eaux intérieures d'autres continents que le nôtre. De plus, bien des espèces sont encore en pleine évolution et peuvent être considérées comme des groupes de formes évolutives (espèces +) (cf. chap. XII D). C'est le cas des Corégones *(Coregonus)* qui dériveraient d'une souche primitive n'ayant plus de représentant actuel ou descendant tous d'une même espèce polymorphe, *C. lavaretus* suivant les auteurs (STEINMANN 1950-1951). Pour SVÄRDSON (1953) et aussi BROOKS (1957), il y aurait deux souches primitives qui pourraient être *C. lavaretus* et *C. albula.* DOTTRENS (1955) a noté des possibilités d'hybridation mais explique d'une manière insuffisante l'adaptation des différentes « espèces » qu'il a décrites à des niches écologiques différentes.

Le fait que, dans le groupe des Salmonidæ au moins, il y ait des variations de comportement des espèces en fonction de la latitude, ne facilite pas la tâche de l'écologiste-naturaliste. Une espèce peut être essentiellement lacustre et d'eau douce en certaines régions, fluviale et sédentaire, fluviale et migratrice entre mer et eau douce (potamotoque) ou enfin marine et anadrome vraie ailleurs; c'est le cas de *Salvelinus alpinus* en Europe et Amérique du Nord (DUSSART, 1955).

La famille des Salmonidæ n'est pas la seule à posséder des espèces inféodées aux eaux lacustres et pourtant bien représentées en eaux marines. Dans la famille des Gadidæ, la lotte *(Lota lota)* colonise les eaux profondes du Léman où elle provoque bien des dégâts sur les frayères à Salmonides. La blennie cagnote *(Blennius fluviatilis)* a atteint le littoral du lac du Bourget alors que les Blennidæ affectionnent les eaux saumâtres et littorales de la méditerranée. Gobidæ, Pleuronectidæ, etc., présentent les mêmes particularités.

Nombreux sont par ailleurs les poissons qui vivent et croissent en eaux lacustres mais préfèrent assurer leur reproduction en eaux courantes. D'autres vivent indifféremment en eaux courantes et eaux stagnantes. D'autres enfin se cantonnent dans ces dernières.

Parmi les espèces acceptant les deux sortes d'eaux, il peut y avoir différenciation de formes (phénotypes). Seule, l'étude des populations permet de mieux connaître ces différentes variétés. L'alimentation et la nature des frayères disponibles sont les deux critères d'adaptation. Beaucoup d'espèces ont une nourriture adaptée à la taille des alevins puis des jeunes et individus plus âgés. Des poissons comme les Salmonidæ, Percidæ, Esocidæ sont plus ou moins planctophages au début de leur vie ou s'alimentent grâce aux micro-organismes animaux vivant dans la zone littorale sur les substrats les plus divers (infusoires notamment). Chez les Cyprinidæ il existe des formes végétariennes, des limicoles, des planctophages. Les *Tilapia* (Cichlidæ) préfèrent certaines phanérogames aquatiques, tandis que la plupart des espèces de cette famille *(Haplochromis, Hemichromis)* sont des prédateurs dès qu'ils atteignent une certaine taille.

Il existe des poissons d'eau douce qui peuvent vivre hors de l'eau : les Anabantidæ possèdent un organe dénommé labyrinthe qui supplée les branchies et permet à ces poissons (gouramis, combattant...) de respirer aux dépens de l'air qu'ils happent en surface. Les Polyptères *(Cladistia)* et surtout les *Lepidosiren* et *Protopterus* (Dipneustes) ont de véritables poumons, anatomiquement parents de la vessie natatoire des autres poissons, qui leur permettent de survivre à la dessication du milieu.

L'éthologie et l'écologie des poissons lacustres sont encore très mal connues surtout en eaux chaudes. Si, sur le plan de la systématique, de l'anatomie, de la biogéographie, de nombreuses recherches ont été fructueuses, le sont et le seront encore, il est nécessaire de mieux connaître le mode de reproduction dans la nature, le développement et la croissance, le mode d'alimentation et les possibilités de survie des très nombreux poissons qui ne sont guère connus par le naturaliste que sous la forme de poissons d'ornement et qui pourtant jouent un rôle essentiel dans certaines régions du globe (Afrique, Amérique du Sud, Sud-Est Asiatique...). Tel est le cas de ce petit Clupéide du Tanganika *(Stolothrissa tanganikæ)* ou le principal poisson du grand lac du Cambodge : *Pangasius sutchi* (Pangasidæ).

3. AMPHIBIENS

La plupart des Amphibiens ne sont pas vraiment aquatiques comme le précise leur appellation. Cependant, ils jouent souvent un rôle important dans les eaux dormantes, notamment en montagne.

A part quelques Gymnophiona vivant sous climat chaud *(Typhlonectes)*, il n'y a dans l'eau que des représentants des deux ordres bien connus : Caudata (Tritons) et Salientia (Grenouilles).

Les Caudata, ou Urodèles, sont en général épisodiques. Parfois nombreux aux bords des lacs de montagne dans les Alpes ou les Pyrénées, ils sont le plus souvent disséminés et partagent leur vie entre domaine immergé et terre ferme (humide).

Huit familles se partagent quelques 1 300 espèces dont seulement quelques-unes vivent sous nos climats. L'euprocte *(Euproctus asper)* est capable de se différencier en formes locales reconnues par DESPAX (1923), dans les lacs et torrents des Pyrénées; le Triton alpestre et le Triton à crête sont capables de s'hybrider respectivement avec *Triturus boscae* (WOLTERSTORFF, 1925) et *T. marmoratus* (DE L'ISLE, 1862).

Les Salientia ou Anoures groupent grenouilles et crapauds. Là encore, des races peuvent se différencier localement. La répartition de certains Anoures a fait l'objet de travaux (ANGELIER et ANGELIER, 1964) mais ce sont surtout les conséquences de la prolifération de certaines espèces, comme *Rana temporaria*, qui retiendront l'attention du limnologiste et de l'écologiste : brassage des sédiments littoraux, destruction partielle ou totale du feutrage organique, élimination de nombreuses pontes, etc., dans les lacs de montagne où elle pullule à certaines périodes de l'année et notamment à l'époque des amours (mars-avril). La présence presque constante d'Anoures dans la faune littorale des lacs est une des caractéristiques importantes qu'il convenait de souligner ici.

CINQUIÈME PARTIE

GROUPEMENTS ET ASSOCIATIONS

Les organismes aquatiques ont un comportement et des besoins nutritifs qui les assujettissent à vivre dans certaines conditions particulières et les lient à un milieu donné.

Chaque organisme a un **écotope** ou espace vital spécifique, encore parfois appelé *habitat*. Réduit à une fonction vitale, c'est un *territoire* (PETIT, 1953).

Les espèces **monotopes** ont un écotope très restreint, tandis que les **pleiotopes** ont un écotope très large, les diverses phases de leur cycle de développement pouvant ou devant s'accomplir dans des lieux ou habitats très éloignés les uns des autres.

Qu'elles soient monotopes ou pleiotopes, les espèces, qui montrent par leur activité qu'elles ne sont pas étroitement liées à certaines conditions optimales de vie ou à certaines qualités de milieu, sont dites *eurytopes*. Les formes plus exigeantes, dont l'activité physiologique est conditionnée et limitée dans d'étroites limites sont dites *sténotopes*. Ainsi, il existe des formes eurythermes, acceptant de vivre et de se reproduire normalement dans des conditions de température très diverses, et des formes sténothermes qui sont plus spécialement et strictement adaptées à certaines températures élevées (sténothermes d'eaux chaudes) ou basses (sténothermes d'eaux froides [1]. Dans les eaux continentales, les conditions de milieu sont souvent définies, non seulement par le climat mais aussi par la morphologie. Ainsi, dans les lacs profonds peuvent cohabiter eurythermes et sténothermes d'eaux froides, que ces lacs soient au niveau de la mer ou en haute montagne. Dans un lac la pente de la plage côtière aura sur les formations littorales un rôle aussi déterminant que la nature des eaux ou la force des vents dominants.

On distingue dans les eaux naturelles deux sortes de peuplements : les groupements et les associations. Les uns comme les autres constituent dans le biotope étudié une **biocœnose**, c'est-à-dire une communauté à structure hétérogène, caractérisée par une absence d'interattraction à l'échelle de l'ensemble et cependant une interdépendance générale nuancée, résultant d'un certain équilibre entre les faits de coopération et ceux de compétition (WAUTIER, 1949).

---

1. On dit parfois respectivement thermosténothermes et psychrosténothermes.

Les liens existant entre les espèces ou entre les individus peuvent être dus à cette coopération ou cette compétition, ils peuvent aussi être le fait d'exigences nutritives ou de développement. Ainsi, il existe un lien en eau courante entre un mollusque (*Unio* ou *Anodonta)* et le petit poisson appelé bouvière (*Rhodeus amarus)*. Ce dernier a pris l'habitude de pondre ses œufs dans l'*Unio* qui assure l'incubation et la garde de cette « progéniture » inattendue (Bresse, 1946).

Nous considérerons dans les chapitres qui vont suivre les différents groupements et associations plus ou moins étroites qui peuvent être distingués en lacs.

Sans attendre de définir ce que nous entendrons exactement par zone, étage ou système (cf. chap. XV A), nous envisagerons une zone littorale qui sera caractérisée par plusieurs formes de groupements végétaux et animaux, une zone pélagique dont le plancton constitue l'essentiel de la communauté vivante et une zone profonde surtout caractérisée par les éléments qui composent son benthon [1].

---

1. Nous préférerons le terme benthon employé déjà par Marlier (1951) à celui de benthos (ce dernier étant le mot grec : profondeur) pour des raisons de pure euphonie. Il signifiera donc : ensemble des organismes qui peuplent les eaux (profondes) et liés de quelque manière que ce soit au substrat qui constitue le fond.

CHAPITRE XIII

LA ZONE LITTORALE

La zone littorale est essentiellement caractérisée par sa profondeur faible. Elle s'étend plus ou moins suivant la pente, la transparence des eaux (et leur couleur), et l'exposition aux vents (donc aux vagues et courants de dérive). Elle est colonisée par un grand nombre d'organismes végétaux et animaux. On y distingue :

Un **rhizomenon**, constitué de plantes aquatiques fixées qui peuvent être des **plantes vasculaires** comme les Potamots *(Potamogeton)*, les renoncules *(Ranunculus)* ou les cornifles *(Ceratophyllum)*, des **mousses** ou bryophytes telles que les fontinales *(Fontinalis)*, les sphaignes *(Sphagnum)* ou les hypnes *(Hygrohypnum)* ou encore des **algues** macroscopiques dont les nitelles *(Nitella)* et les *Chara* sont les plus habituels représentants;

Un **pecton** et un **plocon** (MARGALEF, 1955) qui, recouvrant le substrat plus ou moins solide et notamment les pierres, détritus minéraux et organiques déposés au fond, constituent l'un un feutrage, l'autre une dépendance du type algues filamenteuses. L'ensemble de ces deux communautés assez voisines correspond à ce que les auteurs allemands appellent Aufwuchs et que nous appelerons **biotecton.**

Une forme particulière est constituée par le *périphyton* ou ensemble des micro- et macro-organismes vivant sur les plantes aquatiques supérieures. Voir entre autres SLADEČKOVA, 1962.

Certains auteurs différencient dans la flore benthique une flore épipélique (vivant sur les sédiments mous), une flore épilithique (quand le sédiment est rocheux et une flore épiphytique (quand le substrat est constitué de plantes supérieures), tandis que l'ensemble des algues qui vivent entre les plantes supérieures, mais libres, constitueraient pour BEHRE (1956) un **métaphyton**, pour SLADEĆKOVA (1960) un pseudopériphyton.

ROUND (1964) nous en a donné la composition floristique en rivières, lacs, étangs, etc.

A ces groupements doivent être ajoutés :

Un **psammon** ou ensemble des organismes vivant *dans* le sédiment quand celui-ci est sableux. Le psammon n'est donc qu'une expression particulière d'un élément de la **faune interstitielle** colonisant les interstices de toutes les formes de sédiments grossiers constituant les côtes et rivages lacustres (et autres). Cette faune interstitielle a été appelée faune phréatobie par MOTAS et TANASACHI (1946). (cf. chap. XIII B).

Un **endobenthon** constitué des organismes qui vivent à l'intérieur même du substrat solide;

Un **pelon** ou ensemble des organismes vivant *dans* le sédiment fin fluide (boue, vase);

La zone littorale s'étend horizontalement plus ou moins suivant la configuration du terrain. Verticalement elle s'apparente étroitement avec la partie supérieure de la zone trophogène. La profondeur limite de la zone littorale est parfois confondue avec la profondeur critique à laquelle photosynthèse et respiration s'équilibrent; elle est notablement plus importante que la profondeur limite de visibilité, surtout dans les eaux peu profondes ou turbides.

ROUND (1956) préfère limiter la zone littorale à la région située de chaque côté du niveau moyen de l'eau, donc directement ou indirectement affectée par l'eau ou la terre contiguë, ce serait la zone où il y a interpénétration des deux milieux, terrestre et aquatique. Cette zone, quand elle est plus ou moins marécageuse, abriterait un groupement que GIOVANNI (1962) appelle hydrophyton et constitué des plantes aquatiques vivant ou en décomposition sur lesquelles s'instaure une communauté d'organismes micro et macroscopiques.

A. — ZONATION VÉGÉTALE

Approchons-nous d'un rivage lacustre. Les travaux de STELLA & MARGARITORA (1966), SPENCE (1967), LANG (1971), MITCHELL (1974), PIECZYNSKA (1972) et de LACHAVANNE & WATTENHOFER (1975) permettent, entre autres, de mieux connaître les végétaux littoraux, les raisons de leur distribution et leur rôle dans l'évolution des masses d'eau qui les abritent (voir aussi les travaux de BLAKE sur la question). Dès l'abord, une zonation apparaît. C'est en premier lieu la zone temporairement immergée et émergée de la côte qui constitue ce que l'on nomme couramment **eulittoral**. Au-dessus, la végétation subterrestre cherche à coloniser la plage exondée ; c'est une végétation, palustre le plus souvent, constituée en zone tempérée de nombreuses monocotylédones dont les *Iris* (Iridacées), les laîches ou *Carex* (Cyperacées) et autres graminées, mêlées à quelques Dicotylédones plus ou moins arboricoles comme les saules (*Salix*, Salicacées) ou herbacées telles que les *Caltha* (Renonculacées) ou les *Polygonum* (Polygonacées).

Dans la zone toujours envahie par les eaux qui constitue le **sublittoral**, on dit parfois infralittoral, s'instaure une zonation souvent très caractéristique qui commence, au niveau de l'eau, par des roseaux (*Phragmites, Arundo*) et des massettes (*Typha*) auxquels se mêlent des Ptéridophytes comme les prêles (*Equisetum*). Cette zone, dans laquelle vivent encore bien les *Carex* et les *Glyceria*, est dite zone des roseaux ou *Phragmitetum* ou **Phragmition**.

La zone suivante ou zone des joncs (*Scirpetum*) est surtout caractérisée par les scirpes et autres joncs (*Juncus*). Y cohabitent les rubaniers (*Sparganium*), renoncules aquatiques (*Ranunculus*) et plantains d'eau (*Alisma*).

Plus loin dans l'eau, apparaissent avec la profondeur les Potamots (*Potamogeton*), Cornifles (*Ceratophyllum*) et volants d'eau (*Myriophyllum*) de la Potamaie (**Eupotamion**), dans laquelle poussent également la peste d'eau (*Anacharis = Elodea = Helodea*), la châtaigne d'eau (*Trapa*), la renouée aquatique (*Polygonum*).

Plus loin encore, le *Nupharetum* ou **Nupharion** se distingue par les feuilles flottantes des *Nymphea* et des nénuphars (*Nuphar*) entre lesquelles apparaissent encore des Potamots.

Puis la végétation littorale n'arrive plus à atteindre la surface quand la profondeur a dépassé quelques mètres et c'est le *Characetum* ou **Characion** où *Chara*, *Nitella*, *Fontinalis*, *Litorella* ou *Isoetes* tapissent en prairie le fond de l'eau.

Le sublittoral laisse alors la place à la zone profonde d'où les végétaux sont pratiquement exclus [1].

Le développement relatif de ces zones dépend de nombreux facteurs dont la pente, l'exposition, ne sont pas les moindres. BOTNARIUC et BELDESCU (1961) ont relié le développement de cette végétation phanérogamique au rapport Z/z_m (appelé indice de transparence) de la transparence à la profondeur. Les macrophytes ne se développeraient que lorsque cet indice est supérieur à 0,2-0,3. SPENCE (1967) a de son côté, dans les lochs d'Écosse, déterminé l'extension de ces macrophytes en fonction de la profondeur. Toutes les plantes supérieures ou non qui peuplent les rivages ont également une prédilection pour certains éléments et notamment le calcium ; d'autres préfèrent les eaux acides, etc.

Ainsi les *Isoetes* (Isoetacées), *Sparganium* (Sparganiacées), *Lobelia* (Lobeliacées) vivent dans les eaux ayant une alcalinité inférieure à 0,8 $\text{mé} \cdot l^{-1}$, peu de sulfates et un pH inférieur à 7,5.

Dans les eaux dont l'alcalinité se situe entre 0,6 et 1 mé par litre et nettement alcalines (pH compris entre 7,7 et 8,8), se développeront bien

1. Il existe quelques exceptions troublantes, telle la mousse *Thamnium alopecurum* var. *lemani* qui vit fort bien sur les cailloux du fond du Léman entre Yvoire et Rolle, par 60 m de profondeur (cf. chap. XI C), que j'ai souvent récoltée par dragage.

Potamogeton natans, *P. gramineus* (Potamogetonacées) *Anacharis canadensis* (Hydrocharidacées), *Myriophyllum verticillatum* (Halorrhagidacées) *Callitriche palustris* (Callitrichacées) etc., quand les sulfates seront peu représentés et *Potamogeton pectinatus*, *P. crispus*, *Zannichellia palustris* (Potamogetonacées), *Alisma plantago* (Alismacées), *Lemna minor* (Lemnacées), *Ceratophyllum demersum* (Ceratophyllacées), *Typha latifolia* (Typhacées), etc. quand il y aura davantage de sulfates (pH voisin de 8,8).

Enfin, quand l'alcalinité dépasse 1 milliéquivalent, qu'il y a plus de 100 mg de sulfates par litre (2 milliéquivalents) et que le pH s'élève à 8,4-9,0, ce seront les *Typha angustifolia*, *Ruppia occidentalis* et *Naias major* qui prédomineront.

Ainsi, partant d'un modèle en quelque sorte « idéal », serons-nous amenés à distinguer un certain nombre de types, fonctions des caractéristiques géographiques et géochimiques du littoral considéré.

A titre d'exemple, citons ici la zonation végétale du Bodensee (Untersee) à Ermatingen près de Constance d'après les travaux de BAUMANN (1911) (fig. 61).

Le Nupharion est ici potentiel; il n'y a que des *Polygonum amphibium* et *Zannichellia* par suite des conditions de milieu gênant le maintien des *Nymphea* et des *Nuphar*. Ce télescopage de la zonation est fréquent et il est bien difficile parfois de différencier de vraies zones quand certaines manquent et que les autres s'interpénètrent.

Notons de plus que les zones de végétation littorales sont parfois envahies par des plantes flottantes telles que des hépatiques *(Riccia)*, des monocotylédones lemnacées *(Lemna)* ou même des jacinthes d'eau *(Eichhornia crassipes)* en milieu tropical.

Dans d'autres cas, plantes flottantes et plantes à rhizomes se mêlent pour former un coussin qui vogue au gré des vents et constitue une véritable île flottante. De tels îlots sont fréquents à la surface des « étangs » des landes (JOVET, 1954). Il se forme un plancher-réseau de racines et rhizomes de *Typha*, notamment, enchevêtrés vers 30 cm de profondeur là où le fond se situe parfois à 3 m. Ce faux sol flottant permet l'implantation des *Carex* puis de *Juncus*, *Equisetum*, *Lycopus*, etc. Entre ces plantes poussent des utriculaires, scirpes, etc. Ces îlots flottants se forment par décollement du fond du réseau de rhizomes.

Dans le lac Tchad, ces îles flottantes sont constituées de roseaux, papyrus, *Vossia* etc...

B. — LE PSAMMON

Quand la zone littorale est constituée de sables et autres sédiments fins, les interstices remplis d'eau forment un habitat, le psammolittoral,

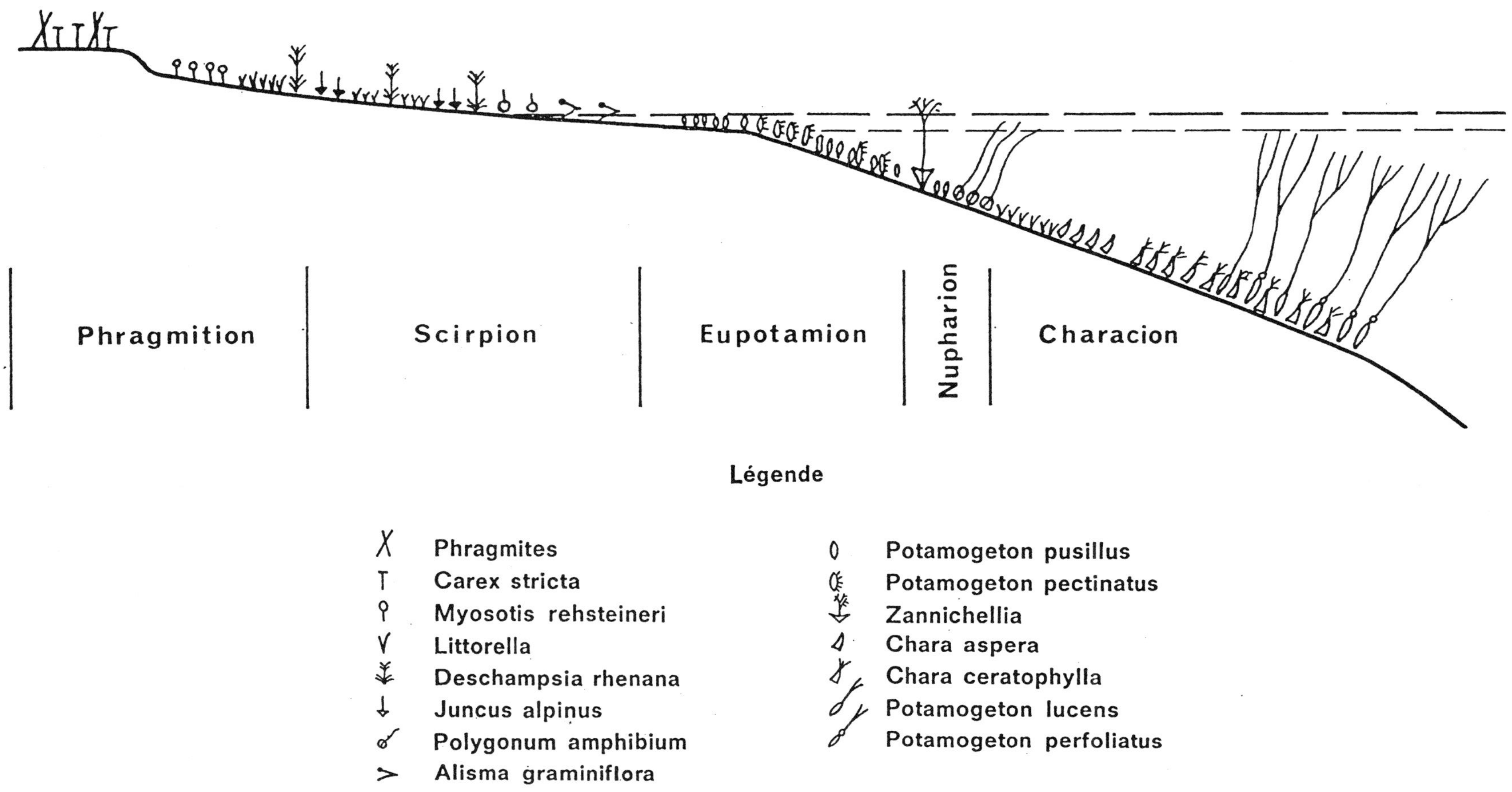

FIG. 61. — Zonation végétale dans le Bodensee d'après BAUMANN, 1911.

peuplé d'une faunule spéciale qui constitue un groupement très particulier, le **psammon.**

WISZNIEWSKI (1934) distingue trois formations écologiques dans ce groupement :

Un *hydropsammon* ou ensemble des formes colonisant la portion submergée du fond sableux au-dessous du niveau moyen des eaux;

Un *hygropsammon* correspondant à la portion située immédiatement au-dessus du niveau des eaux, constituée de sable saturé d'eau en permanence (suivant la pente, l'hygropsammon peut s'étendre jusqu'à un mètre en amont de la ligne de rivage);

Un *eupsammon* comprenant les formes qui vivent plus loin encore, jusqu'à 2 ou 3 m du niveau des eaux.

Il existe des possibilités de migration horizontale et verticale entre chacun de ces groupements en fonction des variations de niveau, variations qui sont beaucoup moins rapides dans le sable qu'en surface.

Par opposition aux formes fouisseuses qui constituent l'endopsammon et aux formes qui ne s'enfoncent que temporairement dans le sable (épipsammon), REMANE (1951) a appelé *mésopsammon* l'ensemble des formes qui vivent dans les interstices et ne peuvent déplacer les grains de sable.

Il existe une faune psammique d'eaux courantes et un psammon d'eaux dormantes (*limnopsammon*). Pour la faune psammique d'eaux courantes, voir notamment HUSMANN (1971).

NEEL (1948) a inventorié 248 espèces animales et végétales dans le psammon du Douglas Lake (Michigan). Ce sont surtout des algues, Protozoaires, Rotifères, Nématodes, Oligochètes, Copépodes, Ostracodes, Tardigrades, Turbellaires et larves d'Insectes. La rapide disparition de l'oxygène avec la profondeur par suite des phénomènes de réduction de la matière organique présente oblige cette faune à vivre dans les 3 à 5 premiers centimètres de sable (moins de 15 cm) (Planche 4, *b*, p. 288).

PENNAK (1940) a attiré l'attention sur le nombre d'individus présents qui peut excéder 4 000 000 de bactéries, 8 000 Protozoaires, 400 Rotifères, 40 Copépodes, 20 Tardigrades et divers autres organismes, dans les 2 à 3 ml d'eau que contiennent 10 cm^3 de sable récoltés à 1,50 m du bord de l'eau d'un lac du Wisconsin.

La largeur de plage colonisée par le psammon varie avec la pente. Par pente de 8°, elle est de 1,50 m environ; pour 4° elle peut atteindre 3,50 m (PENNAK, 1951).

RUTTNER-KOLISKO (1962), étudiant les conditions de vie dans les sables des lacs autrichiens, a constaté que le volume des interstices était dans la nature d'environ 40 % du volume total du sable. Ce volume relatif dépend du triage du sable mais non de la grosseur moyenne des grains. De fait, si l'assemblage de grains de sable de taille uniforme (et sphériques) se fait selon le mode cubique, les interstices représenteront 47,64 % du volume total. Selon le mode tétraédrique (tassement maximum), ils ne représenteront plus que 25,96 %.

Les forces de capillarité auront tendance à faire monter l'eau à l'intérieur de ce sédiment; elles dépendent du rayon du tube capillaire et de la viscosité. La hauteur d'ascension dans les sables correspond en général à un assemblage lâche des grains et sa valeur est voisine ou inférieure à $h = 75/d$, d étant le diamètre moyen des grains. Par évaluation de l'évaporation à la surface du sable, on peut estimer la vitesse de l'eau dans le sable. Elle est de l'ordre de 2,5 $mm \cdot h^{-1}$ (moins de 1 μ par seconde) et varie beaucoup d'un point à un autre du réseau interstitiel. On ne sait pas encore d'où vient l'oxygène nécessaire à la respiration des animaux du psammon qui représentent souvent 25 à 250 mg de matière sèche par litre, alors que les besoins du milieu (respiration, oxydations) sont deux fois plus importants, au moins, que ne peut apporter l'eau de capillarité. Des échanges par diffusion depuis les bulles d'air emprisonnées dans le sable sont donc probables, cette diffusion étant accélérée par le courant qui fait office d'entraîneur.

STANGENBERG (1934) a qualifié ce milieu d'extrêmement eutrophe. JUGET (1961) a montré que la teneur en oxygène varie à l'intérieur du sable beaucoup plus en fonction de la nature du substrat qu'en fonction du temps et se trouve influencée par l'existence de plusieurs niveaux réducteurs à l'intérieur du sédiment. Ceux-ci influencent également les sulfates qui disparaissent l'été en profondeur par suite du métabolisme des bactéries sulfatoréductrices qui les transforment en sulfures noirs (sulfure de fer surtout). Le pH diminue, l'alcalinité augmente, la teneur en calcium aussi (fig. 62). La faune arrive à atteindre une profondeur de 30 cm dans le Léman où JUGET a travaillé.

Les Nématodes qui supportent le mieux le confinement du psammolittoral sont *Trilobus gracilis*, *Trilobus pseudo-allophysis*, *Dorylaimus stagnalis*, *Mononchus macrostoma*, etc. Parmi les Copépodes citons : *Phyllognathopus viguieri*, *Paracamptus schmeili*, *Parastenocaris fontinalis*, *Ectinosoma abrau*, *Elaphoidella gracilis*, *Paracyclops fimbriatus*, etc. (PONYI, 1960; DUSSART, 1965).

Les principaux rotifères du milieu psammique sont des *Cephalodella*,

Colurella, Dicranophorus, Lepadella, Monostyla, Lindia, etc. Ils ont été étudié notamment par RUTTNER-KOLISKO (1956) dans le lac Majeur où la plupart des espèces vivent là encore dans les premiers centimètres : sur 27 espèces de Rotifères dénombrés en surface, 4 seulement descendent jusqu'à 7 cm de profondeur.

Les Ciliés qui colonisent les premiers centimètres de l'hydropsammon sont nombreux mais ne représentent pas une énorme variabilité systéma-

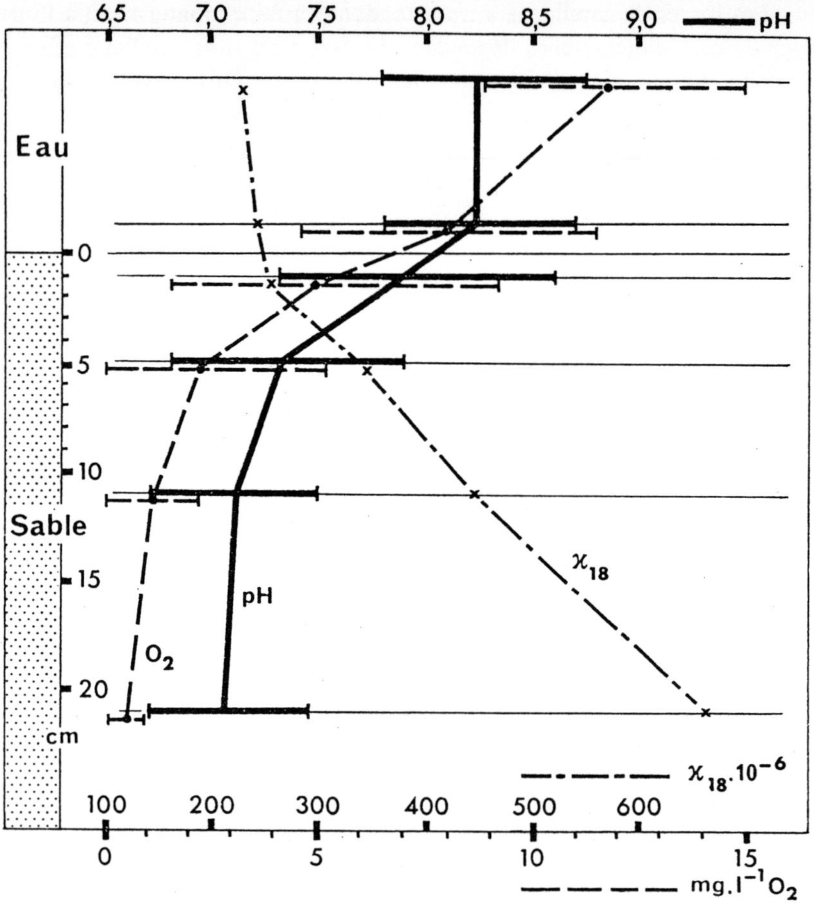

FIG. 62. — Variations dans la qualité des sables de la baie de Sciez dans le Léman en été, d'après JUGET, 1961.

tique. TAMAS et GELLERT (1960) les ont étudiés dans le lac Balaton, DRAGESCO (1960) dans le Léman.

Dans les dix à quinze premiers millimètres, la lumière arrive à pénétrer. Des algues y vivent. Ce sont pour beaucoup des Diatomées (*Navicula*,

Gomphonema, Synedra, Fragilaria, Epithemia) (TAMAS et GELLERT, 1960).

Le milieu psammique est caractérisé non seulement par la granulométrie de son constituant minéral, sa teneur en eau, le caractère évolutif de son peuplement végétal (en surface) et animal, mais aussi et surtout par le renouvellement continu de l'eau. Il y a transfert latéral et percolation continuels. C'est grâce à ce mouvement de l'eau que peuvent se peupler les espaces vides, se repeupler les zones momentanément desséchées.

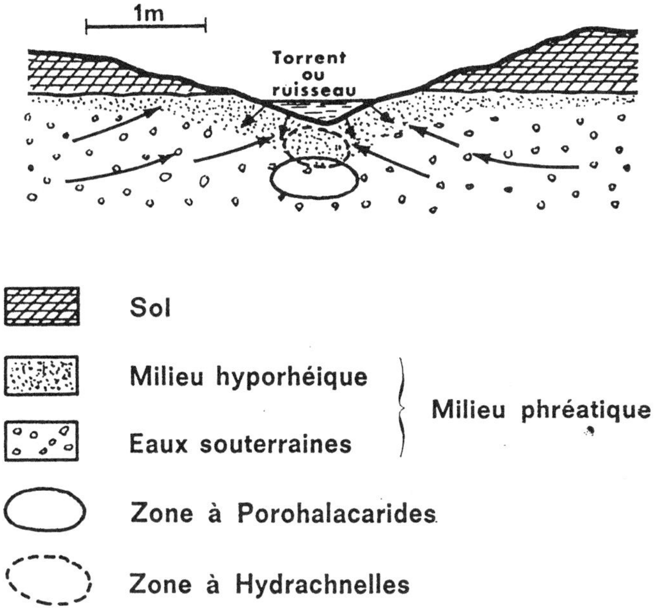

FIG. 63. — Coupe d'un torrent et répartition des Hydracariens d'après SCHWOERBEL 1961.

Dans les eaux courantes, le sédiment, souvent mal trié, constitue un milieu hyporhéique au sens d'ORGHIDAN (1959). La faune assez particulière qui l'habite s'apparente au psammon des zones littorales lacustres, mais se présente cependant davantage comme intermédiaire entre faune des eaux de surface et faune des eaux souterraines (fig. 63). Les conditions de milieu sont cette fois très voisines de celles des eaux qui baignent le sédiment, quoique atténuées : la température varie moins, le pH varie d'autant moins avec celui des eaux de surface que l'on s'éloigne des rives

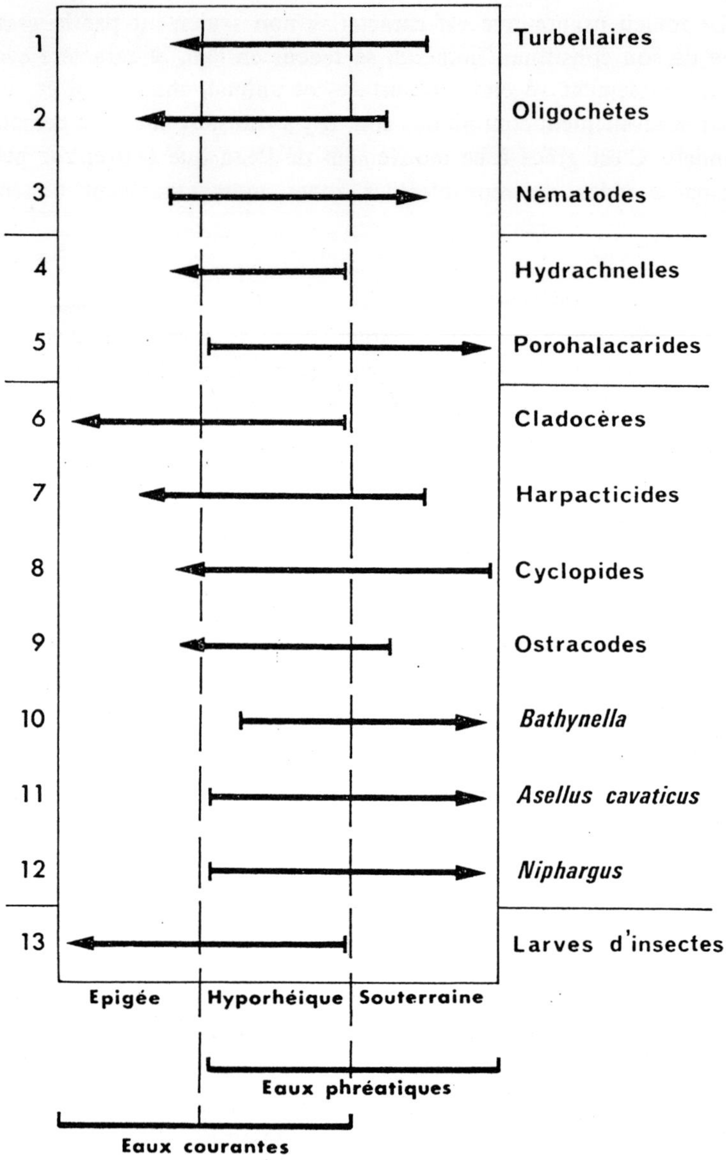

FIG. 64. — Origine, et transfert des faunes dans les eaux du domaine hyporhéique d'après SCHWOERBEL 1961.

du cours d'eau ou que l'on pénètre davantage dans le sédiment. Les variations peuvent être de l'ordre de 1 à 2 unités de pH exceptionnellement (ANGELIER, 1953) ; les valeurs sont le plus souvent 0,2 à 0,5 plus faibles qu'en surface. La teneur des eaux en oxygène diminue en général avec la profondeur mais est variable avec la distance horizontale à la rive par suite de l'influence plus ou moins marquée des eaux souterraines. En général, à partir d'une certaine distance de l'ordre de 1,20 à 1,50 m elle ne varie guère plus.

SCHWOERBEL (1961) estime d'après ses observations sur certains torrents de la Forêt Noire, que les eaux du milieu hyporhéique présentent le même « degré de pollution » que celles du torrent sus-jacent.

Les organismes qui colonisent ces eaux sont de deux origines : ou bien ils font partie de la faune épigée et s'enfoncent plus ou moins dans le sédiment, ou ils appartiennent à la faune souterraine et cherchent à se rapprocher des eaux libres (fig. 64). Les échanges sont possibles entre les trois milieux et sont même très souvent à l'origine de la productivité des milieux lotiques.

Dans le cas des hydracariens, les plus spécialisés parmi les organismes du milieu hyporhéique, rappelons avec SCHWOERBEL (1961) leur relatif cosmopolitisme malgré leur net sténotopisme. Ce sont des animaux petits relativement, au corps allongé plus ou moins renforcé par des plaques chitineuses et physiologiquement adaptés *(Ljania bipapillata).*

Certaines espèces ne vivent qu'à des altitudes définies dans les régions tempérées, tels ces curieux *Atractides*, dont *A. primitivus* qui ne vit pas au-dessous de 700 m ni au-dessus de 900 m. D'autres se cantonnent dans le milieu strictement hyporhéique, telles les Hydrachnelles, tandis que les Porohalacarides préfèrent la zone inférieure de ce milieu, voire les eaux phréatiques sous-jacentes.

Il est donc possible de distinguer, outre des espèces *stygobiontes*, essentiellement d'eaux souterraines, des *stygophiles* et des *stygoxènes* plus ou moins limités à ces eaux (SZALAY, 1949), des espèces *hyporhéobiontes*, *hyporhéophiles* et *hyporhéoxènes* dont l'adaptation au milieu hyporhéique est plus ou moins évidente.

CHAPITRE XIV

LA ZONE PÉLAGIQUE

Un lac est parfois caractérisé par le seul fait qu'il possède une zone pélagique. Il est de fait que le plus souvent les biocœnoses pélagiques lacustres présentent des particularités que ne semblent pas avoir, au moins avec la même valeur, les biocœnoses correspondantes des collections d'eau de très faible surface ou volume.

A. — LE PLANCTON

Il suffit de filtrer quelques litres d'eau naturelle de surface avec un filet de soie à bluter ou un simple bas fin pour se rendre compte de la richesse de la faunule et des végétaux microscopiques que contient cette eau en suspension constante. Nous devons à HENSEN (1887) le terme **plancton** qui est attribué à tout ce qui, vivant, flotte ainsi dans les eaux.

En fait, ce terme manque de précision et a vu sa définition plusieurs fois remaniée. En effet, la plupart des organismes du plancton ont un mouvement propre lié à une possibilité de nage plus ou moins cohérente ou à un tropisme plus ou moins actif. Ne sont considérés comme flottants que ceux dont les mouvements sont insuffisants pour contrecarrer les mouvements propres de la masse liquide dans laquelle ils vivent. La notion de plancton est donc en fait théoriquement liée à celle de mouvements de l'eau.

Dans la pratique, ne seront considérés du plancton que les organismes vraiment flottants et ceux dont la nage ne permet pas de se libérer des courants normaux (mouvement des vagues, courants de dérive, etc.). La taille de ces organismes joue un rôle évident dans ce concept. « Né » en mer à l'occasion de pêches pélagiques par J. MÜLLER, le plancton fait également l'objet d'études nombreuses et instructives en eaux continentales; une discipline s'est développée : la planctonologie.

Nous avons vu que la notion même de plancton était liée à celle de taille et de mouvement propre des organismes. Il est possible de définir des entités partielles à l'intérieur de cette notion, entités dont la réalité est liée aux méthodes d'approche et de recherches :

Ce sont :
— l'ultrananoplancton de moins de 2 μm ;
— le nanoplancton de 2 à 20 μm ;
— le microplancton de 20 à 200 μm ; (les organismes de 100 à 200 μm sont parfois groupés en un mésoplancton) ;
— le macroplancton de 200 à 2 000 μm ;
— le mégaplancton de plus de 200 μm (1).

En ce qui concerne les organismes de plus de 20 μm, on a coutume de les étudier souvent par prélèvement au filet (Net en anglais). On définit ainsi le **plancton tamisé** ou Net plancton, que l'on oppose parfois au nanoplancton *sensu lato* groupant tout ce qui a moins de 20 μm.

Comme le montre cette première classification, les organismes de moins de 20 μm doivent être collectés par d'autres moyens que la filtration. Les recherches récentes sur le nanoplancton et l'ultramicroplancton montrent que la plus grande partie de la synthèse organique en zone pélagique est le fait de ces micro-organismes trop petits pour être récoltés autrement que par centrifugation, sédimentation ou par la technique des lames immergées.

Ce sera une des grandes préoccupations du proche avenir que de mieux connaître ces micro-organismes et leur rôle (KRISS, 1961).

Plusieurs critères concourent pour donner au plancton sa valeur et ses qualités. Le premier de ces critères est la flottabilité de ces organismes végétaux et animaux qui vivent (pour beaucoup) toute leur vie, se reproduisent et croissent sans jamais être happés par la surface ni l'être par le fond. De très nombreux travaux sur cette question ont été effectués surtout au début du siècle (WESENBERG-LUND, 1900; LAUTERBORN, 1900; WOLTERECK, 1928; JACOBS, 1935). Des arguments ont été mis en avant, telles certaines « adaptations », cornes, appendices, ornementations, destinées à accroître

(1) Dans les eaux continentales, ce plancton est animal et généralement doué d'une faculté de mouvement telle qu'il peut être également considéré comme constituant un micronecton (cf. p. 369 et 407).

la surface de contact entre organismes et milieu. Il semble que la nature des actions qui permettent cette flottaison soit simplement et fondamentalement la turbulence des eaux, les phénomènes de diffusion tourbillonnaire jouant leur rôle dans les profondeurs.

Par ailleurs, dans le matériel ramené par un filet à plancton, il n'y a pas que des organismes, il y a également des éléments figurés d'origine minérale ou organique; ces éléments constituent le **tripton**. L'ensemble de tout ce qui flotte entre deux eaux, vivant ou mort, inorganique ou organisé, est ce que l'on nomme couramment le **seston**; c'est l'ensemble de ce qui reste sur un tamis quand on filtre de l'eau naturelle.

On peut établir dans le seston des coupures dimensionnelles analogues à celles présentées pour le plancton, soit :

— ultranannoseston de moins de 2 μ;
— nannoseston de 2 à 20 μ;
— microseston de 20 à 200 μ (le mésoseston fait 100 à 200 μ);
— macroseston de 200 à 2 000 μ;
— mégaloseston de plus de 2 000 μ.

(Voir aussi NAUMANN, 1931.)

Le plancton des eaux continentales est souvent constitué des mêmes éléments végétaux et animaux. Ces éléments ont une taille moyenne connue. Les crustacés et larves d'insectes, de mollusques, etc., sont les plus grands avec quelques Rotifères. Plus petits sont d'autres Rotifères, des infusoires et autres protozoaires et quelques algues plus ou moins coloniales. Plus petites encore sont beaucoup d'algues, des Cyanophytes, des Flagellés. Enfin, bactéries, champignons et microflagellés plus ou moins connus constituent la grande famille des infiniment petits.

Il y a ainsi, en quelque sorte, une relation grossière entre la taille des organismes et leur position systématique. La répartition des spécialistes des sciences naturelles en disciplines plus ou moins groupées (d'après un schéma historique plus que logique à l'heure actuelle), a incité les chercheurs à dénommer de cette façon phytoplancton, le plancton végétal et tout ce qui n'est pas animal quoique vivant (bactéries notamment) et zooplancton, le plancton constitué d'animaux.

La grande majorité des algues et bactéries étant de plus petite taille que les animaux et protozoaires contenus dans le plancton, on a vite confondu microplancton et phytoplancton d'une part, macroplancton et zooplancton d'autre part.

De nombreuses lacunes dans notre connaissance du monde aquatique provient de cette fâcheuse tendance à confondre taille et nature des organismes, système naturel et méthodes d'approche.

Le plancton colonise toutes les masses d'eau si petites soient-elles. Dans certaines d'entre elles, peuvent coexister des ensembles différenciables par la structure des populations, certains critères essentiels de répartition, certaines exigences écologiques. Pour différencier ces ensembles, on leur a donné des noms :

— Le *limnoplancton* est ce que l'on peut appeler le vrai plancton, ou plancton pélagique lacustre;
— L'*héléoplancton* est un plancton lié à la zone littorale que l'on trouve également en étangs, mares, flaques ; on sépare parfois de l'héléoplancton, vivant en zone littorale des lacs, le *telmatoplancton* inféodé aux eaux de petites dimensions (mares, flaques, ornières, etc.) plus ou moins temporaires ;
— L'*haliplancton* est inféodé aux eaux salées;
— L'*hypalmyroplancton* aux eaux saumâtres;
— Le *rhéoplancton* aux eaux courantes (on y distingue parfois un potamoplancton dans les fleuves et rivières et un rhitroplancton dans les ruisseaux et zones calmes de rivières à cours rapides (entité plus ou moins hypothétique).

On dénomme souvent aussi *tychoplancton* l'ensemble des organismes accidentellement planctoniques, comme les formes arrachées au littoral et entraînées dans le domaine pélagique par les courants et les formes pélagiques que l'on retrouve dans les eaux courantes des effluents.

L'étude des différents facteurs qui régissent la nature et la vie du plancton permettra de mieux comprendre la réalité de ces entités partielles.

1. NATURE DU PLANCTON

Tous les groupes d'organismes ne peuvent être représentés dans le limnoplancton : les Bryozoaires par exemple ne peuvent pas être planctoniques, non plus que les Characées. Bon nombre d'animaux, voire des végétaux, ne sont planctoniques qu'une partie de leur vie; c'est ainsi que certaines espèces parasites ont une forme larvaire planctonique leur permettant d'être avalée par un futur hôte; les quelques mollusques ayant une larve trochosphère *(Dreissena)* héléoplanctonique sont fixés par un byssus à l'état adulte.

L'exemple le plus typique est peut-être celui des Hydroïdes (Cnidaires) dont le stade polype est fixé et le stade méduse planctonique. Ces organismes constituent le *méroplancton* ou plancton temporaire, qu'on oppose parfois à l'holoplancton ou plancton vrai.

Parmi les groupes les mieux représentés dans le plancton des eaux continentales, citons :

des Cyanophytes et tout particulièrement les *Anabæna, Microcystis, Aphanizomenon*; des algues, Chlorophycées et parmi elles les Volvocales *(Volvox, Eudorina)*, Dinophycées *(Peridinium, Ceratium)*, Chrysophycées *(Dinobryon)* et surtout Bacillariophycées *(Tabellaria, Asterionella, Diatoma, Synedra, Fragilaria, Melosira)*.

Parmi les Protozoaires, il est quelques infusoires Spirotriches *(Tintinnopsis)*.

Mais ce sont surtout les Rotifères et les Crustacés qui constituent l'essentiel du zooplancton, les premiers surtout par des formes loriquées, les seconds par la sous-classe des Copépodes, celle des Ostracodes, l'ordre des Cladocères.

PENNAK (1957), étudiant un certain nombre de lacs du Colorado, montre combien pauvre en espèces (et riche en individus !) peut être en moyenne le plancton animal en général : il n'a pu dénombrer que 3 espèces de Copépodes (*Cyclops, Mesocyclops, Diaptomus*), et 2 à 5 Cladocères (*Daphnia, Bosmina, Diaphanosoma, Ceriodaphnia*) et 3 à 7 Rotifères (*Keratella, Filinia, Kellicottia, Asplanchna*, etc.). Cette pauvreté est le résultat de la compétition interspécifique qui, étudiée par de nombreux écologistes, a été érigée en principe, principe de GAUSE (CROMBIE, 1947 ; ODUM, 1959) de CABRERRA (PEARSE, 1939), de MONARD (ILLIES, 1952), de STEERE (KACZMAREK, 1963) et qui veut que « la compétition interspécifique dépend de l'importance de l'isolement écologique ou géographique des espèces étroitement liées (parentes) » (TRETZEL, 1955). Comme le rappelle UDVARDY (1959), ce principe a été ébauché par GRINNELL (1904) et devrait donc porter le nom de cet auteur plutôt que celui de GAUSE (principe d'exclusion par compétition ou de compétition excluante).

En dehors de ces éléments constants du plancton existent bon nombre de formes moins fréquentes mais souvent caractéristiques. Certaines ont déjà été citées; la larve du Diptère *Chaoborus* est étroitement liée aux eaux profondes et désoxygénées des lacs eutrophes; on rencontre parfois dans l'héléoplancton, des espèces épibenthiques et accidentellement planctoniques, telles que des Turbellariées, etc.

Tous ces organismes sont peu ou prou adaptés à la vie planctonique. Les animaux le sont par leur forme globuleuse ou épineuse, par leur aspect souvent translucide voire transparent (c'est le cas notamment du grand Cladocère *Leptodora kindtii*) mais surtout par leur aptitude à filtrer l'eau. Beaucoup de ces animaux ont des cils vibratiles qui entraînent un courant d'eau vers la bouche (Protozoaires Ciliés, Rotifères); d'autres ont des pattes natatoires munies de différenciations pectinées ayant le même objet; chez d'autres, ce sont les palpes mandibulaires et maxillaires qui ont cette fonction; ils peuvent ainsi amener à leur ouverture buccale un courant d'eau chargé de micro-organismes et particules nutritives et ingérer des proies qu'ils choisissent parfois.

2. RÉPARTITION DU PLANCTON

Dès que l'on cherche à surprendre et à comprendre les raisons de la répartition du plancton, de nombreuses difficultés surgissent. Les techniques sont loin d'être parfaites (ELSTER, 1958) bien que certains appareils puissent donner satisfaction pour l'étude du plancton tamisé de certaines masses d'eau (l'appareil de CLARKE-BUMPUS ou celui de UTERMÖHL par exemple). Les éléments végétaux du plancton ne réagissent pas de la même manière que les animaux et ne suivent pas les mêmes lois.

Le phytoplancton est distribué quantitativement de manière hétérogène. En un endroit déterminé, la densité de la population dépend des caractéristiques physiques du milieu, de sa composition chimique et de l'intensité du broutage. Il se constitue de cette manière des concentrations et des zones appauvries au sein d'une même masse d'eau (TONOLLI, 1958). De véritables *nuées* de plancton se répartissent ainsi en strates horizontales dans une masse d'eau (on parle parfois improprement d'essaims) et le passage d'une strate à l'autre est induit par certains tropismes. Ces nuées ont été étudiées par de nombreux chercheurs dont MCNAUGHT et HASLER (1961, 1964). Elles représentent soit des micro-agrégations soit des macro-agrégations. Les premières, étudiées par CASSIE (1959) se situent dans des aires de distribution de l'ordre de 10 cm^2 tandis que le modèle mathématique des secondes a été décrit par RAGOTZKIE et BRYSON (1953). Celles-ci sont en étroite liaison avec la turbulence des eaux (voir notamment BARTHELMES, 1960).

Pour bien comprendre la répartition d'une population planctonique, il faut avoir présentes à l'esprit les causes de cette répartition. Ce sont tout d'abord les exigences de chaque espèce présente : les exigences physiologiques (topies) en énergie et en matières nutritives et les réponses aux variations des facteurs de répartition ci-dessus (causes physiologiques primaires). Ce sont aussi les effets de la cohabitation et de la prédation (causes physiologiques secondaires). Interviennent ensuite les facteurs de reproduction, taux et vitesse (causes biologiques) et enfin les facteurs physiques, tels que température, courants, etc., liés aux variations mêmes du milieu (causes écologiques).

a) CAUSES PHYSIOLOGIQUES PRIMAIRES

Les exigences physiologiques essentielles à considérer en premier lieu sont celles liées aux topies; elles commandent la répartition géographique latitudinale et altitudinale des espèces. Certains êtres sont très eurytopes et peuvent de ce fait coloniser toutes sortes de milieux. Les sténotopes au contraire sont étroitement liés au milieu spécial auquel ils sont adaptés et ne survivent à ses variations que dans la mesure où celles-ci induisent l'évolution de leurs exigences écologiques.

Ainsi, sont les organismes sténothermes. Il existe aussi bien des thermosténothermes que des psychrosténothermes (cf. p. 349). Ces derniers se retrouvent dans les eaux de montagnes et les couches profondes lacustres en zone tempérée et nulle part ailleurs.

De même, il existe des espèces qui ne supportent pas certains éléments qui leur sont néfastes. Il existe des euryoxybiontes et des sténoxybiontes, des calcophobes, des ferrophiles. On retrouve les euryoxybiontes dans les zones profondes désoxygénées des lacs eutrophes en période de stratification et dans le monimolimnion des lacs méromictiques. Parmi les espèces de ce type citons la larve du Diptère *Chaoborus* qui, si elle vit bien dans les eaux normalement oxygénées, signale par sa faculté d'adaptation, les eaux désoxygénées des lacs eutrophes de la zone tempérée (lac de Nantua par exemple). De même, des espèces préfèrent les eaux peu chargées en réserves alcalines, donc mal tamponnées et à pH acide et d'autres ne trouvent leur optimum de développement qu'à pH alcalin et dans les eaux calciques.

Exigence en énergie : Les algues et autres organismes plus ou moins autotrophes doivent recevoir une partie de l'énergie dont ils ont besoin sous forme de radiations. Celles-ci arrivent par la surface des eaux. Le gradient d'assimilation est de ce fait l'inverse du gradient de désassimilation (respiration, sécrétions, excrétions). A une certaine profondeur, l'assimilation ne sera plus assez importante pour équilibrer la perte de matière par désassimilation. Cette profondeur montrera la limite entre **zone** dite **trophogène** et **zone** dite **tropholytique** où seuls les organismes hétérotrophes pourront vivre (si les conditions d'existence le permettent!). Cette zone trophogène n'excède que rarement quelques dizaines de mètres dans les lacs. Elle est bien mise en évidence par l'étude de la productivité primaire pour laquelle est mesurée *in situ* la quantité de carbone minéral assimilée et transformée en carbone organique par les organismes autotrophes (voir chap. XIX). Elle débute très près de la surface des eaux et son épaisseur varie avec les conditions d'éclairement. De très nombreux travaux ont été effectués sur ce que l'on a coutume d'appeler les *migrations verticales* du plancton. Ces travaux tendent à prouver que les algues planctoniques recherchent la lumière pendant la journée et se laissent descendre pendant la nuit à une certaine profondeur. Le phénomène n'est pas simple et encore insuffisamment expliqué. Il induit partiellement la migration des éléments animaux du plancton qui cherchent leur nourriture et la suivent *grosso-modo*. Les migrations verticales du zooplancton ont fait également l'objet de très nombreux travaux en mer comme en eau douce et d'études expérimentales. PÉRÈS et DEVÈZE (1963) en ont fait une synthèse instructive. Il semble à l'heure actuelle prouvé que ces migrations sont le résultat de tropismes à la fois photiques et nutritifs mais aussi de réactions à des conditions physiologiques mouvantes. L'importance de ces migrations ne peut échapper à l'observateur : KUFFERATH (1952) cite le cas des Cladocères du Tanganika, capables de migrer journellement d'une centaine de mètres, traversant deux fois par jour la thermocline principale qui ne constitue donc pas une barrière biologique. Il n'y a rien de plus spectaculaire pour l'hydrobiologiste que de se rendre de nuit à la surface d'un lac comme le Léman et de découvrir, grouillant dans les premiers décimètres d'eau un zooplancton qui, de jour, est rarissime à cette profondeur.

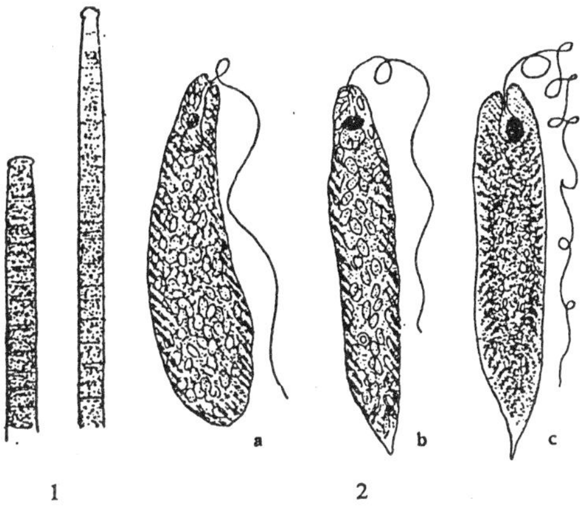

FIG. 65. — Espèces responsables d'eaux rouges.
1 : *Oscillatoria rubescens* (d'après GEITLER).
2 : *Euglena sanguinea* (a, b, d'après JOHNSON; c, d'après HUBER-PESTALOZZI).

C'est également en fonction de l'éclairement que se répartissent parfois horizontalement les nuées de plancton. Il est fréquent de constater, dans les petits lacs de montagne ou les étangs de forêt une répartition tournante des masses planctoniques qui recherchent, pour les unes l'éclairement maximum des zones optiquement libres et pour les autres le sous-bois ou les zones d'ombres (ombres des arbres, des montagnes environnantes, etc.). Une étude quantitative du plancton doit tenir compte de tous ces facteurs qui font intervenir l'heure et l'orientation du ou des points de prélèvements.

Cette observation est surtout aisée dans les étangs à *Aphanizomenon* et à *Euglena sanguinea* et les lacs à *Oscillatoria rubescens* ou à *Arctodiaptomus bacillifer* (DUSSART, 1948), ces trois dernières espèces colorant en rouge les eaux quand elles s'accumulent en surface (eaux rouges) (fig. 65).

Exigence en matières nutritives : La distribution du plancton en fonction des matières nutritives est beaucoup moins étudiée. Les exigences biologiques du phytoplancton sont connues pour un certain nombre d'espèces (RODHE, 1948). Les oligoéléments minéraux ou organiques liés au métabolisme des planctontes sont souvent des facteurs limitant la croissance des algues ou gênant par leur trop grande concentration leur développement. Les produits d'excrétion jouent un rôle là où la densité des populations est la plus forte à un moment donné.

De plus, les substances dont les algues ont besoin proviennent parfois d'affluents ou de déversoirs, surtout dans les régions polluées. La répartition horizontale du plancton peut en être localement affectée. Ainsi, à son entrée dans le Léman, le Rhône perturbe la répartition des phosphates; là où l'action de cet affluent n'est pas décelable, il y a dépendance directe du plancton (quantitativement) et des phosphates; là où elle se fait sentir, la dépendance est *grosso-modo* inverse (les phosphates ne sont plus le facteur limitant la croissance des populations) (NISBET et DUSSART, 1948).

Dans les grands lacs ou ceux constitués de plusieurs bassins, il peut y avoir une certaine hétérogénéité dans la répartition des substances et sels dissous, qui entraînera une certaine hétérogénéité dans la répartition du plancton et dans sa composition qualitative et quantitative. Ainsi, dans le Léman, d'Yvoire à Genève (petit lac ou lac de Genève), les dominantes planctoniques ne sont pas les mêmes que dans le grand lac, d'Yvoire à Montreux ; le petit lac, moins profond, a atteint en effet un stade d'évolution plus avancé que le grand.

Il en est de même entre l'Untersee et l'Obersee au Bodensee (KIEFER, 1960), dans les grands lacs américains et notamment le Michigan (comparé à la Green Bay et à la Grand Traverse Bay), le Huron (comparé à la Saginaw Bay) ou le lac Erié (comparé à son bassin occidental). Des observations analogues ont été effectuées au Tanganika et sont courantes dans l'étude des lacs-réservoirs et de barrage qui sont le plus souvent caractérisés par l'existence de nombreuses baies profondes (vallées secondaires noyées) et d'un gradient horizontal de l'amont vers l'aval des conditions hydrologiques et hydrochimiques. La distribution du zooplancton est souvent affectée dans l'étage littoral (voir p. 380) par la présence de macrophytes qui constituent à la fois un abri pour des espèces euplanctoniques littorales et un support pour celle faisant partie du biotecton. La densité planctonique dans ce milieu particulier est 10 à 50 % moindre que dans les eaux libres voisines. De plus, certaines espèces ne se rencontrent que là, d'après PENNAK (1966) tandis que d'autres sont inféodées aux eaux libres. Dans le cas de lacs situés dans le Colorado, les espèces zooplanctoniques de Copéopdes, Cladocères et Rotifères peuvent ainsi être classées dans une des catégories suivantes :

— espèces restreintes à la zone de végétation, rares en eau libre ;
— espèces communes aux deux milieux ;
— espèces pélagiques jamais abondantes dans la végétation macrophytique.

La répartition verticale du plancton est également sous la dépendance de cette distribution des substances nutritives. Nous avons vu que les organismes autotrophes vivent dans la zone trophogène et s'y répartissent en fonction de leurs besoins en radiations et en substances minérales nutritives.

Dans la zone tropholytique, les hétérotrophes recherchent les zones où la respiration est possible (zones aérobies) à moins que ce ne soient des organismes adaptés à d'autres conditions de vie Ils recherchent également les zones où la nourriture leur est favorable. Les détritivores préfèrent les profondeurs où arrivent les cadavres des éléments supérieurs; ceux qui sont davantage microphages vivront au-dessous, se réservant les miettes et déchets des précédents, etc. Comme en mer, il y aura ainsi superposition de strates planctoniques de natures variées; cependant elles seront nettement moins individualisées parce que la profondeur n'est que rarement suffisante et que les autres facteurs de répartition viennent contribuer pour une plus large part à cette distribution.

Dans les lacs méromictiques cette répartition verticale hétérogène est particulièrement spectaculaire. Dans le Tanganika, il n'y a de stratifié que l'oxygène dissous et la température. La plupart des composés minéraux se retrouvent à la même concentration de la surface au fond. Le plancton animal ne vit guère que dans les 120 à 200 premiers mètres (sur plus de 1 400!); il migre quotidiennement entre cette profondeur et les couches superficielles. Au-dessous, la vie n'est qu'anaérobie et seules des bactéries (notamment des Sulfuraires) peuvent prospérer aux dépens de la pluie de cadavres qui s'abat continuellement vers les couches profondes. Par des phénomènes encore mal expliqués de diffusion et de turbulence, les substances minérales libérées par l'action bactérienne sont remises en circulation dans le circulolimnion, empêchant la constitution d'une véritable chémocline. Il y a pourtant, par le seul jeu de la distribution de l'oxygène, une répartition verticale du plancton liée essentiellement à cet élément indispensable aux êtres aérobies.

b) Causes physiologiques secondaires

Tout organisme vivant effectue des échanges avec le milieu dans lequel il vit. Ce sont des extractions (CO_2, O_2, substances organiques et minérales nutritives dissoutes, nourriture figurée); ce sont aussi des apports, sécrétions et excrétions, produits du métabolisme (exocrines), éléments figurés de reproduction, etc.

Ces échanges créent deux sortes de liens : liens avec les organismes qui cohabitent dans le milieu; liens avec le milieu lui-même.

Nous ne nous étendrons pas ici (cf. chap. XX) sur les liens de nutrition, ils sont évidents. Ce sont les produits exocrines qui nous retiendront quelque peu. Nous savons déjà que certaines algues produisent dans certaines conditions des produits métabolitiques qui peuvent provoquer soit un autoantagonisme, soit un hétéroantagonisme (Lefèvre, Jakob et Nisbet, 1952), soit encore une stimulation (Lefèvre, 1964). L'évolution des fleurs d'eau est essentiellement liée à ces produits du métabolisme des algues. Le cas particulier de l'élimination de *Hæmatococcus pluvialis* par *Chlamydomonas reinhardti* a été expliqué par Proctor (1957); elle est due à la sécrétion par cette dernière espèce d'un mélange d'acides gras à longues chaînes en milieu alcalin. Beaucoup de ces produits exocrines, synthétisés par les algues et flagellés, sont des polysaccharides; certains sont thermostables, d'autres thermolabiles. Leur étude détaillée est en cours et fait l'objet des préoccupations de nombreux biochimistes à l'heure actuelle.

Chez les animaux, des causes d'actions à distance sur la morphologie des Rotifères sont connues (De Beauchamp, 1952).

Chez certains infusoires, des phénomènes analogues sont connus (Tuffrau, 1959). Roy (1932), sans toutefois exprimer d'explication de ce phénomène, cite la curieuse élimination de *Diacyclops bisetosus* par d'autres espèces de Copépodes et de Cladocères alors qu'il n'y a ni manque de nourriture appropriée, ni prédation.

La prédation joue également un rôle certain. Bamforth (1958) cite le cas d'un étang dans le jardin botanique de Philadelphie où la majorité des ciliés apparaît en trois vagues : en janvier les *Urotricha* (Holophryidæ), puis au printemps des *Phascolodon vorticella* et Hypotriches (Oxytrichidæ) et enfin en été de grands Holophryidæ.

Or, les *Urotricha* se développent grâce à la poussée de Chrysomonadines, les *Phascolodon* se nourrissent aux dépens de *Gonium*.

On sait par ailleurs le rôle que jouent les grands Copépodes et Cladocères dans la raréfaction de certaines espèces dont ils se nourrissent électivement.

c) Causes biologiques

La disparition, dans le plancton, d'une espèce n'est possible que si cette espèce se reproduit moins rapidement et en moins grand nombre qu'elle n'est ingérée par les prédateurs. Les formes prolifiques, ou à cycle court, auront donc davantage de chances de se maintenir que celles qui ont un développement lent, compliqué (métamorphoses) et pondent ou se reproduisent parcimonieusement.

Quand les conditions sont favorables, une bactérie se scinde toutes les dix à vingt minutes, une algue *(Cosmarium)* toutes les 36 à 48 heures. Un Rotifère *(Eosphora)* pond un œuf parthénogénétique toutes les 24 à 36 heures pendant une semaine, un Copépode *(Eucyclops)* pond deux sacs ovigères contenant 10 à 20 œufs tous les 3 à 5 jours pendant un mois, une Daphnie *(Daphnia)* met au monde 3 à 8 larves parthénogénétiques tous les 5 à 8 jours (Pacaud, 1939). Il y a de toute évidence de grandes différences dans le taux de survie de toutes ces formes. Ainsi, une espèce pourra proliférer rapidement si les conditions sont favorables et si la prédation est moins importante que le taux de reproduction. Celui-ci, par le jeu des formes de durée (kystes, stades de repos, hibernacles, etc.) pourra être momentanément faible et permettre cependant l'apparition massive d'une espèce. C'est le cas lorsque les éphippies de Cladocères, déposées souvent en grand nombre au fond d'un lac, trouvent des conditions favorables à leur éclosion (Dussart, 1952), ou encore quand les stades de repos de Copépodes (5e stade copépoditique notamment) se mettent à reprendre une activité qui les conduit très vite au stade adulte reproducteur.

d) Causes écologiques et physiques

Les très nombreuses démonstrations que l'on trouve dans la littérature contemporaine des migrations de plancton au sein d'une masse d'eau ne tiennent que rarement compte des changements continus de qualités physiques des eaux, en un point et à une profondeur donnés, par suite des fluctuations périodiques ou non des facteurs externes qui viennent sans arrêt modifier les conditions de vie ou déplacer les masses d'eau. Nous avons vu (chap. V), quelle pouvait être l'importance des apports thermiques dans l'installation d'une stratification et sur l'épaisseur de l'épilimnion; nous avons vu également le caractère périodiquement instable de cette stratification par suite de l'influence des vents (seiches internes).

Les masses planctoniques, qui suivent les masses d'eau, vont donc migrer avec elles et il sera parfois difficile de situer la couche limite entre zone trophogène et zone tropholytique. Il y aura aussi interférence entre ces deux zones aux extrémités du lac entrant en résonnance. La multiplication des observations sera dans ce cas le seul moyen d'éviter des erreurs d'interprétation.

Cependant, il faut remarquer que les mouvements propres de certains éléments du plancton sont parfois suffisants pour lutter efficacement contre ce facteur d'hétérogénéité, de répartition. En effet, la vitesse propre de la plupart des zooplanctontes est du même ordre de grandeur que la vitesse des courants de pente ou d'ondes internes (composantes verticales au moins) soit quelques millimètres à quelques centimètres-seconde. Dumont (1972) fait intervenir la recherche d'un espace vital optimum pour expliquer les migrations inverses qu'il a constatées dans un petit lac peu profond de Belgique. Cette recherche d'espace vital est la conséquence d'une compétition entre espèces.

3. SUCCESSION DANS LE TEMPS

Les composantes du plancton ne varient pas que dans l'espace. Il est facile de s'en convaincre en retournant périodiquement au même endroit et en effectuant des prélèvements à différentes profondeurs. L'unité de périodicité peut être l'heure, le jour, la semaine, la saison, l'année et les longues périodes. Les conditions météorologiques jouent un rôle certain sur cette périodicité.

a) L'heure

Nous avons vu que la plupart des organismes planctoniques étaient phototactiques et thermotopiques. En surface, au lever du jour, il peut y avoir, en zone tempérée, beaucoup de phytoplancton. Certains de ses éléments s'enfoncent de quelques décimètres à quelques mètres dès l'apparition du plein jour et restent ainsi jusqu'au crépuscule du soir où ils tendent à s'enfoncer encore pour remonter à l'aube en surface (formes flagellées). Ruttner (1952) signale ce genre de migration chez *Eudorina elegans* dans le lac Ranau (Sumatra), Lefèvre (communication verbale) chez *Euglena sanguinea*. Le zooplancton présente les mêmes particularités, au moins chez certaines espèces, mais à l'inverse des précédentes il y a migration vers la surface dès la fin de l'après-midi, surtout à la tombée de la nuit et retour vers les eaux profondes dès le deuxième partie de la nuit, bien avant l'aube. Nombreuses sont les formes qui ne participent pas à cette migration ou qui présentent une forme particulière de répartition; c'est un des grands intérêts des recherches dans ce domaine que de montrer l'absence de règle générale en matière de déplacements du plancton : chaque espèce, chaque sexe, chaque stade répond différemment aux stimuli de la lumière et des radiations nocturnes. Les premiers stades de *Eudiaptomus gracilis* ne migrent pas tandis que les mâles arrivent en surface dès le crépuscule du soir pour descendre pendant la nuit; les femelles de leur côté n'arrivent dans les couches supérieures que la nuit tombée et y restent plus longtemps. Beaucoup de Rotifères ont tendance à descendre pendant la nuit *(Polyarthra)*, certains nauplii de Copépodes aussi. Il est même des modifications de comportement d'une même espèce d'un lac à l'autre.

Certaines de ces migrations ont été reliées aux variations horaires de teneur en CO_2 *(Daphnia* par exemple), donc de pH; d'autres seraient dues au mode d'alimentation : CLARKE aurait même prouvé que le phototropisme négatif des individus bien nourris était inversé chez les individus à jeun (d'après PÉRÈS et DEVÈZE, 1963).

b) LE JOUR

Outre l'influence du cycle nycthéméral ci-dessus évoqué, les organismes du plancton subissent celle des facteurs météorologiques dont les fluctuations, quoique périodiques, n'ont pas la régularité du jour et de la nuit.

Certains jours très nuageux, les migrations seront très atténuées, les radiations calorifiques n'arrivent pas en surface avec la même intensité que par soleil visible, la température de surface n'atteint plus les mêmes valeurs et le métabolisme, ainsi que le taux de reproduction des organismes, en sont modifiés.

La vitesse avec laquelle les populations évoluent change également car les taux de croissance sont aussi modifiés. Tous ces facteurs interfèrent et agissent individuellement et collectivement pour faire de la population planctonique considérée une entité changeante jour après jour. A cette unité de temps les ondes internes elles-mêmes jouent un rôle dans le devenir de cette population. (La période d'oscillation du Léman en été est de près de 4 jours au niveau du métalimnion). Cette apparente variabilité a souvent dérouté les planctonologistes débutants... Elle obéit pourtant à des lois que l'écologiste cherche à découvrir puis à vérifier.

c) LA SAISON

De nombreux organismes planctoniques ont un mode de reproduction variant avec la saison. D'autres sont sensibles aux variations de température, d'ensoleillement, de conditions de milieu. Il peut y avoir cyclomorphose, ou changement de forme (de morphologie) avec le temps. Nous avons vu (chap. XII E) que les Daphnies *(Daphnia cucullata*) présentaient ainsi une capsule céphalique changeant de forme avec le temps (WESENBERG-LUND, 1900).

Dans le cas de variations dans le temps des conditions de reproduction, le cas des Cladocères est, là encore, bien connu : les *Daphnia* sont successivement parthénogénétiques (amictiques) et sexuées (mictiques).

Les Rotifères, de même, présentent en fonction de la durée du jour, une période de reproduction asexuée ou sexuée (POURRIOT, 1963). Des relations de prédation peuvent aussi amener les populations à changer de dominantes; le cas des Protistes a déjà été évoqué. Le phénomène de broutage peut également entraîner la quasi disparition d'une espèce végétale.

D'autres fois, ce sera le parasitisme qui pourra amoindrir une population; le cas est toutefois rare.

Habituellement, le phytoplancton présente deux maxima de croissance :

1) au printemps, par suite de l'augmentation de la température et de la plus grande durée du jour. Cet accroissement favorise le développement des animaux herbivores qui auront leur maximum au début de l'été et verront s'amenuiser leur densité quand la nourriture commencera à faire défaut ;

2) A l'automne, les algues en profitent pour s'accroître à nouveau en nombre avant de se voir limitées par les conditions physiques défavorables au début de l'hiver.

Le plancton est ainsi alternativement sous des influences bénéfiques ou défavorables qui induisent sa qualité et sa quantité. Chaque année, ces fluctuations se retrouvent aux mêmes conditions météorologiques et biologiques. A ces modifications saisonnières dues aux conditions *in situ*, viennent s'ajouter celles induites par les affluents et effluents qui perturbent les couches de surface, au moment des crues et entraînent, parfois fort loin, des quantités importantes d'organismes qui se retrouvent, souvent morts, dans les masses d'eau en aval (TONOLLI, 1955).

d) LES PÉRIODES PLUS LONGUES

Si les variations horaires et celles liées aux saisons sont celles qui ont fait l'objet du plus grand nombre d'études, il n'en faut pas moins considérer ici les modifications qualitatives et quantitatives de teneur en plancton qui sont dues aux fluctuations climatiques et celles induites par l'évolution propre des masses d'eau. Les premières sont celles qui font reculer les glaciers ou rechercher un millésime en viticulture. Quelles que soient les raisons qui motivent ces variations, on doit en discerner deux sortes : les périodiques et les apériodiques; ces dernières se confondent parfois avec celles qui provoquent l'évolution propre des masses d'eau et auxquelles s'ajoutent les conséquences de l'activité des organismes vivants (homme compris) sur l'eau ou à ses abords.

Ainsi, les modifications qualitatives et quantitatives constatées dans le plancton du Léman, entre le début du siècle et aujourd'hui, sont partiellement dues à des phénomènes cycliques (années sèches, années humides, froides, peu ensoleillées, etc.) et à l'évolution propre des populations lacustres et paralacustres (FOREL, 1904; BÉTANT, 1918; DUSSART, 1948; MONOD, 1956). Avec assez de recul, certaines des constatations concernant ce problème peuvent être classées successivement dans les phénomènes apériodiques puis périodiques. Il en est souvent ainsi, notamment en matière d'évaluation du degré de pollution d'un lac (HUBAULT, 1947; BATIAS, 1954, en ce qui concerne le lac du Bourget).

B. — LE NEUSTON

Le domaine planctonique mal délimité vers le bas où il s'imbrique avec le domaine benthique, et latéralement avec le domaine littoral (passage progressif à l'héléoplancton), s'arrête brutalement à l'interface eau-air. Cette interface est non seulement une paroi physique à travers laquelle des échanges continus interviennent, mais aussi un support pour des formes aériennes plus ou moins mouillables qui viennent se « coller » à la surface de l'eau et vivre dans le microclimat très particulier créé par le contact air-eau. Des formes aquatiques utilisent cette paroi, mouvante et sans cesse reconstituée, comme support ou comme moyen d'échanges rapides avec l'atmosphère.

Parmi les espèces « aériennes », existent des plantes flottantes telles que les *Lemna, Eichhornia* qui forment un **pleuston** très apparenté à celui que constituent les parties aériennes des plantes aquatiques supérieures à feuilles flottantes *(Nymphea, Potamogeton, Ranunculus, Sagittaria).* L'*épineuston* comprend les organismes végétaux microscopiques et animaux aériens de surface, petit monde à part sillonné par les Hétéroptères *(Gerris, Hydrometra)* et où sautillent les Collemboles.

D'autres hôtes de la surface de l'eau ont des systèmes d'accrochage adaptés comme cette curieuse Chrysophycée *Ochromonas vischeri* (BOURRELLY, 1954) munie d'un pédoncule (fig. 66) ou cette Chroococcacée *Nautococcus* qui repose sur la surface de l'eau à la manière d'une goutte de mercure sur une plaque de métal et qui y adhérerait par un disque (flotteur).

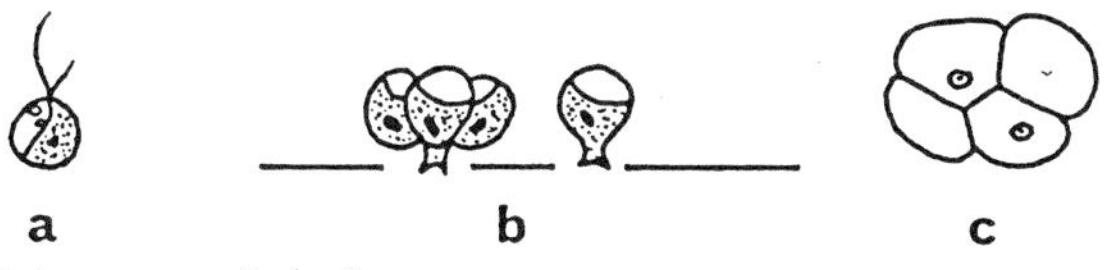

FIG. 66. — *Ochromonas vischeri*
a = une cellule. b = pseudokystes neustoniques.
c = vue postérieure d'un pseudokyste à 4 cellules et deux pédoncules d'après BOURRELLY 1954.

Indépendamment des voiles bactériens qui sont fréquents et bien visibles à la surface des eaux, la prolifération de certains de ces organismes épineustiques peut provoquer la formation d'une tache colorée parfois étendue dans certains lacs alpins. Cette tache peut être irisée, verte, rouge, suivant la nature des éléments qui la composent et ne doit pas être confondue avec les saupoudrages de pollens fréquents dans les zones boisées.

L'**hyponeuston** est constitué d'organismes essentiellement aquatiques dont certaines Diatomées, des Chrysophycées (Craspedomonadines), des Protozoaires même *(Arcella)*, qui servent de nourriture à de nombreux organismes du plancton et notamment à des crustacés et des insectes; parmi eux, citons des Cladocères *(Dadaya macrops* (FRYER, 1956), *Scapholeberis kingi)*, des Ostracodes *(Oncocypris mülleri, Notodromas...*), des larves de Culicides, etc. Ces organismes ne sont pas strictement liés à l'interface eau-air et peuvent pénétrer plus franchement au sein de l'eau.

D'autres organismes peuvent être momentanément hyponeustiques, tels certains Cladocères dont la chitine a une mouillabilité telle que si, par mégarde, ils s'approchent trop près de la surface de l'eau dont la tension à 20 °C est, rappelons-le, de 20 à 70 dynes.cm^{-1}, ils se trouvent littéralement happés par elle et ne peuvent plus se libérer. Ils restent ainsi « collés » à l'interface eau-air. C'est le cas des *Bosmina* et des *Daphnia.*

La prolifération massive d'algues et de Cyanophytes, souvent à vacuoles gazeuses, peut amener également la formation momentanée d'une fleur d'eau de surface qui constitue parfois un élément prédominant de l'hyponeuston; c'est le cas dans le lac d'Eguzon avec *Cœlosphærium nægelianum*, *Anabæna spiroïdes*, *Uroglenopsis americana* à certaines périodes de l'année (VIVIER, DUSSART *et al.*, 1956).

C. — LE NECTON

Pour les organismes de grande taille, le terme de **necton** a été introduit; il a été généralisé à tout ce qui, vivant, est capable de nager librement et de déterminer ainsi sa propre distribution spatiale au sein de la masse d'eau.

Les composants essentiels du necton sont, en eaux continentales, les poissons. Viennent s'y associer parfois quelques Crustacés (DUSSART, 1965), des Mammifères, Batraciens, etc.

CHAPITRE XV

LA ZONE PROFONDE

Nous avons vu que la zone littorale présentait plusieurs biocœnoses que nous avons appelés rhizomenon, biotecton, pelon, psammon. Quand la profondeur s'accroît, plusieurs de ces communautés subsistent groupées sous le vocable d'ensemble de **benthon.**

La raréfaction, puis la disparition du rhizomenon et du biotecton s'expliquent aisément. Ces derniers sont tous les deux liés d'une part à un substrat solide (pierres, roches, sol sous-lacustre consistant), d'autre part à la possibilité de pénétration des rayons lumineux nécessaires aux organismes chlorophylliens. Ils n'en existent pas moins jusqu'à une profondeur importante (60 à 70 m dans le Léman, le Baïkal, etc.)

Au contraire, en profondeur, le pelon devient prépondérant en même temps que la formation sédimentaire qui caractérise la masse d'eau considérée : vase, boue, tourbe, etc. et à laquelle il est associé. La présence de fonds sableux, qu'ils soient littoraux ou profonds, entraîne celle du psammon.

Nous voyons ainsi se constituer une séparation assez arbitraire entre deux ensembles qui ne se différencient que progressivement et seulement à cause de l'hétérogénéité du sol sous-lacustre : une zone littorale et une zone profonde, la première à dominante végétale et liée à des substrats fermes, la seconde à dominante bactérienne et animale et liée à des substrats semi-fluides.

Entre eux, une zone sublittorale s'étend de part et d'autre de la limite inférieure d'action des vagues et houles de surface qui coïncide souvent avec la profondeur limite de visibilité (au disque de Secchi). Elle va, dans les grands lacs subalpins, de 6 à 20 m environ (jusqu'à 50-70 m dans certains cas).

Enfin dans quelques grands lacs, on distinguera, à partir d'une certaine profondeur, une zone abyssale; c'est le cas dans le Baïkal au-dessous de 500 m (BAZIKALOVA, 1945; VERESHCHAGIN, 1949; KOZHOV, 1963), où vivent un certain nombre d'espèces plus ou moins endémiques adaptées à la vie dans les grands fonds.

Suivant que l'on utilise comme critère de classement des critères géographiques, limnologiques ou biologiques, on appellera ces ensembles des zones, des étages ou des systèmes. Ces coupures ne coïncident pas toujours : la profondeur, la morphologie et la nature du sédiment, réparti souvent en mosaïque, sont les critères importants pour le géographe. La température, les courants, les affluents et leur action, les qualités physiques de l'eau viennent s'ajouter aux précédents pour le limnologue. Le résultat de tous ces critères est seul considéré par les biologistes qui en constatent l'interdépendance et les effets sur la flore, la faune et leur répartition (fig. 67).

A. — ÉTAGE SUBLITTORAL

Il est caractérisé par une profondeur suffisante pour que les vagues déferlantes n'aient plus d'action directe, bien que les houles y exerçassent encore leur action.

Les variations de température y sont souvent importantes et liées à la saison. L'intensité des radiations lumineuses, arrivant au fond, diminue avec la profondeur mais n'est jamais nulle. Le substrat est le plus souvent hétérogène et constitué de blocs, cailloux, sables, sablons, boues, etc.

Le nombre d'espèces végétales est encore grand, mais elles ne sont plus représentées que par des algues microscopiques constituant un feutrage (pellicule superficielle) et par quelques rares muscinées. Les espèces animales sont nombreuses dans la partie supérieure et se raréfient brusquement dans la partie inférieure de l'étage; ce sont surtout des mollusques, vers et insectes.

Il est possible de suivre le passage des faunes de l'étage sublittoral à l'étage bathyal; ainsi les Hirudinées, nombreuses dans l'étage sublittoral, font place aux Turbellaires. puis laissent elles-mêmes la place aux Oligochètes. Dans le Léman, au niveau de l'espèce, les Oligochètes suivants caractérisent ces deux étages :

Étage sublittoral :	Étage bathyal :
Peloscolex ferox	*Peloscolex velutinus*
Limnodrilus claparedeanus	*Limnodrilus helveticus*

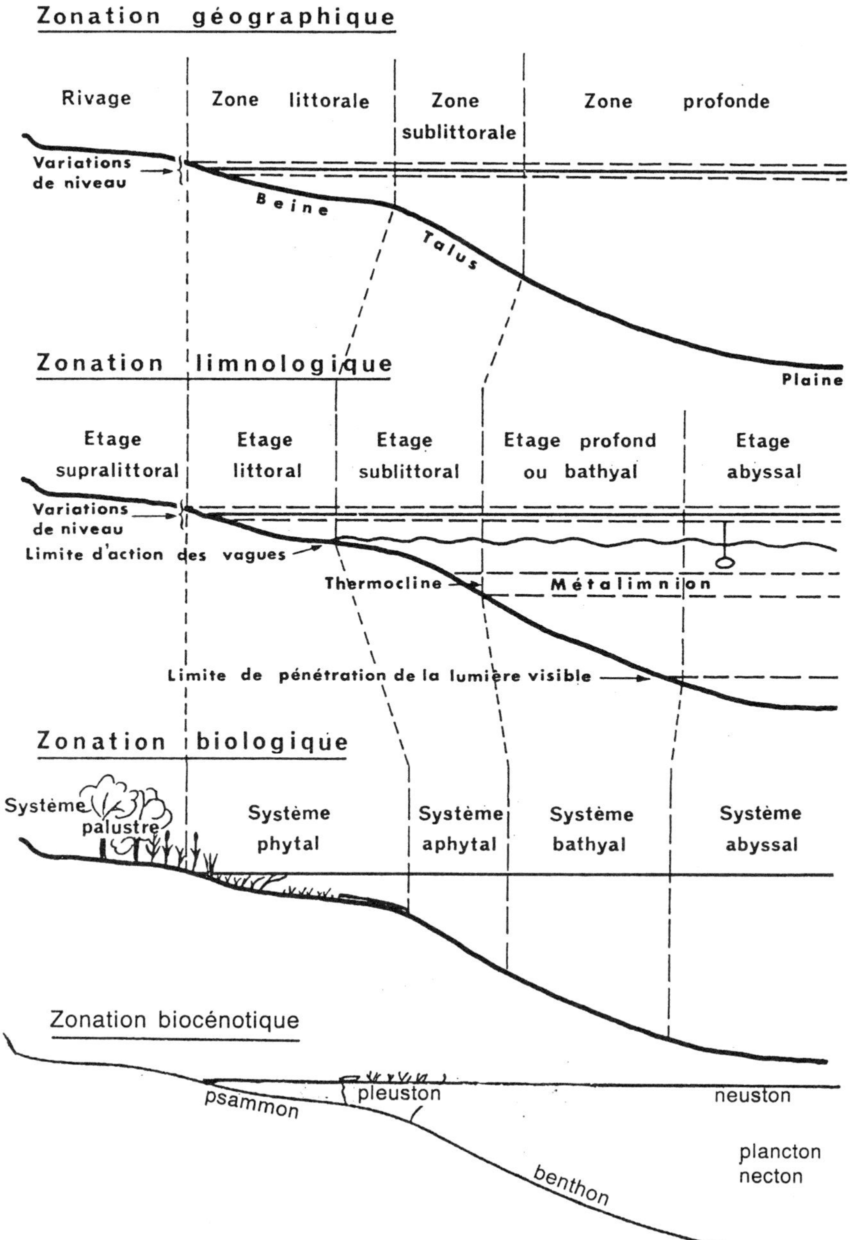

FIG. 67. — Zonations en lac

L'étage sublittoral est caractérisé par sa richesse, non seulement qualitative mais aussi quantitative. Les matériaux nutritifs proviennent de l'étage littoral par sédimentation (décantation). C'est donc une région lacustre très intéressante, où la concurrence vitale est maximum. C'est dans cette zone que cohabitent des formes venant du littoral et d'autres

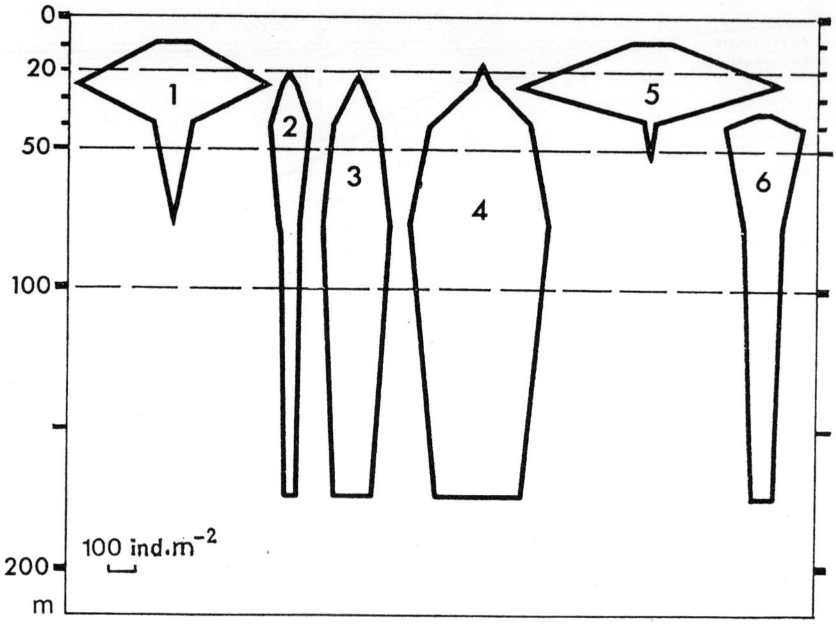

FIG. 68. — Répartition verticale des Amphipodes et Isopodes dans le lac Ohrid, d'après STANKOVIĆ 1955.

1 = *Rivulogammarus ochridensis ochridensis.*
2 = *Rivulogammarus ochridensis abyssalis.*
3 = *Niphargus foreli ochridanus.*
4 = *Synurella ambullans longidactylus.*
5 = *Asellus gjorgjeviči litoralis.*
6 = *Asellus gjorgjeviči gjorgjeviči.*

inféodées aux eaux profondes. STANKOVIĆ (1955) cite le cas de deux *Rivulogammarus* dont l'un colonise les profondeurs et atteint 20 m *(R. ochridensis abyssalis)*, tandis que l'autre, dont le maximum de développement se situe à 25 m, descend jusqu'à 70 m. Il en est de même de deux Isopodes du genre *Asellus* (fig. 68).

LENZ (1955) assiste à la disparition des Tendipedidæ à cet étage dans le lac Majeur.

Il existe également des formes eurybathes que l'on retrouve dans le benthon à tous les étages et notamment des mollusques et larves d'insectes (Diptères) qui se nourrissent là du biotecton ou qui constituent les éléments essentiels du pelon.

B. — ÉTAGES BATHYAL ET ABYSSAL

La vie végétale n'y est plus possible ; c'est le domaine des bactéries et, si le milieu est encore oxygéné, d'un certain nombre d'animaux limicoles (les animaux limicoles sont dits parfois aussi iliophages), détritivores ou saprophages.

Dans les lacs aux couches profondes désoxygénées en période de stratification thermique, de nombreux animaux peuvent encore subsister dans des conditions de vie encore mal précisées. Tels sont les Protozoaires des genres *Pelomyxa*, *Difflugia*, *Colpidium*, *Gyrocoris*, *Peranema*, *Coleps*, *Loxophyllum*, *Paramecium*, *Prorodon*, *Lacrymaria*, *Uronema*, *Monas*, *Metopus*, *Spirostomum*, *Loxodes*, *Stentor*, *Enchelys*, etc., des Nématodes *(Hydromermis)*, des Oligochètes *(Tubifex*, *Limnodrilus)*, des Rotifères *(Philodina)*, des Gastrotriches *(Chætonotus)*, de nombreux stades de repos de Crustacés (Copépodes et Cladocères), des Insectes *(Chironomus*, *Protenthes*, *Chaoborus)* des Mollusques *(Pisidium*, *Musculium)*, etc. (d'après JUDAY, 1908; BIRGE et JUDAY, 1911; EGGLETON, 1931).

Ces organismes font partie du pelon parfois et localement du psammon. Ils pénètrent plus ou moins à l'intérieur du sédiment mais affectionnent tout particulièrement les premiers centimètres qui seuls permettent la vie des macro-organismes.

On a observé une certaine stratification de cette faunule à l'intérieur du sédiment.

Sous le feutre organique constitué de Bactéries et Protistes divers vivent les Mollusques et les Oligochètes. Plus profondément, dominent les larves de Chironomides qui participent activement au brassage continuel du matériau dans lequel elles vivent et se nourrissent. A ce niveau se trouvent également de nombreux kystes et stades de repos d'animaux divers. Plus profondément encore, les bactéries reprennent le dessus; ce ne sont plus des Ferrobactéries, Sulfobactéries et bactéries nitrifiantes du feutrage organique (äfja) qui oxydent la matière organique et font retour à l'eau des nitrates, phosphates et sulfates qu'elle contient, mais d'autres bactéries qui épigénisent les organismes en cours de fossilisation, bloquent le soufre à l'état de sulfures, rubéfient les dépôts par formations successives d'hydroxyde ferrique et désorganisent peu à peu le complexe ferro-humique produit en surface.

Le nombre de ces bactéries est considérable. CARPENTER (1939) en a compté jusqu'à 250 000 par gramme de vase humide dans le Trout Lake à la surface (bactéries aérobies) alors que dans la vase profonde et anaérobie il n'y en a plus que quelques dizaines.

CHAPITRE XVI

LES MILIEUX TEMPORAIRES

Il existe plusieurs catégories de milieux temporaires; les uns, par la périodicité de leur mise en eau, ont une certaine constance, telles les mares de forêt, les zones d'inondation périodique, les dayas, les rizières...; d'autres, le plus souvent en zone tropicale sèche, ont une existence essentiellement liée aux conditions exceptionnelles de climat et s'apparentent alors aux **sebkhas** et **chotts** (salt pans des auteurs anglo-saxons) d'Afrique du Nord. D'autres enfin, plus fugaces encore, sont représentés par les micromilieux aquatiques tels que les feuilles de certaines plantes terrestres *(Nepenthes, Sarracenia,* etc.), les creux de rochers, les zones d'humidité dans les creux des sols, sous-bois, prairies humides, envahies par les mousses, etc.

Nous ne nous étendrons pas longuement sur ces milieux si divers, étudiés hydrologiquement par de nombreux auteurs (voir GUILCHER, 1965), du point de vue biologique par BREHM (1930) et plus récemment par AGUESSE (1961), CHODOROWSKI (1961), SOLINSKA (1963), MARAZANOF (1963), NOURISSON (1964), etc.

Nous ne prendrons que quelques exemples permettant de montrer les caractéristiques principales de ces milieux essentiellement variables dans le temps, bien qu'assujettis à une certaine périodicité.

En zone tempérée, il est possible de définir les petites collections d'eaux plus ou moins temporaires par leur peuplement végétal à condition de suivre, dans le temps, le développement et la succession des plantes hygrophiles qui les colonisent.

Deux modes de développement peuvent se présenter : un mode long et un mode court. Pour SOLINSKA (1963), le mode long est caractérisé par la succession d'associations suivantes :

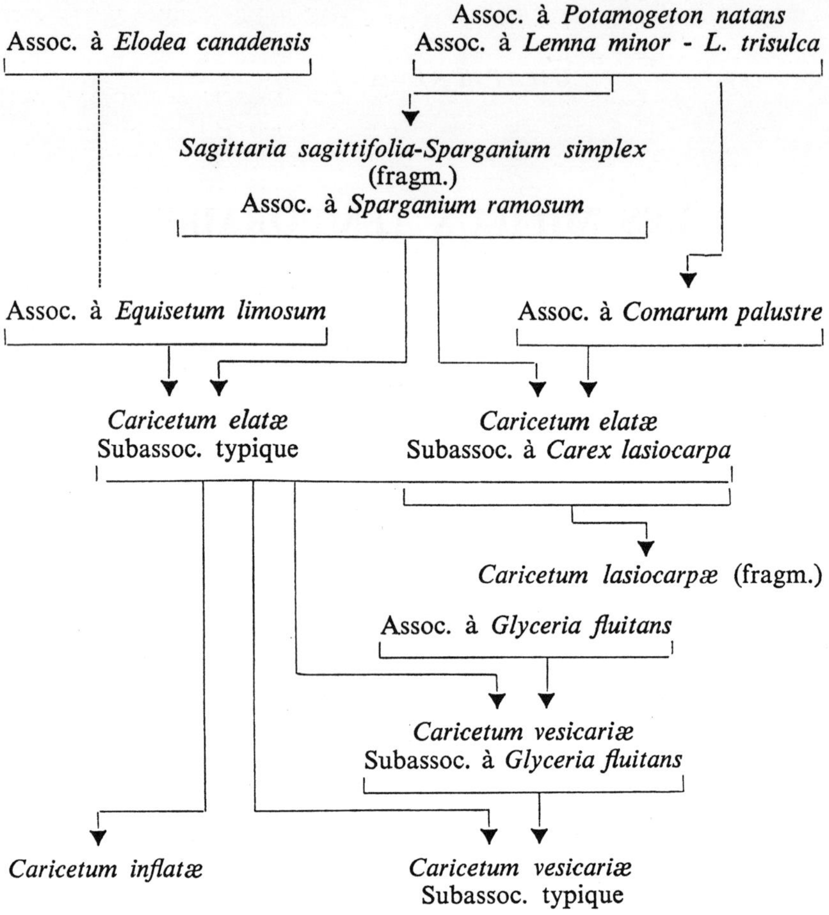

Le mode court présentera en général les successions suivantes :

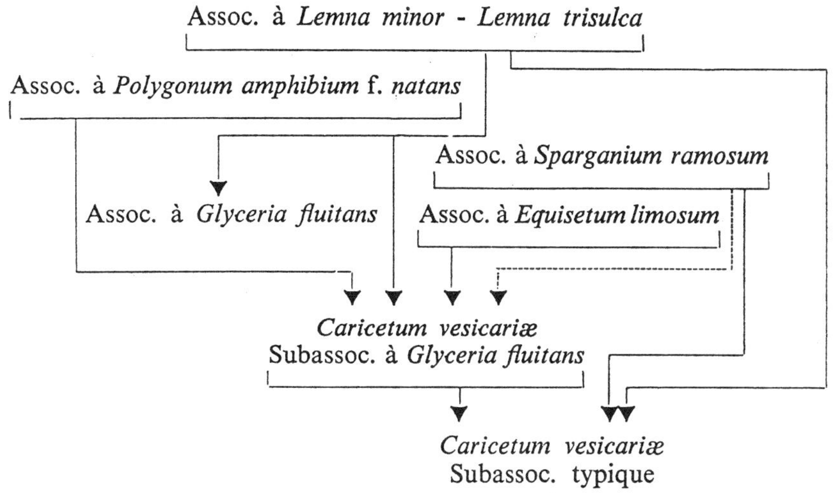

Le développement relatif de chacune de ces associations végétales dépend d'une part de la situation de la cuvette considérée (prairie, forêt...), d'autre part de la date de mise en eau (précoce ou tardive), et enfin du temps de mise en eau (STOUT, 1964).

Celui-ci a une influence considérable sur le devenir des populations; bon nombre de cuvettes d'eaux temporaires ne possèdent aucune végétation palustre. Comme le souligne CHODOROWSKI (1961), dans les eaux qu'il qualifie d'éphémères et dont l'existence n'excède pas deux mois et demi, les sédiments aquatiques n'ont pas le temps de se constituer et les algues, *a fortiori* les plantes aquatiques, ne peuvent guère s'y développer. Les premières populations animales qui peuplent ces eaux semblent être des Diptères dont les larves sont aquatiques, notamment *Aedes communis* et des Infusoires Ciliés *(Spirostomum ambiguum)*. Viennent ensuite les Entomostracés dont les Cladocères *(Daphnia pulex)* et différents autres Branchiopodes dont des Anostracés *(Chirocephalus)*.

Le cas des mares temporaires à Phyllopodes a été étudié maintes fois (PACAUD, 1935, 1936; MATHIAS, 1937; SCHACHTER, 1950; CHAIGNEAU, 1959; NOURISSON et AGUESSE, 1961, etc.).

NOURISSON (1964) a mis en évidence la nature des liens qui unissent les conditions de milieu et l'existence de *Chirocephalus diaphanus* dont il semble exister des races physiologiques plus spécialement adaptées, soit aux conditions rigoureuses et essentiellement variables des zones montagneuses, soit à celles plus régulières de plaine sous climat méditerranéen.

Les premières de ces races entrent obligatoirement en diapause au stade œuf tandis qu'en plaine les œufs peuvent se développer immédiatement sans subir d'assèchement, à condition d'être soumis à des températures favorables. Il existe en effet une température optimale qui varie, d'ailleurs, au cours du développement et qui permet aux œufs d'atteindre les différents stades qui les mèneront à l'éclosion puis aux stades larvaires, de prépuberté et adulte. Cette température optimale est située entre 8 °C et 16 °C dans le cas de *Ch. diaphanus* et de *Lepidurus apus*. Au-dessous, le développement de la première de ces deux espèces est fortement ralenti, voire inhibé, aux stades les plus jeunes tandis que l'embryogenèse est toujours inhibée au-dessus de 18 °C. De plus, des œufs se trouvant chaque jour, pendant un certain temps (12 heures), hors des limites de température optimale voient leur développement inhibé. Il faut rechercher dans cette constatation la cause réelle de la diapause naturelle des œufs de Chirocéphale; en effet, c'est pendant la phase de régression des mares que se situe la reproduction de ces animaux qui ne vivent guère que 3 à 4 mois et c'est quand le volume d'eau est le moins grand que les fluctuations de température du milieu sont les plus importantes. Les anomalies de développement constatées chez certains Copépodes par GAUTHIER (1928) pourraient avoir la même cause (*Diaptomus cyaneus* par exemple).

Les milieux temporaires à Chirocéphales sont pour la plupart alimentés exclusivement par les eaux pluviales et de ce fait pauvres en sels dissous; cependant, leur enrichissement progressif en matières organiques et en alcalino-terreux est un trait caractéristique lié à la dessication progressive du milieu. Dans le cas des mares réalimentées par la nappe phréatique, cet accroissement de salinité peut devenir très important (remontées de sels).

GAUTHIER (1928) donne le tableau suivant des espèces de la zone climatique méditerranéenne (au sens large) qui caractériseraient les milieux temporaires de l'Afrique du Nord à l'Asie centrale :

Espèces communes dans la zone pluvieuse **toujours absentes dans la zone steppique :**	Espèces communes dans la zone steppique **toujours absentes dans la zone pluvieuse :**
Eudiaptomus numidicus	*Diaptomus chevreuxi*
Diaptomus cyaneus	
Mixodiaptomus lilljeborgi	
Hemidiaptomus ingens	
	Branchipus stagnalis
Chirocephalus diaphanus	*Streptocephalus torvicornis*
	Branchinecta ferox

Lepidurus lubbocki	*Apus cancriformis* *Apus numidicus*
Daphnia chevreuxi	*Daphnia atkinsoni*
Daphnia pulex	*Daphnia carinata*
Canthocamptus sp. *Ceriodaphnia* sp. *Simocephalus* sp. Chydoridæ... Larves de *Cloëon dipterum*	*Leptestheria mayeti*

GAUTHIER (1928), CHODOROWSKI (1961) et STOUT (1964) s'accordent à noter que les faunes macroscopiques des mares temporaires, si elles varient dans le temps, sont généralement caractérisées par une espèce dominante. STOUT insiste également sur le rôle joué dans ces collections d'eau particulières par les organismes amphibies, ou aquatiques pendant seulement une partie de leur vie. Ce sont des insectes pour la plupart, Coléoptères, Hémiptères, Diptères, qui servent de proies ou de prédateurs à la faune véritablement aquatique. Celle-ci doit assurer tout son développement pendant le temps de mise en eau ou tomber en diapause; elle est constituée de crustacés divers dont certains Cladocères (Chydoridæ) et Ostracodes constituent la plus grande part avec les Copépodes.

Rappelons à ce propos que c'est dans les eaux temporaires de ce type que se remarquent les plus gros Copépodes : *Hemidiaptomus* d'Algérie, du Maroc, d'Espagne (DUSSART, 1964) de Camargue (AGUESSE et DUSSART 1956), et des mares de forêt (ROY *in litt.*).

La présence de mollusques à opercule n'est pas rare non plus si la période d'assèchement n'est pas trop longue.

Ainsi, quelles que soient les caractéristiques des eaux temporaires et leur localisation géographique, elles ont en commun un certain nombre de particularités physiques et biologiques. Le mécanisme de leur colonisation et le métabolisme très particulier des éléments de leur faune en font également un type de milieu très intéressant et riche d'enseignement, surtout pour les naturalistes et physiologistes attirés par les Crustacés.

CHAPITRE XVII

LES MILIEUX LOTIQUES

Le limnologue considère les milieux lotiques comme la source d'éléments minéraux, organiques, vivants ou inertes qui viennent se faire piéger dans les eaux dormantes lacustres. Il les considère également comme l'exutoire obligatoire de tout ce qui doit et peut quitter la cuvette lacustre : eaux, matières en solution, en suspension, plancton, necton, déchets flottants, etc.

Les eaux courantes sont à la fois les collecteurs des eaux naturelles se dirigeant vers un lac et les moyens d'évacuation du trop plein de ces lacs. A ce titre elles nous apparaissent comme des intermédiaires utiles, dans de nombreux cas, entre le bassin de réception des eaux pluviales et précipitations de toute nature et la mer.

A. — LA ZONATION BIOLOGIQUE

Si, au départ des sources, les « petits ruisseaux font les grandes rivières », c'est que l'eau s'écoule grâce à la pente du terrain et que l'altitude d'un cours d'eau, quel qu'il soit, diminue de l'amont vers l'aval. Bien qu'il existe bon nombre de cours d'eau qui n'aient d'existence qu'en plaine, il est fréquent aussi de trouver l'origine des grands fleuves dans les régions montagneuses. Les hydrométéorologistes diront que la pluviosité est fonction notamment du relief (cf. chap. IX). Les hydrologues, eux, associeront relief, pente et courants. Les biologistes constateront pour leur part une répartition des organismes en fonction de la température et du courant.

Tous ces facteurs concourent pour donner aux cours d'eaux un caractère qui évolue, dans l'espace, de leur source jusqu'à leur arrivée à la mer.

Le domaine des sources, dont l'étude relève de la crénobiologie, est très spécial. Il gagnerait à être mieux connu à l'échelle du globe car c'est le point de rencontre des flores et faunes terrestres, aquatiques, superficielles et souterraines (voir chap. VIII A). Il se caractérise surtout par la relative constance des critères de répartition des organismes.

Les êtres vivants qui peuplent les sources sont peu nombreux, en nombre d'espèces et en nombre d'individus. Ce sont souvent des formes endémiques. Suivant que ces sources se trouvent en montagne ou en plaine, sous climat froid ou sous les tropiques, elles auront des caractéristiques physiques (courants, débit, température) et biologiques constantes ou variables. On distingue parfois deux milieux différents relevant de la crénobiologie, les sources elles-mêmes et les ruisselets de sources où les conditions de vie ne permettent pas l'installation d'une zoocœnose complète : les poissons notamment n'y peuvent pas vivre. Ce milieu très particulier s'apparente parfois par certains aspects au milieu madicole (cf. chapitre VIII F) et serait alors à rattacher au groupe suivant.

Ruisseaux et petites rivières au cours plus ou moins rapide, relèvent de la rhithrobiologie (ILLIES et BOTOSANEANU, 1963).

Ils ont fait l'objet de très nombreux travaux en zone tempérée. SMOLIAN (1920), THIENEMANN (1925), CARPENTER (1928) et plus récemment HUET (1946) ont recherché dans la répartition de certains poissons aux exigences connues, puis dans des critères géographiques, le moyen de les classer en régions (fig. 69).

Les principales régions ayant une valeur du point de vue biocœnotique sont :

— La **région salmonicole supérieure** ou zone supérieure à truite; ce sont des eaux rapides, fraîches, où la pente excède 5 $^0/_{00}$ et dont la largeur est relativement faible (moins de 25 m);

— La **région salmonicole moyenne** ou zone inférieure à truite, comprend les eaux encore rapides et fraîches, mais où le courant, moins fort, est moins sélectif. La pente est encore supérieure à 4 $^0/_{00}$, la largeur peut atteindre exceptionnellement 100 m. Ce sont des eaux bien oxygénées où les Salmonides et autres organismes les plus exigeants au point de vue respiratoire, peuvent vivre. Ce sont encore des torrents;

— La **région salmonicole inférieure** ou zone à Ombre, est surtout caractérisée par un courant encore vif, une pente moyenne supérieure à 1,5 $^0/_{00}$ dans les petites rivières, pouvant descendre à moins de 1 $^0/_{00}$. Ce

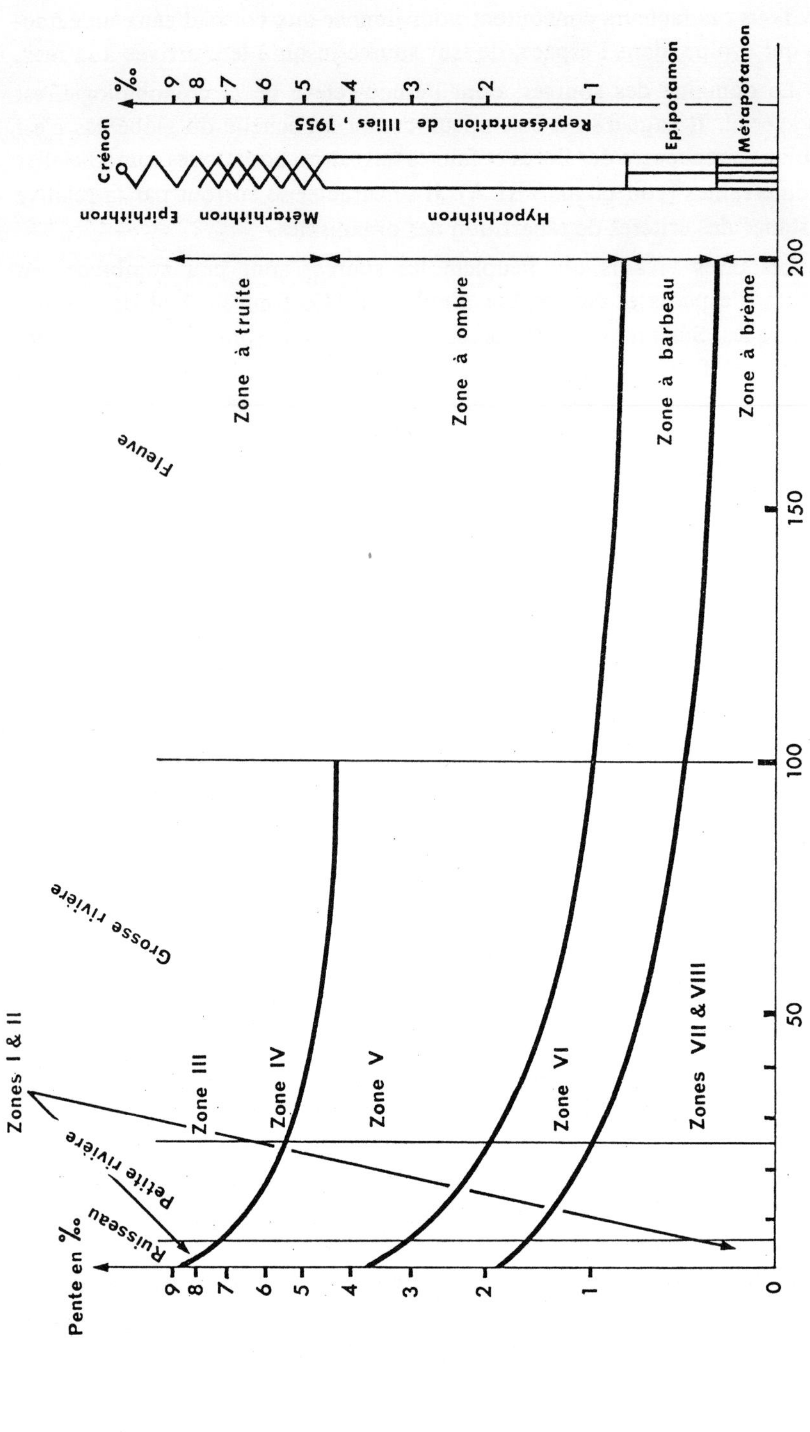

FIG. 69. — Zonation en eaux courantes et représentation schématique de ILLIES modifié de ILLIES 1955 et HUET 1949.

sont des rivières de pied de montagne ou de vallée, à pente notable, au lit caillouteux, pouvant atteindre cependant des dimensions importantes, au tracé sinueux mais simple et régi seulement par la nature du sol en place;

— La **région cyprinicole supérieure** ou zone à barbeau lui fait suite. Nous entrons là dans le domaine des cours d'eaux capables d'alluvionnement. La pente est faible mais encore sensible, la largeur du lit variable, la vallée large quoique encore encaissée. Le cours d'eau serpente sur son lit majeur (plaine alluviale). La sélection des espèces, par le courant et les autres conditions hydrologiques et sédimentologiques, est encore effective;

— La **région cyprinicole inférieure** ou zone à brème, est sous la dépendance étroite des facteurs externes au même titre que bien des eaux stagnantes (étangs). Elle comprend les rivières de plaine aux méandres étalés et aux zones d'inondations périodiques (lors des crues) dont la végétation, la flore et la faune microscopiques et les poissons, sont sous la dépendance les uns des autres. Dans cette région, les facteurs biologiques sont prépondérants;

— La **région estuairienne** ou zone à flet (ou à esturgeon), est surtout caractéristique par sa dépendance de la mer. Sous l'action périodique des eaux salées, la flore et la faune évoluent et ne sont plus représentées que par des formes euryhalines. Les facteurs géographiques redeviennent prépondérants.

Le fait que tous les cours d'eau du monde ne possèdent pas une faune piscicole analogue n'enlève rien à la valeur de cette classification. Pour permettre son extrapolation à toutes les rivières, ILLIES et BOTOSANEANU (1963) ont préféré remplacer les appellations de ces 8 régions par des nombres :

Les zones I et II correspondent aux sources et ruisselets non piscicoles;

Les zones III à VII aux ruisseaux et rivières de montagne et de plaine, à salmonides ou cyprinides dominants;

La zone VIII étant celle d'estuaire.

Le mérite de HUET (1946, 1949) est d'avoir montré le rôle relatif de la pente et de la largeur du lit.

La *règle des pentes* de cet auteur s'énonce ainsi :

« Dans un territoire biogéographique donné, des eaux courantes de même importance quant à leur largeur et à leur profondeur et possédant des pentes comparables, ont des caractères biologiques (et spécialement des populations piscicoles) analogues. » Cette règle n'est valable qu'entre deux extrêmes de largeur et de débit, les trop petits ruisseaux ne possédant pas de faune piscicole et les trop grands fleuves ayant souvent un débit considérable (donc une vitesse de courant importante) bien que la pente soit faible : les cas les plus typiques sont ceux de l'Amazone et du Mékong. Le premier, avec une pente de 0,01 $^0/_{00}$ dans son cours inférieur n'en débite pas moins 120 000 $m^3 \cdot sec^{-1}$ en saison sèche à une vitesse de 0,5 à 2 $m \cdot sec^{-1}$; le second n'a qu'une pente de 0,06 $^0/_{00}$ dans ses derniers 700 km, ce qui ne l'empêche pas d'avoir des vitesses de courant analogues et un débit pouvant atteindre alors 40 000 $m^3.sec^{-1}$ (DUSSART, 1962). Le Nil, de Khartoum à Assouan a une pente de 0,17 ‰ sur 1 500 km et débite, suivant la saison, de 523 à 9 000 $m^3.sec.^{-1}$.

D'autre part, la règle des pentes ne fait pas intervenir la latitude et n'est donc valable que dans une région climatique donnée, ce qui restreint considérablement son intérêt. Enfin, l'auteur ne précise pas ce qu'il entend par territoire biogéographique et c'est là peut être la plus grande faiblesse de cette règle qui par ailleurs s'appuie sur la loi générale d'analogie qu'on ne saurait mettre en doute dans les milieux naturels. Le mérite de ILLIES (1953) et SCHMITZ (1957) est d'avoir prouvé que l'étude serrée des biocœnoses benthiques permettait de donner plus de consistance à ces zones empiriquement distinguées d'après la présence ou l'absence de certains poissons de nos eaux douces.

Il est difficile d'établir un schéma général de classification des eaux courantes tant que nous ne posséderons pas davantage de données sur les rivières et fleuves des régions très froides et très chaudes du globe.

Dans les rivières de montagne, le nombre de biotopes est réduit ; THIENEMANN en avait dénombré trois : les pierres, les mousses, la vase. Dans les fleuves et les cours d'eau de la région cyprinicole inférieure (zone VII), c'est une véritable mosaïque de biotopes qui, juxtaposés, constituent l'ensemble du milieu. BEHNING (1924, 1928) a ainsi reconnu dans la Volga :

1. Un périphyton littoral et un autre lié aux bois flottés et à la dérive;
2. Un psammon;
3. Un biotecton lié d'une part aux pierres et blocs et d'autre part aux fonds argileux (couverture biologique, äfja);
4. Un pelon (dans le sens de MARGALEF 1955);
5. Une biocœnose à Simulies dans les zones à courant;
6. Une biocœnose liée aux baies et bras morts;
7. Une biocœnose d'embouchure.

Dans une section transversale du lit d'une rivière large peuvent être discernées des niches écologiques habitées par des communautés différentes. Seule l'analyse fine de l'ensemble de ces biocœnoses permettrait de définir avec précision la nature d'une zone fluviale.

Déjà grâce à ILLIES (1961), il a été possible de définir ainsi deux écosystèmes nettement discernables :

Un **rhithron** constitué d'êtres adaptés au courant (rhéobiontes), sensibles aux variations de températures et préférant les températures basses (psychrosténothermes).

Parmi les insectes, ce sont des larves :
d'Ephéméroptères (Ecdyonuridæ, Ephemerellidæ, Leptophlebidæ);
de Plécoptères (Capniidæ, Leuctridæ, Nemuridæ, Gripopterygidæ);
de Diptères (Blepharoceridæ, Simuliidæ, Podomidæ, Psychodidæ);
de Coléoptères (Elmidæ — les Elmidæ sont parfois appelés Elminthidæ ou Helmidæ (HOLLAND, 1972 —, Psephenidæ, Helodidæ, Hydrænidæ) ;
de Trichoptères (Rhyacophilidæ, Odontoceridæ, Glossossomatidæ, etc.)

Il faut y ajouter des Hydrachnellæ (Hygrobatidæ, Protziidæ).

Le **Potamon** comprend des eurythermes surtout et quelques thermosténothermes. Ils sont peu difficiles en matière de courant, leur métabolisme de base étant peu élevé. Ce sont chez les insectes benthiques :
des Ephéméroptères (Siphlonuridæ, Potamanthidæ, *Potamanthus luteus*, Polymitarcidæ, Cænidæ et Ecdyonuridæ [*Heptagenia sulphurea*]);
des Plécoptères (Perlodidæ, Perlidæ et Chloroperlidæ [*Isoperla difformis*]);
des Diptères (Chironomariæ, Culicidæ, Tabanidæ, Stratiomyidæ);
des Coléoptères (Dytiscidæ, Haliplidæ [*Haliplus fluviatilis*]);
des Hétéroptères (Corixidæ et Notonectidæ);
des Trichoptères (Leptoceridæ, Hydroptilidæ, Brachycentridæ [*Brachycentrus subnubilus*], Polycentropidæ [*Neureclipsis bimaculata*], etc.)

Autour de ce schéma type, des variantes existent. Il est évident par exemple que les cours d'eau qui prennent naissance à partir de sources limnocrènes de grande étendue peuvent avoir, dès leur origine, un métabolisme particulier. C'est le cas des exutoires de zones marécageuses alimentées et à la limite, des émissaires de lacs sans affluent dominant. C'est le cas également quand l'origine de l'eau confère à celle-ci des propriétés spéciales (eau de fonte de glaciers, eaux minérales, thermales, etc.).

On voit donc quelles sont les difficultés rencontrées dans l'essai de classification des eaux courantes. Ces difficultés proviennent du fait qu'en dehors d'un cas considéré comme général, il existe un certain nombre d'exceptions; elles sont également liées au caractère arbitraire de la hiérarchisation des critères de classification. Dans tel réseau hydrographique, l'origine de l'eau, elle-même liée à la nature des terrains, à l'altitude, au relief, sera le critère clé; dans tel autre, ce sera le débit de l'eau, ses variations et la pente; dans tel autre, la température, elle-même liée aux possibilités d'ensoleillement, la composition chimique des eaux, etc.

La concurrence vitale, la nutrition et la prédation feront le reste et donneront à chaque cours d'eau sa physionomie.

L'étude critique de chacun des critères ci-dessus évoqués permettra de lever une à une ces difficultés et de donner une idée assez précise de ce qu'est un cours d'eau et ses diverses zones ou régions. Le passage graduel de l'une à l'autre et leurs liens de parenté imposent de se limiter à une classification génétique de ces cours d'eau.

Nous retrouvons là les principes qui animent toutes les grandes classifications d'objets divers liés les uns aux autres. En hydrologie, MORARIU, PISOTA et BUTA (1962) ont introduit la notion de classes, de niveaux plus ou moins supérieurs; WILLER (1924), GEIJSKES (1935), ALBRECHT (1953), DITTMAR (1955) ont de même hiérarchisé les biotopes d'eaux courantes. D'autres en font jouer indifféremment les composantes (NIETZKE, 1937; MARLIER, 1951). Avant de pouvoir généraliser une quelconque classification, il faudra rechercher un système de référence qui devra tenir compte de la valeur relative des groupes d'objets considérés. On ne peut sans hésitations comparer un petit ruisseau de plaine se jetant dans la mer à un fleuve aussi complexe que le Danube, le Nil ou l'Amazone; l'unité doit changer.

Je propose que là ou le km est l'unité de longueur et le km^2 l'unité de surface, il y ait une hiérarchie de type synthétique ou géographique, ne tenant pas compte des détails ni des fluctuations. Ce sera la règle des pentes de HUET (1949) qui sera en gros efficace et le système de représentation de ILLIES et BOTOSANEANU (1963) utilisable.

Quand, remplaçant le km par le m, on cherchera à décomposer le milieu en biotopes particuliers plus ou moins comparables, la notion de mosaïque ou plus exactement d'éléments de puzzle, prévaudra. Les variations des facteurs d'action sur les communautés prendront une dimension nouvelle; la synthèse ne sera plus possible qu'à l'échelle de la zone ou de la région. Enfin, l'étude fine, au millimètre, d'une portion de biotope nous révélera combien est fluctuante une population composée, à cette échelle, de peu d'individus et où les variations individuelles sont décelables. Les phénomènes éthologiques (comportement) prendront alors le pas sur les facteurs écologiques et l'extrapolation des résultats ne sera pas valable même statistiquement; il n'y a plus que des familles d'individus, des genres de vie (chaîne alimentaire élémentaire), des espèces groupées dans un milieu, homogène à cette échelle.

Ainsi, l'hétérogénéité du milieu lotique parait-elle être maximum à dimensions moyennes et minimum à toute petite et à très grande échelle. Par contre, la nécessité d'une intégration des caractères est, elle, imposée par le milieu et fonction directe de celui-ci (surtout à moyenne échelle) (fig. 70). La diversité d'opinions concernant les principes de classification des eaux courantes et leur validité s'expliquent donc par la méconnaissance de ce problème d'échelle relative. En ne comparant que ce qui est comparable, on arrivera alors assez bien à donner une idée des principaux types de milieux.

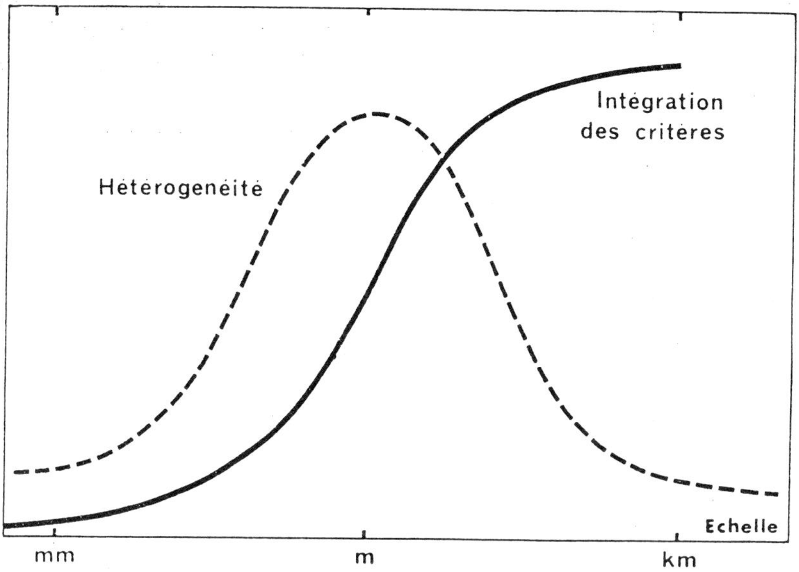

FIG. 70. — Rôle de l'échelle dans l'approche d'un système lotique.

B. — LES SAPROBIONTES

Il faut remonter à ARISTOTE pour trouver les premières indications relatives aux organismes qui se développent dans les milieux riches en matière organique (milieux saprobes). Ils ont été appelés organismes saprobies (ce sont donc des saprobiontes) par opposition aux êtres catharobies qui préfèrent les milieux où seuls des éléments minéraux en faible quantité sont présents. Dans les eaux courantes, ces derniers vivent typiquement dans les zones supérieures (I à IV), tandis que les saprobiontes se répartissent dans les zones V à VIII.

Nous n'entrerons pas ici dans le détail de la classification des milieux saprobes. Elle se base, depuis GERADIN (1873), KOLKWITZ et MARSSON (1908,1909) et plus récemment LIEBMANN (1962) sur l'affinité qu'ont certains organismes végétaux ou animaux pour la matière organique et sur leur capacité à la décomposer. Beaucoup de ces organismes sont plus ou moins strictement anaérobies; ils sont responsables de l'auto-épuration des eaux et à ce titre font l'objet de nombreuses recherches d'hydrobiologie appliquée.

D'après leur teneur en oxygène, leur oxydabilité (teneur en matières organiques oxydables), en germes plus ou moins pathogènes, les eaux courantes ont été divisées en catégories chacune caractérisée par la présence d'organismes adaptés et par une teneur particulière en facteur d'enrichissement. SLADEČEK (1963) caractérise ainsi 4 grands groupes d'eaux de surface :

I. Les *eaux catharobes*, dont le symbole est *k*, qui correspondent aux eaux pures;

II. Les *eaux limnosaprobes*, elles-mêmes divisées en :
— xénosaprobes (*x*);
— oligosaprobes (*o*) [1];
— β mésosaprobes (β);
— α mésosaprobes (α);
— polysaprobes (*p*).

III. Les *eaux eusaprobes* qui comprennent les eaux :
— isosaprobes (*i*);
— métasaprobes (*m*);
— hypersaprobes (*h*);
— ultrasaprobes (*u*).

et enfin,

IV. Les *eaux transsaprobes* dans lesquelles on distinguera :
— les antisaprobes (*a*);
— radiosaprobes (*r*);
— cryptosaprobes (*c*).

Le tableau 32 résume les caractéristiques de chacune de ces eaux :

---

1. ZELINKA (1960) propose de séparer des eaux α oligosaprobes (αo), les moins pures, une catégorie d'eaux β oligosaprobes (βo), les plus pures, caractérisées par les dominantes suivantes :
Les algues : *Diatoma hiemale*, *Melosira roseana*, *Caloneis alpestris*, etc.;
La planaire : *Crenobia alpina*;
Les Plécoptères : *Amphinemura borealis*, *Protonemura meyeri*, *Leuctra rosinae*, etc.;
Les Ephéméroptères : *Ameletus inopinatus*, *Rhithrogena hybrida*, *Rhithrogena tatrica*;
Les Trichoptères : *Agapetus fuscipes*, *Apatania fimbriata*, *Odontocerum albicorne*;
Le poisson : *Cottus poecilopus*.

TABLEAU 32

	Symbole		Dénomination	Nombre de germes au ml < de	Nombre de Coliformes au litre < de	O_2 mg·l^{-1} > de	H_2S mg·l^{-1} < de	DBO 5 j. < de	Caractéristiques
0.......	*k*		catharobes	500	20	variable	0	0	chlore résiduel ?
1.......	*x*	Limno.	xénosaprobes	1 000	10 000	8	0	1 (2)	
2.......	*o*	Limno.	oligosaprobes	10 000	50 000	6	0	2,5 (5)	
3.......	β	Limno.	β mésosaprobes	50 000	100 000	4	0	5 (10)	
4.......	α	Limno.	α mésosaprobes	250 000	1 000 000	2	0	10 (15)	
5.......	*p*	Limno.	polysaprobes	2 000 000	30.10^6	0,1	0,1	50 (100)	$E_h = +200$ mV et plus
6.......	*i*	Eu.	isosaprobes	10 000 000	$3 \cdot 10^9$	0	1	50 à 400 (600)	$E_h = +50$ à 200 mV
7.......	*m*	Eu.	métasaprobes	20 000 000	1.10^8	0	1 000	50 à 700	E_h = moins de + 50 mV
8.......	*h*	Eu.	hypersaprobes	50 000 000	1.10^9	0	10	500 à 2 000	
9.......	*u*	Eu.	ultrasaprobes	10	0	0	0	10^3 à 10^5	
10.......	*a*	Trans.	antisaprobes	0	0	variable	variable	0	Subs. toxiques
11.......	*r*	Trans.	radiosaprobes	variable	variable	variable	variable	variable	Nucléides
12.......	*c*	Trans.	cryptosaprobes	0 ou variable	0 ou variable	variable	variable	variable	(Substances inorganiques)

Des eaux catharobes aux eaux hypersaprobes, il y a progression régulière du nombre de germes et par voie de conséquence de la demande biologique en oxygène (DBO en 5 jours), tandis que teneur en oxygène et potentiel d'oxydo-réduction baissent.

Déjà les eaux polysaprobes sont désoxygénées à peu près complètement tandis que l'hydrogène sulfuré fait son apparition (ainsi que le CO_2 ou le méthane).

Les eaux α mésosaprobes quoique encore faiblement oxygénées ont un potentiel d'oxydo-réduction suffisamment élevé pour que les matières organiques soient partiellement dégradées et les sels minéraux partiellement oxygénés. L'azote est déjà sous forme de nitrites bien que les sels ammoniacaux soient encore présents, le fer est encore partiellement réduit.

Les eaux β mésosaprobes, les plus courantes en régions faiblement ou saisonnièrement habitées, sont des eaux n'ayant que commencé leur évolution. L'azote, sous forme nitrique et nitreuse, est encore un facteur limitant; le phosphore, quoique présent en quantité notable, n'en équilibre pas moins la production; les substances organiques ectocrines ne jouent qu'un rôle effacé ou très temporaire dans le métabolisme aquatique.

Les eaux oligosaprobes sont nos eaux vivantes pures, pauvres en matières organiques et souvent également en substances minérales nutritives, bien oxygénées, le plus souvent transparentes.

Étudiant plus particulièrement les eaux limnosaprobes, les plus habituelles en l'absence comme en présence de pollution particulière par l'homme, LIEBMANN (1962) a proposé un système élégant de classement et de représentation qui permet la transposition aux eaux stagnantes du système de KOLKWITZ.

Chacune des 4 classes d'eaux est affectée d'un nombre romain correspondant à sa qualité et d'une couleur :

Classe I : eaux oligosaprobes donc peu polluées, couleur bleue;
Classe II : eaux β mésosaprobes, un peu polluées, couleur verte;
Classe III : eaux α mésosaprobes, fortement polluées, couleur jaune;
Classe IV : eaux polysaprobes, très fortement polluées, couleur rouge.

Les principaux indicateurs biologiques de la classe I sont :

la Bryophyte : *Fontinalis antipyretica;*

les Diatomées : *Cyclotella bodanica, Synedra acus* var. *angustissima, Surirella spiralis, Tabellaria flocculosa;*

les Chlorophycées : *Micrasterias truncata, Staurastrum punctulatum, Euastrum oblongum, Bulbochæte mirabilis, Ulothrix zonata, Cladophora glomerata;*

les Rhodophycées : *Batrachospermum vagum, Lemanea annulata;*

les Infusoires : *Halteria cirrifera, Strombidinopsis gyrans, Vorticella nebulifera* var. *similis, Tintinnidium fluviatile;*

le Flagellé : *Mallomonas caudata;*

les Rotifères : *Kellicotia longispina, Keratella cochlearis;*

les Turbellaires : *Planaria gonocephala, P. alpina;*

les Crustacés : *Holopedium gibberum, Simocephalus vetulus, Leptodora kindtii, Bythotrephes longimanus, Polyphemus pediculus*;

les larves d'Insectes : *Oligoneuria rhenana* et *Perla bipunctata.*

Ceux de la classe II sont :

les Cyanophytes : *Oscillatoria rubescens, O. redeki;*

les Diatomées : *Asterionella formosa, Melosira varians, Tabellaria fenestrata;*

les Chlorophycées : *Scenedesmus quadricauda, Pediastrum boryanum, Spyrogyra crassa, Cladophora crispata, Pandorina morum;*

les Chrysophysées : *Uroglena volvox, Synura uvella;*

les Infusoires : *Paramecium bursaria, Coleps hirtus, Aspidisca lynceus, Euplotes charon, Vorticella campanula;*

l'Héliozoaire : *Actinosphærium eichhorni;*

le Rotifère : *Brachionus urceus;*

le Turbellaire : *Polycelis cornuta;*

l'Oligochète : *Stylaria lacustris;*

les Crustacés : *Daphnia pulex, D. longispina, Moina rectirostris;*

les larves d'Insectes : *Hydropsyche lepida* et *Cloëon dipterum, Chaoborus plumicornis.*

Ceux de la classe III sont :

le champignon : *Leptomitus lacteus;*

la Cyanophyte : *Oscillatoria formosa;*

les Diatomées : *Nitzschia palea, Hantzschia amphioxys* et *Stephanodiscus hantzschii;*

la Chlorophycée : *Closterium acerosum;*

les Flagellés : *Chilomonas paramœcium*, *Anthophysa vegetans;*

les Infusoires : *Uronema marinum*, *Chilodonella uncinata*, *Colpoda cucullus*, *Vorticella convallaria*, *Stentor cœruleus*, *Spirostomum ambiguum;*

l'Hirudinée : *Herpobdella atomaria;*

le Mollusque : *Sphærium corneum;*

le Crustacé : *Asellus aquaticus;*

la larve d'Insecte : *Stratiomys chamœleon.*

Et enfin, la zone IV comprend :

des bactéries telles que *Zoogloea ramigera*, *Sarcina paludosa*, *Beggiatoa alba*, *Chlorochromatium aggregatum*, *Chromatium okenii*, etc.;

des champignons comme *Sphærotilus natans* (queue de mouton);

les Cyanophytes *Oscillatoria putrida*, *Spirulina jenneri;*

des Chromophytes telles que *Euglena viridis;*

des Flagellés tels que *Bodo putrinus;*

de nombreux Infusoires dont *Glaucoma scintillans*, *Saprodinium dentatum*, *Enchelys vermicularis;*

l'amibe *Pelomyxa palustris;*

l'Oligochète *Tubifex rivulorum* et bien d'autres espèces de ce genre;

le Rotifère *Rotaria neptunia;*

la larve des Insectes *Chironomus thumni*, *Eristalis*, etc.

Il existe une certaine corrélation entre zonation biologique des eaux courantes naturelles et système de classification des saprobies. Le Crénon, l'Epirhithron et le Métarhithron sont généralement de classe I (oligosaprobe); l'Hyporhithron serait d'après SCHINDLER (1959) d'une classe intermédiaire I-II, tandis que la zone à barbeau est de classe II-III.

La zone à brème (Métapotamon) correspond à la classe III, tandis que la classe IV ne se rencontre que dans les endroits calmes, les délaissées, les zones de déversements de la partie inférieure du Métapotamon et de l'Hypopotamon (zone plus ou moins saumâtre).

Dans les lacs, les classes I à IV se répartissent le long du littoral en fonction de la nature du substrat et de l'exposition aux vagues et courants. Les embouchures d'affluents et points de déversement peuvent parfois être classés V à VII.

Les eaux eusaprobes et transsaprobes sont des milieux spéciaux, surtout les secondes. Elles n'ont pas le caractère d'eaux naturelles et ne nous retiendront donc pas ici.

Notons toutefois avec CASPERS et SCHULZ (1960) que malgré les essais d'étude quantitative des différentes classes d'eau tentés récemment, notamment par KNÖPP (1954-1955), PANTLE et BUCK (1955), BUCK (1959), PANTLE (1960), etc., il paraît encore très aléatoire de ne se baser que sur la répartition des faunes et des flores pour mettre un milieu à sa place dans la classification de LIEBMANN. L'exemple du canal isebek, désaffecté, à Hambourg est suggestif : quoique hypersaprobe à n'en pas douter, les associations animales et végétales qui l'habitent le feraient ranger en classe II!

Il y a une grande différence de comportement entre deux eaux dont l'une évolue naturellement et l'autre artificiellement. La pollution d'origine humaine, trop rapide, ne permet pas l'instauration d'un climax, si bien que les groupements qui peuplent les milieux pollués sont en perpétuel devenir et n'ont rien de commun avec ceux des milieux naturels correspondants. Seule l'étude sérieuse de tous les facteurs d'action permettra donc de classer correctement un milieu et le système des saprobies ne peut donc représenter qu'un moyen d'approche et non **le** moyen suffisant de classement (voir chap. XXI).

Il convient également de citer ici la remarque de SLÁDEČEK (1964) concernant les eaux abiotiques : elles peuvent être soit catharobes, par absence totale de matériel organique, soit ultrasaprobes, par excès de matières organiques, soit antisaprobes, par la présence de substances toxiques, soit enfin cryptosaprobes, par suite de l'action antibiotique d'un facteur physique (température, matières en suspension minérales (argiles) ou organiques (houilles, huiles, etc.). C'est dire combien il faut être prudent avant de décider, d'après la seule observation des faunes et flores, quelle est la place d'une collection d'eau dans le système des saprobies.

SIXIÈME PARTIE

LE BIOME

Nous avons considéré jusqu'ici les composants du milieu aquatique, individuellement (milieu physique, éléments chimiques, espèces) puis dans leurs groupements les plus habituels (biocœnoses). Nous avons aperçu l'unité du monde aquatique à l'occasion des transferts de matière, de l'étude de la physiologie des êtres vivants. L'unité du monde vivant nous est apparue au travers des formes eurytopes et des groupements polyvalents (méroplancton, mégaplancton, micronecton, etc.) définis ou non en termes limnologiques (psammon ou pelon liés à un substrat mais non à un étage, etc.).

C'est toute la matière qui, prise comme unité, nous retiendra désormais. Elle sera vivante ou morte, en état de croissance (matière vivante) ou de transformation (déchets). Elle constituera avec le milieu qui lui sert de support, d'aliment, de moyen d'évacuation, de véhicule, un **écosystème** au sens de TANSLEY (1935).

La théorie einsteinnienne nous impose de lier intimement dans ce concept la matière que nous pouvons voir et peser et l'énergie qu'elle accumule (êtres photosynthétiques) ou qu'elle dégrade (réactions exothermiques, excrétions...).

La plus grande partie de l'énergie que reçoit un lac ou toute autre masse d'eau à la surface de la terre provient de l'espace cosmique sous forme de rayonnements. WOODBURY (1954) a évalué à 10^{18} chevaux-vapeur par seconde l'énergie radiante reçue par la terre et dont l'origine serait principalement la transformation nucléaire hydrogène-hélium constatée à la surface du soleil.

Or, et c'est là une des grandes préoccupations du limnologiste comme de tout écologiste, si la matière évolue en vase clos à l'intérieur d'un écosystème, l'énergie ne fait que le traverser tout en étant utilisée, voire dégradée : dans un lac, il y a continuellement reconstitution de la matière; sans renouvellement de l'énergie, il y aurait arrêt de la vie (fossilisation). Ainsi, la matière, celle qui nous a montré jusqu'à présent tant de diversité d'apparences, peut n'être considérée que comme le véhicule de l'énergie qui, reçue de l'espace, retourne à l'espace.

Chaque molécule minérale, chaque grain de matière organique, bloque pour un temps une partie de cette énergie. Chaque transformation, chaque réaction chimique ou biochimique transfère une partie de cette énergie d'une molécule à une autre quels que soient le catalyseur de la réaction, son inducteur, son bénéficiaire.

Nous appellerons biome l'ensemble de la matière vivante composant les organismes associés en communautés à l'intérieur d'un écosystème et de l'énergie qu'elle recèle à un moment donné quand les communautés sont en équilibre (climax).

Vouloir apprécier la quantité de matière vivante qu'un lac peut contenir, fabriquer, détruire en un temps donné, c'est évaluer la quantité d'énergie qu'il reçoit et mesurer de quelle manière cette énergie est utilisée, sous quelle forme elle est retenue, bloquée, réutilisable ou non. Pour toute étude de ce genre, il sera donc nécessaire de bien connaître quantitativement et qualitativement les composants de la biomasse actuelle avant d'en étudier les transformations, les possibilités d'accroissement, l'évolution.

CHAPITRE XVIII

LA BIOMASSE « ACTUELLE »

A. — LA MATIÈRE « VIVANTE »

Mesurer la biomasse vivant dans un écosystème donné (un lac par exemple), c'est évaluer la somme des poids bruts des différentes espèces *récoltées* dans un environnement (nation) donné (PETERSON, 1922). Les auteurs américains préfèrent dans ce sens utiliser le terme de standing crop correspondant en quelque sorte à notre mot cheptel : c'est la quantité d'organismes existant dans l'aire considérée à l'instant de l'observation (par unité de surface ou de volume) (CLARKE 1946). DAVIS (1963) trouve que ce terme, quoique largement utilisé, n'est pas acceptable car il présuppose le mode d'observation (récolte); il lui substitue celui de stock actuel *(Standing stock)* (Bestand des allemands) qu'il utilise comme synonyme de **biomasse**, dont la signification se trouve ainsi généralisée. Nous emploierons ce dernier terme chaque fois qu'il s'agira du concept, réservant celui de stock actuel pour la biomasse mesurable avec les moyens d'investigation employés.

Cette biomasse, par la diversité de ses constituants, représentera une certaine quantité d'éléments chimiques variables en fonction de la nature des dominantes.

Les principaux éléments de la matière vivante sont C, H, O, N, P et S; on estime en % de C la composition de quelques constituants du plancton à :

	C	N	P	S	
Diaptomus	100	22	1,6	0,6	d'après KUFFERATH
Copépodes divers	100	25	2,2	0,6	d'après VINOGRADOV
Algues (Diatomées marines)	100	18	2,7	0,6	d'après VINOGRADOV
— — —	100	16	1,67	0,6	d'après REDFIELD et WAKSMAN
Bactéries	100	200	3,8	2,9	d'après divers auteurs

Einsele (1941) estime pour sa part à 60 % d'hydrates de carbone, 35 % de protéines et 5 % de lipides, la composition relative du plancton. Pour oxyder complètement 1 g de matière organique sèche, il faudrait 1,5 g d'oxygène.

Il existe plusieurs façons d'exprimer les résultats des mesures de biomasse, en unités plus ou moins proportionnelles à la quantité de matière vivante présente.

Le *poids brut* s'entend pour les organismes frais mais débarrassés de l'excès d'eau retenu ailleurs que dans les tissus.

Il introduit un certain nombre d'erreurs dues à l'existence de matériaux d'excrétions (calcaire, silice, eau intérieure) et qui faussent les résultats.

Le *poids sec* est souvent remplacé par le poids dit alcoolique (Holme, 1953) ou formolé quand les observations sont faites sur matériel fixé.

Les *teneurs* en cendres, en protéines, en graisses, en pigments, en silice, sont aussi utilisées pour des recherches sur certains groupements (plancton) (Harvey, 1934, Aleem, 1949).

Pour les formes de très petites tailles il vaut mieux recourir à un calcul : on évalue par mensurations le volume d'un individu moyen (biovolume) et, supposant la densité voisine de 1, on détermine son poids approximatif (Verduin, 1956).

Pour les principales espèces du plancton du lac Erken, Nauwerck (1963) a ainsi déterminé le volume spécifique de nombreuses espèces et, supposant également que la densité de ces espèces est voisine de 1 (donc que 10^6 $\mu^3 = 1$ μg) en a établi le poids humide. Pour les grands éléments du zooplancton, il en a même calculé le poids sec. (Tableau 33).

Ces valeurs ne sont qu'approximatives. Elles ne tiennent pas compte des fluctuations saisonnières de taille, de forme, etc. Elles ne prennent pas plus en considération le phénomène de croissance qui fait qu'un Copépode Calanoïde comme *Eudiaptomus graciloïdes* par exemple, dont l'œuf fait 10^4 μ^3, atteint $6 \cdot 10^6$ μ^3 au stade nauplius, $5 \cdot 10^7$ μ^3 au stade Copépodite I et $2 \cdot 10^8$ μ^3 au stade adulte. Cependant ce sont des valeurs moyennes qui permettent d'avoir une idée grossière de la biomasse présente et en cela ont de l'intérêt.

L'expression des résultats fait quelquefois intervenir d'autres unités, tel l'équivalent-Carbone de la matière organique (50 % de la matière organique sèche sont constitués de Carbone) ou la valeur calorique de cette matière : 1 g d'organisme (poids sec) a une valeur calorique moyenne de 4 000 à 5 000 calories.

TABLEAU 33

D'autres valeurs peuvent être trouvées, notamment dans les travaux de SEBESTYEN (1958), SCHÄPERCLAUS (1961), NALEWAJKO (1966), DUMONT *et al.* (1975).

	Volume en μ^3
Cyanophycées :	
Microcystis pulverea (Col. à 100 μ ∅)	2 000
M. æruginosa (Col. à 200 μ ∅)	$1{,}0 \cdot 10^5$
M. flos-aquæ (Col. à 200 μ ∅)	$1{,}0 \cdot 10^5$
Aphanocapsa elachista (Col. à 50 μ ∅)	200
Aphanothece clathrata (Col. à 50 μ ∅)	500
Chroococcus turgidus	1 000
C. limneticus	400
Gomphosphæria lacustris (Col.)	2 000
G. aponina (Col.)	2 000
Cœlosphærium kuetzingianum (Col.)	2 000
C. nægelianum (Col.)	$1{,}5 \cdot 10^4$
Eucapsis sp.	30
Oscillatoria tenuis (cm)	$1{,}5 \cdot 10^5$
O. agardhii v. isothrix (cm)	$2{,}0 \cdot 10^5$
Anabæna flos-aquæ (Col. à 200 μ ∅)	$1{,}0 \cdot 10^5$
A. circinalis (Col. à 200 μ ∅)	$1{,}0 \cdot 10^5$
Glœotrichia echinulata (Col.)	$2{,}5 \cdot 10^7$
Chlorophycées :	
Gyromitus cordiformis	500
Paramastix conifera	500
P. truncata	500
Carteria conochili	200
Chlamydomonas debaryana	300
C. tremulans	100
Pandorina morum (Col.)	3 000
Eudorina elegans (Col.)	3 000
Volvox aureus (Col.)	$3{,}0 \cdot 10^4$
Gemellicystis neglecta (Col.)	5 000
Glœocystis planctonica (Col.)	3 000
G. bacillus (Col.)	3 000
Glœococcus schrœteri	5 000
Pediastrum duplex (Cœnobes)	8 000
P. boryanum (Cœnobes)	8 000
P. tetras (Cœnobes)	500
μ-algues	10
Chlorella sp. (1)	20

(1) Poids sec en μμg : 5,5

	Volume en μ^3
Oocystis solitaria	500
O. lacustris	200
Nephrocytium limneticum	5 000
Tetraëdron minimum	30
T. regulare	200
T. limneticum	$2{,}0 \cdot 10^4$
Scenedesmus acutus (Cœnobes)	1 000
S. arcuatus (Cœnobes)	1 000
S. bicellularis (Cœnobes)	120
S. quadricauda (Cœnobes)	1 000
Cœlastrum microsporum (Cœnobes)	3 000
C. cambricum (Cœnobes)	3 000
Selenastrum capricornutum	30
Ankistrodesmus nannoselene	20
A. falcatus	250
A. acicularis v. heteropolis	250
A. setigerus	500
Coccomyxa minor (1)	10
Stichococcus minor (2)	30
Gonatozygon kinahani (cm)	$3{,}0 \cdot 10^5$
Closterium acutum v. variabile	350
C. aciculare	4 000
C. aciculare v. subpronom	4 000
Closterium parvulum v. tortum	2 000
C. ehrenbergii	$5{,}0 \cdot 10^5$
C. acerosum	$2{,}0 \cdot 10^4$
Cosmarium sp. (petit)	4 000
C. reniforme	$3{,}0 \cdot 10^4$
C. turpinii	$3{,}0 \cdot 10^4$
Staurastrum gracile	$2{,}0 \cdot 10^4$
S. tetracerum	$1{,}5 \cdot 10^4$
S. chœtoceras	$1{,}5 \cdot 10^4$
S. planctonicum	$2{,}0 \cdot 10^4$
S. johnsonii	$2{,}0 \cdot 10^4$
S. pseudopelagicum	$2{,}0 \cdot 10^4$
S. furcigerum	$2{,}5 \cdot 10^4$
Chrysophycées :	
Petites monades spp.	50

(1) Poids sec en $\mu\mu g$ = 7,0
(2) » » » » = 5,75

	Volume en μ^3
Grandes monades spp.	250
Chromulina sp.	50
Monochrysis parva	100
M. vesiculiferum	200
M. aphanaster	200
Chrysococcus rufescens	50*
C. porifer	50
C. minutus	50
C. biporus	50
C. cystophorus	50
Kephyrion rubri-claustri	50
Mallomonas globosa	250
M. akrokomos	500
M. akrokomos v. parvula	350
M. caudata	$1{,}2 \cdot 10^4$
M. tonsurata v. alpina	2 500
Erkenia subæquiciliata	60
Synura uvella (Col. à 32)	$6{,}5 \cdot 10^4$
Uroglena americana (Col. à 500)	$1{,}0 \cdot 10^5$
Dinobryon suecicum	250
D. acuminatum	350
D. sertularia	350
D. cylindricum	800
D. sociale v. stipitatum	800
D. divergens v. schauinslandii	800
Pteridimonas pulex	100
Bicœca ainikkiæ	100
Monosiga varians v. vagans	100
Salpingœca frequentissima	200
Stelexomonas dichotoma	200
Diatomées :	
Melosira varians (cm)	$2{,}0 \cdot 10^6$
M. granulata (cm)	$8{,}0 \cdot 10^5$
M. granulata v. angustissima (cm)	$1{,}5 \cdot 10^5$
M. islandica ssp. helvetica (cm)	$8{,}1 \cdot 10^5$
M. ambigua (cm)	$3{,}0 . 10^5$
M. italica ssp. subarctica (cm)	$1{,}5 . 10^5$
Cyclotella comta	$1{,}0 . 10^4$

* EDMONDSON (1965) estime le volume moyen des *Chrysococcus* à 650μ^3 d'après des mesures inédites de LUND.

	Volume en μ^3
Stephanodiscus astræa	$2,5.10^4$
S. astræa v. intermedia	5 000
S. hantzschii	2 500
S. hantzschii v. pusillus	150
Attheya zachariasii	200
Tabellaria fenestrata	3 000
T. flocculosa	2 000
Diatoma elongatum	1 000
Fragilaria crotonensis (cm)	$1,5 \cdot 10^5$
F. capucina (cm)	$1,0 \cdot 10^6$
F. construens (cm)	$8,0 \cdot 10^5$
Asterionella formosa	800
Synedra acus	200
S. acus v. angustissima	500
Synedra ulna v. danica	5 000
Nitzschia sigmoidea	5 000
N. vermicularis	5 000
Cymatopleura elliptica	$6,0 \cdot 10^4$
Surirella biseriata	$6,0 \cdot 10^4$
S. robusta	$6,0 \cdot 10^4$
S. robusta v. splendida	$6,0 \cdot 10^4$
S. elegans	$6,0 \cdot 10^4$
Xanthophycées :	
Botryococcus braunii (Col.)	$1,5 \cdot 10^4$
Cryptophycées :	
Rhodomonas lacustris	250
R. minuta (1)	200
R. minuta v. nannoplanctica	100
Cryptomonas ovata (2)	2 500
C. erosa	2 500
C. marssonii	1 000
Cyathomonas truncata	200
Katablepharis ovalis	200
Dinophycées :	
Amphidinium geitleri	400
Gymnodinium cf. lacustre	400
G. lohammari	1 000

(1) Poids sec en µµg = 80.
(2) Edmondson (1965) l'évalue à 4000 (poids sec estimé : 500 µµg).

	Volume en μ^3
G. cf. tenuissimum	5 000
G. mirabile	$1{,}0 \cdot 10^4$
G. helveticum f. achroum	$1{,}5 \cdot 10^4$
Spirodinium hyalinum	800
Glenodinium sp.	1 500
Peridinium aciculiferum	8 500
P. euryceps	$2{,}0 \cdot 10^4$
P. cinctum	$4{,}0 \cdot 10^4$
P. bipes	$4{,}0 \cdot 10^4$
Ceratium hirundinella	$7{,}5 \cdot 10^4$
Protozoaires :	
Petits Ciliés	2500
Grands Ciliés	$5{,}0 \cdot 10^5$
Prorodon ovum	$1{,}0 \cdot 10^5$
Askenasia elegans	3 000
Dileptus trachelioides	$3{,}0 \cdot 10^6$
Trachelius ovum	$5{,}0 \cdot 10^6$
Bursaria truncatella	$3{,}5 \cdot 10^7$
Strombidium sp	$5{,}5 \cdot 10^4$
Halteria grandinella	3 000
Tintinnidium fluviatile	$5{,}0 \cdot 10^4$
Tintinnopsis lacustris	$5{,}0 \cdot 10^4$
Trichodina pediculus	5 000
Epistylis rotans	300
Rotifères :	
Trichotria pocillum	$2{,}0 \cdot 10^5$
Brachionus calyciflorus	$6{,}0 \cdot 10^5$
B. plicatilis	$6{,}0 \cdot 10^5$
Keratella cochlearis et f. tecta	$5{,}0 \cdot 10^4$
K. ticinensis	$5{,}0 \cdot 10^4$
K. quadrata	$1{,}0 \cdot 10^5$
K. hiemalis	$5{,}0 \cdot 10^4$
Argonotholca foliacea	$2{,}0 \cdot 10^5$
Kellicottia longispina	$1{,}0 \cdot 10^5$
Euchlanis dilatata	$4{,}0 \cdot 10^5$
Trichocerca porcellus	$1{,}2 \cdot 10^5$
T. birostris	$1{,}5 \cdot 10^5$
T. capucina	$1{,}5 \cdot 10^5$
T. pusilla	$1{,}0 \cdot 10^5$

	Volume en μ^3
T. rousseleti	$1,0 \cdot 10^5$
Gastropus stylifer	$5,5 \cdot 10^5$
Ascormorpha saltans	$3,0 \cdot 10^5$
Asplanchna priodonta	$3,0 \cdot 10^7$-$3,0 \cdot 10^8$
Synchæta truncata	$1,0 \cdot 10^6$
S. oblonga	$1,0 \cdot 10^6$
S. lakowitziana	$1,0 \cdot 10^6$
S. pectinata	$2,0 \cdot 10^6$
Polyarthra vulgaris	$5,5 \cdot 10^5$
P. dolichoptera	$6,0 \cdot 10^5$
P. remata	$5,0 \cdot 10^5$
P. minor	$5,0 \cdot 10^5$
P. major	$1,0 \cdot 10^6$
Pompholyx complanata	$1,0 \cdot 10^5$
P. sulcata	$1,0 \cdot 10^5$
Filinia terminalis	$1,0 \cdot 10^5$
Conochilus hippocrepis	$6,0 \cdot 10^5$
C. unicornis	$4,0 \cdot 10^5$
Conochiloides natans	$8,0 \cdot 10^5$
Collotheca mutabilis	$2,5 \cdot 10^5$
C. libera	$2,5 \cdot 10^5$

	Volume en μ^3	Poids sec en μg
Cladocères :		
Diaphasonoma brachyurum	$6,0 \cdot 10^7$	
Daphnia longispina ssp. hyalina	$5,0 \cdot 10^7$ — $1,0 \cdot 10^8$	2,5-8,2
D. galeata	$1,0 \cdot 10^8$	
Ceriodaphnia pulchella	$5,0 \cdot 10^7$	2,0-2,5
C. quadrangula		
C. quadrangula v. hamata		
Bosmina longirostris	$4,0 \cdot 10^7$ — $1,0 \cdot 10^8$	(2,0-3,5)
B. coregoni	$7,0 \cdot 10^7$	
Chydorus sphæricus	$1,0 \cdot 10^7$	
Bythotrephes longimanus	$2,5 \cdot 10^9$	
Leptodora hyalina	$1,0 \cdot 10^{10}$	
Copépodes		
Petits nauplii	$5,0 \cdot 10^4$	
Grands nauplii	$1,5 \cdot 10^6$	
Petits copépodites de Cyclopoïde (*M. leuckarti*, etc.)	$1,0 \cdot 10^7$	

	Volume en μ^3	Poids sec en μg
Grands copépodites de Cyclopoïde (*C. strenuus*, etc.).	$2{,}0 \cdot 10^8$	11,8
Petits copépodites de Calanoïde.................	$4{,}0 \cdot 10^7$	
Grands copépodites de Calanoïde...............	$4{,}0 \cdot 10^8$	5,0-7,3
Eudiaptomus graciloïdes	$2{,}0 \cdot 10^8$	8,9-9,7
Eurytemora lacustris	$3{,}0 \cdot 10^8$	
Cyclops strenuus................................	$5{,}0 \cdot 10^8$	15,0-22,0
C. vicinus	$3{,}0 \cdot 10^8$	
Mesocyclops leuckarti..........................	$3{,}0 \cdot 10^7$*	1,5-3,2*

* ♂♂ = environ la moitié des ♀♀.

Il n'est pas de moyen idéal d'approcher quantitativement la notion de biomasse. Trop imparfaites sont les méthodes de prélèvement, trop fluctuantes sont les populations. Cependant si les prises échelonnées dans le temps et réparties dans l'espace sont assez nombreuses, les valeurs pourront devenir significatives surtout si les calculs tiennent compte de la composition qualitative de cette biomasse. Bien que la notion de productivité soit plus importante encore que celle de biomasse (voir plus loin), il n'en est pas moins utile de définir les éléments qui la composent, car ils jouent un rôle de premier plan dans son renouvellement (cycles biologiques) et participent chacun pour une part déterminée à la production totale de matière organique, par le jeu de l'interdépendance nourriture-prédation qui les lie tous au moins deux à deux.

La connaissance de la biomasse seule ne donne aucun renseignement valable sur la production si l'on ne connaît pas également la vitesse de croissance des individus ou des populations, ainsi que sa vitesse de renouvellement (de remplacement).

A titre d'exemple, citons la profonde différence de comportement des populations en climat tropical et en climat tempéré froid. Aux latitudes faibles, les températures élevées entraînent un métabolisme accru (loi de Van t'Hoff) et une maturité sexuelle tôt acquise. Au contraire aux températures basses des latitudes élevées, le métabolisme est ralenti, la croissance lente, la maturité sexuelle tardive. Cependant la durée de vie est souvent plus longue.

On voit par cet exemple mis en lumière notamment par DUSSART (1954-1955) sur les ombles chevaliers *(Salvelinus alpinus)* que l'appréciation instantanée d'une population ne fournit généralement pas de renseignement sur la rapidité du recyclage biologique.

CLARKE (1946) a exprimé cette constatation sous la forme de courbes présentant l'état de la biomasse en fonction du temps (fig. 71).

Dans l'exemple 1, le taux de croissance est élevé, mais avec le temps le stock maximum finit par s'identifier avec celui de l'exemple 2 où le taux de croissance est beaucoup plus faible (comparer les angles α et β).

Si le stock est évalué avant qu'une des populations ait atteint son maximum, au stock le plus fort correspondra le taux de croissance le plus fort.

Le stock maximum est atteint quand la production est exactement contrebalancée par les destructions. Il est donc en rapport avec la production nette.

Si nous considérons maintenant l'exemple 3, caractérisé par une croissance de la biomasse égale au début à celle de l'exemple 2, mais dont

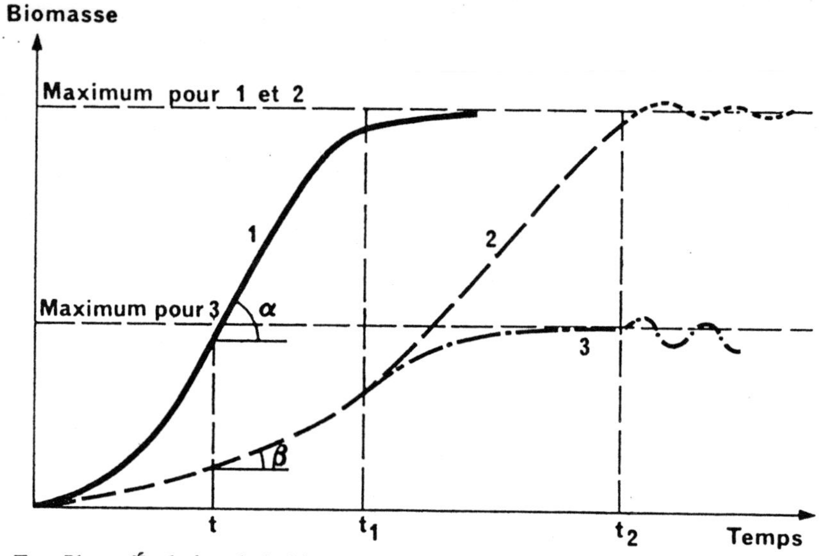

FIG. 71. — Évolution de la biomasse en fonction du temps d'après CLARKE 1946

le stock maximum est beaucoup plus faible, on ne peut savoir si le stock résultant mesurable à un instant *t* est le fait d'une production élevée mais fortement contrebalancée par une destruction non moins forte ou si le stock final est seulement dû à une croissance lente de la biomasse.

Une population importante et en équilibre biologique au sens de LINDEMAN (1942) peut donc être le résultat d'un taux de croissance élevé aussi bien que d'un taux de croissance faible, seuls les processus de destruction y sont faibles dans les deux cas.

Dans celui d'un taux de croissance élevé, on est sûr que l'écosystème possède les moyens optima de production quant à la population étudiée. Le meilleur moyen d'être renseigné sur l'état et les possibilités d'évolution d'une biomasse est donc de l'étudier à intervalles réguliers afin de définir le taux de croissance des populations, leurs capacités de destruction, leur possibilité de survie, une fois atteint l'équilibre biologique.

Contrairement à ce que laisse penser l'observation directe, *depuis la surface*, d'une masse d'eau, la biomasse d'un milieu aquatique est en général assez faible. Dans le Schleinsee, EINSELE (1941) l'a estimée à 1 350 kg (biomasse planctonique), soit 92 kg à l'hectare. Comparée à la biomasse fixée, elle s'avère très faible (en mer d'Aral, il y a 30 kg de *Chara* au mètre carré!). Mais comme nous venons de le voir, ce n'est pas la biomasse qui importe dans une masse d'eau, mais plutôt sa capacité de production (cf. chap. XIX).

B. — MATIÈRE INERTE

Les êtres vivants naissent, croissent, se reproduisent et meurent.

L'écosystème-lac contient donc toujours une certaine quantité de matière organique sous forme d'organismes morts, de déchets du métabolisme, de grosses molécules en voie de décomposition.

Une grande partie de cette matière organique fait retour à l'écosystème après minéralisation ou simple dégradation partielle.

L'ensemble de toute la matière organique vivante ou non, présente dans l'écosystème, a été appelée **Organomasse** par DAVIS (1963); elle représente donc la somme de la biomasse et de ses produits d'assimilation et de désassimilation.

On ne peut séparer de cette organomasse les produits minéraux dont elle a besoin pour se constituer et qu'elle rejette partiellement dans l'écosystème.

Une partie reste bloquée dans les sédiments et contribue à les constituer. Ce sont des matières organiques, hydrates de carbone (VALLENTYNE, 1963; SWAIN *et al.*, 1959), acides aminés, etc. Ce sont aussi des matières minérales d'origine organique, carbonates, sulfures, etc., ainsi que des hydrates et oxydes divers. La silice des frustules de Diatomées a cette origine et ce destin.

C. — APPORTS ET PERTES

En fait, quoiqu'une masse d'eau continentale puisse être considérée comme un des meilleurs exemples d'écosystème, c'est-à-dire de milieu vivant en circuit fermé (au point de vue matière), il existe un certain nombre d'apports plus ou moins continus et surtout des pertes. Les apports sont ceux provenant de l'atmosphère sous forme de poussières, de cendres volcaniques et d'organismes semi-aquatiques, de spores, pollens, insectes et leur ponte, d'oiseaux, de déchets tombant à la surface de l'eau. Ce sont aussi les substances dissoutes par l'eau de pluie et autres produits de condensation de la vapeur d'eau, ions variés qui rejoignent les eaux de ruissellement et surtout celles des affluents dont les effets se font parfois sentir à grande distance dans les lacs importants.

Les apports sont quelquefois plus importants encore quand le lac possède une végétation littorale spécialisée.

C'est le cas des étangs de forêt dont la vase s'enrichit continuellement en cellulose par la chute des feuilles et finit par constituer un véritable humus. C'est aussi le cas des lacs-tourbières dont les rives, battues par les vagues, constituent localement un front de taille naturel de la tourbière qui croît par ailleurs.

Les pertes ont au moins trois origines :

Les *migrations d'organismes :* le cas de l'anguille et du saumon sont bien connus. Ceux de la truite de lac et de certains ombles aussi. Beaucoup de poissons sont capables de vivre en eau stagnante et en eau courante. Ils passent d'un milieu dans l'autre au gré des stimuli physiologiques (migrations trophiques, migrations de reproduction...).

Les insectes aquatiques et parfois même certains amphibiens sont également capables de passer une partie de leur vie dans un écosystème aquatique et le reste de leur vie dans un autre biotope. Ils sont alors perdus pour le cycle de la matière dans le premier écosystème, à moins qu'ils n'y reviennent d'une manière (ponte) ou d'une autre (prédation).

Les *pertes dues aux prédateurs* étrangers à l'écosystème : elles sont le plus souvent compensées, parfois même largement, par les déchets et excrétions que ces prédateurs laissent à la place de ce qu'ils enlèvent. Ce sont avant tout des vertébrés, reptiles, oiseaux, mammifères (dont l'homme), qui se nourrissent aux dépens des producteurs aquatiques de matière organique de l'écosystème, algues, plantes supérieures, mollusques, crustacés, poissons. L'homme joue un rôle essentiel dans ce type de prédation.

Les *dépôts*, c'est-à-dire ici tout ce qui, provenant du métabolisme de l'écosystème, finit par se décanter sous forme insoluble et inattaquable par les bactéries. Ce sont des produits minéraux (calcaires, silice, sulfures) ou organiques (chitines, acides gras...) qui contribuent pour une large part à constituer les sédiments lacustres.

En général, les apports sont supérieurs aux pertes et il y a évolution plus ou moins rapide des masses d'eau qui passent par des états qui les caractérisent momentanément (cf. chap. XXI).

CHAPITRE XIX

PRODUCTION, TRANSFORMATION

Nous avons vu successivement dans les chapitres précédents les composants du biotope et ceux du biome. Nous avons pris conscience de l'écosystème, somme de ces deux entités. Les continuelles modifications et nombreuses interdépendances qui les unissent nous imposent maintenant de suivre les transformations qui les font peu à peu évoluer et qui se traduisent par une production de matière vivante aux dépens de la matière inerte et grâce aux apports d'énergie venant de l'extérieur.

A. — PRODUCTION ET PRODUCTIVITÉ

Il est relativement aisé de comprendre le sens des termes production et productivité quand on s'adresse à une population monospécifique isolée et ne dépendant que d'un nombre limité de facteurs; c'est le cas d'un champ de blé, d'un bois de pins, d'un élevage de moutons ou de poules. Dans le milieu aquatique il en est autrement. Des confusions nombreuses ont été introduites par les auteurs qui ont voulu hâtivement généraliser le sens de ces deux termes essentiels et il est nécessaire, avant de poursuivre plus avant l'analyse du phénomène qu'ils mettent en lumière, de les redéfinir une fois de plus.

Davis (1963) nous facilitera la tâche en ayant rassemblé en une seule publication de nombreuses définitions qu'il compare, critique et remet à leur place dans l'ensemble.

1. LE TERME PRODUCTIVITÉ

Pour Tansley (1929), c'est un taux de production. Pour Thienemann (1931), c'est plutôt un développement maximum d'organismes lors de conditions de vie optimales.

Successivement, Mac Fadyen (1948), Feninger (1950), Grim (1950), Davis (1963), ont cherché à comparer les divers emplois de ce terme. Borutzky (1939), étudiant les populations de *Chironomus plumosus* de divers lacs, exprime la productivité en terme de différence, rapportée à l'année, entre biomasse maximum et biomasse au début de l'année. C'est aussi l'idée que s'en font Windberg et Iarovitziana (1939) en matière de photosynthèse, Harvey (1942) en matière de phytoplancton, Palmgren (1942) en matière de forêts.

Pour Lindeman (1942) il est préférable d'exprimer la productivité en termes d'énergie : c'est alors la « vitesse du flux d'énergie des organismes, accumulé à un niveau trophique donné ».

Évaluée en utilisant l'année comme unité de temps, elle devient l'expression d'un budget calorifique. Clarke (1946), Ricker (1946), Penfound (1956), Balogh (1958) préfèrent utiliser pour ce concept le terme de taux de productivité.

Pour Dussart (1951), la productivité est la potentialité (capacité de produire) des organismes dans des conditions idéales et pour Tonolli (1952), c'est le résultat de l'affrontement entre la tendance des organismes à s'accroître à l'infini et la tendance des divers facteurs d'environnement à s'y opposer.

Pour Pérès (1961) c'est un pouvoir, pour Vibert et Lagler (1961) c'est une faculté de produire.

En économie, la productivité est la dérivée $\pi = \frac{\delta P}{\delta x}$ de la production, fonction de *n* facteurs, par rapport à un de ces facteurs, les autres étant alors considérés comme constants. Si le facteur variable pris comme référence est le temps, la productivité devient la production par unité de temps, toutes les autres variables étant alors considérées comme constantes. En écologie, on choisira comme valeur de ces variables, considérées momentanément comme constantes, les plus proches des valeurs théoriques (meilleur taux de survie, de reproduction, etc., de chaque espèce). La productivité sera alors la capacité de produire de la matière vivante dans les meilleures conditions (dites idéales).

Si l'unité biologique de temps, l'espèce ou le groupe d'espèce ne sont pas définis (productivité d'un écosystème tout entier par exemple), cette notion reste donc abstraite puisqu'elle ne peut tenir compte des interdépendances qui limitent justement cette capacité de produire comme le souligne Tonolli (1952) dans sa propre définition.

Pour rendre concrète la notion de productivité, la coutume s'est établie de hiérarchiser les facteurs de production et de considérer comme aléatoires ceux relevant de la biologie et comme constants (pouvant être considérés comme tels) ceux relevant de la limnologie (facteurs d'environnement) et de la géométrie (spatiale et temporelle) de l'écosystème.

Il reste alors comme seule ambiguïté : la définition des conditions « idéales » du biotope faisant intervenir les organismes (facteurs écologiques).

2. LE TERME PRODUCTION

Il a deux définitions : l'ensemble des biens produits et le processus conduisant à ces biens. En écologie, on ne l'emploie que dans la première de ces deux définitions. Pour LEVASSEUR (1868), la production est du travail créant de l'utilité. Pour THIENEMANN (1931), ELSTER (1944), FENINGER (1950), ce peut être la quantité de matière dans une aire donnée, fournie par une communauté biologique donnée. (La productivité serait alors la vitesse de formation de cette matière organique). THIENEMANN (1931) commente cette définition en y introduisant le facteur-temps qu'il critique; pour lui, c'est donc la quantité de matière organique formée en un temps donné par les organismes et leurs excreta. Il considère que cette quantité n'est pas mesurable dans la pratique car l'unité de temps n'est pas, à proprement parler, mesurable par suite de la durée variable du cycle biologique de chaque espèce et de la continuité du processus de production d'une année sur l'autre.

THORSON (1957) reprend cette définition en lui donnant comme unités le volume ou la surface et un temps qui, faute d'être défini, doit être arbitrairement choisi. BALOGH (1958) y ajoute l'unité de mesure (le poids de matière vivante produite).

De nombreux auteurs ont confondu production et productivité (RAWSON, 1958; RODHE, 1958; RYTHER et YENTSCH, 1958; STEEMANN-NIELSEN, 1958, etc.).

La production sera définie ici de la manière suivante :

C'est la quantité de matière vivante produite dans les conditions régnant réellement dans l'écosystème; c'est en quelque sorte ce que devient la productivité quand seule la géométrie du système est fixée arbitrairement, volume (ou surface) et temps.

Il est plus facile de concevoir une production par espèce, par population ou par système que d'en concevoir la productivité puisque c'est la production réelle (positive ou négative), donc en principe mesurable, qui est alors évaluée. Seule reste critiquable l'unité de temps (voire de surface ou de volume) employée.

Une difficulté supplémentaire provient toutefois du fait qu'il est rare de mesurer réellement toute la production d'un domaine déterminé.

Il faudra donc différencier la production totale du *rendement* (Ricker, 1946; Mac Fadyen, 1948; Davis, 1963) qui est la production réellement récupérée par l'homme (notion d'utilité de Levasseur), parfois appelée tout simplement *récolte*.

Connaître une production afin d'en prévoir l'évolution, c'est estimer la vitesse de croissance des individus, leur mortalité naturelle, le rôle de la prédation, des migrations, des épidémies, les taux de reproduction, de survie des jeunes, etc. (Thorson, 1957); c'est faire, au préalable, une étude sérieuse de la dynamique des populations existant dans l'écosystème donné.

L'accroissement de matière se traduisant par une accumulation d'énergie, on pourra calculer une production, soit en termes de matière (organoproduction), soit en termes d'énergie (énergoproduction ou activité de Mac Fayden, 1948).

3. TAUX DE PRODUCTION

Apprécier, à un moment donné et dans un milieu limité connu, le stock actuel, ne permet pas d'estimer sa capacité de production.

D'autre part, considérer la production pendant un temps-unité donné et suivre ses variations au cours d'une période donnée ne permet pas davantage d'avoir une valeur globale de production nette, qui, rapportée à l'unité de temps, pourrait être la définition même du taux de production de l'écosystème considéré.

En fait, la notion de taux de production ne prend toute sa signification que si on ne considère que le bilan énergétique du processus d'accroissement de la matière organisée dans l'écosystème étudié. En effet, le principe de Carnot nous rappelle que toute transformation d'énergie s'accompagne d'une dégradation; il y a passage d'une forme « concentrée » à une forme dispersée.

Dans les eaux continentales, la forme concentrée c'est l'énergie de radiation (solaire), la forme dispersée, l'énergie calorifique libérée au cours des échanges métaboliques et qui n'a plus qu'une action indirecte, négligeable, sur l'écosystème.

Le réchauffement du milieu produit un accroissement du métabolisme de base des êtres poïkilothermes, mais ce réchauffement est surtout dû au rayonnement solaire direct plutôt qu'à la chaleur dégagée par les processus biochimiques d'origine métabolique.

La quantité d'énergie assimilée par l'écosystème pendant un temps-unité sera appelée taux de production brute (Clarke, 1946; Ricker, 1946; Mac Fadyen, 1948).

Le taux de production nette sera le taux de production brute diminué des pertes (respiration, décomposition, prédation) pendant le même temps unité. C'est ce taux de production nette que retient ODUM (1956) parce qu'il explicite mieux la synthèse de la matière organique (RICHMAN, 1958).

C'est de ce taux que doit être rapprochée la notion de *capacité biogénique* qui, en terme d'énergie comme en terme de matière, représente le taux optimum de production ou taux potentiel de production qui serait donc à la productivité ce que le taux de production brute est à la production (DUSSART, 1951 ; DAVIS, 1963).

La notion de capacité biogénique, introduite empiriquement par LÉGER (1910), a permis de classer relativement les uns aux autres divers milieux, mais son système d'unité relative arbitraire ne permet pas sa généralisation à tout un écosystème donné. Inventée pour les eaux courantes à poissons, cette notion, appliquée aux eaux stagnantes (étangs) s'est avérée peu sûre, quoique utile en première approximation (HUET, 1952).

Nous verrons plus loin (chap. XIX B) quels autres critères ont été introduits pour préciser les notions de production et de productivité et leurs moyens d'approche.

B. — NOTION DE NIVEAU TROPHIQUE

1. QUALITATIVEMENT

La production de matière vivante n'est possible que s'il y a alimentation. Certains organismes puisent dans le milieu les matières minérales dont ils ont besoin et grâce à l'énergie que leur apportent les radiations solaires, photosynthétisent leur propre substance organique. Ces organismes (autotrophes) servent de nourriture à des herbivores qui ont la faculté de transformer la matière organique végétale, composée surtout d'hydrates de carbone, en substances animales relativement plus riches en produits orga-

---

1. Nom des espèces citées dans la figure 73, par leur nom vernaculaire :

Malachigan : *Aplodinotus grunniens* (Sheephead, drum);
Méné émeraude : *Notropis atherinoides atherinoides* (Emerald shiner, carpe émeraude);
Dard-perch : *Percina caprodes semifasciata* (log perch);
Petit gris barré : *Etheostoma flabellaris flabellaris* (fantail darter); *Etheostoma blennioides blennioides* (greenside darter);
Écrevisse : *Orconectes limosus* (crayfish).

niques quaternaires (azotés). Eux-mêmes sont la proie de carnivores souvent plus ou moins omnivores et des carnivores mangeurs de carnivores qui représentent les plus spécialisés des êtres vivants (sur le plan physiologique).

DUMAS (1841) a différencié, dans une biocœnose ainsi constituée d'organismes interdépendants, les producteurs et les consommateurs de matière organique.

Plus tard, le rôle des bactéries ayant été mis en lumière, la notion de niveaux de nutrition ou **niveaux trophiques** a vu le jour (THIENEMANN, 1926; LINDEMAN, 1942; STRØM, 1946; ALLEE *et al*, 1949; ODUM, 1959; KENDEIGH, 1961; etc.). Les consommateurs de DUMAS ont été classés en consommateurs primaires, secondaires, etc. Les Saprovores ont constitué une catégorie spéciale (consommateurs tertiaires de ALLEE).

Les auteurs ne se sont pas toujours entendus sur la signification des termes qu'ils employaient pour définir un niveau trophique. Les consommateurs primaires (JACOT, 1940) étaient scindés en brouteurs et autres consommateurs herbivores par LINDEMAN (1942). Les consommateurs secondaires étaient pour les uns des prédateurs de divers degrés de prédation, pour les autres associés à divers modes de vie (benthiques, nageurs, etc.). Parmi les consommateurs tertiaires ou saprovores doivent être rangés les réducteurs de THIENEMANN (1926), les transformateurs partiels de WAKSMAN (1941) et les agents de décomposition de LINDEMAN (1942). KENDEIGH préfère rassembler sous le vocable de transformateurs les bactériotrophes, macrosaprovores et toutes les bactéries hétérotrophes.

Il est très commode de classer ainsi les divers éléments (individus, populations, espèces, groupements) d'une chaîne alimentaire. Il n'en faut pas moins avoir à l'esprit que cette classification est artificielle. Il existe des plantes carnivores et bien peu d'organismes sont rigoureusement autotrophes. Les carnivores sont parfois omnivores et même phytophages et le mode d'alimentation dépend parfois de la qualité et de la quantité de nourriture présente. Les cas sont nombreux où les mêmes organismes peuvent être rangés à deux, voire trois niveaux trophiques différents.

L'exemple de *Daphnia magna* est connu. Habituellement phytophage par filtrage du nannoplancton (algues, flagellés), ce Cladocère peut aussi bien consommer les bactéries saprophytes qui se développent dans les mares de fermes enrichies par les apports organiques (excréments) des animaux qui y viennent boire. Dans le premier mode d'alimentation, la population de *D. magna* devra être considérée au niveau des consommateurs primaires; dans le deuxième, elle devra être élevée au niveau des consommateurs tertiaires.

En règle générale, plus une espèce a une position élevée dans cette hiérarchie des niveaux trophiques, plus elle aura de chances de se nourrir aux dépens de niveaux différents. Les omnivores n'ont pas de position nettement définie, et certains animaux changent de niveau trophique en grandissant (changement de mode d'alimentation, métamorphoses, etc.).

Il est néanmoins évident qu'en première approximation, dans un écosystème donné, il est possible à un temps *t* donné, de ranger tous les organismes en groupements caractérisés par leur mode de nutrition et leur interdépendance avec les organismes ou groupements des niveaux immédiatement au-dessus ou au-dessous.

Tout écosystème comprend en réalité au moins trois niveaux trophiques : producteurs, consommateurs, saprovores (ou décomposeurs); il en comprendra rarement plus de 5. Deux seulement de ces niveaux sont indispensables au concept d'écosystème : les producteurs, seuls capables de piéger l'énergie et les décomposeurs dont le rôle essentiel est de boucler le cycle des éléments qui constituent la matière. Dans certains cas, les producteurs peuvent être des chimiautotrophes et les décomposeurs des saprovores; il y aura alors télescopage des niveaux trophiques qui paraîtront n'être qu'en nombre réduit mais dépendront alors d'une source extérieure d'énergie.

C'est le cas dans certaines communautés benthiques (abyssales), dans les chaînes alimentaires ne faisant intervenir que des consommateurs (non primaires) ou dans les milieux anaérobies (monimolimnion des lacs méromictiques).

Une chaîne alimentaire complète reste un concept permettant de mieux saisir l'unité du monde aquatique et l'interdépendance de ses constituants. Elle permet aussi de prendre conscience du caractère cyclique des échanges de matière entre les divers acteurs composant l'écosystème (le « food cycle » d'ELTON, 1927).

Dans la réalité, elle sera remplacée par un réseau (foodweb) complexe d'interactions que COOPER et FULLER (1945) ont illustré à propos du cycle nutritif dans le Moosehead lake (USA) et que BROOKS et DEEVEY (1963) ont repris (fig. 72).

De même, FRYER (1957) a montré les relations existant entre espèces herbivores et espèces carnivores de Copépodes :

Dans le premier groupe seront rangées *Eucyclops agilis (E. serrulatus)*, *E. macruroïdes*, *E. macrurus*, *Acanthocyclops bisetosus (= Diacyclops bisetosus)*, *A. languidus* et les *Microcyclops* : ces espèces se nourrissent essentiellement d'algues, notamment de Diatomées et de Chlorophycées filamenteuses. Dans le second groupe, les espèces les plus communes sont *Macrocyclops fuscus*, *M. albidus* et *Acanthocyclops (Megacyclops) viridis*.

Elles se nourrissent non seulement de Rotifères (sauf peut-être *M. fuscus)*, mais également d'Oligochètes, de larves de Chironomides, et de Cladocères et ne délaissent pas même les autres Copépodes.

De fait le bol alimentaire de ces espèces varie avec leur âge et aux premiers stades ils préfèrent les Protozoaires ciliés, à la rigueur des Flagellés. Le réseau d'interactions sera donc fonction du temps. Il sera également fonction des dominantes; la plupart des organismes, s'ils ne se nourrissent pas exclusivement d'une espèce, ont en effet des préférences. C'est un chapitre très attirant de l'hydrobiologie que d'étudier ces exigences, choix et efficacités de tel ou tel animal ou végétal dans une chaîne alimentaire.

Le schéma de Daiber (1952), à propos des relations de nutrition du Malachigan *(Aplodinotus grunniens)* et des éléments dont se compose sa nourriture dans le lac Érié, est également suggestif (fig. 73).

Il montre clairement l'interdépendance des niveaux trophiques.

La base de la nourriture du Malachigan est la larve d'*Hexagenia* et les *Gammarus*. Cependant son registre de nutrition est très étendu et il puise à tous les niveaux des consommateurs les aliments dont il a besoin.

L'écrevisse est omnivore et suivant le cas herbivore ou saprovore préférentiel. Les larves de Chironomides sont à la fois herbivores et carnivores, tout comme celles des Trichoptères.

Quant aux Cladocères et Copépodes, ils ne sont guère plus spécialisés.

Le rôle des bactéries dans le cycle des matières nutritives est considérable. Elles réduisent et décomposent les grosses molécules, participent à la solubilisation des détritus et permettent par leur activité le retour aux conditions premières de toutes les substances précédemment synthétisées à chaque niveau. STRØM (1946), dans un schéma simple (fig. 74) a présenté cette omniprésence des bactéries que certains rangent dans un niveau trophique particulier, celui des transformateurs (en ajoutant cependant les autotrophes à l'ensemble des hétérotrophes minéralisatrices). Il considère par ailleurs que leur place est entre la matière inerte (niveau 1) et les organismes producteurs (niveau 3) bien qu'ils soient en réalité en bout de cycle comme les prédateurs extérieurs à l'écosystème (comme l'homme) (niveau 5).

Sans entrer dans le détail de l'étude particulière des niveaux trophiques, les nombreux travaux qui les ont abordés ont permis d'établir quelques conclusions qui méritent d'être précisées.

Daiber (1952) constate que le nombre de taxas diminue régulièrement quand s'élève le niveau trophique : il y a 12 taxas au niveau des consommateurs primaires et seulement 3 à celui des consommateurs secondaires dans le cycle qui intéresse *Aplodinotus grunniens* (fig. 73). KENDEIGH (1961) souligne que le taux de reproduction est plus élevé aux bas niveaux (pour compenser la prédation plus importante) et que le nombre des individus diminue au fur et à mesure qu'on passe d'un niveau à celui qui lui est immédiatement supérieur. LINDEMAN (1942) de son côté, considérant que les prédateurs sont en général plus actifs que les herbivores, au métabolisme lui-même plus important que celui des végétaux dont ils se nourrissent,

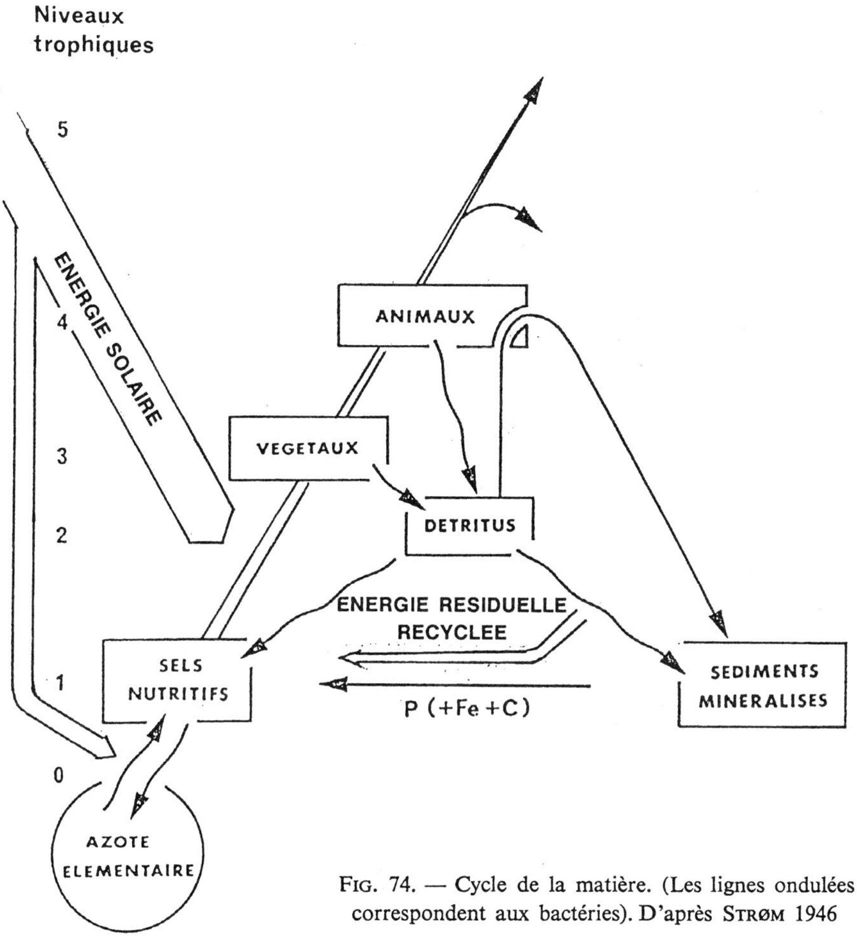

FIG. 74. — Cycle de la matière. (Les lignes ondulées correspondent aux bactéries). D'après STRØM 1946

établit un rapport énergétique $\frac{\text{respiration}}{\text{croissance}}$ et constate que ce rapport augmente progressivement quand on s'élève dans la hiérarchie des niveaux trophiques. Il est de :

33 % chez les producteurs d'après JUDAY, 1940;

62 % chez les consommateurs primaires d'après IVLEV, 1939 *a*; plus de 100 % chez les consommateurs secondaires d'après IVLEV, 1939 *b*.

Ainsi, la perte d'énergie due à la respiration augmente progressivement quand on passe d'un niveau trophique à un niveau supérieur.

Par contre, BIRGE et JUDAY (1922) ont montré que la digestibilité ou pouvoir de récupérer l'énergie contenue dans la matière ingérée augmente aux niveaux trophiques élevés.

Ils ont calculé en équivalents calorifiques la quantité de matière « indigeste » de plusieurs populations situées à des niveaux différents et sont arrivés aux résultats suivants :

	en % de calories
Nannoplancton (producteurs et consommateurs)	5
Mésoplancton algal	de 5 à 35 suivant composition
Végétaux macroscopiques	20
Consommateurs primaires	10
Consommateurs secondaires	8
Poissons prédateurs	5

Les faibles valeurs des deux premières communautés pourraient s'expliquer par certaines hétérotrophies encore insuffisamment connues.

2. QUANTITATIVEMENT

Le schéma de STRØM (1946) laisse sous-entendre que plus on monte vers les niveaux trophiques élevés, moins la biomasse est importante. Nous avons vu que DAIBER arrivait à une conclusion voisine en ce qui concerne le nombre des taxas. WALLACE (1858), FORBES (1887) déjà et surtout ELTON (1927) avaient constaté qu'en groupant les animaux par niveau trophiques et par taille sur un graphique, on obtient une figure triangulaire ; elle est connue sous le nom de pyramide d'ELTON. Cette forme triangulaire veut exprimer que le taux de reproduction est supérieur chez les plus petits organismes et que les petites proies sont généralement mangées par de plus grands animaux. Cette pyramide a une valeur universelle et illustre assez bien la composition quantitative d'un écosystème qu'il soit terrestre ou aquatique, marin ou d'eau douce. Elle peut être également établie à partir des biomasses de chaque niveau trophique et on constate alors que le poids des prédateurs est toujours très inférieur à celui de leurs proies. JUDAY (1942) a ainsi représenté l'ensemble de la biomasse de quatre lacs du Wisconsin sous la forme d'un triangle équilatéral dans lequel des compartiments correspondant aux divers niveaux trophiques ont été tracés, le poids de chacune des biomasses partielles étant proportionnel à la surface accordée à chacun de ces compartiments. A la base, la matière organique dissoute représente à elle seule plus de 50 % de la biomasse totale (fig. 75).

Il est cependant des fois où la biomasse des consommateurs paraît supérieure à celle des producteurs; c'est le cas dans certaines communautés

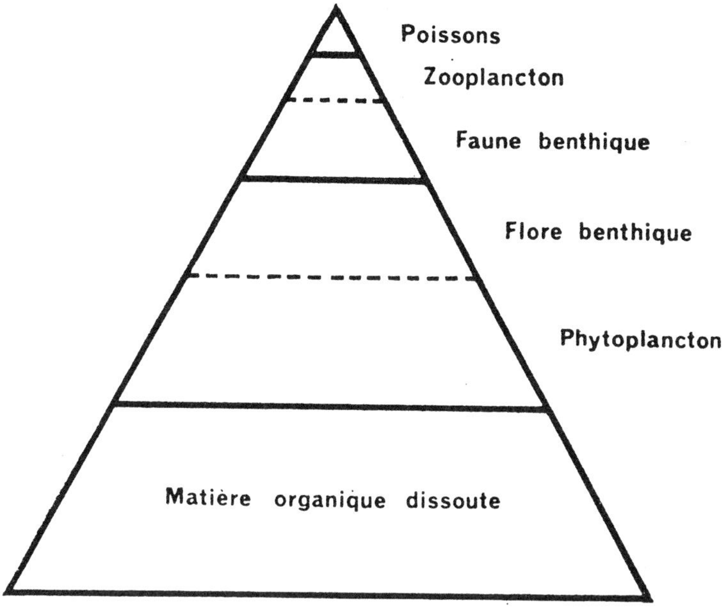

FIG. 75. — Biomasse de quatre lacs du Wisconsin, d'après JUDAY 1942. Le poids de chaque constituant est proportionnel à la surface qui le représente.

planctoniques dont on connaît encore mal la composition (en poids) en micro-organismes les plus petits (flagellés, bactéries autotrophes, germes fongiques, etc.).

Il est devenu plus courant d'établir la pyramide d'ELTON en termes de productivité exprimée elle-même en termes d'énergie accumulée (HUTCHINSON). En effet, le taux de production ne peut être inférieur et sera le plus souvent très supérieur au taux de consommation primaire qui ne peut être inférieur au taux de consommation secondaire, etc. Cela revient à dire qu'une certaine quantité λ_0 d'énergie entrant dans un écosystème sera progressivement « consommée » dans le métabolisme des végétaux puis des animaux et seule une fraction infime atteindra les niveaux trophiques supérieurs comme le montre l'exemple du lac Mendota étudié par JUDAY (1940) et où la production est évaluée en $cal.g \cdot m^{-2}\ an^{-1}$ (fig. 76).

En analysant de plus près avec CLARKE (1946) la répartition de l'énergie ainsi accumulée, transférée ou perdue, nous comprendrons mieux les relations trophiques existant entre chaque niveau.

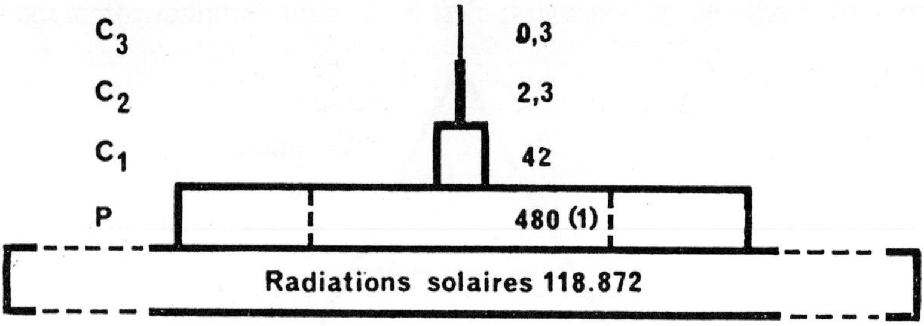

FIG. 76. — Pyramide énergétique pour le lac Mendota d'après JUDAY 1940
(1) Valeur trop forte d'après LINDEMAN. HUTCHINSON l'estimerait à 250. La valeur de C_2 serait également trop forte.

A la base de la pyramide, nous aurons l'énergie amenée au système par la lumière incidente dont une partie C_1 est absorbée par les plantes et piégée entre autre sous forme de molécules d'hydrates de carbone. Cette énergie est utilisée de différentes manières (fig. 77) :

1. Une partie disparaît dans la respiration (r_1);
2. Une autre est perdue par décomposition;
3. Une autre correspond à l'accroissement de la population (A_1);
4. Une autre correspond à la consommation par le niveau supérieur (S_2);
5. Une autre enfin, bien que consommée, n'est pas assimilée et se trouve ainsi perdue pour les niveaux supérieurs.

L'accroissement A_3 du dernier niveau trophique correspond à la quantité d'énergie disponible. Si elle est exploitée par des organismes étrangers à l'écosystème, il y a récolte et maintien des conditions d'équilibre; s'il n'y a pas prélèvement, il y a accroissement du potentiel énergétique de l'écosystème, il y a **eutrophisation** (cf. chap. XXI).

Dans un écosystème en équilibre, il n'y a pas accroissement. Une partie importante du rayonnement reçu est absorbée par le milieu sous forme de chaleur.

A chaque niveau, il y a à la fois production de matière organique (P_n), transfert d'énergie (I_n), perte par respiration (R_n), par excrétion (Ex_n)

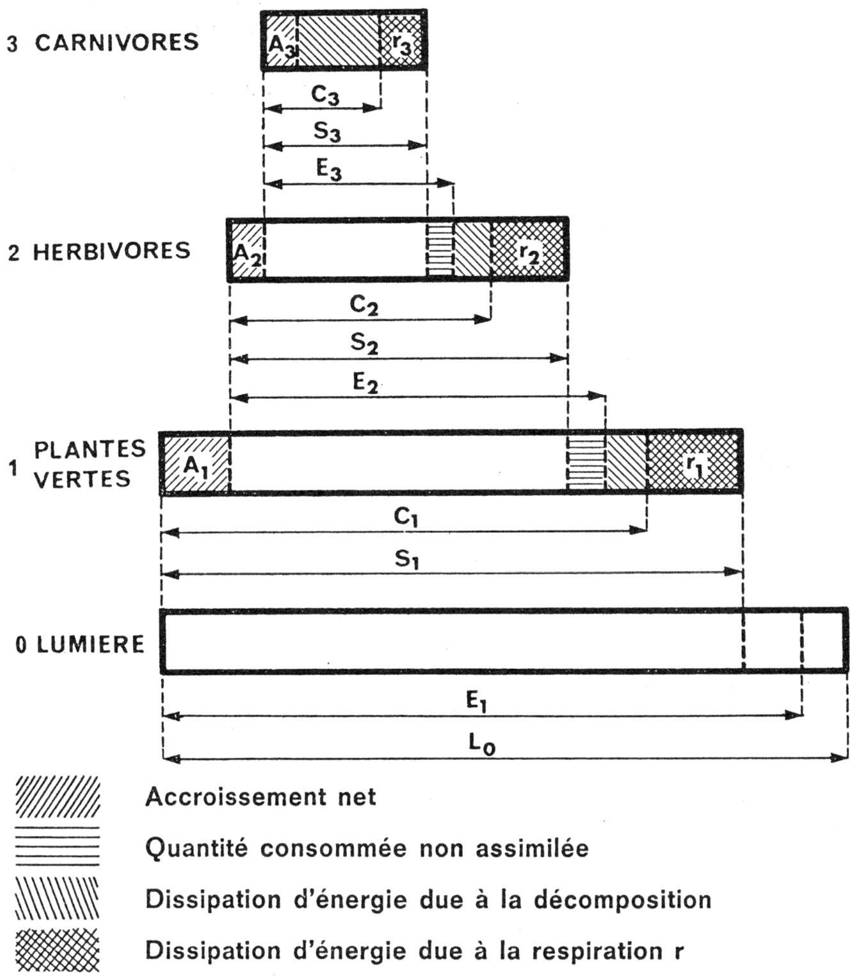

L_o : Energie lumineuse incidente

E : Energie lumineuse absorbée (E_1) ou consommée (E_2 & E_3)

C : Croissances

A : Accroissements nets

S : Assimilations

FIG. 77. — Répartition de l'énergie aux différents niveaux trophiques.

et par mortalité. La production P_n est entièrement transférée au niveau trophique supérieur si l'on considère dans A_n ce qui n'est pas assimilé. Une partie de la matière et de l'énergie se trouve bloquée par fossilisation F (fig. 78). L'ensemble de l'énergie perdue dans les

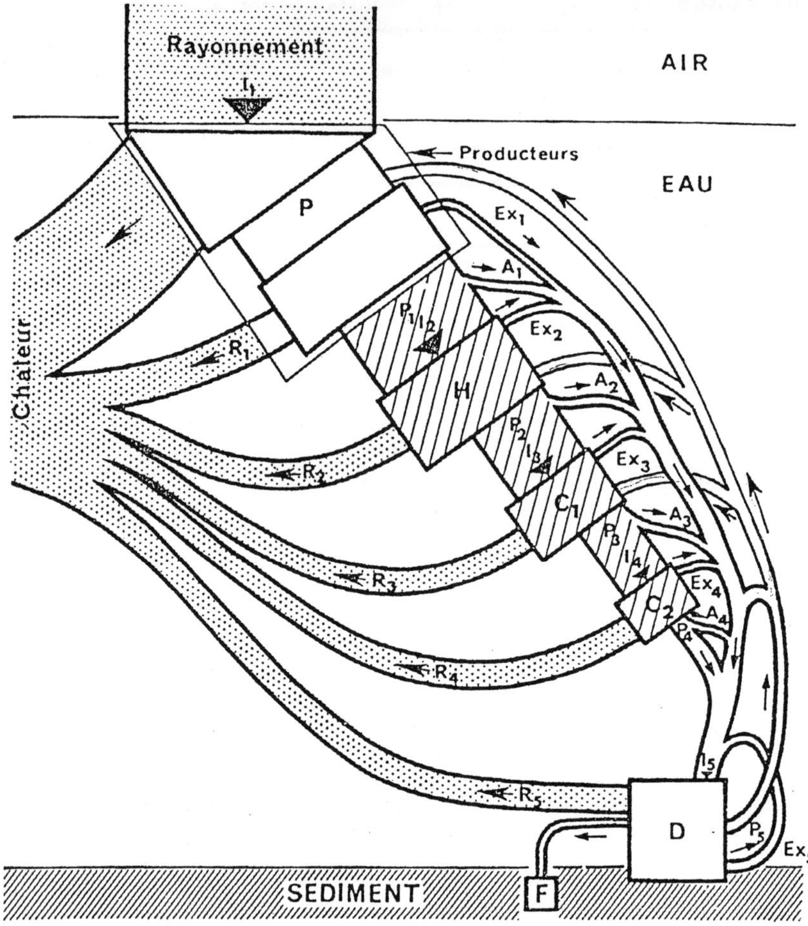

FIG. 78. — Transfert et utilisation de l'énergie dans un écosystème en équilibre (très modifié de ODUM 1956)

phénomènes respiratoires est récupéré par le milieu sous forme de chaleur. La production diminue à chaque niveau mais les pertes par respiration augmentent *relativement* à cause de l'accroissement de métabolisme.

Pour être réel, le schéma résumant ces relations devrait montrer des A_n beaucoup plus importants et des I_n et P_n diminuant beaucoup plus vite d'un niveau à l'autre (voir fig. 78).

A_n représente la production nette, c'est-à-dire la production brute P_n moins ce qui sera transféré au niveau supérieur (P_{n+1}). D'après le vocabulaire proposé par DAVIS (1963), il faudrait différencier à chaque niveau :

— un taux d'énergoproduction brute et un taux d'énergoproduction nette;

— un taux d'organoproduction brute et un taux d'organoproduction nette.

A l'énergoproduction (ou activité) (DUSSART, 1951) correspondent I_n, R_n, A_n et Ex_n;

à l'organoproduction correspondent P_n, A_n et Ex_n.

CLARKE (1946) désirant quantifier plus précisément la répartition et les transferts d'énergie dans un écosystème donné, a proposé d'établir des indices : d'assimilation $\frac{100\,S_n}{E_n}$, de croissance $\frac{100\,C_n}{S_n}$ et d'accroissement $\frac{100\,A_n}{C_n}$ (voir fig. 77 pour la signification des symboles).

Il y ajoute un indice d'absorption $\frac{100\,E_1}{L_0}$ pour les producteurs et un indice de consommation $\frac{100\,E_n}{C_{n-1}}$.

HUTCHINSON (1942), cherchant à comparer les valeurs correspondantes de chaque niveau, introduit la notion d'**efficience biologique** :

C'est le rapport $\frac{I_n}{I_{n-m}}$ de l'énergoproduction d'un niveau *n* rapporté en pour cent à celle d'un niveau inférieur $n - m$. Si I_0 est la quantité d'énergie solaire arrivant dans l'écosystème, les efficiences de chaque niveau peuvent être comparées à I_0. De son côté le rapport $\frac{I_n}{I_{n-1}}$ renseigne sur le degré d'utilisation des sources de nourriture d'un niveau donné *n* (efficience progressive).

Les indices de CLARKE et les efficiences de HUTCHINSON renseignent pleinement sur la répartition de l'énergie dans un écosystème et sur l'efficacité de son utilisation. Calculées dans le lac Mendota et le Cedar Bog lake

(LINDEMAN, 1942), les efficiences se sont montrées de plus en plus élevées chez les consommateurs (tableau 34) :

TABLEAU 34

	Cedar Bog lake	Lac Mendota
Producteurs	0,1	0,4
Consommateurs primaires	13,3	8,7
Consommateurs secondaires	22,3	5,5
Consommateurs tertiaires	22,3	15,0

A première vue, ce résultat semble en contradiction avec le principe de l'accroissement des pertes d'énergie dues à celui du métabolisme (respiration). Pour comprendre cette dualité d'action, il faut se rappeler que les consommateurs ont d'autant plus de psychologie de la prédation qu'ils sont plus élevés dans le règne animal et qu'ils sont plus grands. Or, nous avons vu qu'il y avait parallélisme dans le milieu aquatique continental entre ces diverses caractéristiques et leur place dans la pyramide d'Elton.

C. — PRODUCTION PRIMAIRE

Les producteurs sont les intermédiaires indispensables entre le monde inorganique et les êtres vivants hétérotrophes.

Si l'on excepte le monde des bactéries autotrophes dont on connaît si mal le rôle et l'importance dans les eaux continentales, ce sont les végétaux et les végétaux seulement qui sont responsables de cette transformation fondamentale de la matière, grâce au processus de la photosynthèse.

L'activité des producteurs se traduit par une production de matière organique que WINDBERG et LAROVITZIANA (1939) ont appelé **production primaire**.

Celle-ci implique l'intervention de deux types de facteurs :

— le facteur énergétique qui apporte l'énergie;

— le facteur-matière qui fournit les sels minéraux et ions indispensables à la synthèse.

La photosynthèse aboutit à la formation de sucres (oses) et KENDEIGH (1961) considère que c'est la quantité de sucres formés en un temps donné qui peut être la meilleure mesure de la production primaire.

La plus grande partie de ces sucres est consommée au cours du métabolisme végétal et les phénomènes respiratoires rendent au milieu le CO_2 et l'eau empruntés lors de la photosynthèse.

La grande différence existant entre ces deux réactions inverses, c'est que la quantité d'énergie nécessaire à l'une et libérée par l'autre n'est pas la même. Il faut 709 K calories pour fabriquer une molécule en C_6 et celle-ci ne libère que 674 K calories en se dégradant. De plus, la photosynthèse n'est possible que le jour; la croissance d'un végétal (algue) ne sera donc possible que s'il a fabriqué, le jour, plus d'hydrates de carbone (sucres) qu'il n'en faut pour contrebalancer la perte de matière que représente la nuit, sa respiration, ses excrétions et sécrétions.

Deux types de facteurs interviennent dans la production primaire : des facteurs essentiels, agissant directement sur la croissance et la photosynthèse (lumière, température, sels minéraux) et des facteurs accessoires qui agissent sur les populations par leurs effets sur les facteurs essentiels et modifient ainsi leur action ; ce sont des facteurs externes ou internes aux organismes ou au milieu. BRYLINSKY & MANN (1973) en s'appuyant sur une étude statistique des résultats du Programme Biologique International, ont estimé que le facteur essentiel de productivité primaire était l'apport d'énergie solaire.

1. FACTEURS ESSENTIELS

a) LUMIÈRE

Nous avons vu (chap. V) comment pénétraient les rayons lumineux dans l'eau. Ils interviennent à la fois par leur qualité (longueur d'onde) et par leur intensité (flux); la durée d'éclairement agit aussi (BEYERS, 1963).

Nous avons distingué, à propos de la zonation des groupements pélagiques (plancton), une zone trophogène et une zone tropholytique. La première correspond à la zone euphotique, où organismes littoraux benthiques et pélagiques autotrophes trouvent assez d'énergie lumineuse pour assurer leur croissance, malgré les variations diurnes de luminosité.

STEEMANN-NIELSEN et AABYE-JENSEN (1957) ont évalué la diminution de production des êtres photosynthétiques en fonction de la quantité moyenne de lumière atteignant les différentes profondeurs de cette couche euphotique. Reportée sur un graphique (fig. 79) cette diminution, dans les meilleures conditions d'éclairement à la latitude du Danemark, a la forme d'une hyperbole (NYGAARD, 1955).

Nous voyons donc que la lumière peut varier dans une large mesure sans influencer beaucoup la photosynthèse puisque à 10 % de sa valeur (pluie continue par ciel couvert et nuages épais), elle provoque encore une production de 50 % de sa valeur maximum par ciel clair et plein soleil.

Par ailleurs, plusieurs auteurs ont souligné que le taux de production photosynthétique n'était pas maximum en surface (RODHE, 1958; FINDENEGG, 1964). Il se situe vers 1 m dans les lacs suédois du type Erken. Dans le Léman, il est à 4 m; dans l'Ossiacher See, il oscille entre 1 et 2 m au cours de l'année.

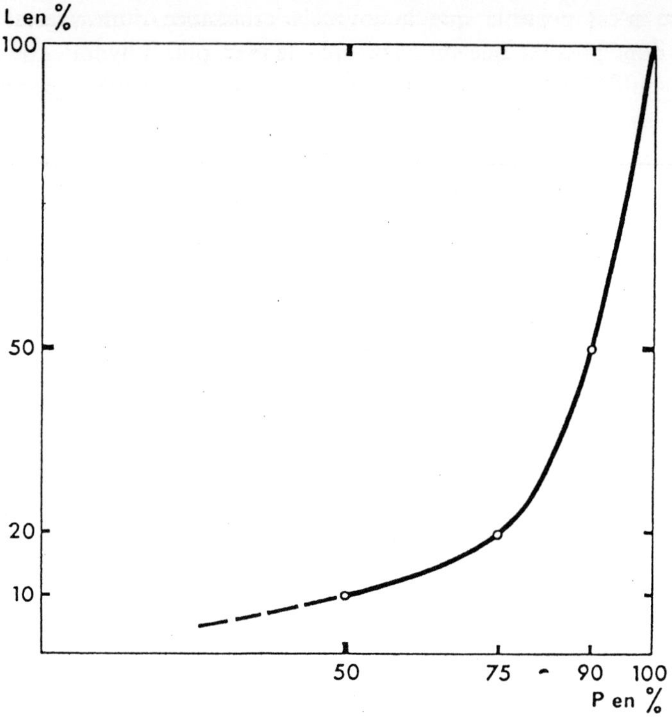

FIG. 79. — Production relative en fonction de l'intensité relative de la lumière, un jour d'été dans les eaux danoises d'après NYGAARD 1955.
P = production, évaluée en g de glucose par m².
L = lumière relative par rapport à un jour ensoleillé et ciel sans nuage (100 %).

Si l'intensité lumineuse diminue en surface, il y a en quelque sorte translation vers le haut de la courbe de production. Ainsi, les trop fortes illuminations semblent inhiber la photosynthèse. C'est ce qu'a mis en évidence RODHE (1958) en étudiant la production de l'Erken par tranches de 4 heures.

Le matin (de 2 h 15 à 6 h) comme le soir (de 18 h à 21 h), le maximum de production est situé en surface, tandis que dans la journée, il se situe vers 1 m et est le plus net au moment du maximum de luminosité (période de 10 h à 14 h). EDMONDSON (1956) a effectué la même observation au Bare lake.

L'effet nuisible des fortes illuminations sur le mécanisme de la photosynthèse a fait l'objet de nombreux commentaires. STEEMANN-NIELSEN (1952), puis RYTHER (1956) ont cherché à expliquer ce comportement. Soumis à de fortes intensités, le plancton n'est pas atteint dans sa viabilité mais ne s'adapte pas à ces conditions d'existence. Les diastases chlorophylliennes sont sensibles à l'excès de lumière et il y a photo-oxydation importante des tissus dont le métabolisme, accru, contrecarre efficacement la photosynthèse.

Les recherches sur ce sujet ont été très poussées sur diverses chlorelles (NODDACK et KOPP, 1940; MYERS et BURR, 1940, MYERS, 1946; TAMIYA *et al.*, 1955; KRAUSS, 1958) qui ont un rendement optimum à un bas niveau d'éclairement (0,04 langley par minute à 10-15 °C) comme beaucoup de chlorophycophytes. Au-dessus de 0,1 $ly \cdot min^{-1}$, le taux de production de *Chlorella pyrenoidosa* et *Chlorella vulgaris* est bas et décroît encore avec le temps : les individus blanchissent par photo-oxydation de la chlorophylle.

Les trop fortes intensités lumineuses entraîneraient, d'après STEEMANN-NIELSEN & JØRGENSEN (1962), la destruction des enzymes des chloroplastes. De fait, la réaction est partiellement réversible et durant les périodes de basse intensité lumineuse ou même d'obscurité, il y a réactivation de ces enzymes, si bien que la production planctonique de surface est le plus souvent plus importante que ne l'indiquent les mesures faites au milieu du jour (par un ciel clair et soleil brillant) (WETZEL, 1964).

L'utilisation la plus efficace de la lumière a lieu lorsqu'on fournit cette lumière par éclairs rapides espacés par un temps d'obscurité. La photosynthèse est en effet une réaction complexe et si l'excitation par la lumière est indispensable à son début, elle ne l'est plus ensuite; au contraire, il faut un temps d'obscurité pour permettre le transfert d'énergie et les réactions multiples amenant finalement la fabrication de molécules de sucres et d'amidon (phase sombre de la photosynthèse).

Cette phase sombre (réaction de BLACKMANN) est influencée par la température de l'eau : s'il suffit de dix millisecondes pour amorcer le phénomène, il faut quatre centièmes de seconde pour un transfert optimum de l'énergie à 25 °C et quatre dixièmes à 1 °C.

Dans les conditions naturelles, l'excitation intermittente de la photosynthèse est produit par les clapotis, ombres changeantes et vagues à la surface de l'eau. BEYERS (1963) souligne cette intensification de la photosynthèse au début de l'éclairement dans des microbiotopes expérimentaux.

Pour cet auteur, la photosynthèse « nette » est maximum au cours de la première moitié de la période d'illumination. D'une manière analogue, la respiration nocturne est maximum dans la première moitié de la période sombre.

Les plus grandes efficacités d'utilisation des quanta d'énergie mesurés sont d'environ 20 à 25 %; cependant dans la plupart des cultures expérimentales, cette valeur tombe aux environs de 7 à 14 % (EMERSON et LEWIS, 1943; TANADA, 1951; BLINKS, 1955). Le rendement de la photosynthèse dépend de l'état physiologique du végétal et de ses réserves en adénosine triphosphate [1].

Dans la nature, la conversion de l'énergie radiante sera bien moins efficace. Cependant, les algues planctoniques sont parmi les végétaux ayant le meilleur rendement, peut-être parce qu'elles sont capables d'orienter leurs chloroplastes. De plus, l'effet de la polarisation de la lumière sur l'efficacité de la photosynthèse a été soulevé par Mac LEOD (1957).

Pour GOLDMAN, MASON et WOOD (1963), l'eau absorbe proportionnellement plus d'infrarouge et d'ultraviolet que de radiations visibles. Or Mac LEOD et Mac LACHLAN (1959) ont montré que les algues soumises à des radiations UV de courte longueur d'onde (2 537 Å) présentaient une dépression, bien qu'au-dessus de 2 500 Å, la photosynthèse soit possible (Mac LEOD et KANWISHER, 1962).

Cependant, GERLOFF et ses collaborateurs (1950) ont montré que les Cyanophytes peuvent être exposées à des radiations de 2 750 Å durant un temps suffisant pour tuer les bactéries sans en souffrir elles-mêmes. De leur côté, GOVINDJEE, CEDERSTRAND et RABINOWITCH (1961) pensent que l'absorption d'énergie par les pigments dans le proche infrarouge (vers 7 500 - 7 600 Å) est responsable de la photo-inhibition de la photosynthèse chez les algues.

Ainsi, il existe pour chaque groupe de végétaux et, plus généralement, d'organismes capables de photosynthèse, une qualité de radiation et une

---

1. La photosynthèse est en effet une réaction à étapes multiples qui commence par la photolyse de l'eau (réaction de captage de l'énergie), et se continue par une série d'addition de carbone sur des acides organiques à un ou plusieurs noyaux phosphoriques (dont l'acide adénosine triphosphorique ou le triphosphopyridine nucléotide), capables de se scinder, d'abandonner certaines de leurs molécules d'acide phosphorique et d'induire ainsi la formation des sucres (ribose, fructose, glucose) phosphorylés, des corps aromatiques et des acides glycériques et pyruviques, etc., qui sont, par amination, à la base de la synthèse des protides.

intensité lumineuse optimales pour lesquelles la production est maximum. A lumière accrue correspond une inhibition (par photo-oxydation métabolique) plus ou moins réversible et au-dessous d'une certaine intensité lumineuse, la photosynthèse, contrebalancée par les phénomènes respiratoires, n'est plus efficace; c'est le cas dans la zone oligophotique des grands lacs ou partie supérieure de la zone tropholytique où la photosynthèse est encore possible mais insuffisante pour être productive. La limite entre zone trophogène (ou euphotique) et zone oligophotique peut être en première approximation située là ou l'intensité lumineuse est réduite à 1 % de la lumière incidente pénétrant dans le milieu aquatique (intensité de compensation).

Cette variabilité de comportement fait comprendre les variations qualitatives que l'on constate dans les milieux équilibrés entre populations de printemps et d'automne sous nos latitudes, variations qui sont dues à une plus grande sensibilité de ces dernières en matière d'intensité lumineuse reçue (VERDUIN, 1956). Elle nous fait également comprendre le parallélisme existant entre intensité lumineuse et production primaire que GOLDMAN et WETZEL (1963) ont constaté dans le Clear lake (Californie) en 1960 (fig. 80).

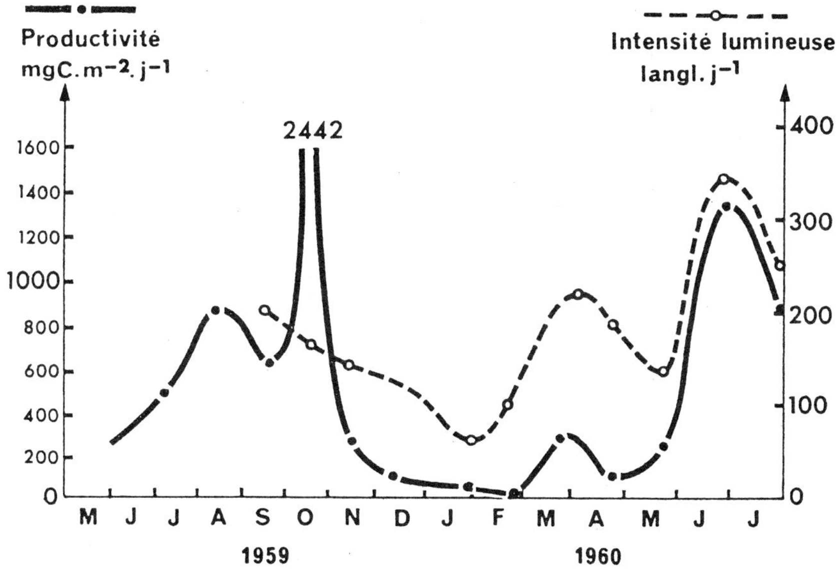

FIG. 80. — Changements saisonniers dans la production primaire (mg C par m² et par jour) et dans l'intensité lumineuse de surface (langleys par jour) dans le Clear Lake d'après GOLDMAN et WETZEL 1963)

On observe surtout pour 1960 une bonne relation entre cette intensité lumineuse et la production primaire. La grosse poussée d'octobre 1959 coïncide avec une poussée de Cyanophytes : *Aphanizomenon ovalisporum.*

La courbe d'efficacité de la photosynthèse suit celle de l'absorption de la chlorophylle chez les Chlorophytes; elle présente donc deux maxima dans le visible à 4 350 et 6 750 Å et un minimum accusé vers 5 500 Å. La phycoxanthine des Chromophytes augmente cette efficacité vers les longueurs d'onde de 5 600 Å, mais on note alors une diminution de l'activité vers 4 800-4 900 Å.

Chez les Rhodophytes et Cyanophytes, phycoérythrine et phycocyanine étalent encore les possibilités de photosynthèse, si bien que ces organismes sont actifs tout au long du spectre, soit directement, soit par transfert de l'énergie reçue de pigment à pigment; chez les Cyanophytes par exemple, ce transfert par plusieurs pigments, dont la phycocyanine, est si important qu'il inactive la chlorophylle *a*, si bien que leur activité tombe brutalement vers 6 500 Å (qui est pourtant un des maxima d'absorption de la chlorophylle).

b) Température

La **température** d'une masse d'eau peut intervenir sur les populations de producteurs comme facteur de *contrôle* ou comme facteur *léthal.*

Elle influence en effet directement le métabolisme, donc la croissance et nous avons vu que certaines espèces n'acceptaient de se reproduire qu'entre certaines limites de température.

Elle n'intervient pourtant pas (ou fort peu) sur le cycle de l'énergie. Elle règle la vitesse à laquelle le phytoplancton et les végétaux en général peuvent exploiter les substances nutritives présentes.

Pour toutes les espèces, il existe une température optimum de développement. Au-dessous, le métabolisme est réduit; au-dessus, les processus de construction (synthèse) et de destruction (catabolisme) sont suractivés et se traduisent par la prédominance de ces derniers.

De nombreux travaux ont été effectués pour donner une valeur quantitative à la loi de Van t'Hoff qui veut que l'activité métabolique (photosynthétique) (Q_{10}) soit double chaque fois que la température augmente de 10 °C.

Hugues et Lund (1962) ont ainsi montré que la vitesse de croissance de la Diatomée *Asterionella formosa* était multipliée par deux pour une augmentation de 10 °C dans les limites de 4 à 18 °C. Les résultats obtenus par Spencer (1954) et par Ichimura et Aruga (1958) confirment ce résultat expérimental.

BARKER (1935) a suivi les variations de Q_{10} avec la température pour *Nitzschia closterium* et *N. palea* et a montré qu'il diminuait aux températures extrêmes. TALLING (1955) a évalué à 2,3 entre 5 °C et 16 °C le Q_{10} d'*Asterionella* exposée à une lumière saturante.

Pour LEFÈVRE (1952) la température a une action très nette sur la vitesse de multiplication des algues : telles Desmidiacée qui donne, en été, une division toutes les 48 heures (à 24 °C), n'en donne plus qu'une tous les 8 à 10 jours à 10 °C.

Certaines algues sont particulièrement sensibles aux variations de température, on ne les trouve guère que dans les grandes masses d'eau dont le volant thermique est considérable. D'autres sténothermes d'eaux froides ou d'eaux chaudes cohabitent avec des formes eurythermes et se développent plus ou moins en fonction de la température (et de la concurrence). D'autres encore, plus spécialement adaptées, préfèrent les eaux gelées sous forme de neige (cryovégétation); ce sont des Volvocales et des Protococcales, tandis que les Cyanophytes et Diatomées dominent dans les eaux thermales chaudes et peuvent résister à des températures supérieures à 70 °C (LEFÈVRE *et al.*, 1952). Beaucoup de Diatomées cependant préfèrent les conditions hivernales (basses températures, faible rayonnement) et disparaissent au printemps dès que la température de l'eau atteint 15 à 16 °C. Il en est de même de certaines Volvocales, de Péridiniens, etc.

La plupart des Desmidiacées et des Protococcales sont au contraire des espèces d'eau tempérée; elles présentent un maximum en été et au début de l'automne; leur multiplication active cesse aux premiers froids.

Plus généralement, on peut dire avec JACKSON (1961) que Chlorophycophytes, Pyrrophycophytes et Chrysophycophytes ont un taux de production photosynthétique supérieur en eaux froides, alors que les Cyanophytes ont un taux plus élevé en eaux tièdes. Dans la plupart des lacs en région tempérée en effet, Chlorophycophytes, Diatomées, Dinoflagellés ont un maximum de densité à la fin de l'hiver et au tout début du printemps (alors que l'eau est encore froide), tandis que les Cyanophytes préfèrent l'été et l'automne. Elles peuvent alors constituer de véritables fleurs d'eau.

HAMMER (1964), parmi d'autres, a suivi dans 23 lacs canadiens la prolifération de telles Cyanophycées. *Anabeana flos-aquæ* ne présente que des populations peu importantes au printemps quand la température n'excède guère 5 °C. Les proliférations massives n'apparaissent qu'au-dessus de

15 °C (fig. 81). De même, *Aphanizomenon flos-aquæ* est rarement présente avant une température de 20 °C et il n'y a guère développement massif (fleurs d'eau) avant 22,5 °C.

Les exigences de *Microcystis æruginosa* sont intermédiaires entre les deux espèces précédentes dans la région étudiée.

Les résultats de Ichimura et Aruga (1958) rejoignent les précédents. Ces auteurs ont en outre confirmé ce que nous savions par Wesenberg - Lund (1904), Rodhe (1948), Lund (1949-1950), etc. des préférences pour

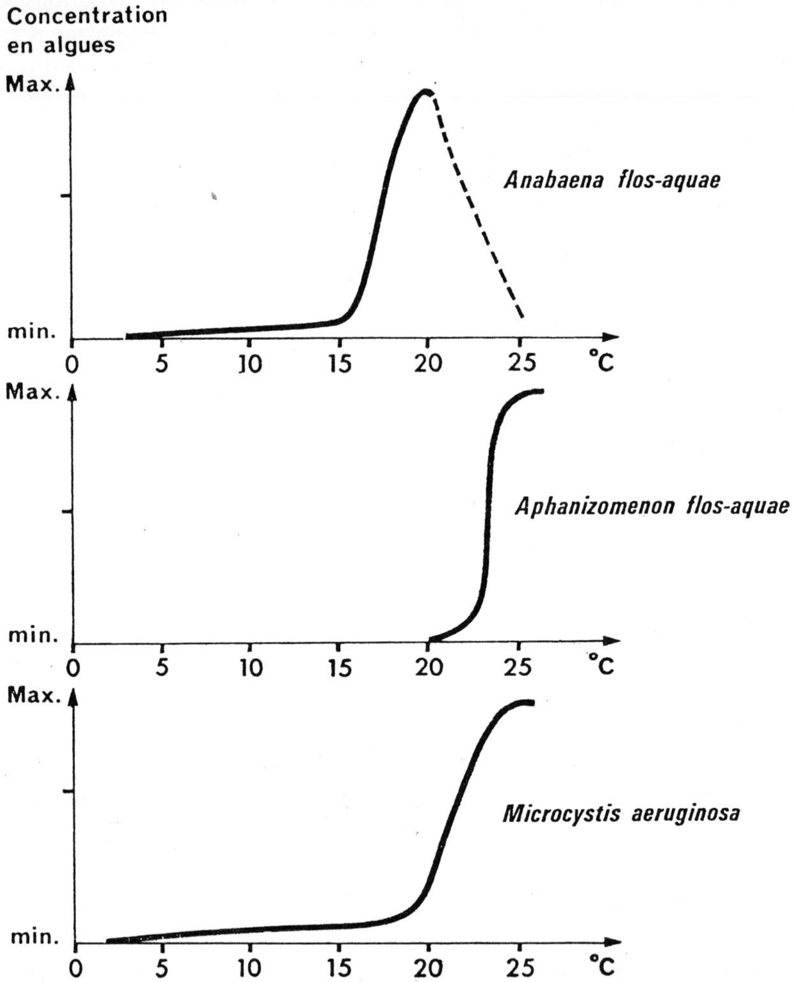

Fig. 81. — Développement des Cyanophytes en fonction de la température d'après Hammer 1964

les basses températures de la Diatomée *Asterionella formosa* dont le métabolisme dépend par ailleurs de plusieurs facteurs. Ils ont montré que si le taux de photosynthèse (mesuré en quantité d'oxygène libérée par mg de chlorophylle et par heure) était maximum vers 16 °C pour les Diatomées comme celle-ci, il fallait attendre 25 °C pour l'atteindre avec des Cyanophycées. En comparant trois lacs de Ceylan, HOLSINGER (1955) a également

TABLEAU 35

Caractéristiques physiques et biologiques de trois lacs de Ceylan d'après HOLSINGER (1955)

	Lac Beria	Nuwara Wawa Tank	Lac Gregory
Altitude	1,8 m	90 m	1 900 m
Température en °C :			
Moyenne annuelle	27	27	15
la plus forte	33	36	24
la plus faible	17	13	— 0,6
Phytoplancton :			
Production relative	100	40	70
Composition			
Myxophycées	95 %	87 %	30 %
Diatomées	5 %	12 %	65 %
Divers		Chlorococcales : 1 %	Desmidiacées, Chrysophycées, Chlorococcales } 5 %

NOTA : On remarquera l'augmentation nette des Diatomées dans les eaux relativement froides du lac Gregory.

montré cette dépendance de la qualité (et de la quantité) du phyto-plancton et de la température (tableau 35).

Il est évident que c'est la température de l'eau qui régit surtout ces variations (VERDUIN, 1956).

Cependant, d'autres facteurs peuvent intervenir : Au Lago di Tovel, situé dans les alpes dolomitiques, BALDI (1941) a étudié l'apparition quotidienne d'une coloration rouge intense des eaux, due à *Glenodinium sanguineum* qui, dans ce lac, est particulièrement chargé en été de matières de réserves lipidiques fortement colorées par des caroténoïdes. Chaque jour, de juillet à septembre, dès l'apparition de la lumière, ce Péridinien monte à la surface des eaux et y prolifère, accumule ses réserves et colore le lac en rouge vif. Il y a, dans ce phénomène, trois actions différentes qui concourent à le produire : phototropisme, métabolisme lipidique des algues et conditions écologiques favorables; parmi elles, la température basse de ce lac de montagne qui seule nous intéresse ici et nous explique la présence en grandes masses de *G. sanguineum* qui fait appeler le Lago di Tovel, le « cœur des dolomites ».

Ainsi, il existerait pour chaque espèce, une température minimum et une température maximum au-delà desquelles la croissance serait ralentie, voire inhibée, soit par influence directe (DAMANN, 1941, 1943), soit plus ou moins indirectement (GRIFFITH, 1955). Il n'est pas toujours aisé de le prouver. Il y a en effet une corrélation entre action de la lumière et action de la température. Le taux de respiration et plus généralement de catabolisme est en effet plus ou moins proportionnel à la température (loi de Van t'Hoff). Il devrait donc y avoir augmentation de la production quand la température décroît, si le taux de photosynthèse brut était constant (LEVRING, 1947).

De fait, la photosynthèse dépend de nombreux facteurs et aucun ne peut être négligé.

Ainsi, le catabolisme d'une algue, telle qu'une chlorelle, semble être indépendant de la lumière (BROWN, 1953), bien que, durant la phase exponentielle de reproduction, il y ait une légère diminution du quotient respiratoire due à la photosynthèse (RYTHER, 1956). Certains auteurs avec WASSINCK et KERSTEN (1944) considèrent comme négligeable le facteur température à de faibles éclairements ($3.10^{-2}ly \cdot mn^{-1}$ pour la Diatomée *Nitzschia dissipata*), mais reconnaissent son effet lorsque l'intensité lumineuse double; d'autres le juge très variable dans son action (RILEY, 1956; WIMPENNY, 1957).

En fait, il faut tenir compte de la physiologie même de la photosynthèse, du rôle joué par les éléments nutritifs et en premier lieu par le CO_2, pour comprendre ces variations. Il n'y a pas de loi simple, mais un ensemble d'actions qui concourent à donner aux organismes chlorophylliens un Q_{10} déterminé, une production donnée.

Le comportement des individus varie lui-même entre certaines limites en fonction de la nature et de l'intensité des stimuli. STEEMANN-NIELSEN (1955) a insisté sur leur grande possibilité d'adaptation et il serait dangereux de rechercher une formule générale, applicable partout et permettant d'évaluer la production primaire en fonction de données théoriques ou de moyennes.

FINDENEGG (1943) a pourtant essayé de grouper les communautés algales planctoniques en fonction de leurs préférences vis-à-vis de la lumière et de la température.

Ses conclusions peuvent être résumées en un tableau à double entrée (voir aussi fig. 82).

TABLEAU 36

	Formes de lumière faible	Formes de lumière forte
Formes d'eaux froides........	Plancton d'hiver	Plancton de printemps
Formes d'eaux chaudes.......	Plancton d'automne	Plancton d'été

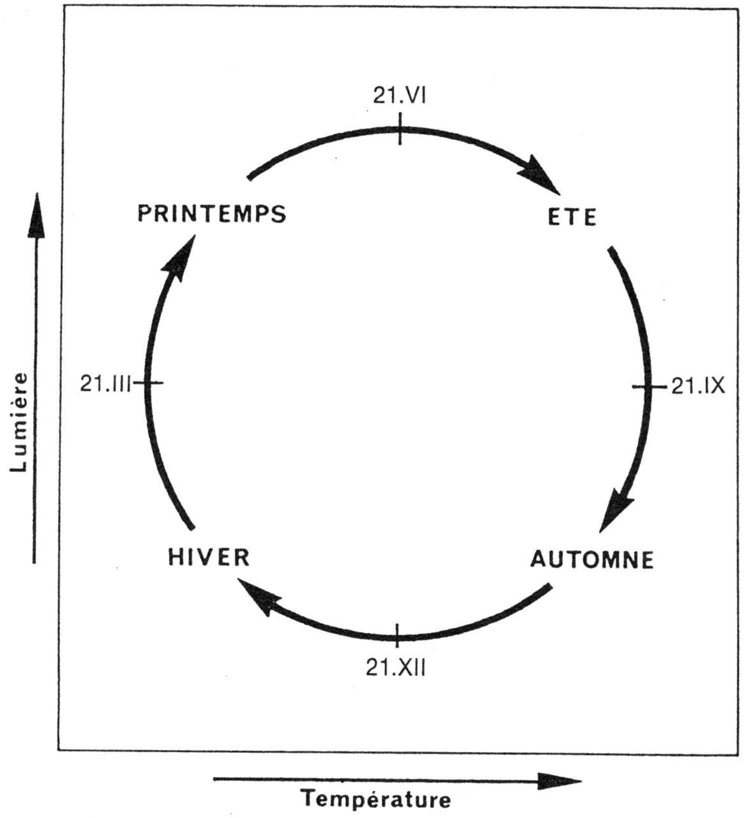

FIG. 82. — Évolution des facteurs d'évolution du phytoplancton en région tempérée

L'action coordonnée de ces deux facteurs explique certaines conclusions erronées résultant de travaux expérimentaux où un seul d'entre eux est considéré. C'est le cas dans de nombreux essais de cultures d'algues.

RODHE (1948), reprenant les expériences de STÅLFELT (1939) a cherché à préciser le rôle de chacun de ces facteurs, considérés isolément puis ensemble. Il a défini un optimum-limite dont la valeur inférieure est assez constante mais dont la valeur supérieure varie en fonction de divers facteurs, dont le temps d'action. Elle tend vers une valeur d'inhibition totale (inhibition thermique ou inhibition lumineuse). *Melosira helvetica* présente ainsi son optimum-limite de température vers 5 °C. Plus la température s'élève au printemps au-dessus de cette limite, plus l'inhibition thermique augmente. L'optimum-limite lumineux est supérieur à la valeur hivernale et inférieure à la valeur estivale pour cette espèce. Ainsi, au printemps l'accroissement progressif de la durée du jour et de la luminosité contrecarre l'inhibition thermique progressive produite par l'élévation de la température jusqu'à ce que la valeur limite supérieure de l'optimum de lumière soit atteinte. Alors, les deux facteurs jouent dans le même sens, jusqu'au moment où la durée du jour diminue. L'inertie thermique d'un lac est telle que l'optimum de croissance de *M. helvetica* n'est atteint en luminosité qu'une fois la température redescendue elle-même assez bas pour être au-dessous de l'optimum-limite supérieur, ce qui explique que le maximum automnal pour cette espèce soit plus important que le maximum printanier. De plus, l'overturn d'automne permet à la population algale de se développer dans une plus grande masse d'eau par disparition progressive de la thermocline. C'est fin novembre seulement que lumière et température permettent conjointement le développement massif de cette espèce dans le lac Erken (RODHE 1948).

De nombreuses recherches expérimentales bien conduites sont encore nécessaires pour définir les valeurs de ces optima-limites pour les principales espèces rencontrées dans la nature et susceptibles de jouer un rôle de premier plan dans la production de matière organique nutritive (pour les niveaux trophiques supérieurs).

c) GAZ ET SELS MINÉRAUX ESSENTIELS

Des **sels minéraux** sont nécessaires aux végétaux pour produire de la matière organique. Les organismes végétaux ont besoin d'azote pour la synthèse de leurs protides, de phosphore pour leurs oses-phosphates et divers catalyseurs de la photosynthèse et surtout d'oligo-éléments entrant dans la constitution de certaines molécules essentielles (chlorophylles) ou nécessaires (ponts intermoléculaires) dont le rôle n'est pas toujours bien précisé à l'heure actuelle dans le métabolisme (fer, manganèse, calcium magnésium, zinc, strontium, gallium, vanadium, cobalt, molybdène, etc.).

Une partie de ces substances métabolitiques sert à réguler le métabolisme et se retrouve dans le milieu, sous forme d'excrétats ou de sécrétats d'importance parfois primordiale (métabolites externes); ce sont des polysaccharides, des vitamines, des hormones, des acides aminés et autres substances ectocrines complexes.

Éléments nutritifs, oligo-éléments et métabolites externes seront appelés **facteurs limitants** quand leur disponibilité dans le milieu sera la cause directe de la limitation de la production.

Dès 1841, LIEBIG énonçait sa fameuse loi du minimum; s'appliquant aux plantes à l'origine, elle a été étendue à la plupart des organismes. Elle s'exprime donc ainsi :

Tout organisme, pour vivre normalement, a besoin d'un certain nombre de substances dites nutritives et chacune d'elles doit être présente en une certaine quantité. Si l'une de ces substances vient à manquer, l'organisme meurt. Si elle est présente en quantité insuffisante, la croissance (le métabolisme) de l'organisme en souffrira, ceci quelle que soit la quantité des autres substances utiles à disposition.

Selon certains auteurs qui ont tenté de vérifier cette **loi du minimum** il y aurait proportionnalité dans certaines limites entre la production et la quantité de substance nutritive limitante, mais ce résultat est critiqué. Il y a, là encore, interdépendance entre les différents facteurs entrant en jeu et les substances nutritives n'agissent pas toujours par leur concentration propre; plus souvent, leur efficacité dépend à la fois de cette concentration et du rapport ionique ou moléculaire les liant à d'autres éléments nutritifs. Ainsi, l'effet limitant d'une substance peut être supprimé dans certaines conditions, par la modification d'un autre facteur intervenant conjointement dans le métabolisme végétal (et *vice versa*). Il en est ainsi de l'interdépendance entre facteurs physiques et éléments chimiques. A titre d'exemple, on peut citer la dualité d'action lumière- CO_2 ou phosphore-lumière dans la photosynthèse.

En l'absence de lumière, le CO_2 n'est pas utilisé. Quand une petite quantité de lumière est disponible, une certaine concentration en CO_2 pourra être utilisée. Un accroissement de la teneur en CO_2 n'entraînera une photosynthèse proportionnellement accrue que dans certaines limites; ces limites seront repoussées largement si la quantité de lumière est elle-même accrue (VERDUIN, 1952).

Nous voyons donc qu'une étude de l'influence d'un facteur sur la production primaire n'est pas suffisante pour conclure à partir de quel moment il devient facteur limitant. Ce facteur doit être replacé dans le contexte du milieu étudié dans lequel d'autres éléments peuvent modifier sensiblement ses limites d'action, Il est évident que les données expérimentales, que l'on pourra obtenir pour chaque facteur, aideront beaucoup à l'interprétation d'ensemble des phénomènes naturels.

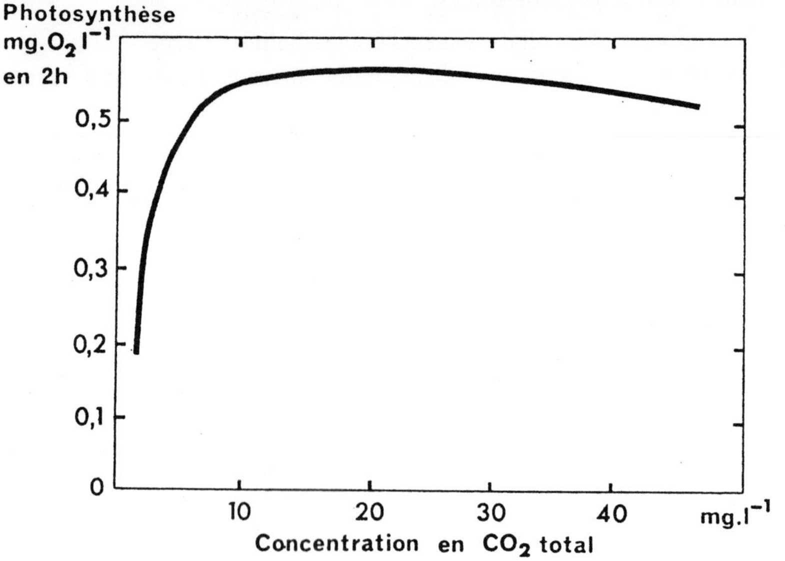

FIG. 83. — Photosynthèse et concentration en CO_2 total d'après ICHIMURA et SAIJO 1958

Parmi ces facteurs, **le CO_2** a droit à une place de choix, car il est à la base de la synthèse organique. C'est par lui que le carbone minéral entre dans le monde organique [1]. Dès la concentration de 5 $mg \cdot l^{-1}$ de CO_2, il y a saturation du milieu au regard de la photosynthèse, ce qui revient à dire que celle-ci n'est plus améliorée quand la teneur en CO_2 s'accroît au-delà de cette valeur (ICHIMURA et SAIJO, 1958) (fig. 83).

Cependant, en culture forcée d'algues, conduite à températures élevées, on arrive à accroître fortement la production par insufflation de CO_2 libre en grandes quantités dans le milieu (LEFÈVRE *et al.*, 1963).

1. Nous savons cependant que les tissus animaux sont parfois capables d'utiliser directement le CO_2 et que certaines plantes trouvent leur source de carbone dans les minéraux carbonatés du sol. L'essentiel de la photosynthèse des glucides est pourtant dû au CO_2 de l'air ou de l'eau, plus ou moins combiné aux bases faibles présentes.

L'essentiel du CO_2 utilisé lors de la photosynthèse provient de la décomposition réversible des carbonates alcalins et alcalino-terreux présents dans les eaux et les tamponnant (cf. chap. III).

L'assimilation du CO_2 disponible par les plantes et végétaux planctoniques entraîne, en effet, la décomposition des bicarbonates présents et parfois même un dépôt de carbonate insoluble (quand la réserve alcaline est surtout constituée de sels de calcium) :

$$Ca\,(HCO_3)_2 \rightleftharpoons \underset{\downarrow}{\underline{CO_3Ca}} + \overset{\nearrow \text{assim.}}{CO_2} + H_2O$$

Il y aura donc successivement et dans l'eau naturelle qui nous intéresse ici :

1. Élimination du CO_2 libre, donc élévation du pH;
2. Élimination des bicarbonates, — ;
3. Attaque des carbonates, — ;
4. Formation d'hydrates, — .

Le pH ne cesse de s'élever au fur et à mesure que la photosynthèse enlève le CO_2 assimilable sous diverses formes.

Il est rare de constater une élimination aussi systématique du CO_2 présent. Cependant, le cas peut s'observer dans les eaux faiblement tamponnées (à réserves alcalines faibles), ainsi que dans les régions polaires où souvent concourent la durée de l'ensoleillement (jour continu pendant plusieurs mois) et l'absence de réserves alcalines. Le cas des tourbières acides, quoique différent, est à rapprocher des précédents; il y a là rétention des bases par adsorption sur les colloïdes et matières humiques plus ou moins acides qui les caractérisent. La réserve alcaline étant très faible, le CO_2 sera sous forme libre et les eaux ne seront que très peu tamponnées. Un développement végétal important aura vite fait d'épuiser la réserve en CO_2 qui deviendra donc facteur limitant. Le seul réapprovisionnement possible sera l'échange avec l'atmosphère et nous savons que le cœfficient de solubilité du CO_2 est voisin de 1. La limitation de la production n'entraînera donc pas réellement la disparition de la vie autotrophe, elle ne fera que la rendre dépendante des échanges eau-air dans le milieu considéré.

De même STEEMANN-NIELSEN (1955) a montré dans le Søllerød Sø (Danemark) que, dans un lac recevant une grande quantité de sels nutritifs (produits de l'épuration d'eaux usées), c'était le CO_2 et non les sels nutritifs qui limitaient la production. En rapprochant les données recueillies par étude de la production (évaluée en g d'hydrate de carbone formé par m^2 et par jour) de celles de l'analyse de la teneur en CO_2 total aux différents mois de l'année, on constate qu'il y a relation inverse entre ces deux mesures. Au début du printemps, la teneur en CO_2 total est voisine de 4,5 millimoles par litre en surface; elle tombe au tiers de cette valeur au cours du printemps et du début de l'été à cause de la consommation du CO_2 par les algues planctoniques. La production brute est alors de près de 8 g de glucose par m^2 et par jour en juin et juillet (fig. 84). Si l'on estime à 3,3 g de glucose par m^2 et par jour la respiration dans la couche trophogène (de 3 m d'épaisseur), exprimée dans la même unité, la production nette sera de 4,6 g de glucose par m^2 et par jour. Cette valeur correspond à une consommation de 6,7 g de CO_2. Si on prend 1 comme quotient de photosynthèse $\frac{O_2}{CO_2}$,

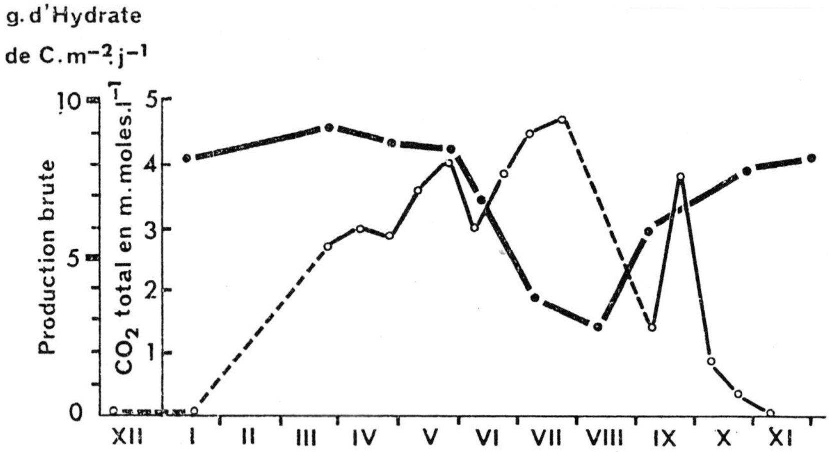

FIG. 84. — Production et teneur en CO_2 dans le Søllerød Sø au cours de l'année d'après STEEMANN NIELSEN 1955

c'est à 400 g par m^2 qu'il faut estimer la consommation de CO_2 au cours des deux mois considérés. A cette consommation il faut ajouter 115 g de CO_2 bloqué sous forme de CO_3Ca précipité (par effet secondaire de la photosynthèse).

Les 515 g de CO_2, ainsi nécessaires à la production, ont été puisés dans l'eau pour 318 $g \cdot m^{-2}$ (puisque la teneur en CO_2 total est descendue de 174 à 68 $g \cdot m^{-3}$ dans les 3 m de couche trophogène. C'est donc à 200 g de CO_2 par m^2 qu'il faut estimer l'apport de CO_2 venant de l'extérieur) (soit 30 tonnes en deux mois). Une partie vient des couches inférieures par diffusion et convection thermique, mais 10 à 15 tonnes proviennent de l'atmosphère; or, c'est la quantité de CO_2 que contient une épaisseur de 100 à 150 m d'air atmosphérique! C'est donc la quantité de CO_2 disponible qui limite la production planctonique dans ce lac très particulier. Elle doit être considérée sous nos latitudes tempérées comme la production maximum en milieu fermé à réserve alcaline importante et pH normal.

Dans les mares riches en matériel végétal vivant et très fortement ensoleillées il peut y avoir également limitation par absorption presque entière des disponibilités en CO_2. C'est le cas des mares de ferme dont

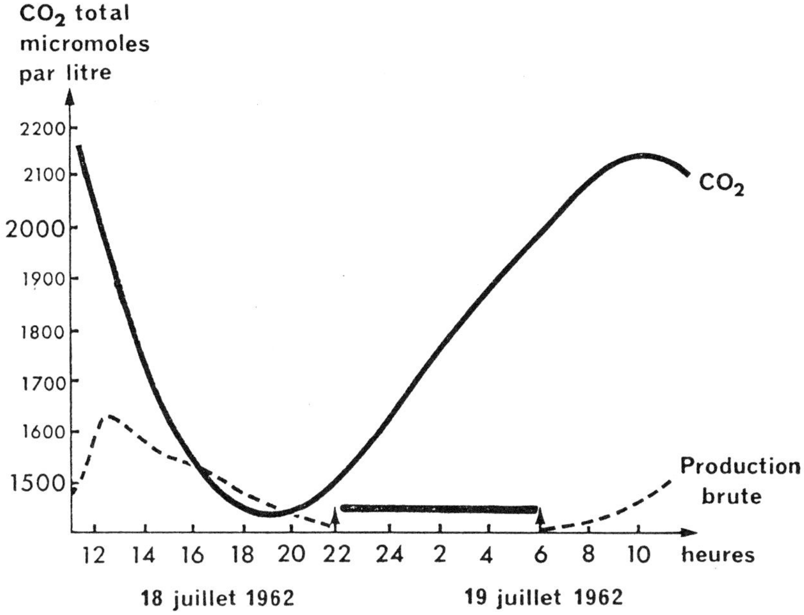

FIG. 85. — Teneur en CO_2 total de l'eau de surface d'une mare de ferme en fonction de l'heure d'après WOOD 1964

la production brute diminue régulièrement l'après-midi, tandis que le pH passerait de 7 à 10 (WOOD, 1964) (fig. 85). Dans ce cas, la production atteint 7,7 g de carbone par m^2 et *par jour* c'est-à-dire plus que la production *annuelle* du lac Schrader en Alaska! (HOBBIE, 1964).

Pour la synthèse de leurs protides, les végétaux ont besoin **d'azote**. Cet élément se présente sous diverses formes dans les eaux (cf. chap. III). Ce sont les nitrates les plus facilement utilisés par les végétaux aquatiques. Cependant certaines algues et Cyanophytes sont capables de fixer plus ou moins directement l'azote élémentaire (Nostocaceæ, Oscillatoriaceæ, Stigonemataceæ, Rivulariaceæ, etc.). Il en est de même des Scytonemataceæ, Chroococcaceæ, etc. Cette propriété est parfois utilisée en agronomie et WATANABÉ (1956) cite des expériences effectuées avec l'hormogonale *Tolypothrix tenuis* (Scytonemataceæ) qui, introduite dans des champs de riz, augmente la production de 128 % en quatre ans, grâce à un apport de plus d'un kilogramme d'azote par hectare. FOGG (1951) a évalué expérimentalement à 12,88 mg par litre en 20 jours la quantité d'azote que peut ainsi fixer *Mastigocladus laminosus* et SINGH (1950) relate un cas de fertilisation de terres alcalines aux Indes par développement des Cyanophytes dans des étangs temporaires créés pendant la saison des pluies.

L'azote atmosphérique n'est pourtant généralement pas utilisé comme source aussi efficace d'azote que l'ammoniaque ou les nitrates et certains produits organiques azotés sont également utilisés directement, tels la glycine-alanine, l'acide aspartique, la succinamide, l'asparagine, la glutamine. (Les amides sont en général plus aisément assimilées que les amines). L'alanine est une source d'azote pour *Scenedesmus* (ALGEUS, 1949); l'urate de potassium, l'allantoïne et l'acide allantoïque sont également des sources d'azote pour un certain nombre d'algues (VILLERET, 1961).

Les *Chlorella* assimilent l'arginine, la citrulline, l'orthinine et l'urée (ARNOW *et al.*, 1953), mais il faut quelquefois un catalyseur métallique, tel que le manganèse pour l'arginine.

SAGER et GRANICK (1953) ont également montré les possibilités d'assimilation de l'urée (ainsi que l'acide glutamique) chez *Chlamydomonas reinhardti* à la lumière comme à l'obscurité.

Nous savons aussi que des *Hæmatococcus* et des *Pandorina* préfèrent l'azote sous forme nitrique plutôt que sous forme ammoniacale (PROCTOR, 1957), tandis que c'est l'inverse chez *Chlorella vulgaris* (SCHULER *et al*, 1953), ainsi que chez *Gonium* et *Scenedesmus*, quoique moins nettement.

Ainsi l'azote nécessaire au développement des producteurs est-il utilisé sous diverses formes, depuis l'azote élémentaire (gazeux) dissous, jusqu'aux produits de désassimilation à peine dégradés qui sont réintégrés à différents niveaux du cycle citrique (cycle de Krebs) [1].

Le **phosphore** joue un rôle au moins aussi important dans la production primaire, sous la forme de sels de l'acide phosphorique (phosphates) qui, une fois assimilés, participent activement à la constitution de molécules

1. La photosynthèse fait en effet intervenir deux cycles conjoints de matière et d'énergie, le cycle des cétoses (ou des pentoses) alimenté par le CO_2 et donnant naissance aux sucres, aux lipides aromatiques et à l'acide pyruvique; ce dernier alimente le cycle citrique donnant naissance aux acides aminés par action de l'azote ammoniacal sur la fonction cétonique de cet acide.

organiques dont la liaison phosphate est fragile et susceptible de fournir de l'énergie (par hydrolyse). Associé à l'adénine et au ribose (constituants de l'acide adénylique), l'acide phosphorique contribue à la formation de l'adénosine triphosphate (ATP) et de ses dérivés adénosine diphosphate (ADP) et monophosphate (AP), pivots du métabolisme végétal.

Dans la nature, le phosphore se présente en petites quantités à l'état de phosphates minéraux (cf. chap. III) et de composés phosphorés produits dans le milieu par l'activité des organismes.

Les algues sont capables de l'extraire de l'eau même quand il n'y en a que très peu, Il en suffit de 1 mg par mètre cube pour permettre un développement normal de la Diatomée *Asterionella.* Toutes les algues n'ont pas les mêmes besoins et certaines sont mêmes très sensibles à de fortes teneurs du milieu. Les Chrysophycées *Dinobryon divergens* et *Uroglena americana* sont inhibées dès que la quantité de phosphore présent atteint 5 mg par mètre cube, (RODHE, 1948).

Il semblerait que la Cyanophyte *Glœotrichia echinulata* présente les mêmes réactions.

HAMMER (1964) a constaté qu'*Anabæna flos-aquæ* apparaissait dès que la teneur en phosphates atteignait une certaine valeur (maximum). Elle les extrayait alors, produisant une réduction marquée de leur concentration. Dans les lacs Buffalo Pound, Burton et Humboldt (Saskatchewan), les plus fortes poussées de cette Cyanophycée furent précédées par des concentrations en phosphates de l'ordre de 15 à 30 $mg \cdot m^{-3}$. Au moment du maximum (fleur d'eau), cette concentration était souvent voisine de 0 (dans le lac Humboldt). Au moment du déclin de la population, il y avait libération des phosphates, dont la teneur remontait (parfois même un peu avant que le déclin ne soit décelable).

Remarquons que RODHE (1948) a pu observer que les algues en cultures sont capables d'accumuler en quantité suffisante des phosphates pour répondre à leurs besoins durant plusieurs semaines. Ces phosphates sont très vite libérés à la mort des organismes (GOLTERMAN, 1960).

Les algues sont également capables de rechercher le phosphore dont elles ont besoin dans les composés organiques phosphorés. La Diatomée *Nitzschia palea* peut utiliser la phytine (magnesium inositol hexaphosphate) et l'acide phosphoglycérique (CHU, 1946); la Chlorophycée *Scenedesmus quadricauda* utilise le phosphore de l'acide adénylique (ou acide adénosine monophosphorique).

La **silice** enfin, qui constitue un élément important dans le métabolisme des Diatomées et qui en constitue le squelette (frustules), est encore un des facteurs essentiels de la production primaire. Elle se présente dans la nature sous forme d'orthosilicate non dissocié et est utilisée sous cette forme par les Diatomées. Toutefois, dans les eaux douces, existent également de la silice colloïdale et des aluminosilicates, ainsi que des argiles, que les Diatomées (notamment les Diatomées benthiques) sont capables d'utiliser à l'occasion. Cette silice provient de la dissolution des roches surtout dans la zone littorale et en saison chaude, et diffuse dans le milieu liquide.

LUND (1950), étudiant la dynamique des populations de Diatomées du Windermere, a constaté que le taux de silice dissoute était élevé en hiver (1,5 à 3,5 $mg \cdot l^{-1}$) alors que les Diatomées sont rares. Dès la fin de l'hiver, le développement des algues s'accroît et la teneur en silice diminue dès qu'il y a plus de 1 000 cellules d'*Asterionella* par litre. Au maximum de prolifération des algues, la concentration en SiO_2 est descendue à 0,5 $mg \cdot l^{-1}$. Cette valeur est la limite inférieure (facteur limitant) tolérable pour cette Diatomée; si elle est dépassée il y aura accroissement de l'algue.

S'il y a moins de silice, il y aura déclin de la population à moins que des apports de phosphore ne permette un métabolisme différent d'*Asterionella*. Il y a en effet interrelation entre utilisation de l'un et de l'autre de ces éléments. Il semble qu'il faille atteindre un certain niveau du métabolisme (grâce au phosphore) pour que les Diatomées puissent prospérer aux dépens de la silice présente.

L'optimum-limite supérieur de teneur en silice varie d'une algue à l'autre. *Fragilaria crotonensis, Nitzschia palea* et *Nitzschia acicularis* poussent bien dans un milieu à 30 $mg \cdot l^{-1}$ de silice, alors que *Asterionella* et les Chlorophycées ne supportent pas de telles concentrations. (CHU, 1942). *Navicula pelliculosa* accepte bien 35 $mg \cdot l^{-1}$ de silice et sa teneur en silice varie suivant son taux de croissance entre 8 et 22 % de son poids sec (LEWIN, 1955). On admet généralement que l'eau doit contenir 30 à 40 mg de silice par mètre cube pour permettre la croissance des Diatomées.

d) OLIGO-ÉLÉMENTS

Un certain nombre de cations ne se présentent dans les eaux continentales qu'à l'état de traces. D'autres n'ont qu'une action biologique secondaire, leur principale influence étant d'ordre physico-chimique. Parmi eux, les alcalino-terreux et tout particulièrement le calcium et le magnésium ont fait l'objet des préoccupations des écologistes, surtout ce dernier.

Le **magnésium** est rarement en quantité insuffisante et pourtant GOLDMAN (1961) a montré que dans le Brooks lake (Alaska) en juin, c'était le facteur limitant la photosynthèse.

De fait, c'est surtout le rapport Ca/Mg qui conditionne le développement des végétaux ainsi que le rapport ions alcalino-terreux bivalents/ions monovalents alcalins, car la disponibilité de Mg dépend de la présence en plus ou en moins grande quantité d'ions Na (LEEPER, 1952) (voir aussi PROVASOLI *et al*, 1954).

Le **potassium** est un constituant essentiel des tissus en cours de croissance et il est donc nécessaire aux cellules en cours de multiplication. *Chlorella pyrenoidosa* arrête de se diviser si le milieu s'appauvrit en potassium (SCOTT, 1943).

Au contraire le **sodium**, s'il permet aux cellules de survivre en l'absence de potassium, ne les autorise pas à se reproduire.

Les exigences des algues en potassium diffèrent sensiblement d'une espèce à l'autre. *Pediastrum boryanum* en réclame relativement beaucoup (CHU, 1942), *Coccochloris peniocystis* aussi (GERLOFF *et al*, 1950). Par contre, les Diatomées semblent n'en réclamer que peu.

Cet élément, bien que rarement considéré comme véritable facteur limitant, est souvent un agent de contrôle de la production. Avec les ions Ca^{++} et Mg^{++}, il détermine quantitativement la croissance et en général le métabolisme des végétaux (VOLLENWEIDER, 1950) par son action stimulatrice : un excès de potassium dans un milieu de culture rend plus tol érantes les algues à de fortes concentrations en Ca et Mg (CHU, 1942) et leur permet d'utiliser davantage de Mg, constituant important de la chlorophylle.

Le **fer,** qui joue un si grand rôle par ses hydrates au niveau du sédiment au point de vue physico-chimique, semble ne pas être souvent un véritable facteur limitant.

Cependant, nous ne connaissons que très imparfaitement la quantité minimale dont les algues ont besoin (LUND, 1950), ainsi que la forme sous laquelle son assimilation est la plus aisée (HUTCHINSON, 1957). Le fer constitue aisément des complexes polypeptidiques qui maintiennent ce métal sous forme disponible (FOGG, 1956).

Nous savons que les cellules en contiennent toujours plus de 100 ppm chez *Microcystis æruginosa* (GERLOFF et SKOOG, 1957) et dans les eaux naturelles très généralement davantage, ce qui semble confirmer que le fer, bien que nécessaire au métabolisme, est toujours en quantité suffisante dans les eaux naturelles qui, elles, en contiennent également le plus souvent plus de 100 ppm (chap. III). Cependant le rôle du fer est assez complexe et il est également un élément de contrôle réciproque de l'assimilation du manganèse. SOMERS et SHIVE (1942) ont montré que la concentration optimum en fer varie avec la quantité de Mn présent et qu'une teneur adéquate en Fe, à des concentrations faibles de Mn, peut avoir pour résultat un étiolement dû à une déficience en Fe pour des concentrations supérieures en Mn.

A taux constant de ce dernier élément, le fer joue le rôle de facteur limitant en inhibant l'action toxique du Mn comme le montre les résultats des expériences de GERLOFF et SKOOG (1957) (fig. 86).

Le **manganèse** a un rôle voisin de celui du fer dans la production de matière organique végétale auquel s'ajoute cette action toxique soulignée par GUSEVA (1939) et démontrée en culture par GERLOFF et SKOOG (1957) pour des teneurs supérieures à 0,2 ppm.

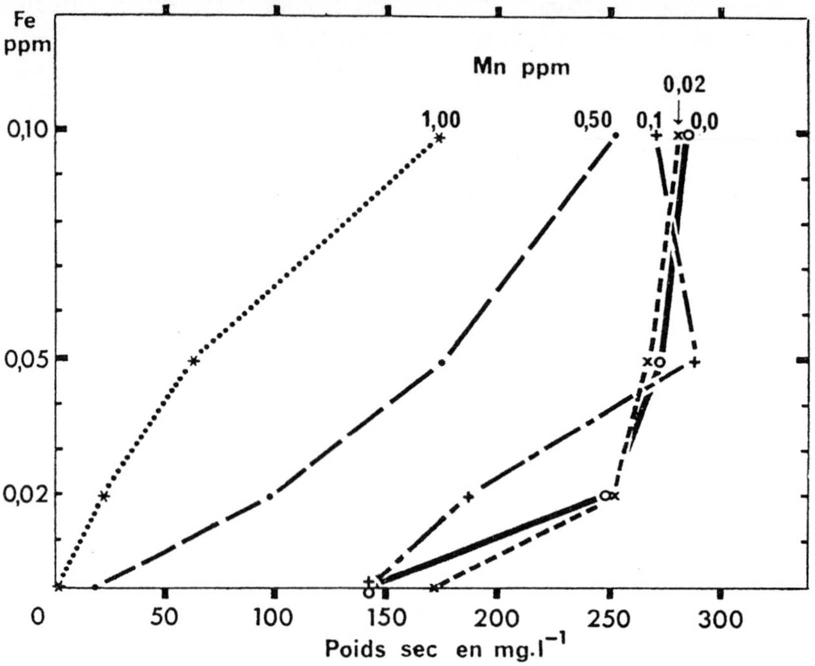

FIG. 86. — Variations du poids sec de *Microcystis æruginosa* en fonction de Mn et de Fe d'après GERLOFF et SKOOG 1957

Cette action toxique du manganèse n'est qu'apparente; elle est supprimée dès que la teneur en calcium de l'eau naturelle atteint une certaine valeur et nous avons vu le rôle du fer dans la disparition de cet effet toxique expérimental.

Une relation étroite existe entre teneur en Mn et photosynthèse. PIRSON et BERGMANN (1955) ont montré que *Chlorella vulgaris* se développait de façon hétérotrophe (aux dépens de glucose) à l'obscurité et sans Mn, mais que ce métal était indispensable à l'algue pour sa photosynthèse (développement autotrophe à la lumière).

REISNER et THOMPSON (1956) n'admettent pourtant pas cette conclusion mais ne semblent pas avoir apporté la preuve contraire, tandis que KYLIN (1943), HARVEY (1947), EYSTER *et al.* (1956) ont souligné cette dépendance de la production photosynthétique et de la teneur en Mn.

Il est évident que des recherches plus systématiques sur le rôle du manganèse et sur l'interdépendance de son action au regard de celle des alcalino-terreux et du fer, permettraient une meilleure compréhension du métabolisme algal donc des relations qui lient production primaire et cycle du manganèse dans les eaux.

Nous pourrions allonger beaucoup cette liste des éléments dont l'action est soit favorisante soit inhibitrice et dont la concentration induit spécifiquement la réaction des organismes.

Le **cuivre** inhibe le développement de *Phormidium tenue* et à la même concentration stimule celui de *Spirulina sp.* ou de *Oscillatoria sp.* (PILLAI, 1954). Le **cobalt** entre dans la composition de la vitamine B 12 et à ce titre, joue un rôle important dans la croissance des populations, particulièrement chez les Cyanophytes (HOLM-HANSEN *et al*, 1954). Le **strontium** peut parfois remplacer le calcium (WALKER, 1953), le **rubidium** jouer le rôle du potassium (PIRSON, 1939). Le **molybdène** contribue à l'assimilation de l'azote (atmosphérique et nitrique) chez *Scenedesmus* (ARNON *et al.*, 1955), aussi bien que chez les Cyanophytes (BORTELS, 1940 ; WOLFE, 1954).

ARNON et WESSEL (1953) attribuent au **vanadium** le rôle d'oligo-élément actif chez *Scenedesmus* qui serait inducteur de l'assimilation (réduction) du CO_2 (WARBURG *et al*, 1955). Les algues auraient également besoin de **bore** (HERCINGER, 1940; SUNESON, 1945; Mc ILRATH et SKOK, 1957), de **chrome**, de **zinc**, etc., l'**yttrium**, rejeté par certaines *(Carteria)* est utilisé par d'autres *(Gyrodinium)* (RICE, 1956). Des isotopes naturels, présents en faible quantité, peuvent aussi avoir une action sur la production primaire. L'oxyde de tritium est toxique par action inhibitrice de la division cellulaire chez les chlorelles (PORTER et KRAUSS, 1954), l'oxyde de deutérium (eau lourde) altère également la photosynthèse (HORWITZ, 1954).

GOLDMAN (1964) a estimé le rôle de plusieurs oligo-éléments dans la production de plus de 20 lacs américains et a montré ainsi la variété de réponse des populations aux éléments introduits (tableau 37). Il est souhaitable que nous approchions davantage l'étude de ces oligo-éléments et de leur mode d'action plus ou moins spécifique. Elle nous montrerait de quelle manière ils agissent, si c'est par leur nature propre, leurs propriétés physiques, chimiques ou nucléaires ou par leur potentialité énergétique.

Les algues ont la possibilité de stocker certains de ces oligo-éléments afin de les utiliser quand le milieu ne les contient plus. Elles peuvent donc donner l'impression de pouvoir se passer dans la nature d'éléments qu'elles ont eu la faculté de mettre en réserve antérieurement.

L'approche d'un phénomène aussi complexe que la production primaire dans un milieu donné, réclame donc de bien connaître *dans le temps* l'évolution dynamique des populations et la composition du milieu en éléments nutritifs métaboliques ou catalyseurs. C'est au prix d'une bonne connaissance de la physiologie des algues que l'on pourra interpréter objectivement les résultats de leur développement dans la nature et discerner leurs exigences.

TABLEAU 37

Lacs	Mélange	Mo	Autres tests
Alaska :			
Lake Aleknagik (1962)...	+++	+	
Black Lake (1961).......	0	—	Thiamine : 0.
Brooks Lake (1961).....	+++++	—	B_{12} : +++++; Thiamine : +++++; Biotine : ++++.
Chignik Lake (1961).....	0		
Iliamno Lake (1961).....	++++	+++	
Lake Nerka (1961-62)...	+++++	+	B : +; Co : +; Mn : +; Zn : +.
Californie :			
Castle Lake (1959-62)...	++	+++++	Fe : 0; Zn : 0; Co : 0.
Toad Lake (1962).......	+++	++	
Upper Twin Lake (1962)..	+	+	
Big Tamarack (1962)....	+++	+	
Highland Lake (1962)...	++++	+	
Lake Tahoe (1959-61)...	+	—	Co : 0; Cu : 0; Fe : +; Mn : +++; Zn : +++; Fe Cit : +++++.
Upper Lola Montez Lake (1961-62)............	+++	++	
Lake Number 10 (1961)..	++	+	
Nouvelle-Zélande :			
Lake Coleridge (1961)...	—	+	Co : ++++; Cu : 0; Fe : ++; Mn : +++; Zn : ++++++; B_{12} : +.
Lake Lyndon (1961).....	—	++	Co : +; Fe : ++; Zn : 0; B_{12} : +.

d'après GOLDMAN, 1964

e) SUBSTANCES ECTOCRINES (ET PHÉROMONES[1])

Nous comprendrons sous ce vocable les produits issus du métabolisme propre des cellules et libérés dans le milieu. Ces substances doivent, de plus, intervenir sur le métabolisme des espèces présentes, que ce soit des individus de la même espèce (cas des phéromones) ou d'espèces différentes. Ce sont des matières organiques solubles ou plus ou moins colloïdales dont la présence dans le milieu est incontestable bien que leur dosage permette de les considérer souvent comme des éléments traces. Ce sont des polysaccharides, des vitamines, hormones, acides aminés, complexes organo-métalliques, etc., influençant grandement l'activité cellulaire et à ce titre la production. La complexité de leur structure comme leur diversité a longtemps rendu leur approche délicate (SMITH, 1950). Cependant, il a été possible récemment de commencer à les distinguer les unes des autres grâce à de nombreux essais de culture et à l'étude suivie de leur influence antagoniste (LEFÈVRE, JAKOB et NISBET, 1952) ou stimulante (LEFÈVRE, LAPORTE et FLANDRE, 1963). Bien qu'en quantités le plus souvent impondérables, leur importance est capitale et généralement plus grande encore que les substances nutritives « énergétiques » que les algues sont capables d'emmagasiner (réserves). Un exemple illustre bien cette importance : si on tente de cultiver sur milieu synthétique les algues de tourbières à sphaignes, certaines se développent mais pas toutes. Il suffit d'ajouter un peu d'eau filtrée, venant de la tourbière, pour que les espèces réfractaires au milieu synthétique se développent alors normalement. Si l'eau filtrée est préalablement bouillie ou autoclavée, il n'y a pas développement ! Les composés organiques introduits avec l'eau de tourbière, thermolabiles, ont été détruits ; ils sont indispensables à la multiplication de certaines espèces. Cette expérience confirme ce que les botanistes savent bien : quand on tente de cultiver des algues sur milieu essentiellement minéral, elles se développent parfois convenablement ; cependant en ajoutant au milieu des peptones, extraits de levure, de terre, de tourbes, etc., leur développement est largement stimulé et les cultures sont bien meilleures.

Et pourtant, quand une algue prolifère massivement dans un milieu naturel et constitue ainsi une fleur d'eau, elle élimine *ipso facto*, par les sécrétions dont elle charge le milieu, la plupart des autres espèces (hétéro-antagonisme) puis finit par s'éliminer elle-même (auto-antagonisme). Ces sécrétions ont été appelées toxines par AKEHURST (1931) et autotoxines par DENFFER (1948). Les observations des auteurs précités, effectuées sur des Cyanophytes, des Chlorophycées ou des Diatomées *(Nitzschia palea)*, ont en effet montré qu'il s'agissait dans chaque cas, non d'une carence

1. Pour la définition des phéromones, voir notamment VALLENTYNE, 1967.

alimentaire, mais d'une sorte d'intoxication produite par les propres produits d'excrétion de ces algues et qui finissent par bloquer la division cellulaire. Quand leur concentration atteint une certaine valeur, elles inhibent la culture : il suffit alors de diluer le milieu (avec de l'eau bidistillée) ou d'éliminer les autotoxines pour que cette culture se développe à nouveau normalement.

Étudiant l'action des substances ectocrines produites par la Cyanophyte *Phormidium uncinatum* (phormidine) sur différentes souches d'algues cultivées dans des milieux différents, LEFÈVRE *et al* (1952) ont montré (tableau 38) « qu'une très bonne multiplication peut être obtenue dans un milieu beaucoup plus pauvre en sels minéraux que la phormidine et qu'en conséquence, si certaines espèces sont inhibées en phormidine, ce n'est pas en raison d'un manque de sels minéraux ». Pour ces auteurs, la phormidine est indifféremment le filtrat d'une culture de *Phormidium* dans le milieu L + C ou l'ensemble des substances ectocrines produites par ce *Phormidium*. Les mêmes auteurs ont par ailleurs démontré la spécificité de l'action des filtrats d'algues contenant ces substances ectocrines, que cette action soit inhibitrice ou favorisante.

Ils ont également isolé une Pandorinine qui favorise *Mesotænium caldariorum* et excite la nutrition de *Cosmarium* et de *Scenedesmus* mais inhibent la reproduction de cette dernière espèce.

Des expériences analogues, effectuées sur les filtrats d'autres espèces (notamment la Diatomée *Nitzschia palea)*, ont permis d'arriver aux mêmes conclusions.

La concentration des substances ectocrines joue un rôle : les fortes teneurs inhibent la reproduction en bloquant la mitose, les faibles, la nutrition en provoquant une dégénérescence graisseuse et une mise en réserve anarchique des produits du métabolisme.

Malgré les travaux de nombreux chercheurs (PRATT, 1948; DENFFER, 1948; LEFÈVRE *et al.*, 1952; HARDER et OPPERMANN, 1953; RICE, 1954; PROCTOR, 1957), on ne sait pas encore bien quelles sont les conditions optimales de production des substances ectocrines en cultures comme en nature. On ne sait guère davantage quelle formule leur attribuer. Ce pourrait être un mélange d'acides gras non saturés et photo-oxydés (SPŒHR, 1949; HARDER et OPPERMANN, 1953; PROCTOR, 1957), de polysaccharides (HOUGH *et al*, 1952; LEWIN, 1956), ou des substances analogues aux opsonines qui sont des anticorps stimulant la phagocytose chez les vertébrés. Leur très faible concentration et leur fragilité gêne l'analyste.

JAKOB (1961) a pourtant mis en évidence l'existence d'une dihydroxy-

TABLEAU 38. — Résultats d'essais de culture, sur divers milieux, d'algues en présence ou en absence de substances ectocrines produites par *Phormidium uncinatum*

Espèces essayées	Milieu L + C [1]	Milieu pauvre [2]	Phormidine jeune [3]	Phormidine âgée [4]	Eau bidistillée + 4 gouttes de L + C [5]
Scenedesmus quadricauda....	Excellente multiplication	Très bonne multiplication	Quelques divisions au début, puis arrêt de la multiplication	Blocage complet	
Pediastrum boryanum.......	d°	d°	Bonne multiplication	d°	Multiplication pendant plusieurs jours.
Pediastrum clathratum var. *ponctulatum*............	d°	d°	Blocage complet	d°	d°
Scenedesmus oahuensis......	d°	d°	d°	d°	
Ankistrodesmus falcatus.....	d°	d°	Excellente multiplication, à peu près comme en L + C.		

1. Le milieu L + C comprend : NO_3K : 100 mg; PO_4HK_2 : 40 mg; SO_4Mg : 30 mg; $(NO_3)_2Ca$: 100 mg; Fe_2Cl_6 : traces (tous sels cristallisés); extrait de terre : 7,5 ml; extrait de *Sphagnum* : 7,5 ml; eau bidistillée : q.s 1 000 ml. Avant utilisation, ce milieu est porté quelques minutes à l'ébullition pour les cultures unialgales (cloniques).
2. Le milieu pauvre est constitué de : NO_3K : 10 mg; PO_4HK_2 : 1,5 mg; SO_4Mg : 1,5 mg; $(NO_3)_2Ca$: 10 mg; eau bidistillée : q.s. 1 000 ml.
3. Filtrat de culture de *Phormidium uncinatum* en L + C pendant 3 semaines en étuve éclairée.
4. Comme ci-dessus mais culture de plusieurs mois au laboratoire.
5. Milieu donc très pauvre.

d'après LEFÈVRE *et al* (1952)

anthraquinone, la muscorine, dans la Cyanophyte du sol *Nostoc muscorum* qui aurait des propriétés analogues notamment sur *Cosmarium lundelii*.

Quelle que soit leur composition chimique, ce qu'il faut retenir c'est leur existence. Dans le milieu naturel, les populations végétales laissent une trace durable de leur métabolisme sous forme de substances ectocrines qui. à très faible concentration, inhibent ou favorisent la nutrition et la reproduction. Leur rôle est à ce point important qu'il masque parfois totalement celui de tous les facteurs physiques et chimiques liés à la photosynthèse. Comme il n'est guère possible sans esprit critique d'interpréter l'absence d'un facteur minéral limitant (mis antérieurement en réserve dans les cellules vivantes), il n'est aisé de comprendre l'apparition ou la disparition de formes végétales planctoniques que si l'on a à l'esprit l'existence de ces produits du métabolisme qui, à des teneurs infinitésimales, catalysent la reproduction, bloquent la mitose ou au contraire l'induisent et déterminent, dans le temps, la disparition puis la nature des populations.

A côté de ces substances mal connues et favorisantes ou inhibitrices, d'autres produits du métabolisme ont été observés dans les milieux naturels, telles des vitamines. La vitamine B12 par exemple, la thiamine, la biotine, sont décelables dans l'eau contenant des algues (GOLDMAN, 1964). Leur concentration varie avec la saison, mais il est rare qu'elle descende au-dessous de la valeur limite à partir de laquelle elles deviendraient facteurs limitants (PROVASOLI, 1964).

De même *Anabæna cylindrica* produit, durant sa croissance, des polypeptides extracellulaires pouvant former des complexes organo-métalliques (avec Cu, Zn, Fe, P, etc.) qui agissent sur la croissance en rendant assimilables des éléments difficiles à solubiliser (FOGG et WESTLAKE, 1955) ou en bloquant l'action toxique de certains ions, le cuivre par exemple (DOMOGALLA, 1935).

La sécrétion de ces peptides extracellulaires est assez générale chez les algues.

Enfin, une catégoire spéciale de substances ectocrines est constituée par les produits de décomposition de la matière vivante, qu'elle soit d'origine animale ou d'origine végétale, que ce soit une dégradation chimique ou le résultat d'une action bactérienne.

LEFÈVRE et FARRUGIA (1958) ont laissé se décomposer pendant 3 mois, naturellement et à 28 °C, d'une part des organismes animaux (poissons du genre *Gobio* ou goujons) et d'autre part un poids égal de *Cladophora glomerata* (algues Chlorophycées).

Les produits de décomposition obtenus, filtrés sur membrane et analysés, ont montré la composition suivante :

Substance dosée, en mg·l^{-1}	D'origine animale	D'origine végétale
Matières organiques oxydées par le MnO_4K	55	33,5
PO_4	125	1,5
NO_3	Traces	Traces
NO_2	1,64	3,28
NH_3	Grande quantité	Présence

Utilisés comme milieu de culture, ils se sont montrés riches en substances actives favorisant ou inhibant spécifiquement la multiplication de certaines algues. Les produits d'origine animale sont nettement plus actifs et à effet plus durable; ceux d'origine végétale sont capables à certaines concentrations d'être inhibiteurs.

L'action simultanée de ces substances sur des cultures d'algues a permis de montrer qu'en l'absence de sels minéraux d'origine exogène, les seuls produits de décomposition des animaux et des végétaux ont une action spécifique très nette et souvent très énergique, sur la multiplication des algues, non seulement par l'apport de substances nutritives (phosphore, azote, acides aminés) mais aussi par celui de substances actives issues du métabolisme des bactéries et des phycomycètes responsables de la décomposition.

On comprend maintenant mieux la complexité du milieu aquatique et la diversité d'origine et d'action des substances organiques, complexes organo-métalliques et matières minérales plus ou moins ionisées qui influencent la production primaire.

2. FACTEURS ACCESSOIRES

Ils n'agissent pas directement sur la croissance, la reproduction ou l'activité photosynthétique des producteurs de matériel organique vivant mais influencent les facteurs essentiels et ont ainsi une action indirecte sur la production primaire.

a) Facteurs physiques

Ce sont des agents d'intervention qualitatifs ou quantitatifs. Les premiers sont d'ordre géographique ou chimique, les seconds essentiellement physiques (optiques).

La **morphométrie** de la cuvette sera déjà un de ces facteurs d'action indirecte, et non des moindres. RAWSON (1955) a comparé les divers groupements biologiques à la profondeur moyenne de nombreux lacs canadiens et a montré qu'une relation mathématique existait, sauf exceptions explicables, entre cette profondeur moyenne d'une part, plancton d'été (pris au filet), faune de fond et production piscicole d'autre part. La première relation s'écrit :

$$B_p = \frac{3\,765{,}0}{\bar{z}^{\,1{,}5337}} + 8{,}0$$

B_p étant la biomasse planctonique évaluée en kg par hectare et $\bar{z}$ la profondeur moyenne en mètres (fig. 87).

Bien que B_p comprenne à la fois le phytoplancton et les divers niveaux de consommateurs planctoniques, il est extrêmement intéressant de noter cette interdépendance des caractéristiques morphologiques d'une masse d'eau et de ses composants biologiques.

De nombreuses autres caractéristiques telles que protection des vents dominants, pente du rivage, nombre de baies, irrégularité et isolement de bassins variés, bien que ne pouvant pas être comparées mathématiquement à un critère de production primaire, n'en jouent pas moins un rôle déterminant dans le devenir des populations végétales et animales.

L'influence indirecte du **substrat** revêt des aspects variés. Il agit sur la turbidité quand il se compose de particules inorganiques facilement mises en suspension, en particulier dans la zone littorale soumise à l'action des vagues. Il interviendra également en facilitant l'implantation de certaines espèces au détriment d'autres : il existe des plantes fixées, des algues épibenthiques qui préfèrent certains substrats vaseux, sableux ou rocheux. La mobilité du fond sera également un facteur qualitatif important, sa pérennité aussi. Un exemple net de cette action est à rechercher dans la composition du biotecton. Ce dernier comprend un pecton qui constitue le feutrage vivant et plus ou moins épais qui recouvre les pierres et encroûte les substrats solides permanents (troncs, pieux, murs, quais, etc.) et un périphyton qui forme un revêtement souvent floconneux aux plantes immergées ou submergées (cf. chap. XIII). Les conditions écologiques étant semblables, les espèces devraient être communes aux deux associations, il n'en est rien. Le pecton pourra s'épaissir lentement avec le temps puisqu'il se développe sur des supports permanents sans subir de leur part d'influence directe. Le périphyton, au contraire, devra se contenter d'un substrat temporaire, les plantes ne durant guère plus de trois saisons et leur croissance modifiant sans cesse la surface offerte. De plus, ce périphyton sera sous

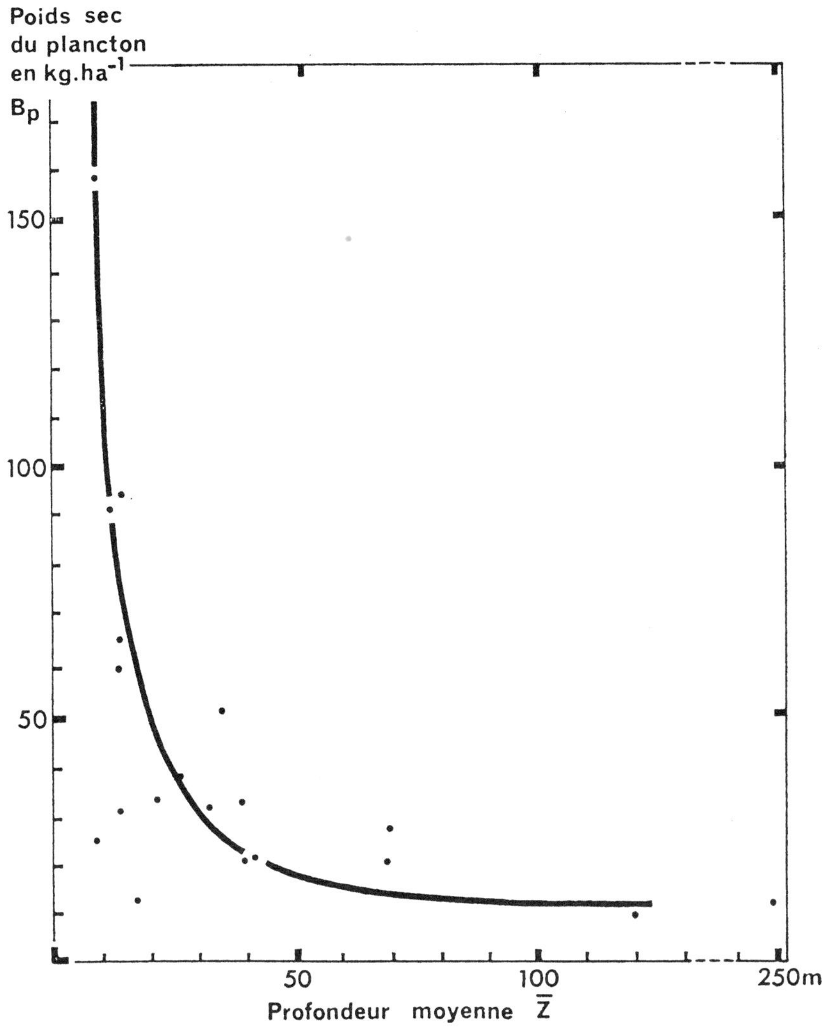

FIG. 87. — Profondeur moyenne et biomasse planctonique de vingt lacs canadiens d'après RAWSON 1955

l'influence permanente des métabolites externes (substances ectocrines) produits par son support dont le métabolisme (O_2, CO_2), modifie par ailleurs localement le pH et l'équilibre ionique du milieu.

L'influence indirecte du substrat se fera cependant sentir dans le cas du pecton par suite de la dissolution lente ou de l'attaque par l'eau environnante de la roche qui en constitue l'essentiel. Dans les régions calcaires, cette dissolution se traduira par une alcalinité plus grande des eaux; dans les régions cristallines et volcaniques, ce sera la silice qui dominera et attirera les espèces qui, calcifuges, ne se développeraient pas dans les eaux du premier type.

Les **fluctuations de niveau** ont un rôle surtout net sur les ceintures végétales. Par ailleurs, elles réduisent parfois sensiblement la surface, donc l'influence bénéfique des facteurs externes (ensoleillement) et font disparaître bien des pontes et même des classes d'âge tout entières (notamment de poissons).

L'amplitude des variations influence la densité des populations végétales benthiques. QUENNERSTEDT (1958) l'a souligné en comparant la ceinture littorale de deux lacs suédois, les lacs Rönnbäck et Gardiken. Le premier, de couleur verte, présente une transparence de ses eaux voisines de 10 m. Au fond s'étale une végétation dense d'*Isoetes lacustris.* Celle-ci descend sous la surface des basses eaux jusqu'à une profondeur de 3,7 m. Les variations de niveau de ce lac atteignent 1,5 m à 2 m.

Le lac Gardiken au contraire, dont la transparence est sensiblement la même (8 m), n'a qu'une rare végétation macrophytique d'*I. lacustris* s'étalant entre 0,5 et 2,5 m sous la surface des basses eaux (fig. 88). L'amplitude des variations de niveaux atteint en effet dans ce lac 4 à 6 m.

L'influence des variations de niveau se fait également sentir dans les les petites collections d'eau sur la qualité et la quantité du phytoplancton. Dans la pièce d'eau appelée Canaux du parc du château de Rambouillet, LEFÈVRE (1948) a noté que par basses eaux (0,30 à 0,40 m) le phytoplancton était surtout constitué, l'été, de Protococcales. La Cyanophyte *Aphanizomenon gracile* n'existe alors qu'à l'état sporadique. Quand les eaux sont hautes (1 m), cette Cyanophyte prolifère alors activement et forme même parfois fleur d'eau.

Le passage du plancton à Protococcales au plancton à Cyanophytes semble se faire plus rapidement que le passage inverse qui s'effectue par l'intermédiaire d'un plancton à Volvocales, Dinoflagellés et Flagellés.

Dans ces petites collections d'eau, la baisse de niveau modifie en effet considérablement l'ensemble des conditions physico-chimiques. La masse d'eau, devenue moins importante, s'échauffe et se refroidit plus vite. Les formes sténothermes tendent à disparaître, l'équilibre des sels de l'acide carbonique est perturbé, le pH est modifié, la teneur en oxygène change, le milieu peut devenir anaérobie et permettre le développement d'espèces bactériennes et fongiques particulières. Il y a, dans ce cas, profonde modification des conditions de milieu, donc qualitativement et quantitativement de la biomasse et de sa production.

Le **courant** jouera également un rôle dans la répartition des espèces végétales productrices. Des *Gongrosira*, *Lithoderma*, *Chamæsiphon*, de nombreuses espèces de Diatomées, des Chlorophycées telles que *Cladophora*, des Rhodophycées comme *Hildenbrandia*, *Audouinella*, *Lemanea* préfèrent les eaux courantes et torrentueuses (FRITSCH, 1935; BUTCHER, 1940, 1942; CHAPMAN, 1941; SMITH, 1950; TIFFANY, 1951; WHITFORD, 1960). La plupart

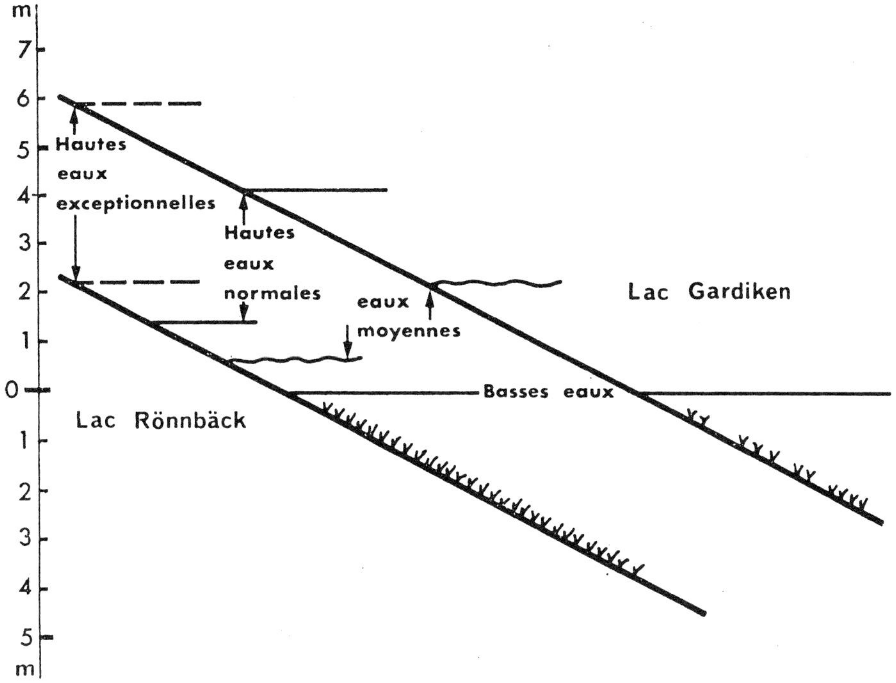

FIG. 88. — Influence des variations de niveau sur la répartition et la densité de la ceinture végétale
d'après QUENNERSTEDT 1958

de ces espèces ont un coefficient respiratoire plus grand que les autres. Elles auraient également certaines exigences les obligeant à vivre dans un courant d'eau; ces exigences sont encore mal connues (WELCH, 1952) bien que RUTTNER (1926) ait cherché, dans les caractéristiques physiques et microclimatiques locales (au voisinage de ces algues), les raisons de cette attirance physiologique pour les eaux renouvelées, fraîches et bien aérées : les échanges sont plus rapides et la diffusion des substances plus faciles en eaux courantes. Dans la zone littorale des lacs, aux embouchures des affluents, au voisinage des zones à courants, la répartition des organismes végétaux physiologiquement producteurs dépendra donc du courant autant que de ses causes.

La **transparence de l'eau,** fonction notamment de sa couleur et de sa turbidité, sera un facteur déterminant pour les algues planctoniques aussi bien que pour les formes épibenthiques littorales. La turbidité produite par la mise en suspension des matériaux constituant le substrat diminuera la production primaire près des rives, comme GRIFFITH (1955) l'a montré dans le lac Michigan et GOLDMAN et WETZEL (1963) dans le Clear lake (Californie).

Cette corrélation entre turbidité et production est parfois suffisamment constante pour chercher dans les variations de l'une, les raisons des variations de l'autre.

Parfois, une certaine turbidité s'accompagne d'une production satisfaisante (dite maximum). C'est le cas dans le lac Erié où VERDUIN (1954) a mesuré l'une et l'autre durant plusieurs années :

	1949	1950	1951	1952	1953
Profondeur moyenne à laquelle la luminosité de surface est réduite à 1 % de sa valeur (épaisseur de la couche euphotique)......	4,8	3,5	6,6	5,4	7,2
Biomasse maximum (en $mm^3 \cdot l^{-1}$)..........	16	3	1	2	1

Ce serait vers 4,5 m de profondeur moyenne, définie ci-dessus, que la biomasse serait maximum.

S'appuyant sur les données de MANNING et JUDAY (1941), VERDUIN (1956) a même évalué la production par

$$P = B \times P_0 \times E \times 0{,}65 \qquad \text{avec}$$

P = photosynthèse par m^2 et par jour;
B = biomasse phytoplanctonique par m^3 dans la zone euphotique;
P_0 = photosynthèse journalière par unité de biomasse dans les conditions optimales de lumière (soit en moyenne 0,403 mg de C par mg de poids sec et par jour);
E = épaisseur de la couche euphotique (fonction de la turbidité de l'eau).

BOTNARIUC & BELDESCU (1961) ont également abordé ce problème.

La teneur en **matières organiques dissoutes** joue également un rôle par leur action sur la couleur de l'eau. Les eaux à forte teneur en phytoplancton sont toujours plus ou moins vertes ou jaunes. Certaines sont rouges. Celles riches en substances humiques ou colorées par les acides humo-limniques sont brunes (SHAPIRO, 1957).

La transparence de l'eau est réduite par ces substances, avec elle l'épaisseur de la couche euphotique, donc la possibilité de production.

La **nébulosité** elle-même peut être considérée comme un facteur indirect de variation de la production primaire. Elle modifie la luminosité donc les possibilités de photosynthèse. Rappelons cependant que la lumière transmise à travers une couverture nuageuse transporte relativement une plus grande quantité d'énergie utilisable que la lumière directe du soleil, bien que l'intensité totale reçue soit bien moindre (VERDUIN, 1956).

Les **apports allochtones** modifient parfois aussi localement la production primaire, soit par l'appoint des substances nutritives qu'elles apportent, soit par l'accroissement de turbidité qu'elles entraînent (cas des eaux troubles), soit encore par dilution (DUSSART et NISBET, 1948).

Le **vent** par les vagues, houles, rides qu'il provoque et les **courants,** influencent aussi la production primaire en modifiant la répartition de la lumière dans la masse d'eau et surtout en entraînant les nuées de plancton qui se trouvent parfois concentrées ainsi en certains endroits abrités ou sous-le-vent. Une partie du phytoplancton, entraînée dans les couches profondes par les courants de pente, de seiches, etc. (quand ils sont assez rapides), aura une capacité de production nettement moindre.

La chimie de l'eau aura également un rôle dans la répartition des espèces par les exigences de celles-ci en matière d'acidité. Les Desmidiacées ne se rencontrent guère qu'en milieu acide ainsi que certaines Diatomées ou Cyanophytes alors que la plupart de Euglenophyceæ des Bacillariophyceæ, des Chlorophyceæ Protococcales préféreront les eaux alcalines. Dans certains cas, la tolérance vis-à-vis du pH est si étroite que la présence d'une de ces espèces dans une collection d'eau peut être indicatrice d'un pH donné. *Anabæna flos-aquæ* (Cyanophytes) ne vit qu'en eaux dures (PRESCOTT, 1951) tandis que les *Nitella* (Characea) sont étroitement liées aux eaux « douces » et riches en substances humiques acides.

b) FACTEURS BIOLOGIQUES

Nous avons vu que la densité des populations phytoplanctoniques et épibenthiques végétales était fonction d'un assez grand nombre de facteurs essentiels dont les substances ectocrines n'étaient pas les moindres. Nous avons également vu que les sels nutritifs et notamment les facteurs limitants, conditionnaient la production, tandis que les substances actives la contrôlaient, soit par action sur la croissance (nutrition), soit par action sur la reproduction.

Chaque espèce a pourtant dans le milieu naturel un **taux de reproduction** moyen qui varie avec les conditions de milieu certes, mais toujours autour d'une valeur caractéristique pour l'espèce considérée Ce taux de reproduction devrait permettre une multiplication par progression géométrique du nombre d'individus. Il y a en fait dans la nature (et heureusement!) un certain nombre d'organismes qui disparaissent avant de se reproduire. Les causes de ces disparitions sont multiples et souvent apériodiques; elles sont liées à la plupart des facteurs physiques et biologiques entrevus dans les paragraphes précédents.

Le **broutage** (grazing) est un de ces facteurs, il est lié à l'activité des organismes dont nous nous occuperons plus loin et qui constituent le niveau trophique immédiatement supérieur. Parmi de nombreuses recherches sur l'effet du broutage, citons seulement ici le résultat de Wright (1954) sur le lac Atwood (Ohio).

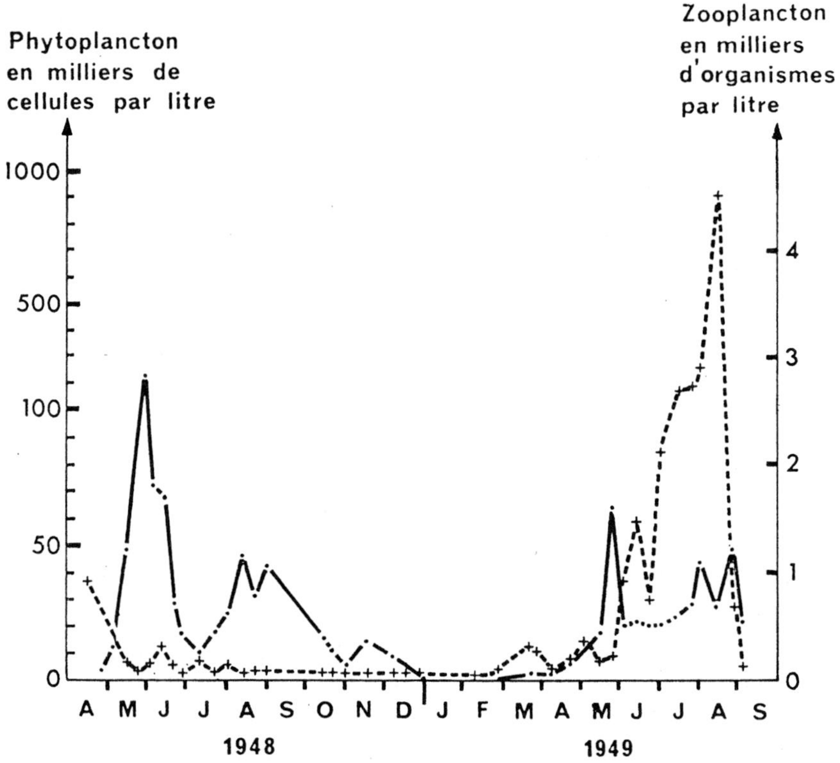

Fig. 89. — Variations de la biomasse planctonique dans le lac-réservoir Atwood d'après Wright 1954

Le zooplancton et le phytoplancton, dont la densité est mesurée par comptage, présentent au cours des années 1948 et 1949, des fluctuations. Après une poussée printanière en 1948, le phytoplancton diminue en mai et reste peu abondant tout l'été. Pendant le même temps, le zooplancton montre un fort maximum de densité en juin, un autre en août. En 1949 par contre, il y a d'abord poussée zooplanctonique en mai puis maintien à une densité très moyenne tout l'été, alors que le phytoplancton se développe dès le mois de juin et présente un fort maximum en août (fig. 89). WRIGHT interprète cette différence de comportement en considérant l'existence d'une population de Cladocères plus importante en 1948 et qui aurait décimé, par broutage, le phytoplancton.

c) CONCLUSIONS

Nous avons vu que de nombreux facteurs influençaient la production primaire d'une masse d'eau. Nous avons également vu qu'ils s'influençaient parfois mutuellement.

Il n'est pas plus facile de hiérarchiser ces facteurs que d'établir des niveaux trophiques dans les populations vivantes. RAWSON (1958), cherchant dans les divers facteurs physiques les causes essentielles des variations de productivité des eaux canadiennes, a établi un schéma d'influence (fig. 90).

Ce schéma (modifié) résume assez bien ce que l'on doit considérer comme actions concourant à donner à une masse d'eau son caractère. Il cherche à montrer comment ces actions peuvent agir seules ou plusieurs ensemble.

C'est la difficulté d'aborder ces relations, quantitativement et séparément, qui ont obligé les chercheurs d'aujourd'hui à les négliger au profit d'évaluations globales, destinées à comparer les masses d'eau entre elles.

3. IMPORTANCE QUANTITATIVE DE LA PRODUCTION PRIMAIRE

La mesure de la production primaire a fait l'objet de mises au point techniques qui, pour certaines d'entre elles, ont été sujettes à de nombreuses critiques. En tenant compte de ces critiques, il est possible à l'heure actuelle d'obtenir des valeurs d'orientation comparables. Nous n'entrerons pas ici dans le détail des techniques employées qui relèvent de la méthodologie (voir notamment les travaux de OHLE, 1952; STEEMANN-NIELSEN, 1952; VERDUIN, 1956; STRICKLAND, 1960; DOTY, 1961, etc.

Elles se répartissent en méthodes biologiques (mesure de la biomasse et de son taux de renouvellement), en méthodes chimiques (mesure du taux d'absorption du CO_2, du taux de libération de l'oxygène, du quotient respiratoire, etc.), en méthodes biochimiques (nature et quantité de chlorophylle formée, pigments caroténoïdes, etc.).

La méthode actuelle la plus utilisée est celle qui emploie l'absorption du CO_2 par photosynthèse et le rejet d'oxygène. C'est la méthode de GRAN (1932). La mesure est facilitée par les caractéristiques du ^{14}C, dont la radioactivité facilite le repérage et l'évaluation quantitative. Lancée par STEEMANN-NIELSEN, cette méthode est maintenant universellement adoptée sous le nom de ce dernier auteur (1955).

WETZEL (1964) compare quelques-uns de ses résultats à ceux d'autres auteurs (tableau 39). Il souligne le rôle relatif du phytoplancton dans le Borax lake par rapport à celui du périphyton et des macrophytes (un quart de la productivité totale). Le rôle des apports (effluents) est mis en évidence dans le Søllerød Sø (Danemark) par STEEMANN-NIELSEN (1955). RODHE (1958), dans une étude prospective, nous montre que la productivité des lacs de Laponie est très faible (moins de 100 mg $C.m^{-2}.j^{-1}$) comparativement aux lacs suédois (Erken, Görvän) et aux autres lacs européens prospectés. BROUARDEL & SERRUYA (1967) ont montré l'amplitude de variations de la production primaire journalière dans le Léman. Elle varie de 70 à 1 500 mg $C.m^{-2}$ et présente deux maximums, l'un très élevé au début du printemps, l'autre moindre à l'automne. En été, elle descend à 600 mg $C.m^{-2}$. Pour ce lac, la valeur moyenne annuelle a été évaluée par ces auteurs à 384 mg $C.m^{-2}.j^{-1}$, valeur élevée pour un lac de ce type (voir chap. XXI).

De son côté, FINDENEGG (1964) constate que les lacs des Alpes centrales qu'il a étudiés en Autriche ont une production analogue, donc comprise entre 100 et 1 000 mg $C{\cdot}m^{-2}$ et par jour, mais estime que, plus encore que la productivité par unité de temps, d'espace ou de volume, la forme de la courbe, c'est-à-dire la valeur de l'assimilation aux différentes profondeurs, est essentielle à connaître et doit être comparée à la valeur de pénétration des différentes radiations lumineuses énergétiques.

Il existe en effet trois types d'assimilation : le premier est caractérisé par une production maximum au niveau supérieur de l'épilimnion. C'est le cas dans les lacs qui, au moment du début de la circulation printanière, ont une grande quantité de sels nutritifs disponibles en subsurface (fig. 92). Dans les lacs pauvres en sels nutritifs, (deuxième type d'assimilation) la production relativement faible à tous les niveaux, se maintient jusqu'à une certaine profondeur. Enfin, dans le troisième type, il y a maximum de production primaire au niveau du métalimnion, souvent due à un développement de Cyanophytes psychrosténothermes, rendu possible par une transparence des eaux suffisante.

En fait, trois critères importants interfèrent au cours du temps pour donner à un lac sa physionomie au point de vue production primaire : la quantité d'énergie qu'il peut emmagasiner grâce à ses caractéristiques morphométriques et à sa géométrie dimensionnelle; la quantité de matières

TABLEAU 39
Productivité primaire de divers lacs

Lacs et origine du résultat	Moyenne annuelle en mg $C.m^{-2}.j^{-1}$	Remarques et méthode employée
Borax Lake (Californie) Wetzel, 1964 :		
Phytoplancton.......	249,3	Grand lac salé, peu profond, très alcalin; méthode au ^{14}C.
Périphyton..........	731,5	
Macrophytes........	76,5	
Total.........	1 057,3	
Clear Lake (Californie)..... Goldman et Wetzel, 1963.	437,8	Grand lac peu profond, eutrophe; ^{14}C du phytoplancton seul.
Castle Lake (Californie).... Goldman (d'après Wetzel, 1964).	98,3	Alpin, profond, oligotrophe; forte couverture de glace; ^{14}C du phytoplancton seul.
Esrom Sø (Danemark)..... Jonasson et Mathiesen, 1959.	370	Eutrophe, beaucoup de macrophytes; ^{14}C du phytoplancton seul.
Grane Lang Sø (Danemark).. Nygaard, 1955.	248	Profond, acide, beaucoup de macrophytes; O_2 du phytoplancton seul.
Kattehale Mose (Danemark). Nygaard, 1955.	80	Très peu profond, tourbière acide; Oxygène du phytoplancton.
Frederiksborg Slottssø (Danemark)............. Nygaard, 1955.	1 030	Contaminé, turbide, beaucoup de floraison de Cyanophytes; Oxygène du phytoplancton.
Søllerød Sø (Danemark).... Steemann-Nielsen, 1955.	1 430	Grandes quantités d'eau d'égouts épurées; O_2 du phytoplancton.

nutritives qu'il a à mettre à la disposition des algues et bactéries autotrophes et l'importance des facteurs hétéro et auto-antagonistes qui limitent physiologiquement le développement des producteurs.

Dans le type II de FINDENEGG, une grande quantité d'énergie est disponible sur une grande épaisseur, mais le stock de matériel nutritif (substances minérales et organiques) est faible (fig. 92).

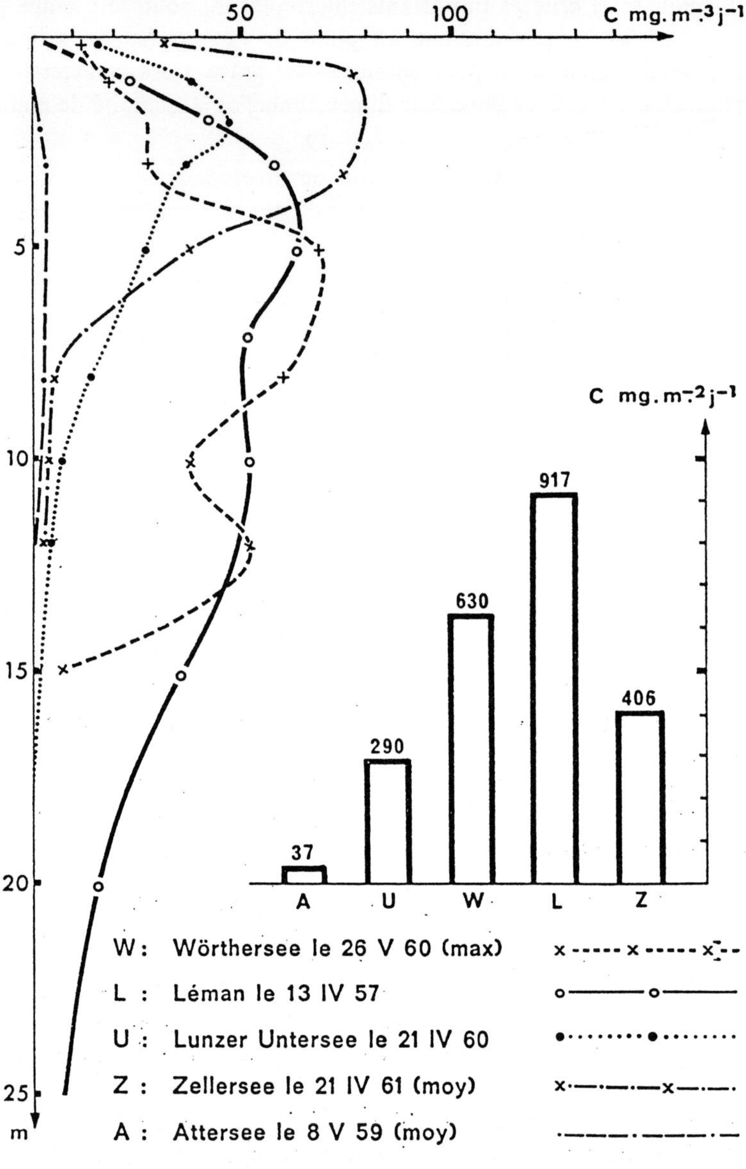

FIG. 91. — Production primaire dans cinq lacs alpins d'après FINDENEGG 1964 et RODHE

Dans le type I, la quantité d'énergie disponible est cantonnée dans les couches supérieures et le stock de matériel nutritif est important, mais le métabolisme algal est périodiquement régi par les substances ectocrines produites en cours de développement.

Dans le type III, le stock de matériel nutritif est encore important

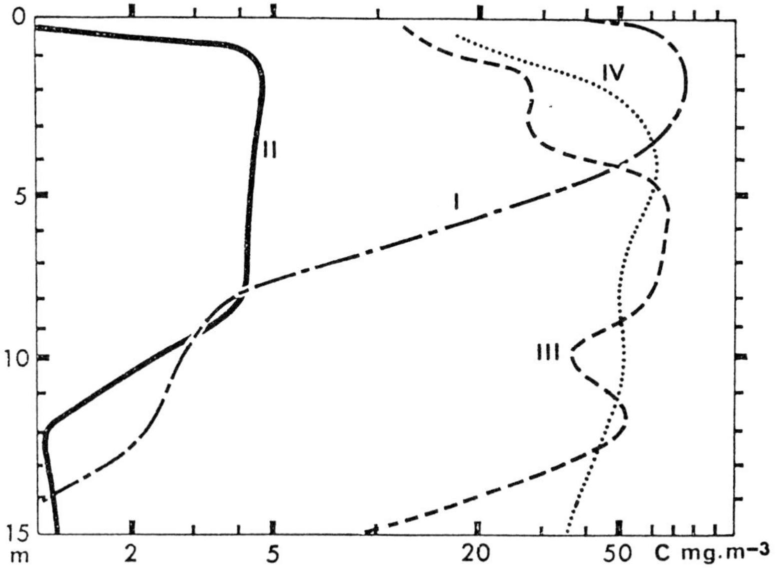

FIG. 92. — Types de lacs d'après le mode de production en fonction de la profondeur d'après FINDENEGG 1964 et RODHE

I = type de lac eutrophe à fleurs d'eau (Zellersee le 28-IV-61)
II = type de lac oligotrophe à forte transparence (Attersee le 2-VII-60)
III = type de lac en cours d'évolution mésotrophe-eutrophe (Wörthersee le 26-V-60)
IV = Léman le 13-IV-57.

mais la transparence assez grande, au moins un bonne partie de l'année, répartit la quantité d'énergie sur une grande épaisseur et ce sont les espèces les plus sensibles qui se développent le mieux.

Un lac donné peut, au long de l'année, changer de type et c'est souvent le cas, car la transparence, la quantité d'énergie disponible et le stock de matériel nutritif à disposition dans la zone trophogène, évoluent avec le temps.

Nous verrons au chapitre XXI le résultat de cette constatation.

Nous avons noté que dans le Borax lake (Californie), la production primaire totale avait été calculée par WETZEL (1964) en tenant compte des diverses communautés responsables et non pas du seul phytoplancton.

Dans certains lacs peu profonds en effet, la contribution de la ceinture végétale et surtout du périphyton ne peut être négligée. Dans le cas ci-dessus, si, au lieu d'estimer la production par m² et par jour, on la calcule pour l'ensemble du lac, on constate que le phytoplancton, dans son ensemble, ne produit guère plus de matière organique que le périphyton (tableau 40).

La densité relative du biotecton dans les zones faiblement profondes et ses possibilités d'approvisionnement continu en énergie et en substances nutritives, sont responsables de ce fait très important.

Le cas du Borax lake est un peu particulier en ce qui concerne les macrophytes, car il ne contient que des *Ruppia maritima*. Dans les eaux

TABLEAU 40

Moyenne annuelle de productivité dans le Borax lake

	En mg. C $m^{-2} \cdot jour^{-1}$	Pour l'ensemble du lac et par jour, en kg C
Phytoplancton	249,3	101
Périphyton	731,5	75
Macrophytes	76,5	1,36
Total	1 057,3	177,86

subtropicales, les jacinthes d'eau, *Eichhornia crassipes*, sont capables de produire une bien plus grande quantité de matière organique. Il ne semble pas impossible d'atteindre des productions de l'ordre de 19 g de Carbone par m² par jour. (WESTLAKE, 1963) bien que le plus haut taux de production mesuré n'ait atteint que 5,1 g de $C \cdot m^{-2} \cdot j^{-1}$ (PENFOUND et EARLE, 1948).

D'autres plantes aquatiques sont capables de production encore plus importante telles la *Sagittaria lorata* étudiée par ODUM (1957) dans une source qu'elle colonisait entièrement, ou les *Scirpus lacustris* qui produisent 15 g de matière organique (poids sec) par m² et par jour (SEIDEL, 1959) ou *Cyperus papyrus* qui en produit plus de 19 g (PEARSALL, 1959).

Soulignons enfin le rôle du périphyton dont la production représenterait pour GAJEVSKAJA (1958) plus de 40 % de celle des macrophytes dans le lac Gloubokoye près de Moscou (U.R.S.S.).

De plus, généralement dans les études sur la production primaire, on entend par phytoplancton l'ensemble des organismes qui peuvent être récupérés par prélèvement direct de l'eau (au moyen d'une bouteille de prélèvement par exemple) et qui ne passent pas au travers d'un filtre (membrane filtrante) quand la technique au ^{14}C est employée. RODHE, VOLLENWEIDER et NAUWERCK (1958) ont cherché à reconnaître le rôle respectif des diverses catégories de plancton et ont réalisé pour cela une filtration fractionnée de matériel avant mise en incubation *in situ* et ce, au moyen d'un filet à plancton de type classique (de 70 μ de mailles).

Quelles que soient les critiques qui peuvent être faites dans le détail à la méthode employée, un fait reste acquis : l'accroissement rapide de

TABLEAU 41

Éléments influençant la production primaire dans un lac

Energie	Matière	Agents de production et % d'action au m²			
Lumineuse +	minérale = (nutritive) ↑	Macrophytes : 2 à 10 %		Mésoplancton : 5 à 20 %	suivant saison
↓	↓	Biotecton 20 à 60 %	30 % à 80 %	Microplancton : 10 à 40 %	
				Nannoplancton : 35 à 20 %	
Chimique de liaison	+ Organique ± dégradée =	(suivant développement de l'étage littoral)		Ultrananno-plancton : 50 à 20 % (Hiver → Été)	

la production primaire, même dans un lac encore gelé (comme le lac Erken (Suède) à la fin de l'hiver), est dû pour 95 à 98 % au nannoplancton constitué surtout de petites diatomées centriques *(Stephanodiscus pusillus)*. En juin-juillet, la contribution des grands éléments du phytoplancton est plus grande et peut atteindre 50 % de la production (grâce à *Ceratium hirundinella* dans le lac Erken). Cependant, à biomasse égale, les espèces nannoplanctoniques ont une productivité beaucoup plus grande que les grandes espèces micro et macroplanctoniques (tableau 41).

L'importance du nannoplancton et de l'ultranannoplancton dans la production primaire a été longtemps sous-estimée. RODHE (1962) estime à 97 % le volume du nannoplancton des lacs de haute montagne. GOLDMAN et WETZEL (1963) ont montré que le microplancton ne devenait dominant en surface qu'en été et en automne et qu'en toutes saisons les éléments de moins de 10 μ constituaient l'essentiel de la biomasse en profondeur. De plus, GOLDMAN (1961) pense que le rôle joué par le nannoplancton dans la production primaire dépend de l'état d'évolution de la masse d'eau. Dans les lacs pauvres en substances nutritives, il jouerait un rôle beaucoup plus grand que dans les lacs riches où les grandes espèces dominent plus longtemps (LUND, 1961). Il en est de même dans les lacs salés comme le Borax lake (WETZEL, 1964).

Nous sommes encore loin de connaître tous les détails des mécanismes qui régissent la production primaire d'une masse d'eau. Certaines algues sont capables d'hétérotrophie (KUZNETSOV, 1959) et 1 à 3 % de la production totale seraient dûs à ce processus physiologique (STEEMANN-NIELSEN, 1960).

Dans les lacs dimictiques et monomictiques froids, des faits troublants ont été signalés par RODHE (1962) : durant la longue période pendant laquelle l'eau est recouverte de glace (8 à 10 mois dans certains lacs Scandinaves), quelques espèces algales continuent à fabriquer de la matière organique vivante par assimilation hétérotrophe des composés organiques dissous. D'autres sont photosynthétiques et produisent pourtant de la matière organique dans des conditions limites de luminosité.

A 40 m de profondeur, là où l'intensité de la lumière verte n'est plus que 0,06 % des radiations incidentes, il y a un maximum d'assimilation. Sous la glace, avec seulement 1,7 % de lumière visible incidente, la biomasse est la plus dense et l'hétérotrophie des algues est alors masquée par leur autotrophie (photosynthèse).

La possibilité qu'ont les algues de se développer par hétérotrophie a été longtemps et reste sous-estimée. Elle explique certaines croissances à l'obscurité qui ne sont pas seulement observables en laboratoire, mais doivent être considérées comme fréquentes en nature.

D. — PRODUCTION SECONDAIRE LES CONSOMMATEURS

L'énergie extérieure au système écologique qu'est un lac est « assimilée » grâce aux organismes autotrophes ou considérés comme tels. La matière organique ainsi élaborée est utilisée en partie par les consommateurs hétérotrophes qui s'en servent comme nourriture et s'entremangent.

La production secondaire, résultat de toute cette chaîne de métabolismes particuliers, sera donc complexe. Elle pourra être subdivisée en catégories suivant la nature et l'origine de la source de matière nutritive et d'énergie et suivant son mode d'utilisation.

Nous avons vu que la notion de production primaire pouvait être abordée en termes de matière (organoproduction) et en termes d'énergie (énergoproduction ou activité).

La production secondaire, ne faisant pratiquement pas appel à une source extérieure d'énergie, verra ces deux concepts se fondre, l'un dépendant désormais étroitement de l'autre.

Plusieurs facteurs qui jouent un rôle essentiel dans la production primaire, n'auront plus qu'un rôle accessoire aux différents niveaux trophiques que nous considérerons. Par contre, certaines fonctions vont devenir essentielles, notamment les fonctions de nutrition, de reproduction et d'adaptation aux conditions d'existence et de milieu. Ce seront donc les facteurs physiologiques et éthologiques qui devront nous retenir d'abord. Les facteurs externes, lumière, température, salinité, oxygène dissous, courants, etc., ne joueront plus qu'un rôle accessoire en induisant la nature des populations, leur métabolisme, leurs tropismes, etc.

Nous voyons s'inverser l'importance de tous ces facteurs qui influencent directement ou non le devenir des populations et gouvernent la production.

1. FACTEURS ESSENTIELS

a) La fonction de **nutrition** (alimentation) correspond chez les consommateurs à l'assimilation chez les producteurs. Elle permet l'accroissement de matière et le transfert de l'énergie. Elle se décompose en plusieurs processus successifs.

L'*acquisition de la nourriture* est soit le fait d'un hasard, soit d'un choix. Elle fait intervenir des stimuli fonctionnels ou des organes des sens, suivant la complexité anatomique des organismes considérés et leur place dans le règne animal. La nourriture, pour être ingérée, doit être adaptée aux caractéristiques anatomiques de l'appareil alimentaire. Il existe des brouteurs, des filtreurs, des masticateurs, des piqueurs, des suceurs, etc. Nous n'entrerons pas ici dans le détail de ces caractéristiques, bien étudiées par les anatomistes (Woltereck, 1908; De Beauchamp, 1909; Naumann, 1918, 1921, 1923; Storch et Pfisterer, 1923; Cannon, 1928; Remane, 1929-1933, 1932; Cannon et Leak, 1933; Lowndes, 1935; Carlin, 1943; Harnisch, 1949; Jørgensen, 1955, etc.). Disons seulement qu'il existe souvent une certaine corrélation entre le procédé d'ingestion de la nourriture et le comportement : les éléments du plancton sont surtout des filtreurs, ceux du benthon des brouteurs, etc.

Il y a partout de nombreuses exceptions.

Beaucoup de Cladocères planctoniques sont des filtreurs. C'est le cas de *Daphnia magna* qui ingère aussi bien des petites *Chlorella* que des grands *Scenedesmus* (RYTHER, 1954). Les *Daphnia* peuvent également se nourrir de bactéries (RODINA, 1940; HILDEMAN et KEIGHLEY, 1955), de levures (PACAUD, 1939), etc.

En présence d'algues ou de Cyanophytes filamenteuses rigides, l'ingestion ne peut dépasser les mandibules et l'animal doit se nettoyer la gouttière prébuccale avec les griffes de son postabdomen pour tenter de se nourrir. C'est le cas avec *Aphanizomenon gracile* (LEFÈVRE, 1950). Ainsi, certains composants importants de la biomasse nutritive, bien qu'excellente nourriture, ne peuvent être utilisés par les filtreurs, telles les formes longues et rigides, les formes coloniales à enveloppe mucilagineuse, etc.

Ce choix physiologique de la nourriture est assez général chez les animaux. Peu d'espèces se nourrissent des macrophytes littoraux aux téguments durs tels que roseaux *(Phragmites)*, joncs *(Juncus)*, massettes *(Typha)*, etc. Or ces plantes ont une réelle valeur alimentaire par leur substance médullaire. Les Mollusques et larves d'Insectes qui pourraient s'en nourrir sont arrêtés par la solidité du matériel cortical de ces plantes, dur et indigeste (GAJEVSKAJA, 1958). Chez d'autres plantes comme les *Myriophyllum*, les *Chara*, c'est le résultat du métabolisme végétal qui repousse les herbivores; les unes produisent des substances plus ou moins toxiques pour beaucoup d'animaux, les autres sécrètent des matières insolubles et indigestes (calcaire).

Les *Potamogeton* et *Ceratophyllum* sont par contre bien ingérés et sont la base de la nourriture de nombreuses espèces littorales. Leur importance relative est pourtant faible, car s'ils représentent une biomasse parfois importante et ont un taux de production satisfaisant, ils n'intéressent qu'une biomasse de consommateurs relativement faible sauf si des poissons herbivores, aidés par l'homme, viennent modifier l'équilibre biologique de la zone littorale. Les éléments du biotecton sont au contraire très largement utilisés par les phytophages, surtout les algues filamenteuses qui sont appréciées par les omnivores, telles les larves de *Bezzia* (Diptères) qui consomment 40 fois plus d'*Oedogonium* qu'il ne leur en faut (PCHELKINA, 1950). Les animaux aquatiques en effet suivent la loi si générale du moindre effort et préfèrent souvent une nourriture moins énergétique mais plus accessible et facile à ingérer. Dans d'autres cas, les plantes ne sont que le support d'une nourriture recherchée et plus digeste. Telles sont les prairies de *Sphagnum* dont la valeur alimentaire est très contestable mais qui abritent, dans les tissus morts, des champignons qui sont la base de la nourriture de *Tomocerus (Pogonognathus) flavescens* (Collembole) (SMIRNOV, 1958).

Nous venons de voir que les animaux phytophages préféraient souvent une nourriture facile à ingérer à une nourriture énergétiquement plus adaptée à leurs besoins. Le problème de l'*utilisation*, de la *digestion*, donc de l'*assimilation* de cette nourriture ingérée, est encore un de ces facteurs essentiels qui conditionnent le devenir d'une population, donc de l'écosystème tout entier.

Il existe des **impasses trophiques** chez les producteurs, c'est-à-dire des espèces végétales que les animaux ne consomment pas et qui ne participent donc pas à la construction de la pyramide alimentaire chère à ELTON. Nous avons vu déjà le cas d'*Aphanizomenon gracile*; il en est de même de nombreuses espèces de Cyanophytes qui, physiquement ou biologiquement, ont une valeur trophique très réduite par rapport à leur possibilité de production. Leur forme (filaments), leur nature (parois mucilagineuses), leurs produits d'excrétions (ectocrines), en font des organismes nuisibles, voire toxiques pour les Cladocères, larves de Chironomides, de Trichoptères (SHELUBSKY, 1951; VASILJEVA, 1953; INGRAM et PRESCOTT, 1954; LUKANIN, 1956; BORODICH 1956; GAJEVSKAJA, 1958), malgré leur grande valeur nutritive. A noter que *Anacystis murina* ingérée par *Daphnia pulex* n'est digérée (et assimilée) qu'à raison de 18,5 % (COMITA, 1964). La qualité d'une nourriture sera donc encore plus importante en terme de production secondaire que sa quantité disponible, mais il ne faudra pas sous-estimer le rôle joué sur les animaux par les végétaux au cours de leur croissance (métabolites externes toxiques ou stimulants) ou après leur mort (produits de décomposition, micro-organismes responsables de cette décomposition et eux-mêmes utilisables par les consommateurs).

Nous sommes encore assez mal renseignés sur la valeur alimentaire réelle de la nourriture des phytophages et sur les incidences de son ingestion, et ceci malgré de nombreux travaux ou de non moins nombreuses citations. Cette confusion apparente provient de la complexité du phénomène. Si nous considérons un écosystème simple quoique assez théorique, ne comprenant que des algues unicellulaires et des animaux phytophages filtreurs, nous constatons qu'il y a dépendance des deux populations. Au fur et à mesure que les seconds ingèrent les premières, le taux de reproduction restant le même, il y a diminution rapide de la population végétale. Celle-ci, par contre, dispose de plus de substances nutritives (et notamment l'importance des facteurs limitants et de contrôle diminue). La population végétale étant en décroissance, il y aura limitation de la production secondaire des phytophages ce qui permettra à davantage d'algues d'avoir une chance de survie et de se reproduire. Au bout d'un certain temps, par oscillations successives, sera atteint un équilibre biologique, équilibre dynamique, sujet aux variations qu'imposeront les facteurs externes s'ils ne sont pas constants dans leur action.

Dans le cas ci-dessus pourtant, des actions secondaires modifieront ce schéma un peu simpliste :

Les filtreurs passent leur temps à filtrer l'eau dans laquelle ils baignent et se déplacent. La quantité d'eau filtrée est relativement considérable et constante. NAUWERCK (1959) estime qu'elle varie entre 0,3 et 2,8 ml par animal et par jour chez *Eudiaptomus graciloïdes* (Copépode), entre 0,2 et 4,6 ml chez *Daphnia longispina* (Cladocère) et entre 0,9 et 5,1 ml chez *Daphnia pulex* (RYTHER, 1954). Elle peut être estimée à 1,0 ml par animal et par jour chez *Bosmina, Ceriodaphnia* et *Diaphanosoma.* RYTHER (1954) a estimé à 81 ml la quantité maximale d'eau que pouvait filtrer quotidiennement une grande *Daphnia magna.*

Une douzaine de cette grande *Daphnia* est suffisante pour filtrer et ingérer chaque jour les chlorelles et autres algues contenues dans un litre d'eau.

Si le volume d'eau filtrée par chaque individu reste sensiblement constant (et c'est le cas chez les Cladocères, les Copépodes et les Rotifères), la quantité de nourriture ingérée sera *grosso modo* proportionnelle à la concentration de cette nourriture dans le milieu (VASILJEVA, 1953; GAVLENA, 1955; ERMAN, 1956). Si cette concentration est forte, le temps de passage à travers le tube digestif des phytophages sera court; il en résultera une digestion incomplète et une plus grande excrétion de matières fécales dont l'influence des agents lysiques qu'elles contiennent est nette sur les populations algales.

L'accroissement considérable de la production bactérienne assurera le relais de la décomposition de ces matières organiques. Ce phénomène présente un maximum : MARSHALL et ORR (1955) ont montré qu'au delà d'une concentration en *Chlamydomonas* de 200 cellules par millimètre cube, le nombre de boulettes fécales produites par *Calanus finmarchicus* (Copépode) n'augmentait pratiquement plus. Il doit en être de même chez de nombreuses formes d'eaux douces.

De nombreuses observations viennent corroborer ce résultat. Elles tendent à prouver également que toutes les algues ingérées n'ont pas la même valeur alimentaire, que certaines même ne subissent pas de processus de digestion, malgré la présence des nombreuses enzymes digestives que produisent les Crustacés considérés (Cladocères, Copépodes). Pour LEFÈVRE (1942), les critères les plus nets de possibilité d'assimilation sont :

1. Petite taille;
2. Fragilité de la membrane;
3. Maintien en suspension dans le milieu.

Des algues aussi éloignées systématiquement et morphologiquement que *Phacus pyrum* (Euglenophyceæ), *Chlorella vulgaris* (Chlorophyceæ Protococcale), *Gonium pectorale* (Chlorophyceæ Volvocale), *Synura uvella* (Chrysophyceæ) sont d'excellentes nourritures pour *Daphnia pulex* tandis que des espèces différentes d'un même genre peuvent ne pas avoir une valeur nutritive comparable *(Scenedesmus spinosus* et *S. quadricauda).*

La digestion de ces proies végétales se fait généralement à travers la membrane cellulosique ou pectique des algues (DEHN, 1930; PACAUD, 1939).

Des observations analogues ont été effectuées avec des espèces du genre *Moina* (Cladocère également) qui préfèrent les *Monas* aux *Scenedesmus* ou aux bactéries telles que *Escherichia coli* (IMAI et SATO, 1949), ainsi que sur certains Rotifères qui ne peuvent ingérer que des proies de moins de 20 μ (POURRIOT, 1957) et sur des Branchiopodes *(Artemia)* qui s'alimentent aux dépens de la petite Chlorophycée *Dunaliella* et ne semblent pas digérer *Stichococcus*, pourtant voisine systématiquement (GIBOR, 1956).

Les *bactéries* et *détritus* forment une part notable de ce qu'ingèrent les organismes du plancton et sont considérés comme source importante de nourriture. Ils sont intimement liés entre eux et aux moisissures fongiques, les uns servant d'approvisionnement aux autres. Les détritus sont d'origine exogène ou endogène et comprennent une part notable de matériel organique constitué, soit des cadavres de la microflore et de la microfaune, soit des débris d'organes de la macroflore et de la macrofaune. Certains détritus proviennent de l'activité biologique périlacustre telles les feuilles d'arbres, les pollens, etc., ainsi que les cadavres d'animaux (insectes, vertébrés divers).

Ces apports exogènes influencent profondément les petites collections d'eaux (mares, étangs de forêts, etc.) mais ne représentent qu'une part minime de détritus dans les grands lacs où le tripton est presque totalement endogène et constitué à la fois des cadavres d'algues (et d'animaux) planctoniques et des excrétats figurés des organismes constituant necton et plancton.

L'assimilation de ces détritus se fait en une ou plusieurs fois. La vitesse de filtration de l'eau par les zooplanctontes filtreurs est en effet suffisante pour qu'au cours de sa chute un débris organique puisse être ingéré et excrété plusieurs fois. Suivant l'activité enzymatique déployée à l'intérieur du tube digestif de l'utilisateur, la digestion est plus ou moins rapide. Cette activité enzymatique est quelquefois accrue par la présence d'une flore bactérienne plus ou moins intestinale qui ajoute son métabolisme propre à celui du digesteur : ainsi *Artemia* digère plus rapidement du matériel contaminé par des bactéries diverses que provenant de cultures axéniques (GIBOR, 1956).

L'utilisation de ces détritus et de leur cortège de bactéries et autres micro-organismes a été mis en lumière par NAUWERCK (1963) qui, transformant les taux de filtration qu'il a estimés, en taux de nutrition, en est arrivé à la conclusion que la vitesse de filtration devrait être 10 à 100 fois supérieure pour expliquer la croissance des Crustacés considérés s'ils ne se développaient qu'aux dépens du phytoplancton (micro et nannoplancton). La plus grande partie de la croissance des Copépodes et Cladocères du lac Erken (Suède) se fait donc grâce aux détritus et bactéries qui proviennent du recyclage du matériel organique que ce lac produit à l'état vivant grâce à la photosynthèse algale et bactérienne et aux divers processus biologiques dont il est le siège (voir aussi FRY et PEEL, 1954).

Le *matériel organique et minéral dissous* est également utilisé comme nourriture accessoire par de nombreux organismes. Il comprend un nombre considérable de substances diverses dont la valeur nutritive est indéniable et l'assimilation directe très mal connue. Parmi elles les acides aminés et les vitamines tiennent une place de choix.

GELLIS et CLARKE (1935) ont montré que *Daphnia magna* pouvait utiliser directement la matière organique dissoute ou à l'état colloïdal pour sa nutrition et PACAUD (1933) a souligné le rapport étroit existant entre teneur des eaux en substances organiques et répartition des deux Cladocères *Daphnia pulex* et *Simocephalus vetulus* : la première de ces deux espèces ne prospère que dans les eaux riches et particulièrement dans celles qui reçoivent régulièrement des apports excrémentiels (mares de fermes par exemple) ; *Simocephalus* au contraire préfère des eaux beaucoup moins riches en matières organiques mais peut fort bien vivre et se développer, à la lumière comme à l'obscurité, avec comme seule nourriture des substances organiques dissoutes.

HUTCHINSON (1943) a souligné, un des premiers, le rôle de certaines vitamines sur le développement du plancton. Il a évalué à 0,11-0,29 $mg \cdot mg^{-3}$ la quantité de thiamine (vitamine B_1) que contient l'eau non filtrée du Linsley Pond (Connecticut) et à 0,008-0,0077 $mg \cdot m^{-3}$ cette quantité dans l'eau filtrée.

Les Crustacés du plancton utilisent cette vitamine et en contiennent 11 à 37 microgrammes par gramme : les Rotifères sont plus riches donc plus exigeants. HUTCHINSON et SETLOW (1946) ont, de même, mis en évidence l'amide de l'acide nicotinique (vitamine PP) et l'ont dosé dans le Linsley Pond à raison de 0,15 à 0,89 $mg \cdot m^{-3}$, les plus fortes teneurs ayant été détectées en hiver (sous la glace). La biotine (vitamine H) présenterait les mêmes fluctuations. L'acide pantothénique (vitamine FF), dont on connaît si mal la répartition dans les eaux naturelles (VALLENTYNE, 1957), influence nettement la croissance des *Daphnia* (FRITSCH, 1953) : 200 $mg \cdot l^{-1}$ de cette vitamine, constituant principal du coenzyme A, ajoutés à un élevage de *Daphnia* nourries avec des *Chlamydomonas*, a triplé la durée de vie moyenne et décuplé la production d'œufs parthénogénétiques.

Ces quelques exemples montrent tout l'intérêt que peut représenter l'étude du monde des vitamines dans celle de la production secondaire. Il ne nous est malheureusement pas possible encore de quantifier cette action des substances organiques sur le développement des populations animales. Dans ce domaine comme dans tant d'autres, le milieu aquatique est plein de promesses.

Au niveau des consommateurs responsables de la production secondaire interviennent plusieurs facteurs négatifs et d'importance. Dans le domaine de la nutrition, ce sont les *produits d'excrétion* qui éliminent constamment de la biomasse (constituant un niveau trophique donné) une certaine quantité de matière sous forme de déchets gazeux, liquides ou solides et plus ou moins réutilisables. Le rejet continu de CO_2 par la fonction de respiration est un de ces facteurs négatifs : une *Daphnia pulex*, bien nourrie, peut libérer jusqu'à 0,014 mg de CO_2 par jour (RICHMAN, 1958); si on suppose que le coefficient respiratoire O_2/CO_2 est de 1 chez ces Crustacés (il varie en fait entre 0,9 et 1,25), les données de VOLLENWEIDER et RAVERA (1958) nous permettent d'estimer à 0,004 mg par jour et par individu, la quantité de CO_2 libérée par une *Daphnia obtusa. Daphnia longispina* en libérerait le double; *Sida cristallina* 0,004 à 0,005 (à 15 °C). Les Copépodes ont en général un métabolisme beaucoup plus réduit et ne libèrent que 0,00154 mg par jour à 15 °C pour un *Mixodiaptomus laciniatus* et de 0,001 à 0,002 mg pour un *Cyclops* du groupe *strenuus* (qui devrait être probablement un *C. prealpinus* d'après les données modernes de la systématique). Ce rejet de CO_2 varie bien entendu avec la température (loi de Van t'HOFF) et avec l'âge. TONOLLI (1947) a souligné l'accroissement de métabolisme (donc d'échanges respiratoires) chez *Daphnia pulex* au cours de la période de ponte, RYTHER (1954), le rôle de la nourriture sur la nutrition de *Daphnia magna*, etc.

Il ne faut pas minimiser le rôle de cette excrétion de CO_2 qui est évaluée dans le lac Majeur pour les 50 premiers mètres d'eau à 389 mg par m^2 et par jour, soit le quart environ des besoins des producteurs pour leur photosynthèse, tandis que dans le lac de Mergozzo, au plancton plus abondant, elle avoisinerait 600 $mg \cdot m^{-2} \cdot j^{-1}$. SUCHTCHENIA (1958) a par ailleurs montré qu'en présence de zooplancton en quantité suffisante, il y avait reprise de la photosynthèse des algues dont le développement est limité par une carence du milieu en CO_2.

L'excrétion d'éléments nutritifs (pour les producteurs) est également connue. Le phosphore a fait notamment l'objet d'études de GARDINER (1937), RILEY (1951), FOREMAN (1953), etc. Les *Daphnia rosea* du Hall lake (Washington) peuvent libérer 0,022 μg de phosphate par individu et par jour à 15 °C. Ainsi, une population de 100 individus par litre peut apporter 0,002 mg par jour au milieu. (Dans le Léman, la teneur moyenne en phosphore total est de l'ordre de 0,013 mg par litre, soit une quantité du même ordre de grandeur que ce que peut libérer une forte population de Cladocères).

La larve du Diptère *Chaoborus* peut libérer 30 μg de phosphore par mg de poids sec à 10 °C et jusqu'à 125 μg à 20 °C (MAIN, 1953).

A raison d'un individu au litre, cela fait 0,0075 mg par litre et par jour.

RIGLER (1961) a comparé pourtant la vitesse de renouvellement des phosphates dans l'eau (en utilisant du ^{32}P sous forme de $^{32}PO_4$) avec leur vitesse d'excrétion par *Daphnia magna* et en conclut que la quantité excrétée par cette espèce ne représente que 0,5 % de la quantité renouvelée, en moyenne, dans les 3 lacs étudiés. Ce résultat mériterait d'être confirmé avant d'être généralisé. Il va à l'encontre des idées admises, depuis les travaux de GARDINER (1937) et ses successeurs (RILEY, 1951; HARRIS, 1957; plus récemment POMEROY, MATHEWS et MONG SHIK MIN, 1963) sur le domaine marin, que la libération du phosphore par les animaux représente une part notable des besoins de la biomasse végétale.

Le *broutage* et la *prédation* font également disparaître une partie des consommateurs. On sait que des animaux planctoniques sont carnivores et se nourrissent aux dépens des herbivores. Ce sont des consommateurs secondaires. Les *Chaoborus* seraient de cette catégorie et pourraient même être responsables des fluctuations de certaines populations crustacéennes qui leur servent de nourriture (dans le Hall lake par exemple, d'après MAIN, 1953 et FOREMAN, 1953).

La résultante de ces actions positives et négatives, qui doivent être toutes prises en considération simultanément, sera la biomasse des consommateurs.

b) La fonction de **reproduction** est sous le dépendance de nombreux facteurs qui conditionnent la production des œufs ou des jeunes (ovogenèse, incubation, ponte), leur développement et leur destin. Ils influencent la vitesse de la ponte, le nombre et la taille d'œufs pondus, leur chance de survie, la durée des intermues chez les animaux à métamorphoses, la taille relative voire la morphologie des larves et des adultes.

L'*alimentation* des adultes est un des facteurs les mieux connus. EDMONDSON, COMITA et ANDERSON (1962) ont montré que des femelles matures de Copépodes libéraient leurs œufs d'autant plus fréquemment que le phytoplancton était plus abondant. Ainsi *Diaptomus sicilis* présentait dans le lac Lenore (Washington, USA) trois périodes de reproduction en 1950, chacune d'entre elles coïncidant avec une augmentation de la densité des populations phytoplanctoniques, la température variant pourtant entre 4,4 °C et 22,2 °C. Le phénomène ne semble pas général et si *Diaptomus nevadensis* se comporte de la même manière, *D. siciloïdes* au contraire ne montre pas de corrélation nette entre taux de reproduction et quantité de nourriture présente.

Les Rotifères toutefois pondent leurs œufs en fonction de l'abondance de la nourriture et de la température du milieu (EDMONDSON, 1964); nous avons vu que la *lumiere* jouait un rôle dans la nature des œufs pondus, voire dans la vitesse de ponte (POURRIOT, 1963). STEPHENS (1952, 1955) avait également montré que le développement ovarien ainsi que la mue de l'écrevisse *Orconectes (Cambarus)* étaient partiellement contrôlés par la durée de l'éclairement. PARKER (1959) a signalé des faits analogues chez *Simocephalus vetulus*. ELGMORK (1959) puis EINSLE (1964) ont cherché une corrélation entre photopériode et mise en diapause des Copépodes... Le phénomène s'apparenterait à celui représenté par la figure 82 où action de la température et durée d'éclairement s'ajoutent ou se contrarient. Dans ce domaine, les résultats contradictoires sont encore nombreux et il serait instructif de mieux connaître la physiologie de la reproduction chez les espèces zooplanctoniques pour avoir une idée nette de cette question.

Une fois l'œuf pondu et éclos, la survie des individus est encore liée à l'alimentation. Nombreuses sont les formes larvaires qui ne se nourrissent pas de la même manière que leurs aînés. Les premiers stades naupliens de Copépodes ne semblent pas avoir besoin de nourriture figurée, mais aux stades ultérieurs, il y a adaptation de l'alimentation à la taille de l'animal. Or, les stades larvaires n'ont pas toujours l'appareil de collecte de la nourriture aussi développé, ni semblable à celui de l'adulte. Ainsi, une population ayant une alimentation convenable et qui produit des œufs en quantité, peut très bien ne pas s'accroître si les stades jeunes ne trouvent pas dans le milieu la nourriture qui leur est adaptée.

La *température* a un rôle très complexe sur la capacité de reproduction des organismes. Elle influence la durée de développement des œufs de Rotifères (Edmondson, 1960) mais est pondérée par une certaine adaptation des organismes à la température moyenne à laquelle ils se développent. Ainsi, des *Keratella cochlearis* provenant du lac de Mergozzo (qui à l'époque a une température de 8 °C) se développent plus rapidement que celles provenant du lac de Varese (20-27 °C), bien que la température à laquelle elles sont toutes deux élevées soit la même (expériences menées à 11,3 °C et 17,8 °C).

De même, le Copépode *Mixodiaptomus laciniatus* ne présente pas la même période de reproduction dans le Titisee et dans le lac Majeur; dans le premier, elle est courte et les nauplii ne sont présents que pendant un temps très court relativement au lac Majeur où la période est beaucoup plus longue. Le fait que le Titisee gèle chaque année ne serait pas étranger au phénomène (Ravera, 1954; Eichhorn, 1957). Le raccourcissement du temps de développement et de la période de reproduction avec la température est bien connu chez de nombreux organismes, aussi bien chez les Rotifères (Edmondson, 1960) que chez les Copépodes (Ravera, 1954; Eichhorn, 1957; Auvray, 1965) ou les Phyllopodes (Hall, 1953, 1959). Chez *Chirocephalus diaphanus*, la période de développement embryonnaire dure 14 jours à 15 °C et seulement 9 à 10 jours à 22 °C.

La température influence aussi la durée de vie et la taille des organismes. Dans les eaux froides il y a allongement de la première et accroissement de la seconde. La durée du cycle vital étant allongée, il y aura augmentation de la masse d'individus aux différents stades et classes d'âge. La productivité des eaux froides sera toujours diminuée par rapport à celle des eaux chaudes mais leur biomasse sera plus importante.

Enfin, si du point de vue énergétique, on peut avec Slobodkin (1959) considérer comme équivalentes l'énergie requise par la reproduction et celle nécessitée par le maintien d'une population donnée, on pourra estimer que la durée du cycle de cette population sera inversement proportionnelle à la quantité d'énergie dépensée pour son maintien. Un cycle plus rapide (pour une espèce prise comme type) dans des conditions données peut donc permettre au niveau trophique suivant d'assimiler la plus grande fraction possible d'énergie (Stross, Neess et Hasler, 1961).

D'autres facteurs agissent sur la reproduction : le cycle de développement, la durée de vie des organismes. Dans les petites collections d'eau, la *profondeur* peut jouer secondairement un rôle en influençant la vitesse de développement et d'éclosion des œufs de *Chirocephalus diaphanus*, très sensibles aux variations de profondeur. Se développant bien par 0 et 5 cm d'eau dans les mares temporaires, ce Phyllopode ne présente plus de développement dès que la profondeur du milieu atteint 20 cm, ce qui expliquerait, d'après MOORE (1963), l'absence de cette espèce dans les mares profondes naturelles.

De son côté, NOURISSON (1964) a démontré le rôle de la température du milieu ambiant sur la reproduction de cette espèce et prouvé qu'une période d'asséchement était nécessaire au développement des œufs par suite de leurs exigences écologiques : le déroulement des processus de la morphogenèse ne s'effectue normalement qu'entre 10 et 17 °C. Le ralentissement des processus métaboliques par le maintien constant ou fluctuant des œufs en dehors de ces limites de température conduit à une pseudodiapause. Les *Chirocephalus diaphanus* se présenteraient d'autre part sous plusieurs formes ou races physiologiques dont certaines, notamment les formes de montagne, peuvent entrer en diapause vraie, phénomène de nature hormonale analogue à celui rencontré chez les insectes. Ainsi, il y a dépendance étroite, dans ce cas au moins, des conditions de milieu (altitude, température, asséchement) et des conditions de reproduction et de développement (cf. p. 387).

2. FACTEURS ACCESSOIRES

La nature et l'abondance des animaux liés à un **substrat** dépendront de ce dernier. Cette dépendance sera d'ordre mécanique (dureté, granulométrie) ou physico-chimique (nature et concentration des sels dissous dans l'eau interstitielle, etc.).

Ainsi, la biomasse des Oligochètes du lac d'Ohrid varie avec le faciès du fond (SAPKAREV, 1961). Faible sur fond de gravier et surtout constituée alors de Naïdides et de Tubificides, elle est très importante sur fonds de sable envahis par la végétation submergée et très variée. Les fonds à *Phragmites communis* sont moins riches que ceux à *Chara*. Les fonds vaseux sont également très peuplés.

Il faut rapprocher de ces constatations celles de WAUTIER et PATTEE (1955) qui, étudiant l'éthologie de larves d'*Ephemera danica*, constatent que ces animaux respirent d'autant plus lentement et que leur consommation en oxygène est d'autant moins accrue avec la température, que le milieu dans lequel elles vivent est plus divisé. Sur fond de sable, cette consommation est réduite; sur fond de gravier, elle augmente nettement avec la température et sur fond de verre elle est encore beaucoup plus accusée (fig. 93).

Il convient donc de tenir compte de la nature du substrat dans les estimations de métabolisme aussi bien que dans la recherche des causes de l'hétérogénéité de la répartition, tous deux facteurs de production à l'échelle de l'écosystème.

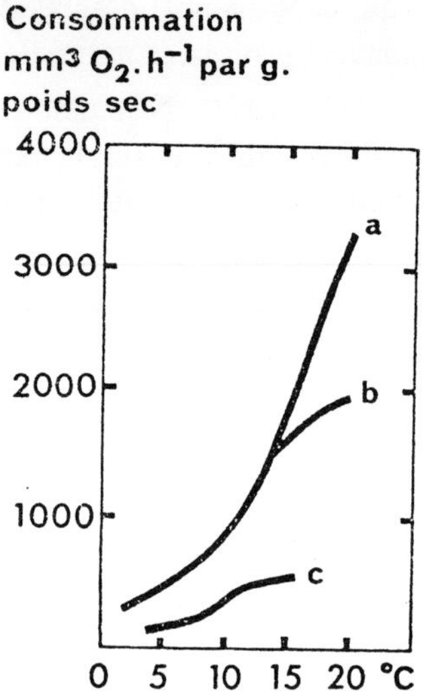

Fig. 93. — Consommation d'*Ephemera danica* en oxygène en fonction de la température et de la nature du substrat
a : fond de verre.
b : fond de gravier.
c : fond de sable.
d'après Wautier et Pattee, 1955.

Nous venons de voir que la **température** influençait le métabolisme d'*Ephemera danica.* Elle influence ainsi la plupart des organismes animaux (Macan, 1963), invertébrés et vertébrés. Nous n'entrerons pas dans le détail de cette action qui a fait l'objet de nombreux travaux (Moore, 1939; Schlieper, 1952, 1958; Bullock, 1955, etc.). Disons seulement que les animaux eurythermes ont un mécanisme d'adaptation à la température bien développé, alors que celui-ci manque ou est réduit chez les sténothermes. Les eurythermes ont un taux de métabolisme relativement plus faible et résistent mieux aux températures élevées; leur limite léthale supérieure de température est également plus élevée. Il n'existe malheureusement pas de loi bien définie et Krogh (1941) a montré les imperfections de la règle du Q_{10} (loi de Van t'Hoff) dont nous avons vu cependant la place au long des pages précédentes. Il existe deux limites léthales de température pour tous les organismes. A l'intérieur de ces limites, on peut définir deux températures extrêmes entre lesquelles la loi de Van t'Hoff est vérifiée. Dans l'état actuel de nos connaissances, il semble qu'il soit difficile de préciser davantage la relation entre métabolisme (donc respiration) et température.

Ce qui vient d'être dit, à propos du rôle de la température, peut être transposé en termes de **salinité**. *Asellus aquaticus*, vivant en eau douce (moins de 0,6 $^0/_{00}$ de salinité) et transporté brutalement dans une eau salée, survit si le milieu ne contient pas plus de 5 à 7 $^0/_{00}$ de sels. Par acclimatation graduelle, cet isopode peut s'habituer à vivre et se reproduire dans des eaux à 15 $^0/_{00}$ (GRESENS, 1928). Les Cladocères peuvent également supporter des variations brusques de salinité. LAGERSPETZ (1958) cite le cas de *Daphnia magna*, *D. pulex* et *D. longispina* qui colonisent les petits milieux d'eau douce et saumâtre de la côte finlandaise de la Baltique et soumis à de rapides et grandes variations de salinité. *D. pulex* supporte difficilement plus de 2 $^0/_{00}$ de salinité (jamais 4 $^0/_{00}$) tandis que *D. magna* serait plus tolérante.

Peu d'organismes d'eau douce sont capables de coloniser les eaux salées. Ils ont en effet perdu le pouvoir de régulation osmotique qui caractérise les animaux marins (BEADLE, 1957, 1959).

De même, un milieu aquatique, marin d'origine et progressivement dessalé, voit sa faune évoluer rapidement. Cœlentérés et Vers Polychètes disparaissent presque entièrement tandis que les Oligochètes viennent coloniser les niches écologiques libres. Les Crustacés changent, les Mollusques aussi. Ce fut le cas dans le Zuiderzee quand il a été définitivement séparé de la mer (BEAUFORT, 1954).

Nous ne connaissons malheureusement pas le rôle quantitatif des variations de salinité, ni les répercussions de celles-ci sur la production secondaire.

Le rôle de la température nous a fait évoquer son influence sur le métabolisme. La **teneur en oxygène** du milieu ambiant sera encore un facteur qui, accessoirement, limitera qualitativement ou quantitativement la production animale.

On sait que (au moins) dans les lacs riches en substances nutritives et stratifiés thermiquement, les couches profondes s'appauvrissent en été en oxygène dissous. Les animaux qui peupleront cette zone profonde devront donc s'adapter à de faibles teneurs en oxygène. Ils ont été étudiés à ce point de vue notamment par BERG (1938), JONASSON (1961), BERG, JONASSON et OCKELMANN (1962). Ce sont des Oligochètes, des Mollusques et larves d'Insectes (*Chironomus*, *Chaoborus*).

Les Oligochètes tels que *Tubifex tubifex*, *T. barbatus*, *Euilyodrilus hammoniensis* et la larve de *Chironomus anthracinus* voient leur consommation en oxygène varier très peu quand le milieu passe de 100 % à moins de 5 % de la concentration normale en oxygène du milieu. Au contraire, elle diminue régulièrement avec la concentration pour *Lumbricillus rivalis*,

Procladius, *Pisidium casertanum*, jusqu'à une valeur critique de 5 à 6 % de la normale, au-dessous de laquelle elle baisse beaucoup plus rapidement.

La larve de *Chaoborus flavicans* a un taux de consommation en oxygène qui varie régulièrement avec la teneur en oxygène dissous.

A 11 °C la consommation moyenne en oxygène de ces principales espèces a été évaluée (tableau 42).

TABLEAU 42

Espèce	Provenance	Taille moyenne en mg (Poids vivant)	Température de l'expérience en °C	Consommation en oxygène ramenée à 11 °C en $\mu l \cdot h^{-1} \cdot g^{-1}$	
				En condition limite	Pour une teneur normale de l'eau en O_2
Tubifex tubifex..........	Pøleaa	6	11	3,8	
Lumbric illusrivalis.......	«	3,5	—	2,5	
Tubifex barbatus........	Esrom Sø	40	—	1,9	(23,0)
Euilyodrilus hammoniensis	«	7	12	3,3	(13,1)
Pisidium casertanum.....	«	2	11	1,8	(16,8)
Chaoborus flavicans......	Frederiksborg Slotsø	5	18	6,2	(27,3)
Chironomus anthracinus..	Esrøm Sø	8	13	18	(29,9)
Procladius sp............	—	3,5	15	7,4	(52,7)

La consommation des larves d'Insectes est comparativement plus grande que celle des Oligochètes et des Mollusques.

Des expériences analogues ont permis à BERG (1961) de montrer que les Mollusques Gastéropodes présentaient un métabolisme semblable. Seule *Bithynia leachi* est capable de continuer de consommer la même quantité d'oxygène même quand la concentration en oxygène baisse aussi bas que 2 %.

Tous ces animaux adaptés à des conditions de vie défavorables permettent à la zone profonde des lacs considérés d'apporter sa contribution à la production totale.

Certains de ces organismes sont capables d'emmagasiner les produits d'oxydation dont ils ont besoin pour vivre grâce à la présence en eux d'un certain taux d'hémoglobine qu'ils gardent en réserve ou fabriquent quand le manque d'oxygène se fait sentir *(Daphnia*, *Artemia*, *Planorbis*, etc.). Le glycogène jouerait un rôle déterminant dans ce processus chez *Tendipes* d'après CZECZUGA (1965).

Des *Daphnia* ayant produit de l'hémoglobine sont capables de survivre dans des eaux contenant moins de 1 $mg \cdot l^{-1}$ d'O_2 (FOX, GILCHRIST et PHEAR, 1951). L'hémoglobine n'aurait cependant qu'un rôle d'activateur, car il suffit de 10 minutes d'arrêt du métabolisme pour que l'hémoglobine d'un *Chironomus plumosus* libère de l'oxygène (WALSHE, 1950), si bien que l'animal partage son temps entre trois occupations : alimentation, repos et respiration, le temps accordé à chacune de ces « fonctions » variant avec la concentration relative en O_2 dissous (tableau 43).

TABLEAU 43

Activité de *Chironomus plumosus* (d'après WALSHE, 1950)

	Teneur en O_2 évalué en % de la saturation	% du temps accordé à		
		la nutrition	le repos	l'irrigation respiratoire
Larve normale..	100-80	36	12	52
	37-22	32	16	52
	14- 7	10	18	72
	7- 5	0	12	88
	0	0	6	94

3. IMPORTANCE QUANTITATIVE DE LA PRODUCTION SECONDAIRE

La multiplication des actions influençant la production secondaire nous empêche de concevoir un schéma-type adaptable aux différents milieux lacustres. Il n'existe pas à l'heure actuelle de données en nombre suffisant nous permettant même de définir une production secondaire moyenne d'une masse d'eau dans des conditions moyennes...

Il faudrait pouvoir également classer les consommateurs en fonction de leur mode de nutrition; or nous avons vu que beaucoup d'organismes sont omnivores et que d'autres changent leur mode d'alimentation au cours de leur croissance. Cette croissance elle-même, malgré les nombreux travaux qu'elle suscite, est souvent délicate à mesurer, certaines formes se développant par métamorphoses, d'autres n'ayant morphologiquement et somatiquement pas de stade adulte.

Nous avons vu par ailleurs qu'il existait trop de facteurs de variations du métabolisme de base des organismes pour rechercher dans la consommation de l'oxygène un critère global d'évaluation de la production secondaire. Ce n'est que par comparaison et extrapolation qu'il est possible d'aborder actuellement la mesure quantitative de la production secondaire.

En admettant en effet que l'on connaisse la relation existant entre taux de production et biomasse, il est possible théoriquement de tirer de la connaissance de cette dernière une évaluation du premier. Nous n'avons malheureusement qu'une connaissance très imparfaite de cette relation dont la valeur varie avec les types d'association et les espèces qui les constituent. Senkewitsch (1927) a tenté dans la mer de Barentz de représenter schématiquement cette relation en considérant 5 groupements dont 3 constituent les consommateurs : le zooplancton, le benthon, les poissons (necton). Il a montré qu'en première approximation, il était possible de calculer le rapport

$$\frac{\text{production annuelle}}{\text{biomasse}}$$

Ce rapport varie de 1 000 pour les bactéries à 0,16 pour les poissons (fig. 94). Winberg & Bauer (1971) l'estiment à 50-100 en zone tempérée pour les bactéries et signalent qu'il a été antérieurement surestimé.

De même Brujewitsch (1939) a évalué la biomasse et la production dans la Caspienne. Il a mis en évidence le rôle relatif de chaque groupement (tableau 44).

Tableau 44

En 10^9 grammes	Biomasse (poids sec)	%	Production annuelle (poids sec)	%
Bactéries	1 600	18	8 000 000	85,7
Phytoplancton	350	3,8	100 000	10,7
Phytobenton	375	4	375	0,04
Zooplancton	500	5	15 000	1,6
Zoobenthon	4 500	49	18 000	1,9
Poissons (necton)	1 800	20	900	0,1

De son côté, Shushkina (1965) a considéré dans 28 lacs de Bielorussie et de Carélie 4 composants écologiques filtreurs, les Ciliés, les Rotifères, les Cladocères et les Copépodes Diaptomidés et une seule catégorie de prédateurs. Elle a évalué successivement la fréquence des formes en

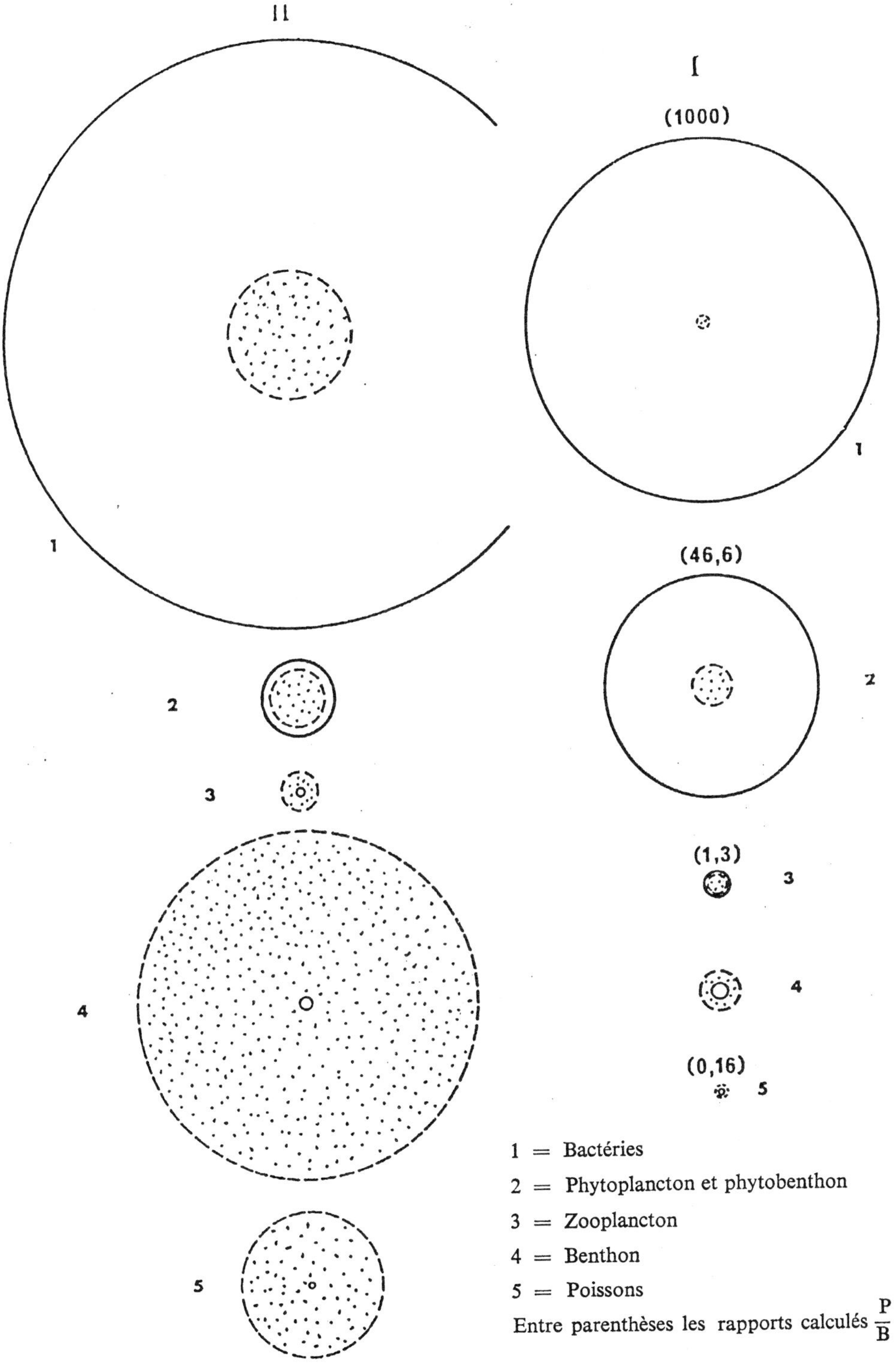

FIG. 94. — Production P (traits pleins) et biomasse B (pointillés) des différents niveaux trophiques dans la mer de Barentz (I) et dans la Caspienne (II) d'après SENKEWITSCH 1927 et BRUJEWITSCH 1939.

fonction du temps ($f[t]$), et connaissant par voie expérimentale la courbe moyenne de croissance en poids de ces constituants ($W[t]$), elle en a déduit la courbe d'accroissement $a(t)$ qui est la dérivée de la précédente (fig. 95), la production

$$P_n = \int_0^t f(t)\ a(t)\ dt$$

et la biomasse

$$B_n = \int_0^t f(t)\ W(t)\ dt.$$

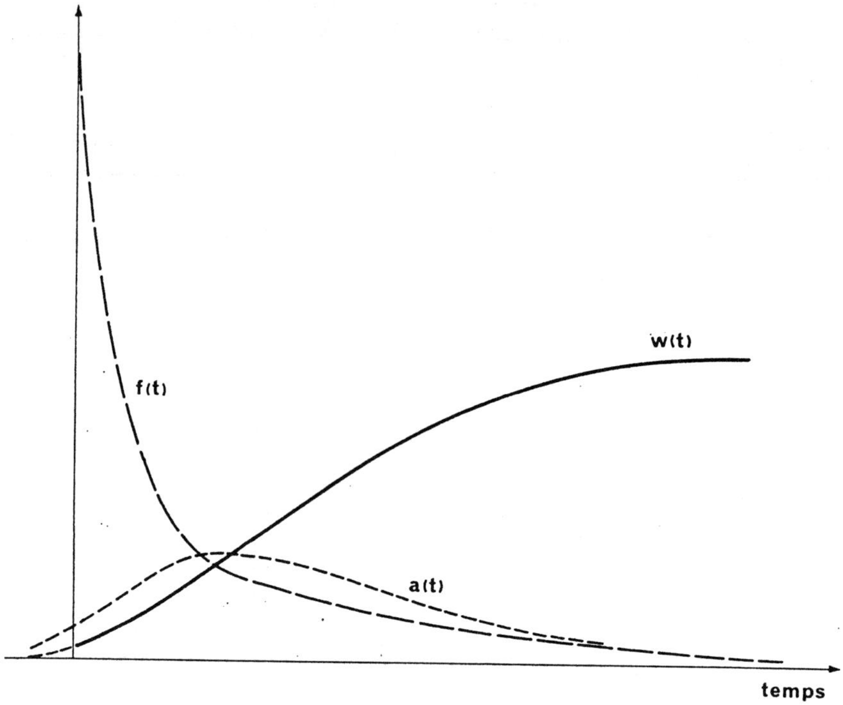

FIG. 95. — Fréquence, poids et accroissement d'une population en fonction du temps.

En évaluant la production totale par addition des productions partielles, l'auteur établit la relation

$P = 2{,}349\ B^{1{,}62}$ reliant la production secondaire nette du zooplancton à la biomasse totale (en mg). Ce serait en moyenne les Rotifères et les Ciliés qui, dans le cas de ces lacs, auraient la plus forte production (2 à 4 fois celle des Crustacés).

Il nous est difficile d'aller plus loin dans l'estimation de la production secondaire actuellement. De nombreux travaux restent à promouvoir afin de définir les coefficients nécessaires et l'expérimentation seule permettra d'en définir les limites de variation.

L'intérêt porté de tous temps aux poissons et autres produits de l'eau, directement utilisés par l'homme, a cependant fait avancer notre connaissance des milieux exploités de longue date. Les statistiques de pêche et les calculs de rendement permettent d'estimer plus précisément le rapport :

$$\frac{\text{poids de poissons pêchés}}{\text{production primaire}}$$

L'étude des rendements relève de l'aménagement piscicole et ne sera pas développé ici.

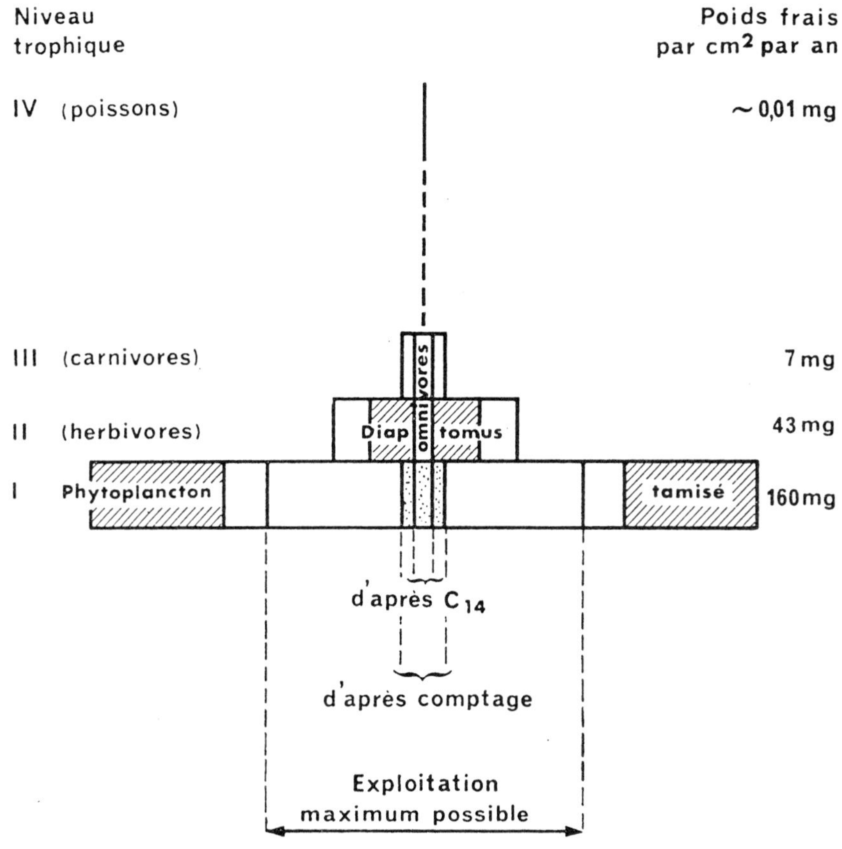

FIG. 96. — Production par cm² et par an dans le lac Erken (Suède) d'après NAUWERCK 1963

Dans le Léman, lac dont on connaît encore mal la production primaire et où le rendement piscicole est faussé par le prix moyen du poisson, fonction de l'espèce et de son intérêt économique, ce rapport est de : $1{,}23.10^{-4}$.

Dans un lac aussi bien étudié que l'Erken (Suède), NAUWERCK (1963), en s'appuyant sur une étude détaillée de tous les composants du zoo et du phytoplancton a établi la pyramide trophique suivante (fig. 96) :

Pour une insolation évaluée à 80 740 calories par an, dont seulement 1,87 % est assimilée par les producteurs, il y a production de 160 mg de matière organique (poids frais) par cm^2 et par an, qui, nourissant les herbivores, leur assure une production de 43 mg. Les consommateurs secondaires s'accroissent de 7 mg dans le même temps et les poissons d'environ 0,01 mg, soit un rapport de $0{,}62.10^{-3}$.

Notons avec DAVIS (1968) que le rapport des poids secs de *Chlamydomonas reinhardti, Dahnia pulex* et *Poecilia reticulata* (le Guppy), le premier servant de nourriture au second et celui-ci au troisième, est comme 80.2, 3.5 et 1. Dans ce cas, le rapport ci-dessus atteint la valeur 125.10^{-4}.

Enfin, MELACK (1976) signale que dans les lacs africains, le rendement en poisson (RP) augmente logarithmiquement quand la production primaire (PP) augmente arithmétiquement ($\log RP = 0.113\,PP + 0.91$). Il en est de même pour les lacs indiens où $\log RP = 0.122\,PP + 0.95$.

CHAPITRE XX

LES CHAÎNES ALIMENTAIRES

Parmi les facteurs qui influencent la production, les besoins nutritifs des individus et espèces végétales et animales ont été jusqu'à maintenant abordés succinctement. Nous avons également aperçu le rôle du facteur temps sur la succession des faunes et des flores, sur la pérennité des populations.

Quelques détails complémentaires préciseront les connaissances acquises antérieurement et nous permettront d'aborder le rôle de l'homme sur les organismes aquatiques.

Ceux-ci dépendent les uns des autres en matière de nutrition. Certains sont de plus liés en ce domaine au milieu qui leur apporte les substances nutritives dont ils ont besoin (autotrophes). Il ne nous sera pas possible ici de passer en revue tous les groupes et tous les besoins plus ou moins spécifiques de ces organismes. Nous ne verrons que quelques exemples parmi tous ceux que nous proposent les écologistes et physiologistes. Ils nous permettront de situer successivement le rôle des besoins nutritifs des espèces (éventail alimentaire), les variations dans le temps de ces besoins, les interractions et l'influence du milieu sur la succession des faunes et des flores.

A. — BESOINS NUTRITIFS DES ESPÈCES. ÉVENTAIL ALIMENTAIRE

Les espèces n'ont pas toutes les mêmes besoins nutritifs. Les unes, peu difficiles, plus ou moins omnivores, s'accommodent de nourritures diverses et s'adaptent bien aux variations et fluctuations de leurs possibilités d'alimentation.

D'autres au contraire sont étroitement adaptées. Nous ne connaissons encore que fort mal les affinités des espèces prises une à une. Nous savons qu'à côté des omnivores, il existe des herbivores, des carnivores, des détritivores, mais nous ne savons guère quelle préférence telle espèce a pour telle autre espèce et quels moyens a cette dernière pour lutter contre sa disparition. Enfin, nous sommes très mal renseignés sur la quantité de nourriture qu'un individu doit ingérer pour assurer sa croissance normale.

Chez les Rotifères et chez les Cladocères, le problème a été abordé par voie expérimentale (LEFÈVRE, 1942; POURRIOT, 1965), chez les Copépodes par interprétation (NAUWERCK, 1963), chez les Poissons par étude systématique des contenus stomacaux et expérimentalement. Vers et Mollusques sont mal connus à cet égard, tandis que nous connaissons mieux les exigences des larves aquatiques d'Insectes. Quant aux formes végétales, leurs besoins sont partiellement connus, quoique l'expérimentation ait apporté un jour nouveau sur certaines substances organiques jouant le rôle d'enzymes et qui modifient beaucoup la physiologie de ces organismes dits autotrophes.

1. ESPÈCES VÉGÉTALES

Nous avons vu que les algues avaient besoin de substances minérales pour croître; parmi elles, certaines, présentes en quantités faibles, ont été définies comme facteurs limitants. Nous savons, grâce à RODHE (1948), que les exigences des espèces varient, non seulement en valeur absolue, mais aussi en fonction de la quantité des autres substances nutritives présentes. Beaucoup d'algues ont, de plus, la possibilité de réutiliser les matières organiques partiellement dégradées qui proviennent de la décomposition des organismes morts. *Scenedesmus quadricauda* qui n'a besoin *pour vivre* que de 10 à 40 mg de phosphore (sous forme de phosphates) par mètre cube ne se développe bien qu'à condition d'avoir à sa disposition jusqu'à 1 000 $mg \cdot m^{-3}$ de P et tous les autres sels nutritifs en quantité suffisante. Cependant, à défaut de phosphates libres dissous, cette espèce peut réutiliser l'acide adénylique et ses composés di et triphosphorés (ADP et ATP) qu'elle trouve dans le milieu ou qu'elle a accumulés sous forme de réserves.

Asterionella formosa semble avoir un métabolisme plus complexe car s'il ne lui faut guère plus de phosphore pour se développer, sa croissance est arrêtée dès que le taux de P dépasse 50 $mg \cdot m^{-3}$ en conditions naturelles. Les Chrysophycées *Dinobryon divergens* et *Uroglena americana* sont encore plus sensibles au phosphore et réagissent de même. Il y aurait blocage du métabolisme par un facteur non défini actuellement (substances auto ou hétero-antagonistes).

De même, les exigences en azote nitrique de *S. quadricauda* font apparaître un « effet de concentration » qui semble faire intervenir également un facteur de compétition (d'auto-antagonisme). En effet, la croissance de cette algue dépend seulement de la quantité de nitrates présents (et qui dans les conditions optimales est de l'ordre de 5 $mg \cdot l^{-1}$), mais aussi du nombre de cellules présentes au litre.

La sensibilité des algues au fer est également démontrée. Dans le cas de l'algue précédente, 0,5 $mg \cdot m^{-3}$ de fer assimilable (fer ferreux) suffit à un développement convenable.

Le magnésium, nécessaire à la constitution de la molécule de chlorophylle, joue un rôle analogue à celui du fer, quoique plus complexe. En effet, à forte concentration il est toxique surtout en présence de potassium. Toutefois, les eaux naturelles contiennent le plus souvent assez et pratiquement jamais trop, de l'un comme de l'autre, pour limiter le développement des algues.

En ce qui concerne les algues, rappelons que leur croissance est sous la dépendance étroite de la température et de la quantité de radiations utiles qu'elles reçoivent.

2. ESPÈCES ANIMALES

S'il est encore possible d'exprimer en termes généraux les besoins nutritifs des espèces végétales, la diversité alimentaire des espèces animales ou la spécificité de la nourriture sont la règle, tant chez les constituants du zooplancton que chez les formes nectoniques et benthiques. Il faudrait passer en revue tout le règne animal vivant dans le monde aquatique et presque espèce par espèce, pour mettre en lumière ces besoins nutritifs. Il n'en est pas question ici. Quelques exemples suffiront (voir aussi chap. XIX D).

Les Rotifères ont un appareil ciliaire permettant à l'animal d'attirer la nourriture ou de se déplacer pour aller au-devant d'elle. Ils possèdent en outre un appareil masticateur composé de plusieurs pièces dont la disposition et l'ornementation en font un moyen de filtration ou de broyage des proies (De Beauchamp, 1909). Très généralement phagotrophes, soit végétivores soit carnivores, quelques espèces ont la possibilité de ne s'alimenter qu'à partir de substances nutritives liquides telles que l'extrait de foie stérilisé (Dougherty, Solberg et Ferral, 1961). Toutes les espèces n'ont pas les mêmes exigences; certaines acceptent une nourriture très variée et sont omnivores tandis que d'autres sont étroitement liées à une nourriture déterminée.

POURRIOT (1965) a résumé ce que nous savons des essais de nutrition de divers Rotifères grâce aux travaux de NOYES, 1922; FINESINGER, 1926; LUNTZ, 1926, 1929; JENNINGS et LYNCH, 1928; MILLER, 1931; BUCHNER, 1936, 1941 ; LIEBERS, 1937 ; DE BEAUCHAMP, 1938 ; LANSING, 1942 ; ERMAN, 1956, 1962 ; PRAY, 1959 ; DOUGHERTY *et al.*, 1959, etc.

De toutes ces expériences, il ressort que l'éventail alimentaire d'une espèce peut être étroit ou très étalé et induire sa répartition. Ainsi, *Notommata copeus* domine quand les algues filamenteuses du genre *Mougeotia* abondent comme dans certaines eaux à pH relativement acide, peu minéralisées et peu calciques. Cette espèce aspire le contenu de ces algues en quelques secondes après avoir percé leur membrane avec les dents des unci de leur mastax. *Notommata collaris*, par contre, préfère les *Closterium* qui se développent bien dans les fossés de forêt, tandis que *N. glyphura*, carnivore, se nourrit aux dépens de Rotifères benthiques vermiformes tels que *Proales*, *Philodina* etc. Les *Dicranophorus* ont le même comportement.

Si *Lindia torulosa* ne digère que le contenu cellulaire de Cyanophytes filamenteuses, les *Conochilus* ne peuvent se nourrir que grâce aux produits de décomposition d'organismes végétaux sous forme d'éléments figurés de très petite taille (moins de 10 μ).

En régle générale, une corrélation a été notée entre développement des populations de Rotifères planctoniques et développement du phytonannoplancton. Les petits *Chlamydomonas*, *Cryptomonas*, *Chlorella*, *Phacus* conviennent bien à la nutrition de nombreuses formes planctoniques qui entrent en compétition entre elles quand elles se développent dans un même milieu (Rotifères, Cladocères, Copépodes, Ciliés).

Tous les Rotifères ne savent pas trier leur nourriture, *Brachionus urceolaris* absorbe apparemment tous les éléments figurés (tripton) sans choix aucun; il en est de même pour *Brachionus leydigi*. *Philodina citrina* et les *Epiphanes* au contraire, savent différencier les chlorelles qu'elles affectionnent des particules de carmin qu'on peut leur donner à ingérer. Dans la nature, le rôle du tripton comme source de nourriture a été étudié notamment par NAUWERCK (1963) qui estime que dans le lac Erken, le volume des débris en suspension est approximativement analogue à celui du phytoplancton! Comme ces débris sont, pour beaucoup, d'origine végétale (feuilles mortes de végétaux terrestres et aquatiques, phytoplancton mort, fleurs d'eau en décomposition, etc.), ils ont une valeur alimentaire certaine. On sait, grâce à ERMAN (1962), que *Keratella cochlearis, K. quadrata* et *Brachionus angularis* utilisent les produits de décomposition des fleurs d'eau à *Microcystis*, tandis que GRAY (1953) affirme que les *Euchlanis* utilisent ceux dérivant des *Oscillatoria*. De plus, il est intéressant de souligner que les bactéries semblent ne pas être une source convenable de nourriture pour les Rotifères, qui ne s'en servent que comme nourriture supplémentaire, voire complémentaire, mais presque jamais comme aliment essentiel. Il en est tout autrement pour les Cladocères (STUART *et al.*, 1931; PACAUD, 1949; MANUJLOVA, 1958) et pour les Ciliés bactériophages (FAURÉ-FRÉMIET, 1961) qui trouvent, dans les organismes transformateurs, la source la plus commode et la plus complète de nourriture.

Ainsi, chez les Rotifères, il existe tous les types d'alimentation : des algivores *(Synchæta, Trichocerca, Polyarthra)*; des bactériophages *(Dipleuchlanis)*; des détritivores *(Pedalia, Conochilus)*; des omnivores *(Proales)* et des carnivores *(Asplanchna)* plus ou moins stricts. La plupart des espèces savent choisir leur nourriture, mais ingèrent parfois des éléments qui leur sont sans profit, tels les Chlorococcales pour *Epiphanes* ou *Conochilus*.

L'éventail alimentaire varie de plus à l'intérieur d'une espèce suivant la race écologique envisagée (écotypes). *Collotheca ornata* est représenté dans la région parisienne par deux races : l'une, petite (600 μ), ne se nourrit guère que de *Cryptomonas* sp. ou de *Rhodomonas* sp.; l'autre, de grande taille (1 200 μ), semble se nourrir exclusivement du Dinoflagellé *Peridinium bipes*.

En ce qui concerne l'éventail alimentaire des Crustacés planctoniques et benthiques, les travaux de ROY (1932), PACAUD (1939), LEFÈVRE (1942), RYLOV (1948), KIEFER (1960), etc., permettent de se faire une idée de leurs exigences. Nous en avons vu et en verrons des exemples concrets ailleurs dans cet ouvrage.

B. — SUCCESSIONS, CYCLE BIOLOGIQUE

L'élimination par une population d'une espèce lui servant de nourriture n'est pas chose rare. Nous avons vu d'autre part que la durée du cycle de reproduction varie énormément d'un groupe à l'autre et dépendait de nombreux facteurs dont la température, la durée de l'éclairement, etc. Il y aura donc, soit par le jeu de la prédation, soit par celui des exigences écologiques et éthologiques de chaque espèce, une certaine succession dans le temps des populations constituant une biocœnose. NAUWERCK (1963) cite le cas du plancton du lac Erken (Suède). Dans ce lac, en 1957, il y avait en janvier peu d'algues vertes et une proportion égale de Chrysomonadines, de Diatomées et de Rhodomonadines. Dès la mi-février, ces dernières tendent à disparaître jusqu'en juillet, tandis que les Chlorophycées dominent tout le printemps. Les Diatomées ont leur maximum en avril-mai et disparaissent presque complètement dès la deuxième quinzaine de mai pour ne réapparaître qu'en hiver. Il y a donc, dans le nannoplancton du lac Erken, succession dans le temps des Chlorophycées, Diatomées, Chrysomonadines

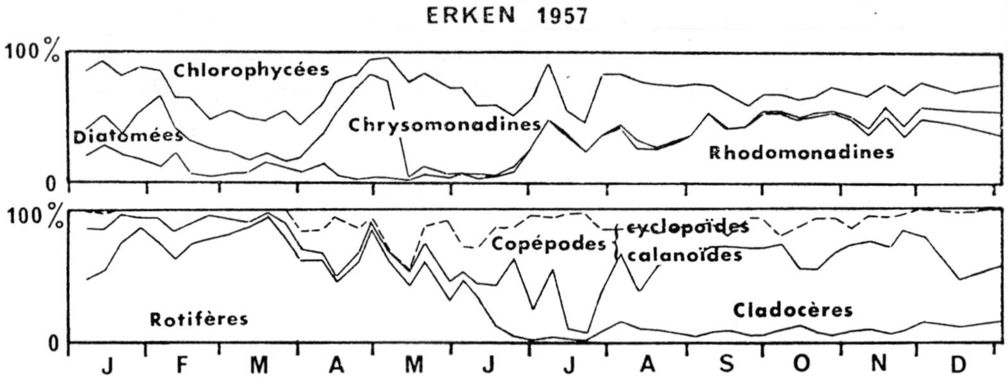

FIG. 97. — Spectre planctonique du lac Erken (Suède) d'après NAUWERCK 1963.

et Rhodomonadines (fig. 97). Le zooplancton, dans le même temps, voit se succéder les Rotifères (jusqu'en mai), les Copépodes (jusqu'en août) puis les Cladocères.

DAMAS (1963) relie de son côté la succession Chlorophycées-Diatomées-Cyanophycées qu'il a observée dans le réservoir de la Lufira près de Mwadingusha (Congo), au destin d'une énorme masse d'herbes bloquée momentanément dans le lac et dont l'élimination a permis le développement des Diatomées, puis des Cyanophycées. Cette succession n'a donc pas le caractère cyclique de la précédente, puisqu'elle n'est pas liée aux changements de saison, mais dépend au contraire des variations de niveau. Nous avons vu que LEFÈVRE (1948) faisait la même observation dans les Canaux du parc de Rambouillet.

Ainsi, pour chaque masse d'eau et en fonction de sa composition floristique et faunistique, il y a des périodes de maxima et de minima saisonniers.

Nous n'entrerons pas plus avant dans l'étude détaillée de ce phénomène, qui nous obligerait à passer en revue tout ce que nous savons des besoins écologiques de chaque espèce et des raisons de leur élimination. Nous avons vu au cours des chapitres antérieurs un certain nombre d'exemples l'illustrant (notamment chapitre XIX).

Par ailleurs, la littérature hydrobiologique est riche d'observations en nature en ce domaine. Il suffira de souligner ici l'intérêt croissant des études expérimentales en laboratoire ou en demi-nature.

Notons seulement les belles recherches de WESENBERG-LUND (1908) sur les variations de forme de divers éléments du plancton, notamment une Chrysophycée du genre *Dinobryon*, une Dinophycée du genre *Ceratium*, des Rotifères *(Asplanchna)*, des Crustacés Cladocères *(Bosmina, Daphnia)* (cf. chap. XII E). Ces variations morphologiques ont encore besoin d'être étudiées et rapprochées de ce que nous savons maintenant du rôle des substances ectocrines (métabolites externes) sur le développement des algues et invertébrés.

C. — INTERACTIONS, STIMULATIONS, ANTAGONISMES

L'histoire des recherches écologiques en milieu aquatique a été longtemps écrite par des systématiciens ou des physico-chimistes. Dans les relations organismes-milieu, les critères considérés comme importants étaient ainsi d'abord des facteurs physiques, des ions (PRINGSHEIM, 1946), des oligo-éléments d'origine minérale (RODHE, 1948) ou la concurrence vitale, parfois le parasitisme (CANTER et LUND, 1951).

Le développement de nos connaissances physiologiques des algues a amené AKEHURST (1931), BRANNON *et al* (1937-1939), PRATT (1940), SMITH (1950) et surtout LEFÈVRE *et al.* (1952) à prendre conscience du rôle des substances organiques présentes dans le milieu aquatique, plus ou moins excrétées ou sécrétées par ces algues, sur leur propre métabolisme ou celui des autres constituants de la biocœnose.

Les algues excrètent en effet non seulement du CO_2 (respiration) et de l'oxygène (photosynthèse) mais également des produits métabolitiques plus ou moins spécifiques dont l'action dépend de la concentration (métabolites externes). Ces produits, dont la composition chimique est encore mal connue, agissent à des doses extrêmement faibles et sont responsables de l'évolution des populations. *Chlorella vulgaris* sécrète ainsi une chlorelline (PRATT), *Scenedesmus quadricauda* une scenedesmine, *Phormidium uncinatum* une phormidine, *Pandorina morum* une pandorinine (LEFÈVRE *et al.*, 1952), *Nitzschia palea* une autotoxine (DENFFER, 1948), etc. De même JAKOB (1961) a mis en évidence une muscorine produite par *Nostoc muscorum*. D'après WARD & MOYER (1966), les produits extracellulaires de *Chlorella pyrenoidosa* (souche TX 71105) contenus dans les filtrats de culture axénique contiendraient :

1) les acides organiques suivants : fumarique, lactique, glycolique, oxalique, pyruvique, α kétoglutarique, oxalacétique, ascorbique, gluconique, galacturonique ;
2) les acides aminés suivants : aspartique, glutamique, sérine, thréonine, tyrosine, isoleucine, leucine, phénylalanine, lysine, proline, alanine, glycine, cystine, valine, histidine, ornithine ;
3) les autres produits suivants : polysaccharides, peptides « courts », acides nucléiques, ammoniac.

Bien que de nombreuses difficultés méthodologiques ne permettent pas encore de connaître la nature chimique de ces substances, qui pourraient s'apparenter à des opsonines, on sait que la muscorine aurait une structure d'anthraquinone et que la chlorelline, pourrait être un ensemble d'acides gras non saturés (SPŒHR *et al.*, 1949). Leur comportement dans le milieu laisse à penser qu'ils y sont à l'état de polymères peu stables (voir notamment les travaux de AUBERT et GAUTHIER, 1966).

PROCTOR (1957), étudiant les substances sécrétées par *Chlamydomonas*, a décelé de son côté un mélange d'acides gras à longue chaîne en milieu alcalin, de type acide palmitique ou linoléique.

L'action de ces substances est pour plusieurs points remarquable. Dans certains cas, elles accélèrent la multiplication cellulaire et stimulent la nutrition. Dans d'autres, elles bloquent la multiplication sans entraver la nutrition : les cellules se gorgent alors de substances de réserve et finissent par éclater. Enfin, il peut y avoir à la fois blocage de la nutrition et de la multiplication. Les cellules meurent alors rapidement (et se lysent).

Thermolabiles pour certains de leurs composants (mais pas tous), supportant bien la dessication, les substances ectocrines d'origine algale (au sens large) ont donc des propriétés particulières et réagissent spécifiquement. Sur les cellules elles-mêmes qui les ont sécrétées, elles finissent par agir directement en provoquant une sorte d'auto-intoxication, ce que LEFÈVRE a appelé auto-antagonisme.

Le phénomène de formation puis d'élimination d'une « fleur d'eau » s'explique ainsi de la façon suivante : une espèce d'algue trouve dans une collection d'eau stagnante des conditions favorables à un développement rapide. Elle devient alors largement dominante et élimine par ses excrétions la plupart des autres espèces qui n'existent plus qu'à l'état sporadique (hétéro-antagonisme). Mais les produits d'excrétion de l'algue dominante s'accumulent, l'intoxiquent elle-même (auto-antagonisme) et elle disparaît en quelques jours, lysée par les bactéries.

Les produits de la décomposition de l'algue sont parfois eux-mêmes des métabolites agissant comme substances de croissance pour d'autres espèces.

Les substances actives sécrétées par les algues ou substances ectocrines apparaissent dans le milieu de culture surtout à la fin de la croissance. Elles sont, en effet, produites par les cellules en cours de développement et libérées dans le milieu (hétéro-antagonisme) jusqu'à ce que celui-ci devienne impropre à la multiplication de ces mêmes cellules; il y a alors auto-antagonisme et blocage de la population. Les algues se mettent dès ce moment à accumuler les substances actives (rétention). Repiqués, ces organismes déchargent rapidement (dès les premières multiplications) leur excès de substances mises en réserves et produise donc un « jus de décharge » particulièrement actif (fig. 98). Les facteurs qui agissent sur la production des substances actives sont : la composition du milieu, l'agitation, la lumière, la température, la saison.

Sans entrer plus avant dans l'étude de ce phénomène complexe et encore bien mal connu, qu'il nous suffise de signaler ici que les recherches entreprises sur cette question ont permis de montrer qu'il est possible de cultiver ensemble certaines espèces dites compatibles, telles que *Cosmarium impressulum* et *Selenastrum minutum*, tandis que *Euglena deses* et *Chlorella pyrenoïdosa* sont incompatibles, tout comme *Hæmatococcus sp.* et *Chlamydomonas sp.* (PROCTOR, 1957).

Dans la nature, il existe aussi de telles incompatibilités qui ne peuvent guère être mises en évidence que par essais de culture *in vitro*.

GORHAM (1960) a séparé l'effet brutal des substances actives au début de la décomposition d'une fleur d'eau à Cyanophytes, de celui plus pernicieux qui le suit.

Le premier, qu'il appelle FDF (fast death factor), entraîne la disparition de la population algale par auto-antagonisme; le second, SDF (slow death factor), est dû à la décomposition bactérienne des cellules végétales mortes et serait produit par les bactéries ou le résultat de la dégradation des produits d'origine algale. Au stade final de la fleur d'eau, les deux facteurs peuvent agir simultanément. Le premier, grâce aux cellules encore vivantes ou déjà mortes et qui « dégorgent », le second, par suite de l'action des bactéries sur les cellules mortes depuis déjà quelque temps.

L'action de ces substances actives ne se limite pas aux végétaux entre eux. De nombreuses intoxications ont été relevées chez les mammifères à la suite d'ingestion d'eaux riches en Cyanophytes; il faut rechercher leurs causes dans ces substances. FITCH *et al.* (1934) avaient déjà abordé ce sujet. SCHWIMMER, D. et SCHWIMMER, M. (1964) ont rassemblé sur cette question une importante documentation, notamment sur les effets des substances ectorines produites par *Anabæna, Lyngbya, Aphanizomenon, Cœlosphærium*, etc., sur des Mammifères, Oiseaux, Amphibiens, Poissons et Crustacés (*Daphnia*).

STEPANEK *et al.* (1963) ont étudié l'action des fleurs d'eau sur la peau humaine et ont constaté qu'elles provoquaient des dermatoses aiguës très désagréables pour les baigneurs.

Les végétaux ne sont d'ailleurs pas les seuls organismes à pouvoir ainsi « empoisonner » le milieu aquatique. Certains infusoires *(Stentor)* sont responsables de mortalité de poissons (OTTERSTRØM et LARSEN, 1946).

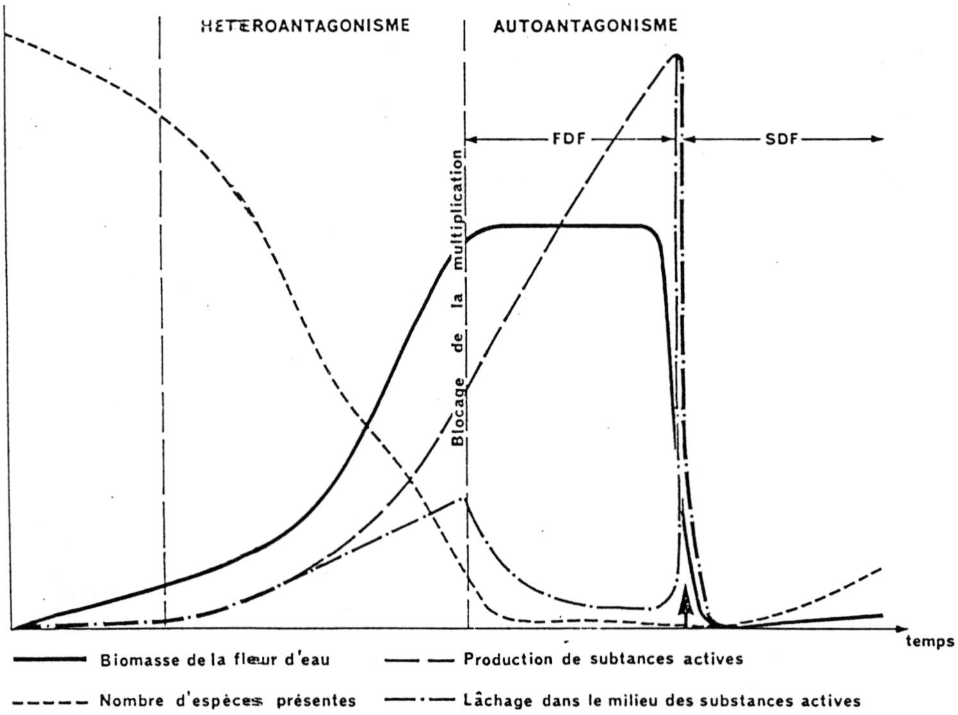

FIG. 98. — Mécanisme de production et de lâchage des substances actives produites par les algues

D. — LA MISE EN SOMMEIL DE LA VIE AQUATIQUE

Dans certaines conditions, souvent mal déterminées, les organismes aquatiques cherchent à assurer leur survie en modifiant leur métabolisme. Dans d'autres cas, ce sont des variations dans le mode de reproduction qui assurent la pérennité de l'espèce.

Chez les végétaux par exemple, certaines plantes aquatiques ne peuvent se développer qu'à la condition qu'elles subissent un assèchement périodique, telles les *Ranunculus baudoti* de Camargue (AGUESSE, 1957). Les *Myriophyllum, Utricularia, Potamogeton*, etc., produisent, en mauvaise saison, des bourgeons nommés hibernacles ou turions vivant au ralenti et qui flottent plus ou moins. Au retour de conditions favorables, ces bourgeons tombent au fond et prennent racines.

Chez les animaux, il peut y avoir formation d'œufs de durée, enkystement, diapause ou simple dormance.

L'enkystement existe chez des Protozoaires; il est précédé parfois par une réduction de la taille, la suppression des cils ou des flagelles et se traduit souvent par l'épaississement, l'induration ou le dédoublement de la membrane protoplasmique. Dans cet état, les individus sont capables de supporter le froid (congélation) et la dessiccation. Il y a également anabiose, par effet osmotique, quand le milieu devient trop impropre à la vie des protistes. Dans ce cas, les organismes entrent à l'état de dormance, et sans s'enkyster attendent, inertes et rigides, de meilleures conditions de vie et de développement. L'anabiose n'est qu'un des états biologiques que peuvent prendre certains animaux. On regroupe ces états sous l'appellation d'hypobiose dont les deux principales formes sont la dormance, associée à un métabolisme réduit et la cryptobiose ou anabiose pendant laquelle le métabolisme est quasiment nul. Il ne faut pas confondre l'état de dormance et la diapause. La dormance est immédiatement réversible alors que la diapause est au moins temporairement irréversible.

Quand les conditions deviennent défavorables, les Spongiaires forment des gemmules.

La ponte d'œufs de durée est précédée le plus souvent par l'apparition d'une sexualité chez les animaux habituellement parthénogénétiques. Ainsi, chez les Rotifères, y a-t-il successivement des femelles amictiques et des femelles mictiques quand les conditions de vie deviennent moins favorables.

Ces conditions de vie sont étroitement liées au cycle nycthéméral. POURRIOT (1963) a montré que l'apparition de femelles mictiques conduisant à la production d'œufs de résistance chez certains Rotifères, était étroitement liée à la durée du jour. Chez *Notommata copeus* par exemple, il est possible de déclencher l'apparition de femelles mictiques, donc de mâles, par la mise en élevage de souches éclairées durant une longue période (plus de 13 heures), que cet éclairage soit naturel ou artificiel et quelle que soit la nourriture fournie. En héméropériode courte (ou plus encore à l'obscurité), la reproduction s'effectue uniquement par parthénogenèse. Il en est de même chez *Notommata codonella,* bien que le phénomène soit moins net, ainsi que chez *Trichocerca rattus.*

Les Oligochètes et les Némertes sont également capables de s'enkyster.

Chez les Bryozoaires Phylactolèmes, fréquents en eau douce, il y a formation de statoblastes, sortes de cystides protégés, constitués dans le funicule par bourgeonnement. Un massif cystigène enveloppe complètement la masse deutoplasmique en se clivant pour former une coque ayant le rôle d'un flotteur plus ou moins ornementé.

A la bonne saison, ces statoblastes s'ouvrent et donnent naissance à 1 ou 2 polypides normaux.

Chez les Cladocères, les mâles apparaissent quand les conditions de vie deviennent précaires (BERG, 1931) quoique dans certains cas, une nourriture surabondante puisse aboutir au même résultat.

Récemment FRIES (1964) signale que les deux facteurs qui déclenchent la zygogenèse chez *Daphnia magna,* donc l'apparition de mâles et de femelles porteuses d'éphippies, sont la température basse (11 °C) et la durée du jour (20 heures). Dans ces conditions optimales, il y a plus de 4 fois plus de femelles productrices d'œufs de durée qu'avec d'autres éclairements ou températures. Les œufs pondus par les femelles, jusqu'alors parthénogénétiques, sont haploïdes, ont leur cytoplasme foncé, opaque et sont enfermés dans un **éphippium** constitué par une partie de la carapace de l'adulte *(Daphnia)* ou même cette carapace tout entière *(Chydorus).* La forme de ces éphippies et le nombre d'œufs qu'elles contiennent dépendent de l'espèce. Le fond du lac du Mont-Cenis est littéralement tapissé de telles éphippies de *Daphnia longispina* (DUSSART, 1952). Ces œufs de durée restent ainsi au fond jusqu'à ce que les conditions de vie leur permettent d'éclore et de redonner des adultes parthénogénétiques. Parfois, quoique rarement, certains Cladocères sont capables de pondre des œufs parthénogénétiques dans des kystes en forme d'éphippies.

Chez les Copépodes, il peut y avoir plusieurs manières de mettre en sommeil les organismes : ou bien ils s'enkystent, ou bien ils tombent au fond et « s'endorment » soit au stade adulte, soit à un stade antérieur.

Ainsi, ELSTER (1954) a compté jusqu'à 1 000 000 d'œufs de durée de

Heterocope borealis à la surface du sédiment lacustre du Bodensee, par 180 m de fond. Ces œufs sont relativement gros (250 μ) et attendent des conditions favorables encore mal déterminées pour éclore et donner des nauplii.

ELGMORK (1959) rappelle à ce sujet que l'état de *quiescence* (dormance), est celui des organismes qui se trouvent en état de sommeil léthargique par suite de conditions défavorables du milieu, quel que soit le stade auquel ils se trouvent et la période ou saison considérée; la **diapause** ou condition de repos, est au contraire une forme de mise en sommeil qui revient à période régulière, nécessaire à certains organismes et survenant à certains stades définis. Cette condition de repos (ou « cure » de sommeil) n'est pas liée à de mauvaises conditions de vie mais dépend de la physiologie propre des animaux considérés.

Le mécanisme de cette mise en sommeil a été longuement étudié (CLAUS, 1894; WOLF, 1905; BIRGE et JUDAY, 1908; ROY, 1932; MOORE, 1939; DEEVEY, 1941; FRYER et SMYLY, 1954; ELGMORK, 1955; WIERZBICKA et KEDZIERSKI, 1964; EINSLE, 1964). Chez certains, et notamment *Cyclops strenuus strenuus* ou *Canthocamptus staphylinus*, c'est en été que se présente ce phénomène; la première espèce entre en diapause au stade Copépodite IV (ELGMORK, 1955), tandis que *C. staphylinus* semble « estiver » au stade Copépodite V (ROY, 1932).

Si la mise en repos est due à une dessiccation du milieu, il peut y avoir blocage du développement à différents stades :

Diaptomus castor et *Eudiaptomus vulgaris* pondent des œufs de durée;

Cyclops furcifer possède à la fois des œufs de durée et des stades de résistance postnaupliens;

Diacyclops bicuspidatus, *Diacyclops bisetosus*, *Canthocamptus staphylinus*, *Attheyella northumbrica* et *Attheyella wulmeri* supportent la dessication à l'état adulte.

Dans le cas de mise en sommeil par conditions de vie défavorables, le rôle de la teneur en oxygène du milieu a été étudié chez *Cyclops vicinus* qui « s'endort » au stade Copépodite IV, *Cyclops bohater*, au stade Copépodite V, en été, *Mesocyclops leuckarti* et *Thermocyclops oïthonoïdes* aux stades IV et V, en hiver.

Il est possible de définir des états de sommeil relatif; à chacun de ces états correspondent des attitudes (position des antennules et des pattes) particulières (tableau 45).

Pour faire passer successivement les individus du stade actif au stade de repos, il suffit d'éliminer du milieu l'oxygène libre, soit par désaération au moyen d'azote, soit par addition dans le milieu d'un réducteur, H_2S ou FeS, soit par simple consommation de l'oxygène présent par d'autres organismes (dans des tubes scellés).

Le maintien en survie dans ces conditions se fait en général au stade IV, mais il n'est pas possible de garder les individus aussi longtemps ainsi que dans la nature.

De plus, au moins sur quelques espèces, il a été prouvé des différences de comportement physiologique en fonction du temps de sommeil. Au

TABLEAU 45

État	Degré d'activité	Attitude
1. Actif..	Activité normale.	Variable.
2........	Sensible au toucher.	Antennules dirigées latéralement; pattes dirigées vers l'avant.
3........	Insensible au toucher.	Antennules dirigées latéralement; pattes dirigées vers l'avant.
4. Repos.	Insensible au toucher.	Antennules dirigées vers l'arrière; pattes dirigées vers l'avant.
5. Agonal	Insensible au toucher.	Antennules dirigées latéralement; pattes dirigées vers l'arrière.

début et à la fin de la période de repos, les organismes sont beaucoup plus sensibles aux conditions de vie qu'au milieu de cette période; leur « sommeil est plus léger »!

De même, si des individus sont « réveillés » au début ou à la fin de leur période de repos, ils restent actifs, tandis qu'ils retournent à leur sommeil si ce sont des individus en plein milieu de cette période. La température semble par contre ne jouer qu'un rôle secondaire d'après ELGMORK (1959), ce que confirme WIERZBICKA et KEDZIERSKI (1964).

Le nombre d'animaux ainsi en sommeil peut être considérable : 1 300 000 par m² de fond pour *Diacyclops bicuspidatus*, 1 000 000 pour *Mesocyclops leuckarti*, 12 000 pour *Cyclops strenuus* (ELGMORK, 1955), 3 791 600 pour *Cyclops scutifer* (ELGMORK, 1962)!

Récemment, SMYLY (1964) a résumé notre connaissance actuelle des stades de repos chez les Cyclopides (tableau 46).

TABLEAU 46

Espèce	Kyste	Saison	Stade copépoditique	Nombre max. par m²	Localisation
Cryptocyclops bicolor	oui	hiver	III et IV	2 580	Scale Tarn (G.-B.).
Diacyclops bicuspidatus thomasi	oui	été	IV	1 300 000	Douglas lake (Mich.).
Cyclops bohater	non	été	V		
Mesocyclops leuckarti	non	hiver	V (et quelques IV)	1 000 000	Esthwaite Water (G.-B.)
				4 375	Réservoir Rybinsk (URSS)
				36 880	Shartash (URSS).
				3 200	Tavatny (URSS).
Metacyclops minutus	oui	sèche	copépod. avancé		
Thermocyclops oïthonoïdes	non	hiver	V	2 530	Bergstjern (Norv.).
Cyclops scutifer	non	hiver	III, IV, V (et quelques II)	3 791 600	Store Tryvann (Norv.).
Cyclops strenuus strennus	non	été	IV	44 500	Bergstjern (Norv.).
Cyclops vicinus vicinus	non	été	IV		Fosse argileuse, Varsovie (Pol.)
Thermocyclops hyalinus	non	hiver	IV	38 480	Lago di Varese (Ital.).
				7 800	Lago di Mergozzo (Ital.).

Pour sa part, EINSLE (1964) a montré par l'expérience que le développement des stades jeunes de *Cyclops vicinus* était lié à la photopériodicité quotidienne. A une température de 12 °C, un éclairement des Copépodites IV de plus de 12 heures par jour, les oblige à passer en diapause. Cette diapause dure dans les lacs aussi longtemps que durent les jours longs. Dans certains cas, elle peut même se prolonger davantage.

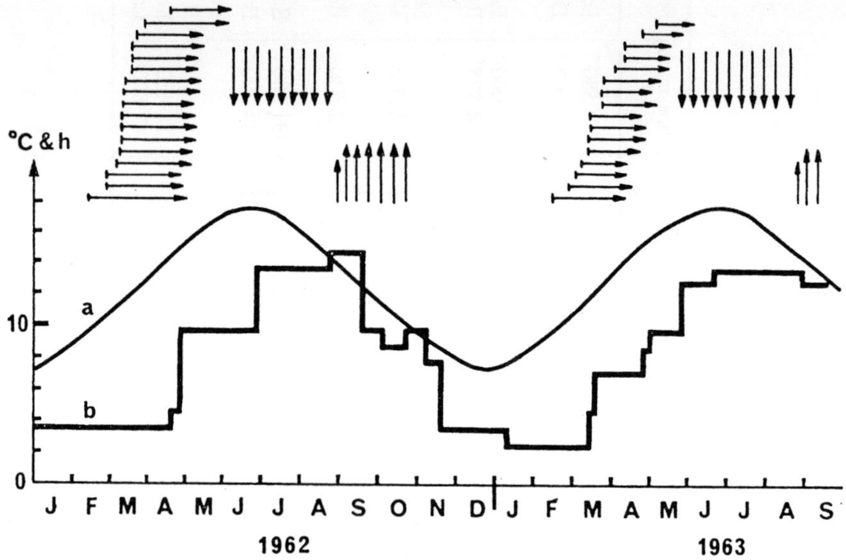

Fig. 99. — Lumière (a), température (b) émergence et diapause chez *Capnia bifrons* d'après KHOO 1963.

→ intervalle entre émergence et ponte

↓ mise en diapause

↑ fin de la diapause

Les insectes également entrent en diapause, le fait est bien connu. Récemment KHOO (1963) a ainsi étudié le développement du plécoptère *Capnia bifrons* et a montré qu'une diapause caractérisait les stades 4 ou 5, plus rarement 3, 6 ou 7 de la nymphe et que cet arrêt de développement était lié à la photopériode (a) beaucoup plus qu'à la température (b) (fig. 99).

SEPTIÈME PARTIE

ÉVOLUTION DES MASSES D'EAU

Dans les chapitres précédents, nous avons vu comment était constituée une cuvette lacustre, quelles étaient les actions physiques et chimiques qui lui donnaient son originalité, de quelle manière elle était colonisée par une flore et une faune qui formaient une biomasse en continuel devenir.

Si nous considérons maintenant les masses d'eau continentales et leurs dépendances (fond, littoral, surface...) comme des unités vivantes, force nous est de constater des variations individuelles considérables entre elles.

Toutes évoluent, mais aucune à la même vitesse. C'est l'histoire de la masse d'eau autant que ses caractéristiques géodynamiques et ses particularités biologiques, qui l'amèneront au stade d'évolution que l'on constate actuellement. Cette histoire peut être simple et ne refléter qu'une suite normale d'événements, faisant tendre la masse d'eau considérée vers un état final par une succession de faux états d'équilibre, à l'échelle de temps de l'espèce humaine.

Elle peut être beaucoup plus complexe et montrer toute une série d'états dont les uns pourront être considérés comme normaux et d'autres comme rétrogrades. Dans cette série évolutive pourront s'intercaler des phénomènes de type catastrophique, telle la pénétration d'eau de mer dans une cuvette littorale et lui conférant l'originalité d'une méromicticité ectogénique.

Pour comparer les divers lacs du monde, il conviendra donc maintenant, non seulement de considérer l'origine de la cuvette (chap. V A) mais aussi d'en apprécier l'âge biologique réel et apparent, d'en établir en quelque sorte la fiche d'état et le carnet de santé.

CHAPITRE XXI

NOTION DE TROPHIE

Quand une cuvette, si grande soit-elle, se remplit d'eau, elle est pour un temps privée à peu près complètement de certains des éléments qui la caractériseront plus tard, éléments géographiques (côtes d'alluvions, grèves constituées, etc.), éléments chimiques (apportés par les eaux de ruissellement, les affluents, les précipitations, par lessivage des terrains inondés, etc.), éléments biologiques (flore fixée, flores et faunes d'eaux stagnantes, etc.).

Puis des conditions régulières d'existence s'instaurent et un premier état peut être caractérisé, état dont la stabilité dépendra de la nature et de la vitesse d'évolution des facteurs qui le définissent.

Nous avons vu que jusqu'à certaines valeurs considérées comme limites, les organismes pouvaient vivre et se développer normalement. Nous avons également évalué grossièrement les seuils d'action irréversibles de certains constituants géochimiques (pH, potentiel d'oxydo-réduction, calcium, etc.). Au-delà de ces limites ou seuils, il y a instauration d'autres états qui chacun se caractérisera par une vitesse accrue d'évolution, donc par une moins grande stabilité. En général, il y aura conjointement augmentation de biomasse et plus grande vitesse de comblement de la cuvette par les produits directs ou indirects du métabolisme. En fin d'évolution, la cuvette tendra vers un état qui nous fera quitter la limnologie et intéressera le pédologue, l'écologiste terrestre, le géologue.

A. — L'OLIGOTROPHIE

Quelle que soit la vitesse d'évolution d'un milieu aquatique, il passe au début de sa vie par un état caractérisé par la prédominance des facteurs physiques et chimiques et par le rôle relativement faible joué par les organismes dans sa « vie ». C'est la phase dite d'**oligotrophie.** Cette oligotrophie se manifeste de plusieurs manières, peut être vraie ou surimposée.

1. OLIGOTROPHIE VRAIE

Les lacs réellement oligotrophes ont des caractéristiques relativement simples que THIENEMANN (1925) a résumées en prenant ses exemples en région scandinave ou ayant été influencée par les glaciations quaternaires.

Ce sont des lacs jeunes ou dont la production est toujours restée faible par suite d'une pauvreté réelle en substances nutritives qui entraîne une biomasse faible et un faible pouvoir d'accroissement.

Ce sont des lacs généralement profonds, ayant plus exactement un rapport

$$\frac{\text{Volume de l'hypolimnion}}{\text{Volume de l'épilimnion}} = \frac{H}{E}$$

relativement élevé. Leurs eaux, transparentes, ont une couleur s'apparentant à celle de l'eau pure et comprise entre le bleu et un vert peu intense. Elles montrent, à l'analyse, un résidu sec peu important, une teneur discrète en matières nutritives, une richesse variable en sels de calcium.

La distribution de l'oxygène dissous est orthograde en été comme en hiver, si bien que les dépôts de fond, en contact continuel avec une eau à potentiel redox élevé, sont pauvres en substances organiques putrescibles et généralement peu abondants.

Une des caractéristiques essentielles des lacs réellement oligotrophes est de n'abriter qu'une biomasse à faible pouvoir d'accroissement.

La flore littorale est généralement réduite à nulle; le phytoplancton a un métabolisme réduit et ne provoque un déficit relatif en oxygène que de moins de 0,5 $mg \cdot cm^{-2}$ par mois (HUTCHINSON, 1938). La production primaire est également faible bien que la biomasse planctonique soit répartie sur une assez grande épaisseur et sujette à des migrations verticales journalières relativement importantes. Il n'y a jamais prédominance d'une espèce (fleur d'eau). Les Bacillariophycées et Chlorophycées sont les dominantes essentielles.

RAWSON (1956) considère comme typiques des milieux oligotrophes canadiens les espèces suivantes (dans l'ordre) :

Asterionella formosa	Bacillariophycée
Melosira islandica	Bacillariophycée
Tabellaria fenestrata	Bacillariophycée

Tabellaria flocculosa	Bacillariophycée
Dinobryon divergens	Chrysophycée
Fragilaria capucina	Bacillariophycée
Stephanodiscus niagaræ	Bacillariophycée
Staurastrum sp.	Chlorophycée
Melosira granulata	Bacillariophycée

La nature aérobie des dépôts de fond permet à une faune benthique riche en formes sténoxybiontes de se développer à toutes profondeurs à raison de 500 à 1 000 individus au mètre carré (1 à 4 g de matière vivante). Ce sont notamment des larves de Diptères du genre *Tanytarsus*. Dans le cas des lacs les plus pauvres (lacs ultraoligotrophes de NAUMANN [1924], lacs panoligotrophes de PESTA [1929]), c'est la larve du genre *Orthocladius* la plus caractéristique. BRUNDIN (1958) considère pour sa part que, dans l'hémisphère nord, les lacs harmoniques ultra oligotrophes sont caractérisés par l'espèce *Heterotrissocladius subpilosus* et les moyennement oligotrophes par *Tanytarsus lugens*.

La présence, en toutes saisons, d'oxygène dissous dans l'ensemble de la masse d'eau permet aux organismes les plus exigeants de vivre dans ces eaux; c'est le cas des poissons Salmonidés du groupe des Corégones *(Coregonus)*.

Nombreux sont encore les lacs oligotrophes en régions jeunes, récemment découvertes par les glaciations quaternaires sur sols cristallins, au Canada, en Scandinavie, dans les zones alpines, en altitude. En France de nombreux petits lacs des Alpes, des Pyrénées, sont oligotrophes.

2. LES OLIGOTROPHIES ET DYSTROPHIES

En fait, l'oligotrophie vraie est relativement rare. Plus souvent, les masses d'eaux présentent un certain nombre de caractéristiques étroitement liées à l'oligotrophie et plusieurs autres qui devraient les ranger dans une autre catégorie (état, âge relatif différent).

Il existe en effet une oligotrophie primaire (LUNDBECK, 1934) ou oligotrophie édaphique fondamentale (RAWSON, 1955) que nous appellerons ici plus simplement **oligotrophie vraie** et une **oligotrophie secondaire** ou morphométrique. Dans les régions climatiquement propices, les eaux d'un lac peuvent en effet être capables de subvenir aux besoins d'une grande quantité de plancton (biomasse importante) alors que la présence d'un rapport $\frac{H}{E}$ élevé, c'est-à-dire d'un hypolimnion de grande importance relative, ne permet pas de voir s'instaurer un fort déficit en oxygène. Il y aura alors superposition d'une oligotrophie morphométrique statique à une eutrophie primaire. Parfois vient s'ajouter une oligotrophie morphométrique dynamique, quand des affluents importants injectent en profondeur des eaux pauvres et oxygénées en période de stratification thermique ; c'est le cas dans les lacs alimentés par les eaux de fonte de glaciers.

Ce cas est d'autant plus intéressant qu'il s'accompagne souvent d'une productivité relativement élevée par suite de la lenteur d'accumulation des sels nutritifs qui, restant toujours disponibles dans la masse d'eau, permettent le développement équilibré des organismes en tous temps.

Ceux-ci répondent principalement aux influences édaphiques et peuvent ne pas apparaître dans les lacs à oligotrophie d'origine morphométrique, hydrologique ou climatique; c'est une des raisons pour lesquelles le nombre d'espèces de certains groupes présents dans le plancton est moins significatif écologiquement que le nombre d'individus de l'espèce dominante et c'est pourquoi RAWSON (1956) en conclut que « les quotients phytoplanctoniques sont d'un intérêt limité pour le limnologiste ».

Rappelons cependant ici, que THUNMARK (1945) et NYGAARD (1947) ont défini des quotients d'association végétale que GAYRAL (1954) a calculés pour les lacs marocains : Si

$$C = \frac{Cy + Ch + Ce + Eu}{De}$$

Cy représentant le nombre d'espèces de Cyanophytes recensées dans le milieu considéré;
Ch le nombre de Chlorophycées Chlorococcales;
Ce le nombre de Diatomées (Bacillariophycées) Centrales;
Eu le nombre d'Eugleninées (Euglenophycées); et
De le nombre de Desmidiacées (Chlorophycées);

C est inférieur à 1 dans les eaux oligotrophes.

Toutes les masses d'eaux n'ont pas le même âge physiologique. Les unes, grâce à la présence dans leurs eaux d'une quantité notable de calcium évolueront plus vite que les autres. D'autres verront leur métabolisme plus ou moins momentanément bloqué par des inhibiteurs d'origine minérale ou organique. C'est le cas pour les masses d'eaux sous l'action permanente de produits allochtones d'origine végétale tels que les acides humolimniques. Ces eaux sont brunes, le plus souvent assez acides, peu transparentes, riches en molécules de nature colloïdale (pseudosolutions), pauvres en électrolytes, notamment en calcium. Les matières humiques qui les caractérisent se déposent au fond en même temps que les matériaux allochtones (tourbes) contribuant à constituer un dépôt de type dy (voir chap. IX D).

La nature de ces matières humiques et des dépôts correspondants confère à l'eau des propriétés biologiques spéciales.

La distribution de l'oxygène y est clignograde, le plus souvent avec absence totale d'oxygène au voisinage du fond.

Nous savons par ailleurs que le dy a des propriétés réductrices certaines, si bien que, même en période de circulation, il n'y aura qu'oxydation partielle du sédiment, ne serait-ce qu'à cause de la présence à l'interface sol-eau d'une couche, parfois épaisse de plusieurs décimètres, d'un floculat dont l'étude détaillée reste à entreprendre.

La flore littorale est souvent réduite bien que les espèces fixées puissent s'y maintenir et y constituer même localement un début de ceinture zonée *(Carex, Litorella, Scirpus...).* La flore planctonique est pauvre quantitativement, ne présente pas d'espèces franchement dominantes (fleurs d'eau); elle est constituée surtout de Chlorophycées (Desmidiées), de Dinophycées (Péridiniens), de Chrysomonadines. La faune de fond comprend des formes euryoxybiontes rares (0 à 20 individus au mètre carré), notamment des Diptères du groupe des Chironomides (s. str.) tels que *Chironomus plumosus, Chironomus tenuistylus.* Dans la faune planctonique profonde existe parfois en abondance la larve transparente de *Chaoborus.* Le zooplancton, souvent riche, comprend des Protistes, des Rotifères, des Cladocères, quelques espèces de Copépodes. Les Poissons sont mal représentés. Ce type très particulier de lac à évolution lente et caractéristique a été appelé **dystrophe**. HANSEN (1961) préfère appeler ce type : polymictique car dystrophe veut dire riche en humus et non riche en substances nutritives de type humique. Très souvent, ce sont des lacs sur terrains acides, en forêt de conifères ou possédant, associée, une tourbière à *Sphagnum* comme rivage partiel. L'étude de ces eaux dystrophes relève plus de la biochimie que de la limnochimie traditionnelle. Elle serait d'un intérêt tout particulier pour la compréhension des phénomènes de physiologie et de fossilisation des matières organiques d'origine végétale.

Citons en France, comme lacs dystrophes typiques, le lac Luitel près de Grenoble, le lac de Lispach dans les Vosges.

Quand la teneur en calcium augmente sans que s'atténue pour autant la couleur brune des eaux dues aux acides humiques, il y a passage à un type de lac très particulier étudié par JÄRNEFELT (1925) et dénommé par lui type **mixotrophe**, qui se rencontre notamment en Finlande, en Norvège.

Bien d'autres types de lacs pauvres existent. Nous avons vu que parfois, en région volcanique, l'acidité de l'eau pouvait être fortement accrue par les apports d'acides forts libres; ces eaux dites **oxytrophes** sont évidemment peu propices à la vie. Quand ce sont des bases fortes qui alcalinisent considérablement le milieu, le lac est appelé **conitrophe** (STRØM, 1946).

L'évolution d'une masse d'eau peut également être longtemps bloquée par un simple phénomène physique : basse température, apports minéraux. C'est le cas des lacs monomictiques froids et de ceux de type **cryotrophes** recevant en grandes quantités, des eaux glaciaires, riches en argiles. Les « lacs blancs » des Alpes sont souvent à ranger dans cette catégorie. Les lacs Brammans et Bellan (Isère) au pied du glacier de l'Étendard sont de ce type, ainsi que le lac Noir de Cestrède en Pyrénées Centrales (DUSSART, 1952).

Quand des eaux troubles et riches en argiles arrivent régulièrement, par lessivage latéral de sols plus ou moins tourbeux, dans un lac à eaux brunes, elles lui donnent un type dit **pelotrophe** très particulier, en le stérilisant littéralement. Ces lacs sont rares et d'intérêt médiocre.

B. — L'EUTROPHIE

Un lac oligotrophe vrai, au cours du temps, évolue. Sous l'influence constante des apports extérieurs, il finit par s'enrichir en substances nutritives qui permettent un accroissement plus important des populations puis une modification des peuplements qui permet une accélération du processus. A l'échelle humaine, cette évolution est le plus souvent imperceptible. A l'échelle géologique elle montre une certaine discontinuité.

Après une longue phase d'évolution lente, s'instaure une période d'évolution accélérée qui permet d'atteindre une phase suivante d'évolution lente. L'âge différent de la plupart des lacs du globe fait qu'à l'heure actuelle, nous avons sous les yeux tous les termes de passage entre lacs oligotrophes vrais et ceux qui sont dénommés depuis NAUMANN (1921) **lacs eutrophes**. Ceux-ci sont arrivés au dernier stade d'évolution qui va les mener irrémédiablement à leur comblement, leur disparition, leur mort.

Entre lacs oligotrophes vrais et lacs eutrophes vrais, un stade intermédiaire peut être défini. Sa stabilité dépend de la vitesse d'évolution de la masse d'eau considérée; il n'a de valeur qu'à l'échelle humaine, c'est le stade *mésotrophe*.

Considéré comme un type oligotrophe dégradé, le type mésotrophe se caractérise par un déficit relatif en oxygène compris entre 0,5 et 1 $mg \cdot cm^{-2}$

par mois. La répartition de l'oxygène est maintenant plus ou moins clinograde; les sédiments s'enrichissent en matières organiques putrescibles. La flore planctonique est surtout caractérisée par les espèces suivantes :

Fragilaria crotonensis	Bacillariophycée
Ceratium hirundinella	Dinophycée
Pediastrum boryanum	Chlorophycée
Pediastrum duplex.................	Chlorophycée
Coelosphaerium naegelianum	Chlorophycée
Anabaena spp....................	Cyanophyte
Aphanizomenon flos-aquæ	Cyanophyte
Microcystis æruginosa	Cyanophyte

Le coefficient phytosociologique de NYGAARD (1947) est supérieur à 1, mais inférieur à 2,5.

Les Salmonidés à petite bouche (Corégones) ont tendance à disparaître tandis que ceux à grande bouche (Truites) se développent bien.

Le type mésotrophe, très intéressant en écologie appliquée, n'est qu'un état transitoire qui caractérise les lacs dont l'équilibre biologique est en voie de transformation.

Il se caractérise, aux yeux de l'observateur, par une succession de modifications, par une fluctuation des critères, par une plus grande perméabilité aux agents externes, par une sensibilité considérable. Chaque incident climatique, réversible ou non, périodique ou non, se traduit par une modification d'ensemble, modification elle-même plus ou moins réversible. La mésotrophie, qu'elle soit accusée ou non, n'est donc qu'un état passager dont l'étude réclame le plus grand soin et qui ne permet d'interprétations qu'actuelles et provisoires. Trop de facteurs, dont l'homme n'est pas maître, influencent l'évolution des lacs arrivés à ce stade pour que leur étude autorise la moindre extrapolation. En d'autres termes, la mésotrophie, une fois constatée, il convient de rechercher les causes primaires qui ont permis son instauration et se limiter à elles seules, les causes secondaires et leurs effets n'ayant de permanent que le crédit qu'on leur accorde. Le Léman est à ce stade.

1. L'EUTROPHIE VRAIE

Pour THIENEMANN (1925), un lac réellement eutrophe est un lac de plaine assez peu profond, au rapport $\frac{H}{E}$ petit, aux eaux vertes à brunâtres peu ou très peu transparentes et riches en substances nutritives et en calcium.

Les dépôts de fond sont de type gyttja et contiennent donc des substances putrescibles en grande quantité.

La distribution de l'oxygène est soit clinograde, soit hétérograde positive en saison chaude; il n'y a jamais plus de 40 % d'oxygène dissous en zone profonde. Il peut y avoir, en période de circulation, oxygénation momentanée de cette zone profonde (lacs relativement profonds), mais le déficit relatif en oxygène y est toujours supérieur à 1 $mg \cdot cm^{-2}$ par mois. Le plancton est abondant surtout dans les couches superficielles et sujet à de relativement faibles migrations verticales journalières. Les Cyanophytes sont généralement mieux représentées que les Chlorophycées et peuvent former des fleurs d'eau si une espèce prolifère au point de dominer nettement.

La faune de fond est pauvre en espèces, constituée de formes euryoxybiontes, notamment des Oligochètes et des larves de Diptères du type *Chironomus plumosus* et, dans le zooplancton profond, du type *Chaoborus*. Quantitativement par contre, cette faune est riche et peut être évaluée à 2 000 à 10 000 organismes au mètre carré (20 à 100 g).

Cette faune est irrégulièrement répartie en profondeur et n'est que peu utilisée par les poissons qui ne s'aventurent guère en cette zone où les conditions de vie sont défavorables aux animaux aérobies durant une bonne partie de l'année.

LUNDBECK (1936) préfère séparer les lacs à *Ch. bathophilus* de ceux à *Ch. plumosus*, tandis que RAWSON (1956) considère que l'organisme caractéristique du phytoplancton est *Microcystis flos-aquæ*. Pour les phytosociologues, le quotient de NYGAARD dépasse 2,5 et peut atteindre même 5 en milieu strictement naturel (GAYRAL, 1954).

De nombreux lacs européens, surtout dans la province baltique, sont eutrophes. HUTCHINSON (1938), étudiant les lacs eutrophes à forte teneur en réserves alcalines du Wisconsin (U.S.A.), les considère comme plus eutrophes encore (déficit en oxygène de plus de 2 $mg \cdot cm^{-2}$ par mois).

2. LES EUTROPHIES APPARENTES

Dans bien des cas, l'eutrophie d'un lac n'est qu'apparente; c'est ce qui se passe dans les lacs très peu profonds quoique pouvant être stratifiés. La zone tropholytique est alors très petite par rapport à la zone trophogène et même si l'apport de substances nutritives est faible, il y a accumulation des produits de dégradation de la matière organique. Ces produits se concentrent dans l'hypolimnion réduit en provoquant un fort déficit en oxygène et une **pseudoeutrophie.**

En montagne enfin, les apports allochtones peuvent être saisonnièrement si importants que, même en lac cryotrophe, la production *secondaire* peut être de l'ordre de grandeur de celle d'un lac eutrophe. STEINBÖCK (1953) a appelé ces lacs **cryoeutrophes** pour mettre en valeur le paradoxe qu'ils représentent. Les apports allochtones sont avant tout des poussières organiques (pollens) et des insectes terrestres ou aquatiques qui viennent survoler la surface des eaux et s'y noyer ou s'y faire prendre par les poissons « moucheronneurs ».

C. — ÉVOLUTION PROVOQUÉE

Dans de très nombreux cas, l'évolution d'une masse d'eau dépend non seulement des facteurs qui concourent fortuitement à lui donner son sens mais aussi de l'action de l'homme qui, volontairement ou non, introduit dans le milieu considéré des causes de déséquilibre, d'évolution. Ainsi est-ce le cas par introduction dans un lac de déchets organiques, purins, restes divers de l'activité humaine. Il y a alors **pollution.**

Les exemples ne manquent pas de lacs ainsi fortement sous l'influence de l'homme, soit par des apports directs (lac Chambon dans le Massif Central) dus aux installations de baignades, camping, etc., soit par des apports collectés (égouts), un lac étant souvent encore considéré comme la plus efficace des usines d'épuration par voie biologique.

Nous avons vu au cours des chapitres précédents que certains éléments et notamment les phosphates, sont des facteurs limitants. Or, épurées ou non, les eaux ménagères sont très riches en phosphore. Déversées dans un lac, elles servent d'engrais liquides, permettent un meilleur développement de la flore planctonique pélagique et littorale et accroissent ainsi la biomasse et conjointement la production; il y a **eutrophisation.**

Les lacs sont en effet des pièges à substances nutritives dont ils sont en même temps les victimes. (DUSSART, 1956).

Nous ne nous étendrons pas ici sur cet aspect de la limnologie qui relève de l'écologie appliquée.

Dans bien des cas et plus particulièrement dans les masses d'eau (étangs) dont on retire une partie de la biomasse à des fins utilitaires (à l'homme), cette eutrophisation est souhaitée, provoquée, contrôlée. Par introduction de superphosphates, de nitrates, de chaux, en quantité calculée, l'aménagiste favorise certaines espèces intéressantes servant de maillons à une chaîne alimentaire dont les termes ultimes sont les produits agronomiques recherchés.

Shelske, Hooper et Haertl (1962) ont de même provoqué l'accroissement substantiel de production d'un petit lac calcaire de 5 hectares et de 12,6 m de profondeur en y introduisant un complexe du fer sous forme de sulfate ferreux (SO_4Fe, $7H_2O$) ajouté à un sel de sodium d'acide N-hydroxyéthylènediamine triacétique et qui donne par chélation et oxydation un complexe ferrique. Cet accroissement de production était encore multiplié par 15 après addition d'un engrais minéral à teneur équilibrée en azote, phosphore et potassium.

L'homme n'agit pas seulement sur les lacs dans le sens de l'eutrophisation. Il peut aussi bloquer certains métabolismes, appauvrir certaines biomasses, redonner une certaine santé à des masses d'eaux considérées comme malades **(oligotrophisation).**

Les développements intempestifs de flore littorale peuvent être réduits, arrêtés, grâce aux hormones anti-herbes (l'acide 2,4-dichlorophénoxyacétique (2,4 D) par exemple. Les conferves et autres algues plus ou moins filamenteuses peuvent être détruites par le sulfate de cuivre distribué en quantités faibles dans les zones infestées (l'ion cuivre est toxique même à faible concentration), etc. Le lac Mendota (U.S.A.) est un des lacs les mieux « traités » de cette manière.

L'expérience du lac de Bret (Suisse) est également très instructive. Dans ce lac, les eaux profondes sont pompées et distribuées comme eau d'alimentation dans l'agglomération lausannoise. Or ces eaux sont, l'été, dépourvues d'oxygène alors que leur teneur en fer est assez élevée (lac eutrophe). Au contact de l'air, donc à l'utilisation, ces eaux se réoxygénaient et le fer précipitait sous forme d'hydrate ferrique (rouille). Pour remédier à cet inconvénient grave, Mercier (1948, 1955) a imaginé et réalisé une aération des eaux profondes du lac en période de stratification, par simple pompage, puis dispersion de l'eau contre un plafond parabolique, dispersion au cours de laquelle cette eau s'aère. Aérée, elle est retournée au lac à la même profondeur. Le fer est ainsi précipité *in situ*, les bactéries du fer *(Crenothrix polyspora)* ne peuvent plus se développer inconsidérément dans les canalisations, le pH de l'eau augmente et sa teneur en CO_2 libre (agressif) diminue; les sédiments du lac sont, par voie de conséquence, plus clairs, moins putrides.

Sans qu'il soit possible de dire qu'il y a eu oligotrophisation du lac de Bret, on doit admettre que plusieurs facteurs majeurs d'évolution ont été modifiés en ce sens et c'est là un des plus nobles résultats de la limnologie appliquée.

CHAPITRE XXII

L'OBLITÉRATION DES CUVETTES

Nous avons vu dans les chapitres précédents que toute cuvette de l'écorce terrestre, remplie d'eau, passait par un stade primitif dit oligotrophe dont la durée était fonction des conditions de milieu et de développement des organismes qui la colonisaient. Nous avons noté également que, mis à part quelques exceptions, quelques cas particuliers (lacs acidotrophes, conitrophes, méromictiques, etc.), l'évolution normale d'une masse d'eau oligotrophe entraînait celle-ci par phases successives vers l'état eutrophe. Ce dernier état est, d'autre part, caractérisé par une capacité de production importante qui entraîne une possibilité de dépôts s'accroissant avec le temps et qui peu à peu comblent le lac.

L'oblitération d'une cuvette lacustre peut être due à deux causes :

A. Apports de matériaux allochtones d'origine minérale ou organique;

B. Sédimentation organique ou biogénique liée à la production dans la cuvette même.

A. — APPORTS ALLOCHTONES

L'apport de matériaux allochtones d'origine minérale est le fait des affluents. Nous avons vu (chap. V et IX) comment s'effectuait le comblement littoral par action conjuguée de cet apport et des courants. Nous avons eu également une idée quantitative de la vitesse de comblement par avancement d'un delta, qu'il soit de type normal (fig. 25a) ou qu'il s'avance en constituant un éventail sédimentaire plus ou moins raviné.

Cette forme d'oblitération est avant tout caractérisée par l'hétérogénéité relative des matériaux constitués de graviers, sables et sablons dont l'apport est discontinu (crues).

En certains endroits peuvent s'organiser des pièges à matériel trié (baies); dans d'autres, les dépôts, très variables en quantité comme en qualité, se fossiliseront en donnant des sédiments de type turbidites (LOMBARD, 1956).

Les apports d'origine organique, si l'on excepte les pollens et matériaux entraînés par le vent (feuilles) ou par les eaux de ruissellement et courants (branches, etc.), sont surtout les débris de végétation littorale, partiellement décomposés et qui viennent constituer en profondeur un tapis de substances difficilement destructibles et en voie de fossilisation. Il évoluera en dy, puis en tourbe fossile (cf. chap. IX).

B. — DÉPOTS AUTOCHTONES

Ce sont les plus intéressants du point de vue limnologique. Ils sont constitués, soit de matériel minéral (carbonate de calcium, soufre, silice par exemple), soit de matériel organique (débris, cadavres, matières organiques décomposables lentement, etc.). Le mode de dépôt varie non seulement avec la nature de la population qui donne naissance à ces produits du métabolisme, mais également avec les caractéristiques essentielles du climat.

Un bon exemple de cette constatation est à rechercher dans le lac de Zürich, bien étudié à ce point de vue par NIPKOW (1920), MINDER (1943), JAAG, ZÜLLIG (1953, 1955), etc.

Dans ce lac, des fleurs d'eau sont apparues surtout depuis 1895. Au-dessus d'une sédimentation à prédominance calcaire (gyttja carbonaté) une stratification annuelle des dépôts par alternance des apports a commencé à cette époque de se manifester.

Au printemps, le carbonate de calcium est prédominant tandis qu'en automne, ce sont les frustules de Diatomées *(Tabellaria fenestrata)* et le sulfure de fer noir et d'origine organique (décomposition des molécules contenant du soufre, cystéines, etc., et activité des bactéries minéralisatrices, sulfobactéries...) produit par la destruction des *Oscillatoria rubescens* proliférant dans le lac.

Pendant 3 ans le développement massif de ces organismes a provoqué un dépôt saisonnier noir alternant avec la sédimentation normale au fond du lac.

Dans le même temps, la faune benthique disparaît dans les couches profondes du lac de Zürich, qui seront désormais désoxygénées chaque année.

En 1898 et 1900, un apport allochtone par glissement et formation d'un courant de turbidité provenant de Rüschlikon vient perturber cette stratification, mais dès 1901 il est possible de la suivre à nouveau. En 1906, la fleur d'eau est provoquée par *Melosira islandica* var. *helvetica*; en 1918 un nouveau glissement de terrain, cette fois depuis Oberrieden, comble le lac sur 1 cm d'épaisseur à l'emplacement de l'observation.

Ainsi, par étude attentive des sédiments stratifiés, il est possible, d'une part de situer dans le temps et dans l'espace l'importance des courants de turbidité, glissements, etc., participant au comblement de la cuvette et d'autre part, d'évaluer la vitesse de sédimentation autochtone, alternativement claire (calcaire) et foncée (sulfures).

Dans le Léman, des faits analogues sont observables. Par 300 m de fond entre Pont-Rouge et Lutry, non loin de la côte française une carotte de 85 cm de long montrait la succession suivante (fig. 100) :

Au-dessous de 160 mm de sable vaseux, plus ou moins micacé et non stratifié (coulée boueuse), une couche de 15 mm de vase noirâtre correspondrait à une courte période (1 an?) de sédimentation autochtone avec fleur d'eau à Diatomée *(Tabellaria fenestrata)*, comme en 1947 et 1949. Puis une épaisse couche de 275 mm de sable rhodanien micacé, granoclassé, provient d'une coulée dans le ravin sous-lacustre du Rhône qui débouche ici dans la plaine centrale du lac. Au-dessous, et brutalement interrompue par cette coulée sableuse (courant de turbidité), une boue plus ou moins micacée, assez bien stratifiée, permet de reconnaître une sédimentation annuelle variable allant de 1,3 mm à 4,4 mm. Des petites incursions sableuses de quelques millimètres, surtout à la base de la carotte, montrent que les coulées sableuses se reproduisent irrégulièrement dans le temps et n'atteignent cet endroit du lac que rarement avec la puissance notée ci-dessus.

Pour le Léman, cet exemple est assez exceptionnel. Ailleurs, la sédimentation autochtone est prédominante et dans la partie occidentale du lac ne montre pas aussi nettement une stratification annuelle (varves organiques) et au même endroit des coulées de matériel glissé.

Les recherches effectuées par FAVRE (1935), JOUKOWSKY et BUFFLE (1938) et LÜDI (1939) sur la partie genevoise du lac montrent en effet que le comblement du lac en cette région est essentiellement dû au dépôt d'une « craie lacustre » gris-clair assez souvent finement stratifiée. D'après les sondages effectués, il y en aurait de 10 à 16 m d'épaisseur au-dessus de 1 à 2 m de couche argilo-sablonneuse glacio-lacustre, faisant transition avec la marne glacio-lacustre bien stratifiée, varvée et qui se serait déposée

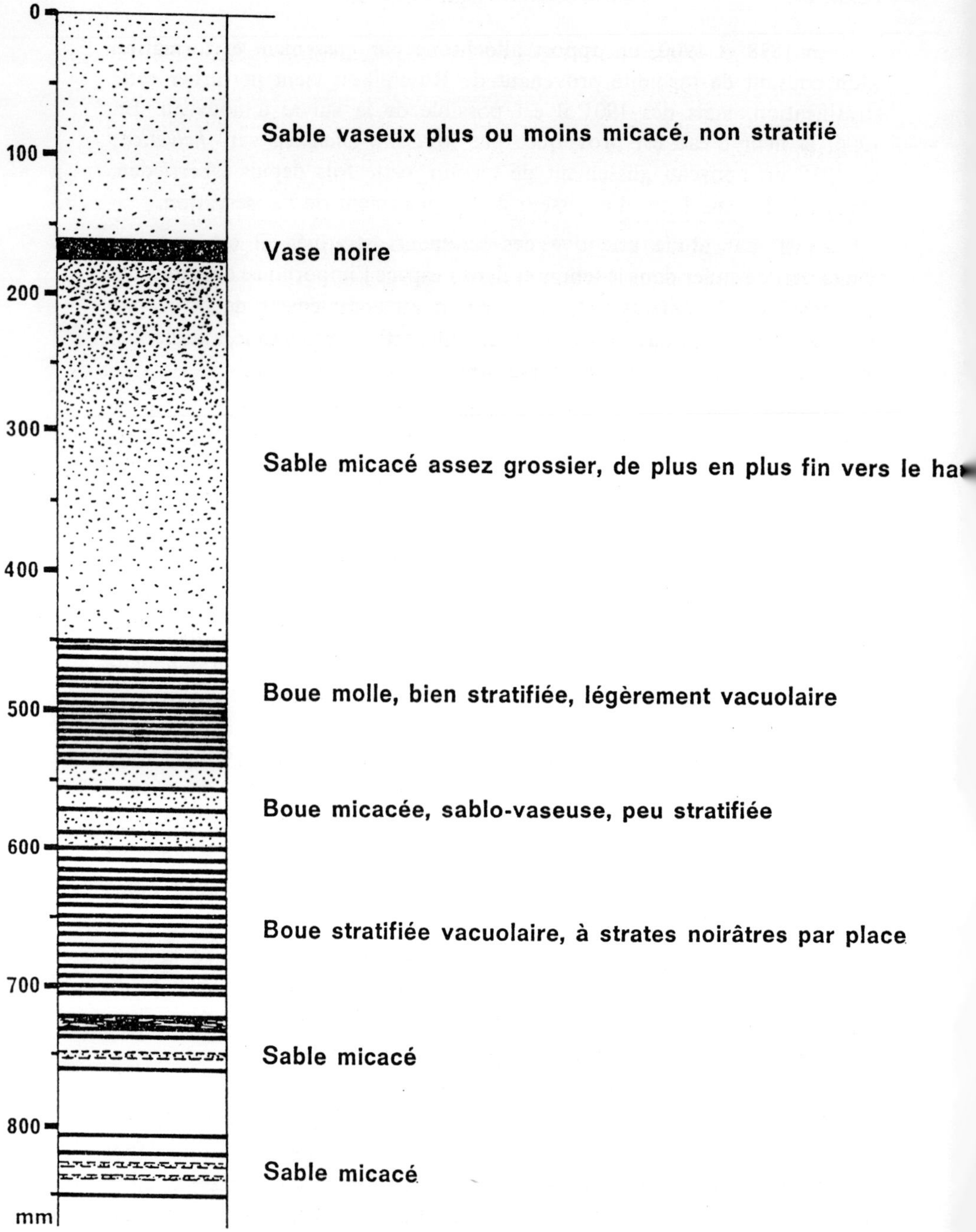

FIG. 100. — Sédiments du fond du Léman entre Évian (Pont rouge) et Lutry. — Orig.

à l'époque où le lac était recouvert d'une couverture glacée (glacier rhodanien Würmien).

L'étude des débris contenus dans les sédiments, renseigne d'autre part sur la nature des organismes peuplant les eaux et les régions avoisinantes. La palynologie comparative permet de différencier les diverses étapes climatiques de la région et souvent de dater les couches; mais c'est l'étude détaillée des autres restes et débris qui semble la plus intéressante du point de vue paléolimnologique. JOUKOWSKY (*op. cit.*) a mis en évidence des restes de coccolithophoridés dans le glacio-lacustre, mais nous ne savons pas si ces restes sont en place ou s'ils ne proviennent pas de la désagrégation des roches transportées par le glacier (remaniement). FAVRE (1935) a montré combien la faunule crustacéenne était riche en individus (Cladocères, Copépodes, Ostracodes) dès le début de la colonisation biologique du Léman et FREY (1960) a pu suivre, grâce aux restes de Chydoridés des sédiments de 4 lacs du Wisconsin, l'évolution de ces lacs dont la densité de populations est différente. Il arrive à la conclusion que la quantité de restes de Cladocères dans les sédiments peut être regardée comme un indicateur de la production passée d'un lac.

L'étude détaillée des sédiments renseigne donc sur le mode de dépôt, son origine, la florule et la faunule d'accompagnement. Elle renseigne aussi sur la vitesse d'évolution d'un lac, comme l'a montré DEEVEY (1955) en comparant le Windermere, le grand lac de Plön et le Linsley Pond.

Au cours de l'ontogenèse, un lac voit en effet son hypolimnion diminuer de volume et nous avons vu, au cours des chapitres précédents, les nombreuses conséquences d'une telle évolution. Le déficit relatif en oxygène, dont la valeur critique pour l'hypolimnion peut être prise de 1 $mg \cdot l^{-1}$ en août renseigne sur les conditions principalement oxydantes ou principalement réductrices au niveau des sédiments.

Le Linsley Pond, dont le déficit est actuellement de 0,072 $mg.cm^2.jour^{-1}$ a atteint cette valeur critique dès l'époque boréale, tandis que le lac de Plön n'entra dans sa phase « réduite » qu'à la fin de l'époque atlantique, son déficit actuel étant de l'ordre de 0,106 $mg \cdot cm^{-2} \cdot jour^{-1}$.

Le Windermere, pour sa part, est encore au début de son évolution et la valeur de son déficit relatif actuel en oxygène est encore de 0,050 $mg \cdot cm^{-2} \cdot jour^{-1}$ d'après MORTIMER (1941-1942).

Le comblement progressif d'un lac est un processus accélératif si l'on considère que le volume restant à combler chaque année diminue chaque fois et que la production tend à augmenter pendant le même temps.

L'histoire du globe terrestre au cours des derniers millénaires nous permet de penser que cette augmentation de la production est avant tout liée à une meilleure adaptation des organismes aux conditions actuelles de milieu (températures plus élevées, maturation des sols avoisinants, augmentation de la teneur en CO_2 de l'air, etc.). Il ne faut donc pas s'exagérer le rôle de l'homme dans l'eutrophisation des lacs. L'existence des lacs naturellement et biogéniquement méromictiques semble prouver que les conditions climatiques d'ensemble sont les premières responsables de ces changements de productivité des eaux.

L'homme, par contre, n'a pas pris assez tôt conscience des exigences des lacs et des soins qu'il fallait leur apporter pour ne pas aider la nature à les eutrophiser rapidement. L'évolution agricole et industrielle de l'homme, au cours des vingt derniers siècles, n'est une catastrophe aux yeux du limnologue que parce que dans le même temps le rôle des sciences naturelles et écologiques pour le progrès de l'humanité était manifestement sous-estimé.

C. — REMPLISSAGE

Arrivé à un stade suffisamment avancé, un lac voit sa zone littorale prendre le pas sur la zone pélagique tandis que le fond se colonise progressivement, s'incorporant à la zone sublittorale. Il y a donc d'abord suppression de la zone profonde (fig. 101).

La suppression de la zone sublittorale survient quelque temps après, donnant au lac son aspect d'étang au sens trivial du terme. La végétation fixée (rhizomenon) colonise le fond en tous les endroits, le biotection devient le groupement dominant. Le comblement s'accélère alors et très rapidement la profondeur diminue, au point de permettre l'implantation de graminées en touffes qui, par surélévation, font passer la collection d'eau au stade du marais, du marécage, de la zone marécageuse puis de la prairie humide.

Quand les eaux lacustres sont acides, le processus est quelque peu différent : après un stade au cours duquel se dépose au fond un protopédon plus ou moins calcifié ayant parfois même l'apparence de maerl, s'instaure un dy-gyttja qui évolue en dy. Conjointement, la ceinture littorale se développe et constitue un anneau tourbeux plus ou moins continu, qui peut s'avancer vers les eaux libres et constituer ainsi un tapis flottant sur lequel la végétation palustre peut se développer (notamment les curieuses plantes carnivores que sont les *Drosera, Sarracenia,* etc.). Au remplissage, il y a formation d'une tourbière basse avec, comme seuls vestiges de la période lacustre, ces fossés profonds aux berges abruptes si traitres pour le promeneur et qui finissent eux-mêmes par se combler. La tourbière est peu à peu colonisée par des essences forestières et le lac disparaît ainsi, ne laissant plus que ses dépôts, sous-jacents à la forêt qui l'a remplacé.

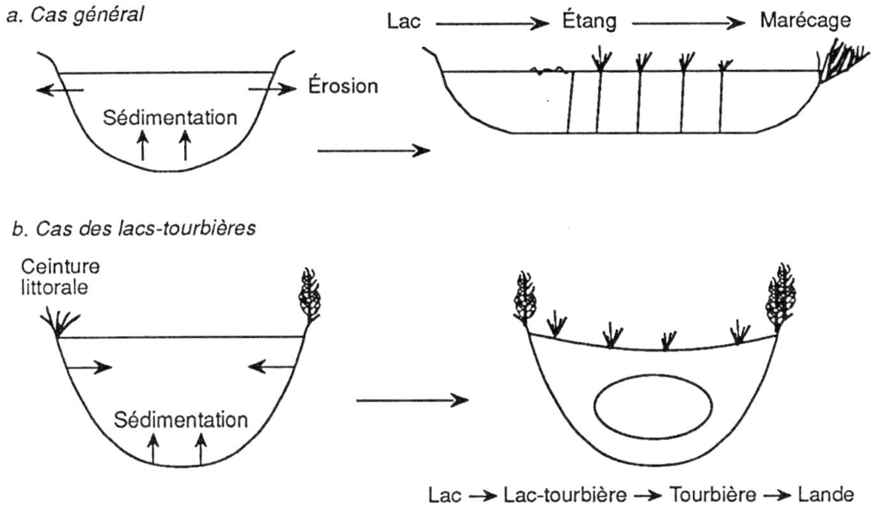

FIG. 101. — Comblement d'une cuvette lacustre d'après OLSZEWSKI, 1966, très modifié.

BIBLIOGRAPHIE INDEXÉE

A

DES ABBAYES (H.), CHADEFAUD (M.) *et al.*, 1963.— Précis de sciences biologiques : Botanique. Masson, Paris, 1039 p. **290,299,**[1])

ÅBERG (B.) et RODHE (W.), 1942. — Über die Milieufaktoren in einigen südschwedischen Seen. *Symb. bot. upsal.*, *5*, 3, 1—256. **143, 144, 159, 213, 214.**

AGUESSE (P.), 1957. — La classification des eaux poïkilohalines, sa difficulté en Camargue, nouvelle tentative de classification. *Vie Milieu*, *8*, 4, 341-365. **61, 241, 242, 511.**

AGUESSE (P.), 1961. — Contribution à l'étude écologique des Zygoptères de Camargue (Thèse, Paris). *Centr. Rég. Doc. Péd.*, Aix-en-Provence, 156 p. **385.**

AGUESSE (P.C.) et DUSSART (B.), 1956. — Sur quelques crustacés de Camargue et leur écologie. *Vie Milieu*, *7*, 4, 481-520. **389.**

AHLSTROM (E.H.), 1940. — A revision of the rotatorian genera *Brachionus* and *Platyias* with descriptions of one new species and two new varieties. *Bull. Am. Mus. nat. Hist.*, *77*, 3, 143-184. **316.**

AHLSTROM (E.H.), 1943. — A revision of the rotatorian genus *Keratella* with descriptions of three new species and five new varieties. *Bull. Am. Mus. nat.Hist.*, *80*, 12, 411-457. **316.**

AIRY (G.B.), 1845. — Tides and Waves. *Encycl. Metropol. London*, 5, 241-396. **198.**

AKEHURST (S.C.), 1931. — Observations on pond life with special reference to the possible swarming of phytoplancton. *J. R. microsc. Soc.*, *51*, : 237. **461, 507.**

ALBRECHT (M.-L.), 1953. — Die Plane und andere Flämingbäche (Ein Beitrag zur Kenntnis der Fliessgewässer der Endmoränenzüge der Nord-deutschen Tiefebene). *Z. Fisch.* (n.f.), *1*, 390-473. **396.**

ALEEM (A.A.), 1949. — A quantitative method, for estimating the periodicity of diatoms. *J. mar. biol. Ass. U.K.*, *28*, 3, 713-717. **410.**

ALEKIN (O.A.), 1962. — Grundlagen der Wasserchemie. Eine Einführung in die Chemie natürlicher Wässer. VEB Deutscher Verlag, Leipzig, 260 p. **166.**

ALGEUS (S.), 1949. — Alanine as a source of N for green Algae. *Physiologia Pl.*, *2*, 266-271. **454.**

ALLEE (W.C.), PARK (O.), EMERSON (A.E.), PARK (T.) et SCHMIDT (K.P.), 1949. — Principles of animal ecology. Saunders, W.B. Cie, Philadelphia, 837 p. **425.**

ALLGEIER (R.J.), HAFFORD (B.C.) et JUDAY (C.), 1941.— Oxydation-reduction potentials and pH of lake waters and lake sediments. *Trans. Wis. Acad. Sci. Arts., Lett.*, *33*, 115-133. **112.**

ALSTERBERG (G.), 1929. — Über das aktuelle und absolute O_2-Defizit der Seen im Sommer. *Bot. Notiser*, 354-376. **216.**

AMBÜHL (H.), 1959. — Die Bedeutung der Strömung als ökologischer Faktor. *Schweiz. Z. Hydrol.*, *21*, 133-264. **252.**

AMBÜHL (H.), 1962. — Die Besonderheiten der Wasserströmung in physikalischer, chemischer und biologischer Hinsicht. *Schweiz. Z. Hydrol.*, *24*, 367-380. **255.**

ANDERSON (E.R.), 1952. — Energy-budget studies. Water loss investigations, Vol. 1, Lake Hefner Studies, *Techn. Rep. U.S. Geol. Surv. Circ.*, 229, 71-119. **151.**

ANDERSON (E.R.) et PRITCHARD (D.W.), 1951. — *Physical limnology of lake Mead.* U.S. Navy Electronics Laboratory, San Diego, California, Rep. 258, Probl. NEL, 2J1, 152 p. **180.**

ANDERSON (G.C.), 1958. — Seasonal characteristics of two saline lakes in Washington. *Limnol. Oceanogr.*, *3*, 1, 51-68. **60, 91.**

ANDERSON (G.C.), 1958. — Some limnological features of a shallow saline meromictic lake. *Limnol. Oceanogr.*, *3*, 3, 259-270. **160, 229.**

ANGELIER (E.), 1952. — Le peuplement en hydracariens des eaux courantes françaises et son origine. *C.R. Somm. Séanc. Soc. Biogéogr.*, fasc. h. s, 67-74. **325.**

ANGELIER (E.), 1953. — Recherches écologiques et biogéographiques sur la faune des sables submergés. *Arch. Zool. exp. gén.*, *90*, 37-161. **321.**

ANGELIER (E.), 1953. — Le peuplement des sables submergés d'eau douce. *Année biol.*, *29*, 467-486. **321.**

1) *Les nombres en caractères gras correspondent aux pages où la référence est citée.*

ANGELIER (E.), 1954. — Acariens (Hydrachnellae et Porohalacaridae) des eaux superficielles. Contribution à l'étude de la faune d'eau douce de la Corse. *Vie Milieu*, *5*, 1, 74-148. **324.**

ANGELIER (E.) et ANGELIER (M.L.), 1964. — Étude d'une population de crapauds accoucheurs dans un lac de haute montagne. *C.R. hebd. Séanc. Acad. Sci. Paris*, *258*, 701-703. **345.**

Anonyme, 1964-65. — Handbook of Chemistry and physics.*Chemical Rubber*, 45e Ed., Cleveland, 31.

ANTONESCU (C.S.), 1931. — Über das Vorkommen eines ausgeprägten metalimnischen Sauerstoffminimums in einem norddeutschen See. (Sakrower See bei Potsdam). *Arch. Hydrobiol.*, *22*, 580-596. **214.**

APPLEGATE (V.C.), 1950. — Natural history of the sea lamprey. *Petromyzon marinus* in Michigan. *Spec. scient. Rep. U.S. Fish Wildl. Serv.*, *55*, 237 p· **343.**

ARNON (D.I.), ICHIOKA (P.S.), WESSEL (G.), FUJIWARA (A.) et WOOLLEY (J.T.), 1955. — Molybdenum in relation to nitrogen metabolism. I. Assimilation of nitrate nitrogen by *Scenedesmus*. *Physiologia Pl.*, *8*, 538-551. **459.**

ARNON (D.I.) et WESSEL (G.), 1953. — Vanadium as an essential element for green plants. *Nature*, Lond., *172*, 1039-1040. **459.**

ARNOW (P.), OLESON (J.J.) et WILLIAMS (J.H.), 1953. — The effect of arginine on the nutrition of *Chlorella vulgaris*. *Am. J. Bot.*, *40*, 100-104. **454.**

ARX (W. von), 1957. — An experimental approach to problems in physical oceanography. in : *Progress in Physics and Chemistry of the Earth*, Pergamon Press, N.Y., *2*, 1, 1-29. **185.**

ARX (W. von), 1962. — Introduction to physical oceanography. Addison-Wesley, London, 422 p. **184, 186.**

ATKINS (W.R.G.), 1923. — The phosphate content of fresh and salt waters in its relationships to the growth of the algal plankton. *J. mar. biol. Ass. U.K.*, *13*, 119-148. **223.**

AUBERT (J.), 1946. — Les Plécoptères de la Suisse Romande (thèse). *Mitt. schweiz. ent. Ges.*, *20*, 1, 128 p. **335.**

AUBERT (J.), 1949. — La répartition des Plécoptères dans le monde. *Mitt. schweiz. ent. Ges.*, *22*, 3, : 361. **335.**

AUDUBERT (R.), 1955. — Les ions en solution. I. — Équilibres électrochimiques. Press. Univ. Fr. Paris, 1 vol., 170 p. **27, 30, 34.**

AUERBACH (M.) et RITZI (M.), 1937. — Oberflächen-und Tiefenströme des Bodensees, IV. *Arch. Hydrobiol.*, *32*, 409-433. **188.**

AUVRAY (C.), 1965. — Étude du développement post-embryonnaire des Cyclopides. Influence de quelques facteurs du milieu sur celui-ci. *Diplôme d'Études sup. Paris*, 53 p., **490.**

AXELSON (J.), 1961. — On the dimorphism in *Cyclops scutifer* (SARS) and the cyclomorphosis in *Daphnia galeata* (SARS). *Rep. Inst. Fresh. Res. Drottningholm*, *42*, 169-182. **326.**

AYERS (J.C.), 1956. — A dynamic height method of the determination of currents in deep lakes. *Limnol. Oceanogr.*, *1*, 150-161. **195.**

AYERS (J.C.), 1957. — Simplified computations for the dynamic height method of current determination in lakes. *Limnol., Oceanogr.* 2, *2*, 155-157. **195.**

AYERS (J.C.), 1959. — The currents of lakes Michigan and Huron. *Great lakes Res. Inst. Publ.*, *2*, 52 p. **190, 191.**

AYERS (J.C.) *et al.*, 1956. — Currents and water masses of lake Huron. *Ontario Depart. of Lands and forests, Div. Res. Maple, Ontario, Rep.* N° 35, *Univ. Michigan, Great Lakes res. Inst. Ann. Arbor, Techn. Paper*, n° 1, 101 p. **189.**

AYERS (J.C.) *et al.*, 1958. — Currents and water masses of lake Michigan. *Great Lakes res. Inst.*, *3*, 169 p. **189.**

B

BAAS-BECKING (L.G.M.), 1925. — Studies on the sulfur bacteria. *Ann. Bot.*, *39*, 613-650. **80.**

BAAS-BECKING (L.G.M.) et MOORE (D.), 1959. — Density distribution in sediments. *J. sedim. Petrol.*, *29*, 1, 47-55. **272.**

BACHMANN (H.) et EDER-SCHWYZER (J.), 1934. — Hydrobiologische Untersuchungen im Pioragebiet. *Hidrol. Közl.*, *2*, 3/4, 1-64. **229.**

BALDI (E.), 1941. — Ricerche idrobiologiche sul Lago di Tovel. *Memorie Mus. Stor. nat. Venezia trident.*, *6*, 1-300. **445.**

BALESDENT (M.L.), 1965. — Recherches sur la sexualité et le déterminisme des caractères sexuels d'*Asellus aquaticus* LINNÉ (Crustacé Isopode). (*Thèse Nancy*), Nancy, 231 p. **329.**

BALOGH (J.), 1958. — On some problems of production biology. *Acta zool. hung.*, *4*, 89-114. **422, 423.**

BAMFORTH (S.S.), 1958. — Ecological studies on the planktonic Protozoa of a small artificial pond. *Limnol. Oceanogr.*, *3*, 4, 398-412. **312,372.**

BARDACH (J.E.), 1954. — Plankton Crustacea from the thelon watershed, N.W.T. *Can. Fld. Nat.*, *68*, 2, 47-52. **195.**

BARJAC (H. de), 1955. — Essai d'interprétation bactériologique de sols tourbeux acides. *Thèse Doct. Sci., Paris*, 160 p. **283.**

BARKER (H.A.), 1935. — Photosynthesis in diatoms. *Arch. Mikrobiol.*, *6*, 141-156. **443.**

BARLA (M.), 1957. — Types de précipitations solides dans les hautes vallées de Suse, d'Aoste et leur corrélation avec le champ électrique atmosphérique. *Météorologie*, *45-46*, 213-216. **51.**

BARNES (H.), 1959. — Apparatus and methods of oceanography. Part I : chemical. G. Allen, London, 342 p. **270.**

BATIAS (A.), 1954. — Le Lavaret du lac du Bourget. Productivité et alevinage. *Bull. fr. Piscic.*, *173*, 150-163. **377.**

BATUT (J.), 1965. — Étude de la faune submicroscopique de quelques Tourbières à *Sphagnum*. *Hydrobiologia*, *25*, 1/2, 239-276. **283.**

BAUMANN (E.), 1911. — Die Vegetation des Untersees. *Arch. Hydrobiol., suppl. Bd.*, *1*, 1-544. **354, 355.**

BAZIKALOVA (A.Y.), 1945. — Amphipodes du lac Baïkal (en russe). *Trudy baikal limnol. Sta.*, *11*, 5-440. **380.**

BAZIKALOVA (A.Y.), 1959. — New Amphipod species from the Maloye More (en russe). *Trudy baikal limnol. Sta.*, *17*, 512-519. **330.**

BEADLE (L.C.), 1957. — « Comparative physiology: osmotic and ionic regulation in aquatic animals». *A. Rev. Physiol.*, *19*, 329-358. **493.**

BEADLE (L.C.), 1959. — Osmotic and ionic regulation in relation to the classification of brackish and inland saline waters. *Arch. Oceanogr. Limnol. Roma*, *11*, 143-151. 493.

BEAUCHAMP (P. de), 1909. — Recherches sur les Rotifères, les formations tégumentaires et l'appareil digestif. *Arch. Zool. exp. gén.*, *4*, 10, 1-140. 481, 503.

BEAUCHAMP (P. de), 1938.— Les cultures de Rotifères sur chlorelles. Premiers résultats en milieu septique. *Trav. Stn. zool. Wimereux*, *13*, 27-38. 504.

BEAUCHAMP (P. de), 1952. — Un facteur de la variabilité chez les Rotifères du genre *Brachionus*. *C.R. hebd. Séanc. Acad. Sci. Paris*. *234*, 573-575. 317.

BEAUCHAMP (P. de), 1952. — Variations chez les Rotifères du genre *Brachionus*. *C.R. hebd. Séanc. Acad. Sci. Paris*, *235*, 1355-1356. 317, 372.

BEAUCHAMP (P. de), 1961. — Classe des Turbellariés. in : GRASSÉ (P.P.) : Traité de Zoologie, Masson, Paris, *4*, 1, 35-212. 314.

BEAUCHAMP (R.S.A.), 1953. — Sulphates in African inland waters; *Nature, London*, *171*, : 769. 94.

BEAUFORT (L.F. de), 1954. — Veranderingen in de flora en fauna van de Zuiderzee (thans Ijsselmeer) na de afsluiting in 1932. *Nederl. Dierk. Ver.*, 359 p. 493.

BEETON (A.M.), 1958. — Relationship between secchi disc readings and light penetration in lake Huron. *Trans. Am. Fish. Soc.*, *87*, 73-79. 145.

BEETON (A.M.), 1962. — Light penetration in the great lakes. *Great Lakes Res. Div. Inst. Sci. Techn. Univ. Michigan*, *9*, 68-76. 148.

BEHNING (A.), 1924. — Zur Erforschung der am Flussboden der Wolga lebenden Organismen. *Monografii volzh. biol. Sta. Saratov*, *1*, 1-388. 394.

BEHNING (A.), 1928. — Das Leben der Wolga. Zugleich eine Einführung in die Fluss-Biologie. *Die Binnengewässer*, *5*, 162 p. 394.

BEHRE (K.), 1956. — Die Algenbesiedlung einiger Seen um Bremen und Bremerhaven. *Veröff. Inst. Meeresforsch-Bremerh.*, *4*, 221-283. 351.

BENEZECH (C.), 1962. — L'eau, base structurale et fonctionnelle des êtres vivants. Masson, Paris, 175 p. 35.

BENTOR (Y.K.), 1961. — Some geochemical aspects of the Dead Sea and the question of its age. *Geochim. cosmochim. Acta*, *25*, 4, 239-260. 61.

BERG (A.), 1962. — Exposé des méthodes d'analyse chimique et physicochimique des eaux humiques. *Mem. Ist. Ital. Idrobiol.*, *15*, 183-206. 34.

BERG (K.), 1931. — Studies on the genus *Daphnia* O.F. MÜLLER with special reference to the mode of reproduction. *Vidensk. Meddr. dansk. naturh. Foren.*, *92*, 1-222. 512.

BERG (K.), 1934. — Cyclic reproduction, sex determination and depression in the Cladocera *Biol. Rev.*, *9*, 2, 139-174. 326.

BERG (K.), 1938. — Studies on the bottom animals of Esrom Lake. *K. danske Vidensk. Selsk. Skr.*, *9*, 8, 1-255. 493.

BERG (K.), 1961. — On the oxygen consumption of some freshwater snails. *Verh. Int. Ver. Limnol.* *14*, 1019-1022. 494.

BERG (K.), JONASSON (P.) et OCKELMANN (K.W.), 1962. — The respiration of some animals from the profundal zone of a lake. *Hydrobiologia*, *19*, 1, 1-39. 493.

BERNAL (J.D.) et FOWLER (R.F.), 1933. — A theory of water and ionic solution with particular reference to H and OH ions. *J. Chem. Phys.*, *1*, 515-548. 18.

BERNARD (Cl.), 1876. — Leçon inaugurale du cours de physiologie générale au Muséum. 212.

BERTHOIS (L.), 1958. — Technique de l'analyse granulométrique. *C.D.U.*, Paris, 64 p. 270.

BERTRAND (H.), 1948. — Les insectes hygropétriques. *L'Entomologiste*, *4*, 2, 86-100. 259.

BERTRAND (H.), 1949. — Récoltes de Coléoptères aquatiques (Hydrocanthares) dans les Pyrénées; observations écologiques. *Bull. Soc. Zool. fr.*, 74, 1-2, 24-38. 341.

BERTRAND (H.). 1950. — Quelques remarques sur la biogéographie et l'écologie des insectes aquatiques (Coléoptères). *C.R. Somm. Séanc. Soc. Biogéogr.*, *235*, 70-77. 337.

BERTRAND (H.), 1954. — Les insectes aquatiques d'Europe (Genres : Larves, Nymphes, Imagos). *Encyclop. Entomol.* Lechevalier, Paris, *I*, 556 p. *II*, 547 p. 333, 341.

BÉTANT (A.), 1918. — Observations sur le plancton de l'eau du lac de Genève (faites pendant les années 1914-1917). *Genève*, 15 p. 376.

BÉTANT (A.) et PERRENOUD (G.), 1932. — Études sur la partie occidentale du lac de Genève. I. Courants et températures. *Mém. Soc. Phys. Hist. Nat.* Genève, *41*, 2, 225-293. 189.

BEYERS (R.J.), 1963. — The metabolism of twelve aquatic laboratory microecosystems. *Ecol. Monogr.*, *33*, 281-306. 221.

BEYERS (R.J.), 1963. — A characteristic diurnal metabolic pattern in balanced microcosms. *Inst. Mar. Sci. Univ. Tex.*, *9*, 19-27. 437, 440.

BEYERS (R.J.), *et al.* 1963. — Directions for the determination of changes in carbon dioxide concentration from changes in pH. *Inst. Mar. Sci. Univ. Tex.*, *9*, 453-489. 223.

BICK (H.), 1957. — Beiträge zur Ökologie einiger Ciliaten des Saprobiensystems. *Von Wasser*, *24*, 224-246.

BILLY (G.), 1954. — Étude des courbes normales de dispersion. Élements de statistiques à l'usage des naturalistes. *C.D.U.* Paris, 212 p. 270.

BIRGE (E.A.), 1916. — The work of the wind in warming a lake. *Trans. Wis. Acad. Sci. Arts Lett.*, *18*, 2, 341-391. 159, 182.

BIRGE (E.A.) et JUDAY (C.), 1908. — A summer resting stage in the development of *Cyclops bicuspidatus* CLAUS. *Trans. Wis. Acad. Sci. Arts Lett.*, *16*, 1-9. 513.

BIRGE (E.A.) et JUDAY (C.), 1911. — The inland lakes of Wisconsin. The dissolved gases and their biological significance. *Bull. Wis. geol. nat. Hist. Surv.*, *22*, 259 p. 214, 383.

BIRGE (E.A.) et JUDAY (C.), 1922. — The inland lakes of Wisconsin. The plankton. I. Its quantity and chemical composition. *Bull. Wis. geol. nat. Hist. Surv. sr.*, *13*, 64, 222 p. 430.

BIRGE (E.A.) et JUDAY (C.), 1934. — Particulate and dissolved organic matter in inland lakes. *Ecol. Monogr.*, 4, 440-474. 109.

BIRSTEIN (Y.A.), 1951. — Aselotta. in Faune de l'URSS, Crustacés (en russe), *7*, 5, 3-143. 330.

BISHOP (C.T.), ADAMS (G.A.) et HUGHES (E.O.), 1954. — A polysaccharide from the blue-green algae, *Anabaena cylindrica*. *Can. J. Chem.*, *32*, 999-1004. 110.

BJERKNES (V.) *et al.* 1933. — Physikalische Hydrodynamik mit Anwendungen auf die dynamische Meteorologie. Springer Verlag, Berlin, *1*, 3, 797 p. **186.**

BLAVOUX (B.), DUSSART (B.), MANEGLIER (H.) et SALVETTI (C.), 1962. — La région du Léman au point de vue hydrométéorologique. « *Le Globe* », Genève, 102, 49-67. **171, 178, 181, 268.**

BLINKS (L.R.), 1955. — Photosynthesis and productivity of littoral marine algae. *J. mar. Res.*, *14*, 363-373. **440.**

BOONE (E.) et BAAS-BECKING (L.G.M.), 1931. — Salt effects on eggs and nauplii of *Artemia salina* L. *J. Gen. Physiol.*, *14*, 753-763. **98.**

BORODITCH (N.D.), 1956. — La nutrition des larves de *Chironomus cf. plumosus* et quelques autres aspects de leur biologie (en russe). *Trudy vses. gidrobiol. Obshch.*, *8.*, **404.**

BORTELS (H.), 1940. — Über die Bedeutung des Molybdäns für stickstoffbindende Nostocaceen. *Arch. Mikrobiol.*, *11*, 155-186. **459.**

BORUTZKY (E.V.), 1939. — Dynamics of *Chironomus plumosus* in the profundal of Lake Beloie (en russe), *Trudy limnol. Stn. Kosine*, *22*, 156-218. **422.**

BOUCHARDEAU (A.) et LEFÈVRE (R.), 1957.—Monographie du lac Tchad; I. *Publ. O.R.S.T.O.M., Paris*, 112 p. **171.**

BOURCART (F.E.), 1906. — Les lacs alpins suisses, étude chimique et physique. Georges et Cie, Genève, 130 p. **229.**

BOURCART (J.), 1941. — Essai d'une classification raisonnée des matériaux meubles. *Bull. Soc. géol. Fr.*, *11*, : 117. **260.**

BOURRELLY (P.), 1954. — Recherches sur les Chrysophycées : Morphologie, phylogénie, systématique (Thèse, Paris). *Revue algol., mém. h.s.*, *1*, 412 p. **377.**

BOYS (P. DU), 1891. — Essai théorique sur les seiches. *Arch. Genève*, *25*, 168 p. **198.**

BOZIC (B.), 1965. — Copépodes de quelques petits estuaires méditerranéens. *Bull. Mus. Nat. Hist. nat.*, 2e sér., *37*, 2, 351-356. **328.**

BRAIDECH (M.M.) et EMERY (F.H.), 1935. — The spectrographic determination of minor chemical constituents in various water supplies in the United States. *J. Amer. Wat. Wks Assoc.*, *27*, 557-580. **108.**

BRAND (T.), RAKESTRAW (N.W.) et RENN (C.E.). 1937. — The experimental decomposition and regeneration of nitrogenous organic matter in sea water. *Biol. Bull. mar. biol. Labs. Woods Hole*, *72*, 165-175. **296.**

BRANNON (M.A.), 1937. — Algae and growth substances. *Science, N.Y.*, *86*, : 353. **507.**

BRANNON (M.A.) et BARTSCH (A.F.), 1939. — Influence of growth substances on growth and cell division in green algae. *Am. J. Bot.*, 26, 271-279. **507.**

BREHM (V.), 1930. — Einführung in die Limnologie. Springer Verlag, Berlin, 282 p. **385.**

BRESSE (G.), 1946. — La reproduction des bouvières. *Bull. fr. Piscic.*, 141, 177-187. **350.**

BRINKHURST (R.O.), 1963. — A Guide for the identification of British Aquatic Oligochaeta. *Freshwat. Biol. Ass. Sci. Publ.*, *22*, 1-52. **320.**

BROOK (A.J.) et RZOSKA (J.), 1954. — The influence of the Gebel Aulyia Dam on the development of Nile plankton. *J. Anim. Ecol.*, *23*, 1, 101-114. **256.**

BROOKS (J.L.), 1946. — Cyclomorphosis in *Daphnia*. I. An analysis of *Daphnia retrocurva* and *Daphnia galeata*. *Ecol. Monogr.*, *16*, 409-447. **326.**

BROOKS (J.L.), 1957. — The systematics of north american *Daphnia*. *Mem. Conn. Acad. Arts Sci.*, 13, 180 p. **326.**

BROOKS (J.L.) et DEEVEY (E.S.), 1963. — New England. in D.G. FREY, Limnology in North America. Univ. Wis. Press, Madison, 117-162. **427.**

BROWN (A.H.) et FRENKEL (A.W.), 1953. — Photosynthesis. *A. Rev. P. Physiol.*, *4*, 23-58. **446.**

BRUCE (E.L.), 1941. — Rock alterations by hydrothermal solutions in certain canadian localities. *Trans. R. Soc. Can.*, 3, 4, 35, : 31. **58.**

BRUCE (J.P.), 1960. — Great lakes research. *Great lakes Res. Div., publ.*, *4*, 3-8. **191.**

BRUJEWITSCH (S.W.), 1939. — La répartition et la dynamique de la matière vivante dans la mer Caspienne. *Dokl. Akad Nauk*, *25*. **496, 497.**

BRUNDIN (L.), 1956. — Die Boden faunistischen Seetypen und ihre Anwendbarkeit auf die Südhalbkugel zugleich eine theorie des Produktions-biologischen Bedeutung der glazialen Erosion. *Rep. Inst. Freshwat. Res. Drottningholm*, *37*, 186-235. **341.**

BRUNDIN (L.), 1958. — The bottom faunistical lake type system and its application to the southern hemisphere. Moreover a theory of glacial erosion as a factor of productivity in lakes and oceans. *Verh. Int. Ver. Limnol.*, *13*, 288-297. **523.**

BRYSON (R.A.) et RAGOTZKIE (R.A.), 1954. — Preliminary report of internal waves in lakes. *Rep. Univ. Wis. Lake invest. Comm.*, n° 11, 17 p. **206, 208.**

BRYSON (R.A.) et STEARNS (C.R.), 1959. — A mechanism for the mixing of the waters of lake Huron and South Bay, Manitoulin island. *Limnol. Oceanogr.*, *4*, 3, 246-251. **200.**

BRYSON (R.) et SUOMI (V.E.), 1951. — Midsummer renewal of oxygen within the hypolimnion. *J. mar. Res.*, *10*, 263-269. **195.**

BUCHNER (H.), 1936. — Experimentelle Untersuchungen über den Generationswechsel der Rädertiere. *Z. indukt. Abstamm-u-Vererblehre*, *72*, 1-49. **504.**

BUCHNER (H.), 1941. — Experimentelle Untersuchungen über den Generationswechsel der Rädertiere. II. *Zool. Jber. Neapoll*, *60*, 3, 279-344. **504.**

BUCK (H.), 1959. — Biologische Güteuntersuchungen der Fliessgewässer Nordwürttembergs. In : *Biologische Flussüberwachung. Ergebnisse 1953-1958*. Stuttgart, **403.**

BULLOCK (T.H.), 1955. — Compensation for temperature in the metabolism and activity of poikilotherms. *Biol. Rev.*, *30*, 311-342. **492.**

BULTOT (F.), 1950. — Régimes normaux et cartes des précipitations dans l'Est du Congo Belge. *Publ. INEAC, Bur. Climatol., Comm.*, *1*. **264.**

BURKSER (E.S.), FEDOROWA (N.E.) et SAIDIS (B.B.), 1952. — Les précipitations atmosphériques et leur rôle dans la migration des éléments chimidues à travers l'atmosphère (en russe). *Trav. Observ. Géophys. Kiev*, *1*. **167.**

BUTCHER (R.W.), 1940. — Studies in the ecology of rivers. IV. Observations on the growth and distribution of the sessile algae in the River Hull, Yorkshire. *J. Ecol.*, *28*, 210-223. **468.**

BUTCHER (R.W.), 1942. — Studies in the ecology of rivers. II. The microflora of rivers with special reference to the algae on the river bed. *Ann. Bot. Lond.*, *46*, 813-861. **468.**

C

CAILLEUX (A.), 1943. — Distinction des sables marins et fluviatiles. *Bull. Soc. géol. Fr.*, *13*, 4/5/6, 125-138. **261.**

CAILLEUX (A.), 1954. — Limites dimensionnelles et noms des fractions granulométriques. *Bull. Soc. géol. Fr.*, *4*, 643-646. **261.**

CALOI (P.), 1947. — Notevoli onde interne (sesse termiche) nel lago di Garda. (Pubbl. Ist. geofis. Trieste, 127, 7). *Ricerca scient.*, *17*, 1, 3-7. **206, 208.**

CALOI (P.), 1948. — Le sesse del lago di Garda. *Annali. Geofis.*, I, 1, 24-51; I, 2, 175-200. **200.**

CANNON (H.G.), 1928. — On the feeding mechanism of the copepods *Calanus finmarchicus* and *Diaptomus gracilis. Br. J. exp. Biol.*, *6*, : 131. **481.**

CANNON (H.G.) et LEAK (F.M.), 1933. — On the feeding mechanism of the Branchiopoda. *Phil. Trans. R. Soc.*, *222*, 267-352. **481.**

CANTER (H.M.) et LUND (J.W.G.), 1948. — Studies on plankton parasites. I. Fluctuations in the numbers of *Asterionella formosa* HASS, in relation to fungal epidemics. *New Phytol.*, *47*, 238-261. **305.**

CANTER (H.M.) et LUND (J.W.G.), 1951. — Studies on plankton parasites. III. Examples of the interaction between parasitism and other factors determining the growth of Diatoms. *Ann. Bot. Lond.*, *15*, 359-371. **507.**

CAPART (A.), 1952. — Le milieu géographique et géophysique, : *Exploration hydrobiologique du lac Tanganika (1946-1947). Résultats scientifiques*, *1*, 1-27. **264.**

CAPART (A.), 1952. — Crustacés décapodes brachyures. *Exploration hydrobiologique du lac Tanganika (1946-1947). Résultats scientifiques*, *3*, 3, 41-67. **332.**

CAPART (A.), 1954. — Révision des types des espèces de potamonidae de l'Afrique tropicale conservés au Muséum national d'histoire naturelle de Paris. *Vol. Jubilaire : V. Van Straelen*, *3*, 821-847. **332.**

CARLIN (B.), 1943. — Die Planktonrotatorien des Motalaström. *Lunds Univ. Limn. Inst. n° 5*, 255 p. **316, 481.**

CARPENI (G.), 1954. — Le potentiel d'oxydo-réduction. 123-174. In : LOISELEUR, *Techniques de laboratoire, Masson, Paris*, 930 p. **70.**

CARPENTER (K.E.), 1928. — Life in inland waters with especial reference to animals. London, 267 p. **391.**

CARPENTER (P.L.), 1939. — Bacterial counts in the muds of Crystal Lake, an oligotrophic lake of northern Wisconsin. *J. Sediment. Petrol.*, *9*, 3-7. **384.**

CASPERS (H.) et SCHULZ (H.), 1960. — Studien zur Wertung der Saprobiensysteme. *Int. Revue ges. Hydrobiol.*, *45*, 4, 535-565. **403.**

CASPERS (H.) et SCHULZ (H.), 1964. — Die biologischen Verhältnisse der Elbe bei Hamburg. *Arch. Hydrobiol.*, *60*, 1, 53-88. **320.**

CHAIGNEAU (J.), 1959. — Action de la dessiccation et de la température sur l'éclosion de l'œuf de *Lepidurus apus* LEACH (Crustacé Phyllopode). *Bull. Soc. zool., Fr.*, *84*, 398-407. **387.**

CHALKLEY (H.W.), 1930. — Resistance of *Paramecium* to heat as affected by changes in hydrogen-ion concentration and in inorganic salt balance in surrounding medium. *U.S. Publ. Health Rep.*, *45*, : 481. **312.**

CHANDLER (D.C.), 1964. — The St. Lawrence Great Lakes. *Verh. Int. Ver. Limnol.*, *15*, 1, 59-75. **343.**

CHAPMAN (V.J.). 1941. — An introduction to the study of algae. Cambridge, 387 p. **469.**

CHESSELET (R.), NORDEMANN (D.) et DUSSART (B.), 1963. — Détermination par détection nucléaire des coefficients de diffusion et des courants dans les eaux naturelles. Évolution de la surface de collection d'un grand lac alpin pour les retombées radioactives. «Radioisotopes in Hydrology», *Int. Atom. Energ. Agenc, Vienna*, 63-75. **168.**

CHODOROWSKI (A.), 1961. — Recherches sur la dynamique des espèces dominantes dans les eaux périodiques. *Verh. Int. Ver. Limnol.*, *14*, 1029-1034. **385, 387, 389.**

CHRISTENSEN (T.), 1962. — Alger. In : BÖCHER (T.W.), LANGE (M.) et SØRENSEN (T.). *Botanik*, vol. 2, n° 2, Copenhagen, **289, 299, 300.**

CHRISTENSEN (T.), 1964. — The gross classification of Algae. In : JACKSON (D.F.) : *Algae and man*, Plenum Press, N.-Y., 59-64. **299.**

CHRYSTAL (G.), 1904. — Some results in the mathematical theory of seiches. *Proc. R. Soc. Edinb.*, *25*, 328-337. **198, 200.**

CHRYSTAL (G.), 1910. — Seiches and other oscillations of lake surfaces observed by the Scottish Survey. In : MURRAY, (J.) et PULLAR (L.) : *Bathymetrical, Survey of the Scottish Fresh-water Lochs*, Vol. 1, *Edinb. Challenger Off.*, 29-90. **200.**

CHU (S.P.), 1942. — The influence of the mineral composition of the medium on the growth of planktonic algae. I. Methods and culture media. *J. Ecol.*, *30*, 284-325. **456, 457.**

CHU (S.P.), 1946. — The utilization of organic phosphorus by phytoplankton. *J. mar. Biol. Ass. U.K.*, *26*, 285-295. **455.**

CLARKE (G.L.), 1946. — Dynamics of production in marine area. *Ecol. Monogr.*, *16*, 321-335. **409, 417, 418, 422, 424, 432, 435.**

CLAUS (C.), 1894. — Über die Wiederbelebung im Schlamme Eingetrockener Copepoden und Copepoden-eier. *Arb. Zool. Inst. Wien*, *11*, 1-12. **513.**

CLENCH (W.J.), 1959 — Mollusca. In : EDMONDSON (W.T.) : Fresh-water biology. J. Wiley, N.-Y., 2e Ed. 1117-1160. **321.**

CODREANU, 1939. — Recherches biologiques sur un Chironomide *Symbiocladius rhithrogenae* (ZAVR) ectoparasite « cancérigène » des éphémères torrenticoles. Thèse Paris, **341.**

COIN (L.), 1943. — Force ionique et conductibilité des eaux naturelles. *Bull. Soc. Chim. Fr., mém.* 5e *sr.*, 10, 3/4. 132-135, **33.**

COLLET (L.W.), 1925. — Les lacs. Leur mode de formation, leurs eaux, leur destin, éléments d'hydrogéologie. Paris, 320 p. **90, 126, 178, 229, 273.**

COLLINS (W.D.) et WILLIAMS (K.T.), 1933. — Chloride and sulfate in rain water. *Ind. Eng. Chem.*, *25*, 944-945. **167.**

CONWAY (E.J.), 1942. — Mean geochemical data in relation to oceanic evolution. *Proc. R. Ir. Acad.*, 48 B, 119-159. **59.**

COOPER (G.P.) et FULLER (J.L.), 1945. — A biological survey of Moosehead lake and Haymock Lake, Maine. *Maine Dept. Inland Fish. Game, Fish Surv. Rept.*, *6*, 1-160. **427.**

CORLISS (J.O.), 1961. — The ciliated Protozoa. Pergamon Press, N.-Y., 310 p. **311.**

COUTAGNE (A.), 1949. — L'évaporation des surfaces d'eau naturelles. *Revue gén. Hydraul.*, juill./août, 174-184. **263.**

GRAIG (H.), 1957. — Isotopic standards for Carbon and Oxygen and correction factors for mass-spectrometric analysis of carbon dioxyde. *Geochim. Cosmochim. Acta*, *12*, 133-149. **117.**

CROMBIE (A.C.), 1947. — Interspecific competition. *J. Anim. Ecol.*, *16*, 1, 44-73. **366.**

CZECZUGA (B.), 1959. — Oviposition in *Eudiaptomus gracilis* G.O. SARS and *E. gracilloïdes* LILLJEBORG (Diaptomidae, Crustacea) in relation to season and trophic level of lakes. *Bull. Acad. pol. sci., sér. sci. Biol.*, *7*, 6, 227-230. **215**, 327.

CZECZUGA (B.), 1965. — Passive anaerobiosis in certain aquatic invertebrates. *Verh. int. Ver. Limnol.*, *16* (sous-presse). **497.**

D

DAHL (E.), 1956. — Ecological salinity boundaries in poïkilohaline waters. *Oïkos*, *7*, 1-21. **61, 241, 243.**

DAHM (A.G.), 1958. — Taxonomy and ecology of five species groups in the family Planariidae. Malmö, 1 vol. **314.**

DAIBER (F.C.), 1952. — The food and feeding relationships of the freshwater drum, *Aplodinotus grunniens* RAFINESQUE in western Lake Erie. *Ohio J. Sci.*, *52*, 35-46. **428, 430.**

DAMANN (W.A.), 1941. — Quantitative study of the phytoplankton of lake Michigan at Evanston, Illinois. *Butler Univ. bot. Stud.*, *5*, 27-44. **446.**

DAMAS (H.), 1937. — La stratification thermique et chimique des lacs Kivu, Edouard et Ndalaga (Congo belge). *Verh. int. Ver. Limnol.*, *8*, 3, 51-68. 159, 230.

DAMAS (H.), 1939. — La faune de la Meuse Belge (Liège, la Meuse et le bassin Mosan). *Assoc fr. Avanc. Sci.*, 63e *sess.*, 150-159. **255.**

DAMAS (H.), 1963. — Les populations animales et végétales du lac de barrage de la Lufira (Mwadingusha). *Publ. Univ. Elisabeth.*, *6*, 81-94. **506.**

DAMAS (H.), 1964. — L'eau des lacs. In « *Livre de l'eau* ». CEBEDEAU, I, 251-274. **99.**

DARLOT, DARVES-BORNOZ et PERRIN-PELLETIER, 1961. — Les besoins en eau d'une nation industrialisée. *Coll. Rech. Dom. Eau*, 14-15 mars, Paris, 45 p. **63.**

DARMOIS (E.), 1943. — L'état liquide de la matière. Ed. Albin-Michel, 1 vol., Paris, 358 p. **25.**

DAUVILLIER (A.), 1947. — Genèse, nature et évolution des planètes. Hermann, Paris, 350 p. **46.**

DAVIS (C.C.), 1963. — On questions of production and productivity in ecology. *Arch. Hydrobiol.*, *59*, 2, 145-161. **409, 419, 421, 422, 424, 425, 435.**

DAVIS (W.M.), 1882. — On the classification of lake basins. *Proc. Boston Soc. nat. Hist.*, *21*, 315-381. **126.**

DEBYSER (J.), 1959. — Contribution à l'étude géochimique des vases marines. *Inst. Fr. Pétrol.*, 3 vol., réf. 3136-1. **82.**

DEEVEY (E.S.), 1941. — Notes on the encystment of the harpacticoid copepod *Canthocamptus siaphylinoides* PEARSE. *Ecology*, *22*, 197-200. **513.**

DEEVEY (E.S.), 1955. — The obliteration of the hypolimnion. *Mem. Ist. Ital. Idrobiol. suppl. 8*, 9-38. **535.**

DEEVEY (E.S.) et NAKAI (N.), 1963. — Fractionation of sulfur isotopes in lake waters : in M.L. JENSEN, Biogeochemistry of sulfur isotopes, Yale Univ., 169-178. **119.**

DEEVEY (E.S.) et STUIVER (M.), 1964. — Distribution of natural isotopes of carbon in Linsley pond and other new england lakes. *Limnol. Oceanogr.*, 9, 1, 1-11. **119.**

DEFANT (A.), 1961. — Physical oceanography. Pergamon Press, vol. 1, 729 p., vol. 2, 590 p. **186.**

DEHN (M.), 1930. — Untersuchung über die Verdauung bei Daphnien. *Z. vergl. Physiol.*, *13*, 334-358. **485.**

DELAMARE DEBOUTTEVILLE (Cl.), 1954. — Au sujet des *Bathynella* de France. *Vie Milieu*, *4*, 1, 116-121. **331.**

DELAMARE-DEBOUTTEVILLE (Cl.), 1960. — Biologie des eaux souterraines littorales et continentales. Hermann, Paris. 749 p. **257.**

DELAMARE-DEBOUTTEVILLE (Cl.) et CHAPPUIS (P.A.), 1954. — Les Bathynelles de France et d'Espagne avec diagnoses d'espèces et de formes nouvelles. *Vie Milieu*, *4*, 1, 114-115, 331.

DELEBECQUE (A.), 1898. — Les lacs français. Paris. Chamerot et Renouard, 436 p. **126, 162, 229.**

DENFFER (D. von), 1948. — Über einen Wachstumshemmstoff in alternden Diatomeenkulturen. *Biol. Zbl.*, *67*, 7-13. **461, 462, 508.**

DESPAX (R.), 1923. — Contribution à l'étude anatomique et biologique des batraciens Urodèles, du groupe des Euproctes et spécialement de l'Euprocte des Pyrénées (thèse). *Bull. Soc. Hist. nat. Toulouse*, *51*, 185-440. **345.**

DESPAX (R.), 1925. — Spongille récoltée à haute altitude dans les Pyrénées. *Bull. Soc. Hist. nat. Toulouse*, *53*, 41-44. **312.**

DESPAX (R.), 1949. — Ordre des Plécoptères. In : P.P. GRASSÉ : *Traité de Zoologie*, Masson, Paris, 9, 557-586. **335.**

DIENERT (F.) et GUILLERD (A.), 1913. — Étude du projet d'adduction des eaux du lac Léman. *Rap., Préfect. Départ. Seine*, 89-204. **189.**

DITTMAR (H.), 1955. — Ein Sauerlandbach, Untersuchungen an einem Wiesen-Mittelgebirgsbach. *Arch. Hydrobiol.*, *50*, 307-544. **396.**

DOLE (M.), 1936. — Relative atomic weights of oxygen in water and air. *J. amer. Chem. Phys.*, *4*, : 268. **39.**

DOMOGALLA (B.P.), 1935. — Eleven years of chemical treatment of the Madison lakes : Its effect on fish and fish foods. *Trans. Am. Fish. Soc.*, *65*, 115-121. **464.**

DONDERO (N.C.), 1961. — *Sphaerolitus*, its nature and economic significance. *Adv. appl. Microbiol.*, *3*, 77-107. **298.**

DORIER (A.), 1932. — La biologie des Gordiacés. *Bull. fr. Piscic.*, *43*, 205-210. **318.**

DORIER (A.) et VAILLANT (F.), 1954. — Observations et expériences relatives à la résistance au courant de divers Invertébrés aquatiques. *Trav. lab. Hydrobiol. Piscic. Univ. Grenoble*, *46*, 9-31. 250.

DOTTRENS (E.), 1955. — Acclimatation et hybridation de corégones. *Revue suisse Zool.*, *62*, 101-118. 343.

DOTY (M.S.), 1961. — Proceedings of the Conference on primary productivity measurement, marine and freshwater. Univ. Hawaii, 21/8-6/9, *U.S. Atomic Energy Comm.*, 1961, 1-237. **473.**

DOUGHERTY (E.C.) et SOLBERG (B.), 1959. — Laboratory culture of Rotifers and Gastrotrichs. I. Xenic cultures. II. Dixenic, monoxenic, and attempted axenic cultures. *Anat. Rec.*, *134*, 3, 555-556. **504.**

DOUGHERTY (E.C.), SOLBERG (B.) et FERRAL (D.J.), 1961. — The first axenic cultivation of a Rotifer species. *Experientia*, *17*, 3, : 132. **503.**

DRAGESCO (J.), 1960. — Les ciliés mésopsammiques littoraux (systématique, morphologie, écologie). (*Thèse, Paris, 1956*) Louis-Jean, Gap, 356 p. **358.**

DRISCHEL (H.), 1940. — Chlorid-, Sulfat.-, und Nitratgehalt der atmosphärischen Niederschlage in Bad Reinerz und Oberschreiberhau im Vergleich zu bisher bekannten Werten anderer Orte. *Balneologe*, *7*, 321-334. **166, 167.**

DUBOIS (M.), 1959. — Le Jura méridional. Étude morphologique. Paris, 642 p. **126.**

DÜGGELI (M.), 1924. — Hydrobiologische Untersuchungen in Pioragebiet. Bakteriologische Untersuchungen am Ritomsee. *Z. Hydrol.*, *2*, 65-206. 229.

DUMAS (M.), 1841. — On the chemical statics of organized beings. *Phil. Mag. J. Sci.*, *3*, : 19. **425.**

DUPLAIX (S.), 1948. — Détermination microscopique des minéraux des sables. Béranger, Paris, 80 p. 261.

DUSSART (B.), 1948. — Sur la présence en Haute-Savoie de *Gammarus lacustris*. *C. R. somm. Séanc. Soc. Biogéogr.*, *25*, 219, 101-103. **330, 370.**

DUSSART (B.), 1948. — Contribution à l'étude zoologique des lacs de Haute-Savoie. I. Le lac de Darbon. *Annls. Sta. cent. Hydrobiol. appl.*, *2*, 207-220. 370.

DUSSART (B.), 1948. — Recherches hydrographiques sur le lac Léman. *Annls. sta. centr. Hydrobiol. appl.*, *2*, 187-206. **175, 178, 376.**

DUSSART (B.), 1951. — La productivité de l'eau. *Hydrobiologia*, 3, 4, 331-356. **422, 425, 435.**

DUSSART (B.), 1952. — Contribution à l'étude des lacs de Savoie, le lac de la Girotte. *Annls. Sta. centr. Hydrobiol. appl.*, *4*, 379-392. **90, 229.**

DUSSART (B.), 1952. — Contribution à l'étude des lacs de Savoie. Le lac du Mont-Cenis. *Bull. fr. Piscic.*, *24*, 164, 89-98. **229, 373, 512.**

DUSSART (B.), 1952. — Contribution à la connaissance des lacs pyrénéens. *Annls. Sta. cent. Hydrobiol. appl.*, *4*, 319-338. **526.**

DUSSART (B.), 1954. — Températures et mouvements des eaux dans les lacs. Introduction à l'étude d'un milieu. *Annls. Sta. cent. Hydrobiol. appl.*, *5*, 1-128, **159, 160, 195, 203, 206, 208, 261.**

DUSSART (B.), 1954. — L'omble-chevalier en France. Biométrie et biologie. *Annls. Sta. cent. Hydrobiol. appl.*, *5*, 128-157. **321, 417.**

DUSSART (B.), 1955. — Un poisson trop peu connu en France : l'Omble-chevalier. *La terre et la vie*, *3*, 129-158. **321, 343, 417.**

DUSSART (B.), 1955. — Détection des sources sous-lacustres et influence de celles-ci sur le fond des lacs *Mem. Ist. Ital. Idrobiol., suppl.*, *8*, 72-82. **160. 195, 203, 249, 305.**

DUSSART (B.), 1956. — Autoépuration et protection des Eaux naturelles. *Eau et Santé* in Pêch. et Chass. Suisses, *4*, 11, 41-44. **529.**

DUSSART (B.), 1957. — Le genre *Diaptomus* (Crustacés, Copédodes) en France. *Bull. Soc. zool. Fr.*, *82*, 2/3, 169-180. **328.**

DUSSART (B.), 1957. — Récoltes de Copépodes (Crustacés) dans les Pyrénées. *Publ. Inst. Biol. appl.*, 26, 117-121. **328.**

DUSSART (B.), 1957. — Le sondage par ultra-sons et l'étude des lacs. Note préliminaire. *Revue Géogr. phys. Géol. dyn.*, *2*, 1/2, 99-102. **178.**

DUSSART (B.), 1958. — Les Copépodes et la notion d'espèce dans le monde aquatique (L'utilisation des mathématiques en systématique). *Cah. Étud. Biol.*, *5*, 29-36. **328.**

DUSSART (B.), 1959. Le genre *Cyclops* s. str. (Crustacé, Copépode) en France. *Revue Path. gén. Physiol. clin.*, 704, 27-32. **328.**

DUSSART (B.), 1961. — Actions des eaux courantes sur la sédimentation en lac. *Verh. int. Ver. Limnol.*, 14, 440-446. **162, 178**. 272.

DUSSART (B.), 1961. — Propriétés utiles de certains sédiments lacustres. *C.R. hebd. Séanc. Acad. Sci. Paris*, *252*, 2581-2582. 173.

DUSSART (B.), 1962. — Dépôts salifères anciens et géologie de l'actuel. *Revue Géogr. Phys. Géol. dyn.*, (2), *5*, 1, 55-59. **89.**

DUSSART (B.), 1962. — Problèmes sédimentologiques au Cambodge dans la région des grands lacs. *Cah, Pacif.*, *4*, 3-36. **166, 171, 175, 394.**

DUSSART (B.), 1963. — Copépopes rares, peu connus ou nouveaux pour la France. *Bull. Soc. zool. Fr.*, *88*, 5/6, 518-521. **328.**

DUSSART (B.), 1966. — Copépodes de la faune benthique du Léman. *Vie Milieu*, (Sous-Presse), **328, 357.**

DUSSART (B.), 1964. — Copépodes d'Espagne. *Bull. Soc. zool. Fr.*, *89*, 2/3, 117-125. **389.**

DUSSART (B.), 1965. — Les différentes catégories de plancton. *Hydrobiologia*, *26*, 1/2, 72-74. **407.**

DUSSART (B.) et NISBET (M.), 1948. — Le plancton dans le Léman et ses facteurs de répartition. *C. R. hebd. Séanc. Acad. Sci. Paris*, *277*, 1054-1065. **471.**

DVIHALLY (S.T.), 1961. — Seasonal changes in the optical characteristics of a hungarian sodic lake. *Hydrobiologia*, *17*, 3, 193-204. **143, 146.**

E

ECKEL (O.), 1950. — Über die numerische und graphische Ermittlung der Stabilität von Gewässern Nach W. SCHMIDT *Schweiz. Z. Hydrol.*, *12*, 38-46. **158, 159.**

ECKEL (O.), 1956. — Beitrag zum Studium des Wärmeumsatzes in Seen. *Arch. Mét., Géophys, Bioklim, sr. A*, 9, 1, 120-157. **261.**

ECKEL (O.), 1957. — Die Bedeutung der Sprungschicht für den Wärmehaushalt der Alpenseen. « *La Météorologie* » 45/46, 339-344. **262.**

EDMONDSON (W.T.), 1956. — The relation of photosynthesis by phytoplancton to light in lakes. *Ecology*, *37*, 1, 161-173. **439.**

EDMONDSON (W.T.), 1959. — Fresh-water biology. J. Wiley, N.-Y. 2e éd., 1248 p. **294, 318, 325.**

EDMONDSON (W.T.), 1960. — Reproductive rates of rotifers in natural populations. *Mem. Ist. Ital. Idrobiol.*, 12, 21-77, **490.**

EDMONDSON (W.T.), 1964. — The rate of egg production by rotifers and copepods in natural populations as controlled by food and temperature. *Verh. int. Ver. Limnol.*, 15, 673-675. **489.**

EDMONDSON (W.T.), 1965. — Reproductive rate of planktonic rotifers as related to food and temperature in nature. *Ecol. Monogr.*, *35*, 1, 61-111. **413, 414.**

EDMONDSON (W.T.), COMITA (G.W.) et ANDERSON (G.C.), 1962. — Reproductive rate of copepods in nature and its relation to phytoplankton population. *Ecology*, *43*, 4, 625-634. **489.**

EGGLETON (F.E.), 1931. — A limnological study of the profundal bottom fauna of certain freshwater lakes. *Ecol. Monogr.*, *1*, 231-332. **230, 383.**

EICHHORN (R.), 1957. — Zur Populationsdynamik der Calanoiden in Titisee und Feldsee. *Arch. Hydrobiol. suppl.* 24, 3, 2, 186-346. **490.**

EINSELE (W.), 1938. — Über chemische und kolloidchemische Vorgänge in Eisenphosphat-Systemen unter limnochemischen und limnogeologischen Gesichtspunken. *Arch. Hydrobiol.* *33*, 361-387. **100.**

EINSELE (W.), 1941. — Die Umsetzung von zugefuhrtem anorganischen Phosphate im eutrophen See und ihre Rückwirkungen auf seinen Gesamthaushalt. *Z. Fisch. Hilfswiss.*, *39*, 3, 407-488. **410, 418.**

EINSELE (W.), 1944. — Der Zeller See, ein lehrreicher Fall extremer limnochemischer Verhältnisse. *Z. Fisch.*, 42, 151-168. **230.**

EINSLE (U.), 1964. — Larvalentwicklung von Cyclopiden und Photoperiodik. *Naturwissenschaften*, *51*, 14, 345-346. **489, 513, 516.**

EKMAN (V.W.), 1928. — Survey of some theoretical investigations on oceans currents. *J. Cons. int. Explor. Mer.*, *3*, 295-327. **186.**

ELGMORK (K.), 1955. — A resting stage without encystment in the annual cycle of the freshwater copepod *Cyclops strenuus strenuus. Ecology*, *36*, 4, 739-743. **513, 514.**

ELGMORK (K.), 1959. — Seasonal occurence of *Cyclops strenuus strenuus* in relation to environment in small water bodies in southern norway. *Folia Limnol. scand.*, *11*, 196 p. **513, 514.**

ELGMORK (K.), 1962. — A bottom resting stage in the planktonic freshwater copepod, *Cyclops scutifer* SARS. *Oikos*, *13*, 306-310. **514.**

ELSTER (H.J.), 1944. — Das Verhältnis von Produktion, Bestand, Befischung und Ertrag. *Z. Fisch.*, *42*, 169-357. **423.**

ELSTER (H.J.)., 1954. — Über die Populationsdynamik von *Eudiaptomus gracilis* SARS und *Heterocope borealis* FISCHER im Bodensee-Obersee.
Arch. Hydrobiol., *Suppl. 20*, 1, 4, 546-614. **512.**

ELSTER (H.J.), 1958. — Zum Problem der Quantitativen Methoden in der Zooplanktonforschung. *Verh. int. Ver. Limnol.*, 13, 961-973. **367.**

ELTON (C.), 1927. — Animal ecology. MacMillan Co. N.-Y., 207 p. **427, 430, 431.**

EMERSON (R.) et LEWIS (C.M.), 1939. — Factors influencing the efficiency of photosynthesis. *Amer. J. Bot.*, *26*, 802-822. **108.**

EMERSON (R.) et LEWIS (C.M.), 1943, — Dependence of the quantium yield of *Chlorella* photosynthesis on wavelenght of light. *Amer J. Bot.*, *30*, : 165. **440.**

ENGLER (A.), 1954. — Syllabus der Pflanzenfamilien. Melchior, H. et Werdermann, E. « Gebrüder Borntraeger » Berlin. **299.**

ENDRÖS (A.), 1905. — Die Seiches des Waginger-Tachingersees. *S.B. bayer. Akad. Wiss.*, *Math-Phys Kl*, *35*, 447-476. **200.**

ERMAN (L.A.), 1956. — Mode de nutrition des rotifères du point de vue quantitatif (en russe). *Zool. Zh.*, *35*, 7, 965-971. **317, 434, 504.**

ERMAN (L.A.), 1962. — Sur l'utilisation des ressources trophiques des réservoirs par les rotifères planctoniques. *Bull. Soc. Invest. Nat. Moscou, biol.*, *67*, 4, 32-48. **505.**

ERMAN (L.A.), 1962. — Alimentation et multiplication du Rotifère planctonique *Brachionus calyciflorus* PALL. dans des cultures massives (en russe). *C. R. Acad. Sci. U.R.S.S.*, *144*, 4, 926-930. **504.**

EWING (G.T.), 1950. — Relation between band slicks at the surface and internal waves in the sea. *Science*, 111, 91-94. **211.**

EXNER (F.M.), 1928. — Über Temperaturseiches im Lunzer See. *Ann. Hydrogr. Mar. Meteor*, *56*, 14-20. **206.**

EYSTER (C.), BROWN (T.E.) et TANNER (H.A.), 1956. — Manganese requirement with respect to respiration and the Hill reaction in *Chlorella pyrenoidosa. Arch. Biochem. Biophys.*, *64*, 240-241. **459.**

F

FAURÉ-FREMIET (E.), 1961. — Documents et observations écologiques et pratiques sur la culture des Infusoires ciliés. *Hydrobiologia.*, *18*, 4, 300-320. **505.**

FAVRE (J.), 1927. — Les mollusques post-glaciaires et actuels du bassin de Genève. *Mém. Soc. Phys. Hist. nat. Genève.*, *40*, 3, 171-434. **321.**

FAVRE (J.), 1935. — Histoire malacologique du lac de Genève. *Mém. Soc. Phys. Hist. nat. Genève*, *41*, 3, 295 p. **533.**

FAVRE (J.), 1940. — La faune malacologique postglaciaire et actuelle du lac du Bourget. *Annls. Ec. Nat. Eaux Forêts*, Nancy, *8*, 2, 295-416. **323.**

FENINGER (O.), 1950. — Zur Terminologie des limnologischen Produktions-problems. Gedanken zur Produktionslehre der Binnengewässer. *Arch. Hydrobiol.*, *43*, 2, 171-183. **422, 423.**

FINDENEGG (I.), 1937. — Holomiktische und meromiktische Seen. *Int. Rev. ges. Hydrobiol.*, *35*, 586-610. **227, 230.**

FINDENEGG (I.), 1943. — Untersuchungen über die Ökologie und die Produktionsverhältnisse des Planktons im Kärntner Seengebiete. *Int. Rev. ges. Hydrobiol.*, *43*, 368-429. **447.**

FINDENEGG (I.), 1964. — Produktionsbiologische Planktonuntersuchungen an Ostalpenseen. *Int. Rev. ges. Hydrobiol.*, *49*, 3, 381-416. **438, 474.**

FINDENEGG (I.), 1964. — Types of planktic primary production in the lakes of the Eastern Alps as found by the radioactive carbon method. *Verh. int. Ver. Limmol.*, *15*, 352-359. **476.**

FINESINGER (J.E.), 1926. — Effect on certain chemical and physical agents on fecundity and length of life and on their inheritance in a rotifer *Lecane (Distyla) inermis* BRYCE. *J. exp. Zool.*, *44*, 63-94. **504.**

FLINT (L.H.) et MORELAND (C.F.), 1946. — Antibiosis in the blue-green algae. *Amer. J. Bot.*, *33*, : 218, **291.**

FOGG (G.E.), 1947. — Nitrogen fixation by blue-green algae. *Endeavour*, 6, 24, 172-175. **297.**

FOGG (G.E.), 1951. — Nitrogen fixation by *Mastigocladus laminosus* COHN. *J. exp. Bot.*, 2, 117-120. **454.**

FOGG (G.E.), 1956. — The comparative physiology and biochemistry of the blue-green algae. *Bact. Rev.*, *20*, 148-165. 457.

FOGG (G.E.) et WESTLAKE (D.F.), 1955. — The importance of extracellular products of algae in freshwater. *Verh. int. Ver. Limnol.*, *12*, 219-232. **464.**

FORBES (S.A.), 1925. — The lake as a microcosm. *Bull. Ill. nat. Hist. Surv.*, 1887, *15*, 537-550. 430.

FOREL (F.A.), 1892, 1895, 1904. — Le Léman : monographie limnologique. 3 tomes. Lausanne, F. Rouge, **2, 138, 155, 178, 200, 203, 376.**

FOREMAN (M.H.), 1953. — A limnological study of the population of *Daphnia dentifera* (Cladocera) in Hall Lake ,Washington. M.S. Thesis. Univ. Washington, **488.**

FOX (C.J.J.), 1909. — On the coefficients of absorption of nitrogen and oxygen in distilled water and sea water, and of atmospheric carbonic acid in sea water. *Trans. Faraday Soc.*, *5*, 68-87. 73.

FOX (H.M.), GILCHRIST (B.M.) et PHEAR (E.A.), 1951. Functions of haemoglobin in *Daphnia. Proc. R. Soc.*, *B.*, *138*, 514-528. **495.**

FRANCIS-BŒUF (Cl.), 1947. — Recherches sur le milieu fluvio-marin et les dépôts d'estuaire (Thèse). *Ann. Inst. Océanogr.*, *23*, 3, 149-344. **260.**

FRASER (G.K.), 1943. — Peat deposits of Scotland. *Dpt. Sci. Ind. Res. Wart. Pamphl. n° 36*, **284.**

FREY (D.G.), 1960. — The ecological significance of cladoceran remains in lake sediments. *Ecology*, *41*, 785-790. **535.**

FREY (D.G.), 1963. — Limnology in North America. *Univ. Wisc. Press. Madison*, 734 p. **3.**

FREY (D.G.), 1965. — Limnology in the Soviet Union. *Limnol. Oceanogr.*, *suppl.* 10, 3-29. **10.**

FRIEDMAN (I.), 1953. — Deuterium content of natural waters and other substances. *Geochim. Cosmochim. Acta*, *4*, 89-103. **40, 42.**

FRIES (G.), 1964. — Über die Einwirkung der Tagesperiodik und der Temperature auf den Generationwechsel, die Weibe Grösse und die Eier von *Daphnia magna* STRAUSS. *Z. Morphol. Ökol. Tiere*, *53*, 5, 475-516. **512.**

FRISTCH (F.E.), 1935. — The structure and reproduction of the Algae. Cambridge, Vol. 1, 791 p. **469.**

FRITSCH (R.M.), 1953. — Die Lebensdauer von *Daphnia sp.* bei verschiedner Ernährung besonders bei Zugabe von Pantothensäure. *Z. Wiss. Zool.*, *157*, 35-56. **487.**

FRY (B.A.) et PEEL (J.L.), 1954. — Autotrophic micro-organisms. Cambridge Univ. Press, 9, 305 p. **486.**

FRYER (G.), 1956. — New species of Cyclopoid and Harpacticoid Copepods from sandy beaches of lake Nyasa. *Ann. Mag. Nat. Hist.*, *12*, 9, 225-249. **378.**

FRYER (G.) et SMYLY (W.J.P.), 1954. — Some remarks on the resting stages of some freshwater cyclopoid and harpacticoid copepods. *Ann. Mag. Nat. Hist.*, *12*, 7, 65-72. **513.**

G

GADECEAU (E.). 1909. — Le lac de Grand Lieu. Monographie phytogéographique. Dugas, Nantes, 156 p. **263.**

GAJEVSKAJA (N.S.), 1958. — Le rôle de groupes principaux de la flore aquatique dans les cycles trophiques des différents bassins d'eau douce. *Verh. int. Ver. Limnol.*, *13*, 350-362. **478, 482, 483.**

GARDINER (A.C.), 1937. — Phosphate production by planctonic animals. *J. Cons. int. Explor. Mer*, *12*, 2, 144-146. **489.**

GAUTHIER (H.), 1928. — Recherches sur la faune des eaux continentales de l'Algérie et de la Tunisie. Thèse Sci. Paris, 419 p. **91, 388, 389.**

GAVLENA (F.), 1955. — Les cultures d'Algues et de Daphnies pour la pisciculture (en russe). *Thèse, Moscou*, **484.**

GAYRAL (P.), 1954. — Recherches phytolimnologiques au Maroc. *Trav. Inst. scient. chérif., sr. Bot.*, *4*, 306 p. **524, 528.**

GEIJSKES (D.C.), 1935. — Faunistisch-öklogische Untersuchungen am Röserenbach bei Liestal im Baseler Tafeljura. *Z. Entomol.*, *78*, 251-382. **396.**

GEIKIE (J.), 1905. — Structural and Field Geology. Edinb., Oliv. et Boyd Ed., 490 p. **126.**

GELLIS (S.S.) et CLARKE (G.L.), 1935. — Organic matter in dissolved and colloidal form as food for *Daphnia magna. Physiol. Zool.*, *8*, 127-137. **486.**

GERADIN, 1873. — Rapport sur l'altération, la corruption et l'assainissement des rivières. Archives des missions scientifiques et littéraires. Choix des rapports et instructions publiés sous les auspices du ministère de l'instruction publique, de la culture et des beaux-arts, 3. **398.**

GERLOFF (M.W.), FITZGERALD (G.P.) et SKOOG (F.K.), 1950. — The isolation, purification and culture of blue green algae. *Amer. J. Bot.*, *37*, 216-218. **440.**

GERLOFF (G.C.), FITZGERALD (G.P.) et SKOOG (F.K.), 1950. — The mineral nutrition of *Coccochloris peniocystis. Amer. J. Bot.*, 37, 835-840. **457.**

GERLOFF (G.C.) et SKOOG (F.), 1957. — Nitrogen as a limiting factor for the growth of *Microcystis aeruginosa* in southern Wisconsin lakes. *Ecology*, *38*, 4, 556-561. **457.**

GERLOFF (G.C.) et SKOOG (F.), 1957. — Availability of iron and manganese in southern Wisconsin lakes for the growth of *Microcystis aeruginosa*. *Ecology*, 38, 4, 551-556. **458.**

GIBOR (A.), 1956. — Some ecological relationships between phyto and zooplankton. *Biol. Bull.*, 111, 230-234. **485, 486.**

GILSON (H.C.), 1964. — Lake Titicaca. *Verh. int. Ver. Limnol.*, 15, 112-127. **330.**

GINET (R.), 1960. — Ecologie, Ethologie et Biologie de *Niphargus* — (Amphipodes Gammarides Hypogés). *Ann. Spéléol.*, *15*, 254 p. **330.**

GISIN (H.), 1960. — Collembolenfauna europas. *Mus. Hist. Nat. Genève*, 312 p. **332.**

GLANGEAUD (L.), 1938. — Études quantitatives et expérimentales sur l'érosion et le transport par les eaux courantes. *Revue Géogr. phys. Géol. dyn.* *11*, 4, 323-370. **179, 275.**

GOLDMAN (C.R.), 1964. — Primary productivity and micro nutrient limiting factors *in situ* in water columns isolated by poly-ethylene film. *Limnol. Oceanogr.*, *7*, 99-101. **459.**

GOLDMAN (C.R.), 1961. — Primary productivity in cirque lakes of the Klamath Mountains (Abs). *Bull. Ecol. Soc. Amer.*, *42*, : 141. **456, 480.**

GOLDMAN (C.R.), 1964. — Primary Productivity and micro-nutrient limiting factors in some North American and New Zealand lakes. *Verh. int. Ver. Limnol.*, *15*, 365-374. **464.**

GOLDMAN (C.R.), MASON (D.T.) et WOOD (B.J.B.), 1963. — Light injury and inhibition in antarctic fresh-water phytoplankton. *Limnol. Oceanogr.*, *8*, 3, 313-322. **440.**

GOLDMAN (C.R.) et WETZEL (R.G.), 1963. — A study of the primary productivity of Clear lake, lake county, California. *Ecology*, *44*, 2, 283-294. **93, 94, 441, 470, 479.**

GOLTERMAN (H.L.), 1960. — Studies on the cycle of elements in fresh water. *Acta bot. neerl.*, *9*, 1-58. **455.**

GOODEY, 1963. — Soil and freshwater Nematodes. Londres, Methuen et C°, 544 p. **318.**

GORHAM (E), 1955. — On the acidity and salinity of rain. *Geochim. Cosmochim. Acta*, *7*, 231-239. **165.**

GORHAM (E.), 1961. — Factors influencing supply of the major ions to inland waters, with special reference to the atmosphere. *Bull. geol. Soc. Amer.*, *72*, 795-840. **60.**

GORHAM (E.) et GRAGG (J.), 1960. — The chemical composition of some bog waters from the falkland islands. *J. Ecol.*, *48*, 175-181. **80.**

GORHAM (P.R.), 1960. — Toxic waterblooms of blue-green algae. *Can. vet. J.*, *1*, 6, 235-245. **292, 509.**

GORHAM (P.R.), 1964. — Toxic algae. in : JACKSON (D.F.) : Algae and Man, Plenum Press, N.-Y., 307-336. **292.**

GORYUNOVA (S.V.), 1952. — Carastérictiques des substances dissoutes dans l'eau du lac Glubokoe (en russe) .*Trud. Inst. Mikrobiol. Akad. Sci. URSS*, *2*, 166-179. **110.**

GOUSSEF (G.), 1952. — L'acide carbonique en limnologie, son importance biologique, ses méthodes de dosage. *Vie Milieu*, *3*, 2, 113-135. **83.**

GOVINDJEE (R.), CEDERSTRAND (C.) et RABINOWITCH (E.), 1961. — Existence of absorption bands at 730-740 and 750-760 millimicrons in algae of different divisions. *Science*, *134*, 391-392. **440.**

GRAY (E.A.), 1953. — The ecology of Rotifers in Cambridgeshire. *J. Anim. Ecol.*, *22*, 208-216, **505.**

GREEN (J.), 1959. — Haemoglobin and the habitat of the Harpacticoid copepod *Elaphoidella gracilis* (SARS). *Nature, London*, *183*, : 1834. **327.**

GREENBANK (J.T.), 1945. — Limnological conditions in ice-covered lakes, especially as related to winter-kill of fish. *Ecol. Monogr.*, *15*, 343-392. **220.**

GRESENS (J.), 1928. — Versuche über die Widerstandsfähigkeit einiger Süsswassertiere gegenüber Salzlösungen. *Z. Morphol. Ökol. Tiere*, *12*, 706-800. **493.**

GRIESEL (R.), 1921. — Physikalische und chemische Eigenschaften des Hemmelsdorfer Sees bei Lübeck. *Mitt. Geogr. Ges. Natur. Mus. Lübeck*, *2*. **228.**

GRIFFITH (R.E.), 1955. — Analysis of phytoplankton yields in relation to certain physical and chemical factors of lake Michigan. *Ecology*, *36*, 4, 543-552. **446, 470.**

GRIM (J.), 1950. — Zur Klärung einiger produktions-biologischer Begriffe in der Seekunde. *Arch. Hydrobiol.*, *44*, 1-4. **422.**

GUILCHER (A.), 1965. — Précis d'hydrologie marine et continentale. Masson, Paris, 389 p. **385.**

GUSEVA (K.A.), 1937. — Effet du manganèse sur le développement des algues (en russe). *Microbiology*, Moscou, *6*, 292-307. **108.**

GUSEVA (K.A.), 1939. — The blooming of the Uchinskii reservoir. *Bull. Soc. Nat. Moscou, Sect. Biol.*, *48*, 30-32. **458.**

H

HALBFASS (W.), 1902. — Über Seespiegelschwankungen im Madüsee. *Z. Gewässerk.*, *5*, : 15. **229.**

HALBFASS (W.), 1933. — Seen. *Handb. Geophys.* *71*, 122-182. **45.**

HALL (R.E.), 1953. — Observations on the hatching of eggs of *Chirocephalus diaphanus* PRÉVOST. *Proc. Zool. Soc. London*, *123*, 95-109. **490.**

HALL (R.E.), 1959. — The development of eggs of *Chirocephalus diaphanus* PRÉVOST at a low temperature. *Hydrobiologia*, *13*, 1/2, 156-159. **490.**

HALL (R.E.), 1959. — Delayed development of eggs of *Chirocephalus diaphanus* PRÉVOST. *Hydrobiologia*, *13*, 1/2, 160-169. **490.**

HAMMER (V.T.), 1964. — The succession of « bloom » species of blue green algae and some causal factors. *Verh. int. Ver. Limnol.*, *15*, 829-836. **443, 455.**

HANSEN (K.), 1959. — The terms gyttja and dy. *Hydrobiologia*, *13*, 4, 309-315. **282.**

HANSEN (K.), 1959. — Sediments from danish lakes. *J. sedim. Petrol.*, *29*, 1, 38-46. **280, 282.**

HARDER (R.), 1917. — Ernährungsphysiologische Untersuchungen an Cyanophyceen, hauptsächlich dem endophytischen *Nostoc punctiforme*. *Z. Bot.*, *2*, : 145. **291.**

HARDER (R.) et OPPERMANN (A.), 1953. — Über antibiotische Stoffe bei den Grünalgen *Stichococcus bacillaris* und *Protosiphon botryoides*. *Arch. Mikrobiol.*, *19*, 398-401. **462.**

HARNED (H.S.) et SCHOLES (S.R.), 1941. — *J. Amer. Chem. Soc.*, *63*, : 1706. **84.**

HARNISCH (O.), 1949. — Vergleichende Beobachtungen zum Nahrungserwerb von *Daphnia* und *Ceriodaphnia*. *Zool. Jahrb., Abt. Syst., 78*, 173-192. **481.**

HARNISCH (O.), 1951. — Hydrophysiologie der Tiere. Elemente zu ihrem Aufbau. *Die Binnengewässer, 19*, 1-299. **98.**

HARRING (H.K.), 1913. — Synopsis of the Rotatoria. *Bull. U.S. Nat. Mus., Washington, 81*, 226 p. **316.**

HARRINGTON (M.W.), 1895. — Currents of the Great Lakes, as deduced from the movements of bottle papers during the seasons of 1892, 1893, and 1894. *U.S. Dept. Agr., Weather Bull. B*, 14 p. **189.**

HARRIS (E.), 1957. — Radiophosphorus metabolism in zooplankton and microorganisms. *Can. J. Zool., 35*, 769-782. **488.**

HARRIS (R.A.), 1909. — Manual of Tides : Part V., Currents, Shallow-Water Tides, Meteorological-Tides, and Miscellaneous Matters. Report Superintendent of the Coast and Geodetic Survey, showing the progress of work from July 1, 1906, to June 30, 1907. App., 231-245. **196, 197.**

HARVEY (H.W.), 1934. — Measurement of phytoplankton populations. *J. Mar. Biol. Assoc., U.K., 19*, 761-773. **410.**

HARVEY (H.W.), 1942. — Production of life in the sea. *Biol. Rev., 17*, 221-246. **422.**

HARVEY (H.W.), 1945. — Recent advances in chemistry and biology of sea-waters. Cambridge Univ. Press,. **60.**

HARVEY (H.W.), 1947. — Manganese and the growth of phytoplankton. *J. Mar. Biol. Ass. U.K., 26*, 562-579. **108, 459.**

HARVEY (H.W.), 1949. — Chimie et biologie de l'eau de mer. Presses Univ., Paris, 177 p. **60.**

HARVEY (H.W.), 1949. — On manganese in Sea and fresh waters. *J. Mar. Biol. Assoc. U.K., 28*, 155-164. **107.**

HAWKER (L.E.), LINTON (A.H.), FOLKES (B.F.) et CARLILE (M.J.), 1960. — An introduction to the biology of micro-organisms. E. Arnold, London, 452 p. **299.**

HEDGPETH (J.W.), 1956. — The population of hypersaline and relict lagoons. *14ᵉ Int. Congr. Zool. Proc. Kopenhague*, 452-453. **62.**

HENDELBERG (J.), 1960. — The fresh-water pearl mussel *Margaritifera margaritifera* (L.), *Rep. Inst. Freshw. Res. Drottningholm, 14*, 149-171. **99.**

HENSEN (V.), 1887. — Über die Bestimmung des Planktons oder des im Meere treibenden Materiales an Pflanzen und Tieren. *5 Ber. Komm. Wiss. Unters. Deutsch. Meere, (1882-1886)*. 12-16. **362.**

HERCINGER (F.), 1940. — Beiträge zum Wirkungskreislauf des Bors. *Bodenk. Pfleznähr.*. *16*, 141-168. **459.**

HESS (H.), 1933. — Das Eis der Erde. *Handb. Geophys., 7*, 1, 1-121. **43.**

HIDAKA (K.), 1931. — Sur l'intégration de l'équation de CHRYSTAL pour les seiches des deux lacs écossais Earn et Treig, *Mem. Imper. Mar. Observ. Kobe, Japan, 4*, 3, 227-240. **200.**

HILDEMANN (W.H.) et KEIGHLEY (G.), 1955. — Techniques for studies of hemoglobin synthesis in *Daphnia*. *Amer. Nat., 89*, 169-174. **482.**

HOBBIE (J.E.), 1964. — Carbon 14 measurements of primary production in two arctic Alaska lakes. *Verh. int. Ver. Limnol., 15*, 360-364. **453.**

HOESTLANDT (H.), 1948. — Recherches sur la biologie de l'*Eriocheir sinensis* en France (Crustacé brachyoure). *Ann. Inst. Océanogr., 24*, 1, 1-116. **332.**

HOESTLANDT (H.), 1959. — Répartition actuelle du crabe chinois en France. *Bull. Fr. Piscic., 194*, 5-13. **332.**

HOLME (N.A.), 1953. — The biomass of the bottom fauna in the English Channel off Plymouth. *J. Mar. Biol. Assoc. U.K., 37*, 1-49. **410.**

HOLM-HANSEN (O.), GERLOFF (G.C.) et SKOOG (F.), 1954. — Cobalt as en essential element for blue-green algae. *Physiologia Pl., 7*, 665-675. **459.**

HOLSINGER (E.C.T.), 1955. — The distribution and periodicity of the phytoplankton of three Ceylon lakes. *Hydrobiologia, 7*, 1/2, 25-35. **445.**

HOOGENRAAD (H.H.) et DE GROOT (A.A.), 1940. — Zoetwaterrhizopoden en Heliozoen. *Fauna Ned., 9*, 1-103. **243.**

HÖRNLIMANN (J.), 1893. — Die Tiefenmessungen und das Kartenmaterial für die Herstellung der neuen Bodenseekarte (s. bei Zeppelin, E. von ältere und neuere Bodensee-Forschungen). *Schrift. Ver. Gesch. Bodensees Umgeb.*, 272.

HORTWITZ (L.), 1954. — Some effects of deuterium oxide on the quinine. Hill reaction of *Chlorella pyrenoïdosa* CHICH. *Pl. Physiol., 29*, 215-219. **459.**

HOUGH (L.), JONES (J.K.) et WADMAN (W.H.), 1952. — An investigation of the polysaccharide components of certain freshwater algae. *J. Chem. Soc., 13*, 3352-3359. **110, 462.**

HRBÁČEK (J.), 1958. — Typologie und Produktivität der teichartigen Gewässer. *Verh. int. Ver. Limnol., 13*, 394-399. **234, 237.**

HUBAULT (E.), 1927. — Contribution à l'étude des invertébrés torrenticoles. *Bull. Biol. Fr. Belg., suppl. 9*, 1-388. **250, 334.**

HUBAULT (E.), 1947. — Études thermiques, chimiques et biologiques des eaux des lacs de l'est de la France (Vosges, Jura, Alpes de Savoie). *Annls. Ec. nat. Eaux Forêts, 10*, 2, 116-260. **161, 162, 174, 377.**

HUET (M.), 1946. — Note préliminaire sur les relations entre la pente et les populations piscicoles des eaux courantes. *13ᵉ Biol. Jaarboek, Dodonaea*, 232-243. **391, 393.**

HUET (M.), 1949. — Aperçu des relations entre la pente et les populations piscicoles des eaux courantes. *Schweiz. Z. Hydrol., 11*, 3/4, 332-351. **392, 393, 396.**

HUET (M.), 1952. — Traité de pisciculture. Ed. La vie Rustique, Bruxelles, 369 p. **234, 425.**

HUGHES (J.C.) et LUND (J.W.G.), 1962. — The rate of growth of *Asterionella formosa* HASS. in relation to its ecology. *Arch. Mikrobiol., 42*, 2, 117-129. **442.**

HUTCHINSON (G.E.), 1937. — A contribution to the limnology of arid regions primarily founded on observations made in the Lahontan Basin. *Trans. Conn. Acad. Arts Sci., 33*, 47-132. **80, 228,**

HUTCHINSON (G.E.), 1938. — On the relation between the oxygen deficit and the productivity and typology of lakes. *Int. Rev. ges. Hydrobiol., 36*, 336-355. **217, 431, 522, 528.**

HUTCHINSON (G.E.), 1941. — Limnological studies in Connecticut. IV. The mechanism of intermediary metabolism in stratified lakes. *Ecol. Monogr.*, *11*, 21-60. **93.**

HUTCHINSON (G.E.), 1943. — Thiamine in lake water and aquatic organisms. *Arch. Biochem.*, *2*, 143-150. **110, 486.**

HUTCHINSON (G.E.), 1942. — Recent advances in Limnology (manuscrit). (cf. LINDEMAN (R.L.). 435.

HUTCHINSON (G.E.), 1957. — A Treatise on Limnology, Vol. I : Geography, Physics, and Chemistry, J. Wiley et Sons, *N.-Y.*, 1015 p. **3, 45, 96, 104, 108, 109, 113, 116, 126, 156, 160, 183, 187, 197, 200, 203, 229, 232, 457.**

HUTCHINSON (G.E.), DEEVEY (E.S.) et WOLLACK (A.), 1939. — The oxidation-reduction potential of lake waters and its ecological significance. *Proc. nat. Acad. Sci.*, *Wash*, *25*, 87-90. **112, 113.**

HUTCHINSON (G.E.) et LÖFFLER (H.), 1956. — The thermal classification of lakes. *Proc. nat. Acad. Sci.*, *Wash.*, *42*, 84-86. **155, 156.**

HUTCHINSON (G.E.) et SETLOW (J.K.), 1946. — Limnological studies in Connecticut. VIII. The niacin cycle in a small inland lake. *Ecology*, *27*, 13-22. **110, 487.**

HYMAN (L.H.), 1951. — The invertebrates : Acanthocephala, Aschelminthes and Entoprocta. The pseudocoelomate Bilateria. McGraw-Hill, N.-Y., vol. 3, 572 p. **318.**

I

ICHIMURA (S.) et ARUGA (Y.), 1958. — Some characteristics of photosynthesis of fresh water phytoplankton. *Bot. Mag. Tokyo*, *71*, 261-269. **442, 444.**

ICHIMURA (S.) et SAIJO (Y.), 1958. — On the application of ^{14}C-method to measuring organic matter production in the lake. *Bot. Mag. Tokyo*, *71*, 839, 174-180. **450.**

ILLIES (J.), 1952. — Die Mölle. Faunistich-ökologische Untersuchungen an einem Forellenbach im Lipper Bergland. *Arch. Hydrobiol.*, *46*, 424-612. **366.**

ILLIES (J.), 1953. — Die Besiedlung der Fulda (insbes. das Benthos der Salmonidenregion) nach dem jetzigen Stand der Untersuchung. *Ber. limnol. Flussta. Freudenthal*, *5*, 1-28. **394.**

ILLIES (J.), 1953. — *Isoptena serricornis* Pict. (Plecoptera) neu für Schweden. *Ent. Tidskr.*, *74*, 1/2, 86-93. **310.**

ILLIES (J.), 1955. — Der biologische Aspekt der limnologischen Fliessgewässer. *Arch. Hydrobiol. Suppl.* *22*, 337-346. **392.**

ILLIES (J.), 1961. — Versuch einer allgemeinen biozönotischen Gliederung der Fliessgewässer. *Int. Rev. ges. Hydrobiol.*, *46*, 205-213. **395.**

ILLIES (J.), 1961. — Die Lebensgemeinschaft des Bergbaches. Ziemsen, Wittenberg, 106 p. **252.**

ILLIES (J.) et BOTOSANEANU (L.), 1963. — Problèmes et méthodes de la classification et de la zonation écologique des eaux courantes considérées surtout du point de vue faunistique. *Mitt. int. Ver. Limnol.*, *12*, 1-57. **391, 393, 396.**

IMAI (T.) et SATO (R.), 1949. — Culture of water fleas, *Moina macropa* on non-colored naked flagellates diet. (japonais, rés. angl.). *Bull. Inst. Agr. Res. Tohoku Univ.*, *1*, 45-50. **485.**

INGOLD (C.T.), 1954. — Aquatic ascomycetes : Discomycetes from lakes. *Trans. Brit. Mycol. Soc.*, *37*, 1, 1-18. **304.**

INGOLD (C.T.), 1954. — Presidential address. Fungi and water. *Trans. Brit. Mycol. Soc.*, *37*, 2, 97-107. **304.**

INGRAM (W.M.) et PRESCOTT (G.W.), 1954. — Toxic freshwater algae. *Amer. Midl. Nat.*, *52*, 75-87. **483.**

IVLEV (V.S.), 1939 *a*. — Balance of energy in carps. *Zool. Zh.*, *S.S.S.R.*, *18*, 2, 309-318. **430.**

IVLEV (V.S.), 1939 *b*. — Transformation of energy by aquatic animals. Coefficient of energy consumption by *Tubifex tubifex* (Oligochaeta). *Int. Rev. ges. Hydrobiol.*, *38*, 449-458. **430.**

J

JAAG (O.), 1953. — La crise des lacs et rivières de l'Europe centrale. *Bull. mens. Cent. belge Étude Docum. Eaux*, *37*, 157-160. **291, 532.**

JACKSON (D.F.), 1961. — Comparative studies of phytoplankton photosynthesis in relation to total alkalinity. *Verh. int. Ver .Limnol.*, *14*, 125-133. **443.**

JACOT (A.P.), 1940. — The fauna of the soil. *Rev. Biol.*, *15*, 28-58. **426.**

JACOBS (W.), 1935. — Das Schweben der Wasserorganismen. *Ergebsse Biol.*, *11*, 131-208. **363.**

JACOBSHAGEN (V.), 1961. — Die Isotopen zusammensetzung natürlicher Wässer und die Anderungen im Wasserkreislauf. *Geol. Rdsch.*, *51*, 1, 281-290. **38, 40.**

JAKOB (H.), 1961. — Compatibilités, antagonismes et antibioses entre quelques algues du sol. (Thèse Paris.) *Rev. gén. Bot.*, *68*, 1-74. **292, 462, 508.**

JAMES (H.R.) et BIRGE (E.A.), 1938. — A laboratory study of the absorption of light by lake waters. *Trans. Wis. Acad. Sci. Arts Lett.*, *31*, 1-154. **36, 147.**

JÄRNEFELT (H.), 1925. — Zur Limnologie einiger Gewässer Finnlands. *Ann. Soc. Zool.-Bot. Fenn. Vanamo*, *2*, 5, 185-352. **525.**

JÄRNEFELT (H.), 1939. — Beobachtungen über die Hydrologie einiger Schärentümpel. *Verh. int. Ver. Limnol.*, *9* : 79. **223.**

JENKIN (P.M.), 1930. — A preliminary limnological survey of loch Awe (Argyllshire). *Int, Rev. ges. Hydrobiol.*, *24*, 24-46. **160.**

JENKIN (P.M.), 1942. — Seasonal changes in the temperature of Windermere (English lake district). *J. Anim. Ecol.*, *11*, 248-269. **160.**

JENNINGS (H.S.) et LYNCH (R.S.), 1928. — Age. mortality, fertility and individual diversities in the *Proales sordida* GOSSE. I. Effect of age of parent on characteristics of offspring. *J. Exp. Zool.*, *50*, 345-407. **504.**

JENSEN (J.), 1934. — California oil field waters. Problems of petroleum Geology. *Amer. Assoc. Petrol. Geol.*, 953-985. **59.**

JENTZSCH (A.), 1912. — Über einige Seen in der Gegend von Meseritz und Birnbaum. *Abh. Preuss. geol. Landesanst.*, *nf*, 48. **229.**

JOHNSON (J.H.), 1958. — Surface-current studies of Saginaw Bay and Lake Huron, 1956. *U.S. Fish and Wildl. Serv., Spec. Sci. Rep., Fish.* n° 267, 84 p. **189.**

JOHNSON (J.H.), 1960. — Surface currents in lake Michigan, 1954 and 1955. *U.S. Fish and Wildl. Serv., Spec. Sci. Rep. Fish* n° 338, 120 p. **189.**

JOHNSSON (H.), 1946. — Termisk-hydrologiska Studier i Sjön Klämmingen. *Geogr. Annl., 28*, 1-154. **151.**

JOLY (R.), 1953. — Contribution à l'étude du plancton de quelques étangs de la Gironde (Lacanau et Hourtin). *Congr. Assoc. Fr. Avanc. Sci., Luxembourg, 72e sess.*, 468-469. **313.**

JOLY (R.), 1960. — Contribution à la connaissance du peuplement d'un lac de tourbière : le lac Luitel (Isère). *Annls. Ec. Nat. Eaux Forêts, 17*, 4,499-508. **306.**

JONASSON (P.), 1961. — Population dynamics in *Chironomus anthracinus* ZETT. in the profundal zone of lake Esrom. *Verh. int. Ver. Limnol., 14*, 196-203. **493.**

JONES (D.) et WILLS (M.S.), 1956. — The attenuation of light in sea and estuarine waters in relation to the concentration of suspended solid matter. *J. Mar. Biol. Assoc. U.K., 35*, 2, 431-441. **145.**

JØRGENSEN (C.B.), 1955. — Quantitative aspects of filter feeding in invertebrates. *Biol. Rev., 30*, 391-454. **481.**

JOUKOWSKY (E.) et BUFFLE (J.P.), 1938. — Constitution physique et chimique des sédiments du lac de Genève. *Mém. Soc. Phys. Hist. Nat. Genève, 41*, 4, 415-466. **302, 533.**

JOVET (P.), 1951. — Les landes : Principaux aspects de la végétation. *La Feuille des Naturalistes n.s., 6*, 3/4, 21-32. **134.**

JOVET (P.), 1954. — Landes et pays Basque occidental. *Not. Bot. Itin. Comm. 8e Congr. Int. botanique Paris-Nice 1954*, Excursion 1-73 - Sud-Ouest (Landes et Pays Basque), 15-51. **354.**

JUDAY (C.), 1908. — Some aquatic invertebrates that live under Anaerobic conditions. *Trans. Wis. Acad. Sci. Arts Lett., 16*, 10-16. **383.**

JUDAY (C.), 1940. — The annual energy budget of an inland lake. *Ecology, 21*, 438-450. **429, 432.**

JUDAY (C.), 1942. — The summer standing crop of plants and animals in four Wisconsin lakes. *Trans. Wis. Acad. Sci. Arts, Lett., 34*, 103-135. **430, 431.**

JUDAY (C.) et BIRGE (E.A.), 1932. — Dissolved oxygen and oxygen consumed in the lake waters of northeastern Wisconsin. *Trans. Wis. Acad. Sc. Arts Lett., 27*, 415-486. **230.**

JUDAY (C.), BIRGE (E.A.) et MELOCHE (V.W.), 1938. — Mineral content of the lake waters of northeastern Wisconsin. *Trans. Wis. Acad. Sci. Arts Lett., 31*. 223-276, **107.**

JUGET (J.), 1958. — Recherches sur la faune de fond du Léman et du lac d'Annecy. *Annls. Sta. cent. Hydrobiol. appl., 7*, 7-95. **249.**

JUGET (J.), 1961. — Le milieu interstitiel des sables submergés lacustres. *C.R. hebd. Séanc. Acad. Sci., Paris, 253*, 21, 2392-2394, **320, 357, 358.**

K

KACZMAREK (W.), 1963. — An analysis of interspecific competition in communities of the soil macrofauna of some habitats in the kampinos national park. *Ekol. Polsk., A, 11*, 17, 421-483. **366.**

KAHL H.), (1933. — Ciliata libera et ectocommensalia. *Tierwelt N. u. Ostsee., 26*, 2, 29-146. **242.**

KALECSINSZKY (A.V.), 1901. — Über die ungarischen Warmen und Heissen Kochsalzseen als natürliche Wärme-accumulatoren sowie über die Herstellung von warmen Salzseen und Wärme-Accumulatoren. *Földt. Közl., 31*, 409-431. **160.**

KARSINKIN (G.S.) et KUZNETSOV (S.I.), 1932. — Neue Methoden in der Limnologie. *Trudy. Limnol. Sta. Kosine*, 13/14, 47-68. **112.**

KENDEIGH (S.C.), 1961. — Animal ecology. Prentice Hall, N.-J., 468 p. **425, 426, 428, 436.**

KHOO (S.G.), 1964. — Studies on the Biology of *Capnia bifrons* (NEWMAN) and notes on the diapause in the nymphs of this species. *Gewäss. Abwäss.*, 34/35, 23-30. **516.**

KIEFER (F.), 1928. — Zur Kenntnis der geographischen Verbreitung von *Bathynella chappuisi* DELACHAUX (Syncarida). *Zool. Anz., 78*, 5/8, 123-125. **331.**

KIEFER (F.), 1957. — Ruderfusskrebse (Crustacea, Copepoda) aus dem Grundwasser des südlichen Oberrheingebietes. *Mitt. bad. Landesver. Naturk., 7*, 1, 53-68. **249.**

KIEFER (F.), 1957. — Die Grundwasserfauna des Oberrheingebietes mit besonderer Berücksichtigung der Crustaceen. *Beitr. naturk. Forsch. Südwdtl., 16*, 2, 65-90. **249.**

KIEFER (F.), 1960. — Ruderfusskrebse (Copepoden). Kosmos-Verlag- Franckh - Stuttgart, 1 vol., 97 p. **311, 370, 505.**

KIRSHENBAUM (I.), 1951. — Physical properties and analysis of heavy water McGraw-Hill, N.Y., 438 p. **39, 41.**

KJENSMO (J.), 1964. — Exchange of iron between mud and water in a small norwegian lake. *Schweiz. Z. Hydrol., 26*, 1, 69-73. **117.**

KLEEREKOPER (H.), 1944. — Introduçao ao estudo da limnologia. *Sr. Didatica n° 2, Serv. Inf. Agr.*, 329 p. **3.**

KNIE (K.), 1958. — Über den Chemismus der Wässer in Seewinkel der Salzackensteppe Österreichs. *Vom Wasser, 25*, 117-126. **89.**

KNIPOWITSCH (N.), 1938. — Hydrographie des mers et eaux saumâtres (en russe). *Sci. Inst. Mar. Fish Oceanogr. SSSR, Moscou, Leningrad*, 513 p, **62.**

KNÖPP (H.), 1954. — Ein neuer Weg zur Darstellung biologischer Vorfluteruntersuchungen erläutert an einem Gütelängsschnitt des Maines. *Die Wasserwirtsch., 45*, 1, 9-15. **403.**

KOECHLIN (R.), 1944. — Les glaciers et leur mécanisme. Rouge et Cie, Lausanne, 1 vol. **20.**

KOKUBU (N.). MAYEDAT (T.) et UREY (H.C.), 1961. — Deuterium content of minerals, rocks and liquid inclusions from rocks. *Geochim. et Cosmochim. Acta, 21*, 247-256. **40.**

KOLBE (R.V.), 1927. — Zur Ökologie, Morphologie und Systematik der Brackwasser. Diatomeen. Die Kieselalgen des Sperenberger Salzgebietes. *Pflanzenforschung, 7*, 143 p. **62.**

KOLKWITZ (R.) et MARSSON (M.), 1908. — Ökologie der pflanzlichen Saprobien. *Ber. Deutsch. Bot. Ges., 22*, 505-519. 398.

KOLKWITZ (R.) et MARSSON (M.), 1909. — Ökologie der tierischen Saprobien. *Int. Rev. ges. Hydrobiol. Hydrogr., 2*, 126-152. **398.**

Königsberg et Müller, 1906. — Ueber die Flüssigkeitseinschlüsse im Quartz alpinen Mineralklüfte. *Zentbl. Miner.* 72-77. **58.**

Kononova (M.), 1961. — Soil organic matter. Pergamon press, 450 p. **283.**

Koyama (T.), 1955. — Gaseous metabolism in lake muds and paddy soils, *J. earth Sci. Nagoya Univ.*, *3*, 65-76. **81.**

Koyama (T.) et Sugawara (K.), 1953. — Separation of the components of atmospheric salt and their distribution. *Bull. chem. Soc. Japan*, *26*, 123-126. **167.**

Kozhov (M.), 1963. — Lake Baïkal and its life W. Junk Publ. Hague, 1-344. **312, 315, 321, 331. 380.**

Krauss (R.W.), 1958. — Physiology of the fresh-water algae. *Ann. Rev. Plant. Physiol.* *9*, 207-244. **439.**

Kreitmann (L.), 1931. — Étude des courants du lac Léman. *Les études Rhodaniennes*, *4*, 2, 109-130. **189.**

Kreitmann (L.), 1935. — Contribution à l'étude expérimentale des courants lacustres. *Rev. Eaux et Forêts*, n° d'août, 3-11. **194.**

Kriss (A.E.), 1961. — Meeres-Mikrobiologie Tiefseeforschungen. G. Fischer, Iéna, 570 p. **91, 363.**

Krogh (A.), 1941. — The comparative physiology of respiratory mechanisms. Univ. Pensylv. Press, 172 p. **492.**

Krumbein (W.C.) et Pettijohn (F.J.), 1938. — Manuel of sedimentary petrography. Appleton-Century Co. N.-Y., 549 p. **270.**

Kubiena (W.L.), 1953 — The soils of Europe, illustrated diagnosis and systematics. 1 vol. T. Murby, Londres, **277, 278.**

Kuenen (P.H.), 1950. — Marine geology. J. Wiley et Sons, N.-Y., 1 vol., 568 p. **179.**

Kufferath (J.), 1952. — Le milieu biochimique *Exploration hydrobiologique du lac Tanganika (1946-1947). Résultats scientifiques. 1*, 31-47. **369.**

Kufferath (J.) et Schmitz (D.), 1954. — Note préliminaire sur les gaz découverts dans les eaux profondes du lac Kivu, *27e Congr. Int. Chimie Industr.*, *28*, 10 p. **230.**

Kulp (L.J.), 1951. — Origin of the hydrosphere. *Bull. geol. Soc. Amer.*, *62*, 326-330. **45.**

Kuntschen (F.), Bircher (H.) *et al.*, 1954. — Les dénivellations du lac Léman. Comm. Serv. Féd. Eaux, Berne, *40*, 103 p. **195, 200, 202.**

Kupsch (W.O.), Carlson (E.Y.) et Thorvaldson (T.), 1956. — Sturgeon lake marl deposit *Rep. Invest. Dept. Miner. Res. Saskatchewan*, *8*, 55 p. **278.**

Kuznetsov (S.I.), 1935. — Microbiological researches in the study of the oxygenous regimen of lakes. *Verh. int. Ver. Limnol.*, *7*, 2, 562-582. **113.**

Kuznetsov (S.I.), 1950. — Recherches microbiologiques dans les lacs des régions de Koktchetav, Kurgansk et Tumensk. Communication I : Caractéristiques microbiologiques des processus de minéralisation de la matière organique dans des lacs de salinités différentes (en russe), *Acad. Sci. U.R.S.S., Trav. Labor. Sédiment.* (*Sapropèles*), *4*, 5-14. **296.**

Kuznetsov (S.I.), 1958. — A study of the size of bacterial populations and of organic matter formation due to photo- and chemosynthesis in water bodies of different types. *Verh. int. Ver. Limnol.*, *13*, 156-169. **95, 295.**

Kuznetsov (S.I.), 1959. — Die Rolle der Mikroorganismen im Stoffkreislauf der Seen (trad. Pochmann). V.E.B. Deutsch. Verlag der Wissensch., Berlin, 309 p. (2e éd.). **215, 480.**

Kylin (A.), 1943. — The influence of trace elements on the growth of *Ulva lactuca. Kgl. Fys. Sälls. Lund*, *13*, 185-192. **459.**

L

Lagerspetz (K.), 1958. — The brackish-water tolerance of some freshwater crustaceans. *Verh. int. Ver. Limnol.*, *13*, 718-721. **493.**

Langelier (W.S.), 1936. — The analytical control of anticorrosion water-treatment. *J. Amer. wat. works Assoc.* *28*, 10, 1500-1521. **78.**

Lagrange (J.L.), 1781. — Sur la théorie du mouvement des fluides. *Nouv. Mém. Acad. Sci. Belles-Lettres, Berlin*, 159-198. **198.**

Lansing (A.I.), 1942. — Some effects of hydrogen ion concentration, total salt concentration, calcium and citrate on longevity and fecundity of the Rotifer. *J. Exp. Zool.*, *91*, 195-211. **504.**

Lauterborn (R.), 1900. — Der Formenkreis von *Anuraea cochlearis. Verh. naturh-med. Ver. Heidelb.*, *6*. **363.**

Leentvaar (P.), 1958. — Observations on the plankton of some inland waters, especially « Wielen » in the netherlands. *Beaufortia*, *6*, 73, 171-198. **130.**

Leeper (G.W.), 1952. — Factors affecting availability of inorganic nutrients in soils with special reference to micronutrient metals. *Ann. Rev. Plant. Physiol.*, *3*, 1-15. **457.**

Lefèvre (M.), 1940. — Signification et valeur du facteur pH en hydrobiologie. *Bull. Soc. cent. Aquic. Pêche.*, *47*, 7/12, 50-55. **224.**

Lefèvre (M.), 1942. — L'utilisation des Algues d'eau douce par les Cladocères. *Bull. Biol. Fr. Belg.*, *76*, 3, 250-276. **256, 485, 502, 505.**

Lefèvre (M.), 1948. — Influence des variations de niveau d'un étang sur la nature de son phytoplancton. Intérêt en économie piscicole. *Annls. Sta. cent. Hydrobiol. appl.*, *2*, 43-50. **468, 506.**

Lefèvre (M.), 1950. — *Aphanizomenon gracile* Lem. Cyanophyte défavorable au zooplankton. *Annls. Sta. cent. Hydrobiol. appl.*, *3*, 205-208. **482.**

Lefèvre (M.), 1964. — Extracellular products of algae. in : Jackson D.F. : *Algae and Man*, Plenum Press. N.-Y., 337-367. **292, 372.**

Lefèvre (M.) et Farrugia (G.), 1958. — De l'influence sur les algues d'eau douce, des produits de décomposition spontanée des substances organiques d'origine animale et végétale. *Hydrobiologia*, *10*, 49-65. **464.**

Lefèvre (M.), Jakob (H.) et Nisbet (M.), 1950. — Sur la sécrétion par certaines cyanophytes, de substances algostatiques dans les collections d'eau naturelles. *C. R. hebd. Séanc. Acad. Sci. Paris*, *230*, 2226-2227. **292.**

Lefèvre (M.), Jakob (H.) et Nisbet (M.), 1952. — Auto- et hétéroantagonisme chez les algues d'eau douce *in vitro* et dans les collections d'eau naturelles. *Annls. Sta. cent. Hydrobiol. appl.*, *4*, 5-198. **292, 372, 443, 461, 462, 507, 508.**

Lefèvre (M.), Laporte (G.) et Flandre (O.), 1963. — Sur la sécrétion par certaines cyanophycées de substances stimulant la multiplication cellulaire. *C. R. hebd. Séanc. Acad. Sci.*, *256*, 254-256. **450, 461.**

LEGER (L.), 1910. — Principes de la méthode rationnelle du peuplement des cours d'eau à Salmonides. *Annls. Univ. Grenoble*, *22*, 3, 5-74. 425.

LELOUP (E.), 1953. — Gastéropodes, *Exploration hydrobiologique du lac Tanganika (1946-1947). Résultats scientifiques*, *3*, 4, 1-273. 321.

LENZ (F.), 1955. — Der Lago Maggiore und die kennzeichnende Bedeutung seiner Bodenfauna. *Mem. Ist. Ital. Idrobiol., suppl. 8*, 183-203. 320, 382.

LEVASSEUR, 1868. — Cours d'économie rurale, industrielle et commerciale. Paris, **423, 424.**

LEVRING (T.), 1947. — Submarine daylight and the photosynthesis of marine algae. *Meddn. oceanog. Inst. Göteborg*, *14*, 1-90. **446.**

LEWIN (R.A.), 1955. — The capsule of the diatom, *Navicula pelliculosa*. *J. Gen. Microbiol.*, *13*, 162-169. **456.**

LEWIN (R.A.), 1956. — Extracellular polysaccharides of green algae. *Can. J. Microbiol.*, *2*, 665-672. **110, 462.**

LIEBERS (R.), 1937. — Beiträge zur Biologie de-Rädertiere. Untersuchungen an *Euchlanis dilatata* und *Proales decipiens*. *Z. Wiss. Zool.*, *150*, 206-261. **504.**

LIEBMANN (H.), 1962. — Handbuch der Frischwasser-und Abwasserbiologie. Oldenbourg, Munich, vol. I, 588, p. 1962; vol. II, 1160 p. 1960, **4, 392, 400.**

LILLY (D.M.), 1953. — The nutrition of carnivorous protozoa. *Ann. N.-Y. Acad. Sci.*, *56*, 910-920. **312.**

LILLY (D.M.) et HENRY (S.M.), 1956. — Supplementary factors in the nutrition of *Euplotes*. *J. Protozool.*, *3*, 200-203. **312.**

LILLY (D.M.), HERBST (B.A.) et STILLWELL (R.H.), 1961. — A reciprocal stimulating effect on growth in two species of Ciliates. *Amer. Zool.*, *1*, : 459. **312.**

LINDBERG (K.), 1954. — Un cyclopide (Crustacé copépode) troglobie de Madagascar. *Hydrobiologia*, *6*, 1-2, 97-119. 327.

LINDEMAN (R.L.), 1942. — The trophic-dynamic aspect of ecology. *Ecology*, *23*, 4, 399-418. **418, 422, 425, 426, 429, 436.**

L'ISLE (A. de), 1862. — Notice zoologique sur un nouveau Batracien urodèle de France (*Triton blasii*). *Annls. Sci. Nat.*, (*5*), 17, : 364. **345.**

LJAKHOV (S.M.), MIKHEEV (V.P.), KIRPITSHENKO (M.J.) *et al.*, 1964. — Biologie de *Dreissena* et moyens de lutte contre (en russe). *Trav. Inst. Biol. eaux intérieures*, *7*, 10, 136 p. **243.**

LÖFFLER (H.), 1960. — 2. Beitrag sur Kenntnis der Entomostrakenfauna burgenländischer Brunnen und Quellen. *Wiss. Arb. Burgenl.*, *26*, 3-15. **249.**

LOHAMMAR (G.), 1938. — Wasserchemie und höhere Vegetation schwedicher Seen. *Symb. Bot. Upsal.*, *3*, 1, 1-254. **107.**

LOMBARD (A.), 1956. — Géologie sédimentaire. Les séries marines. Masson et C,°, Paris, 1 vol., 722 p. **532.**

LOWNDES (A.G.), 1935. — The swimming and feeding of certain calanoid copepods. *Proc. Zool. Soc. London*, 687-715. **481.**

LÜDI (W.), 1939. — Analyse pollinique des sédiments du lac de Genève. *Mém. Soc. Phys. Hist. nat. Genève*, 41, 5. 467-497, **533.**

LUGEON (M.) et JÉRÉMIE (E.), 1913. — La carte des bassins fermés des Alpes suisses, avec deux cartes hors texte au 1/25000. *Bull. Lab. Géol. Univ. Lausanne*, *19*, 22 p. 53.

LUKANIN (V.S.), 1958. — La nutrition des larves de Chironomides (Insectes-Diptères) dans la zone d'action des vagues de la Mer Noire à Karadag. (en russe) *Rap. Sci. Ens. sup. Sr. Sci. biol.*, *1*. **483.**

LUKIN (E.I.) et EPSTEIN (V.M.), 1960. — Endemic baikalian leeches form the fam. Glossiphonidae (en russe). *Dokl. Acad. Nauk. SSSR*, *131*, 2, 457-460. **320.**

LUND (J.W.G.), 1949. — Studies on *Asterionella* I. The origin and nature of the cells producing seasonal maxima. *J. Ecol.*, *37*, 2, 389-419. **444.**

LUND (J.W.G.), 1950. — Studies on *Asterionella formosa* HASS. II. Nutrient depletion and the spring maximum. *J. Ecol.*, *38*, 1, 1-35. **444, 456, 457.**

LUND (J.W.G.), 1961. — The periodicity of µ-algae in three English lakes. *Verh. int. Ver. Limnol.*, *14*, 147-154. **480.**

LUNDBECK (J.), 1934. — Über den primär oligotrophen Seetypus und den Wollingster See als dessen mitteleuropäischen Vertreter. *Arch. Hydrobiol.*, *27*, 221-250. **523.**

LUNDBECK (J.), 1936. — Untersuchungen über die Bodenbesiedelung der Alpenrandseen. *Arch. Hydrobiol.*, *10*, 207-358. **528.**

LUNTZ (A.), 1926. — Untersuchungen über den Generationswechsel der Rotatorien. I. Die Bedingungen des Generationswechsels. *Biol. Zbl.*, *22*, 5, 233-257. **504.**

LUNTZ (A.), 1929. — Untersuchungen über den Generationswechsel der Rädertiere. II. Der zyklische Generationswechsel von *Brachionus bakeri*. *Biol. Zbl.*, *49*, 4, 193-211. **504.**

LWOFF (A.), 1944. — L'évolution physiologique. Étude des pertes de fonctions chez les microorganismes. Hermann, Paris. 300 p. **289.**

LYMAN (J.), 1961. — Changes in pH and total CO_2 in natural waters. *Limnol. Oceanogr.*, *6*, 80-82. **233.**

M

MACAN (T.T.), 1963. — Freshwater ecology. Longmans, London, 338 p. **61, 99, 492.**

MACCLARY (A.), 1959. — The effect of température on growth and reproduction in *Craspedacusta sowerbii*. *Ecology*, *40*, 1, 158-162. **313.**

MACFADYEN (A.). 1948. — The meaning of productivity in biological systems. *J. Anim. Ecol.*, *17*, 1. 75-80. **422-424.**

MCILRATH (W.J.) et SKOK (J.), 1957. — Boron requirement of *Chlorella*. *Pl. Physiol.*, *suppl. 32*, **459.**

MACKERETH (F.J.H.), 1957. — Chemical analysis in ecology illustrated from lake district tarns and lakes. I. Chemical analysis. *Proc. Linn. Soc. Lond.*, *167*, 2, 159-164. **88.**

MCLEOD (G.C.), 1957. — The effect of circularly polarized light on the photosynthesis and chlorophyll *a* synthesis of certain marine Algae. *Limnol. Oceanogr.*, *2*, 4, 360-362. **440.**

McLeod (G.C.) et Kanwisher (J.), 1962. — The quantum efficiency of photosynthesis in ultraviolet light. *Physiol. Pl.*, *15*, 581-586. **440.**

McLeod (G.C.) et McLachlan (J.), 1959. — The sensitivity of several algae to ultraviolet radiation of 2537 Å. *Physiol. Pl.*, *12*, 306-309. **440.**

Main (R.A.), 1953. — A limnological study of *Chaoborus* (Diptera) in Hall Lake, Washington. *M.S. Thesis. Univ. Wash.*, 106 p. **488.**

Manning (W.M.) et Juday (R.E.),1941. — The chlorophyll content and productivity of some lakes in northeastern Wisconsin .*Trans. Wis. Acad. Sci. Arts., Lett.*, *33*, 363-393. **470.**

Manujlova (E.F.), 1958. — Problème de l'importance du nombre de bactéries pour le développement des Cladocères dans les conditions naturelles (en russe). *Dokl. Akad. Nauk S.S.S.R.*, *120*, 5, 1129-1132. **505.**

Marazanof (F.), 1963. — Cycle annuel des populations de Cladocères et Copépodes du Saint-Seren. de la Baisse-Salée des Relongues et Cerisières de la Tour du Valat. *La Terre et la Vie*, 3, 335-356. **385.**

Margalef (R.), 1955. — Los organismos indicadores en la limnologia. Biologia de las aguas continentales, *12*, 300 p. **351, 394.**

Margalef (R.), 1958. — Temporal succession and spatial heterogeneity in phytoplankton. *Perspectives in marine Biology. Univ. Calif. Press*, 323-349. **256.**

Margalef (R.), 1960. — Ideas for a synthetic approach to the ecology of running waters. *Int. Rev. ges. Hydrobiol.*, *45*, 1, 133-153. **256.**

Marlier (G.), 1951. — Recherches hydrobiologiques dans les rivières du Congo oriental. Composition des eaux. La conductibilité électrique. *Hydrobiologia*, *3*, 217-227. **259, 396.**

Marlier (G.), 1951. — La biologie d'un ruisseau de plaine, le Smohain. *Mém. Inst. R. Sci. nat. Belg.*, *114*, 1-98. **350.**

Marlier (G.), 1954. — Recherches hydrobiologiques dans les rivières du Congo oriental. *Hydrobiologia*, *6*, 3/4, 225-264. **250.**

Marshall (S.M.) et Orr (A.P.), 1955. — On the biology of *Calanus finmarchicus*. VIII. Food uptake, assimilation and excretion in adult and stage V *Calanus*. *J. Mar. Biol. Assoc. U.K.*, *34*, 495-529. **484.**

Martell (A.) et Calvin (M.), 1959. — Chemistry of the metal chelate compounds. Prentice Hall, Englewood Cliffs, N.J., **108.**

Martonne (E. de), 1950. — Traité de géographie physique. I. Notions générales, climat, Hydrographie. 8e éd. Colin, Paris, 496 p. **126.**

Mathias (P.), 1937. — Biologie des Crustacés Phyllopodes. Hermann, Paris, *447*, 106 p. **387.**

Maucha (R.), 1949. — Einige Gedanken zur Frage des Nährstoffhaushalts der Gewässer. *Hydrobiologia*, *1*, 3, 225-237. **223.**

Megyeri (J.), 1963. — Asott kutak hidrofaunisztikai vizsgalata (Recherches hydrofaunistiques sur les sources). *Acta phys. chem. Szeged.*, 149-175. **249.**

Meinhardus (W.), 1928. — Der Kreislauf des Wassers. Festrede, Georg August Univ. am 1.5.1927 Göttingen, **45.**

Meinzer (O.E.) *et al.* 1942, — Hydrology. Dover Publ. N.-Y., 712 p. **50.**

Ménaché (M.), 1965. — Variation de la Masse volumique de l'eau en fonction de sa composition isotopique. *Joint Com. on Oceanog. Tables and Standards, Cons. Int. Expl. Mer.*, *132*, 23 p. **38.**

Mercanton (P.L.), 1932. — Étude de la circulation des eaux du lac Léman. *Mém. Soc. Vaud. Sci. nat.*, *4*, 225-241. **189.**

Mercanton (P.L.), 1955. — Les marées du Léman. Nouvelles données. *Bull. Soc. Vaud. sci. nat.*, *66*, 289, 161-164. **195, 196, 197.**

Mercier (P.), 1949. — Aération partielle sous-lacustre d'un lac eutrophe. *Verh. int. Ver. Limnol.*, *10*, 294-297. **530.**

Mercier (P.), 1955. — Évolution d'un lac eutrophe soumis à l'aération artificielle sous-lacustre. *Verh. int. Ver. Limnol.*, *12*, 679-686. **530.**

Mercier (P.), 1960. — Les trombes sur le lac Léman. *Schweiz. Z. Hydrol.*, *22*, 1, 167-176. **167.**

Mercier (P.) et Gay (S.), 1954. — Effets de l'aération artificielle sous-lacustre au lac de Bret. Étude comparée avant et après l'aération. *Schweiz. Z. Hydrol.*, *16*, 2, 248-308. **263.**

Mercier (P.) et Wacker (P.), 1958. — La trombe du 7 octobre sur le lac Léman. *Bull. Soc. Vaud. sci. nat.*, *67*, 297, 11-17. **167.**

Merian (J.R.), 1828. — Über die Bewegung tropfbarer Flüssigkeiten in Gefässen (réédité par K. von der Mühll, *Mathem. Annalen*, *27*, 575-600, 1886). **198.**

Mestrov (M.), 1962. — Un nouveau milieu aquatique souterrain : le biotope hypotelminorhéique. *C. R. hebd. Séanc. Acad. Sci. Paris*, *254*, 2677-2679. **257.**

Meyer (A.F.), 1942. — Evaporation from lakes and reservoirs. *Minn. Res. Comm. St-Paul.*, 112 p: **170.**

Miholic (S.), 1947. — Ore deposits and geologic age. *Econ. Geol.*, *42*, 8, 713-720. **58.**

Millfr (H.M.), 1931. — Alternation of generations in the Rotifer *Lecane inermis* Bryce. I. Life histories of the sexual and non-sexual generations. *Biol. Bull.*, *60*, 345-381. **504.**

Milon (F.), 1939. — Le lac d'Annecy. Étude géographique. *Ann. Géogr.*, *48*, 120-137. **165**

Minder (L.), 1920. — Zur Hydrophysik der Zürich- und Walensees, nebst Beitrag zur Hydrochemie und Hydrobakteriologie des Zürichsees. *Arch. Hydrobiol.*, *12*, 122-194. **296.**

Minder (L.), 1943. — Der Zürichsee im Lichte der Seetypenlehre. *Naturf. Ges. Zürich,*, *145*, 83 p. **532.**

Moffett (J.W.), 1957. — Recent changes in the deepwater fish populations of Lake Michigan. *Trans. Amer. Fish. Soc.*, *86*, 393-408. **343.**

Monod (J.), 1950. — La technique de culture continue. Théorie et applications. *Ann. Inst. Past.*, *79*, : 390. **256.**

Monod (R.), 1956. — Contribution à l'étude des variations de la composition chimique des eaux du lac Léman. *Annls. Stat. cent. Hydrobiol. appl.*, *6*, 231-345. **377.**

Monod (T.), 1927. — *Thermosbaena mirabilis* Monod. Remarques sur sa morphologie et sa position systématique. *Faune des Colonies Fr.*, I, 29-51. **331.**

Moore (G.M.), 1939. — A limnological investigation of the microscopic benthic fauna of Douglas Lake, Michigan. *Ecol. Monogr.*, *9*, 537-582. **513.**

MOORE (J.A.), 1939. — Temperature tolerance and rates of development in the eggs of Amphibia. *Ecology*, *20*, 459-478. **492.**

MOORE (W.G.), 1963. — Some interspecies relationships in Anostraca populations of certain louisiana ponds. *Ecology*, *44*, 1, 131-139. **491.**

MORARIU (T.), PISOTA (I.) et BUTA (I.), 1962. — Hidrologia generala. Stat. didactica, Pedagogia Bucarest, **396.**

MOREAU (F.), 1960. — Botanique. Encyclopédie de la Pléiade, *10*, 1531 p. **299.**

MORGAN (J.) et WARREN (B.E.), 1938. — X. Ray analysis of the structure of water. *J. Chem. Phys.*, *6*, 666-673. **18.**

MORTIMER (C.H.), 1939. — The work of the Freshwater Biological Assoc. of Great Britain in regard to water supplies : The nitrogen balance of large bodies of water. *Off. Circ. Brit. Waterw. Assoc.*, *21*, 1-10. **95.**

MORTIMER (C.H.), 1941-1942. — The exchange of dissolved substances between mud and water in lakes. *J. Ecol.*, *29*, 2, 280-329; *30*, 1, 147-201. **80, 91, 92, 114, 115, 295, 535.**

MORTIMER (C.H.), 1951. — The use of models in the study of water movements in lakes. *Verh. int. Ver. Limnol.*, *11*, 254-260. **195.**

MORTIMER (C.H.), 1951. — Water movements in stratified lakes deduced from observations in Windermere and model experiments. *Un. geod. et geoph. int. — Assoc. int. Hydrol. sci. — Ass. Gen. Bruxelles. 3*, 335-349. **195.**

MORTIMER (C.H.), 1952. — Water movements in lakes during summer stratification, evidence from the distribution of temperature in Windermere. *Trans. R. Soc. London*, *236*, B, 355-404. **203, 206, 207.**

MORTIMER (C.H.), 1953. — The resonant response of stratified lakes to wind. *Schweiz. Z. Hydrol.*, *15*, 94-151. **203, 206.**

MORTIMER (C.H.), 1955. — Some effects of the earth's rotation on water movements in stratified lakes. *Verh. int. Ver. Limnol.*, *12*, 66-77. **73, 207.**

MOTAS (C.) et TANASACHI (S.), 1946. — Acariens phréaticoles de Transylvanie. *Notat. biol. Buc.*, *4*, 1/3, 63 p. **352.**

MÜLLER (K.), 1955. — Produktionsbiologische Untersuchungen in Nordschwedischen Fliessgewässern. Teil 3. Die Bedeutung der Seen und Stillwasserzonen für die Produktion in Fliessgewässern. *Rep. Inst. Freshwat. Res. Drottningholm.*, *36*, 148-162. **255.**

MURRAY (John), 1888. — On the effect of winds on the distribution of temperature in the sea- and freshwater lochs of the west of Scotland. *Scott. geogr. Mag.*, *4*, 345-365. **203.**

MYERS (J.), 1946. — Culture conditions and the development of the photosynthetic mechanism. III. Influence of light intensity on cellular characteristics of *Chlorella*.
IV. Influence of light intensity on photosynthetic characteristics of *Chlorella*. *J. gen. Physiol.*, *29*, 6, 419-427; 429-440. **439.**

MYERS (J.) et BURR (G.O.), 1940. — Studies on photosynthesis. Some effects of light of high intensity on *Chlorella*. *J. gen. Physiol.*, *24*, 45-67. **439.**

N

NADSON (G.A.), 1928. — Beitrag zur Kenntnis der bakteriogenen Kalkablagerungen. *Arch. Hydrobiol.*, *19*, 1, 154-164. **295.**

NAUMANN (E.), 1918. — Über die natürliche Nahrung des Limnischen Zooplankton. *Lunds Univ. Arssk., n.s.*, *2*, 14, 31, **481.**

NAUMANN (E.), 1921. — Spezielle Untersuchungen über die Ernährungsbiologie des tierischen Limnoplanktons. I. *Lunds Univ. Arssk., n.s.*, *2*, 17, 4, 1-27. **481, 526.**

NAUMANN (E.), 1923. — Spezielle Untersuchungen über die Ernährungsbiologie des tierischen Limnoplanktons. II. Über den Nahrungserwerb und die natürliche Nahrung der Copepoden und der Rotiferen des Limnoplanktons. *Lunds Univ. Arssk., n.s.*, *2*, 19, **17** p, **481.**

NAUMANN (E.), 1924. — Einige allgemeine Gesichtspunkte betreffs des Studiums der regionalen Limnologie. *Verh. int. Ver. Limnol.*, *2*, 100-110. **523.**

NAUMANN (E.), 1930. — Einführung in die Bodenkunde der Seen. *Die Binnengewässer*, *9*, 126 p. **3.**

NAUMANN (E.), 1931. — Limnologische Terminologie. Urban et Schwarzenberg, Berlin, 776 p. **364.**

NAUWERCK (A.), 1959. — Zur Bestimmung der Filtrierrate limnischer Planktontiere. *Arch. Hydrobiol., suppl.*, *25*, 83-101. **484.**

NAUWERCK (A.), 1963. — Die Beziehungen zwischen Zooplankton und Phytoplankton im See Erken. *Symb. bot. upsal.*, *17*, 5, 5-163. **410, 486, 500, 502, 504, 506.**

NEEDHAM (J.G.), TRAVER (J.R.) et HSU, YIN-CHI, 1935. — The biology of mayflies. Comstock, Ithaca, N. Y. **334.**

NEEL (J.K.), 1948. — A limnological investigation of the psammon in Douglas lake, Michigan, with especial reference to shoal and shoreline dynamics. *Trans. Amer. Microsc. Soc.*, *67* 1, 1-53. **356.**

NERESHEIMER (E.) et RUTTNER (F.), 1928. — Eine fischereibiologische Untersuchung am Traunsee. *Z. Fisch.*, *26*, 18, 537-564. **229.**

NEUMANN (J.), 1959. — Maximum depth and average depth of lakes. *J. Fish. Res. Bd. Canada*, *16*, 6, 923-927. **135.**

NIETZKE (G.), 1937. — Die Kossau. Hydrobiologischfaunistische Untersuchungen an schleswigholsteinischen Fliessgewässern. *Arch. Hydrobiol.*, *32*, 1-74. **396.**

NIPKOW (F.), 1920. — Vorläufige Mitteilungen über Untersuchungen des Schlammabsatzes im Zürichsee. *Hidrol. Közl.*, *1*, 100-122. **532.**

NIPKOW (F.), 1952. — Die Gattung *Polyarthra* EHRENBERG im Plankton des Zürichsees und einiger anderer schweizer Seen. *Schweiz. Z. Hydrol.*, *14*, 1, 135-181. **316.**

NISBET (M.) et DUSSART (B.), 1948. — Le plancton dans le Léman et ses facteurs de répartition. *C.R. hebd. Séanc. Acad. Sci., Paris*, *277*, 1054-1056. **370.**

NISBET (M.), PETIT (G.) et SCHACHTER (D.), 1958. — Caractères chimiques de quelques étangs méditerranéens. *Verh. int. Ver. Limnol.*, *13*, 672-675. **88, 314.**

NODDACK (W.) et KOPP (C.), 1940. — The assimilation of carbon dioxide by green plants. IV. Assimilation and temperature. *Z. Phys. Chem.*, *A*, *187*, : 79. **439.**

NORTHCOTE (T.G.) et JOHNSON (W.E.), 1964. — Occurence and distribution of sea water in Sakinaw lake, British Columbia. *J. Fish. Res. Bd. Can.*, *21*, 5, 1321-1324. **229.**

NOURISSON (M.), 1964. — Recherches écologiques et biologiques sur le crustacé branchiopode *Chirocephalus diaphanus* PREV .: étude expérimentale du déterminisme du développement de l'œuf. Thèse, doct. Sci. Nat. Nancy, 1-154. **385, 387.**

NOURISSON (M.) et AGUESSE (P.), 1961. — Cycle annuel des Phyllopodes d'une mare temporaire de Camargue. *Bull. Soc. Zool. Fr.*, *86*, 754-762. **387.**

NOVEL (E.), 1943. — Des critères de spécificité et des difficultés de détermination des micro-organismes bactériens, *Boissiera*, 1943, *7*, 202-218. **292.**

NOYES (B.), 1922. — Experimental Studies on the life history of a Rotifer reproducing parthenogenetically (*Proales decipiens*). *J. exp. Zool.*, *35*, 225-255. **504.**

NYDAHL (F.), 1951. — Sampling and Analysis of lake Waters by means of ion exchangers. *Verh. int. Ver. Limnol.*, *11*, 276-290. **107.**

NYGAARD (G.), 1947. — Hydrobiological studies on some Danish ponds and lakes. *Det. Kong. Dansk. Vidensk. Selsk. Bivl. Bkr.*, *7*, 1, 293 p. **524, 527.**

NYGAARD (G.), 1955. — On the productivity of five danish waters. *Verh. int. Ver. Limnol.*, *12*, 123-133. **149, 437.**

O

OANA (S.), 1939. — Geochemical investigations of volcanoes in Japan. 21. Density of mineral waters in the vicinity of Komagatake, Akita Prefecture. *J. Chem. Soc. Jap.* (en japonais), *60*, 1008-1009. **41.**

OANA (S.), 1942. — Geochemische Untersuchungen der Vulkane in Japan. 26. Dichtemessungen des Flusswassers I. *Bull. Chem. Soc. Jap.*, *17*, : 314. **41.**

OANA (S.), 1948. — Distribution of heavy water in natural waters. *Chem. Res.* (Japan), *3*, 71-90. **41.**

OANA (S.) et DEEVEY (E.S.), 1960. — Carbon 13 in lake waters, and its possible bearing on paleolimnology. *Amer. J. Sci.*, *258*, A, 253-272. **117.**

ODUM (E.P.), 1957. — The ecosystem approach in the teaching of ecology illustrated with sample class data. *Ecology*, *38*, 3, 531-535. **223.**

ODUM (E.P.), 1959. — Fundamentals of ecology. Philadelphia, London, 562 p. **366, 425.**

ODUM (H.T.), 1956. — Efficiencies, size of organisms and community structure. *Ecology*, *37*, 3, 592-597. **425.**

ODUM (H.T.), 1957. — Trophic structure and productivity of Silver Springs, Florida. *Ecol. Monogr.*, *27*, 55-112. **478.**

ODUM (H.T.) et HOSKIN (C.M.), 1957. — Metabolism of a laboratory stream microcosm. *Inst. Mar. Sci.*, *4*, 115-133. **256.**

OHLE (W.), 1934. — Chemische und physikalische Untersuchungen norddeutscher Seen. *Arch. Hydrobiol.*, *26*, 386-464, 584-658. **107, 222.**

OHLE (W.), 1952. — Die hypolimnische Kohlendioxyde-Akkumulation als productionsbiologischer Indikator. *Arch. Hydrobiol.*, *46*, 153-285. **473.**

OHLE (W.), 1954. — Sulfat als « Katalysator », des limnischen Stoffkreislaufes. *Vom Wasser*, *21*, 13-32. **92, 295.**

OHLE (W.), 1959. — Die Stoffwechseldynamik der Seen in Abhängigkeit von der Gasausscheidung ihres Schlammes. *Vom Wasser*, *25*, 127- 149. **79, 221.**

OLIVIER (S.R.), 1959. — Notas hidrobiologicas I. Sobre rotiferos bonaerenses indicadores en limnologia. *Actas Trab. Primer Congr. Sudamer. Zool.*, *1*, 125-133. **317.**

OLSEN (S.), 1964. — Phosphate equilibrium between reduced sediments and water. Laboratory experiments with radioactive phosphorus. *Verh. int. Ver. Limnol.*, *15*, 333-341. **97.**

OLSZEWSKI (P.), 1948. — Winter stratification of oxygen in the large tatra lakes. *Bull. Acad. Pol. Sci et Let.*, 1940-1946, A. 65-111. **73.**

OLSZEWSKI (P.), 1951-1953. — The thermal conditions of mountain lakes. *Bull. Acad. polon. Sci. Lett.*, *sr. A. sci. math.*, 239-290. **24, 153, 154, 230, 231.**

ONDE (H.), 1944. — Le lac d'Annecy et le Thiou (étude hydrologique). *Rev. Géogr. Alp.*, *32*, 1-58. **165.**

OOSTEN (J. van), 1963. — Surface currents of lake Michigan, 1931 and 1932. *Spec. Sci. Rep.-Fish*, *413*, 1-51. **189.**

ORGHIDAN (T.), 1959. — Ein neuer Lebensraum des unterirdischen Wassers : der hyporheische Biotop. *Arch. Hydrobiol.*, *55*, 392-414. **359.**

OSTERHOUT (W.J.V.) et HASS (A.R.C.), 1919. — On the dynamics of photosynthesis. *J. Gén. Physiol.*, *1*, 1-6. **223.**

OSTWALD (W.), 1888-1889. — Über die Dissociationstheorie der Elektrolyte. Über die Affinitätsgrössen organischer Säuren und ihre Beziehungen zur Zusammensetzung und Konstitution derselben. *Z. Physik. Chem.*, *2*, 270-283; *3*, 170-197; *3*, 241-288; *3*, 369-422. 31.

OTTERSTRØM (C.V.) et LARSEN (K.), 1943-1945. — Extensive mortality in Trout caused by the Infusorian *Stentor polymorphus* Ehrenbg. *Rep. Danish biol. Sta.*, *48*, 53-57. **510.**

OULIANOFF (N.), 1958. — L'eau comme sédiment. *Eclog. geol. Helv.*, *51*, 3, 696-706. **58.**

P

PACAUD (A.), 1933. — Action de la lécithine et du chlorure de magnésium sur la vie et la reproduction des Cladocères. *C. R. hebd. Séanc. Acad. Sci. Paris*, 194-196. **486.**

PACAUD (A.), 1935. — Contribution à l'étude de la répartition de *Chirocephalus stagnalis. Bull. Biol. Fr. Belg.*, *69*, 47-58. **387.**

PACAUD (A.), 1936. — Nouvelles observations sur la répartition de *Chirocephalus stagnalis* SHAW. *Bull. Biol. Fr. Belg.*, *70*, 233-239. **387.**

PACAUD (A.), 1939. — Contribution à l'écologie des Cladocères. *Bull. Biol. Fr. Belg.*, *suppl. 25*, 260 p. **99, 326, 373, 482, 485, 505.**

PACAUD (A.), 1949. — Élevages combinés Mollusques-Cladocères. Introduction à l'étude d'une biocœnose limnique. *J. Rech. C.N.R.S.*, *18*, 1-3. **505.**

PACAUD (A.), 1952. — Nouvelle revue de la distribution géographique des Gammares dans les eaux continentales françaises. *C. R. Somm. Séanc. Soc. Biogéogr.*, *252*, 95-111. **330.**

PALMGREN (P.), 1942. — Die Populationsgrösse der Vögel als Evolutions-faktor. *Naturwiss*, *30*, 217-220. **422.**

PANTLE (R.), 1960. — Darstellung und Kartierung der biologischen Wassergüte. *Dt. gewässerk. Mitt.*, *4*, 4, 403.

PANTLE (R.) et BUCK (H.), 1955. — Die biologische Überwachung der Gewässer und die Darstellung der Ergebnisse. *Gas- u. Wass. Fach.*, *96*, *18*, 604. **403.**

PARDÉ (M.), 1955. — Fleuves et rivières. Coll. Armand Colin, Paris, 233 p. **252.**

PARÉS (Y.), 1964. — Intervention des bactéries dans la solubilisation du cuivre. *Annls. Inst. Past.*, *,107* 1, 132-135. **108.**

PARKER (R.A.), 1959. — *Simocephalus* reproduction and illumination. *Ecology*, *40*, 3 : 514. **489.**

PASCHALSKI (J.), 1964. — Circulation types of lakes. *Polsk. Arch. Hydrobiol.*, *12*, 3, 383-408. **155.**

PCHELKINA (N.V.), 1957. — Sur la nutrition de quelques larves de diptères aquatiques. *Trudy Vses. gidrobiol. Obschest.*, *2*, **482.**

PEARSALL (W.H.), 1959. — Production ecology. *Sci. Progr. Twent Cent.*, *47*, 106-111. **478.**

PEARSALL (W.H.) et MORTIMER (C.H.), 1939. — Oxydation-reduction potentials in waterlogged soils, natural waters and muds. *J. Ecol.*, *27*, 483-501. **112.**

PEARSE (A.S.), 1939. — Animal ecology. McGraw-Hill Co., N.-Y., 2e Ed., 642 p. **366.**

PELSENEER (P.), 1920. — Les variations et leur hérédité chez les mollusques. *Mém. Acad. R. Belg.* *5*, 826 p. 320.

PÉNARD (E.), 1904. — Les Héliozoaires d'eau douce. H. Kündig, Genève, 341 p., **311.**

PENCK (A.), 1894. — Morphologie der Erdoberfläche. Stuttgart, Engelhorn, vol. 1, 471 p.; vol. 2, 696 p., 126.

PENFOUND (W.T.), 1956. — Primary production of vascular aquatic plants. *Limnol. Oceanogr.*, *1*, 92-101. **422.**

PENFOUND (W.T.) et EARLE (T.T.), 1948. — The biology of the water hyacinth. *Ecol. Monogr.*, *18*, 447-472. **478.**

PENNAK (R.W.), 1940. — Ecology of the microscopic Metazoa inhabiting the sandy beaches of some Wisconsin lakes. *Ecol. Monogr.*, *10*, 537-615. **356.**

PENNAK (R.W.). 1951, — Comparative ecology of the interstitial fauna freshwater and marine beaches. *Ann. Biol.*, *27*, 6, 449-480. **356.**

PENNAK (R.W.), 1957. — Species composition of limnetic zooplankton communities. *Limnol. Oceanogr.*, 1957, *2*, 3, 222-232. **366.**

PÉRÈS (J.-M.), 1961. — Océanographie biologique et biologie marine. I - La vie benthique. Press. Univ. Fr., Paris, 541 p. **422.**

PÉRÈS (J.-M.) et DEVÈZE (L.), 1963. — Océanographie biologique et biologie marine. II - La vie Pélagique. Press Univ. Fr., Paris, 514 p. 368, 375.

PESTA (O.), 1929. — Der Hochgebirgsee der Alpen. *Die Binnengewässer*, *8*, 168 p. **523.**

PETERSON (W.H.), FRED (E.B.) et DOMOGALLA (B.P.), 1925. — The occurrence of amino acids and other organic nitrogen compounds in lake waters. *J. Biol. Chem.*, *63*, 287-295. **96.**

PETIT (G.), 1953. — Introduction à l'étude écologique des étangs méditerranéens. *Vie Milieu*, *4*, 569-604. **220, 349.**

PETTERSSEN (S.), 1960. — Some weather influences due to warming of the Air by the Great Lakes in winter. *Great Lakes Res. Div. Proc.*, *4*, 9-20. **265, 266.**

PETTERSSON (H.), 1945. — Iron and manganese on the Ocean Floor. *Göteborgs K. Vetensk. Vitterh-Samh., Handl., ser. B.*, *3*, 8, 37 p. **107.**

PIA (J.), 1933. — Kohlensäure und Kalk. *Die Binnengewässer*, *13*, 183 p. **279.**

PICARD (J.), 1951. — Documents faunistiques et écologiques. *Vie Milieu*, *2*, 4, 528-529. **313.**

PICHLER (W.), 1939. — Unsere derzeitige Kenntnis von der Thermik kleiner Gewässer. Thermische Kleingewässertypen, *Int. Rev. ges. Hydrobiol.*, *38*, 231-242. **223.**

PIERRE (F.), 1951. — Les conditions écologiques et le peuplement des vases d'eau douce. Encyclop. Biogéogr. Ecol., VI, Lechevalier, Paris, 105 p. **276.**

PILLAI (V.K.), 1954. — Some factors controlling algal production in salt water lagoons. *Proc. Ind. Pac. Fish. Counc., sect. II*; *5*, 78-81. **459.**

PIRSON (A.), 1937. — Ernährungs- und stoffwechselphysiologische Untersuchungen an *Fontinalis* und *Chlorella. Nature*, *176*, 209-210. **108.**

PIRSON (A.), 1939. — Ueber die Wirkung von Alkaliioners auf Wachstum und Stoffwechsel vom *Chlorella. Planta*, *29*, 231-261. **459.**

PIRSON (A.) et BERGMANN (L.), 1955. — Manganese requirements and C sources in *Chlorella. Nature*, *176*, 209-210. **458.**

POLLI (S.), 1951. — Ricerche fotometriche subacque nel lago Scuro (Adamello). *Stud. Trent. sci. nat.*, *A*, *28*, 49-59. **148.**

POMEROY (R.L., MATHEWS (H.M.) et HONG SHIK MIN, 1963. — Excretion of phosphate and soluble organic phosphorus compounds by zooplankton. *Limnol. Oceanogr.*, *8*, 1, 50-55. **488.**

PONYI (E.), 1957. — Neue Bathynelliden aus Ungarn. *Act. Zool. Acad. Sci. Hung.*, *3*, 1, 2, 171-177. **331.**

PONYI (J.), 1960. — Über im interstitialen Wasser der sandigen und steinigen Ufer des Balaton lebende Krebse (Crustacea). *Ann. Biol. Tihany.*, *27*, 85-92. **357.**

PONYI (E.) et PONYI (L.), 1958. — Beiträge zur Kenntnis der Hydracarinenfauna der Ungarischen Natrongewässer. *Arch. Hydrobiol.*, *54*, 4, 497-505. **324.**

POOLE (H.H.) et ATKINS (W.R.G.), 1926. — On the penetration of light into sea-water. *J. Mar. Biol. Ass. U.K.*, *14*, 177-198. **143.**

PORTER (J.W.) et KNAUSS (H.J.), 1954. — Inhibition of growth of *Chlorella pyrenoidosa* by beta-emitting radioisotopes. *Plant. Physiol.*, *29*, 60-63. **459.**

POTONIÉ (H.), 1908/1911. — Die rezenten Kaustobiolithe. *Abh. preuss. geol. Landes. Anst., N.F.*, *55*, **280.**

POURBAIX (M.), 1945. — *Bull. Soc. Chim. Belges*, 1/3. **84.**

POURRIOT (R.), 1957. — Sur la nutrition des Rotifères à partir des algues d'eau douce. *Hydrobiologia*, *9*, 50-59. **485.**

POURRIOT (R.), 1958. — Sur l'élevage des Rotifères au laboratoire. *Hydrobiologia*, *11*, 3/4, 189-197. **504.**

POURRIOT (R.), 1963. — Influence du rythme nycthéméral sur le cycle sexuel de quelques Rotifères. *C. R. hebd. Séanc. Acad. Sci., Paris*, *256*, 12, 5216-5219. **316, 375, 489, 511.**

POURRIOT (R.), 1965. — Recherches sur l'écologie des Rotifères. *Vie Milieu, suppl. 21* (Thèse, Paris), 224 p. **502, 504.**

PRATT (R.), 1940. — Studies on *Chlorella vulgaris. Amer. J. Bot.*, *29*, 2, 142-148. **507.**

PRATT (R.), 1948. — Studies on *Chlorella vulgaris.* XI. Relation between surface tension and accumulation of chlorellin. *Amer. J. Bot.*, *35*, 9, 634-637. **462.**

PRAY (F.A.), 1959. — Experimental studies on the effects of certain environmental factors on fecundity and longevity of the Rotifer. *Proc. Iowa Acad. Sci.*, *40*, 432-442. **504.**

PRENANT (M.), 1955. — Position des maxima caractéristiques dans les graphiques granulométriques de fréquence, établis pour les sables de la zone des marées sur les côtes bretonnes. *C. R. hebd. Séanc. Acad. Sci., Paris*, *241*, 1062-1064. **261, 270.**

PRENANT (M.) et BOBIN (G.), 1956. — Bryozoaires. I. Entoproctes, Phylactolèmes, Cténostomes. In *Faune de France*, Lechevalier, Paris, *60*, 392 p. **317.**

PRESCOTT (G.W.), 1951. — Algae of the Western Great lakes Area. *Cranbrook Inst. Sci. Bull.*, *31*. **471.**

PRINGSHEIM (E.G.), 1946. — Pure cultures of Algae. Cambridge Univ. Press, 1 vol., 119 p. **507.**

PROCTOR (V.W.), 1957. — Studies of algal antibiosis using *Haematococcus* and *Chlamydomonas. Limnol. Oceanogr.*, *2*, 2, 125-139. **372, 454, 462, 508, 509.**

PROUDMAN (J.), 1953. — Dynamical Oceanography. J. Wiley et sons, N.-Y., 409 p. **186, 194, 196, 203.**

PROVASOLI (L.), 1964. — Effect of external matebolites on algae. *Verh. int. Ver. Limnol.*, *15*, 804-805. **464.**

PROVASOLI (L.), MCLAUGHLIN (J.J.A.) et PINTNER (I.J.), 1954. — Relative and limiting concentrations of major mineral constituents for the growth of algal flagellates. *Trans. N.-Y. Acad. Sci.*, *16*, 412-417. **457.**

Q

QUENNERSTEDT (N.), 1958. — Effect of water level fluctuation on lake vegetation. *Verh. int. Ver. Limnol.*, *13*, 901-906. **468.**

R

RANKAMA (K.), 1956. — Isotope geology. Pergamon Press, London, 2e éd., 535 p. **38.**

RANKAMA (K.) et SAHAMA (T.G.), 1950. — Geochemistry. Univ. Chicago Press, 1 vol., 912 p. **107.**

RAVERA (O.), 1954. — La struttura demografica dei Copepodi del lago Maggiore. *Mem. Ist. Ital. Idrobiol.*, *8*, 109-150. **490.**

RAVERA (O.), 1955. — Seasonal variation of the reproduction rate in pelagic copepods of lake Maggiore, *Verh. int. Ver. Limnol.*, *12*, 436-446. **320.**

RAWSON (D.S.), 1942. — A comparison of some large alpine lakes in western Canada. *Ecology*, *23*, 143-161. **217.**

RAWSON (D.S.), 1955. — Morphometry as a dominant factor in the productivity of large lakes. *Verh. int. Ver. Limnol.*, *12*, 164-175. **466, 523.**

RAWSON (D.S.), 1956. — Algal indicators of trophic lake, types. *Limnol. Oceanogr.*, *1*, 1, 18-25. **522, 524, 528.**

RAWSON (D.S.), 1958. — Indices to lake productivity and their significance in predicting conditions in reservoirs and lakes with disturbed water levels. *Invest. Fish-Pow. Probl.*, *27*, 41. **423, 473.**

RAWSON (D.S.) et MOORE (J.E.), 1944. — The saline lakes of Saskatchewan. *Can. J. Res.*, *22*, 141-201. **60.**

REISINGER (E.), 1926. — Nemertini : in P. SCHELZE : Biologie der Tiere Deutschlands, Lief., *17*, **315.**

REISNER (G.S.) et THOMPSON (J.F.), 1956. — Manganese deficiency in *Chlorella* under heterotrophic carbon nutrition. *Nature*, *178*, 1473-1474. **459.**

REMANE (A.), 1951. — Die Besiedlung des Sandbodens in Meere und die Bedeutung Lebensformtypen für die Ökologie. *Verh. dtsch. Zool. Ges. Wilhelmshaven*, 327-359. **356.**

REMANE (A.), 1929/32/33. — Rotatorien. Bronn's Klassen und Ordnungen d. Tierreichs, Leipzig, 4, Abt. II, *1*, 1-4. **481.**

REMANE (A.), 1932. — Netzfilter und Strudefilterapparate bei Rädertieren. *Zool Anz.*, *100*, 126-132. **481.**

REMANE (A.) et SCHLIEPER (C.), 1958. — Die Biologie des Brackwassers. *Die Binnengewässer*, *22*, 348 p. **62.**

RÉMENIÉRAS (G.), 1960. — L'Hydrologie de l'ingénieur. Eyrolles, Paris, 1 vol., 413 p. **168.**

RENAUD (A.), 1948. — Contribution à l'étude du grain de glacier. *P.V. Un. Géod. Géoph. intern.. Assoc. gén., Oslo*, **1949. 20.**

REYNOLDSON (T.B.), 1958. — Triclads and lake typology in northern Britain. *Verh. int. Verh. Limnol.*, *13*, 320-330. **314.**

RICE (T.R.), 1954. — Biotic influences affecting population growth of planctonic algae. *Fish. Bull. U.S., Fish Wildl. Serv.*, *54*, 87, 227-245. **462.**

RICE (T.R.), 1956. — The accumulation and exchange of strontium by marine planktonic Algae. *Limnol. Oceanogr.*, *1*, 2, 123-138. **459.**

RICHARD (C.), 1960. — Importance des eaux de pluie à Saïgon. *L'eau*, *8*, 191-218. **94, 165.**

RICHARD (C.) et VAN CU (N.), 1961. — Relation entre la résistivité d'une eau et son taux de minéralisation. *L'eau*, *48*, 1, 22-24. **33.**

RICHMAN (S.), 1958. — The transformation of energy by *Daphnia pulex. Ecol. Monogr.*, *28*, 273-291. **425, 487.**

RICHTER (E.), 1891. — Die Temperaturverhältnisse der Alpenseen. *Verh. dt. Geogrtags*, *9*, Wien, 189-197. **129.**

RICHTHOFEN (Fr. Von), 1886. — Führer für Forschungsreisende. Hannover, 734 p. **126.**

RICKER (W.E.), 1934. — A critical discussion of various measures of oxygen saturation in lakes. *Ecology*, 1934. *15*, 348-363. **72.**

RICKER (W.E.), 1946. — Production and utilization of fish populations. *Ecol. Monogr.*, *16*, 373-391. **422, 424, 425.**

RIESENFELD (E.H.) et CHANG (T.L.), 1936. — Über die Verteilung der schwereren Wasser-Isotopen auf der Erde. *Ber. deut. Chem. Ges.*, *69*, : 1308. **41.**

RIGLER (F.H.), 1961. — The uptake and release of inorganic phosphorus by *Daphnia magna* STRAUS. *Limnol. Oceanogr.*, *6*, 2, 165-174. **488.**

RIGLER (F.H.), 1964. — The phosphorus fractions and turnover time of inorganic phosphorus in different types of lakes. *Limnol. Oceanogr.*, *2*, 4, 511-518. **97.**

RILEY (G.A.), 1939. — Limnological studies in Connecticut. Part. I. General limnological survey. Part. II. The copper cycle. *Ecol. Monogr.*, *6*, 66-94. **108.**

RILEY (G.A.), 1951. — Oxygen, phosphate and nitrate in the Atlantic Ocean. *Bull. Bingham Oceanogr. Coll.*, *13*, 1-126. **488.**

RODHE (W.), 1948. — Environmental requirements of fresh-water plankton algae. *Symb. Bot. Upsal.*, *10*, 1, 1-149. **96, 100, 370, 444, 448, 455, 502, 507.**

RHODE (W.), 1951. — Minor constituents in lake waters. *Verh. int. Ver. Limnol.*, *11*, 317-323. **108.**

RODHE (W.), 1958. — The primary production in lakes : some results and restrictions of the ^{14}C method. *Rapp. P.V. Cons. Int. Expl. Mer.*, *144*, 122-128. **438, 474.**

RODHE (W.), 1958. — Primärproduktion und Seetypen. *Verh. int. Ver. Limnol.*, *13*, 121-141. **423.**

RODHE (W.), 1962. — Sulla produzione di fitoplancton in laghi trasparenti di alta montagna. *Mem. Ist Ital. Idrobiol.*, *15*, 21-28. **479, 480.**

RODHE (W.), VOLLENWEIDER (R.A.) et NAUWERCK (A.), 1958. — The primary production and standing crop of phytoplankton. In « *Perspectives in marine biology* » A.A. Buzzati Traverso, Univ. California Press., 299-322. **479.**

RODINA (A.G.), 1940. — Bacteria and yeasts as food for Cladocera (*Daphnia magna*). *C. R. Acad. Sci. U.R.S.S.*, *29*, 3, 248-252. **482.**

ROEDERER (M.), 1953. — Quelques résultats d'évaporation sur deux lacs artificiels du Maroc, *35e coll. int. C.N.R.S.*, *Alger*, 343-345. **172.**

RØEN (U.), 1955. — On the number of eggs in some free-living freshwater copepods. *Verh. int. Ver. Limnol.*, *12*, 447-454. **328.**

RÖHLER (E.), 1926. — Temperaturbeobachtungen an einem 1914 bei Rüdersdorf entstandenen See mit starker Dichothermie. *Arch. Hydrobiol.*, *17*, 395-404. **229.**

ROMANOVSKY (V.) et CAILLEUX (A.), 1942. — Sols polygonaux et fentes de dessication. *Bull. Soc. Géol. Fr.*, *sr. 5*, 12, 321-327. **276.**

ROMIEUX (J.), 1930. — Les carbonates dans les sédiments du lac de Genève. *Arch. Sci. Phys. Nat.*, 5, 1, 2, 3, 4, 202-252. **280.**

RÖNTGEN (W.C.), 1892. — Über die Constitution des flüssigen Wassers. *Ann. Phys. chem. Lpz.*, *281* (n.s. 45), 91-97. **18.**

ROUCH (J.). 1946. — Traité d'océanographie physique. 2. L'eau de mer, Paris, 349 p. **33.**

ROUCH (J.), 1948. — Traité d'océanographie. 3. Les mouvements de la mer. Paris, 413 p. **194.**

ROUND (F.E.), 1956. — A note on some communities of the littoral zone of lakes. *Arch. Hydrobiol.*, *52*, 3, 398-405. **352.**

ROUND (F.E.), 1964. — The ecology of benthic algae. In : JACKSON (D.F.) : Algae and man. *Plenum Press*, 138-184. **352.**

ROUSSEAU (E.), 1921. — Les larves et les nymphes aquatiques des insectes d'Europe. Vol. I, 967 p. **334.**

ROY (J.), 1932. — Copépodes et Cladocères de l'Ouest de la France. Recherches biologiques et faunistiques sur le plancton d'eau douce des Vallées du Loir et de la Sarthe (thèse, Paris). Louis-Jean, Gap, 222 p. **372, 505, 513.**

RUBEY (W.W.), 1951. — The geological history of sea water : an attempt to state the problem. *Bull. Geol. Soc. Amer.*, *62*, 1111-1148. **45, 46.**

RUFFO (S.), 1949. — Sur *Monodella stygicola* RUFFO des eaux souterraines de l'Italie méridionale, deuxième espèce connue de l'ordre des Thermosbénacés. *Hydrobiologia*, *2*, 1, 56-63. **331.**

RUSCHMEYER (O.R.) et OLSON (T.A.), 1958. — Water movements and temperatures of western lake Superior. *Rev. Univ. Minnesota* (1956), 1-64. **189.**

RUSSELL (I.C.), 1895. — Lakes of North America; a reading Lesson for Students of Geography and Geology. Boston et London, Ginn, 125 p. **126.**

RUTTNER (F.), 1921. — Das elektrolytische Leitvermögen verdünnter Lösungen unter dem Einflusse submerser Gewächse, *Sitzber. Akad. Wiss.*, Wien, 1-130. 225.

RUTTNER (F.), 1926. — Bermerkungen über den Sauerstoffgehalt der Gewässer und dessen respiratorischen Wert. *Naturwiss.*, 14. **469.**

RUTTNER (F.), 1948. — Die Veränderungen des Äquivalentleitvermögens als Mass der Karbonat-Assimilation der Wasserpflanzen. *Schweiz. Z. Hydrol.*, *11*, 1/2, 72-89. **224.**

RUTTNER (F.), 1952. — Grundriss der Limnologie. V. Gruyters et Co., 2e Ed. Berlin, 232 p. **3, 155.**

RUTTNER (F.), 1952. — Planktonstudien der deutschen limnologischen Sunda-Expedition. *Arch. Hydrobiol.*, *suppl.*, *21*, 1/2, 1-274. **374.**

RUTTNER (F.), 1956. — Einige Beobachtungen über das Verhalten des Planktons in Seeabflüssen. *Osterr. Bot. Z.*, *103*, 98-109. **256.**

RUTTNER (F.), 1960. — Das Vorkommen von Kohlendioxyd und Kohlensäure im Süsswasser. *Handb. Pflanz.*, *5*. **223.**

RUTTNER (F.), 1960. — Über die Kohlenstoffaufnahme bei Algen aus der Rhodophyceen-gattung *Batrachospermum*. *Schweiz. Z. Hydrol.*, *22*, 1, 280-291. **225.**

RUTTNER (F.), FREY (D.G.) et FRY (F.E.J.), 1963. — Fundamentals of limnology. Univ. Toronto Press, 3e Edit., 295 p. **94, 95, 150, 151, 158, 160.**

RUTTNER-KOLISKO (A.), 1956. — Psammonstudien III. Das Psammon des lago Maggiore in Oberitalien. *Mem. Ist. Ital. Idrobiol.*, *9*, 365-402. **357.**

RUTTNER-KOLISKO (A.), 1962. — Porenraum und kapillare Wasserströmung im Limnopsammal, ein Beispiel für die Bedeutung verlangsamter Strömung. *Schweiz. Z. Hydrol.*, *24*, 2, 444-458. **356.**

RUTTNER (F.) et SAUBERER (F.), 1938. — Durchsichtigkeit des Wassers und Planktonschichtung. *Int. Rev. ges. Hydrobiol.*, *37*, 405-419. **149,**

RYLOV (W.M.), 1948. — Faune de l'U.R.S.S. Crustacés 3, 3, Cyclopoïda d'eau douce (en russe). Moscou, 318 p. **505.**

RYTHER (J.H.), 1954. — The ratio of photosynthesis to respiration in marine plankton algae and its effect upon the measurement of productivity. *Deep-Sea Res.*, *2*, 134-139. **484.**

RYTHER (J.H.), 1954. — Inhibitory effects of phytoplankton upon the feeding of *Daphnia magna* with reference to growth, reproduction, and survival. *Ecology*, *35*, 4, 522-533. **482, 484, 487.**

RYTHER (J.H.), 1956. — Photosynthesis in the ocean as a function of light intensity. *Limnol. Oceanogr.*, *1*, 1, 68-70. **439, 446.**

RYTHER (J.H.) et YENTSCH (C.S.), 1958. — Primary production of continental shelfwaters off New-York. *Limnol. Oceanogr.*, *3*, 3, 327-335. **423.**

S

SAGER (R.) et GRANICK (S.), 1953. — Nutritional studies with *Chlamydomonas reinhardti*. *Ann. N.-Y. Acad. Sci.*, *56*, 831-838. **454.**

SAPKAREV (J.), 1961. — Dynamique de la biomasse d'Oligochètes du lac d'Ohrid. *Verh. int. Ver. Limnol.*, *14*, 220-225. **491.**

SAUBERER (F.), 1939. — Beiträge zur Kenntnis des Lichtklimas einiger Alpenseen. *Int. Rev. ges. Hydrobiol.*, *39*, 20-55. **147.**

SCHACHTER (D.), 1950. — Contribution à l'étude écologique de la Camargue. Le milieu aquatique et sa faune (*Thèse, Paris*). *Ann. Inst. Océanogr.*, *25*, 1-108. 387.

SCHACHTER (D.), SENEZ (J.) et LEROUX-GILERON (J.), 1953. — Notre préliminaire sur la Dystrophie d'un étang saumâtre du littoral méditerranéen : l'étang de l'Olivier. *Vie Milieu*, *4*, 4, 701-706. 220.

SCHÄPERCLAUS (W.), 1962. — Traité de pisciculture en étang (trad. Appert et Appert). Vigot, Paris, 620 p. **234.**

SCHÄPERCLAUS (W.), 1963. — Neue Möglichkeiten zur Ertragssteigerung der Binnenfischerei durch Pflanzenfressende Fische aus China. *Dtsch. Fisch. Z.*, *10*, 8, 227-240. **240.**

SCHELSKE (C.L.), HOOPER (F.F.) et HAERTL (E.J.), 1962. — Responses of a marl lake to chelated iron and fertilizer. *Ecology*, *43*, 4, 646-653. **530.**

SCHEWIAKOFF, 1893. — Über einen neuen bacterienähnlichen Organismus des Süsswassers. *Habilitationsschrift*, Heidelberg. **295.**

SCHINDLER (O.), 1953. — Unsere Süsswasserfische. Franckh'sche Verlagshandlung, Stuttgart, 222 p. 402.

SCHLIEPER (C.), 1952. — Versuch einer physiologischen Analyse der besonderen Eigenschaften einiger eurythermer Wassertiere. *Biol. Zbl.*, *71*, 449-461. **492.**

SCHLIEPER (C.), 1958. — Über die Physiologie der Brackwassertiere. *Verh. int. Ver. Limnol.*, *13*, 710-717. **492.**

SCHMASSMANN (H.), 1948. — Die chemisch-technologische Beurteilung natürlicher Wässer hinsichtlich ihrer Aggressivität auf Eisen und Mangan. *Schweiz. Arch. angew. Wiss. u. Techn*, *14* : 169. **99.**

SCHMIDT (W.), 1928. — Über die Temperatur- und Stabilitätsverhältnisse von Seen. *Geogr. Ann.*, *10*, 1/2, 145-177. **158, 159.**

SCHMITT (Cl.), 1955. — Contribution à l'étude du système Chaux-Carbonate de Calcium, Bicarbonate de Calcium-Acide carbonique-eau. *Annls. École nat. Sup. mécan. Nantes*, 156 p. **85, 87, 88.**

SCHMITZ (D.M.) et KUFFERATH (J.), 1955. — Problèmes posés par la présence de gaz dissous dans les eaux profondes du lac Kivu., 33 p. **79, 80, 81.**

SCHMITZ (W.), 1957. — Die Bergbach-Zoozönosen und ihre Abgrenzung dargestellt am Beispiel der Oberen Fulda. *Arch. Hydrobiol.*, *53*, 4, 465-498. **394.**

SCHMOLINSKY (F.), 1952. — Einige Rechnerische Betrachtungen über die Einschichtungsverhältnisse verschiedener Wasserkörper in Abhängigkeit von Salzgehalt und Temperatur. *Arch. Hydrobiol., suppl.*, *20*, 1, 2, 277-285. **24.**

SCHOELLER (H.), 1956. — Géochimie des eaux souterraines. Applications aux eaux des gisements de pétrole. Technip, Paris, 213 p. **59, 64.**

SCHOUMSKY (P.), 1957. — Principes de glaciologie structurale. (Trad. J. Pietresson de Saint-Aubin et A. Bauer). *Ann. cent. Etudes Doc. Paléontol.*, *22*, 310 p. **20.**

SCHULER (J.F.), DILLER (V.M.) et KERSTEN (M.J.), 1953. — Preferential assimilation of NH_4^+ ion by *Chlorella vulgaris*. *Plant. Physiol.*, *28*, 299-303. **454.**

SCHWABE (G.H.), 1964. — Grundprobleme der Cyanophytensystematik. *Gewäss. Abwäss.*, *36*, 7-39. **290.**

SCHWIMMER (D.) et SCHWIMMER (M.), 1964. — Algae and Medicine. in JACKSON D.F. : *Algae and Man*, Plenum Press, 368-412. **509.**

SCHWOERBEL (J.), 1961. — Über die Lebensbedingungen und die Besiedlung des hyporheischen Lebensraumes. *Arch. Hydrobiol.*, *25*, 2/3, 182-214. **359, 361.**

SCHWOERBEL (J.), 1961. — Subterrane Wassermilben (Acari : Hydrachnellae. Porohalacaridae und Stygothrombiidae), ihre Ökologie und Bedeutung für Abgrenzung eines aquatischen Lebensraumes zwischen Oberfläche und Grundwasser. *Arch. Hydrobiol.*, *25*, 2/3, 242-306. **360, 361.**

SCOTT (G.T.), 1943. — The mineral composition of *Chlorella pyrenoidosa* grown in culture media containing varying concentrations of calcium, magnesium, potassium and radium. *J. Cell. Comp. Physiol.*, *21*, 3, 327-338. **457.**

SEIDEL (K.), 1959. — *Scirpus* Kulturen. *Arch. Hydrobiol.*, *56*, 58-92. **478.**

SELIVANOV (L.S.), 1946. — Géochimie et biogéochimie du brome dispersé (en russe) *Trudy biogeokhim. Lab.* *8*, 5-72. **166.**

SENKEWITSCH (L.A.), 1927. — Inventaire quantitatif de la faune de fond de la région de Petschora dans la mer de Barentz et la mer Blanche (en russe) *Trudy plov. morsk nauch. Inst.*, *2*, 4, **496.**

SERNOW (S.A.), 1958. — Allgemeine Hydrobiologie. VEB Deutsch. Verlag Wiss. Berlin, 676 p. **312.**

SERRA (L.), 1955. — Le contrôle hydrologique d'un bassin versant. « La houille blanche », Grenoble, 29-35. **263.**

SERVAIS (F.), 1957. — Étude théorique des Oscillations libres (Seiches) du lac Tanganika. *Exploration hydrobiologique du lac Tanganika (1946-1947) Résultats scientifiques.* *2*, 3, 311. **199, 200.**

SHADIN (W.I.), 1950. — Das Leben in den Flüssen. in : *Das Leben der süssen Gewässer der USSR*, Moskou et Leningrad (en russe), *3*. **256.**

SHADIN (W.I.), 1962. — Wechsel der Biozönose beim Übergang von Fluss zu Stausee. *Schweiz. Z. Hydrol.*, *24*, 2, 459-466. **256.**

SHAPIRO (J.), 1957. — Chemical and biological studies of the yellow organic acids of lake water. *Limnol. Oceanogr.*, *2*, 3, 161-179. **104, 226, 283, 471.**

SHELUBSKY (M.), 1951. — Observations on the properties of a toxin produced by *Microcystis*. *Verh. int. Ver. Limnol.*, *11*, 362-366. **483.**

SHEPARD (F.P.), 1948. — Submarine geology. 1 vol. Harper N.-Y., 348 p. **179.**

SHUE MING, 1958. — (Non vu) (cité dans SCHÄPERCLAUS, 1962). **240.**

SHUSHKINA (E.A.), 1965. — Rôle des copépodes dans la production générale du zooplancton dans les lacs (russe). Univ. Biel. Minsk., 1-15. **496.**

SINGH (R.H.), 1950. — Reclamation of « usar » lands in India through blue green algae. *Nature, London 165*, 4184, 325-326. **454.**

SITARZ (J.A.), 1963. — Contribution à l'étude de l'évolution des plages à partir de la connaissance des profils d'équilibre. *Trav., Cent. Rech. Étud. océanogr. 5*, 2-3-4, 1-199. **208.**

SKOPINZEW (B.) et GUBIN (F.), 1955. — Quelques résultats de recherches hydrochimiques en mer noire (1952 et 1953) (en russe). *Trud. Morsk. gidrofis. in-ta*, *5*, 71. **92.**

SLADEČEK (V.), 1963. — Schema biologickeho trideni vod. *Vod. Hospod.*, *11*, 421-422. **398.**

SLADEČEK (V.), 1964. — Abiotische Stufen in Gewässern und Abwässern. *Int. Rev. ges. Hydrobiol.*, *49*, 3, 489-491. **403.**

SLADECKOVA (A.), 1960. — Limnological study of the reservoir Sledice near Zelive. XI. Periphyton stratification during the first year long period (June 1957 - July 1958) *Sci. Pap. Inst. Chem. Techn.* Prague, *4*, 143-261. **351.**

SLOBODKIN (L.B.), 1959. — Energetics in *Daphnia pulex* populations. *Ecology*, *40*, 232-243. **490.**

SMIRNOV (N.N.), 1958. — Some data about the food consumption of plant production of bogs and fens by animals. *Verh. int. Ver. Limnol.*, *13*, 363-368. **483.**

SMITH (G.M.), 1950. — The fresh-water algae of the United states. McGraw-Hill, 2[e] Ed. N.-Y., 719 p. **299, 461, 469, 507.**

SMOLIAN (K.), 1920. — Merkbuch der Binnenfischerei. Würzburg, 2Bd. **391.**

SMYLY (W.J.P.), 1964. — An investigation of some benthic entomostraca of three lakes in northern italy. *Mem. Ist. Ital. Idrobiol.*, *17*, 33-56. **514.**

SOERENSEN (S.P.L.), 1909. — *Études* enzymatiques, *C. r. Trav. Labor. Carlsberg*, *8*, : 18 et 36. **32.**

SOKOLNIKOV (V.M.), 1960. — Sur les courants et la température de l'eau sous la glace dans la partie méridionale du lac Baïkal près de l'embouchure de la rivière Angara (en russe). *Trud. Sta. Limnol. Baik. Acad. Sci. URSS*, *18*, 265-285. **227.**

SOLINSKA (B.), 1963. — Die Dynamik der Vegetation in Kleingewässern als Grundlage deren Klassifikation (als Beispiel — Die Umgebung von Mikolajki). *Ekol. Polsk*, *A*, *11*, 16, 369-419. **385, 386.**

SOMERS (I.I.) et SHIVE (J.W.), 1942. — The iron-manganese relation in plant metabolism. *Plant. Physiol.*, *17*, 582-602. **457.**

SPENCER (C.P.), 1954. — Studies on the culture of a marine Diatom. *J. Mar. Biol. Assoc. U.K.*, *33*, 265-290. **442.**

SPOEHR (H.A.) et MILNER (H.W.), 1949. — The chemical composition of *Chlorella;* effects of environmental conditions. *Plant. Physiol.*, *24*, 120-149. **462.**

SPOEHR (H.A.), SMITH (J.H.C.), STRAIN (M.H.) et MILNER (M.W.), 1949. — Fatty acid antibacterials from plants. *Carnegie Inst. Wash. Publ.*, *586*, 1-67. **462, 508.**

STÅLFELT (M.G.), 1939. — Licht-und Temperaturhemmung in der Kohlensäure-assimilation. *Planta*, *30*, 384-421. **448.**

STANGENBERG (M.), 1934. — Psammolitoral, ein extrem Eutrophes Wassermedium. *Arch. Hydrobiol. Ichthyol, Rybactwa*, *8*, 273-284. **357.**

STANKOVIC (S.), 1955. — La zone profonde du lac d'Ohrid et son peuplement. *Mem. Ist. Ital. Idrobiol., suppl.*, *8*, 281-310. **382.**

STANKOVIC (S.), 1960. — The Balkan lake Ohrid and its living world. W. Junk. Haag, 357 p. **315, 330.**

STEEMANN-NIELSEN (E.), 1952. — The use of radioactive carbon (C^{14}) for measuring organic production in the sea. *J. Cons. Int. Explor. Mer*, *18*, 117-140. **473.**

STEEMANN-NIELSEN (E.), 1952. — On detrimental effects of high light intensities on the photosynthetic mechanism. *Physiol. Plant.*, *5*, 334-344. **439.**

STEEMANN-NIELSEN (E.), 1955. — Production of organic matter in the oceans. *J. Mar. Res.*, *14*, : 374. **446.**

STEEMANN-NIELSEN (E.), 1955. — The production of organic matter by the phytoplankton in a danish lake receiving extraordinarily great amounts of nutrient salts. *Hydrobiologia*, *7*, 1/2, 68-74. **451, 474.**

STEEMANN-NIELSEN (E.), 1958. — A survey of recent Danish measurements of the organic productivity in the sea. *Rapp. Cons. Explor. Mer*, *144*, 92-95. **423.**

STEEMANN-NIELSEN (E.), 1960. — Dark fixation of CO_2 and measurements of organic productivity. With remarks of chemo-synthesis. *Physiol. Plant.*, *13*, 348-357. **480.**

STEEMANN-NIELSEN (E.) et AABYE-JENSEN (E.), 1957. — Primary oceanic production, the autotrophic production of organic matter in the oceans. *Galathea rep.*, *1*, 47-135. **437.**

STEEMANN-NIELSEN (E.) et JØRGENSEN (E.G.), 1962. — The physiological Background for using Chlorophyll Measurements in Hydrobiologie and a theory explaining Daily Variations in Chlorophyll Concentration. *Arch. Hydrobiol.*, *58*, 3, 349-357. **439.**

STEEN (H.), 1958. — Determinations of the solubility of oxygen in pure water. *Limnol. Oceanogr.*, *3*, 4, 423-426. 73.

STEERE (J.B.), 1894. — The distribution of genera and species of non migratory land birds in the Philippines. *Auk*, *11*, 231-240. **366.**

STEFFEN (G.F.), 1939. — Untersuchungen über Morphologie, Lebensweise und Verbreitung von *Atyaephyra desmaresti* MILLET (Dekapoda Natantia, Atyidae). *Inaug.-Dissert., Berlin*, 76 p. **332.**

STEINBÖCK (O.), 1927. — Monographie der Prorhynchidae (Turbellaria). *Z. Morph. Ökol. Tiere*, *8*, 538-662. **315.**

STEINBÖCK (O.), 1934. — Zur Frage der Sprungschicht in Hochgebirgsseen. *Arch. Hydrobiol.*, *27*, 397-415. **154.**

STEINBÖCK (O.), 1949. — Zur Turbellarien Fauna des Lago Maggiore und des Lago di Como. *Mem. Ist. Ital. Hydrobiol.*, *5*, 231-254. **315.**

STEINMANN (P.), 1950-1951. — Monographie der schweizerischen Koregonen. *Schweiz. Z. Hydrol.*, *12*, 1 : 109-189; *12*, 2, 340-491; *13*, 1, 54-155. **343.**

STELLA (E.), 1953. — Sur *Monodella argentarii* STELLA, espèce de crustacé thermosbenacé des eaux d'une grotte de l'Italie centrale. *Hydrobiologia*, *5*, 1/2, 226-238. **331.**

ŠTĚPÁNEK (M.), 1958. — Stanoveni meze viditelnosti pro jednotlivé casti svetelneho spektra ve vode. *Biologia, Bratisl.*, *13*, 4, 295-298. **146.**

STEPANEK (M.), BINOVEC (J.), CHALUPA (J.), JIRIK (V.), SCHMIDT (P.) et ZELINKA (M.D.), 1963. — Water blooms in the CSSR. *Sbornik, V.S.C.H.T.*, *7*, 2, 175-263. **509.**

STEPHENS (E.), 1948. — *Microcystis toxica* sp. nov., a poisonous alga from the Transvaal and Orange Free State. *Hydrobiologia*, *1*, : 14. **291.**

STEPHENS (G.J.), 1952. — Mechanisms regulating the reproductive cycle in the crayfish, *Cambarus*, I. The female cycle. *Physiol. Zool.*, *25*, 70-84. **489.**

STEPHENS (G.J.), 1955. — Induction of molting in the crayfish, *Cambarus*, by modification of daily photoperiod. *Biol. Bull.*, *108*, 235-241. **489.**

STEPHENSON (J.), 1930. — The Oligochaeta. Oxford Univ. Press, 978 p. **320.**

STERBA (G.), 1959. — Süsswasserfische aus aller Welt. Urania-Verlag, Leipzig, 877 p. **343.**

STERNECK (R.), 1928. — Die Gezeiten des Baikalsees. *Ann. Hydrogr. Berl.*, *56*, 221-225. **196, 197.**

STOKES (G.C.), 1847. — On the theory of oscillatory waves. *Trans. Camb. phil. Soc.*, *9*, 441-455. **203.**

STORCH (O.) et PFISTERER (O.), 1925. — Der Fangapparat von *Diaptomus*. *Z. Vergl. Physiol.*, *3*, 330-376. **481.**

STOUT (V.M.), 1964. — Studies on temporary pounds in Canterbury, New Zealand. *Verh. int. Ver. Limnol.*, *15*, 209-214. **387, 389.**

STRASKRABA (M.), 1961. — Der Anteil des Litorals an der Produktivität eines Teiches. *Verh. int. Ver. Limnol.*, *14*, 208-212. **235.**

STRICKLAND (J.D.H.), 1958. — Solar radiation penetrating the ocean; a review of requirements, data and methods of measurement, with particular reference to photosynthetic productivity. *J. Fish. Res. Bd. Canada*, *15*, 3, 453-493. **36, 144.**

STRICKLAND (J.D.H.), 1960. — Measuring the production of marine phytoplankton. *Bull. Fish. Res. Bd. Canada*, *122*, 172 p. **473.**

STRØM (K.M.), 1946. — The metabolic cycle in lakes. *Biol. Jb. Dodonaea*, *13*, 171-173. **425, 428, 430, 526.**

STRØM (K.M.), 1955. — Waters and sediments in the deep of lakes. *Mem. Ist., Ital. Idrobiol., suppl.*, *8*, 345-356. **228.**

STROSS (R.G.), NEES (J.C.) et HASLER (A.D.), 1961. — Turnover time and production of the planktonic crustacea in limed and reference portion of a bog lake. *Ecology*, *42*, 2, 238-245. **490.**

STUART (C.A.), MCPHERSON (M.) et COPPER (J.), 1931. — Studies on bacteriologically sterile *Moina macrocopa* and their food requirement. *Physiol. Zool.*, *4*, 1, 87-100. **505.**

STUMM (W.) et LEE (G.F.), 1960. — The chemistry of Aqueous Iron. *Schweiz. Z. Hydrol.*, *22*, 1, 295-319. **100, 101, 102, 104.**

STURM (L.D.) et KANUNNIKOVA (Z.A.), 1945. — La répartition des microorganismes dans les sédiments aquatiques d'eau douce (en russe). *Mikrobiologia*, *14*, 4, : 264. **296.**

SUDZUKI (M.), 1955. — On the general structure and the seasonal occurrence of the males in some Japanese Rotifers. I. *Zool. Mag., Tokyo 64*, 125-128; II. *Zool. Mag., Tokyo 64*, 130-136; III. *Zool. Mag., Tokyo 64*, 189-193. **316.**

SUDZUKI (M.), 1956. — On the general structure and the seasonal occurence of the males in some Japanese Rotifers. IV. *Zool. Mag., Tokyo 65*, 1-6; V. *Zool. Mag., Tokyo 65*, 329-334; VI. *Zool. Mag., Tokyo 65*, 415-421. **316.**

SUDZUKI (M.), 1962. — Rintui-rui (Rotatoria) (en Japonais). *System Zool.*, *4*, *Aschelminthes*, 9-74. **316.**

SUDZUKI (M.), 1964. — New systematical approach to the Japanese planktonic Rotatoria. *Hydrobiologia*, *23*, 1/2, 1-124. **316.**

SUGAWARA (K.), KOYAMA (T.) et NODA (B.), 1952. — A radiometric investigation of sulphate coprecipitation in lake waters. *Ann. Rep. Res. Comm, appl. artif. Isotopes Japan*, *2*, 36-41. **93.**

SUNESON (S.), 1945. — Einige Versuche über den Einfluss des Bors auf die Entwicklung und Photosynthese der Meeresalgen. *Kgl. Fysiograf. Sällskap. Lund Förh.*, *15*, 185-187. **459.**

SUPAN (A.G.), 1896. — Grundzüge der physichen Erdkunde. 2ᵉ Ed. Veit, Leipzig, 706 p. **126.**

SUSHTCHENIA (L.M.), 1958. — The influence of zooplankton on intensity of photosynthesis of pond and lake plankton. *Trudy biol. Sta. L. Narojoe*, *1*, 223-240. **488.**

SUTHERLAND (W.), 1900. — The molecular constitution of water. *Phil. Mag., ser.*, *5*, 50, 460-489. **18, 19.**

SVERDRUP (H.U.), 1942. — Oceanography for Meteorologists. Prentice-Hall, N.-Y., 121 p. **186, 194.**

SWAIN (F.M.), BLUMENTALS (A.) et MILLERS (R.), 1959. — Stratigraphic distribution of amino acids in peats from cedar creek bog, Minnesota, and dismal swamp, Virginia. *Limnol. Oceanogr.*, *4*, 2, 119-127. **226, 419.**

SWARTOUT (J.) et DOLE (M.), 1939. — The protium-deuterium ratio and the atomic weight hydrogen. *J. Amer. Chem. Soc.*, *61*, 2025-2029. **39.**

SYMOENS (J.J.), 1953. — Découverte de la méduse d'eau douce (*Craspedacusta sowerbii*) à Anderlecht (Bruxelles). *Les naturalistes belges*, 3 p. **313.**

SZALAY (L.), 1949. — Über die Hydracarinen der unterirdischen Gewässer. *Hydrobiologia*, *2*, 141-179. **361.**

T

TALLING (J.F.), 1955. — The relative growth rates of 3 diatoms in relation to underwater radiation and temperature. *Ann. Bot.*, *19*, 329-341. **443.**

TAMAS (G.) et GELLÉRT (J.), 1960. — Daten zur Erkennung der Lebewelt des Hydropsammons im Balaton (en hongrois). *Annal. Biol. Tihany*, *27*, 65-73. **358, 359.**

TAMIYA (H.), SASA (T.), NIHEI (T.) et ISHIBASI (S.), 1955. — Effect of variation of day-length, day and night temperatures and intensity of daylight upon the growth of *Chlorella. J. gen. Microbiol.*, *4*, 298. **439.**

TAMM (C.O.), 1953. — Growth, yield and nutrition in Carpets of a Forest Moss (*Hylocomium splendens*). *Medd. Statens Skogsforskn Inst. Stockholm*, *43*, 1, 1-140. **166.**

TANADA (T.), 1951. — The photosynthetic efficiency of carotenoïd pigments in *Navicula minima. Ann. J. Bot.*, *38*, : 276. **440.**

TANSLEY (A.G.), 1929. — Succession, the concept and its value *Proc. Int. Conf. Plant. Sci. Ithaca* *1*, 677-686. **421.**

TANSLEY (A.G.), 1935. — The use and abuse of vegetational concepts and terms. *Ecology*, *16*, 284-307. **407.**

TARAMELLI (E.), 1954. — La posizione sistematica dei termosbenacée quale risulta dallo studio anatomico di *Monodella argentarii*. STELLA. *Monitore Zool. ital.*, *62*, 1, 9-27. **331.**

TEIS (R.V.) et FLORENSKY (K.P.), 1940. — Composition isotopique de la neige (en russe). *C. R. Acad. Sci. URSS*, *28*, 70-74. **41.**

THIELE (H.) et KETTNER (H.), 1953. — Huminsaüren. *Kolloid-Zeit.*, *130*, 131-160. **225.**

THIENEMANN (A.), 1909-1911. — *Orphnephila testacea* MACQ. Ein Beitrag zur Kenntnis der Fauna hygropetrica. *Annls. Biol. Lac.*, *4*, 53-87. 259.

THIENEMANN (A.), 1915. — Physikalische und chemische Untersuchungen der Maaren der Eifel. *Verh. naturh. Ver. preuss. Rheinl.*, *71*, 281-389. 229.

THIENEMANN (A.), 1925. — Die Binnengewässer Mitteleuropas, eine limnologische Einführung. *Die Binnengewässer*, *1*, 255 p. 3, **341, 391, 522, 527.**

THIENEMANN (A.), 1926. — Die Nährungskreislauf im Wasser. *Verh. Dt. Zool. ges.*, *31*, 29-79. **425, 426.**

THIENEMANN (A.), 1931. — Der Produktionsbegriff in der Biologie. *Arch. Hydrobiol.*, *22*-616-622. **421, 423.**

THOMAS (E.A.), 1951. — Sturmeinfluss auf das Tiefenwasser des Zürichsees im Winter. *Schweiz, Z. Hydrol.*, 1951, *13*, 1, 5-23. 207.

THOMPSON (R.W.S.). 1954, — Stratification and overturn in lakes and reservoirs. *J. Inst. Wat. Eng.*, *8*, 19-53.

THORADE (H.), 1914. — Die Geschwindigkeit von Triftströmung und die Ekmansche Theorie. *Ann. Hydrogr. Berl.*, *42*, 379-390. **187.**

THORNTHWAITE (C.W.), 1954. — The measurement of potential evapotranspiration. John P. Mather, Seabrook, New-Jersey, 225 p. **263.**

THORSON (G.) 1957. — Bottom communities (sublittoral or shallow shelf), in : Treatise on marine ecology and paleoecology. *Mem. Geol. Soc. Amer.*, *67*, 1, 17, 461-534. **423, 424.**

THUNMARK (S.V.), 1945. — Zur Sociologie des Süsswasser planktons. *Folia Limnol. scand.*, *3*, 66 p. **524.**

TILLMANS (J.) et HEUBLEIN (O.), 1912. — *Ges. Ing.*, *34*. 77.

TOLPA (S.) et GORHAM (E.), 1961. — The ionic composition of waters from three polish bogs. *J. Ecol.*, *49*, 127-133. **80.**

TONOLLI (V.), 1947. — Il ritmo cardiaco delle *Daphnia pulex* DE GEER. *Mem. Ist. Ital. Idrobiol.*, *3*, 415-429. **487.**

TONOLLI (V.), 1952. — I criteri di giudizio sulla produttivita delle acque interne. *Bull. Zool.*, *19*, 4, 271-291. **422.**

TONOLLI (V.), 1955. — The migration currents of microplankton organisms carried by lacustrine outflow waters. *Verh. int. Ver. Limnol.*, *12*, 412-420. **376.**

TONOLLI (V.), 1958. — Zooplankton swarms. *Verh. int. Ver. Limnol.*, *13*, 776-777. **367.**

TRETZEL (E.), 1955. — Intragenerische Isolation und interspezifische Konkurrenz bei Spinnen. *Z. Morph. Ökol. Tiere*, *44*, 43-162. **366.**

TROLLE (A.), 1913. — Hydrographical observations from the Danmark expedition. *Medd. Grønland*, *41*, 271-426. **229.**

TRONSTAD (L.) et BRUN (J.), 1938. — Precision determinations of the densities of D_2O and H_2O electrolytic separation of the oxygen isotopes. *Trans. Faraday Soc.*, *34*, : 766. 39.

TRUESDALE (G.A.), DOWNING (A.L.) et LOWDEN (G.F.), 1955. — The solubility of oxygen in pure water and sea-water. *J. appl. Chem.*, *5*, 53-62. 73.

TUFFRAU (M.), 1959. — Polymorphisme par anisotomie chez le cilié *Euplotes balteatus* DUJARDIN. *C. R. hebd. Séanc. Acad. Sci., Paris*, *248*, 3055-3057. 372.

TURC (L.), 1955. — Le Bilan d'eau des sols : relations entre les précipitations, l'évaporation et l'écoulement. » *La Houille blanche* », Grenoble, 36-44. **263.**

TUZET (O.) et DEL PERRUGIA (A.-M.), 1957. — Présence de la planaire américaine *Dugesia* (*Euplanaria*) *tigrina* GIRARD aux environs de Montpellier. *Vie Milieu*, *8*, 1, 72-75. **314.**

TWENHOFEL (W.H.) et THYLER (S.A.), 1941. — Methods of study sediments. McGraw-Hill Book Co., N.-Y., 1 vol., 183 p. 270.

U

UENO (M.), 1954. — The bathynellidae of Japan. (*Syncarida-Bathynellacea*). *Arch. Hydrobiol.*, *49*, 4, 519-538. **331.**

UTERMÖHL (H.), 1925. — Limnologische Phytoplanktonstudien. *Arch. Hydrobiol.*, *suppl.*, *5*, 1-527. **294.**

UTERMÖHL (H.), 1963/1964. — Die Plöner hydrobiologische Anstalt, ihre Geschichte, ihre Aufgaben und wissenschaftliche Bedeutung. « *Der Scheinwerfer* », 60/61, 14 p. **4.**

V

VAILLANT (F.), 1956. — Recherches sur la faune madicole (hygropétrique s.l.) de France, de Corse et d'Afrique du Nord. *Mém. Mus. Nat. Hist. Nat.*, *n.s.*, *A*, *zool.*, *11*, 1-258. **258, 259.**

VALLENTYNE (J.R.), 1963. — Geochemistry of carbohydrates. in « Organic Geochemistry », N.-Y., *11*, 456-502. **419.**

VALLENTYNE (J.R.), 1957. — The molecular nature of organic matter in lakes and oceans, with lesser reference to sewage and terrestrial soils. *J. Fish. Res. Bd. Canada*, *14*, 1, 33-82. **487.**

VALLENTYNE (J.R.), 1963. — Environmental biophysics and microbial ubiquity. *Ann. N.-Y. Acad. Sci.*, *108*, 2, 342-352. **61.**

VALLENTYNE (J.R.) et WHITTAKER (J.R.), 1956. — On the presence of free sugars in filtered lake water. *Science*, *124*, 1026-1027. **110.**

VANDEL (A.), 1964. — Biospéologie. La biologie des animaux cavernicoles. Gauthier-Villars, Paris, 619 p. **257, 330.**

VASILJEVA (G.A.), 1953. — The ecology of some species of Cladocera as live food culture for fish. (Thèse.) **483, 484.**

VERBER (J.L.), 1955. — Rotational water movements in western lake Erie. *Verh. int. Ver. Limnol.*, *12*, 97-104. **189.**

VERDUIN (J.), 1952. — The volume based photosynthetic rates of aquatic plants. *Amer. J. Bot.*, *39*, 157-159. **449.**

VERDUIN (J.), 1954. — Phytoplankton and turbidity in western lake Erie. *Ecology*, *35*, 550-561. **470.**

VERDUIN (J.), 1956. — Energy fixation and utilization by natural communities in western lake Erie. *Ecology*, *37*, 1, 40-50. **221, 223, 410, 441, 471.**

VERDUIN (J.), 1956. — Primary production in lakes. *Limnol. Oceanogr.*, *1*, 2, 85-91. **445, 470, 473.**

VERDUIN (J.), 1962. — Energy flow through Biotic Systems of Western Lake Erie. Great Lakes Basin. *Symposium Amer. Assoc. Adv. Sci.*, 107-121. **221.**

VERESHCHAGIN (G. Y.) (= WERESCAGIN, G. J.), 1949. — Baikal (en russe). Moscou, 7-205. **380.**

VERRIER (M.-L.), 1948. — La vitesse du courant et la répartition des larves d'Ephémères. *C. R. hebd. Séanc. Acad. Sci., Paris*, *227*, : 1056. **250.**

VERRIER (M.-L.), 1953. — Le rhéotropisme et les larves d'Ephémères. *Bull. Biol. Fr. Belg.*, *87*, 1, 1-33. **250.**

VERRIER (M.-L.), 1956. — Biologie des Ephémères. Colin, Paris, 216 p. **334.**

VIBERT (R.) et LAGLER (K.F.), 1961. — Pêches continentales. (Biologie et aménagement.) Dunod, Paris, 520 p. **422.**

VILLERET (S.), 1961. — Le métabolisme de l'azote uréïdique chez les algues d'eau douce. *Verh. int. Ver. Limnol.*, *14*, 897-899. **454.**

VIVIER (P.), DUSSART (B.) *et al.*, 1956. — Le lac d'Eguzon. *Annls. Sta. cent. Hydrobiol. appl.*, *6*, 1-230. **378.**

VIVIER (P.), 1961. — La vie dans les eaux douces. Press. Univ. Fr. « Que sais-je », Paris, 3e Ed., 128 p. **155.**

VOIGT (M.), 1957. — Rotatoria. Die Rädertiere Mitteleuropas. Gebrüder Borntraeger, Berlin, 508 p. **316.**

VOLLENWEIDER (R.A.), 1950. — Ökologische Untersuchungen von planktischen Algen auf experimenteller Grundlage. *Schweiz. Z. Hydrol.*, *12*, 2, 194-262. **457.**

VOLLENWEIDER (R.A.) et RAVERA (O.), 1958. — Preliminary observations on the oxygen uptake by some freshwater zooplankters. *Verh. int. Ver. Limnol.*, *13*, 369-380. **487.**

VOLLENWEIDER (R.A.) et FREI (M.), 1953. — Vertikale und zeitliche Verteilung der Leiftähigkeit in einen eutrophen Gewässer während der Sommerstagnation. *Schweiz. Z. Hydrol.*, *15*, 1, 158-167.

W

WAKSMAN (S.A.), 1941. — Aquatic bacteria in relation to the cycle of organic matter in lakes. *Symp. Hydrobiol. Madison, Univ. Wisc. Press.*, 86-105. **426.**

WALKER (B.W.), 1961. — The ecology of the Salton Sea, California, in relation to the sportfishery. *Calif. Dept. Fish and Game, Fish Bull*, *113*, 1-204. **319.**

WALKER (J.B.), 1953. — Inorganic micronutrient requirements of *Chlorella*. I. Requirements for calcium (or strontium), copper, and molybdenum. *Archs Biochem. Biophys.*, *46*, 1-11. **459.**

WALSHE (B.M.), 1950. — The function of haemoglobin in *Chironomus plumosus* under natural conditions. *J. Exp. Biol.*, *27*, 73-95. **495.**

WARBURG (O.), KRIPPAHL (G.) et BUCHHOLZ (W.), 1955. — Wirkung von Vanadium aud die Photosynthese. *Z. Naturforsch*, *10 b*, : 422. **459.**

WASMUND (E.), 1927-1928. — Die Strömungen in Bodensee, verglichen mit bisher in Binnenseen bekannten Strömungen. *Int. Rev. ges. Hydrobiol.*, *18*, 84-114, 231-260; *19*, 21-155. **188.**

WASSINCK (E.C.) et KERSTEN (J.A.H.), 1948. — Observations sur la photosynthèse et la fluorescence chlorophyllienne des diatomées. *Enzymol.*, *11*, : 282. **446.**

WATSON (E.R.), 1904. — Movements of the waters of Loch-Ness as indicated by temperature observations. *Geogrl. J.*, *26*, 430-437. **203.**

WATANABÉ (A.), 1956. — On the effect of the atmosphere nitrogen fixing blue green Algae and their nitrogenous composition. *Amer. J. Bot.*, *39*, 340-342. **453.**

WAUTIER (J.), 1947 *a*. — A propos d'une larve de Chironomide trouvée en Lorraine. *Bull. Biol. Fr. Belg.*, *81*, 3/4, 433-434. **341.**

WAUTIER (J.), 1947 *b*. — Un cas de commensalisme entre une larve de Chironomide *Tanytarsus exiguus* JOHANSEN, et une larve d'Odonate. *Bull. Biol. Fr. Belg.*, *81*, 1/2, 38-42. **341.**

WAUTIER (J.), 1949. — Biocoenotique. *Bull. Mens. Soc. Linn. Lyon*, *4*, 76-80; *5*, 90-95. **349.**

WAUTIER (J.) et PATEE (E.), 1955. — Expérience physiologique et expérience écologique. L'influence du substrat sur la consommation d'oxygène chez les larves d'Ephéméroptères. *Bull. mens. Soc. Linn. Lyon*, *24*, 178-183. **491.**

WAY (K.) *et al.*, 1950. — Nuclear data. A collection of experimental values of half-lives, radiation energies, relative isotopic abundances, nuclear moments, and cross sections. *Natl. Bur. Standards U.S.*, Circ. 499. **38.**

WEDDERBURN (E.M.), 1907. — The temperature of fresh-water lochs of Scotland, with special reference to Loch Ness. *Trans. R. Soc. Edinb.*, *45*, 407-489. **206.**

WEDDERBURN (E.M.), 1912. — Temperature observations in Loch Earn, with a further contribution of the hydrodynamical theory of the temperature seiche. *Trans. R. Soc. Edinb.*, *48*, 629-695. **206.**

WELCH (P.S.), 1952. — Limnology, Mc. Graw-Hill Book Co. N.-Y. et London, 2e Ed., 536 p. **3, 469.**

WERESCAGIN (G.J.), 1937. — Études du lac Baïkal. Quelques problèmes limnologiques. *Verh. int. Ver. Limnol.*, *5*, 189-207. **227.**

WESENBERG-LUND (C.), 1900. — Von dem Abhängigkeitsverhältnis zwischen dem Bau der Planktonorganismen und dem spezifischen Gewicht des Süsswassers. *Biol. Zbl.*, *20*, 606-619 et 644-656. **300, 375.**

WESENBERG-LUND (C.), 1904. — Plancton investigations of the Danish Lakes. Part. I. Copenhagen, 267 p. **444.**

WESENBERG-LUND (C.), 1908. — Plancton investigations of the Danish lakes. Part. II. Copenhagen. **507.**

WESTLAKE (D.F.), 1963. — Comparisons of plant productivity. *Biol. Rev.*, 385-425. **478.**

WESTON (W.H.), 1941. — The role of the aquatic fungi in hydrobiology. *Symp. Hydrobiol.*, *Madison*, 129-151. **304.**

WETZEL (R.G.), 1964. — A comparative study of the primary productivity of higher aquatic plants, periphyton, and phytoplankton in a large shallow lake. *Int. Rev. ges. Hydrobiol.*, *49*, 1, 1-61. **439, 474, 477, 480.**

WHIPPLE (G.C.), 1927. — The microscopy of drinking, water. J. Wiley, N.-Y., 4ᵉ Ed., 586 p. **156, 157.**

WHITFORD (L.A.), 1960. — The current effect and growth of fresh-water algae. *Trans. Am. Microsc. Soc.*, *79*, 3, 302-309. **469.**

WHITNEY (L.V.), 1938. — Continuous solar radiation measurements in Wisconsin lakes. *Trans. Wis. Acad. Sci. Arts. Lett.*, *31*, 201-221. **142.**

WHITTAKER (J.R.) et VALLENTYNE (J.R.), 1957. — On the occurrence of free sugars in lake sediment extracts. *Limnol. Oceanogr.*, *2*, 2, 98-110. **110.**

WIERZBIKA (M.) et KEDZIERSKI (S.), 1964. — On the dormancy state of some species of *Cyclopoida* under experimental and natural conditions. *Polsk. Arch. Hydrobiol.*, *12*, 1, 47-80. **513, 514.**

WIKTOR (J.), 1963. — Research on the ecology of *Dreissensia polymorpha* PALL in the szczecin lagoon (Zalew szczecinski). *Ekol. Polsk.*, *A*, *11*, 9, 275-280. **322.**

WILLER (A.), 1924. — Die Nahrungstiere der Fische. *Handb. Binnenfisch. Mitteleur.*, *1*, 145-228. **396.**

WINDBERG (G.C.) et IAROVITZINA (L.L.), 1939. — Daily changes in the quantity of dissolved oxygen as a method of measuring primary production (en russe). *Trudy Limnol. Sta. Kosine*, *22*, 128-134. **442, 436.**

WINOGRADSKY (S.), 1949. — Microbiologie du sol. Problèmes et méthodes. Masson, Paris, 858 p. **296, 297.**

WISZNIEWSKI (J.), 1934. — Recherches écologiques sur le psammon et spécialement sur les Rotifères psammiques. *Arch. Hydrobiol. Ichtyol. Rybactwa*, *8*, 150-272. **356.**

WITYN (J.), 1911. — Quantité de chlorures et de sulfates contenus dans les précipitations atmosphériques atteignant le sol (en russe). *J. Agron. Expér.*, *1*, 20-32. **166.**

WOLF (E.), 1905. — Die Fortpflanzungsverhältnisse unserer einheimischen Copepoden. *Zool. Jb.*, *Abt. Syst.*, *22*, 101-280. **513.**

WOLFE (M.), 1954. — The effect of molybdenum upon the nitrogen metabolism of *Anabaena cylindrica*. I. A study of the molybdenum requirement for nitrogen fixation and for nitrate and ammonia assimilation. *Ann. Bot. London*, *18*, 299-308.**459.**

WOLFE (M.), 1954. — The effect of molybdenum upon the nitrogen metabolism of *Anabaena cylindrica*. II. A more detailed study of the action of molybdenum in nitrate assimilation. *Ann. Bot., London*, *18*, 309-325. **459.**

WOLTERECK (R.), 1908. — Die natürliche Nahrung pelagischer Cladoceren und die Rolle des « Zentrifugenplanktons », im Süsswasser. *Int. Rev. ges. Hydrobiol.*, *1*, 871-874. **481.**

WOLTERECK (R.), 1928. — Ueber die Spezifizität des Lebensraumes, der Nahrung und der Körperformen bei pelagischen Cladoceren und über « ökologische Gestalt Systeme ». *Biol. Zbl.*, *48*, 9, 521-551. **363.**

WOLTERECK (R.), 1932. — Races, associations and stratification of pelagic daphnids in some lakes of Wisconsin. *Trans. Wis. Acad. Sci. Arts Lett.*, *27*, 487-520. **326.**

WOLTERECK (R.), TRESSLER (W.S.) et BUNAG (D.M.), 1941. — Die Seen und Inseln der « Wallacea » — Zwischen-region und ihre endemische Tierwelt. II. Inseln und Seen der Philippinen. *Int. Rev. ges. Hydrobiol.*, *41*, 37-176. **229.**

WOLTERSTORFF (W.), 1925. — Ueber mehrere Lokalformen des Pyrenäenmolches (*Euproctus asper* DUGÈS). *Abh. Mus. Nat. Heimatk, Magdeburg*, *4*, 1, 61-76. **345.**

WOOD (K.G.), 1964. — Gasometric determinations of carbon dioxide in natural waters in relation to pH and to the activities of plants. *Verh. int. Ver. Limnol.*, *15*, 322-329. **223, 453.**

WOODBURY (A.M.), 1954. — Principles of general ecology. Blakiston Co. N.-Y., 503 p. **407.**

WOYNAROVICH (E.), 1954. — Vorkommen der *Limnomysis benedeni* CZERN im Ungarischen Donauabschnitt. *Act. Zool. Acad. Sci. Hung.*, *1*, 1/2, 177-185. **329.**

WRIGHT (J.C.), 1954. — The hydrobiology of Atwood lake, a flood-control reservoir. *Ecology*, *35*, 3, 305-316. **472.**

WUNDT (W.), 1953. — Gewässerkunde. Springer-Verlag, Berlin, 320 p. **59.**

WURTZ (A.), 1945. — Recherches écologiques sur les lacs, tourbières et étangs d'Auvergne. *Annls. Sta. cent. Hydrobiol. appl.*, *1*, 89-166. **134, 296.**

WURTZ (A.), 1946. — Quelques problèmes d'hydrobactériologie. *Rev. Sci., Paris*, *9*, 3261, 553-563. **296.**

WURTZ (A.), 1958. — Peut-on concevoir la typification des étangs sur les mêmes bases que celles des lacs. *Verh. int. Ver. Limnol.*, *13*, 381-393. **234, 239.**

WURTZ (A.), 1962. — Mesures physico-chimiques ou chimiques dans la vase et dans l'eau des étangs. *Annls. Sta. cent. Hydrobiol. appl.*, *9*, 247-267. **236.**

Y

YOSHIMURA (S.), 1931. — Contributions to the knowledge of the stratification of iron and manganese in the lake water of Japan. *Jap. J. Geol. Geogr.*, *9*, 61-69. **107.**

YOSHIMURA (S.), 1936. — A contribution to the knowledge of deep water temperatures of japanese lakes. Part. I. Summer temperatures. *Jap. J. Astr. Geophys.*, *13*, 61-120. **155.**

YOSHIMURA (S.), 1936. — A contribution to the knowledge of deep water temperatures of japanese lakes. Part. II. Winter temperatures. *Jap. J. Astr. Geophys.*, *14*, 57-83. **155.**

YOSHIMURA (S.), 1937. — Abnormal thermal stratifications in inland lakes. *Proc. Imp. Acad. Japan*, *13*, 316-319. **229.**

YOSHIMURA (S.), 1938. — Dissolved oxygen of the lake waters of Japan. *Sci. Rep. Tokyo Bunrika Daig.*, *Sect. C*, *8*, 63-277. **229.**

YOUNG (F.N.) et ZIMMERMAN (J.R.), 1956. — Variations in temperature in small aquatic situations. *Ecology*, *37*, 3, 609-611. **233, 338.**

Z

ŻELINKA (M.), 1960. — A contribution to a more precise classification of clean waters (en tchèque). *Sbornik*, *V.S.C.H.T.*, *4*, 1, 419-427. **398.**

ZIMMERMANN (P.), 1961. — Experimentelle Untersuchungen über den Einfluss der Strömungsgeschwindigkeit auf die Fliesswasserbiozönose, *Verh. int. Ver. Limnol.*, *14*, 396-399. **252.**

ZÜLLIG (H.), 1955. — Sedimente als Ausdruck des Zustandes eines Gewässers. *Mem. Ist. Ital. Idrobiol. suppl.*, *8*, 485-530. **532.**

INDEX DES ORGANISMES *

A

* Entre parenthèses, Embranchement, Classe et Ordre (et leurs subdivisions).
** Se reporter aux légendes des annexes, p. 620 et suivantes.

B

C

D

E

F

G

H

I

J

K

L

M

N

O

P

Q

R

S

T

U

V

W

Z

INDEX DES MATIÈRES *

*** Les références principales sont indiquées en caractères gras.**

A

B

C

D

E

F

G

H

I J K

L

M

N

O

P

Q R

S

T

U V

W X Y Z

RÉFÉRENCES ADDITIONNELLES

AUBERT (M.) et GAUTHIER (M.), 1966. — Origine et nature des substances antibiotiques présentes dans le milieu marin. *Rev. int. Océanogr. méd.*, *1*, 9-43, 2, 53-66. **508**.

BENNETT (J.R.), 1975. — Another explanation of the observed cyclonic circulation of large lakes. *Limnol. Oceanogr.*, *20*, 108-110. **183**.

BERNER (L.), 1955. — Ethologie de *Gammarus pulex* (Amphipode). *Arch. Hydrobiol.*, *51*, 172-188. **331**.

BOTNARIUC (N.) et BELDESCU (S.), 1961. — Monografia complexului de Balţi Crepina-Jijila. *Hidrobiologia*, *2*, 161-242. **240, 353, 470**.

BOURRELLY (P.), 1954. — Les sulfobactéries. *Rev. Algol.*, *1*, 29-41, 163-166, 208-233. **295**.

BROOKS (J.L.), 1957. — The species problem in freshwater animals. *Amer. Assoc. Advanc. Sci.*, *50*, 80-123. **343**.

BROUARDEL (J.) et SERRUYA (C.), 1967. — Mesure de la production organique dans le Léman à l'aide de C^{14}. *Ann. Limnol.*, *3*, 299-330. **474**.

BRYLINSKY (M.) et MANN (K.H.), 1973. — An analysis of factors governing productivity in lakes and reservoirs. *Limnol. Oceanogr.*, *18*, 1-14. **437**.

CASSIE (M.), 1959. — Micro-distribution of Plankton. *N.Z. J. Sci.*, *2*, 398-409. **367**.

CHADEFAUD (M.), 1960. — Traité de Botanique systématique. I. Végétaux non vasculaires, Cryptogames. *Ed. Masson, Paris*, 1018 p. **290, 299**.

CHARDEZ (D.), 1965. — Sur un mode particulier et peu connu de reproduction chez les Thécamoebiens aquatiques (Rhizopoda, Testacea). *Bull. Inst. agron., sta. rech. Gembloux*, *33*, 26-34. **311**.

COMITA (G.W.), 1964. — Energy budget of *Diaptomus siciloides* Lilljeb. *Verh. int. Ver. Limnol.*, *15*, 646-653. **483**.

DAVIS (C.C.), 1968. — Quantitative feeding and weight changes in *Poecilia reticulata*. *Trans. amer. fish. Soc.*, *97*, 22-27. **500**.

DUGDALE (V.A.) et DUGDALE (R.C.), 1962. — Nitrogen metabolism in lakes. II. Role of Nitrogen fixation in Sanctuary lake, Pennsylvania. *Limnol. Oceanogr.*, *7*, 170-177. **454**.

DUMONT (H.), 1972. — A competition-based Approach of the reverse vertical migration in zooplankton and its implications, chiefly based on a study of the interactions of the Rotifer *Asplanchna priodonta* (Gosse) with several Crustacea Entomostraca. *Int. Rev. ges. Hydrobiol.*, *57*, 1-38. **374**.

DUMONT (H.) et GYZELS (H.), 1971. — Etude faunistique et écologique sur les criques de la Flandre orientale et le long de l'Escaut. *Ann. soc. r. zool. Belgique*, *101*, 157-182. **130**.

DUMONT (H.J.), VAN DE VELDE (I.) et DUMONT (S.), 1975. — The dry weight estimate of Biomass in a selection of Cladocera, Copepoda and Rotifera from the Plankton, Periphyton and Benthos of continental waters. *Oecologia*, *19*, 75-95. **411**.

DUSSART (B.), 1967. — Les Copépodes des eaux continentales d'Europe occidentale. I. Calanoides et Harpacticoides. *Ed. Boubée, Paris*, 500 p. **311**.

EKLUND (H.), 1965. — Stability of lakes near the temperature of maximum density. *Science*, *149*, 632-633. **158**.

ELGMORK (K.), 1959. — Seasonal occurence of *Cyclops strenuus* in relation to Environment in small water bodies in southern Norway. *Folia Limnol. Scandin.*, *11*, 196 p. **489**.

ERIKSSON, 1952. — The composition of atmospheric precipitation. *Tellus*, *55*, *3*. **166**.

FITCH (C.P.), BISHOP (L.M.), BOYD (W.L.), GORTNER (R.A.), ROGERS (C.T.) et TILDEN (J.E.), 1934. — « Water bloom » as a cause of poisoning in domestic animals. *Cornell Veterinarian*, *24*, 31-40. **509**.

GARNIER (J.), 1964. — Influence de la température sur l'accumulation, le renouvellement et l'efficacité photosynthétique des pigments d'*Oscillatoria subbrevis* Schindle (Cyanophycée). *Physiol. végét.*, *2*, 273-318. **291**.

GIOVANNI (M.V. di), 1962. — Struttura delle communità viventi nell'hydrophyton del lago Trasimeno. *Riv. Idrobiol.*, *1*, 189-234. **352**.

GOERING (J.L.) et NEESS (J.C.), 1964. — Nitrogen fixation in two Wisconsin lakes. *Limnol. Oceanogr.*, *9*, 530-539. **454**.

GOLTERMAN (H.), 1975. — Physiological Limnology. *Developments in water Science, Elsevier, Amsterdam*, *2*, 489 p. **84**.

GRAN (H.H.), 1932. — Phytoplankton. Methods and Problems. *J. Cons. int. explor. mer*, *7*, 343-358. **474**.

GRANHALL (U.) et LUNDGREN (A.), 1971. — Nitrogen fixation in lake Erken. *Limnol. Oceanogr.*, *6*, 711-719. **94**.

GRINNELL (J.), 1904. — The origin and distribution of the chestnut-backed Chickadee. *Auk*, *21*, 364-382. **366**.

HANSEN (K.), 1961. — Lake types and lake sediments. *Verh. int. Ver. Limnol., 14*, 285-290. **525**.

HENRY (J.-P.), 1976. — Recherches sur les Asellidae hypogés de la lignée *cavaticus* (Crustacea, Isopoda, Asellota). *Thèse, Dijon*, 270 p. **330**.

HENRY (J.-P.) et MAGNIEZ (G.), 1983. — Introduction pratique à la systématique des organismes des eaux continentales françaises. 4. Crustacés Isopodes (principalement Asellotes). *Bull. soc. Linn. Lyon, 10*, 39 p. **330**.

HILTUNEN (J.K.), 1965. — Distribution and abundance of the polychaete *Manayunkia speciosa* Leidy, in Western Lake Erie. *Ohio J. Sci., 65*, 183-185. **319**.

HOLLAND (D.G.), 1972. — A key to the larvae, pupae and adults of the British species of Elminthidae. *Freshwater Biol. Assoc., Sci. Publ. 26*, 58 p. **395**.

HONDT (J.L. de), 1967. — Documents sur les Gastrotriches dulcicoles des eaux françaises. *Ann. Limnol. 3*, 381-397. **319**.

HUSMANN (S.), 1971. — Ecological studies on freshwater Meiobenthon in layers of sand and gravel. *Proc. first int. Conf. Meiofauna, Smithsonian Contr. Zool., 76*, 161-169. **356**.

IDSO (S.B.), 1973. — On the concept of lake stability. *Limnol. Oceanogr., 18*, 681-683. **158**.

KELL (G.S.), 1970. — Isothermal compressibility of liquid water at 1 atm. *J. chem. Eng. Data, 15*, 119-122. **158**.

KOYAMA (T.), 1963. — Gaseous metabolism in lake sediments and paddy soils and the production of atmospheric Methane and Hydrogen. *J. Geophys. Res., 68*, 3971-3973. **283**.

LACHAVANNE (J.-B.) et WATTENHOFER (R.), 1975. — Les macrophytes du Léman. *Conserv. bot. Genève*, 147 p. **352**.

LANG (G.), 1971. — Die Makrophytenvegetation in der Uferzone des Bodensees unter besonderer Berücksichtigung ihres Zeigewertes für den Gütezustand. *Int. Gewässerschutzkomm. für Bodensee*, 92 p. **352**.

LIKENS (G.E.) et JOHNSON (P.L.), 1966. — A chemically stratified lake in Alaska. *Science, 153*, 875-877. **99**.

MACNAUGHT (D.C.) et HASLER (A.D.), 1964. — Rate of movement of populations of *Daphnia* in relation to changes in light intensity. *J. Fish. Res. Bd Canada, 21*, 291-318. **367**.

MAGNIEZ (G.), 1974. — Données faunistiques et écologiques sur les Stenasellidae (Crustacea Isopoda Asellota) des eaux souterraines. *Int. J. Speleol., 6*, 1-80. **330**.

MARGALEF (R.), 1974. — Ecologia. *Ed. Omega, Barcelone*, 951 p. **261**.

MATSUMURA-TUNDISI (T.) et al., 1990. — Predation on *Ceriodaphnia cornuta and Brachionus calyciflorus* by two *Mesocyclops* species coexisting in Barra Bonita Reservoir (SP, Brazil). *Hydrobiologia, 198*, 141-151.

MELACK (J.M.), 1976. — Primary productivity and fish yields in tropical lakes. *Trans. amer. Fish Soc., 105*, 575-580. **500**.

MEYBECK (M.) et CARBONNEL (J.P.), 1975. — Chemical transport by the Mekong River. *Nature, 255, 5504*, 134-136. **34**.

MITCHELL (D.S.), 1974. — Aquatic vegetation and its use and control. *Unesco, Paris*, 135 p. **352**.

MITROPOLSKIJ (V.I.), 1966. — Notes on life-cycle and nutrition of *Sphaerium corneum* L. (Mollusca, Lamellibranchia) (en russe). *Proc. Biol. Inst. inland Water Res. Acad. Sci. SSSR, 12/15*, 125-128. **323**.

MONTGOMERY (H.A.C.) et COCKBURN (A.), 1964. — Errors in Sampling for dissolved oxygen. *The Analyst, 89, 1065*, 679-681. **73**.

MONTGOMERY (H.A.C.), THOM (N.S.) et COCKBURN (A.), 1964. — Determination of dissolved oxygen by the Winkler Method and the solubility of Oxygen in pure water and sea water. *J. appl. Chem., 14*, 280-296. **73**.

MORTIMER (C.H.), 1981. — The Oxygen content of air-saturated freshwaters over ranges of temperature and atmospheric pressure of limnological interest. *Mitt. int. Ver. Limnol., 22*, 23 p. **73**.

MURRAY (C.N.) et RILEY (J.P.), 1969. — The solubility of gases in distilled water and sea water. II. Oxygen. *Deep sea Res., 16*, 311-320. **73**.

NALEWAJKO (C.), 1966. — Dry weight, Ash and Volume Data for some Freshwater planktonic Algae. *J. Fish. Res. Bd Canada, 23*, 1285-1288. **411**.

O'BRIEN (W.J.) et SCHMIDT (D.), 1979. — Arctic *Bosmina* morphology and Copepod predation. *Limnol. Oceanogr., 24*, 564-567. **326**.

OVERBECK (J.), 1974. — Microbiology and Biochemistry. In *Jubilee Symposium : 50 years of limnological research. Mitt. int. Ver. Limnol., 20*, 198-228. **109**.

PENNAK (R.W.), 1966. — Structure of zooplankton populations in the littoral macrophyte zone of some Colorado lakes. *Trans. amer. microsc. Soc., 85*, 329-349. **370**.

PIECZYNSKA (E.), 1972. — Ecology of the eulittoral zone of lakes. *Ecol. Polsk., 20 (44)*, 637-732. **352**.

RAGOTZKIE (R.A.) et BRYSON (R.A.), 1953. — Correlation of currents with the distribution of adult *Daphnia* in lake Mendota. *J. mar. Res., 12*, 157-172. **367**.

RAWSON (D.S.), 1939. — Some physical and chemical factors in the metabolism of lakes. *Amer. Soc. Advanc. Sci., 10*, 9-26. **473**.

SCHÄPERCLAUS (W.), 1961. — Lehrbuch der Teichwirtschaft. 2[e] Ed. (*Ed. Parey, Berlin*) (trad. par Appert & Appert, Ed. Vigot, Paris, 1962), 620 p. **411**.

SCHROEDER (R.) et GRÜNEWALD (J.), 1967. — « Taches d'huile » und Konvektionesströmungen. *Arch. Hydrobiol., suppl. 33*, 73-83. **211**.

SEBESTYEN (O.), 1958. — Quantitative studies on lake Balaton. IX. A summary of the biomass studies. *Ann. Biol. Tihany, 25*, 281-292. **411**.

SENEZ (J.C.), 1962. — Rôle écologique des bactéries sulfato-réductrices. *Pubbl. Sta. zool. Napoli, 32, suppl.*, 427-441. **295**.

SLÁDEČEK (V.), 1967. — The ecological and physiological Trends in the saprobiology, *Hydrobiologia, 30*, 513-526. **399**.

SLÁDEČKOVA (A.), 1962. — Limnological investigation methods for the periphyton (« Aufwuchs ») community. *Bot. Rev.*, 286-350. **351**.

SPENCE (D.H.N.), 1967. — Factors controlling the distribution of freshwater macrophytes with particular reference to the lochs of Scotland. *J. Ecol., 55*, 147-170. **352**.

STEEMANN-NIELSEN (E.), 1959. — Untersuchungen über die Primärproduktion der Planktons in einigen Alpenseen Oesterreich. *Oïkos, 10*, 24-37. **474**.

STELLA (E.) et MARGARITORA (F.), 1966. — A contribution to the study of Lago de Monterosi (Roma, Italy) : Present biological conditions of the lake. *Verh. int. Ver. Limnol., 16*, 83-88. **352**.

SVÄRDSON (G.), 1949-1953. — The Coregonid Problem. I - V. *Rept Inst. Freshwat. Res. Drottningholm*, *29*, 89-101 ; *31*, 151-162 ; *32*, 79-125 ; *33*, 204-232 ; *34*, 141-166. **343**.

SVERDRUP (H.U.), JOHNSON (M.W.) et FLEMING (R.H.), 1942. — The Oceans : their physics, Chemistry and general Biology. *Ed. Prentice Hall, N.Y.*, 1087 p. **223**.

TADAJEWSKI (A.), 1966. — Bottom sediments in different limnetic zones of an eutrophic lake. *Ekol. Polsk.*, *A*, *14*, *21*, 321-341. **282**.

TIMMS (B.V.), 1975. — Morphometric control of variation in annual heat budgets. *Limnol. Oceanogr.*, *20*, 110-112. **164**.

UDVARDY (M.F.D.), 1959. — Notes on the ecological concepts of Habitat, Biotope and Niche. *Ecology*, *40*, 725-728. **366**.

UHLMANN (D.), 1967. — Beitrag zur Limnologie saprotropher Flachgewässer. *Arch. Hydrobiol.*, *63*, 1-85. **240**.

VALLENTYNE (J.R.), 1967. — Pheromones and related substances. In : *Golterman, H.L. et Clymo, R.S. — Chemical environment in the aquatic Habitat. Amsterdam*, 252-254. **461**.

VLADYKOV (V.D.), 1964. — Report to the Government of Iran on the inland fisheries resources of Iran especially of the Caspian sea with special reference to Sturgeon. *Rept. FAO/EPTA n^0 1818*, 51 p. **60**.

WALLACE (A.R.), 1858. — On the tendency of varieties to depart infinitively from the original type. In : *Darwin, C.R. et Wallace, A.R. — On the tendency of species to form varieties. J. Linn. Soc. (Zool.)*, *3*, 45-62. **430**.

WARD (C.H.) et MOYER (J.E.), 1966. — Ecologic relationships between Bacteria and Algae in mass culture. *Conf. « Bioregeneration systems », Amer. Inst. Biol. Sci., Nat. Aeronaut., Space Administr., Washington, D.C.*, 14 p. **508**.

WINBERG (G.G.) et BAUER (O.N.), 1971. — Productivity and Principles of the management of inland waters in the USSR. *Freshwat. Biol., G.B.*, *1*, 159-167. **496**.

ANNEXES

Aspect morphologique de quelques êtres vivants communs en eaux continentales.

Nota : La détermination précise de ces êtres ne doit pas être considérée comme possible au seul examen des figures présentées qui ne sont que des approximations destinées à orienter le lecteur et qui ne le dispensent donc pas de recourir aux ouvrages de systématique disponibles.

ANNEXE 1

FIG. 1 à 21 : **Cyanophytes.**

FIG. 1 : *Microcystis aeruginosa.*
— 2 : *Microcystis marginata.*
— 3 : *Microcystis flos-aquae.*
— 4 : *Microcystis pulverea.*
— 5 : *Microcystis viridis.*
— 6 : *Aphanocapsa grevillei.*
— 7 : *Aphanocapsa stagnina.*
— 8 : *Gloeocapsa magma.*
— 9 : *Gloeocapsa limnetica.*
— 10 : *Gloeocapsa turgida.*
— 11 : *Gloeocapsa minuta.*

FIG. 12 : *Gloeocapsa dispersa.*
— 13 : *Gloeothece linearis.*
— 14 : *Gomphosphaeria aponina.*
— 15 : *Gomphosphaeria lacustris.*
— 16 : *Woronichinia naegeliana.*
— 17 : *Coelosphaerium kützingianum.*
— 18 : *Merismopedia punctata.*
— 19 : *Merismopedia glauca.*
— 20 : *Merismopedia elegans.*
— 21 : *Merismopedia tenuissima.*

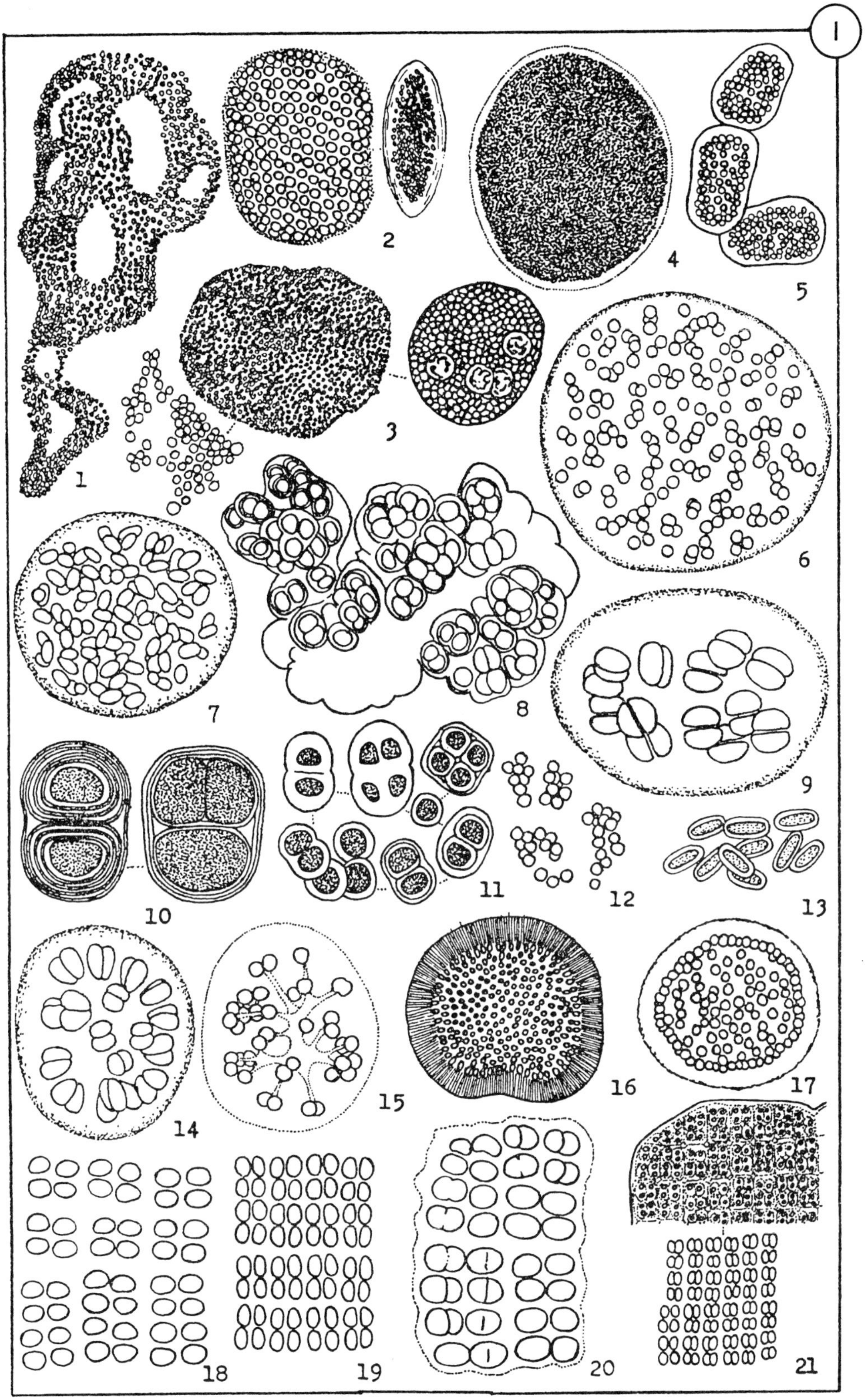
1
1
2
3
4
5
6
7
8
9
10
11
12
13
14
15
16
17
18
19
20
21

ANNEXE 2

FIG. 1 à 16 : **Cyanophytes.**

FIG. 1 : *Synechococcus aeruginosus.*
— 2 : *Rhabdoderma lineare.*
— 3 : *Dactylococcopsis raphidioides.*
— 4 : *Tetrapedia gothica.*
— 5 : *Chlorogloea microcystoides.*
— 6 : *Chamaesiphon curvatus.*
— 7 : *Chamaesiphon incrustans.*
— 8 : *Chamaesiphon fuscus.*

FIG. 9 : *Pleurocapsa fluviatilis.*
— 10 : *Stigonema ocellatum.*
— 11 : *Hapalosiphon fontinalis.*
— 12 : *Mastigocladus laminosus.*
— 13 : *Calothrix braunii.*
— 14 : *Gloeotrichia pisum.*
— 15 : *Gloeotrichia natans.*
— 16 : *Gloeotrichia echinulata.*

2

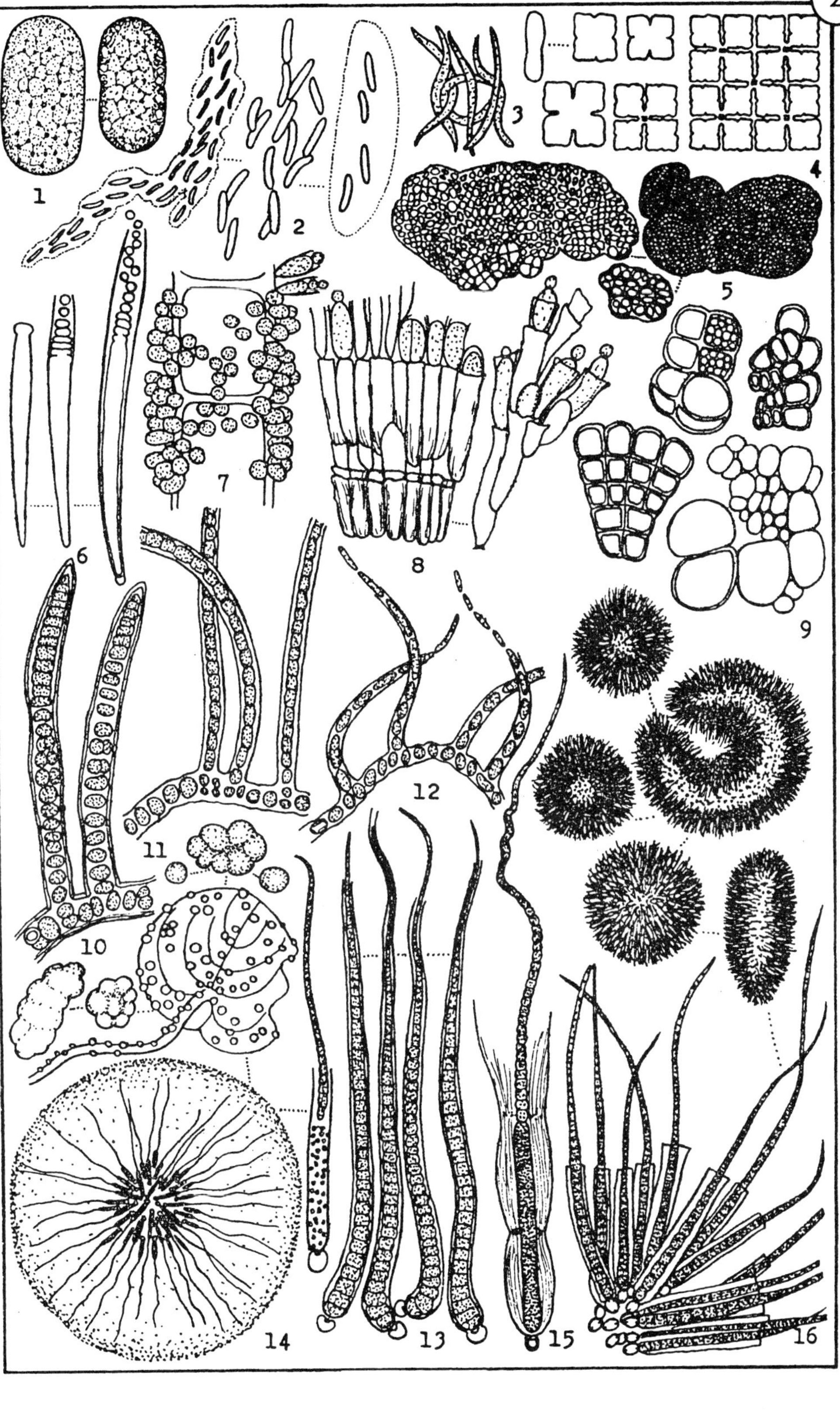

ANNEXE 3

FIG. 1 à 26 : **Cyanophytes.**

FIG. 1 : *Rivularia sp.*
— 2 : *Rivularia dura.*
— 3 : *Plectonema tomasinianum.*
— 4 : *Tolypothrix lanata.*
— 5 : *Tolypothrix distorta.*
— 6 : *Scytonema crispum.*
— 7 : *Nostoc linckia.*
— 8 : *Nostoc kihlmani.*
— 9 : *Cylindrospermum stagnale.*
— 10 : *Aphanizomenon flos-aquae.*
— 11 : *Anabaena spiroides.*
— 12 : *Anabaena macrospora.*
— 13 : *Anabaena flos-aquae.*
FIG. 14 : *Anabaena circinalis.*
— 15 : *Oscillatoria limosa.*
— 16 : *Oscillatoria princeps.*
— 17 : *Oscillatoria tenuis.*
— 18 : *Oscillatoria chlorina.*
— 19 : *Oscillatoria putrida.*
— 20 : *Oscillatoria rubescens.*
— 21 : *Phormidium favosum.*
— 22 : *Phormidium subfuscum.*
— 23 : *Phormidium uncinatum.*
— 24 : *Spirulina jenneri.*
— 25 : *Lyngbya martensiana.*
— 26 : *Microcoleus subtorulosus.*

3

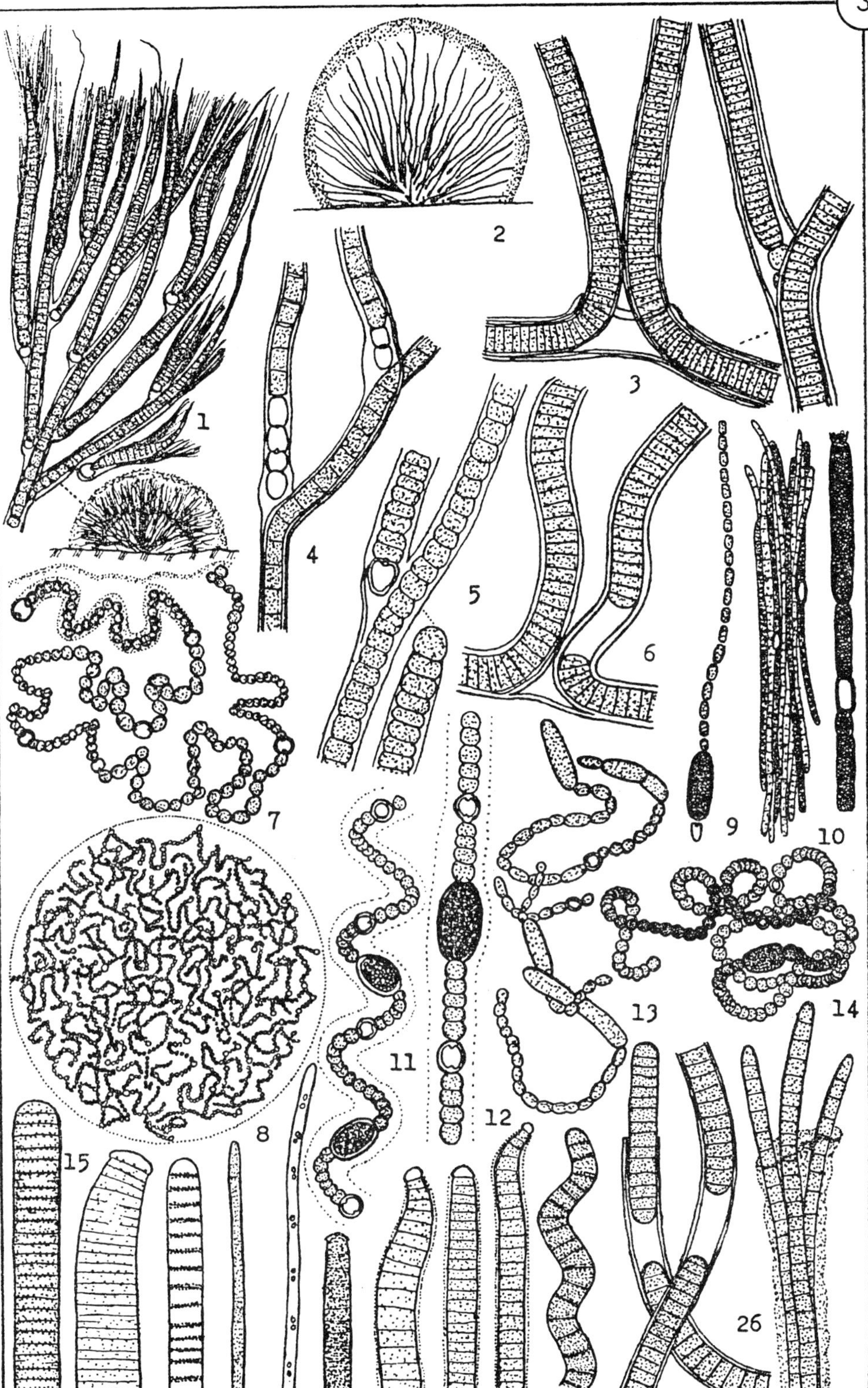

ANNEXE 4

FIG. 1 à 18 : Formes (morphologiques) de Bactéries; FIG. 19 à 23 : Bactéries à flagelles; FIG. 24-25 : Sporulation des Bactéries; FIG. 26-33 : Bactéries diverses.

FIG. 1 : *Coccus* ou *Micrococcus*.
— 2 : *Streptococcus*.
— 3 : *Staphylococcus*.
— 4 : *Diplococcus*.
— 5 : *Tetracoccus*.
— 6 : *Sarcina*.
— 7 : *Bacterium*.
— 8 : *Bacillus*.
— 9 : *Diplobacterium* ou *Diplobacillus*.
— 10 : *Streptobacterium* ou *Streptobacillus*.
— 11 : *Vibrio*.
— 12 : *Spirillum*.
— 13 : *Coccobacillus*.
— 14 : *Leptotriche*.
— 15 : *Actinomycetes*.
— 16 : *Actinomycetes*.
— 17 : *Bacteries filamenteuses*.
— 18 : *Bacteries filamenteuses*.

FIG. 19 : *Atriches*.
— 20 : *Monotriches*.
— 21 : *Lophotriches*.
— 22 : *Amphitriches*.
— 23 : *Peritriches*.
— 24 : *Plectridium*.
— 25 : *Clostridium*.
— 26 : *Zoogloea uva*.
— 27 : *Zoogloea ramigera*
— 28 : *Zoogloea ramigera*, vue d'ensemble.
— 29 : *Sphaerotilus natans*, vue d'ensemble.
— 30 : *Sphaerotilus natans*.
— 31 : *Sphaerotilus natans*, un filament.
— 32 : *Sphaerotilus dichotomus* (= *Cladothrix dichotoma*), cycle évolutif.
— 33 : *Bacillus subtilis*, cycle évolutif.

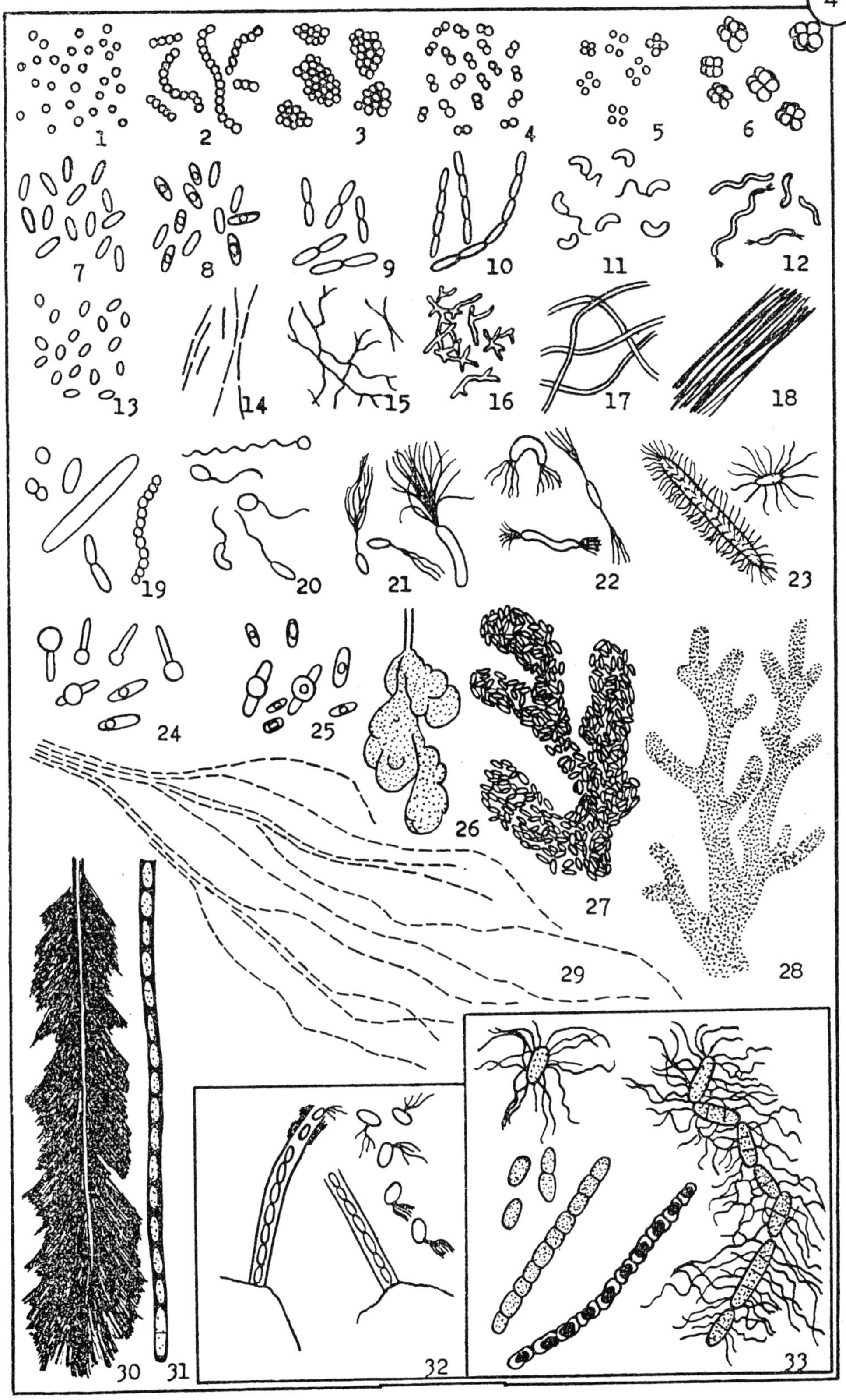
1
2
3
4
5
6
7
8
9
10
11
12
13
14
15
16
17
18
19
20
21
22
23
24
25
26
27
28
29
30
31
32
33

ANNEXE 5

FIG. 1 à 8 : **Bactéries du fer et du manganèse.**

FIG. 1 : *Leptothrix crassa.*
— 2 : *Leptothrix sideropous.*
— 3 : *Leptothrix ochracea.*
— 4 : *Crenothrix polyspora.*

FIG. 5 : *Gallionella ferruginea.*
— 6 : *Siderocapsa major.*
— 7 : *Siderocapsa treubii.*
— 8 : *Sideromonas confervarum.*

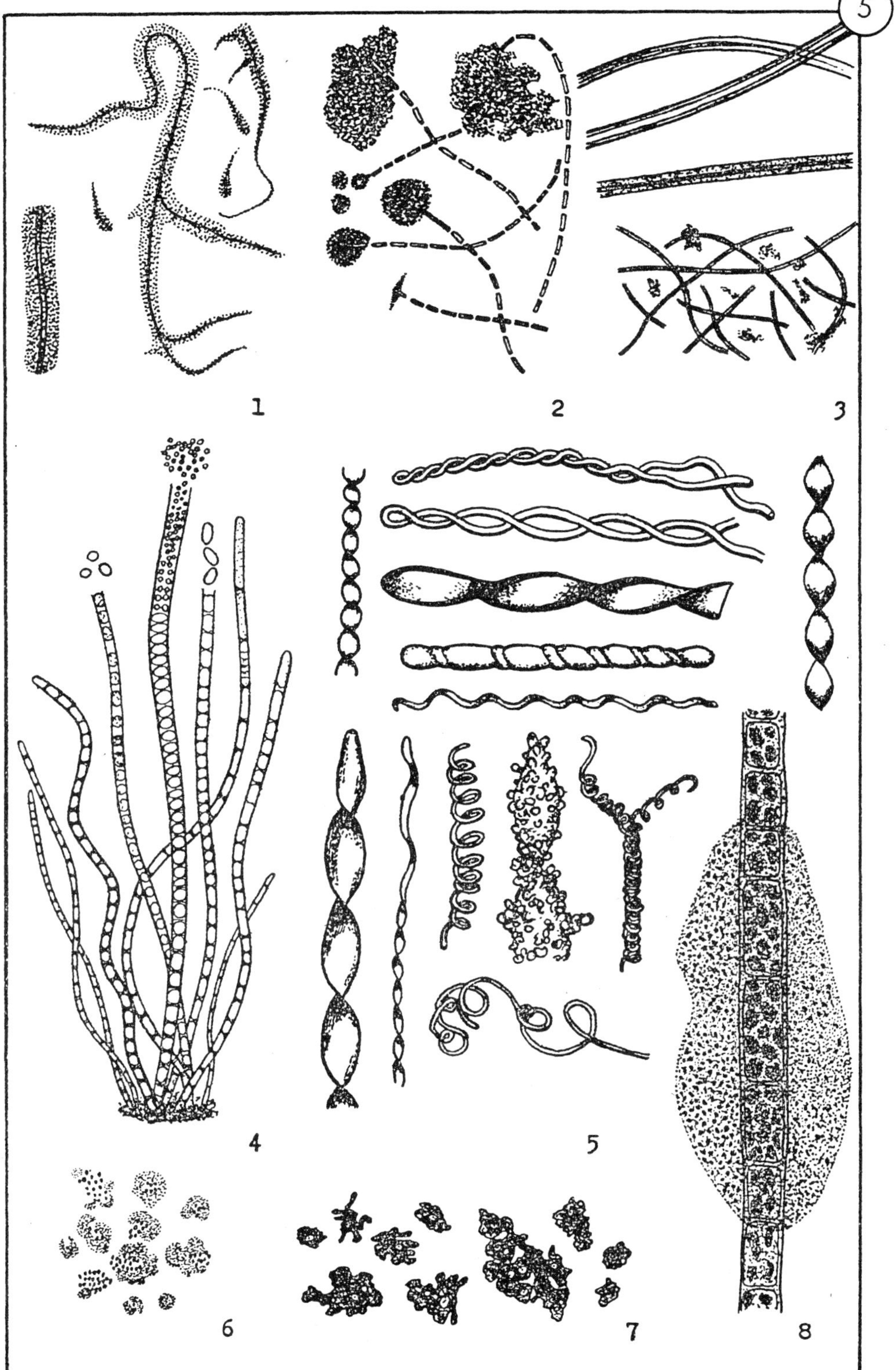
5
1
2
3
4
5
6
7
8

ANNEXE 6

FIG. 1 à 13 : **Leucothiobactéries;** FIG. 14 à 23 : **Rhodothiobactéries.**

— 1 : *Beggiatoa sp.*
— 2 : *Beggiatoa sp.*
— 3 : *Beggiatoa alba, B. media, B. minima.*
— 4 : *Thiotrix* div. espèces.
— 5 : *Achromatium oxaliferum.*
— 6 : *Achromatium mobile.*
— 7 : *Thiovulum sp.*
— 8 : *Thiophysa macrophysa.*
— 9 : *Thiospira winogradskyi et T. sp.*
— 10 : *Thiobacillus thioparus.*
— 11 : *Pseudomonas hyalina.*
— 12 : *Chromatium fallax.*
— 13 : *Spirillum granulatum.*
— 14 : *Chromatium okenii*
— 15 : *Chromatium weissei.*
— 16 : *Chromatium vinosum.*
— 17 : *Rhabdochromatium roseum.*
— 18 : *Thiospirillum sanguineum.*
— 19 : *Lamprocystis roseo-persicina*
— 20 : *Thiopedia rosea.*
— 21 : *Thiodictyon elegans.*
— 22 : *Thiothece gelatinosa.*
— 23 : *Thiocystis violacea.*

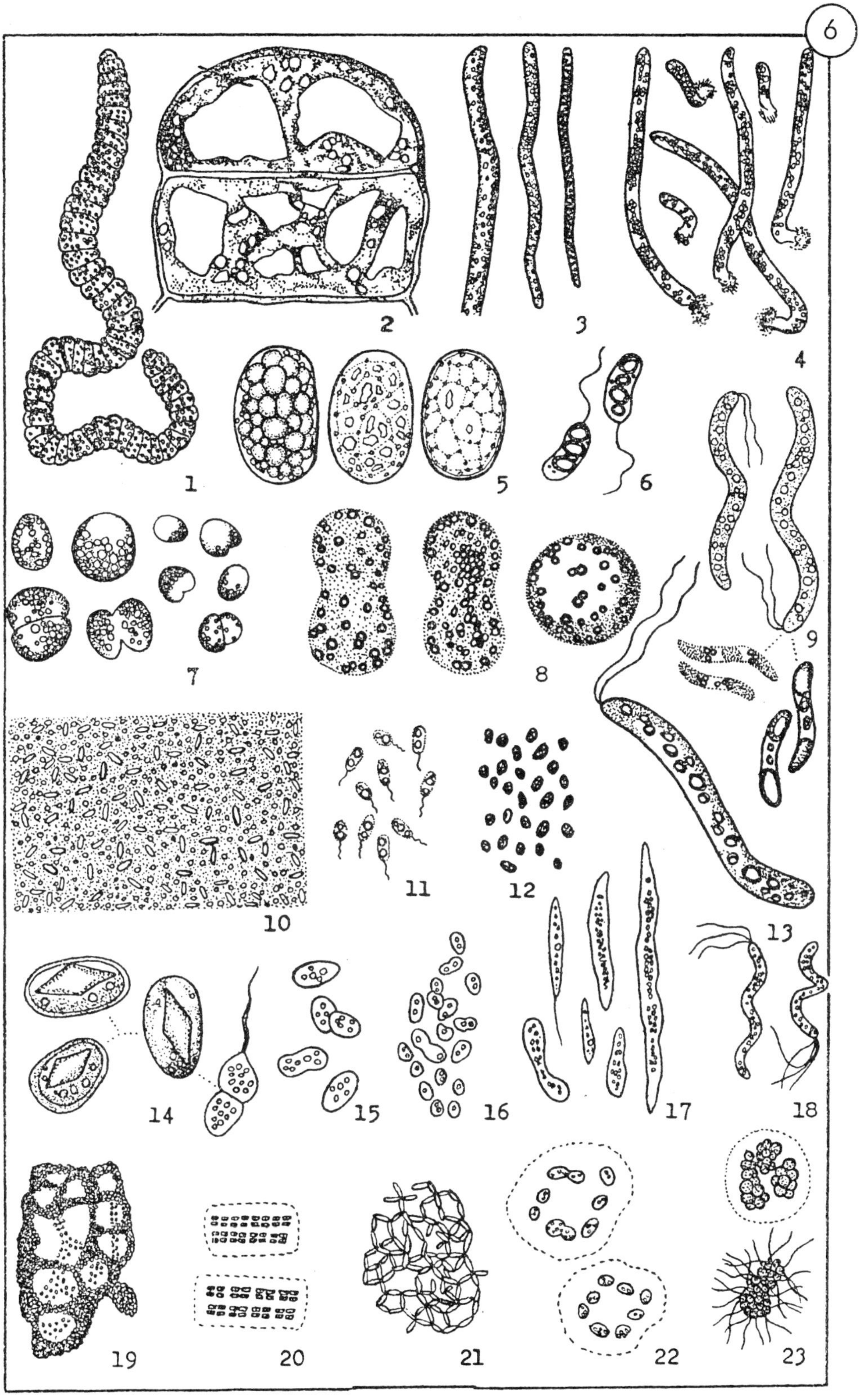
6
1
2
3
4
5
6
7
8
9
10
11
12
13
14
15
16
17
18
19
20
21
22
23

ANNEXE 7

FIG. 1 à 17 : **Cryptophyceæ**; FIG. 18 à 38 : **Dinoflagellatæ.**

FIG. 1 : *Cryptomonas sp.*
— 2 : *Cryptomonas ovata.*
— 3 : *Cryptomonas pyrenoidifera.*
— 4 : *Cryptomonas tetrapyrenoidosa.*
— 5 : *Cryptomonas erosa.*
— 6 : *Cryptomonas marssoni.*
— 7 : *Cryptomonas rufescens.*
— 8 : *Cryptomonas gracilis.*
— 9 : *Cryptomonas rostrata.*
— 10 : *Cryptomonas reflexa.*
— 11 : *Chroomonas caudata.*
— 12 : *Chroomonas pulex.*
— 13 : *Chroomonas nordstedtii.*
— 14 : *Rhodomonas lacustris.*
— 15 : *Rhodomonas lens.*
— 16 : *Cryptochrysis polychrysis.*
— 17 : *Nephroselmis olivacea.*
— 18 : *Amphidinium lacustre.*
— 19 : *Gymnodinium palustre.*

FIG. 20 : *Gymnodinium mirabile.*
— 21 : *Gymnodinium aeruginosum.*
— 22 : *Ceratium cornutum.*
— 23 : *Ceratium hirundinella.*
— 24 : *Massartia vorticella.*
— 25 : *Gyrodinium sp.*
— 26 : *Woloszynskia neglecta.*
— 27 : *Glenodiniopsis uliginosa.*
— 28 : *Hemidinium nasutum.*
— 29 : *Sphaerodinium cinctum.*
— 30 : *Massartia plana.*
— 31 : *Sphaerodinium cinctum.*
— 32 : *Peridinium palatinum.*
— 33 : *Peridinium cinctum.*
— 34 : *Peridinium tabulatum.*
— 35 : *Peridinium bipes.*
— 36 : *Peridinium inconspicuum.*
— 37 : *Kolkwitziella salebrosa.*
— 38 : *Cystodinium cornifax.*

7

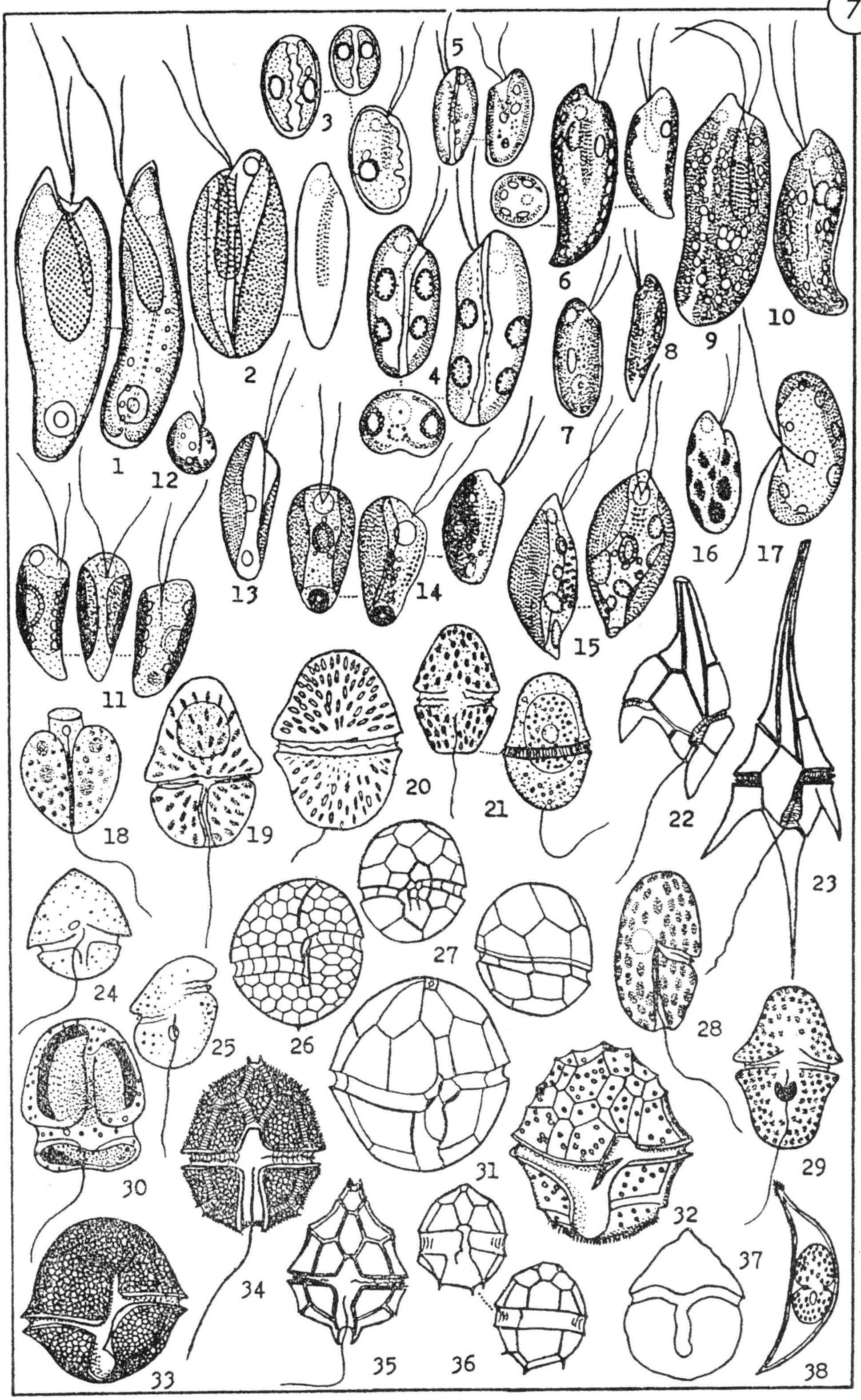
1
2
3
4
5
6
7
8
9
10
11
12
13
14
15
16
17
18
19
20
21
22
23
24
25
26
27
28
29
30
31
32
33
34
35
36
37
38

ANNEXE 8

FIG. 1 à 37 : **Euglenophyceæ.**

FIG. 1 : *Euglena viridis.*
— 2 : *Euglena gracilis.*
— 3 : *Euglena acus.*
— 4 : *Euglena oxyuris.*
— 5 : *Euglena proxima.*
— 6 : *Euglena deses.*
— 7 : *Euglena mutabilis.*
— 8 : *Euglena granulata.*
— 9 : *Euglena tripteris v. major.*
— 10 : *Euglena rubra.*
— 11 : *Euglena intermedia.*
— 12 : *Euglena pisciformis.*
— 13 : *Euglena spirogyra.*
— 14 : *Lepocinclis cylindrica.*
— 15 : *Lepocinclis ovum.*
— 16 : *Lepocinclis steinii*
— 17 : *Lepocinclis texta.*
— 18 : *Phacus costatus.*
— 19 : *Phacus hispidulus.*

FIG. 20 : *Phacus parvulus.*
— 21 : *Phacus curvicauda.*
— 22 : *Phacus tortuosus.*
— 23 : *Phacus acuminatus.*
— 24 : *Phacus pleuronectes.*
— 25 : *Phacus helicoïdes.*
— 26 : *Phacus caudatus.*
— 27 : *Eutreptia viridis.*
— 28 : *Trachelomonas verrucosa.*
— 29 : *Trachelomonas armata.*
— 30 : *Trachelomonas ovata.*
— 31 : *Trachelomonas hispida*
— 32 : *Trachelomonas planctonica.*
— 33 : *Trachelomonas rugulosa.*
— 34 : *Strombomonas acuminata.*
— 35 : *Strombomonas fluviatilis.*
— 36 : *Strombomonas planctonica.*
— 37 : *Colacium vesiculosum.*

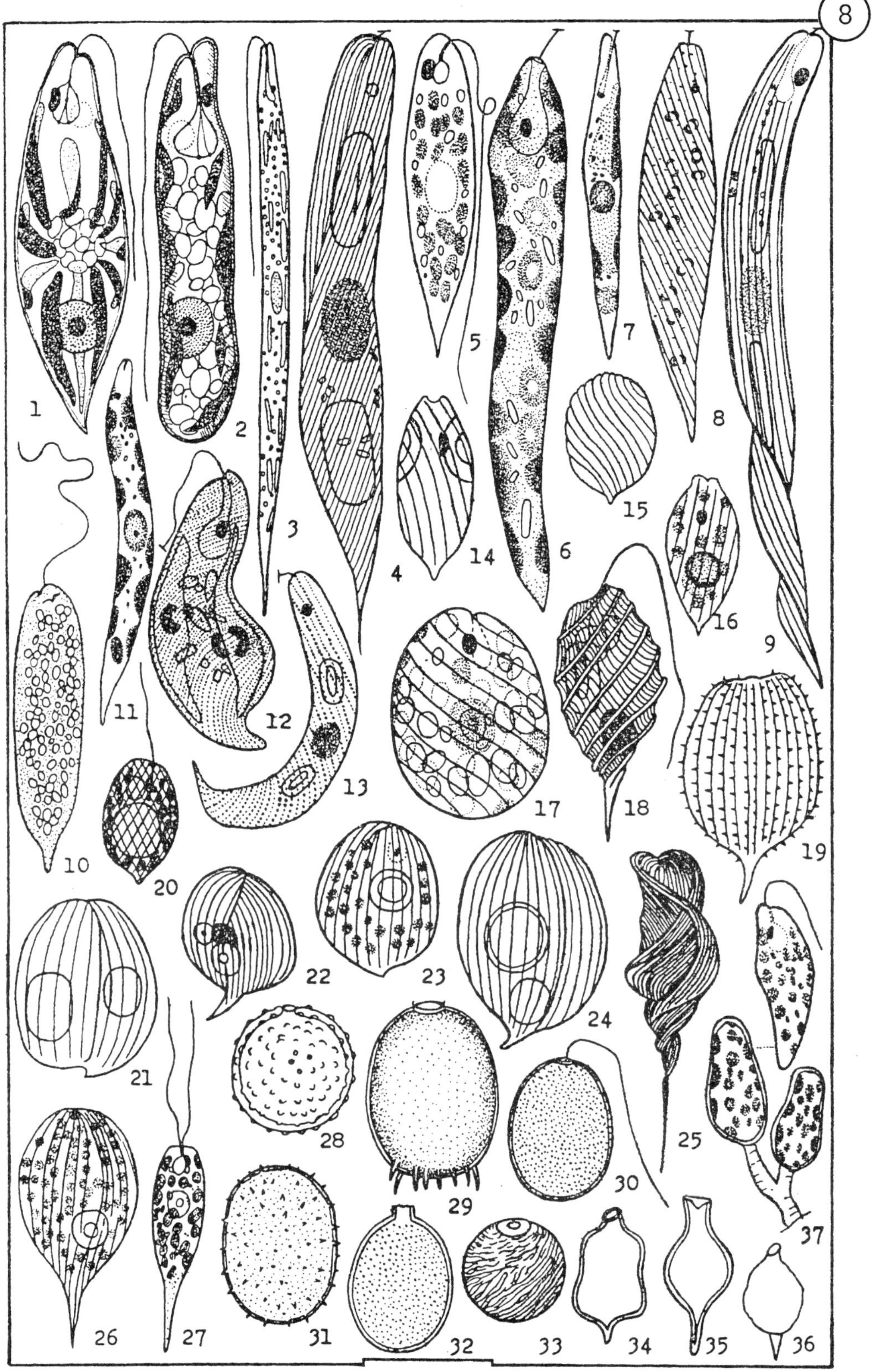
8
1
2
3
4
5
6
7
8
9
10
11
12
13
14
15
16
17
18
19
20
21
22
23
24
25
26
27
28
29
30
31
32
33
34
35
36
37

ANNEXE 9

FIG. 1 à 39 : **Chrysophyceæ.**

FIG. 1 : *Chrysamoeba radians.*
— 2 : *Lagynion scherffelii.*
— 3 : *Chromulina nebulosa.*
— 4 : *Chromulina ovalis*
— 5 : *Chromulina rosanofii*
— 6 : *Chrysococcus rufescens.*
— 7 : *Chrysococcus ornatus.*
— 8 : *Chrysococcus punctiformis.*
— 9 : *Chrysococcus klebsianus.*
— 10 : *Kephyrion ovum.*
— 11 : *Kephyrion spirale.*
— 12 : *Kephyrion rubri-claustri.*
— 13 : *Chrysopyxis stenostoma.*
— 14 : *Mallomonas insignis.*
— 15 : *Mallomonas akrokomos.*
— 16 : *Stenokalyx circumvallata.*
— 17 : *Derepyxis dispar.*
— 18 : *Mallomonas acaroides.*
— 19 : *Microglena punctifera.*
— 20 : *Mallomonas caudata.*

FIG. 21 : *Mallomonas elegans.*
— 22 : *Ochromonas fragilis.*
— 23 : *Ochromonas ludibunda.*
— 24 : *Dinobryon suecicum.*
— 25 : *Dinobryon stipitatum.*
— 26 : *Pseudokephyrion schilleri.*
— 27 : *Dinobryon sertularia.*
— 28 : *Pseudokephyrion undulatum.*
— 29 : *Syncrypta volvox.*
— 30 : *Uroglena volvox.*
— 31 : *Uroglenopsis americana.*
— 32 : *Pseudokephyrion poculum.*
— 33 : *Synura petersenii.*
— 34 : *Pseudokephyrion entzii.*
— 35 : *Hymenomonas roseola* (Coccolithophoridae).
— 36 : *Pseudokephyrion undulatissimum*
— 37 : *Dinobryon divergens.*
— 38 : *Chrysosphaerella longispina.*
— 39 : *Hydrurus foetidus.*

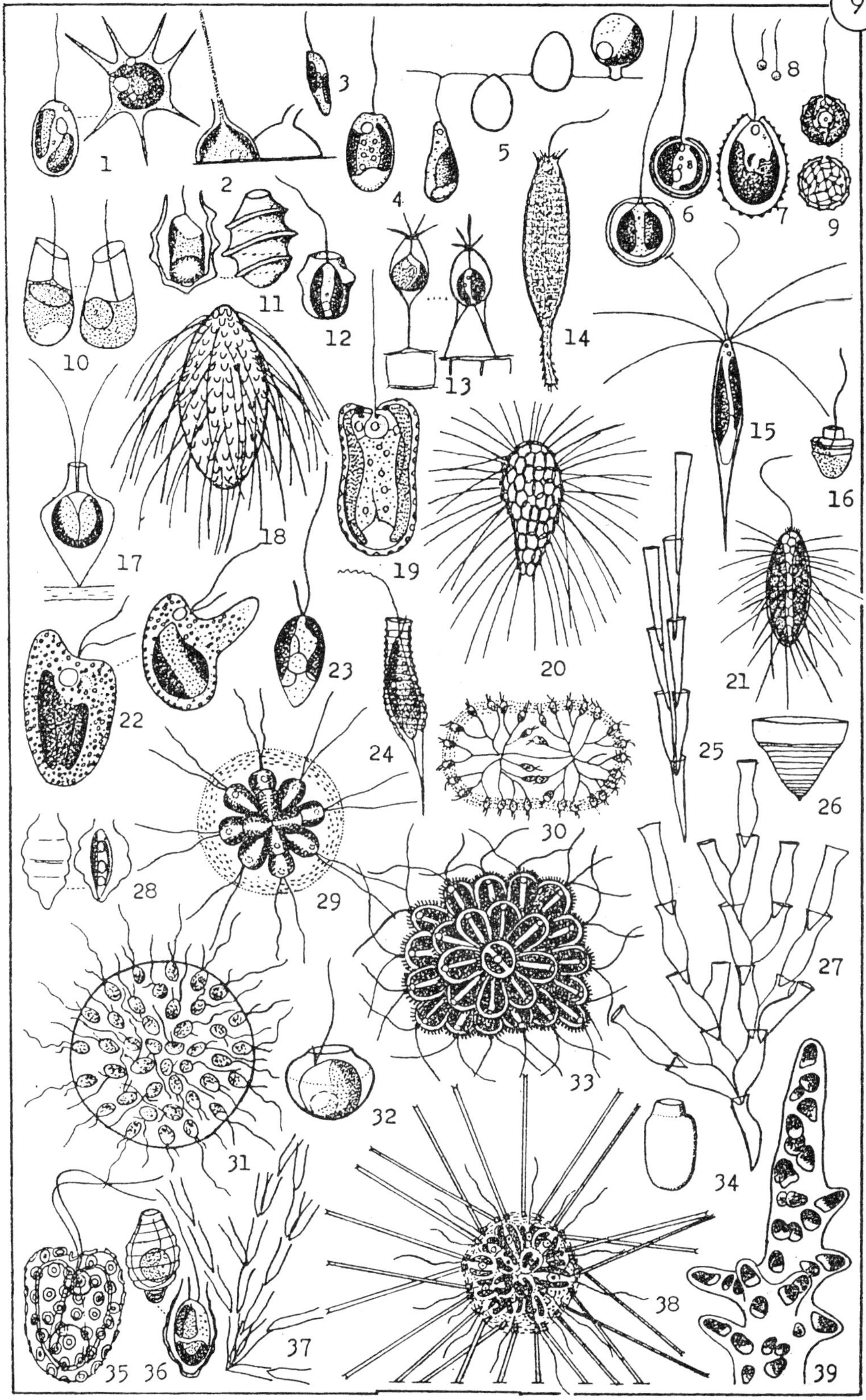
1
2
3
4
5
6
7
8
9
10
11
12
13
14
15
16
17
18
19
20
21
22
23
24
25
26
27
28
29
30
31
32
33
34
35
36
37
38
39

ANNEXE 10

FIG. 1 à 19 : **Xanthophyceæ.**

FIG. 1 : *Pleurochloris pyrenoidosa.*
— 2 : *Chloridella neglecta.*
— 3 : *Botrydiopsis arrhiza.*
— 4 : *Tetraedriella subglobosa.*
— 5 : *Goniochloris sculpta.*
— 6 : *Goniochloris torta.*
— 7 : *Goniochloris tetragona.*
— 8 : *Chlorobotrys regularis.*
— 9 : *Mischococcus confervicola.*
— 10 : *Centritractus belenophorus.*

FIG. 11 : *Characiopsis lunaris.*
— 12 : *Characiopsis acuta.*
— 13 : *Ophiocythium cochleare.*
— 14 : *Ophiocythium maius.*
— 15 : *Centritractus dubius.*
— 16 : *Botryococcus braunii.*
— 17 : *Vaucheria geminata.*
— 18 : *Tribonema viride.*
— 19 : *Tribonema viride.*

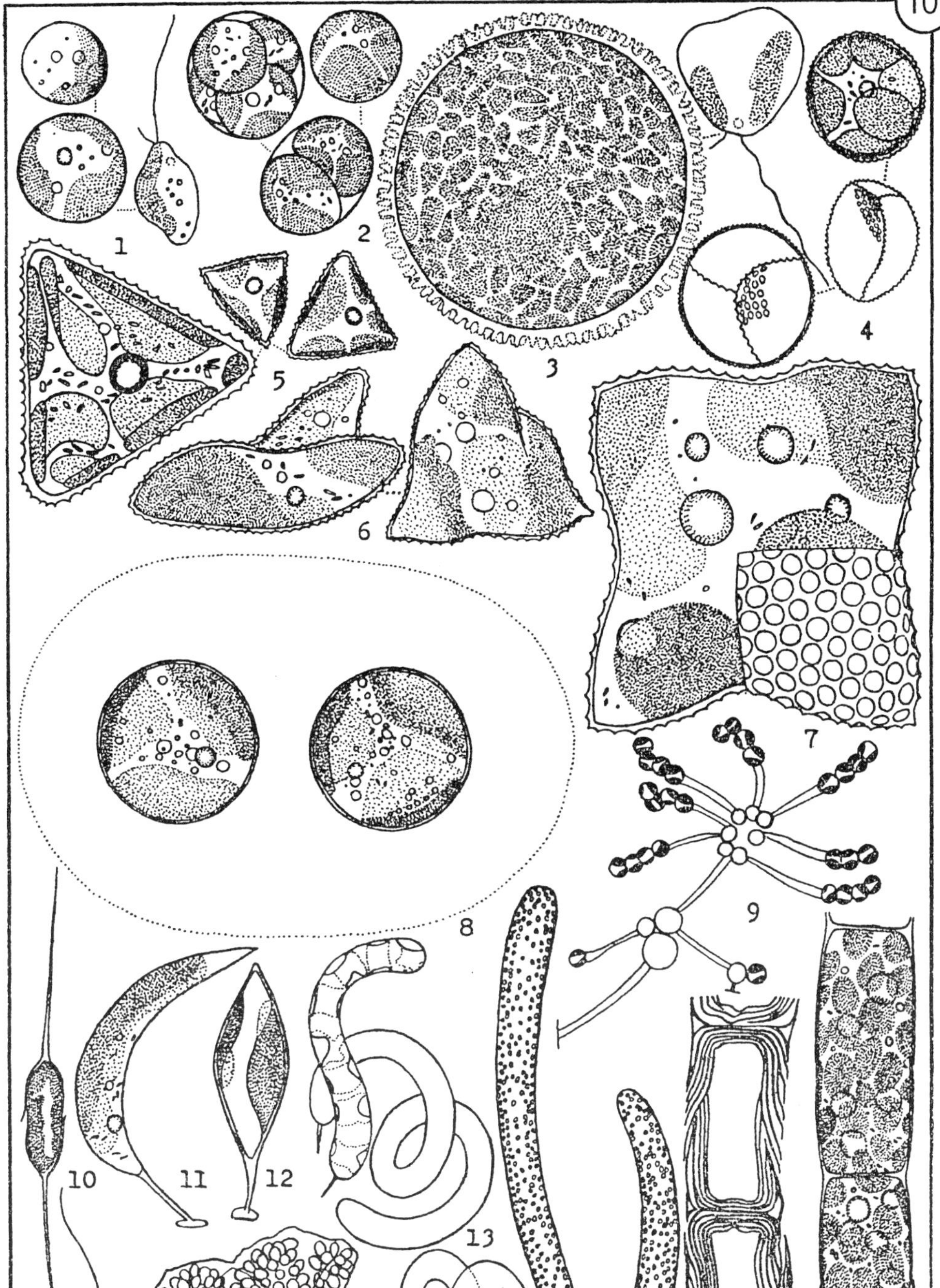
1
2
3
4
5
6
7
8
9
10
11
12
13
14
15
16
17
18
19

ANNEXE 11

FIG. 1 à 25 : **Bacillariophyceæ.**

FIG. 1 : *Melosira granulata.*
— 2 : *Melosira italica.*
— 3 : *Melosira varians.*
— 4 : *Cyclotella meneghiniana.*
— 5 : *Cyclotella comta.*
— 6 : *Stephanodiscus hantzschii*
— 7 : *Stephanosdiscus astraea.*
— 8 : *Rhizosolenia longiseta.*
— 9 : *Tabellaria fenestrata* v. *intermedia.*
— 10 : *Tabellaria flocculosa.*
— 11 : *Diatoma vulgare.*
— 12 : *Diatoma elongatum.*

FIG. 13 : *Diatoma hiemale*
— 14 : *Diatoma hiemale* v. *mesodon.*
— 15 : *Meridion circulare.*
— 16 : *Fragilaria crotonensis.*
— 17 : *Fragilaria capucina.*
— 18 : *Fragilaria construens.*
— 19 : *Ceratoneis arcus.*
— 20 : *Synedra berolinensis.*
— 21 : *Synedra actinastriodes.*
— 22 : *Ceratoneis arcus* v. *amphioxys*
— 23 : *Synedra vaucheriae.*
— 24 : *Synedra acus.*
— 25 : *Synedra ulna.*

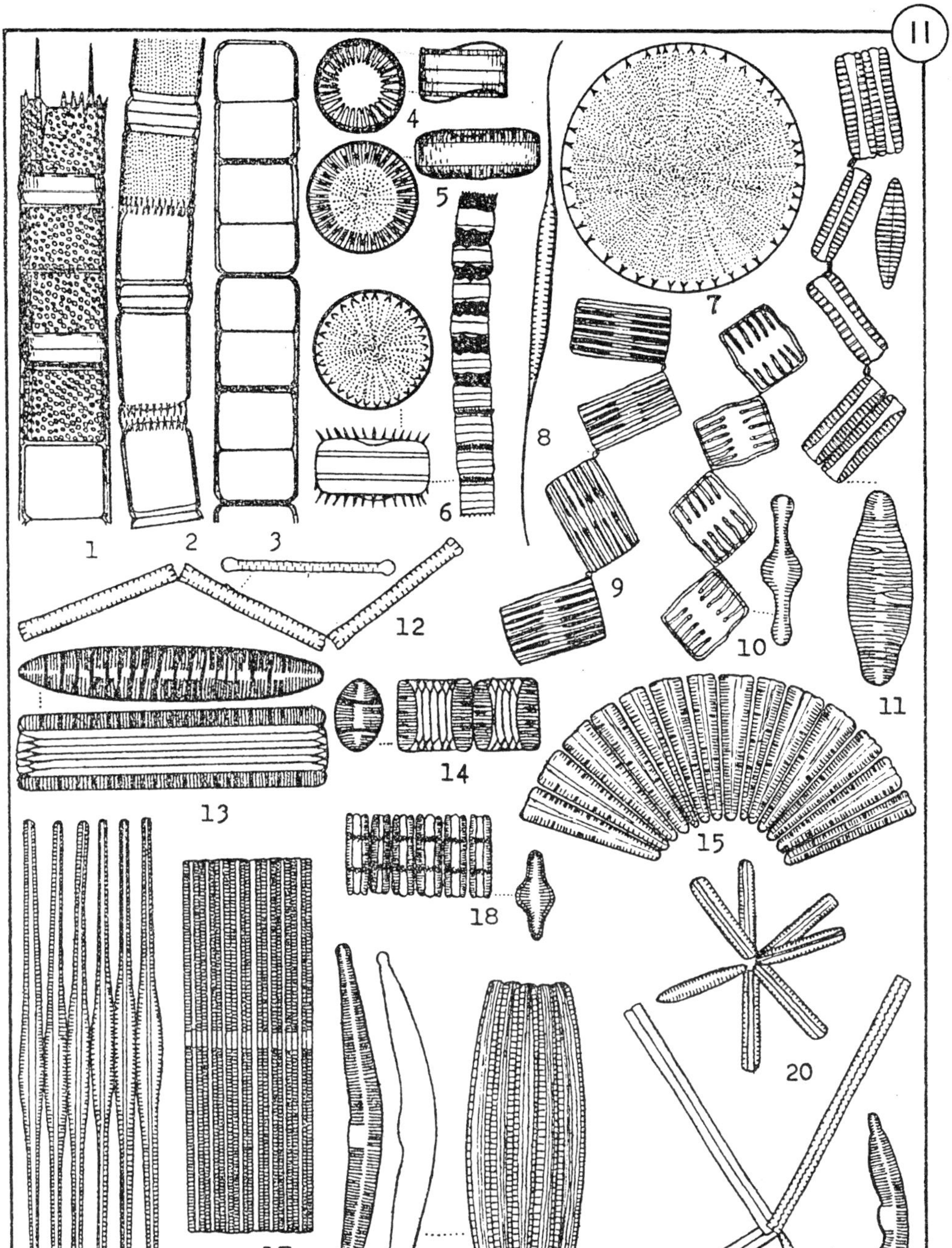
11
1
2
3
4
5
6
7
8
9
10
11
12
13
14
15
16
17
18
19
20
21
22
23
24
25

ANNEXE 12

FIG. 1 à 29 : **Bacillariophyceæ.**

FIG. 1 : *Asterionella formosa.*
— 2 : *Asterionella gracillima.*
— 3 : *Eunotia arcus.*
— 4 : *Eunotia robusta.*
— 5 : *Eunotia robusta v. tetraodon.*
— 6 : *Eunotia triodon.*
— 7 : *Eunotia robusta v. triodon.*
— 8 : *Cocconeis pediculus.*
— 9 : *Cocconeis placentula.*
— 10 : *Achnanthes minutissima.*
— 11 : *Rhoicosphenia curvata.*
— 12 : *Achnantes lanceolata.*
— 13 : *Amphipleura pellucida.*
— 14 : *Frustulia vulgaris.*
— 15 : *Stauroneis phoenicenteron.*

FIG. 16 : *Navicula cryptocephala.*
— 17 : *Navicula rhynchocephala.*
— 18 : *Navicula viridula.*
— 19 : *Navicula atomus.*
— 20 : *Pinnularia viridis.*
— 21 : *Pinnularia nobilis f. intermedia.*
— 22 : *Pinnularia microstauron.*
— 23 : *Pinnularia microstauron v. biundulata.*
— 24 : *Pinnularia gibba.*
— 25 : *Navicula gracilis.*
— 26 : *Navicula gastrum.*
— 27 : *Navicula cuspidata.*
— 28 : *Amphora ovalis.*
— 29 : *Amphora ovalis v. gracilis.*

12

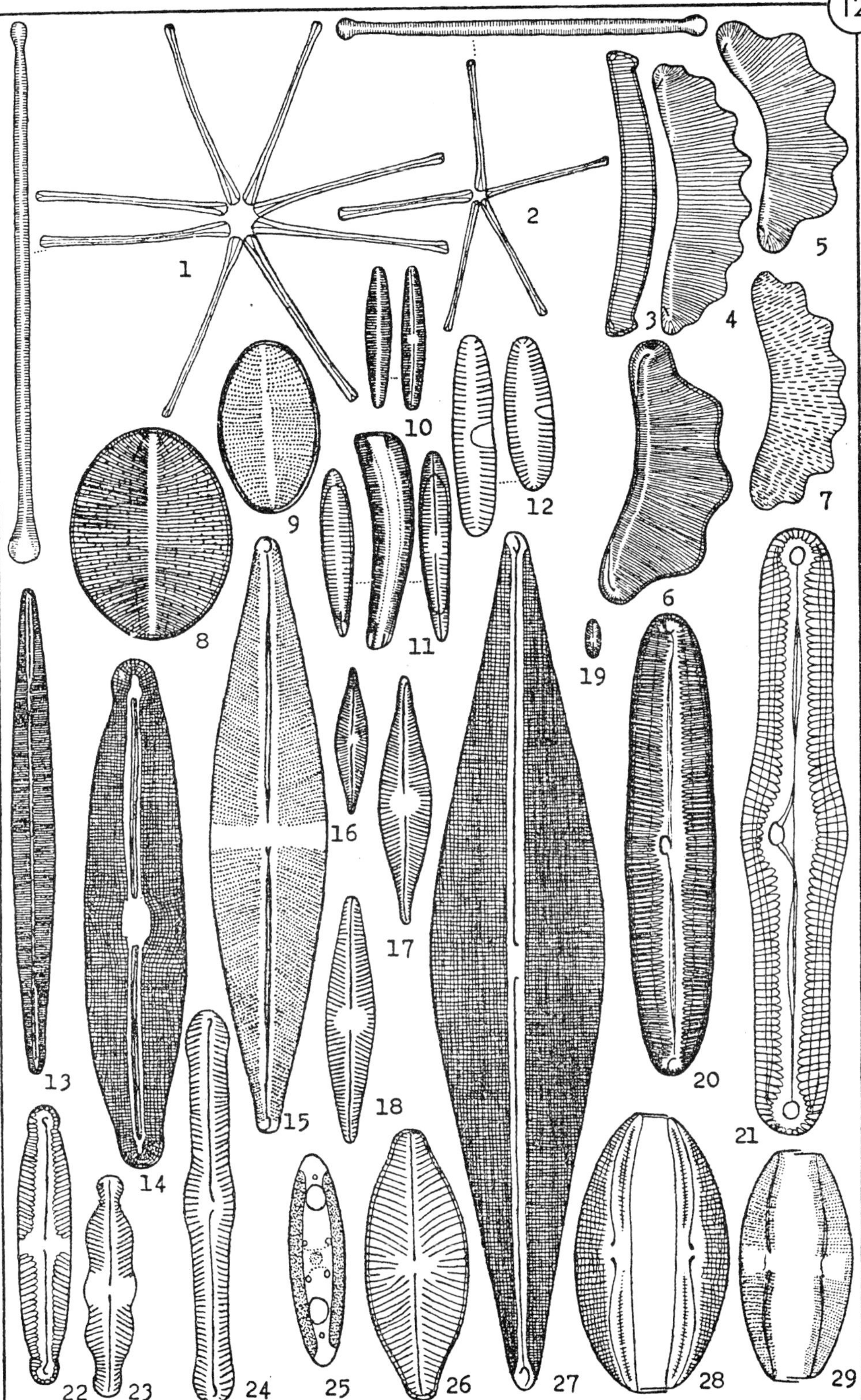

ANNEXE 13

FIG. 1 à 29 : **Bacillariophyceæ.**

FIG. 1 : *Neidium productum.*
— 2 : *Coloneis silicula.*
— 3 : *Coloneis amphisbaena.*
— 4 : *Gyrosigma acuminatum.*
— 5 : *Cymbella ehrenbergii.*
— 6 : *Cymbella lanceolata.*
— 7 : *Cymbella ventricosa.*
— 8 : *Cymbella caespitosa.*
— 9 : *Gomphonema acuminatum.*
— 10 : *Gomphonema constrictum.*
— 11 : *Gomphonema agustatum.*
— 12 : *Gomphonema olivaceum.*
— 13 : *Epithemia turgida.*
— 14 : *Epithemia sorex.*
— 15 : *Nitzschia palea.*

FIG. 16 : *Nitzschia sigmoidea.*
— 17 : *Rhopalodia gibba.*
— 18 : *Nitzschia longissima f. parva.*
— 19 : *Nitzschia acicularis.*
— 20 : *Nitzschia holsatica.*
— 21 : *Hantzschia amphioxys.*
— 22 : *Cymatopleura solea v. apiculata.*
— 23 : *Cymatopleura elliptica v. discoidea.*
— 24 : *Cymatopleura solea.*
— 25 : *Cymatopleura elliptica.*
— 26 : *Surirella biseriata.*
— 27 : *Surirella turgida.*
— 28 : *Surirella ovata v. crumena.*
— 29 : *Surirella spiralis.*

13

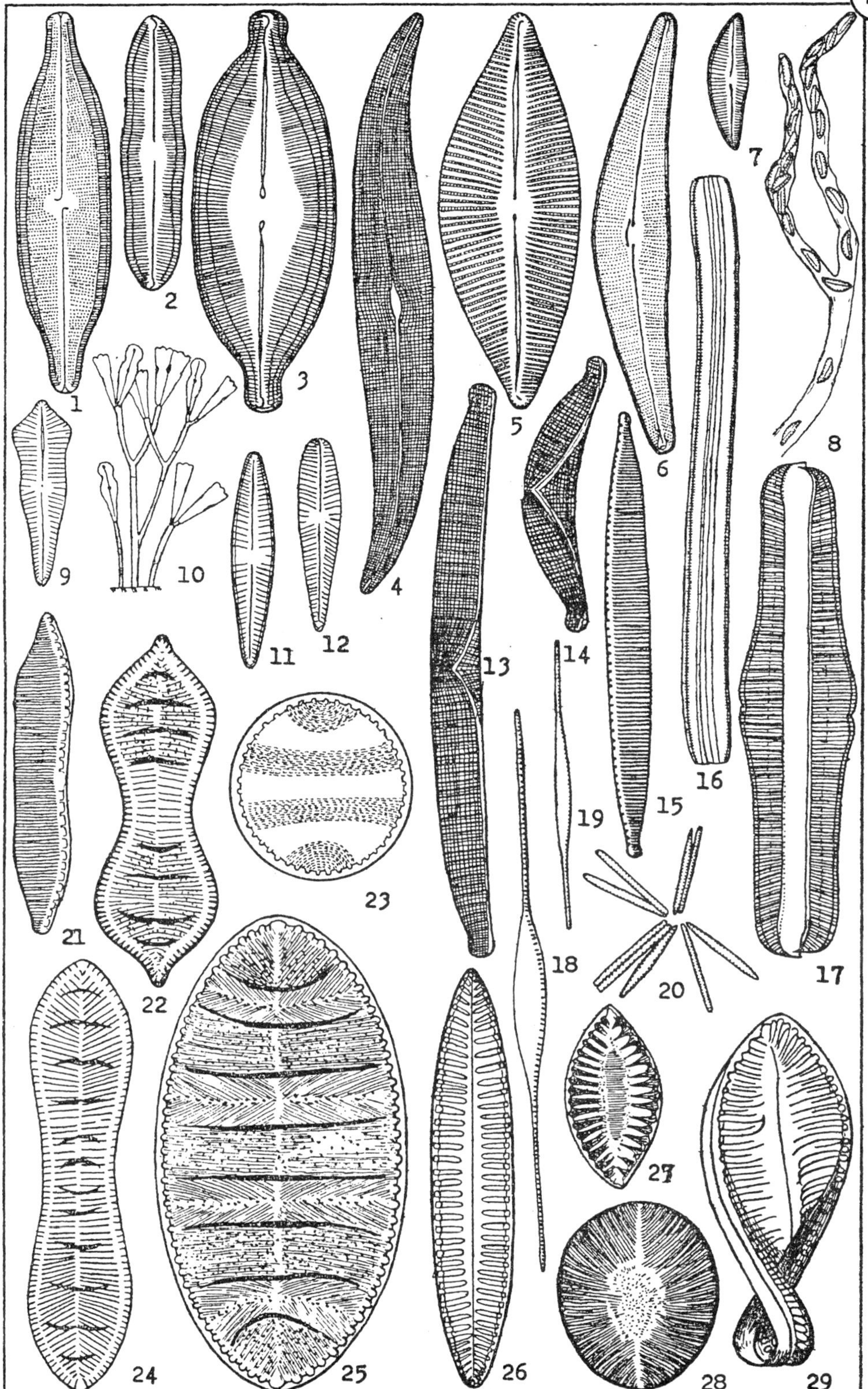

ANNEXE 14

FIG. 1 à 26 : **Chlorophyceæ.**

FIG. 1 : *Chlamydomonas simplex.*
— 2 : *Carteria klebsii.*
— 3 : *Pyramidomonas tetrarhynchus.*
— 4 : *Coccomonas orbicularis.*
— 5 : *Phacotus lenticularis.*
— 6 : *Sphaerellopsis fluviatilis.*
— 7 : *Heteromastix angulata.*
— 8 : *Mesostigma viride.*
— 9 : *Pteromonas angulosa.*
— 10 : *Lobomonas sp.*
— 11 : *Chlorogonium elongatum.*
— 12 : *Chlorogonium euchlorum.*
— 13 : *Gloeomonas ovalis.*

FIG. 14 : *Spermatozopsis exultans.*
— 15 : *Scherffelia dubia.*
— 16 : *Haematococcus pluvialis.*
— 17 : *Corone bohemica.*
— 18 : *Eudorina elegans.*
— 19 : *Volvox aureus.*
— 20 : *Volvox globator*, détail.
— 21 : *Volvox aureus*, détail.
— 22 : *Gonium sociale.*
— 23 : *Pandorina morum.*
— 24 : *Gonium pectorale.*
— 25 : *Spondylomorum quaternarium.*
— 26 : *Pyrobotrys koršikovii.*

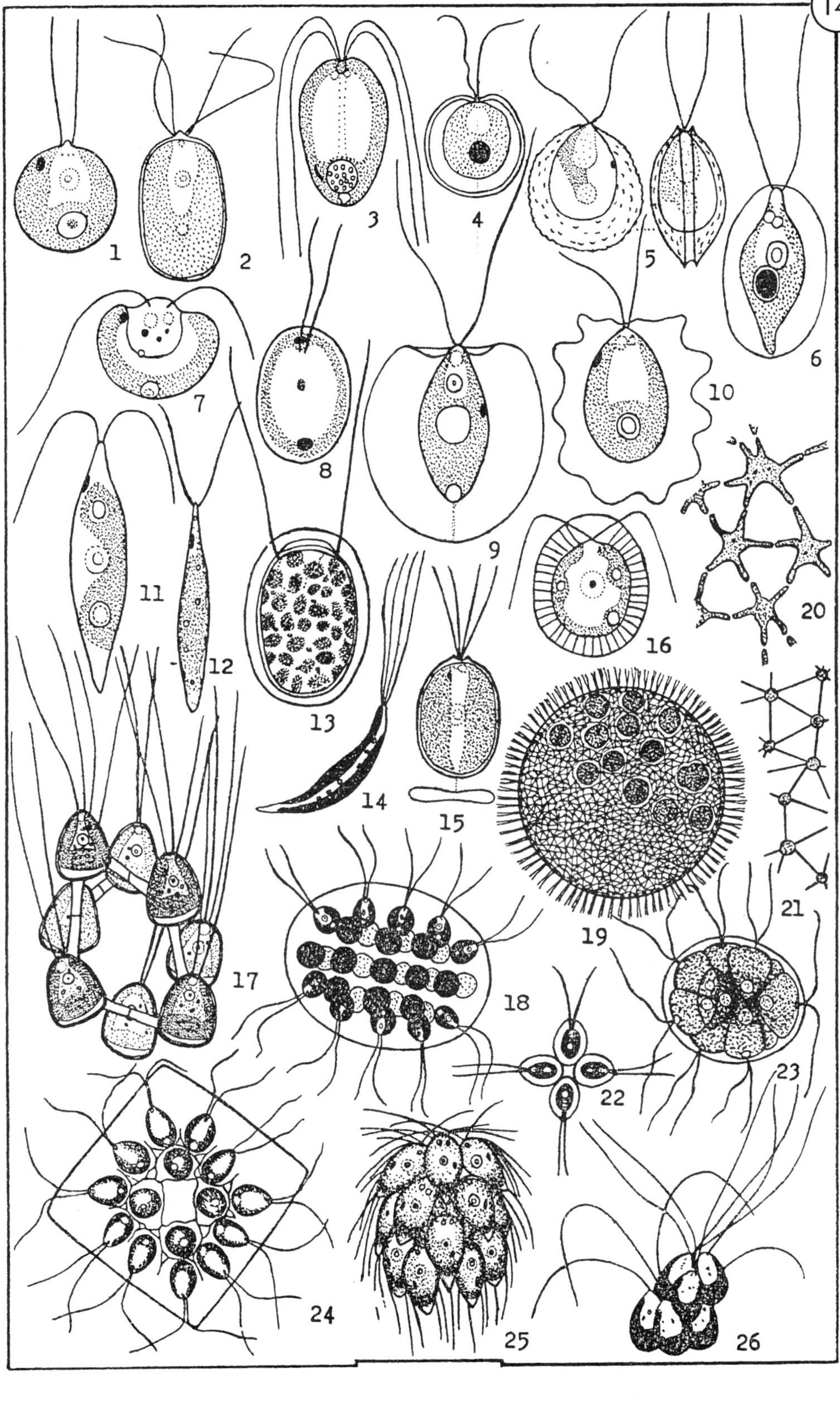
1
2
3
4
5
6
7
8
9
10
11
12
13
14
15
16
17
18
19
20
21
22
23
24
25
26

ANNEXE 15

FIG. 1 à 38 : **Chlorophyceæ.**

FIG. 1 : *Scenedesmus quadricauda.*
— 2 : *Scenedesmus obliquus.*
— 3 : *Scenedesmus acuminatus.*
— 4 : *Scenedesmus opoliensis.*
— 5 : *Scenedesmus dimorphus.*
— 6 : *Scenedesmus bijugatus.*
— 7 : *Scenedesmus denticulatus.*
— 8 : *Scenedesmus armatus.*
— 9 : *Scenedesmus acutiformis.*
— 10 : *Scenedesmus arcuatus.*
— 11 : *Scenedesmus abundans.*
— 12 : *Scenedesmus longus.*
— 13 : *Scenedesmus hystrix.*
— 14 : *Scenedesmus brasiliensis.*
— 15 : *Tetrastrum staurogeniaeforme.*
— 16 : *Pediastrum boryanum.*
— 17 : *Pediastrum duplex.*
— 18 : *Pediastrum biradiatum.*
— 19 : *Pediastrum tetras.*

FIG. 20 : *Pediastrum tetras v. tetraodon.*
— 21 : *Chlorella vulgaris.*
— 22 : *Chlorococcum humicolum.*
— 23 : *Dictyosphaerium pulchellum.*
— 24 : *Crucigenia rectangularis.*
— 25 : *Crucigenia fenestrata.*
— 26 : *Crucigenia tetrapedia.*
— 27 : *Crucigenia crucifera.*
— 28 : *Sorastrum spinulosum.*
— 29 : *Coelastrum microsporum.*
— 30 : *Kirchneriella lunaris.*
— 31 : *Selenastrum bibraianum.*
— 32 : *Ankistrodesmus falcatus.*
— 33 : *Characium gracilipes.*
— 34 : *Actinastrum hantzschii*
— 35 : *Tetraëdron regulare.*
— 36 : *Tetraëdron caudatum.*
— 37 : *Oocystis lacustris.*
— 38 : *Hydrodictyon reticulatum.*

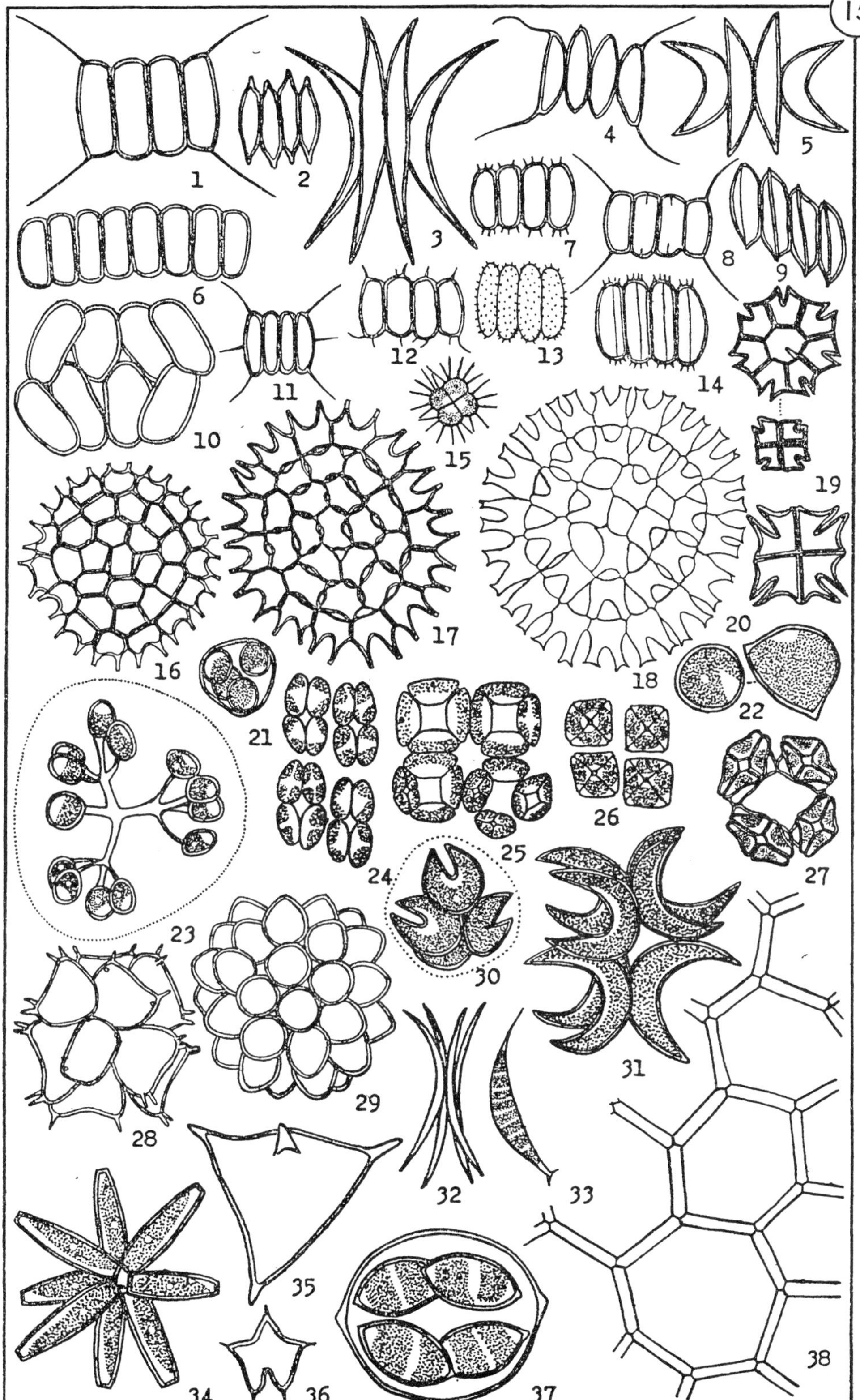
1
2
3
4
5
6
7
8
9
10
11
12
13
14
15
16
17
18
19
20
21
22
23
24
25
26
27
28
29
30
31
32
33
34
35
36
37
38

ANNEXE 16

FIG. 1 à 24 : **Chlorophyceæ.**

FIG. 1 : *Ulothrix zonata.*
— 2 : *Hormidium rivulare.*
— 3 : *Cylindrocapsa involuta.*
— 4 : *Geminella minor.*
— 5 : *Chaetophora elegans.*
— 6 : *Geminella interrupta.*
— 7 : *Draparnaldia glomerata.*
— 8 : *Stigeoclonium flagelliferum.*
— 9 : *Microspora amoena.*
— 10 : *Oedogonium capillare.*
— 11 : *Oedogonium crispum.*
— 12 : *Rhizoclonium hieroglyphicum.*

FIG. 13 : *Chaetonema irregulare.*
— 14 : *Ulothrix tenuissima.*
— 15 : *Ulothrix tenerrima.*
— 16 : *Bulbochaete nana.*
— 17 : *Microthamnion kützingianum.*
— 18 : *Bulbochaete intermedia.*
— 19 : *Pleurococcus viridis.*
— 20 : *Stigeoclonium sp.*
— 21 : *Microthamnion strictissimum.*
— 22 : *Coleochaete scutata.*
— 23 : *Gloeotila contorta.*
— 24 : *Cladophora glomerata.*

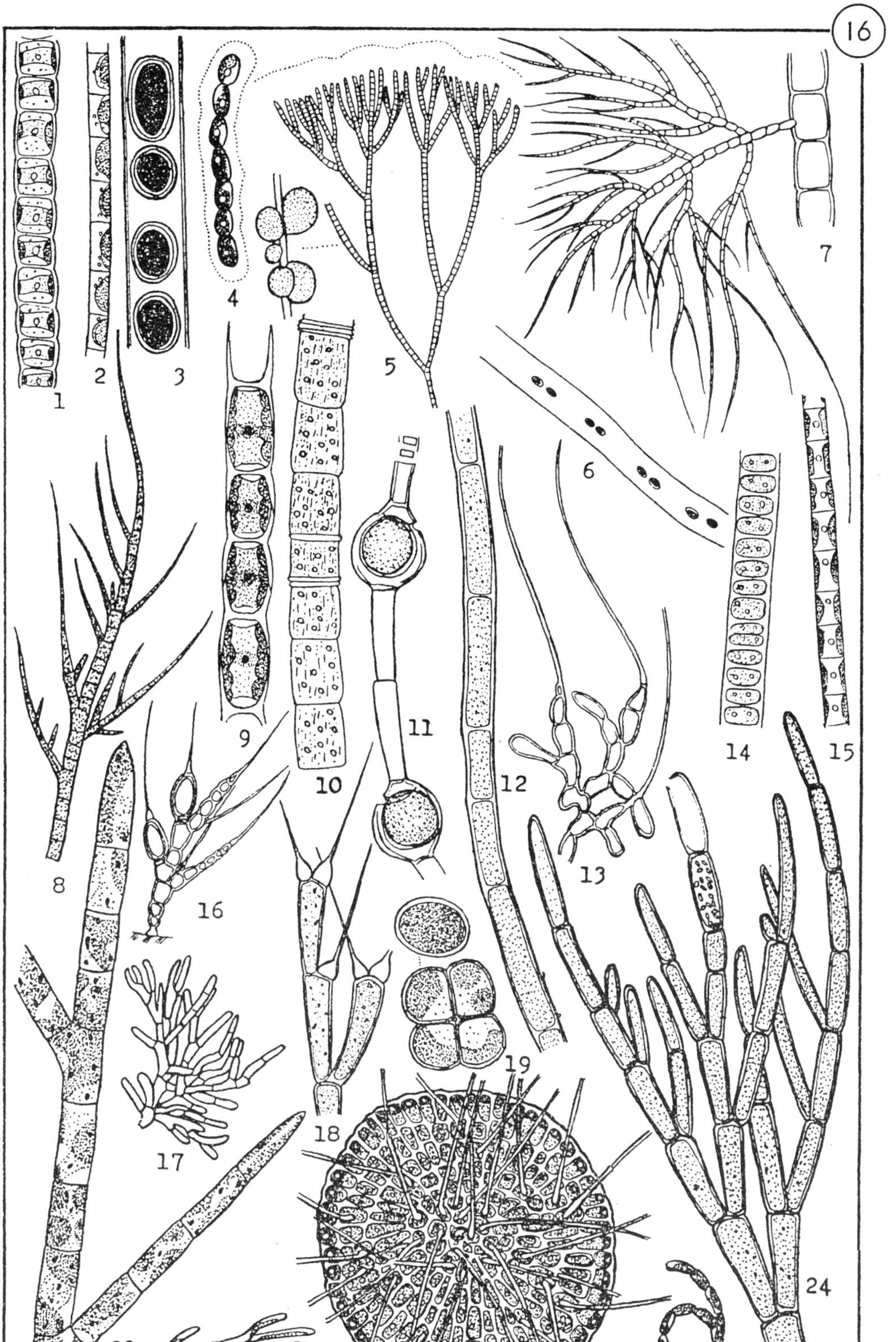
16
1
2
3
4
5
6
7
8
9
10
11
12
13
14
15
16
17
18
19
20
21
22
23
24

ANNEXE 17

FIG. 1 à 28 : **Chlorophyceæ.**

FIG. 1 : *Spirogyra quinina.*
— 2 : *Zygnema stellinum.*
— 3 : *Mougeotia genuflexa.*
— 4 : *Netrium digitus.*
— 5 : *Penium silvae-nigrae.*
— 6 : *Closterium navicula.*
— 7 : *Closterium parvulum.*
— 8 : *Closterium venus.*
— 9 : *Closterium cornu.*
— 10 : *Closterium ehrenbergii.*
— 11 : *Closterium moniliferum.*
— 12 : *Closterium acerosum.*
— 13 : *Closterium strigosum.*
— 14 : *Closterium aciculare.*

FIG. 15 : *Tetmemorus laevis.*
— 16 : *Euastrum denticulatum.*
— 17 : *Euastrum truncatum.*
— 18 : *Euastrum insigne.*
— 19 : *Euastrum elegans.*
— 20 : *Euastrum verrucosum.*
— 21 : *Cosmarium turpini.*
— 22 : *Cosmarium formosulum.*
— 23 : *Desmidium swartzii.*
— 24 : *Staurastrum commutatum.*
— 25 : *Micrasterias radiata.*
— 26 : *Micrasterias rotata.*
— 27 : *Micrasterias crux-melitensis.*
— 28 : *Pleurotaenium trabecula.*

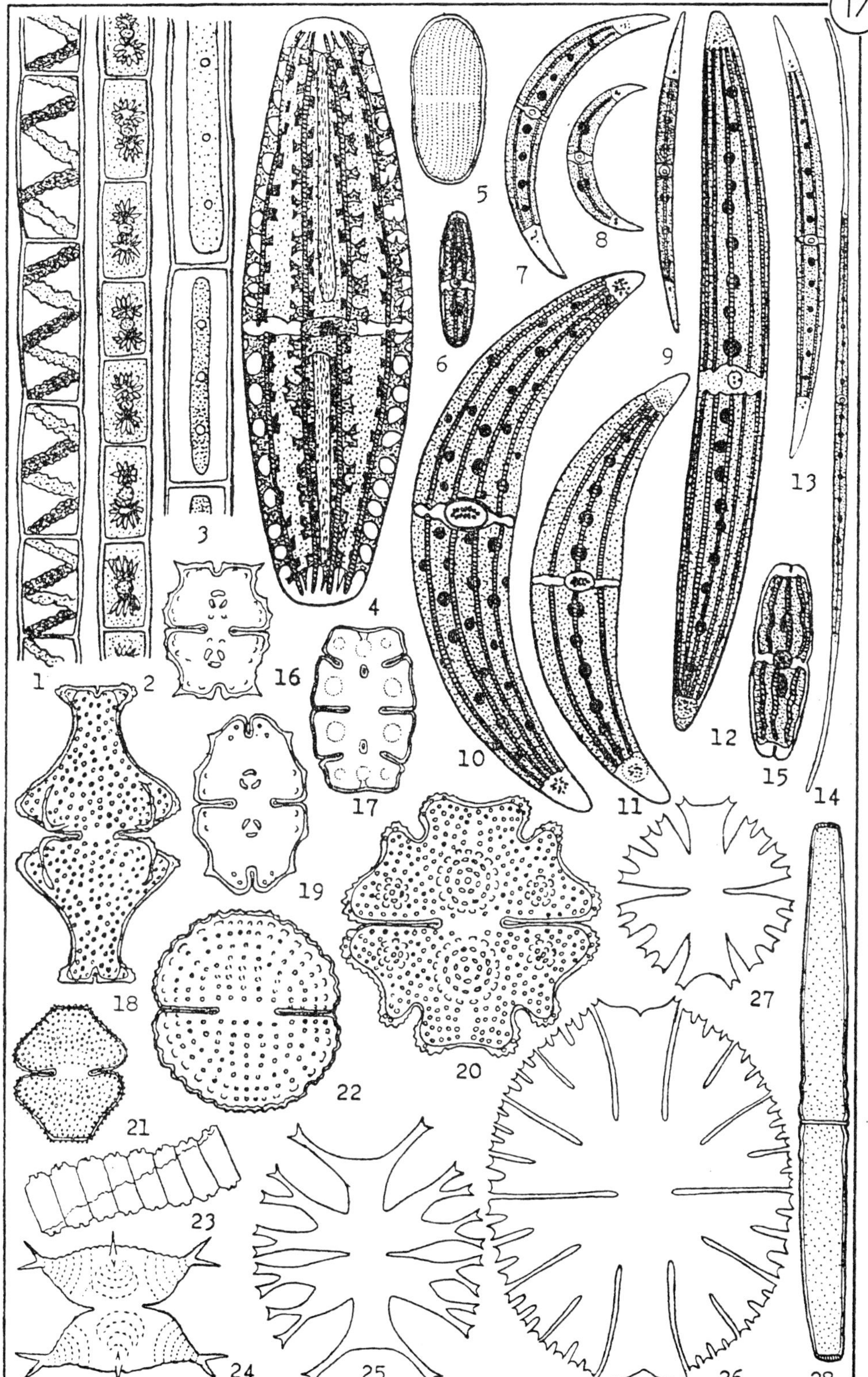
1
2
3
4
5
6
7
8
9
10
11
12
13
14
15
16
17
18
19
20
21
22
23
24
25
26
27
28

ANNEXE 18

FIG. 1 : **Pheophyceæ;** FIG. 2 à 10 : **Rhodophyceæ;** FIG. 11 et 12 : **Charophyceæ.**

FIG. 1 : *Lithoderma fontanum.*
— 2 : *Lemanea fucina.*
— 3 : *Lemanea fluviatilis.*
— 4 : *Lemanea annulata.*
— 5 : *Lemanea nodosa.*
— 6 : *Lemanea catenata.*

FIG. 7 : *Chantransia chalybaea.*
— 8 : *Thorea ramosissima.*
— 9 : *Hildenbrandia rivularis.*
— 10 : *Batrachospermum moniliforme.*
— 11 : *Chara sp.*
— 12 : *Nitella gracilis.*

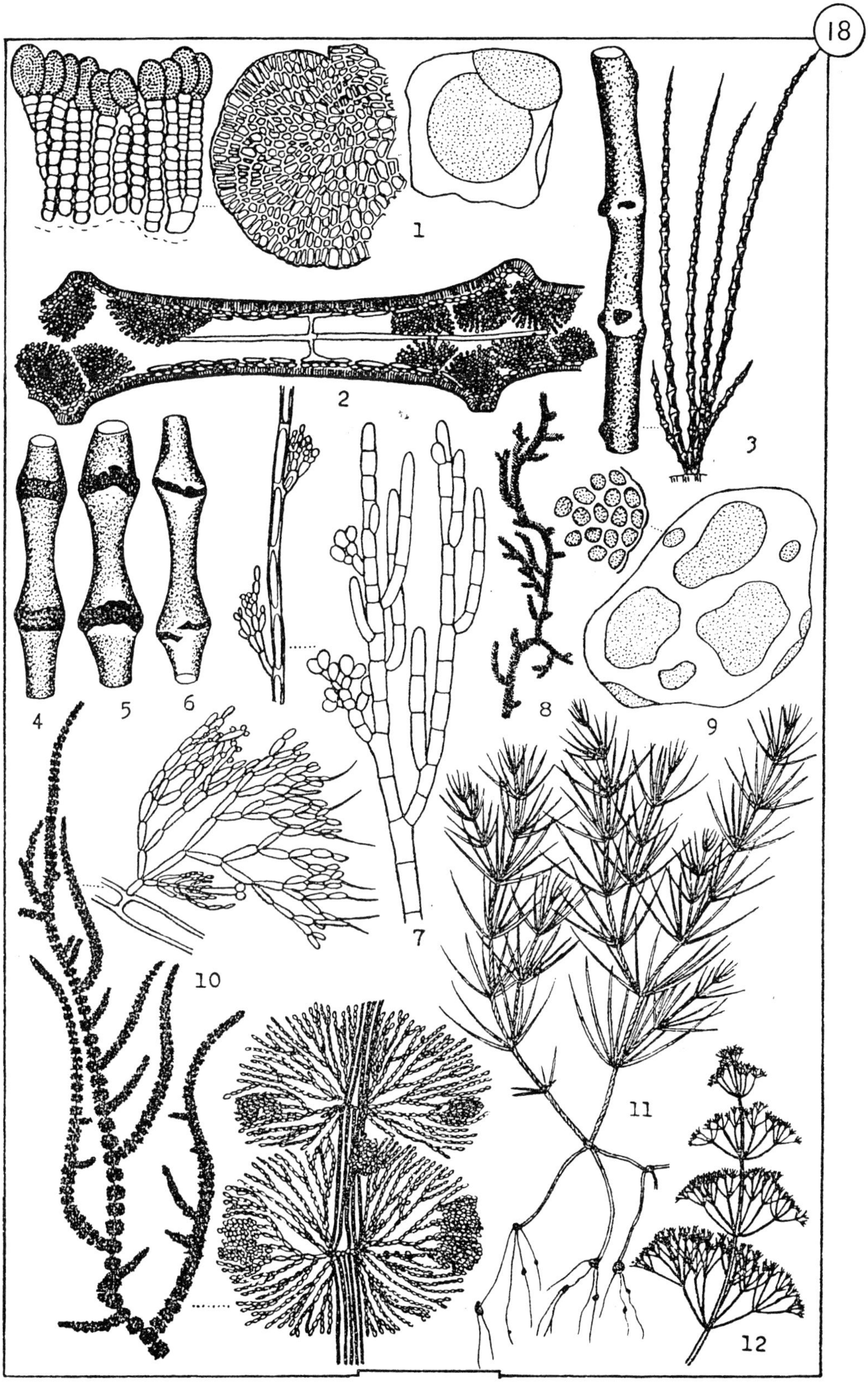
18
1
2
3
4
5
6
7
8
9
10
11
12

ANNEXE 19

FIG. 1 à 12 : **Champignons;** FIG. 13 à 19 : **Bryophytes.**

FIG. 1 : *Mucor mucedo.*
— 2 : *Eurotium (Penicillium) glaucum.*
— 3 : *Penicillium sp.*
— 4 : *Candida.*
— 5 : *Rhizopus nigricans.*
— 6 : *Saccharomyces cerevisiae.*
— 7 : *Leptomitus lacteus.*
— 8 : *Fusarium aquaductum.*
— 9 : *Clathrosphaera spirifera.*
— 10 : *Lemoniera aquatica.*

FIG. 11 : *Clavariopsis aquatica.*
— 12 : *Tetracladium marchalianum.*
— 13 : *Fontinalis antipyretica.*
— 14 : *Drepanocladus aduncus.*
— 15 : *Sphagnum sp.*
— 16 : *Sphagnum sp., détail.*
— 17 : *Riccia fluitans.*
— 18 : *Riccia glauca.*
— 19 : *Marchantia polymorpha.*

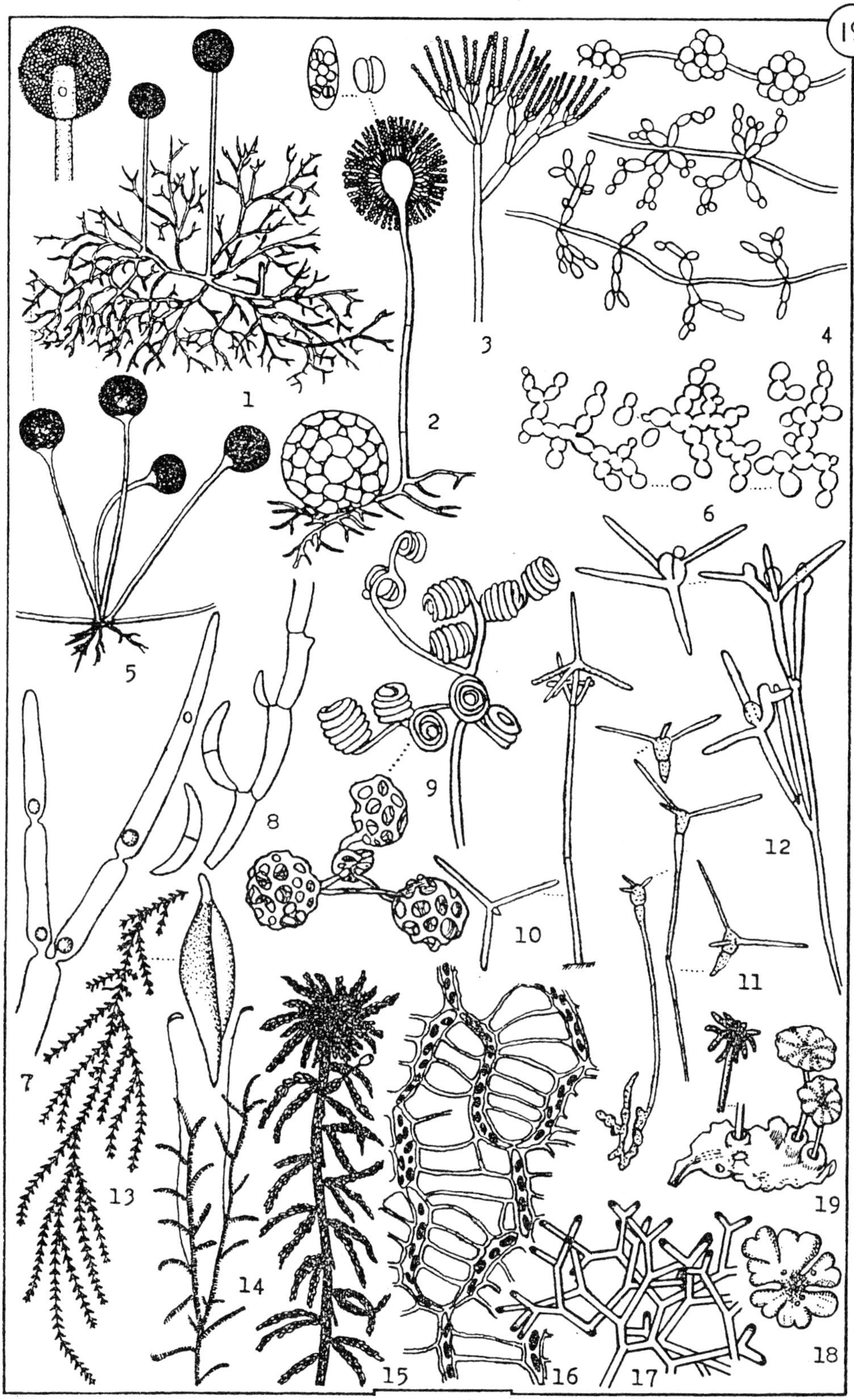
1
2
3
4
5
6
7
8
9
10
11
12
13
14
15
16
17
18
19

ANNEXE 20

FIG. 1 à 18 : **Spermatophytes.**

FIG. 1 : *Myriophyllum spicatum.*
— 2 : *Ceratophyllum demersum.*
— 3 : *Potamogeton gramineus.*
— 4 : *Potamogeton lucens.*
— 5 : *Potamogeton crispus.*
— 6 : *Potamogeton perfoliatus.*
— 7 : *Utricularia vulgaris.*
— 8 : *Bidens tripartitus.*
— 9 : *Typha latifolia.*

FIG. 10 : *Spirodela polyrrhiza.*
— 11 : *Parnassia palustris.*
— 12 : *Elodea canadensis.*
— 13 : *Lemna gibba.*
— 14 : *Polygonum amphibium.*
— 15 : *Drosera rotundifolia.*
— 16 : *Lemna minor.*
— 17 : *Hydrocharis morsus ranae.*
— 18 : *Sagittaria sagittifolia.*

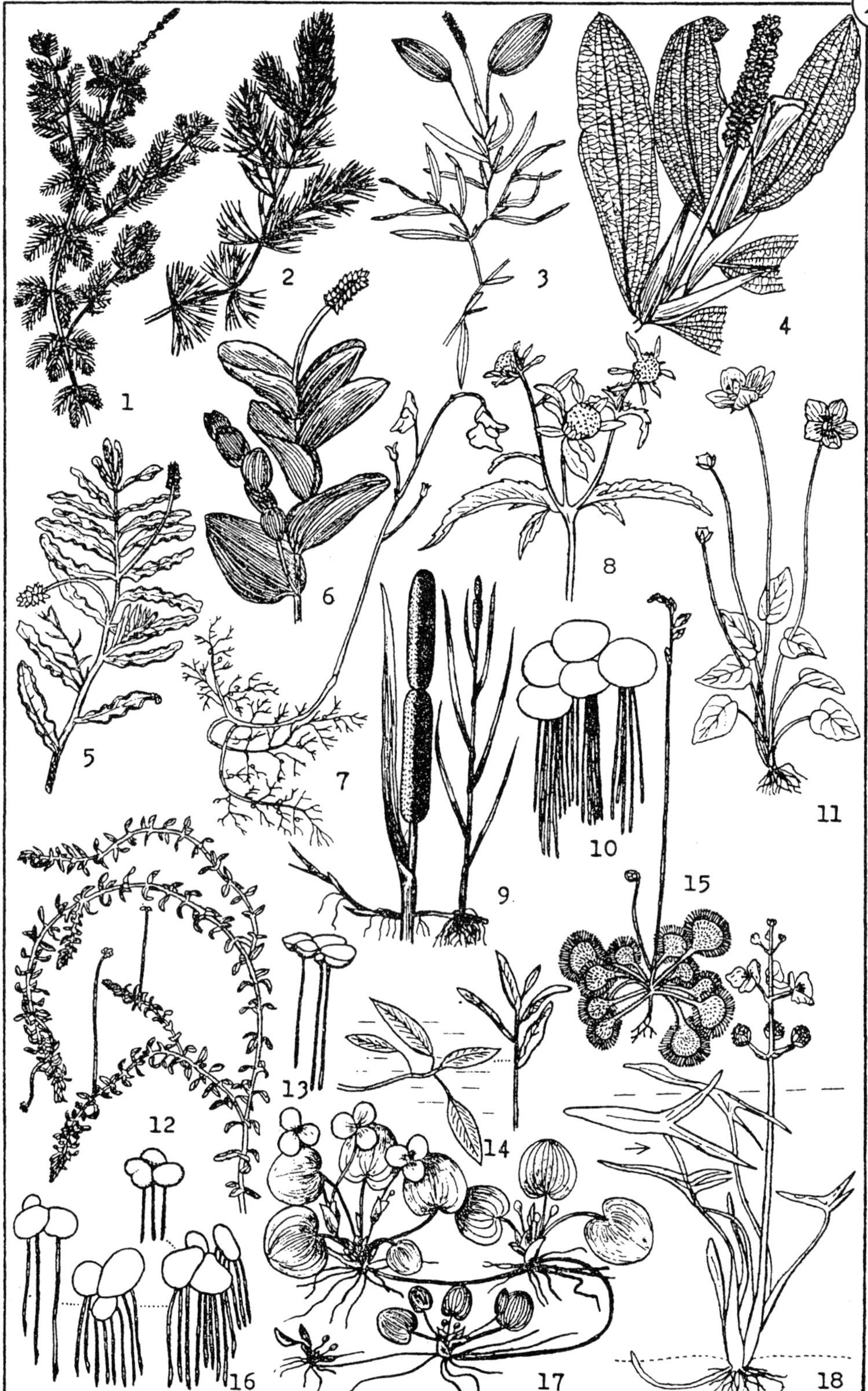
1
2
3
4
5
6
7
8
9
10
11
12
13
14
15
16
17
18

ANNEXE 21

FIG. 1 à 47 : **Flagellés.**

FIG. 1 : *Oicomonas socialis.*
— 2 : *Oicomonas termo.*
— 3 : *Monas vulgaris.*
— 4 : *Monas elongata.*
— 5 : *Anthophysa vegetans.*
— 6 : *Rhipidodendron splendidum.*
— 7 : *Cercobodo longicauda.*
— 8 : *Cercobodo agilis.*
— 9 : *Bicosoeca mitra.*
— 10 : *Diplosigopsis entzii.*
— 11 : *Codonosiga botrytis.*
— 12 : *Diplosiga socialis.*
— 13 : *Salpingoeca amphoridium.*
— 14 : *Monosiga ovata.*
— 15 : *Sphaeroeca volvox.*
— 16 : *Astroziga radiata.*
— 17 : *Desmarella moniliformis.*
— 18 : *Bodo mutabilis.*
— 19 : *Bodo globosus.*
— 20 : *Tetramitus descissus.*
— 21 : *Tetramitus pyriformis.*
— 22 : *Trepomonas agilis.*
— 23 : *Trepomonas rotans.*
— 24 : *Trepomonas steinii.*

FIG. 25 : *Hexamitus inflatus.*
— 26 : *Hexamitus fusiformis.*
— 27 : *Trigonomonas compressa.*
— 28 : *Mastigamoeba gigantea.*
— 29 : *Musticilia lacustris.*
— 30 : *Mastigella radicula.*
— 31 : *Furcilla lobosa.*
— 32 : *Collodictyon tricilliatum.*
— 33 : *Polytoma uvella.*
— 34 : *Polytomella caeca.*
— 35 : *Chilomonas paramecium.*
— 36 : *Astasia klebsii.*
— 37 : *Peranema trichophorum.*
— 38 : *Menoidium falcatum.*
— 39 : *Anisonema ovale.*
— 40 : *Menoidium pellucidum.*
— 41 : *Anisonema acinus.*
— 42 : *Urceolus cyclostomus.*
— 43 : *Distigma proteus.*
— 44 : *Petalomonas mira.*
— 45 : *Notosolenus apocamptus.*
— 46 : *Heteronema acus.*
— 47 : *Distigma curvata.*

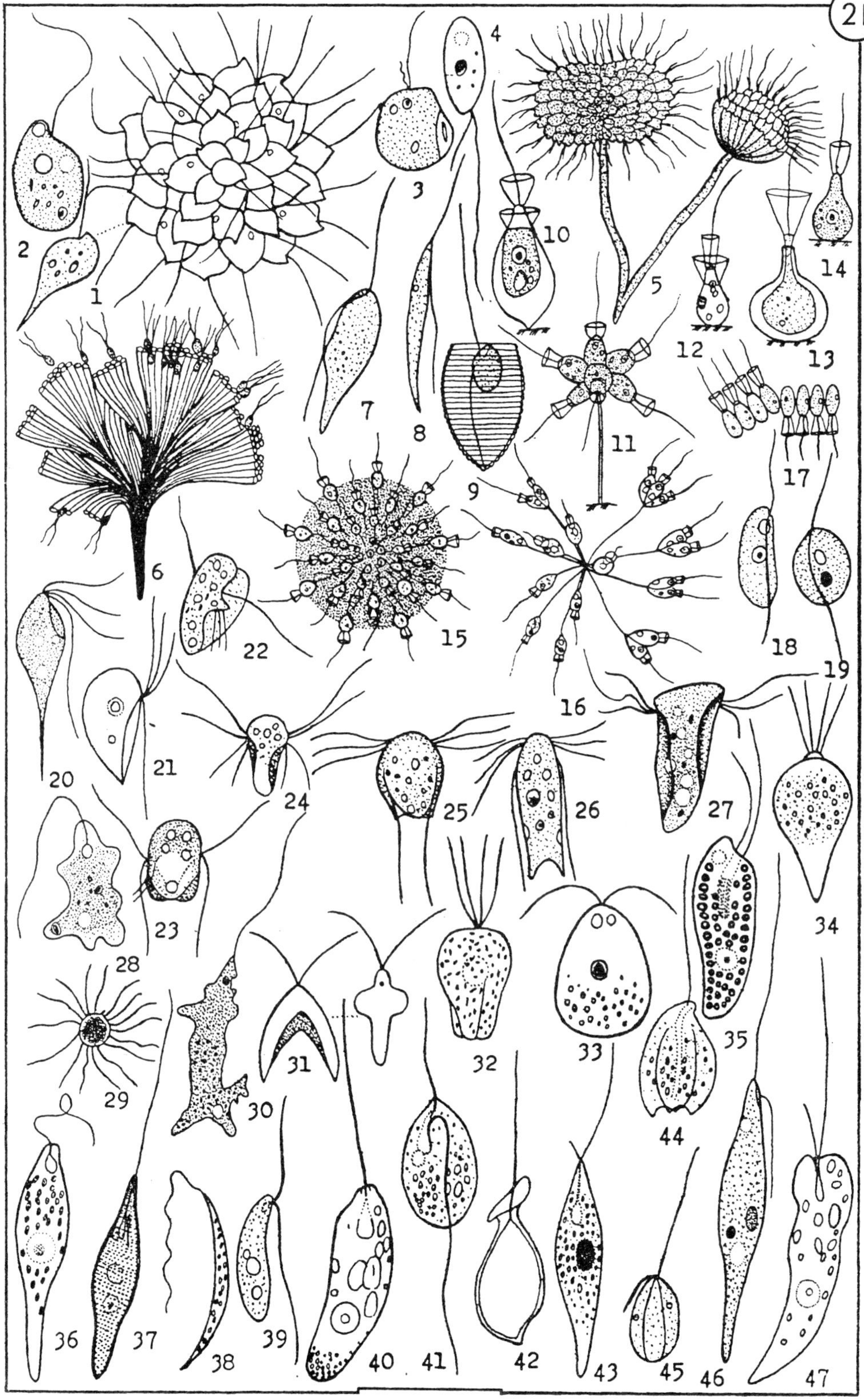
1
2
3
4
5
6
7
8
9
10
11
12
13
14
15
16
17
18
19
20
21
22
23
24
25
26
27
28
29
30
31
32
33
34
35
36
37
38
39
40
41
42
43
44
45
46
47

ANNEXE 22

Fig. 1 à 30 : **Rhizopodes;** Fig. 31 à 34 : **Héliozoaires.**

Fig. 1 : *Amoeba proteus.*
— 2 : *Amoeba guttula.*
— 3 : *Amoeba verrucosa.*
— 4 : *Dactylosphaerium radiosum.*
— 5 : *Vahlkampfia limax.*
— 6 : *Pelomyxa palustris.*
— 7 : *Vampyrella pendula.*
— 8 : *Hyalodiscus rubicundus.*
— 9 : *Cochliopodium bilimbosum.*
— 10 : *Arcella vulgaris.*
— 11 : *Arcella dentata.*
— 12 : *Arcella hemisphaerica.*
— 13 : *Difflugia oblonga.*
— 14 : *Difflugia limnetica.*
— 15 : *Difflugia bacillifera.*
— 16 : *Difflugia corona.*
— 17 : *Centropyxis aculeata.*

Fig. 18 : *Quadrulella symmetrica.*
— 19 : *Lecquereusia spiralis.*
— 20 : *Euglypha ciliata.*
— 21 : *Trinema enchelys.*
— 22 : *Chlamydophrys stercorea.*
— 23 : *Nebela collaris.*
— 24 : *Diplophrys archeri.*
— 25 : *Paulinella chromatophora.*
— 26 : *Pamphagus mutabilis.*
— 27 : *Cryptodifflugia compressa.*
— 28 : *Cryptodifflugia oviformis.*
— 29 : *Gromia fluviatilis.*
— 30 : *Gromia brunneri.*
— 31 : *Actinosphaerium eichorni.*
— 32 : *Actinophrys sol.*
— 33 : *Acanthocystis turfacea.*
— 34 : *Clathrulina elegans.*

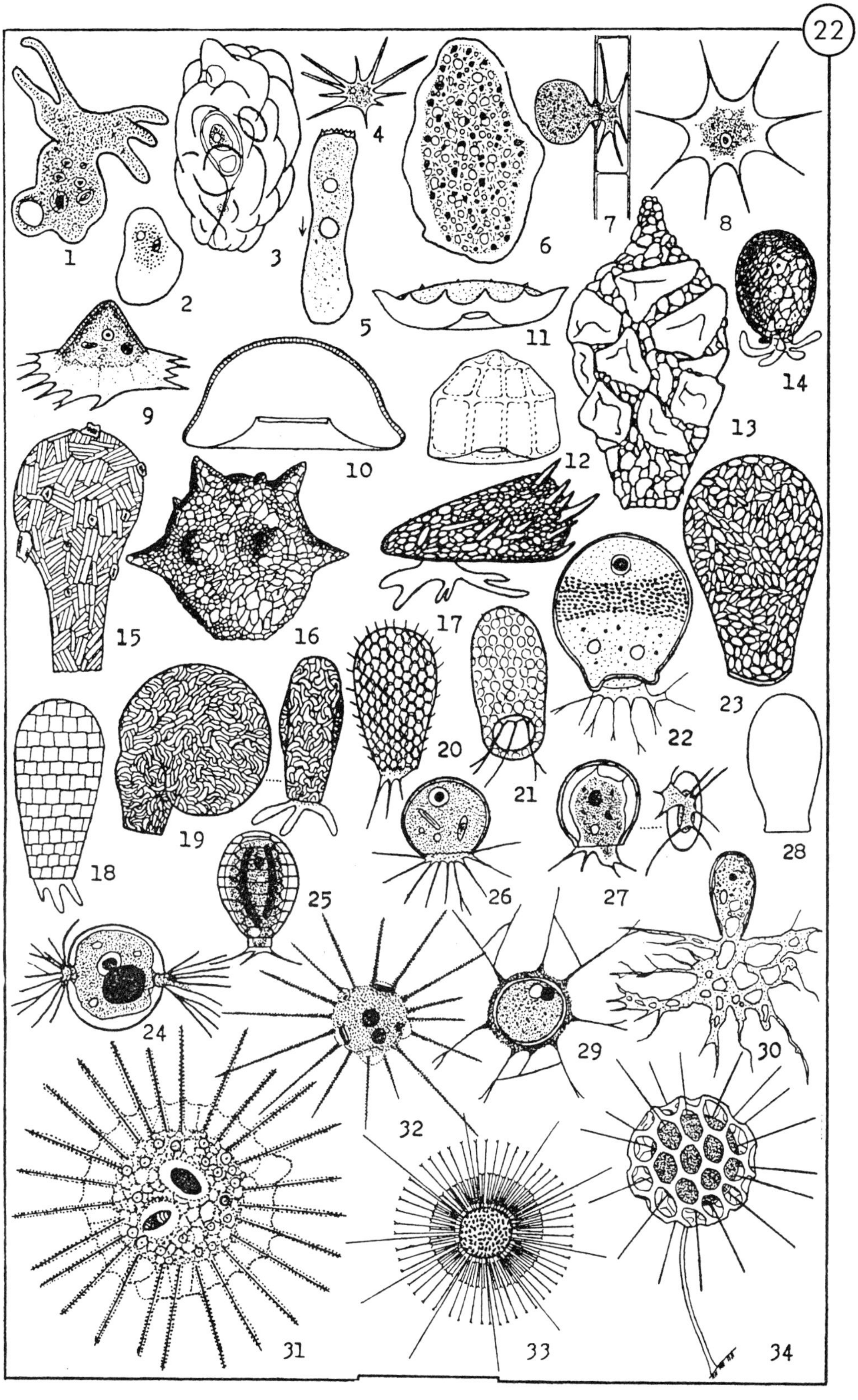
22
1
2
3
4
5
6
7
8
9
10
11
12
13
14
15
16
17
18
19
20
21
22
23
24
25
26
27
28
29
30
31
32
33
34

ANNEXE 23

Fig. 1 à 33 : **Ciliés.**

Fig. 1 . *Holophrya nigricans.*
— 2 : *Prorodon teres.*
— 3 : *Lacrymaria olor.*
— 4 : *Urotrichia farcta.*
— 5 : *Spathidium depressum.*
— 6 : *Coleps hirtus.*
— 7 : *Didinium nasutum.*
— 8 : *Amphileptus claparedei.*
— 9 : *Lacrymaria pupula.*
— 10 : *Loxodes rostrum.*
— 11 : *Lionotus lamella.*
— 12 : *Lionotus fasciola.*
— 13 : *Hemiophrys procera.*
— 14 : *Acineria incurvata.*
— 15 : *Trichopelma sphagnetorum.*
— 16 : *Loxophyllum helus.*
— 17 : *Dileptus anser.*

Fig. 18 : *Paradileptus elephantinus.*
— 19 : *Trachelius ovum.*
— 20 : *Nassula gracilis.*
— 21 : *Chilodonella uncinata.*
— 22 : *Chilodonella cucullulus*
— 23 : *Phascolodon vorticella.*
— 24 : *Tillina magna.*
— 25 : *Cinetochilum margaritaceum.*
— 26 : *Colpidium campylum.*
— 27 : *Colpidium colpoda.*
— 28 : *Cyclidium elongatum.*
— 29 : *Glaucoma scintillans.*
— 30 : *Tetrahymena pyriformis.*
— 31 : *Colpoda cucullus.*
— 32 : *Paramecium putrinum.*
— 33 : *Paramecium caudatum.*

23

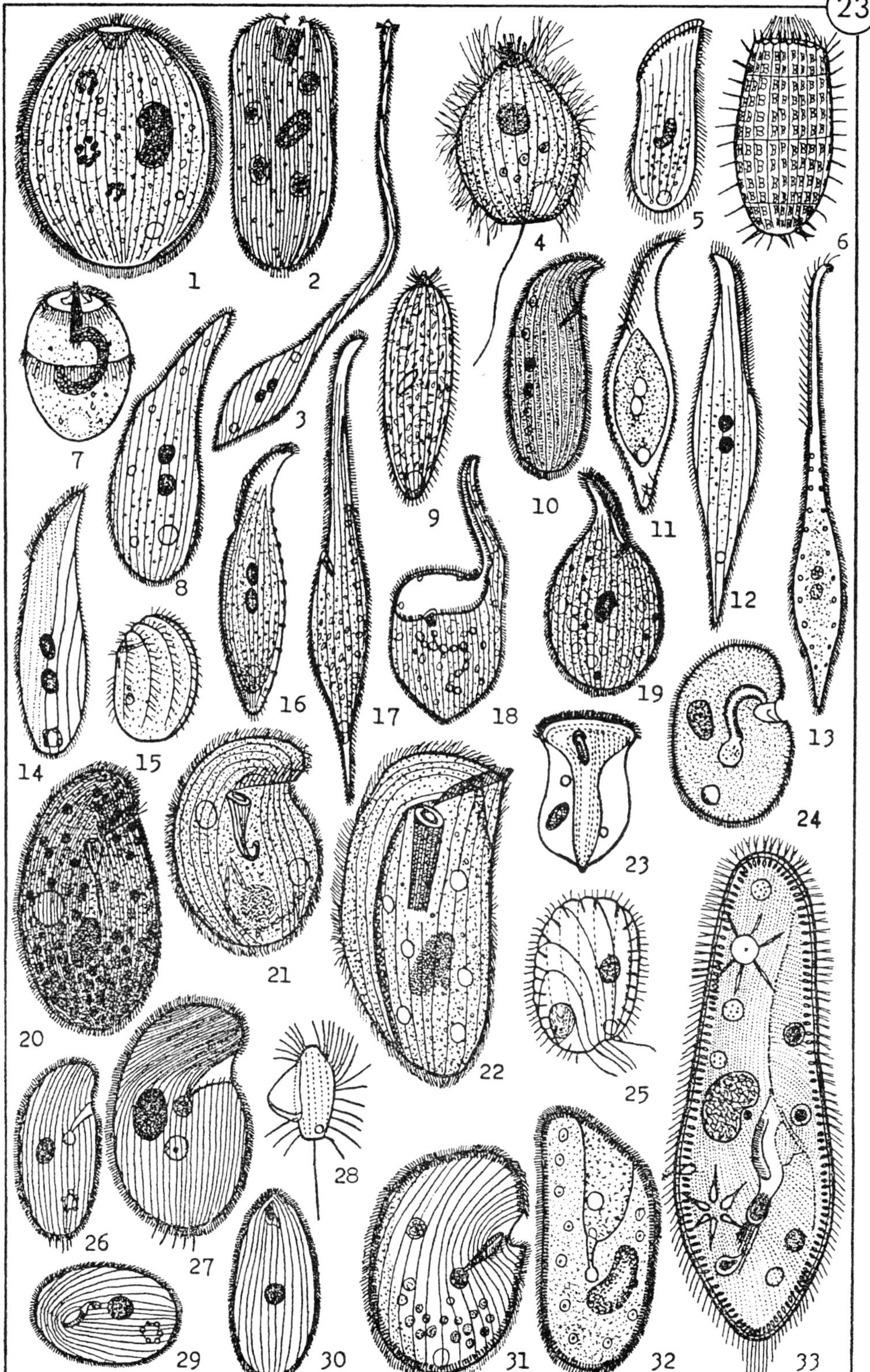
1
2
3
4
5
6
7
8
9
10
11
12
13
14
15
16
17
18
19
20
21
22
23
24
25
26
27
28
29
30
31
32
33

ANNEXE 24

FIG. 1 à 31 : **Ciliés.**

FIG. 1 : *Metopus es.*
— 2 : *Stentor polymorphus.*
— 3 : *Bursaria truncatella.*
— 4 : *Codonella cratera.*
— 5 : *Tintinnidium fluviatile.*
— 6 : *Strombilidium gyrans.*
— 7 : *Strombidinopsis gyrans.*
— 8 : *Halteria grandinella.*
— 9 : *Spirostomum ambiguum.*
— 10 : *Epalxella bidens.*
— 11 : *Oxytricha fallax.*
— 12 : *Pleurotricha grandis.*
— 13 : *Stylonychia mytilus.*
— 14 : *Euplotes patella.*
— 15 : *Tachysoma pellionella.*
— 16 : *Urostyla viridis.*

FIG. 17 : *Aspidisca lynceus.*
— 18 : *Aspidisca turrita.*
— 19 : *Aspidisca sulcata.*
— 20 : *Aspidisca costata.*
— 21 : *Vorticella microstoma.*
— 22 : *Vorticella campanulata.*
— 23 : *Carchesium polypinum.*
— 24 : *Cothurnia annulata.*
— 25 : *Epistylis digitalis.*
— 26 : *Campanella umbellaria.*
— 27 : *Astylozoon fallax.*
— 28 : *Opercularia coarctata.*
— 29 : *Staurophrya elegans.*
— 30 : *Sphaerophrya magna.*
— 31 : *Podophrya fixa.*

24

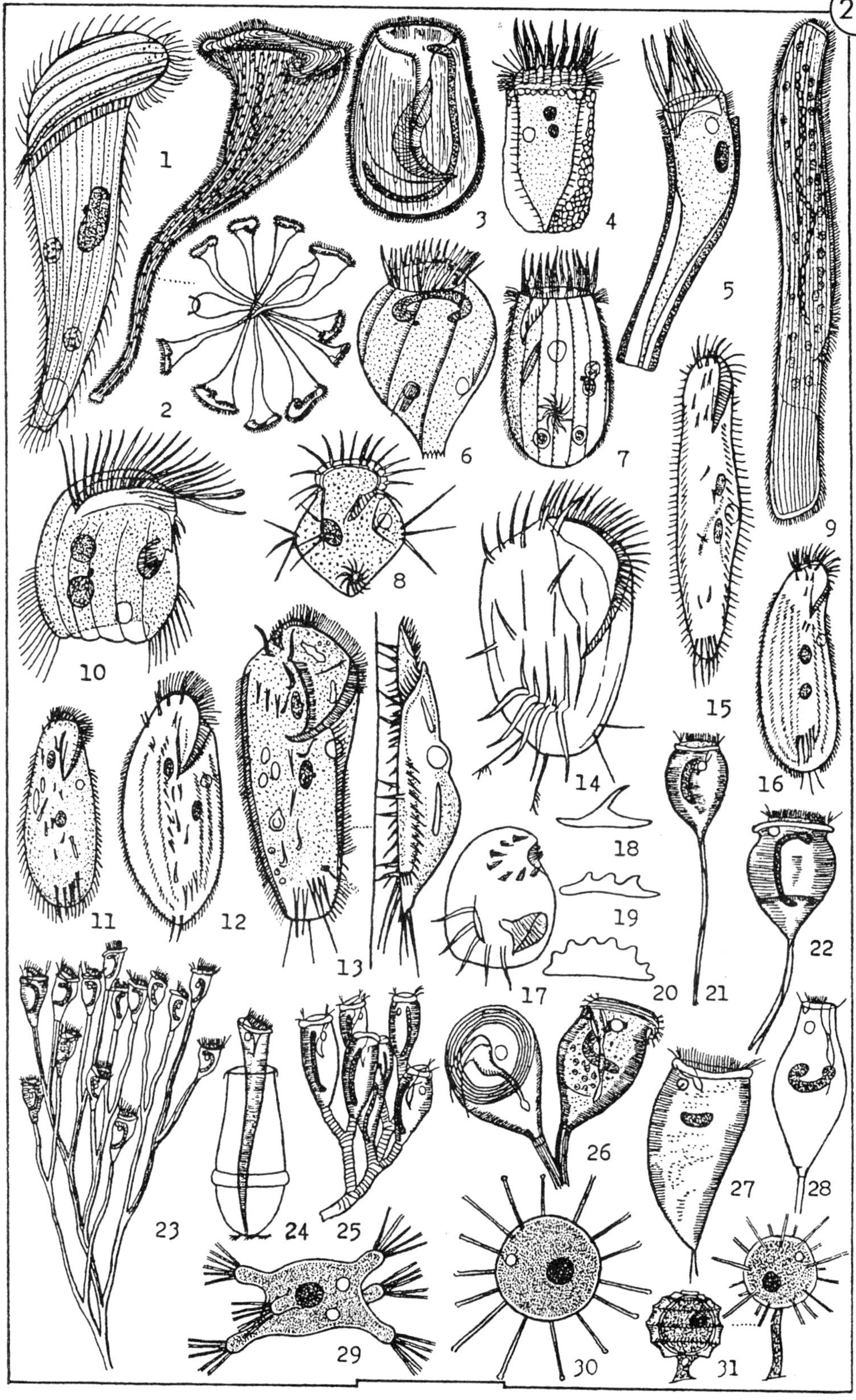
1
2
3
4
5
6
7
8
9
10
11
12
13
14
15
16
17
18
19
20
21
22
23
24
25
26
27
28
29
30
31

ANNEXE 25

Fig. 1 à 5 : **Spongiaires**; Fig. 6 à 10 : **Cnidaires**; Fig. 11 à 31 : **Vers**; Fig. 32 à 35 : **Mollusques**; Fig. 36 : **Hydracariens.**

Fig. 1 : *Ephydatia fluviatilis.*
— 2 : *Spongilla lacustris.*
— 3 : *Spongilla lacustris*, spicules.
— 4 : *Spongilla lacustris*, gemmule.
— 5 : *Ephydatia fluviatilis*, amphidisques.
— 6 : *Hydra vulgaris.*
— 7 : *Hydra sp.*
— 8 : *Hydra attenuata*, nématocyste.
— 9 : *Pelmatohydra oligactis.*
— 10 : *Craspedacusta sowerbyi.*
— 11 : *Crenobia alpina.*
— 12 : *Dugesia gonocephala.*
— 13 : *Planaria torva.*
— 14 : *Polycelis cornuta.*
— 15 : *Polycelis nigra.*
— 16 : *Dugesia lugubris.*
— 17 : *Planaria polychroa.*
— 18 : *Dendrocoelum lacteum.*

Fig. 19 : *Cercaire* (larve de Trématode).
— 20 : *Rhabdolaimus aquaticus.*
— 21 : *Tubifex tubifex.*
— 22 : *Chaetogaster limnaei.*
— 23 : *Aelosoma tenebrarum.*
— 24 : *Stylaria lacustris.*
— 25 : *Chaetonotus maximus.*
— 26 : *Piscicola geometra.*
— 27 : *Cristatella mucedo.*
— 28 : *Plumatella repens.*
— 29 : *Paludicella articulata.*
— 30 : *Plumatella sp.*, statoblaste.
— 31 : *Cristatella mucedo*, statoblaste.
— 32 : *Ancylus fluviatilis.*
— 33 : *Limnaea stagnalis.*
— 34 : *Vivipara vivipara.*
— 35 : *Planorbis corneus.*
— 36 : *Eylais meridionalis.*

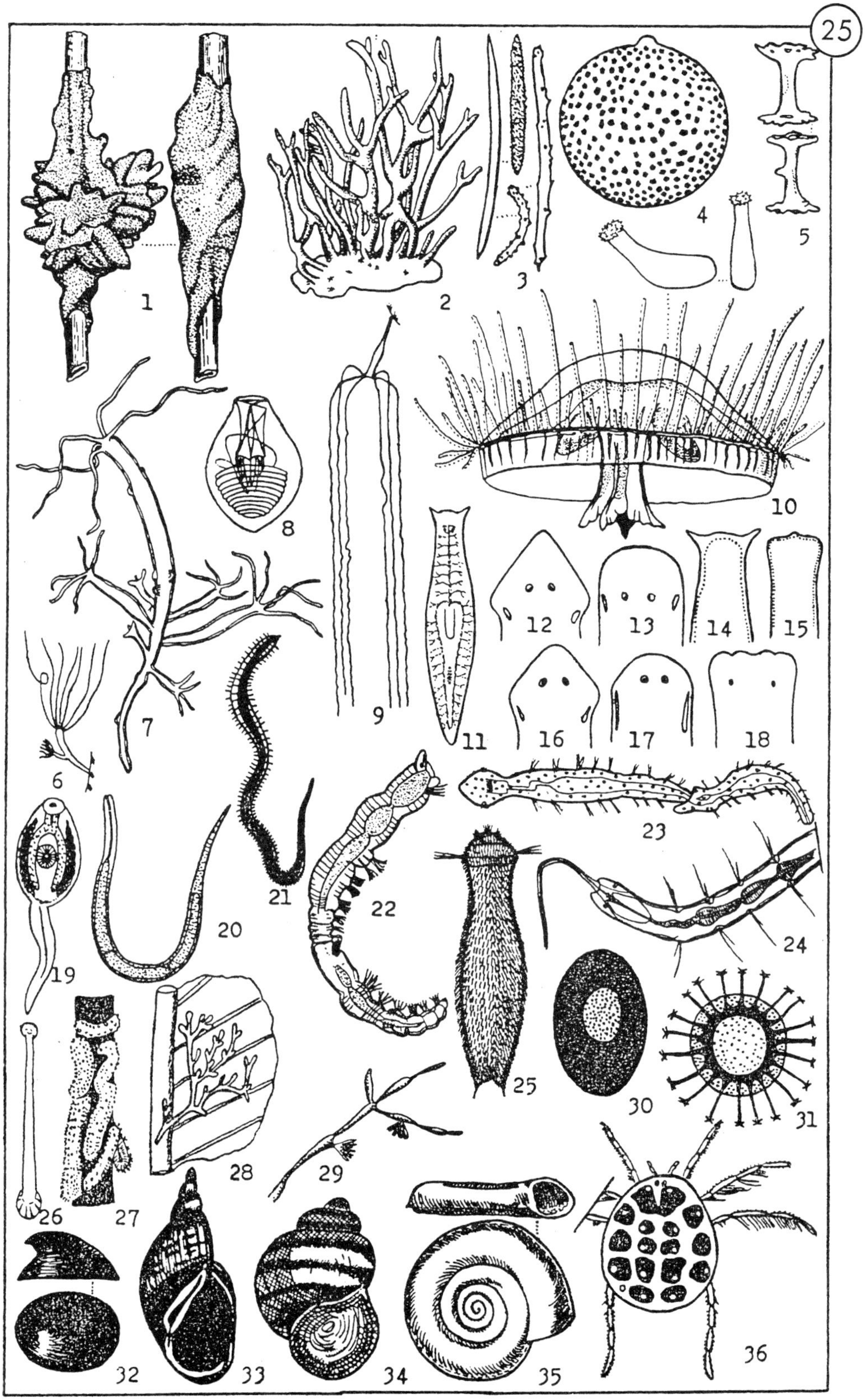
25
1
2
3
4
5
6
7
8
9
10
11
12
13
14
15
16
17
18
19
20
21
22
23
24
25
26
27
28
29
30
31
32
33
34
35
36

ANNEXE 26

FIG. 1 à 34 : **Rotifères.**

FIG. 1 : *Asplanchna priodonta.*
— 2 : *Polyarthra vulgaris.*
— 3 : *Trichocerca capucina.*
— 4 : *Synchaeta kitina.*
— 5 : *Conochilus unicornis.*
— 6 : *Rotaria citrina.*
— 7 : *Brachionus urceolaris.*
— 8 : *Brachionus angularis.*
— 9 : *Brachionus angularis v. bidens.*
— 10 : *Notholca squamula.*
— 11 : *Keratella aculeata.*
— 12 : *Keratella cochlearis.*
— 13 : *Monostyla lunaris.*
— 14 : *Lecane luna.*
— 15 : *Colurella bicuspidata.*
— 16 : *Hexarthra mira.*
— 17 : *Testudinella patina.*
FIG. 18 : *Filinia longiseta.*
— 19 : *Trichotria intermedia.*
— 20 : *Kellicottia longispina.*
— 21 : *Mytilina spinigera.*
— 22 : *Floscularia ringens.*
— 23 : *Cephalodella gibba.*
— 24 : *Pompholyx sulcata.*
— 25 : *Euchlanis dilatata.*
— 26 : *Conochiloides dossuarius.*
— 27 : *Lepadella patella.*
— 28 : *Anuraeopsis fissa.*
— 29 : *Ascomorpha ecaudis.*
— 30 : *Platyias militaris.*
— 31 : *Monommata longiseta.*
— 32 : *Encentrum velox.*
— 33 : *Brachionus forficula.*
— 34 : *Ploesoma hudsoni.*

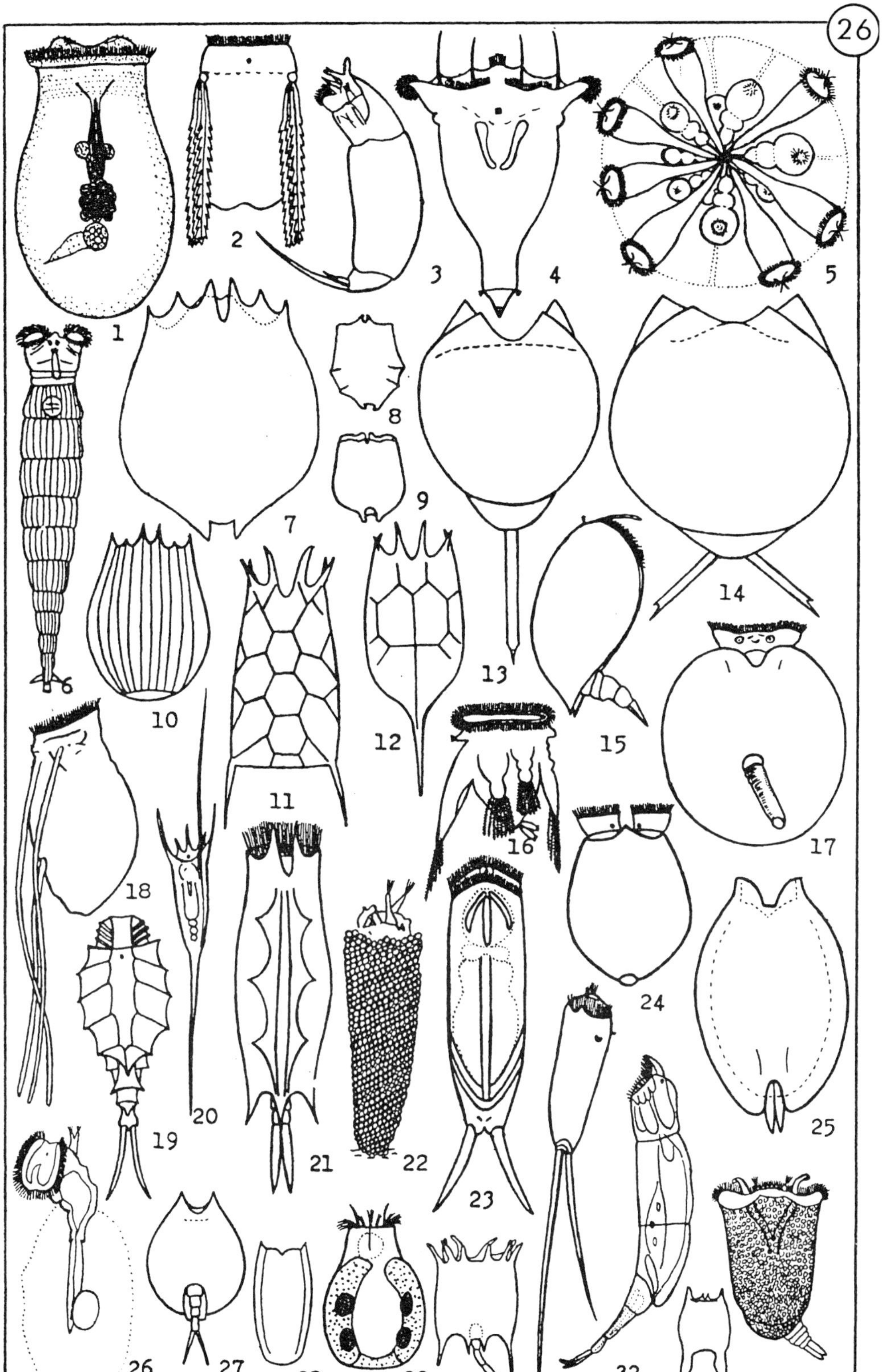
26
1
2
3
4
5
6
7
8
9
10
11
12
13
14
15
16
17
18
19
20
21
22
23
24
25
26
27
28
29
30
31
32
33
34

ANNEXE 27

FIG. 1 à 32 : **Crustacés.**

FIG. 1 : *Apus cancriformis.*
— 2 : *Branchipus stagnalis.*
— 3 : *Cyzicus tetracerus.*
— 4 : *Diaphanosoma brachyurum.*
— 5 : *Daphnia magna.*
— 6 : *Daphnia longispina.*
— 7 : *Daphnia cucullata.*
— 8 : *Ceriodaphnia pulchella.*
— 9 : *Moina rectirostris.*
— 10 : *Scapholeberis mucronata.*
— 11 : *Simocephalus vetulus.*
— 12 : *Daphnia sp.*, ephippium.
— 13 : *Pleuroxus uncinatus.*
— 14 : *Bosmina longirostris.*
— 15 : *Alona quadrangularis.*
— 16 : *Chydorus sphaericus.*

FIG. 17 : *Leptodora kindtii.*
— 18 : *Polyphemus pediculus.*
— 19 : *Cypria ophthalmica.*
— 20 : *Notodromas monacha.*
— 21 : *Diaptomus sp.*,
— 22 : *Cyclops strenuus*, metanauplius.
— 23 : *Cyclops strenuus*, P_5.
— 24 : *Cyclops sp.*
— 25 : *Bryocamptus pygmaeus.*
— 26 : *Astacus fluviatilis*, P_1.
— 27 : *Astacus leptodactylus*, P_1.
— 28 : *Macrocyclops albidus*, P_5.
— 29 : *Argulus foliaceus.*
— 30 : *Asellus aquaticus.*
— 31 : *Gammarus pulex.*
— 32 : *Niphargus aquilex.*

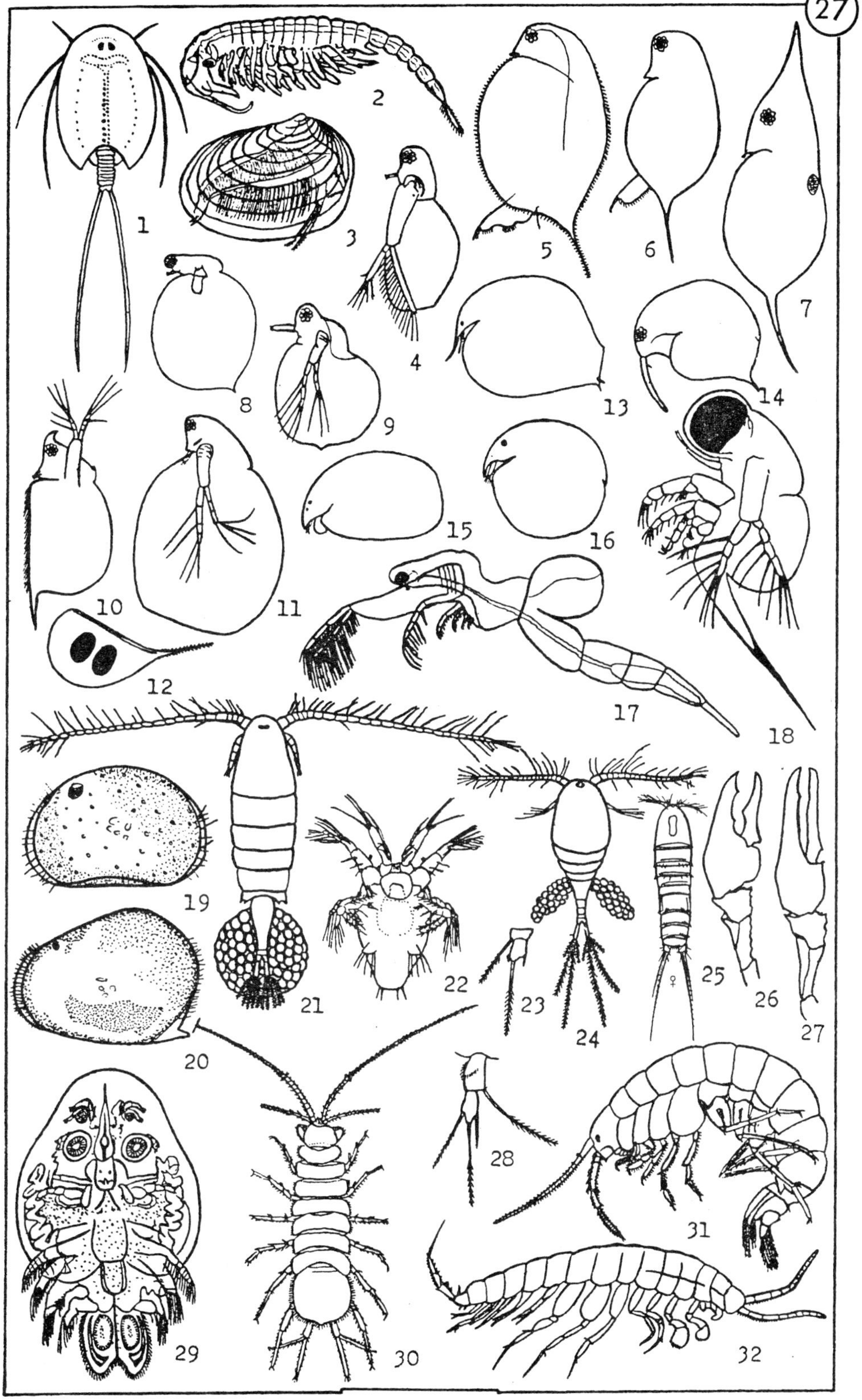
1
2
3
4
5
6
7
8
9
10
11
12
13
14
15
16
17
18
19
20
21
22
23
24
25
♀
26
27
28
29
30
31
32

ANNEXE 28

FIG. 1 à 24 : **Insectes** (FIG. 3 à 14 : **larves**).

FIG. 1 : *Podura aquatica.*
— 2 : *Sminthurides aquaticus.*
— 3 : *Ecdyonurus sp.*
— 4 : *Ephemera sp.*
— 5 : *Cloeon sp.*
— 6 : *Polymitarcis virgo.*
— 7 : *Siphlonurus sp.*
— 8 : *Baetis sp.*
— 9 : *Habrophlebia sp.*
— 10 : *Aeschna sp.*
— 11 : *Gomphus sp.*
— 12 : *Enallagma sp.*

FIG. 13 : *Taeniopteryx nebulosa.*
— 14 : *Perla sp.*
— 15 : *Hydrometra stagnorum.*
— 16 : *Gerris sp.*
— 17 : *Nepa cinerea.*
— 18 : *Ranatra linearis.*
— 19 : *Corixa sp.*
— 20 : *Ilyocoris cimicoides.*
— 21 : *Notonecta sp.*
— 22 : *Nepa cinerea*, larve.
— 23 : *Aphelocheirus aestivalis.*
— 24 : *Corixa sp.*

28

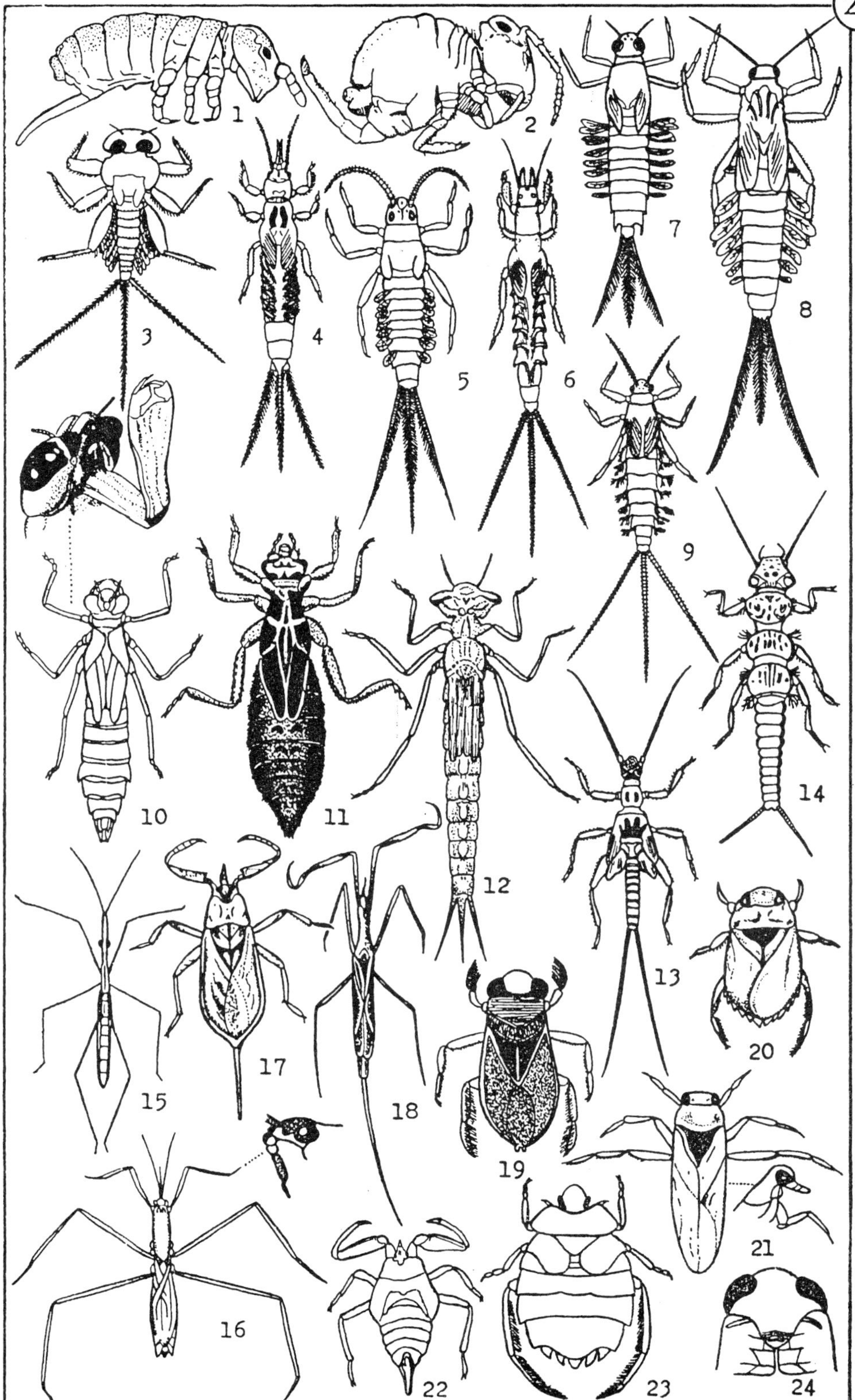

ANNEXE 29

FIG. 1 à 45 : **Insectes.**

FIG. 1 : *Gyrinus sp.*
— 2 : *Hygrotus sp.*
— 3 : *Hydroporus sp.*
— 4 : *Hyphydrus sp.*
— 5 : *Dytiscus sp.*
— 6 : *Hydrous sp.*
— 7 : *Haliplus sp.*
— 8 : *Haliplus sp.*, larve.
— 9 : *Hyphydrus*, larve.
— 10 : *Hydroporus*, larve.
— 11 : *Acilius sulcatus*, larve.
— 12 : *Dytiscus sp.*, larve.
— 13 : *Platambus sp.*, larve.
— 14 : *Donacia sp.*, larve.
— 15 : *Hydrophilus*, larve.
— 16 : *Gyrinus sp.*, larve.
— 17 : *Sialis lutaria*, larve.
— 18 : *Hydropsiche sp.*
— 19 : *Molanna sp.*
— 20 : *Stenophylax sp.*
— 21 : *Phryganea sp.*
— 22 : *Anabolia sp.*
— 23 : *Leptocerus sp.*

FIG. 24 : *Trienodes sp.*
— 25 : *Neuronia sp.*
— 26 : *Goera sp.*
— 27 : *Stenophylax sp.*
— 28 : *Halesus sp.*
— 29 : *Glyphotaenius sp.*
— 30 : *Grammotaulius sp.*
— 31 : *Limnophilus sp.*, fourreau.
— 32 : *Limnophilus sp.*, fourreau.
— 33 : *Limnophilus sp.*, fourreau.
— 34 : *Limnophilus sp.*, fourreau.
— 35 : *Acentropus niveus.*
— 36 : *Cataclysta lemnata.*
— 37 : *Psychoda sp.*
— 38 : *Culex sp.*
— 39 : *Atherix ibis.*
— 40 : *Tabanus sp.*
— 41 : *Chaoborus sp.*
— 42 : *Tipula sp.*
— 43 : *Simulium sp.*
— 44 : *Chironomus plumosus.*
— 45 : *Eristalis tenax.*

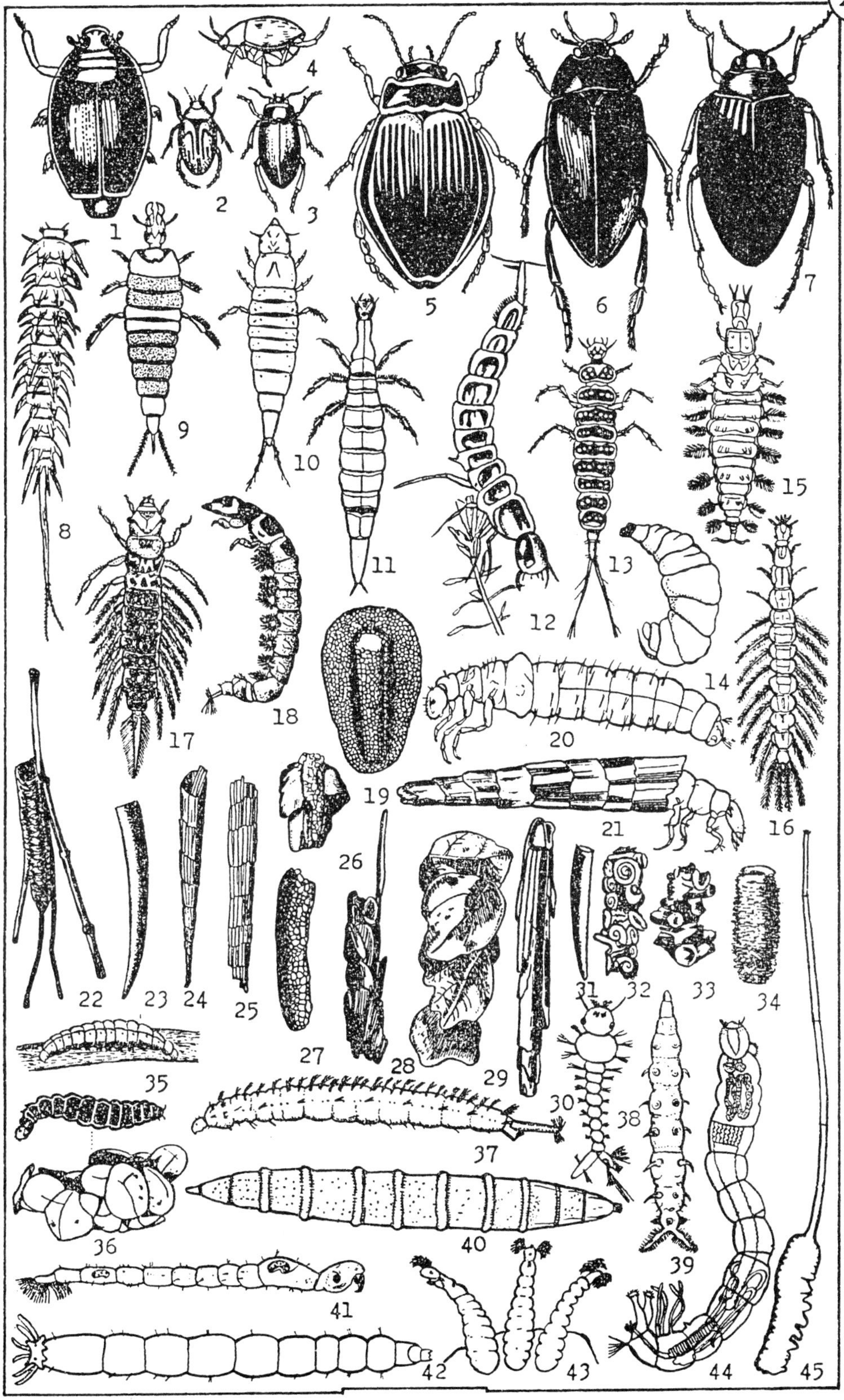
1
2
3
4
5
6
7
8
9
10
11
12
13
14
15
16
17
18
19
20
21
22
23
24
25
26
27
28
29
30
31
32
33
34
35
36
37
38
39
40
41
42
43
44
45

ACHEVÉ D'IMPRIMER
SUR LES PRESSES DE
L'IMPRIMERIE CHIRAT
42540 ST-JUST-LA-PENDUE
EN MARS 1992
DÉPÔT LÉGAL 1992 N° 6349

IMPRIMÉ EN FRANCE